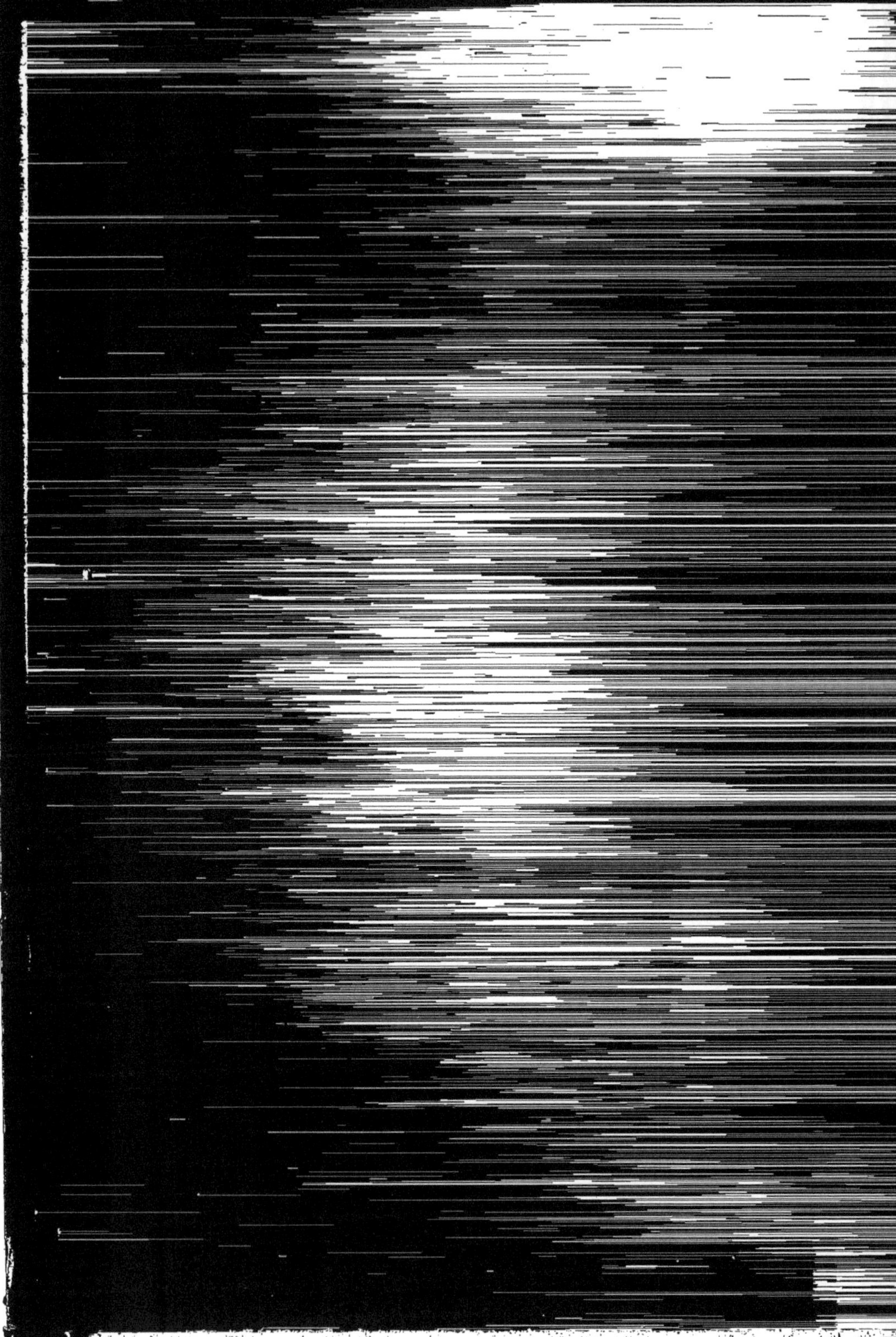

MANUEL

DE

L'AMATEUR D'ESTAMPES

TOME IV

TYPOGRAPHIE PILLET ET DUMOULIN
RUE DES GRANDS-AUGUSTINS, 5, A PARIS

MANUEL

DE

L'AMATEUR D'ESTAMPES

PAR

M. EUGÈNE DUTUIT

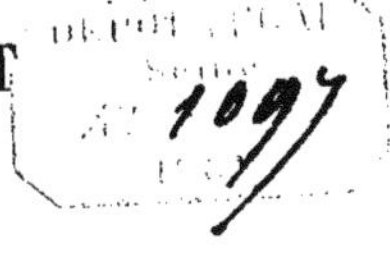

OUVRAGE CONTENANT

1° Un aperçu sur les plus anciennes gravures, sur les estampes en manière criblée,
Sur les livres xylographiques, sur les estampes coloriées,
Sur les cartes à jouer, sur quelques livres à figures du quinzième siècle, sur les danses des morts, sur les livres d'heures;
Un nouveau catalogue de livres de broderie et un essai sur les nielles ou gravures d'orfèvres;
2° Les Écoles italienne, allemande, flamande et hollandaise, française et anglaise.

ET ENRICHI

DE FAC-SIMILÉS DES ESTAMPES LES PLUS RARES REPRODUITES PAR L'HÉLIOGRAVURE.

ÉCOLES FLAMANDE ET HOLLANDAISE

TOME I

PARIS
LIBRAIRIE CENTRALE DES BEAUX-ARTS
A. LÉVY, ÉDITEUR
RUE LAFAYETTE, 13, PRÈS L'OPÉRA
1881

PRÉFACE

L'art de rédiger des catalogues exacts et intéressants a pris naissance dans le siècle dernier. Pour ne parler que des estampes, nous citerons le catalogue de la collection Lorangère, celui de Rembrandt par Gersaint et ses continuateurs, ceux de Sébastien Leclerc et de La Belle par Jombert, les travaux d'Heinecken, les catalogues de Rembrandt par Daulby et surtout par Bartsch; ce dernier a conquis l'estime de tous les connaisseurs; mais le XIXe siècle devait avoir le privilège de voir éclore des ouvrages encore plus importants.

Plaçons d'abord en première ligne le *Peintre-Graveur* de Bartsch que cet auteur célèbre continua pendant près de vingt années. Ce travail a mérité tous les suffrages; on doit regretter bien vivement que son auteur ait cru devoir l'abandonner sans l'avoir entièrement terminé. La reconnaissance que l'on doit à Bartsch pour un effort si considérable, le rare discernement dont il a donné tant de preuves, les nombreux éclaircissements qu'il a fournis lui ont valu cet honneur, qu'aujourd'hui presque personne n'a encore pris la liberté de s'écarter de l'ordre et des numéros qu'il a établis, et que des travaux plus récents et également dignes d'intérêt sont venus se greffer sur le sien. Il nous suffira de mentionner le *Supplément* de Weigel, l'ouvrage si remarquable de Passavant et enfin le *Peintre-Graveur français* de Robert-Dumesnil. Une foule de catalogues, très estimables pour la plupart, ont fourni aux amateurs des documents de plus en plus instructifs. C'est ainsi qu'on approche du jour où, sur la matière qui nous occupe, on pourra offrir aux iconophiles des catalogues complets. Cependant, quelques efforts que l'on fasse, les noms que nous venons de citer se placeront toujours en première ligne.

Dans le travail que nous présentons au public, nous nous sommes fait un devoir de marcher à la suite de Bartsch et de ses autres collaborateurs. Notre Manuel n'a donc pas la prétention d'être un ouvrage absolument nouveau; nous serons encore très heureux si l'on veut y voir un supplément utile aux travaux de nos remarquables devanciers. Il en résulte que nous nous sommes imposé la loi de respecter l'ordre et les numéros qu'ils ont établis.

Nous avons cependant apporté quelques modifications : nous avons introduit dans chaque école un ordre alphabétique qui facilite les recherches. Plusieurs maîtres n'ont pas été décrits par nous. Parmi ceux que Bartsch a catalogués, un certain nombre, peut-être à tort, n'a pas obtenu la faveur publique; malgré les travaux de Bartsch, leurs œuvres sont toujours restées dans l'obscurité. Nous les avons remplacés par d'autres maîtres qui ne se trouvent pas dans la section correspondante de son *Peintre-Graveur :* Ferdinand Bol, Cuyp, Van Dyck et son *Iconographie*, de Frey, l'un des meilleurs interprètes de Rembrandt, Goudt, Goyen, etc., rien que dans notre premier volume. Cependant nous avons apporté de très grandes améliorations aux travaux que nous venons de citer : nous avons fait connaître beaucoup de remarques nouvelles, rectifié bien des inscriptions et même mentionné un certain nombre de pièces non décrites, comme on pourra s'en convaincre en parcourant surtout les œuvres de Berghem, de Bol, de Bout, de K. Dujardin, Van Dyck et son *Iconographie*, Everdingen et autres, et nous avons fait tous nos efforts pour rendre plus complète et plus ample la description de l'œuvre de Goltzius.

Nous avions d'abord eu le projet de mettre uniquement en lumière la collection nombreuse que nous avons formée pendant plus de quarante ans, mais nous avons pensé pouvoir être plus utile aux amateurs en donnant à cet ouvrage une forme plus large, et quoique la description de notre collection y figure, elle se présente sous un aspect des plus modestes ; presque toujours les pièces qui la composent ne se distinguent que par un astérisque, attestant seulement que lorsque nous en avons fait la description elles étaient sous nos yeux.

Outre cette collection nombreuse, nous avons examiné, autant que nous l'avons pu, le magnifique cabinet d'estampes du British Museum et surtout celui de Paris; nous avons utilement consulté les marchands d'estampes et fait notre profit de ce que nous avons rencontré dans les ventes publiques. Toutefois, nous n'avons pas été assez heureux pour voir toutes les estampes dont nous parlons, mais nous n'avons pas cru devoir les passer sous silence surtout lorsqu'elles étaient mentionnées par des écrivains dignes de foi, décrites dans des ouvrages spéciaux ou dans des catalogues consciencieux. Nous avons toujours eu soin de citer les sources où nous avons puisé nos renseignements. Nous avons consulté avec beaucoup de fruit des monographies spéciales, parmi lesquelles nous citerons en première ligne le catalogue d'Everdingen par M. Drugulin, ceux de Van Dyck et de son *Iconographie* par MM. Weber et Wibiral, et l'ouvrage de M. Van der Kellen, aujourd'hui conservateur du Cabinet des estampes d'Amsterdam. Malgré les soins que nous avons apportés à notre travail, nous craignons qu'il ne s'y soit glissé bien des erreurs; nous sollicitons à cette occasion l'indulgence de nos lecteurs.

Nous nous sommes fait une loi d'accompagner les principales pièces de tous les prix de vente que nous avons pu connaître : c'était à la fois éclairer les curieux et conserver les noms de collectionneurs célèbres. Nous avons cru devoir ajouter tous les renseignements que nous avons pu nous procurer sur les tableaux des maîtres reproduits par la gravure et sur les dessins qu'ils ont gravés à l'eau-forte en tout ou partie. Enfin, nous sommes entré dans tous les détails propres à intéresser et à instruire les amateurs ; nous l'avons fait cependant le plus succinctement possible, n'ayant cherché qu'à renfermer la plus grande quantité de documents dans le plus petit nombre de pages et de volumes.

Nous savons bien qu'il sera toujours très difficile, quelque effort que l'on fasse, de répandre de l'intérêt dans un catalogue d'estampes;

cependant, si l'on veut regarder les choses d'un peu plus haut, le tableau qu'on aura sous les yeux ne sera pas complètement insignifiant : avec Allart Du Hamel et Goltzius on aura d'abord le commencement et la fin de l'école primitive des Pays-Bas. La renaissance de cette école éclatera avec Bolswert, Pontius, Vorsterman, etc., sous la direction de Rubens; Van Dyck et son *Iconographie* offriront un spectacle unique réunissant ensemble les souverains, les princes, les grands capitaines, les artistes et les hommes éminents dans tous les genres pendant une assez longue période. Les peintres d'animaux et de paysages y occuperont une large place : on y pourra suivre le double courant qui portait les artistes, les uns à s'attacher au sol natal, et qui entraînait les autres vers le soleil et les sites brillants de l'Italie. Everdingen offrira un intérêt tout particulier : il aura le double avantage de reproduire les sites de la Norvège au XVIIe siècle, qui, sans lui, seraient restés inconnus, et de prêter ensuite aux animaux tout l'esprit que leur avaient trouvé jadis les auteurs des vieux fabliaux. Le Rhin, la mer et la navigation revivent sous la pointe de Van Aken et de Backhuisen. Bega et Dusart préparent bien la venue d'Ostade qui ne sera décrit que dans le volume suivant; quoique bien inférieurs à leur maître, ils conservent encore un reflet de sa naïveté et de son esprit. Le dernier a encore un autre mérite : il a beaucoup contribué à vulgariser la manière noire dont la découverte était récente; il a presque mis au jour la caricature politique. Nous ne nous faisons pas du tout le panégyriste de celles dont nous avons donné la description, mais elles n'en sont pas moins curieuses, quoiqu'on ne puisse les expliquer chez un peuple aussi calme que les Hollandais que par la haine profonde qu'avait surexcitée chez eux l'invasion de leur pays par Louis XIV.

OUVRAGES ET CATALOGUES

MENTIONNÉS DANS CE VOLUME

OUVRAGES SUR LA GRAVURE.

BARTSCH. — Le Peintre-Graveur, par Adam Bartsch. A Vienne, de l'imprimerie de J.-V. Degen, libraire, place Saint-Michel, 1803. Tomes 1 à 5. In-8°.

BASAN. — Dictionnaire des Graveurs anciens et modernes, depuis l'origine de la gravure, par Basan. Paris, 1789. 2 vol. in-8°, fig.

Il y a des exemplaires auxquels on a mis un nouveau titre, daté de 1809, et ajouté une notice historique sur l'art de la gravure en France, par Choffard.

BRULLIOT. — Dictionnaire des monogrammes, marques figurées, lettres initiales, etc., avec lesquels les peintres, dessinateurs, graveurs et sculpteurs, ont désigné leurs noms, par François Brulliot, etc. Nouvelle édition, revue, corrigée et augmentée, etc. Trois parties. Munich, à l'Institut Littéraire Artistique de la librairie de J.-C. Cotta, 1832-34. Gr. in-4°.

CARPENTER. — William Hookham Carpenter, Pictorial notices, consisting of a memoir of Sir Anthony Van Dyck, with a descriptive catalogue of the etchings executed by him, etc. London, 1844. In-4°.

Traduit en français par Louis Hymans, sous ce titre : Mémoires et documents inédits sur Ant. Van Dyck, P. P. Rubens et autres artistes contemporains. Auvers, 1845. In-8.

DRUGULIN. — Allart Van Everdingen. Catalogue raisonné de toutes les estampes qui forment son œuvre gravé, par W. Drugulin. Supplément au Peintre-Graveur de Bartsch. Leipzig, W. Drugulin, 1873. In-8°.

DUPLESSIS. — Eaux-fortes de Antoine Van Dyck, reproduites et publiées par Amand-Durand. Texte par Georges Duplessis, Bibliothécaire du département des estampes à la Bibliothèque nationale. Paris, Amand-Durand, 80, boulevard Saint-Germain; Gazette des Beaux-Arts, 3, rue Laffite; Goupil et Cie, 19, boulevard Montmartre, et place de l'Opéra, 2; C.-J. Wawra, vormals Miethke u. Wawra, Wien, 7, Plankengasse.

JOUBERT. — Manuel de l'amateur d'estampes, faisant suite au Manuel du libraire, etc., par F.-E. Joubert Père, Graveur, ancien Membre de l'Athénée des Arts. A Paris, chez l'auteur, rue du Harlay, n° 6, au Marais, ou même maison, boulevard Saint-Antoine, n° 69, 1821. 3 vol. in-8°.

VAN DER KELLEN. — Le Peintre-Graveur Hollandais et Flamand, etc. Ouvrage faisant suite au Peintre-Graveur de Bartsch. Par J. Philippe Van der Kellen. Avec des fac-similés, gravés à l'eau-forte par J.-A. Boland. Tome Ier. Utrecht, Kemink et fils; Leipzig, T.-O. Weigel; Paris, Ve Jules Renouard, 1866. In-4°.

Le Blanc. — Manuel de l'Amateur d'estampes, etc. Par M. Ch. Le Blanc. Paris, P. Jannet, libraire, successeur de Silvestre, rue des Bons-Enfants, 28. 1855. 2 vol. et 1 livr. in-8°.

Passavant. — Le Peintre-Graveur, par J.-D. Passavant. Leipsig, Rudolph Weigel, 1860. 6 vol. in-8°.

Weber. — Catalogue raisonné d'une belle et nombreuse collection de portraits, gravés par et d'après Antoine Van Dyck, dont la vente se fait aux prix annoncés dans le catalogue au magasin de Hermann Weber, marchand d'estampes, Bonn, n° 56, Neuthor. Bonn, chez Hermann Weber, 1852. In-8°.

Weigel. — Suppléments au Peintre-Graveur de Adam Bartsch, recueillis et publiés par Rudolph Weigel. Tome Ier. Peintres et Dessinateurs Néerlandais. Leipzig, chez Rudolph Weigel. 1843. In-12.

Wibiral. — L'Iconographie d'Antoine Van Dyck d'après les recherches de H. Weber, par le Dr Fr. Wibiral. Avec six planches représentant de vieux filigranes. Leipzig, Alexander Danz, libraire et marchand d'estampes, 1877. Paris, Haar et Steinert, libraires, 9, rue Jacob. Vienne, C.-F. Wawra, marchand d'estampes, 7, Plankengasse. In-8°.

Szwykowski. — Anton. Van Dyck's Bildnisse bekannter Personen. Iconographie ou le cabinet des portraits d'Antoine Van Dyck von Ignaz Von Szwykowski. Leipzig, Rudolf Weigel, 1859. Gr. in-8°.

CATALOGUES DE VENTE.

Affry. — Affry de la Monnoye. Catalogue d'une collection d'estampes anciennes et modernes des écoles française, allemande, flamande et hollandaise, principalement de l'école de Rubens, etc. Vente le 15 février 1869 et les cinq jours suivants, hôtel Drouot. Expert, M. Clement, marchand d'estampes de la Bibliothèque impériale, rue des Saints-Pères, 3. Paris, 1869.

Alferoff. — Catalogue de la collection d'estampes et d'eaux-fortes anciennes et modernes composant le cabinet de M. A. Alferoff, à Bonn, rédigé par Joseph Maillinger, etc. La vente aux enchères publiques aura lieu à Munich, le 10 mai 1869 et les jours suivants. Munich, Typographie F.-S. Hübschmann (E. Lintner). 1869.

Alibert. — Catalogue d'une nombreuse collection d'estampes et de dessins de grands maîtres, après le décès de Mme Alibert, et cessation de commerce de J.-Guill. Alibert, marchand d'estampes, par Fr.-Leand. Regnault. La vente se fera à Paris, le 25 avril 1803 et jours suivants, rue des Bons-Enfants, 12. An XI, 1803.

Archinto. — Catalogue de la collection d'estampes anciennes et modernes provenant du cabinet de M. le comte Archinto, de Milan. Vente les 17, 18 et 19 mai 1862. Expert, M. Clement, marchand d'estampes de la Bibliothèque. 1862.

Arosarena. — Catalogue de la collection d'estampes anciennes de M. D.-G. de

A... (Arosarena), dont la vente aura lieu rue Drouot, le 11 mars 1861 et jours suivants. Expert, M. Clement. Paris, Renou et Maulde, imprimeurs. 1861.

Brème. — Catalogue de la collection d'estampes anciennes composant le cabinet de M. le marquis de B... (Brème), de Florence. Vente à l'hôtel Drouot, le 19 mars 1866 et jours suivants. M. Clement, marchand d'estampes, expert. Paris, 1866.

Brisart. — Catalogue de la collection de livres, manuscrits, dessins et estampes formant le cabinet de M. R. Brisart, rentier à Gand. Vente par le ministère de F. Verhulst, directeur des ventes, le 10 décembre 1849 et jours suivants. Gand, imprimerie d'Ad. Van der Meersch, successeur de J. Begyn, Pont-aux-Pommes.

Bourduge. — Notice d'estampes, ivoires, etc., après le décès de M. Bourduge, le 22 mai 1815. Expert, M. Regnault-Delalande.

Buckingham. — A Catalogue of collection of Ancient and Modern Prints the property of a nobleman of high rank (Buckingham). Will be sold by auction by M. Phillips.

Trois parties vendues à Londres : 1re, le 3 mai 1834 et jours suivants; 2e, le 6 juin et jours suivants; 3e, le 14 juillet et jours suivants. Cette collection avait été formée en grande partie par celle de Paignon-Dijonval.

Bus de Gisignies. — Estampes formant le cabinet de feu M. le vicomte B. du Bus de Gisignies. Portraits gravés par et d'après Van Dyck, etc. Bruxelles, chez F.-J. Olivier, libraire, 11, rue des Paroissiens, 1876.

Camberlyn. — Catalogue de la collection d'estampes et de dessins composant le cabinet de feu M. le chevalier J. Camberlyn, de Bruxelles. Première partie. La vente aura lieu rue Drouot, le 24 avril 1865 et jours suivants. Expert, M. Guichardot, ancien marchand d'estampes.

— Même titre. Deuxième partie. Vente 20 novembre 1865 et jours suivants.

Debois. — Catalogue de la rare et précieuse collection d'estampes réunie par les soins de M. F. Debois, rédigé par P. Defer. Paris, imprimerie de Vinchon, rue Jean-Jacques-Rousseau, 8, 1843.

La vente a eu lieu en trois parties : 1re, le 23 avril 1844 et jours suivants, M. Defer expert; 2e, le 26 novembre 1844 et jours suivants; 3e, le 21 avril 1845 et jours suivants.

Denon. — Description des Objets d'Art qui composent le cabinet de feu M. le baron Denon. Estampes et ouvrages à figures, par Duchesne aîné. Paris, imprimerie d'Hippolyte Tilliard, rue de la Harpe, 78. 1826.

Didot. — Catalogue des dessins et estampes composant la collection de M. Ambroise Firmin-Didot, de l'Académie des Inscriptions et Belles-Lettres, précédé d'introductions par M. Charles Blanc, de l'Académie française, et M. Georges Duplessis, conservateur-adjoint au Cabinet des estampes. Vente à l'hôtel Drouot, du lundi 16 avril au samedi 12 mai 1877, par le ministère de Me Maurice Delestre, commissaire-priseur, assisté de M. G. Pawlowski, officier d'Académie, etc., et de MM. Danlos fils et Delisle, marchands d'estampes, 15, quai Malaquais. Paris, 1877.

Drugulin. — Catalogue of the entire and very choice collection of Engravings, Etchings, and Mezzotints, the property of Mr. William Drugulin, which will be sold by auction, by MM. Sotheby, Wilkinson et Hodge, 13, Wellington street, Strand W. C., the 11 of June, and ten following days, 1866.

DURAND. — Catalogue de la collection d'estampes recueillie par M. E. D... (Durand), rédigé par N. Bénard, marchand d'estampes de la Bibliothèque. La vente aura lieu le 19 mars 1821 et jours suivants. A Paris, chez MM. Bénard, marchand d'estampes, et Bonnefons de la Vialle, commissaire-priseur. De l'imprimerie de Le Blanc. 1821.

ESDAILE. — A Catalogue of the very valuable assemblage of engravings, books of prints, and dravings by ancient and modern masters, of William Esdaile, Esq., deceased. Will be sold by auction, by MMrs Christie and Manson, on monday, march 19th., 1838, and two following days.

FRIES. — Catalogus der uitmuntende en beroemde Verzameling Prenten, uitmakende de keur van het alom bekende Kabinet des Heeren Moritz Grave von Fries, te Weenen.

La vente eut lieu à Amsterdam le 21 juin 1824 et jours suivants, par le ministère de MM. Roos, de Vries, Brondgeest et Engelberts.

GALICHON. — Catalogue d'estampes anciennes et de dessins composant la magnifique collection de M. É. Galichon, ancien directeur de la Gazette des Beaux-Arts. dont la vente aura lieu hôtel Drouot, le lundi 10 mai 1875 et les quatre jours suivants. Expert, M. Clement, marchand d'estampes de la Bibliothèque.

GRAVE. — Robert Grave. Vente à Londres, le 26 mars 1804.

GUICHARDOT. — Catalogue de la collection d'estampes et de dessins anciens de toutes les écoles, œuvres d'Adrien van Ostade et de J.-J. de Boissieu, dont la vente aura lieu, par suite du décès de M. Guichardot, hôtel Drouot, du mercredi 7 au samedi 10 juillet 1875 pour les dessins, et du lundi 12 au mardi 20 juillet 1875, pour les estampes. MM. Clement, Danlos et Delisle, marchands d'estampes, experts. Paris, 1875.

HARRACH. — Catalogue d'une collection d'estampes de diverses écoles, provenant du cabinet de M. le comte (Harrach) de Vienne. La vente aura lieu le 25 février 1867 et jours suivants. Expert, M. Clement, marchand d'estampes de la Bibliothèque. Paris, 1867.

HIS DE LA SALLE. — Catalogue d'estampes anciennes provenant du cabinet de M. H. de L. (His de la Salle). La vente aura lieu le 21 avril 1856 et jours suivants. Paris, P. Defer, ancien marchand d'estampes, 1856.

KALLE. — Catalogue de la collection d'estampes de feu M. Friedrich Kalle, dont la vente aura lieu à Francfort-s.-M., le 22 novembre 1875 et jours suivants, sous la direction de M. Prestel, marchand d'estampes.

VAN DER KELLEN. — Catalogue des gravures anciennes des écoles hollandaise et flamande, formant le cabinet de M. J.-Ph. Van der Kellen, directeur du Cabinet national d'estampes à Amsterdam. La vente se fera le 7 janvier 1878 et jours suivants, par Frederik Muller et C°., à Amsterdam, Heerengracht, 329. Amsterdam, Frederik Muller et C°. 1878.

KNOWLES. — Catalogue de la seconde et dernière partie de la collection d'estampes anciennes composant le cabinet de M. W.-P. K... (Knowles), à laquelle on ajouté un œuvre de Lucas de Leyde, dont la vente aura lieu à Francfort-s.-M., le 5 mai 1879 et jours suivants, sous la direction de M. F.-A.-C. Prestel, marchand d'estampes. Francfort-sur-le-Mein, 1879.

Une première vente avait eu lieu dans la même ville le 26 novembre 1877 et jours suivants par le ministère de M. Prestel.

Isendoorn. — Catalogue du cabinet d'estampes anciennes de l'école hollandaise de feu M. le baron d'Isendoorn à Blois de Cannenburg, à Vaassen (province de Gueldre). Vente publique le 19 août 1879 et jours suivants, à Amsterdam, sous la direction de MM. C.-F. Roos et C.-F. Roos J[r]. Première partie.

Une seconde vente moins importante eut lieu au mois de décembre de la même année.

La Motte-Fouquet. — Catalogue de la collection d'estampes et d'eaux-fortes anciennes et modernes composant le cabinet de feu M. H.-F. de la Motte-Fouquet, à Cologne. La vente aux enchères aura lieu à Cologne, le 24 mai 1875 et jours suivants, sous la direction de M. J.-M. Heberlé. Cologne, 1875. Imprimerie de J.-S. Steven.

Liphart. — Catalog der Kupperstichsammlung des Herrn Karl Eduard von Liphart. Versteigerung zu Leipzig Dienstag, den 5 December 1876 und folgende Tage. Kunsthandlung Von C. G. Boerner.

Lousbergs. — Lousbergs. Vente à Gand, le 19 avril 1805;
Id. Vente à Gand, le 20 septembre 1807.

Marcus. — Catalogue d'un riche et précieux cabinet d'estampes, etc., recueillies avec beaucoup de choix par M. N. Marcus, dont la vente se fera le 26 novembre 1770 et les jours suivants, par Henri de Winter et Jean-Yver Courtiers. Le catalogue se trouve chez les susdits, chez Pierre Yver et Math. Woostman à Amsterdam, etc., en payant un florin. A Amsterdam, chez Pierre Yver, marchand de tableaux, de dessins et d'estampes. 3 parties.

Mariette. — Catalogue raisonné de différents objets de curiosités dans les sciences et arts qui composaient le cabinet de feu M. Mariette, etc., par F. Basan, graveur. A Paris, chez l'auteur, rue et hôtel Serpente, et chez Desprez, imprimeur du Roi, etc., rue Saint-Jacques. 1775.

La vente s'est faite à la fin de la même année.

Marmol. — Catalogue de la plus précieuse collection d'estampes de P. P. Rubens et d'A. Van Dyck qui ait jamais existé, etc., de Messire Del-Marmol, en son vivant conseiller au Conseil souverain de Brabant, etc. 1794.

Marshall. — Catalogue of the entire and very choice collection of Engravings, the property of Julian Marshall, Esq., which will be sold by auction, by MM. Sotheby, Wilkinson and Hodge, on Thursday, 30th of June, 1864, and eleven following days.

Mecklenburg. — Katalog der berühmten Sammlung des Baron H. von Mecklenburg, etc. Berghem, Breenberg, le Ducq, Dusart, Everdingen, Ostade, Potter, Rembrandt, Ruysdael, Saftleven und Nooms Zeeman. Versteigerung : Montag, den 5 November 1872 und folgende Tage durch den Auctionator für Kunstsachen Herrn Rudolph Lepke.

Muilman. — Dans le catalogue des tableaux de cet amateur vendus à Amsterdam les 12 et 13 avril 1813, nous trouvons cette mention : « Il appartient encore au cabinet délaissé par M. Muilman une collection petite mais précieuse de dessins et d'estampes, dont la description est placée derrière le catalogue hollandais. » Mais nous n'avons pu rencontrer ce livre.

Paignon-Dijonval. — Cabinet de M. Paignon-Dijonval. État détaillé et raisonné des dessins et estampes dont il est composé; etc. Rédigé par M. Bénard, peintre et graveur. Par les soins de M. Morel de Vindé, petit-fils et seul héritier de M. Paignon-Dijonval. Paris, de l'imprimerie de Mme Huzard, 1810.

Cette collection a été achetée en totalité en 1816, pour M. Woodburn, pour la somme de 120,000 fr.

Revil. — Catalogue de la collection d'estampes anciennes et modernes recueillies par M. N. Revil, rédigé par Piéri-Bénard, Md d'estampes de la Bibliothèque, boulevard des Italiens, n° 4. Paris, 1830.

Cette collection, qui avait été achetée à l'amiable par M. Piéri-Bénard, fut revendue par lui de la même manière à divers amateurs.

— Catalogue raisonné de la collection d'estampes provenant du cabinet de M. R. (Revil), par P. Defer, dont la vente aura lieu le 26 mars 1838 et jours suivants, place de la Bourse, n° 2; M. Defer expert, quai Voltaire, n° 19. 1838.

— Catalogue de la collection d'objets d'art, antiquités, médailles, etc., tableaux et dessins, estampes anciennes et modernes, composant le cabinet de feu M. N. Revil, dont la vente aura lieu le 24 février 1845 et jours suivants. MM. Roussel et Defer, experts. 1845.

Rigal. — Catalogue raisonné des estampes du cabinet de M. le comte Rigal. Par F.-L. Regnault-Delalande, peintre et graveur. Paris, chez l'auteur, rue Saint-Jacques, cul-de-sac des Feuillantines, n° 12. 1817.

La vente a eu lieu le 10 décembre 1817 et jours suivants.

Robert-Dumesnil. — Catalogue des estampes des écoles allemande, flamande, hollandaise et anglaise, colligées par M. A.-P.-F. Robert-Dumesnil. Expert, M. Piéri-Bénard.

La vente a eu lieu à Londres le 1er mai 1837 et jours suivants.

Saint. — Catalogue d'une collection de tableaux anciens et modernes, etc.; de dessins, de fixés et belles miniatures, d'estampes anciennes et modernes, etc., composant le cabinet de M. Saint, peintre de miniatures, le 11 mai 1846 et les trois jours suivants, pour les estampes et livres à figures. Rue des Jeûneurs, 16; M. Defer expert. 1846.

Schlosser. — Catalogue de la collection d'estampes anciennes et modernes, composant le cabinet de M. Carl Schlosser, dont la vente aura lieu à Francfort-s.-M., le 7 juin 1880 et jours suivants, sous la direction de M. F.-A.-C. Prestel, marchand d'estampes. Francfort-sur-le-Mein, 1880.

Scitivaux. — Collection de Scitivaux, receveur général à Montauban (Tarn-et-Garonne).

Elle fut vendue à l'amiable 39,000 francs, en 1839, à M. Villedieu, md d'estampes, place de la Bourse, à Paris. Le catalogue manuscrit est chez M. Clement.

Seguier. — A Catalogue of collection of Painters Etchings, and Engravings of William Seguier, Esq., deceased late conservatore of the Royal and National Galleries. Sold by auction by MM. Christie and Manson, on monday, April 29. 1844.

Silvestre. — Catalogue raisonné d'objets d'art du cabinet de feu M. de Silvestre, ci-devant chevalier de Saint-Michel, et maître à dessiner des enfants de France; par F.-L. Regnault-Delalande, peintre et graveur. Paris, chez l'auteur, etc. 1810.

La vente a eu lieu le 28 février 1811 et jours suivants.

Simon. — Catalogue de la collection de dessins et d'estampes anciennes et modernes, etc., composant le cabinet de feu M. Simon. Expert, Me Clement, md d'estampes de la Bibliothèque. Paris, Renou et Maulde, imprimeurs. 1862.

La vente a eu lieu le 10 mars 1862 et jours suivants.

Suermondt. — Catalogue de la collection de dessins anciens composant le cabinet de M. B. Suermondt, d'Aix-la-Chapelle, dont la vente aura lieu à Francfort-s.-M., le 5 mai 1879 et jours suivants, sous la direction de M. F.-A.-C. Prestel md d'estampes. Francfort-sur-le-Mein, 1879.

Thiers. — Catalogue de la collection d'estampes anciennes composant le cabinet de M. Thiers, par Rochoux. Vente les 7, 8, 9 et 10 mars 1864. Paris, chez Rochoux, md d'estampes, 1864.

Valois. — Catalogue raisonné d'une collection d'estampes du cabinet de feu Charles de Valois, par Franc.-Léand. Regnault. La vente se fera à Paris, le 14 décembre 1801 et jours suivants. An IX (1801).

Verstolk. — Catalogue de la 1re partie du cabinet de gravures de l'école hollandaise, de l'ancienne école allemande, de même que des écoles italienne, française et anglaise, de feu Jean Gisbert Verstolk baron de Soelen, ministre d'État, etc. Vente le 28 juin 1847 et les jours suivants à Amsterdam, par Jérôme de Vries, Albert Brondgeest et Corneille-François Roos.

— Catalogue de la 2e partie du cabinet de gravures laissé par feu Jean Gisbert baron Verstolk de Soelen, composé du magnifique et célèbre ouvrage d'estampes par Rembrandt van Rhyn, et par les artistes de son école, rédigé par A. Brondgeest. La vente aura lieu le 26 octobre 1847 et jours suivants, par Jérôme de Vries, Albert Brondgeest et Corneille François Roos.

— Catalogue de la 3e partie du cabinet de gravures de l'école hollandaise, etc., de feu Jean Gisbert baron Verstolk de Soelen.

Vente le 31 mars 1851, à Amsterdam, par les mêmes experts.

Winckler. — Catalogue raisonné du cabinet d'estampes de feu M. Winckler, banquieur (*sic*) et membre du Sénat à Leipzig, etc., par Michel Hubert. La vente publique se fera à la foire prochaine de Pâques, 1802, par M. Weigel, proclamateur juré de l'Université de Leipzig. 5 vol. in-8°.

Wolff. — Catalogue de la collection d'estampes composant le cabinet de feu M. le conseiller intime Henri Wolff, docteur en médecine, de Bonn, contenant l'Iconographie de Van Dyck, etc.; dont la vente aura lieu à Francfort-s.-M., le 26 novembre 1877 et jours suivants, sous la direction de M. F.-A.-C. Prestel, md d'estampes. Francfort-sur-le-Mein, 1877.

Van den Zande. — Catalogue de la collection d'estampes et dessins composant le cabinet de feu M. F. Van den Zande, rédigé par M. Guichardot. Paris, F. Guichardot, md de dessins et d'estampes. 1855.

La vente a eu lieu le 30 avril et jours suivants.

ÉCOLES FLAMANDE ET HOLLANDAISE

AKEN (Jean van), dessinateur et graveur à l'eau-forte; né en Hollande, dans le dix-septième siècle. Les ouvrages d'Aken tiennent beaucoup à ceux d'Herman Saftleven, qu'il paraît s'être proposé pour modèle. On n'a aucun renseignement sur la vie de cet artiste.

MORCEAUX PAR AKEN, SUR SES PROPRES DESSINS.

1-6. *Différents Chevaux*. Suite de six estampes numérotées au haut de la gauche[1].

Haut., 70 à 72 millim.; larg., 95 à 99.

1. *Cheval vu presque par derrière*. Il est tourné un peu vers la droite, et mange les petites branches d'un arbre. Assez près de lui, du même côté, est un autre cheval vu de face, mais seulement jusqu'au poitrail. A gauche, deux paysans sont assis à terre. Au milieu du haut : *I. v. Aken fecit.*, vers la droite du bas : *Clement de Ionge excud.*

2. *Un autre tourné vers la gauche*. Dans le fond, à gauche, un cheval sur lequel un paysan est monté se dirige vers la droite

3. *Un Cheval sellé*. Il est vu de profil, tourné vers la droite, et attaché par la bride à un tronc d'arbre.

4. *Un autre vu de profil*. Il est tourné vers la gauche, près d'un paysan couché sur une butte.

5. *Un autre vu de profil*. On le voit tourné vers le devant de la droite, où, dans le fond, est un second cheval qu'un paysan conduit par la bride.

1. Les numéros suivis sont ceux de Bartsch dans *le Peintre-Graveur ;* nous ne le répéterons pas.

6. *Un Cheval qui pisse.* Il est de profil, tourné vers la droite; dans le fond, du même côté, un cheval montre le dos.

Rigal, 2e état, 10 fr.; Debois, 30 fr.; R. Dumesnil, 76 fr. 50; Guichardot, 2e état, 12 fr.

1er état. Avant l'adresse de Clement de Ionge.

* [1] 2e. Avec cette adresse.

Le 3e porte celle de J. Bormeester, également sur la première pièce. Ces épreuves, dit Weigel, dans son supplément à Bartsch, sont très bonnes et plus rares que celles du 2e état.

Dans le 4e, l'adresse est effacée ainsi que les numéros.

On a fait à Vienne des copies qui sont peu trompeuses.

7-16. *Différents Paysages.* Suite de dix estampes numérotées de 1 à 10, au haut de la droite.

Haut., 95 à 99 millim.; larg., 140 à 142.

7. *Le Petit Pont.* Sur la gauche, de grands rochers escarpés, au pied desquels sont plusieurs maisons entourées d'arbres, près d'une rivière coulant du milieu du fond jusqu'au devant, où elle occupe toute la largeur de la planche. Dans le fond, un petit pont de bois, dont une des extrémités pose sur un terrain garni de rochers. Au haut de la gauche : *I. van Aken fecit*, au bas : *Clement de Ionghe excud.* (1)

8. *Le Petit Bateau.* Presque au milieu est un petit bateau conduit par deux rameurs, sur un lac entouré de rochers escarpés formant trois masses. Sur celle de gauche, quelques maisons sortent du milieu des arbres. (2)

9. *Le Pays raboteux.* C'est ainsi que le paysage se présente sur le devant. Vers la gauche, un homme tenant un bâton fait marcher un animal. Dans le milieu, une figure sur un chemin se dirige vers un village dont on distingue quelques maisons et deux églises surmontées de tours. (3)

10. *Le Bouquet d'arbres au haut de la colline.* Sur le devant, vers le milieu, un homme debout parle à un autre assis à terre. Sur le second plan, vers la droite, au bas d'une colline boisée, un cavalier marche vers le fond, dans un chemin creux conduisant à un village. (4)

11. *La Chasse au cerf.* A gauche, du haut d'une colline boisée, un chasseur accompagné de deux chiens poursuit un cerf qui fuit dans un ruisseau. Sur le devant, à gauche, un cavalier court à toute bride. Dans le lointain, à droite, un village au milieu de la verdure. (5)

1. Toutes les estampes marquées d'un astérisque font partie de la collection de l'auteur de ce Manuel.

12. *Les Ruines.* Devant un grand bâtiment ruiné, paissent un âne, des chèvres et des moutons. Sur le devant, à gauche, est un grand mur délabré, au haut d'un monticule d'où descend un bouc, vers le milieu de l'estampe. A droite, un chemin. (6)

13. *La Colline creusée.* On la voit, sur la droite, formant un enfoncement. Sur son sommet, quelques arbres et arbrisseaux. Au milieu, près d'un chemin, un berger entouré de quelques moutons est assis à terre. A gauche, dans le lointain, une montagne. (7)

14. *L'Homme se reposant près d'un chemin.* Une rivière, dont les bords sont garnis d'arbres et d'arbrisseaux, coule du fond jusqu'au devant, sur la moitié droite de l'estampe. Sur le devant, à gauche, un homme se repose près d'un chemin qui monte vers un rocher escarpé, près duquel un homme marche à côté d'un cavalier. (8)

15. *Le Pays montueux.* A droite, un homme, portant à l'aide d'un bâton un paquet sur son épaule, marche entre des rochers, sur un chemin dans le retour duquel est un homme à cheval. Au bas de la colline, sur laquelle ils se trouvent, coule, à la gauche, une rivière traversée par un petit pont posant, de l'autre côté, sur des rochers hauts et escarpés. (9)

16. *L'Homme à cheval.* A gauche, un chemin conduit directement à une colline baignée par une rivière, qui vient de la droite du fond, et coule vers le bas, occupant la moitié de la planche. Sur le devant, presque au milieu, un paysan à cheval semble descendre dans l'eau. (10)

Weigel décrit deux états :

1er. Avec l'adresse de Clement de Ionghe sur la première feuille.

2e. Avec l'adresse de Franç. Carelse également sur la première feuille. Il ajoute que les épreuves de cet état qu'il a vues sont plus rares que celles du 1er état, et qu'elles leur sont préférables.

Rigal, 50 fr.; R. Dumesnil, 40 fr. 50; Guichardot, moins le n° 12 de B., 15 fr.

17. *Les Voyageurs à cheval.* A droite, une montagne rocailleuse est surmontée d'un château ruiné. Elle est baignée par une rivière qui coule du fond, à gauche, vers le devant. Sur un pont de pierre qui la traverse, un homme portant un paquet sur le dos, et se dirigeant vers le fond. Au milieu du devant, un paysan, vu de dos, est assis à terre. Plus loin, un jeune garçon mène un cheval dans la rivière. Vers la droite, un homme accroupi arrange un paquet, près de son cheval.

Tout à fait à droite, vient un paysan monté sur un âne, à côté d'une femme sur un mulet. Au bas de la gauche : *I. v. Aken inve. et fecit.*

Haut., 185 millim.; larg., 257.

Weigel décrit cinq états :

1er. Avant la lettre, c'est-à-dire avant le nom du maître, avant le ciel et la bordure.

2e. Avec le nom du maître.

3e. Le nom d'Aken est effacé. Dans la gauche du haut, on lit : *P. Pot*, et à droite, en bas dans la marge, le numéro 4. Il est probable qu'on a voulu faire croire que cette pièce était de P. Potter.

4e. Dans le même état, mais le numéro 4 est supprimé.

5e. On a supprimé toute lettre, ainsi que le numéro 4.

Ces épreuves sont ordinairement mauvaises et très communes.

MORCEAUX D'APRÈS HERM. SAFTLEVEN.

18-21. *Vues du Rhin.* Suite de quatre pièces, numérotées au haut de la gauche.

Haut., 214 millim.; larg., 270.

18. *Les Paysans en conversation au haut de la colline.* On voit, vers le fond, le Rhin qui serpente entre de hautes montagnes escarpées. A droite, sur le devant, au haut d'une colline, un homme, debout, appuyé sur un bâton, parle à un homme assis. A gauche, dans un chemin, un homme, marchant à côté d'un âne chargé, se dirige vers le spectateur; plusieurs hommes vont du sens opposé. Au bas, à gauche : *Hs inventer. Ian v. Aken fecit. Clement de Ionghe excudit.* (1)

19. *L'Homme portant un paquet sur son dos.* On le voit, à gauche, au haut d'une colline. Plus bas, un autre est chargé d'une espèce de hotte. Ils descendent vers le bas d'une montagne boisée au pied de laquelle coule le Rhin, depuis le fond jusqu'à la droite. De ce côté, une chaîne de montagnes. Au milieu du bas : *H S. inventer I. v. Aken fecit.* (2)

20. *La Pêche aux écrevisses.* Tout le devant est occupé par le fleuve. Sur le devant, vers la droite, un homme dans un bateau arrange un paquet; près de lui, un homme les jambes dans l'eau. Un peu plus loin, du même côté, un autre cherche des écrevisses sous des pierres, près d'un rocher escarpé surmonté de quelques arbres. A gauche, de hautes montagnes en partie garnies d'arbres ; à leur pied, plusieurs

hommes : les uns à terre, les autres dans une nacelle et dans un bateau couvert. Dans le fond, trois navires à voiles. Au bas de la gauche : *H S. inventer I. v. Aken fec.* (3)

21. *Le Repos des voyageurs.* Au milieu du devant, sur une colline, un homme debout, appuyé sur un bâton, est auprès de trois autres qui se reposent au bord d'un chemin. Vers le fond, à droite, deux cavaliers et un homme à pied se dirigent vers une rivière sur laquelle est un bateau ; au fond, une chaîne de montagnes. A gauche, la même rivière, sur laquelle on voit quelques navires, baigne les murs d'une ville. Au bas de la gauche : *H S. inv. I v. Aken fecit.* (4)

1er état. Avant la lettre, c'est-à-dire les noms de maître, le ciel, la bordure et les numéros.

Nous avons vu au British Museum, de ce premier état, les nos 18, 19 et 21. Ce dernier est encore avec diverses remarques : les montagnes du fond sont moins travaillées ; au milieu, le chemin n'est pas ombré devant l'homme assis qui arrange son soulier, et devant l'homme debout.

2e. Avant les noms de maître et le numéro. Nous pensons qu'il est également avant celui de l'éditeur, mais avec le ciel et le trait de bordure.

* Nous possédons de ce 2e état les nos 19 et 20 seulement. Ces épreuves ont de la marge.

* 3e. Avec l'adresse de Clement de Ionghe, mais les angles du cuivre sont aigus.

4e. Toujours avec la même adresse, mais les angles du cuivre sont arrondis.

Rigal, avec no 17, 20 fr.; R. Dumesnil, 26 fr. 25 ; Guichardot, 15 fr.

5e. L'adresse de Clement de Ionghe a été enlevée ; on lit sur la première pièce : *Nicolaus Visscher excudit.*

Weigel dit : Ces planches ont été remordues à l'eau-forte en diverses places, et les épreuves, qui sont très communes, en sont sèches et dures.

ALMELOVEEN (Jean), dessinateur et graveur à l'eau-forte ; né en Hollande, imitateur d'Herman Saftleven. La vie de cet artiste est complètement inconnue. Bartsch a décrit de lui trente-sept estampes.

ESTAMPES GRAVÉES D'APRÈS HERMAN SAFTLEVEN.

1-12. *Vues de villages hollandais* ; les noms des villages sont écrits dans la marge du bas.

Haut., 79 à 86 millim., compris 11 millim. de marge; larg., 50 à 54.

1. *Capel.* Au milieu de l'estampe, un bateau à une voile dans lequel est un homme assis, vis-à-vis d'un batelier, qui tient le gouvernail. Dans le fond, la vue de Capel, dont on ne voit qu'un clocher terminé

en pointe. Dans la marge du bas, à gauche, le chiffre de *Saftleven* suivi du mot *invent.*, à droite : *J. Almeloveen fec.*

2. *Iaarsveld.* A droite, une église, dont le clocher est terminé en pointe. Plus en avant, du même côté, une petite maison, près d'un canal, où l'on voit un bateau sans voile. Derrière une barrière, un homme et une femme causent ensemble.

3. *Langerack.* Vers la gauche, un petit bateau à voile, monté par deux hommes, va vers le fond. A droite, au fond, une église à clocher pointu et entourée d'arbres. De ce même côté, une barque où l'on voit deux figures.

4. *Krimpen.* Dans le fond, à gauche, une tour, finissant en pointe, s'élève au-dessus des arbres. Vers le devant, au milieu, s'avance un bateau à deux voiles; un autre à une seule voile est à la droite du fond.

5. *De Hoeck van kleyn Ammers.* A gauche, un bateau à une voile se dirige vers le devant. A droite, une maison entourée d'arbrisseaux que dominent quelques grands arbres. Auprès, sur un canal, une barque vide, et une autre montée par deux hommes.

6. *Loopick.* Au milieu, un petit bateau à voile se dirige vers le fond, où l'on voit un village. A gauche, un moulin à vent; au milieu, une maison. A droite, une tour se terminant en pointe.

7. *Thienhoven by Ameyde.* Sur le devant, un bateau chargé; le batelier semble parler à un homme assis sur le rivage. Au sommet d'une colline, vers le fond, une église et une maison entourée d'arbres; au-dessous, dans le bas, un canal où l'on voit un petit bateau avec deux figures.

8. *Groot Ammers.* A droite, deux hommes rament dans un petit bateau; ils passent devant une jetée qui est à gauche, en partie. Dans le fond, un rivage où il y a des arbres. Derrière, à gauche, les toits de quelques maisons et une haute tour pointue.

9. *Schoonhoven.* A gauche, un canal sur lequel est un bateau à voile monté par un seul homme, debout sur la poupe. A droite, une petite barque où sont deux hommes. On voit dans le fond, à gauche, une maison. Vers le milieu, une grande tour carrée; à droite, une église avec un petit clocher terminé en pointe.

10. *Lekker-kerck.* Autre vue d'un canal où l'on voit un bateau dans

le milieu. Sur ce bateau, un homme debout est armé d'un croc; de l'autre côté, un autre tient le gouvernail, et parle à un homme qui est vis-à-vis de lui. Dans le fond, un village garni d'arbres, dont on voit quelques maisons ; vers la droite, une tour d'église.

11. *Lecxmond.* Au milieu, un petit bateau avec deux hommes, dont un rame. A gauche, une partie du rivage est élevée, et garnie d'arbres. Dans le fond, un village dans les arbres; on voit une église avec une tour carrée surmontée d'une flèche.

12. *Streeskerck.* On voit deux hommes dans un petit bateau ; un d'eux étend des filets. Dans le fond, le village; à gauche, est l'église, dont la grande tour se termine en pointe.

Rigal, 122 fr.; R. Dumesnil, 26 fr. 26 ; Verstolk, 43 fr.; autre suite, 112 fr.

13-16. *Les Quatre Saisons.* Suite de quatre pièces en losange.

Haut. et larg., 77 millim.

13. *Le Printemps.* Une large rivière coule entre des bords montagneux. Sur le devant, un pêcheur, vu de dos, est assis sur une butte. Au bas : *Ver. H. S. invent. J. Almeloveen fec.* (1)

14. *L'Été.* On voit un pays montueux qu'une rivière entrecoupe. Dans un champ, à gauche, trois moissonneurs. Au bas : *Aestas.* (2)

15. *L'Automne.* Sur une chaîne de montagnes, des vignobles. Celle qui est la plus proche est surmontée d'un bâtiment avec deux tours. Sur le devant, un vendangeur ; un peu plus loin, un homme, une hotte sur le dos, parle à une femme. Au bas : *Autumnus.* (3)

16. *L'Hiver.* Un homme, sur le devant, fend un tronc d'arbre. Des paysans patinent sur une large rivière, au-delà de laquelle est un village où l'on remarque des arbres encore garnis de feuilles. Au bas : *Hiems.* (4)

Weigel décrit un 1er état avant toute lettre et avant les numéros; et quelques-unes des pièces aussi avant le ciel, avant les montagnes du fond. Cat. Rigal, ép. du *Printemps* avec le ciel blanc.

L'état suivant est celui décrit.

17-20. *Différentes Vues de rives.* Suite de quatre pièces, numérotées au bas de la droite.

Haut., 154 millim., y compris la marge; larg., 156 à 158.

17. *La Barque.* Vers le devant de la gauche, une barque, montée par

quelques rameurs, est sur une rivière. A droite, dans le lointain, deux villages. Plus en avant, une tour ronde tronquée sort de l'eau. Dans la marge du bas, à gauche : *H. S. invent.*, et à droite : *J. Almeloveen fec.* (1)

18. *Le Radoubeur.* A droite, vers le devant, un homme radoube une barque. Derrière lui, deux hommes sont assis sur des poutres; au fond, deux autres debout. On voit une barque dans l'eau près de la première. Sur une langue de terre, un village. (2)

19. *Le Bateau déchargé.* Une rivière coule, du fond de la gauche, vers le devant. Près du rivage, est un bateau que deux hommes déchargent. Dans le fond, à droite, sur le bord opposé, un château se voit au sommet d'une montagne. (3)

20. *La Barque chargée.* A droite, sur un quai qui avance dans l'eau, plusieurs hommes et quelques ballots. Un matelot roule un tonneau vers une barque, dans laquelle sont trois mariniers qui l'aident. (4)

Weigel décrit deux états :

1er. Avant la lettre sur la première feuille et avant les numéros, de même avant des montagnes dans le lointain et avant des arbres. Le premier morceau est avant l'arbre à gauche, et avant les montagnes du fond. Le 4e est avant la montagne et des masses d'arbres sur le terrain à gauche, avant la croix, près du chemin au haut du rocher, à droite. Cat. Rigal.

2e. Avec la lettre sur la première et avec les numéros. Weigel dit avant les numéros.

Il signale, dans Walker's Painters Etchings, de bonnes copies des nos 17 et 18.

ESTAMPES D'ALMELOVEEN D'APRÈS SES PROPRES DESSINS.

21-26. *Différents Paysages.* Première suite de six pièces, numérotées, au bas de la droite, et marquées, dans la marge du bas, du même côté : *Joan : ab Almeloveen inv : et fec.*

Haut., 137 à 142 millim.; larg., 204 à 206.

21. Dans un petit port, quelques bateaux. Sur le devant, cinq hommes, dont quatre sont debout. A gauche, une ville entourée de murs garnis de tours. (1)

22. Sur le milieu du devant est un chemin, sur lequel on voit trois hommes et un chien. A gauche, deux hommes moissonnent un champ de blé. Vers le fond, une rivière avec un pont ruiné ; plus loin, une chaîne de montagnes. A droite, deux grands arbres. (2)

23. A droite, sur une hauteur, est une ville murée où l'on remarque

des tours et un moulin à vent. Sur le devant, du même côté, plusieurs hommes dans un chemin. A gauche, une rivière et des montagnes. (3)

24. Vers la gauche, est un groupe de cinq grands arbres, près desquels on voit trois personnes. Au milieu, sur le devant, un homme, avec une hotte sur le dos, et une femme à cheval, suivie d'un chien, se dirigent vers la gauche. Vers le fond, du même côté, un vaste pays. A droite, sur une colline, on aperçoit un clocher. (4)

25. Sur une rivière, dont les bords sont montagneux, on voit, à droite, un bateau couvert dont la voile est déployée. Sur le devant, à gauche, près d'un rocher, un homme à cheval s'avance au-devant d'un homme qui est avec une femme. Vers le milieu, une roche penchée. A gauche, sur la hauteur, une ville. (5)

26. Vers le milieu, un homme, une femme et une petite fille vont sur un chemin, où deux hommes sont en avant. A droite, une grande montagne avec un village à mi-côte. A gauche, dans le fond, un groupe d'arbres, une rivière et des montagnes. (6)

R. Dumesnil, 1er état, avec marge, 57 fr. 25 ; Debois, 30 fr.; Guichardot, 2e, 31 fr.

1er état. Avant la lettre et les numéros.

* 2e. Non décrit, avec la lettre, mais avant les numéros.

3e. Avec les numéros à l'eau-forte.

4e. Avec les numéros gravés au burin. On lit sur la première pièce l'adresse de G. Valk et le n° 72 de l'éditeur.

5e. L'adresse est effacée, les planches existent encore à Vienne ; les épreuves modernes qu'on rencontre aussi sur papier de Chine sont communes et mauvaises.

27-32. *Différents Paysages*. Deuxième suite de six pièces.

Haut., 88 à 90 millim.; larg., 151 à 153.

27. Au milieu du paysage, une grande rivière. A droite, un homme portant un paquet sur son dos parle à un autre homme. Au bas de la gauche : *Joan. ab Almeloveen inv. et fec.* (1)

28. Entre des bords montagneux, une large rivière. Sur le devant, au milieu, quelques personnes devant une petite maison. Au bas de la droite : *Johan Almeloveen Inv. et fec.* (2)

29. A droite, sur une rivière, trois bateaux. Sur le bord, à droite, un arbre près d'une maison. Au bas de la gauche : *Joan Almeloveen Inv. et fecit.* (3)

30. A droite, une large rivière sur laquelle sont quatre barques, dont deux à voiles. A gauche, une chaîne de montagnes. Sur le devant, à gauche, plusieurs hommes près d'un cabaret. Même inscription que pour le numéro précédent. (4)

31. On voit une large rivière; au milieu, une île avec un grand rocher. A gauche, un arbre près d'un cabaret; sans nom de maître. (5)

32. Morceau sans nom, et peu terminé. Au milieu du devant, quatre hommes. A gauche, au-delà d'un ruisseau, des rochers nus. (6)

33-36. *Différents Paysages.* Troisième suite de quatre estampes.

Haut., 102 millim.; larg., 158.

33. Sur une petite rivière, on voit un bateau qu'un homme tire avec une corde. Au bas : *J. A. f.*

34. Une rivière serpente au milieu ; à gauche, un pont de pierre à trois arches. A droite, sur le bord, une haute montagne. En avant, une petite forteresse sur un rocher. Au bas : *Almeloveen inv. et fec.* répétés sur les planches suivantes.

35. Autre rivière qui serpente. Le long de ses bords sont plusieurs montagnes. A droite, une ville au bas d'une colline. Au milieu du devant, deux hommes debout.

36. Une autre rivière qui serpente au milieu du fond. Sur le devant, elle forme deux bras. Sur celui de droite, un pont de pierre au-delà duquel est un village.

Ottley et Weigel pensent que ces deux suites n'en font qu'une ; toutefois, la mesure diffère. Cette suite n'a pas de numéros.

Rigal, les trois suites, 26 fr. R. Dumesnil, 57 fr. 25 les deux premières, et 12 fr. 50 la troisième.

Weigel décrit deux états pour l'une et pour l'autre.

1er. Avant la lettre.

2e. Avec le nom du maître.

Weigel ajoute qu'on trouve de mauvaises épreuves modernes des 8 feuilles 27 à 31 et 34 à 36, avec le nom du maître supprimé, dans le Spiegel der Natuur en School der Tekenkunde, qui a paru vers 1790, à Amsterdam, chez J.-P. van Esveeldt-Holtrop.

Portraits du pape Clément X et de Gibert Voet. Le Pontife est à gauche, l'autre personnage à droite ; ils se tiennent serrés l'un contre l'autre. Sur le papier que tient le Pape, on lit : *Clement X. nat.* 1590. *Gisbertus Voetius nat.* 3 *Mart.* 1589. Sur un livre placé sur un pupitre, au bas de la gauche, les armes du Pape et de Voet. Au bas, six vers hollandais. *J. Almeloveen Inv. et fec.*

Haut., 167 millim.; larg., 124.

Ce morceau paraît faire allusion à la paix de Clément X, qui apaisa momentanément les querelles du Jansénisme; puis l'on voit, derrière le Pape, le dôme de Saint-Pierre, et, derrière Voet, la cathédrale d'Utrecht.

Rigal, 81 fr.; Verstolk, quatre épreuves, dont trois de divers états, 417 fr.

BAKHUYSEN, BACKHUYSEN ou BAKHUIZEN [1] (Ludolf ou Louis), peintre, né à Embden en 1631, mort à Amsterdam en 1709; élève d'Ald. van Everdingen. Jusqu'à l'âge de dix-huit ans, il tint la plume sous son père, qui était secrétaire des États. La beauté de son écriture et son habileté à tenir des comptes le firent d'abord placer à Amsterdam chez un négociant. Il ne commença à dessiner que vers dix-neuf ans, et se servit d'abord de la plume. Le spectacle du port d'Amsterdam, toujours garni de vaisseaux, fut peut-être ce qui l'inspira. Il se mit ensuite sous la conduite d'Everdingen. On raconte qu'il ne craignait pas d'affronter les dangers, et que, montant sur de frêles barques, c'était au milieu des flots qu'il allait étudier les tempêtes. Dès qu'il était revenu au rivage, il courait immédiatement vers son atelier confier à la toile les horreurs qu'il venait d'admirer. Ses tableaux, d'une belle touche et d'une excellente couleur, remplissent les musées et les cabinets particuliers. Une de ses plus importantes marines, qui figure au Louvre, fut, dit-on, offerte par les bourgmestres d'Amsterdam à Louis XIV.

Bakhuizen ne s'est pas contenté de peindre les flots agités, nous avons vu de lui un tableau représentant un calme, qui ne le cédait pas aux plus beaux Van de Velde. Cet ouvrage fut vendu 6,000 francs, lorsque le cabinet Denon passa aux enchères ; il atteignit le prix de 9,000 francs, en 1841, à la vente du colonel de Biré. Il est probable qu'aujourd'hui ce prix serait beaucoup dépassé.

En même temps que notre artiste était un excellent peintre, il était l'homme qui, à Amsterdam, traçait le mieux les caractères d'écriture ; il en donnait même des leçons. Il inventa, dit-on, une méthode pour

1. C'est ainsi que Regnault-Delalande écrit le nom de cet artiste, dans le catalogue Rigal. Descamps dit Bakhuysen ; Lejeune, dans l'*Amateur de tableaux*, Backhuysen ; Bartsch Bakhuizen, comme le peintre a signé ses estampes.

en fixer les principes. Ses récréations étaient consacrées à la poésie ; il avait pour amis les meilleurs poètes et les savants les plus célèbres de son époque.

Les estampes de Bakhuizen sont au nombre de 13, et peut-être de 15 pièces. Sa pointe est délicate et légère, et l'on doit être d'autant plus étonné que cet artiste avait alors soixante et onze ans.

ŒUVRE DE L. BAKHUIZEN.

1-10. *Différentes Marines.* Suite de dix estampes, dont sept sont numérotées au milieu du bas.

1. Sur un char traîné par des chevaux marins et des néréides, est une déesse assise tenant les armes de la ville d'Amsterdam. Derrière elle, Neptune est debout, armé de son trident. A droite, la poupe d'un grand navire ; à gauche, des vaisseaux, et la ville dans le fond. Sur le devant, à droite : *L. BAK*, à rebours, au centre d'un tonneau flottant. Dans la marge du bas, à gauche : *L. Bakhuizen fecit et exc: cum Privil: ord: Hollandiæ et West-Frisiæ.* La même inscription se trouve sur les autres pièces.

Dans la marge du bas, six vers hollandais : *Zoo bouwtmen hier...*, gravés à l'aide d'une petite planche rapportée[1].

Haut., 191 millim.; larg., 252.

2. Au bord de la mer, une marchande de poissons est debout entre deux matelots assis. Celui qui est de dos a un verre à la main. Près de celui qui est de profil, un jeune garçon mange, tandis qu'un chien le regarde. A droite, quelques navires, et près d'une ancre, à terre, l'année 1701. Vers le milieu du bas : *L. B.*, à rebours. (1)

3. Sur le devant, un rivage où sont trois hommes, deux vaches, un mouton et un chien. Un navire, suivi d'une chaloupe, se dirige vers la gauche. A droite, une barque attachée au rivage. Une ville occupe tout le fond. (2)

4. On voit dans le lointain la ville d'Amsterdam, qui s'étend dans toute la largeur de la planche. Vers la droite, un grand vaisseau vient à toutes voiles vers le milieu du devant où se trouve une barque montée par six hommes. Sur la mer, plusieurs navires. (3)

1. Le dessin du n° 1, du sens opposé, est au British Museum. On y voit également celui du n° 6.

5. *Autre marine.* Le lointain offre la vue d'Amsterdam. Un peu à gauche, vers le milieu, un grand navire s'avance à pleines voiles. Un peu plus loin, du même côté, un bateau à une voile ; à droite, un autre semblable dont la voile est enverguée. Sur la semelle de ce dernier bateau : *L. B.* (4)

6. *Coup de vent.* Un navire penché, qui paraît se diriger vers le fond, a sur son pavillon un lion et les lettres *L. B.* A droite, un mur de quai et plusieurs navires. A gauche, sur le devant, un bateau dont la voile est gonflée, et un autre qui va à toutes voiles vers le fond. (5)

7. A gauche, un vaisseau est penché pour l'opération de la carène, on lui a ôté une partie de ses mâts. Derrière, un autre vaisseau dont les voiles sont étendues, paraît être à l'ancre. Vers le coin, à gauche, un matelot dans une barque passe près d'un pieu. Vers le milieu, sur une petite nasse qui flotte : 1701, écrit à rebours. Vers la droite du bas, sur un morceau de bois qui sort de l'eau : *L. BAK.*, aussi à rebours. (6)

8. Sur le bord de la mer agitée, des matelots cherchent à remettre à flot une barque. En avant de plusieurs figures qui sont sur le rivage, un jeune garçon tient la corde d'un cerf-volant. Au coin de la gauche, un homme à cheval. A droite, au bas de la planche : *L. BAKH* 1701, à rebours. (7)

9. Quai d'un port de mer, animé par de nombreuses figures. A droite, quelques personnages qui se distinguent par leur costume. Au milieu, près d'un homme qui pousse une brouette chargée, deux chiens aboient. A gauche, près d'une petite maison, quelques personnages et trois femmes. A droite et à gauche, des vaisseaux ; au fond, une ville. Sur le devant, à gauche : *L. B.* 1701. (8)

10. On voit à gauche un navire ballotté par les flots. Les vagues viennent à droite se briser contre un rocher surmonté d'une tour. Dans le fond, un rivage où l'on distingue des constructions. A droite, sur une partie du roc : *L. B.* 1701.

Haut., 167 à 169 millim.; larg., 227 à 234.

A la tête de ces dix estampes se trouvent ordinairement :

1° Ce titre : *Stroom en Zeegezichten geteekent en geetst door Ludolf Bakhuizen. Anno* 1701 *In Amsterdam. met Privil : van de*

Hoog Mog: Heeren Staten General. out 71 *Jaar*. Cette planche a la même dimension que les précédentes.

2° Un éloge de L. Bakhuizen, en vers hollandais, par Jean van Broekhuizen, imprimé en caractères ordinaires.

3° Le portrait de l'artiste, à mi-corps, la tête de face, le corps dirigé vers la droite. Il est dans un ovale au bas duquel est écrit : *L. Bakuisen out* 71 *jaar*. Dans la marge, sur une planche rapportée, une inscription : *Aemula naturæ Bakhusia*... Au-dessous, à gauche : *Cum Privileg. ord. Holland : et West-Frisiæ ;* au milieu, vers la droite : *Janus Broekhusius*. Cette inscription est sur une planche rapportée, Ce portrait, selon Bartsch, est gravé par Gole ; suivant d'autres auteurs, par l'artiste lui-même.

Haut., 183 millim.; larg., 146.

Rigal, 3e état dit avant les numéros, 59 fr.; R. Dumesnil, 117 fr.; Verstolk, 84 fr.; Guichardot, 3e état, 55 fr.; Brizard, 14 pièces, 205 fr.

1er état, mentionné par Weigel ; avant la lettre, avant les numéros et avant beaucoup de travaux ajoutés. Presque unique.

Nous trouvons, dans l'exemplaire du *Peintre-graveur* de Bartsch, que nous possédons, des annotations de M. Favart, amateur distingué, qui caractérisent ces premières épreuves. Nous sommes heureux d'en faire profiter nos lecteurs.

N° 1. Le char de la Hollande. Le grand vaisseau qui se voit, à droite, entre dans la mer par une ligne droite et désagréable. Ce défaut a été corrigé dans les épreuves postérieures. Le grand édifice qui se voit dans le fond est moins travaillé. La tête de Neptune, une partie de la joue et la barbe sont sans ombres ; elles sont couvertes de hachures dans les épreuves suivantes. Le bout du bois ombré que l'on voit en avant sur la première vague, au milieu, n'existe pas dans ce 1er état. La rame que tient un Triton, en avant du char, n'est indiquée que par un trait léger du côté de l'ombre, tandis que cette ombre est très prononcée et marquée de plusieurs traits aux épreuves postérieures.

N° 6. La vague, au milieu, sur le devant, est restée blanche du côté gauche dans le 1er état, tandis que plus tard elle a été toute recouverte d'ombre. Alors on y aperçoit comme une barrique ou un ballot flottant. La proue du grand yacht du milieu est restée blanche ; elle est teintée d'une double taille dans l'état suivant. Lorsque la suite a les numéros, cette pièce est marquée d'un 5. Derrière la chaloupe attachée au yacht, la mer est restée blanche ; elle est teintée dans les autres états.

N° 7. Le second vaisseau à voiles déployées, au milieu de la planche, a les voiles du second mât restées blanches aux premières épreuves ; elles sont couvertes de travaux dans les suivantes. La voile la plus en arrière du vaisseau qui se trouve tout à fait derrière le grand que l'on calfate, est en partie blanche dans cet état ; plus tard, elle a été recouverte de travaux. Le devant de la mer est presque blanc ; il est chargé de travaux dans les épreuves suivantes. Il en est de même du panier qui est à droite. Le bord de la poupe du petit yacht est à peine distinct dans les premières épreuves, ainsi que la fumée qui sort de sa proue, tandis que ce bord est très prononcé, et la fumée très chargée de travail est un peu lourde dans les épreuves postérieures.

N° 9. La ligne du lointain, au milieu, derrière une petite maison, est restée blanche dans le 1er état ; plus tard, elle a été toute teintée. A l'extrémité de la droite, le contour du vaisseau se dessine sur un fond blanc ; il y a une petite maison ombrée, derrière, à l'état suivant. Enfin, la femme qui tient un enfant, près de l'homme qui pousse une brouette, est blanche dans les premières épreuves ; elle est toute teintée dans les autres. Il en est de même de deux hommes en manteau qui causent ensemble, vers la gauche.

M. Favart a vu de cette pièce une épreuve où les changements exécutés plus tard par l'artiste avaient été indiqués par lui-même à l'encre de Chine.

N° 10. Les deux traits d'encadrement sont très légers dans le 1er état ; ils sont très prononcés dans le 2e. Vers le milieu du ciel, au bord gauche, dans le nuage qui cache et qui se termine en pointe, il y a une partie restée blanche ; près de ce bord, plus tard, cette partie a été recouverte. Aux deux coins du bas, à droite, la mer est restée blanche ; postérieurement on y a ajouté quelques tailles.

* Dans notre collection, épreuve du n° 4, sans numéro ; un peu moins travaillée, tout au bas de la droite, avant l'inscription : *L. Bakhuizen fecit et ex. cum Privil*, dans la marge, à gauche. Collection Galichon.

2e état cité par Weigel avec les nos 1 à 7, à partir du n° 2 de Bartsch jusqu'au n° 8. Ces numéros ont été effacés après le tirage de quelques exemplaires seulement. Presque aussi rare que le 1er état. M. Favart, qui mentionne la même remarque, dit que ces numéros sont tracés au milieu de la marge du bas.

* 3e état. Notre suite est avec la lettre, sans numéros, mais avec le titre, l'éloge du peintre et son portrait. Le papier porte les armoiries hollandaises. Selon le catalogue Rigal, cette suite serait avant les numéros, mais Weigel dit que ces sortes d'épreuves sont tirées après la suppression des numéros. Les planches existent encore à Amsterdam. Weigel ajoute que les épreuves modernes encore bonnes ne se rencontrent pas souvent. Elles sont imprimées sur un papier français, blanc, portant des lis comme marque du papier, et en partie sur un papier hollandais un peu grossier. Les anciennes épreuves sont, au contraire, tirées sur un papier hollandais jaunâtre portant les armoiries hollandaises comme marque du papier.

On rencontre des épreuves antérieures où, d'après Bartsch, se trouvent les pièces que nous avons signalées plus haut : le titre, l'éloge du peintre et le portrait. C'est le cas de notre suite.

11. La vue représente un port de mer, qui s'étend depuis le côté gauche jusque dans le lointain, à droite. Vers le milieu, s'élève un rocher surmonté d'une tour ronde, au bas duquel un vaisseau, voiles déployées, se dirige vers le devant, à droite, où l'on voit un grand vaisseau, accompagné d'une barque et d'une chaloupe, qui se dirige vers le fond, en suivant un troisième bâtiment qui les précède dans la même direction. Pièce rare, connue sous le nom de *Grande marine*. Sur le pavillon du troisième vaisseau, à gauche : *L. Bakhui*, à rebours.

Haut., 261 millim.; larg., 396.

12. *Paysage avec figures.* A gauche, un rocher escarpé, au haut duquel est une tour ronde. Sur le devant, à droite, une femme vue de dos, portant un grand panier sur la tête, marche, à côté d'une autre, qui tient un enfant sur ses bras. Elles sont accompagnées d'un chien. Au milieu, un homme et un jeune garçon se dirigent ensemble vers le fond. A droite, au-delà d'une rivière, des maisons sur une hauteur. Du même côté, dans la marge : *L B f.*

Haut., 115 millim.; larg., 167.

Weigel dit que c'est à tort qu'on a prétendu que cette pièce était de L. Brasser. Le morceau décrit par Bartsch est une pièce originale, dont on connaît à peine trois épreuves.

Cette estampe ne doit pas être confondue avec celle de Brasser, qu'on reconnait au premier coup d'œil pour une œuvre moderne.

13. *Portrait de L. Bakhuizen, gravé à l'eau-forte.* Il est en buste, vu de face, le corps un peu tourné vers la droite. Une grande perruque descend sur ses épaules. Deux houppes pendent entre les deux feuillets de son rabat. Ce portrait ressemble à celui qui est gravé en manière noire, dont nous avons parlé plus haut; seulement, il est éclairé du côté gauche, et les bras sont cachés sous la draperie.

Haut., 297 millim.; larg., 243. La marge du bas, 92.

L'épreuve vue par Bartsch n'avait pas de lettre. Dans la collection de M. I. Sheepshanks, il y avait deux épreuves. Sur l'une, on lisait : *L. Bakhuyse Ipse fec. aqua forti,* et sur l'autre : *Ludolf Bakhuijsen Pictor*; les mots sont écrits à la main par le maître lui-même.

PIÈCES DÉCRITES PAR WEIGEL.

14. *Mer agitée avec un vaisseau et une tour.* C'est le même sujet que le n° 10 de la suite décrite plus haut. Le ciel est différent de forme et de travail; les gros nuages qui couronnent les montagnes du fond sont plus épais et s'étendent davantage, vers la gauche. De ce même côté, le vaisseau à voiles ferlées, qui touche au bord gauche du n° 10, est, dans cette pièce, à plus de vingt-sept millimètres de distance. Une de ses voiles est encore déployée, et ayant rompu ses agrès d'un côté, elle est fort agitée par le vent. Le drapeau, au lieu de n'être qu'une longue flamme, est un vaste pavillon carré. La proue, entièrement découverte dans le n° 10, est, dans cette pièce, presque entièrement couverte par l'écume d'une forte vague qui vient se briser contre le navire. La mer y est entièrement différente de forme

et de travail. Dans le nº 10, la vague est en avant; à droite, on voit un tonneau et deux ballots flottants. Dans cette pièce, la vague est plus vers le milieu; on ne voit que l'extrémité d'un bout de bois. Au milieu, sur des rochers, dans l'éloignement, sont les murailles d'une ville dominée par un dôme et d'autres édifices. Ce dôme est moins élevé dans le nº 10. Dans la tour ronde du nº 10, il y a deux fenêtres qui sont omises dans celui-ci. Les lettres *L. B* 1701, dans le nº 10, sont écrites du sens ordinaire ; elles sont à rebours dans cette pièce.

Haut. 167 millim.; larg., 230, y compris les deux traits légers dont cette estampe est encadrée.

Ce morceau de la plus grande rareté est dans la galerie de l'archiduc Charles et au British Museum.

15. *Vue d'une côte représentant le matin après une tempête.* A gauche, on voit à quelque distance la carcasse d'un grand vaisseau échoué sur le sable ; à droite, deux bateaux portent des marchandises et des passagers ; un homme, ayant une femme sur son dos, marche dans l'eau, un autre porte un enfant. Dans le milieu, un chariot à deux chevaux est gardé par un soldat ; de l'autre côté du premier plan, des sentinelles et des spectateurs.

Haut., 129 millim.; larg., 169. La marge du bas, 13.

Ce morceau, qui faisait partie de la collection Sheepshanks, doit être aujourd'hui au British Museum.

M. Bénard, dans le catalogue Paignon-Dijonval, attribue encore à notre maître les pièces suivantes, traitées avec beaucoup de liberté :

a. *Vaisseau près de couler bas.* Sur le premier plan, un cavalier est spectateur de cette scène.

Haut., 115 millim.; larg., 281.

b. *Deux vaisseaux et une barque flottent au gré de la tempête.* Ils sont poussés vers la droite.

Haut., 115 millim.; larg., 281.

On cite encore cette pièce dans le catalogue Maarseveen :

Mer agitée. Des vaisseaux et un port dans le fond.

Nous avons trouvé au British Museum trois titres que l'on peut joindre à celui que nous avons décrit à l'occasion de la première suite.

1er, composé de 30 vers hollandais ; 2e, de 14 vers latins ; 3e, offrant sur deux colonnes 30 vers hollandais, au bas desquels il n'y a pas la signature de D. van Hoogstraten.

Nous avons vu également une grande marine, dont il y a deux états :
1er. Avant le monogramme du maître, dans le bas, à gauche.
2e. Avec le monogramme.
Nos souvenirs sont trop vagues pour pouvoir entrer dans d'autres détails.

BEGA (Corneille BEGYN ou), peintre, né à Harlem vers 1620, était fils de Pierre Begyn, sculpteur, qui le plaça dans l'école d'Adrien van Ostade. Il devint le meilleur de ses élèves. Il prit le nom de Bega, croyant probablement obliger son père, car sa mauvaise conduite l'avait fait chasser de la maison paternelle. Il mourut de la peste à Harlem, en 1664. Bega a peint des scènes grivoises, et cependant, il eût pu s'élever plus haut. Nous avons, dans notre cabinet, un tableau représentant une *Leçon de musique*, qui, après avoir été gravé dans le cabinet Poulain, a passé successivement dans les collections de Tholosan et du duc de Berry. Bega a rendu avec beaucoup de talent une robe de satin, un tapis de Turquie et de nombreux accessoires. Il s'est presque placé, dans cette heureuse production, à côté de Miéris.

On connaît de lui trente-cinq estampes où il a représenté des assemblées de paysans, des conversations et d'autres sujets pareils. Trois autres lui sont attribuées.

ŒUVRE DE BEGA

TITRE

1. *'t Werck van de bercemde Schilder C. Bega. alles door hem selve geinventeert en geetst.*

Œuvres de C. Bega Peintre renommé Inventée et gravez par luy même.

Ce titre en huit lignes est en caractères d'écriture.

* Pièce rare. Ce titre paraît avoir été mis en tête de l'œuvre de Bega par un marchand d'estampes ou par Bernard Picart lui-même.

TÊTES ET BUSTES.

2. *Jeune Femme*. Elle est à mi-corps, un peu tournée vers la gauche. Sa main gauche se voit au bas de la planche.

Haut., 45 millim.; larg., 36.

* Épreuve avec les marges non nettoyées. Celles où les salissures sont disparues sont d'un tirage postérieur. Cette différence ne nous paraît pas constituer un état.

3. *Vieille en bonnet fourré.* Elle est vue de trois quarts, regardant vers la droite.

Haut., 41 millim.; larg., 34.

* Ancienne épreuve. On en trouve avec le fond couvert de salissures, mais ce n'est pour nous que l'indice d'un 1er tirage, et non un état.

4. *Vieille en bonnet fourré.* Elle est vue de trois quarts, dirigée un peu vers la gauche; sa mine est souriante. Au-dessus de ses épaules, une ombre portée.

Haut., 45 millim.; larg., 32.

* Épreuve où la taille qui paraît indiquer le bas du vêtement n'est pas ébarbée. On voit des lignes diagonales dans le milieu du bas. Les épreuves où ces traits ne paraissent plus sont d'un tirage postérieur.

5. *Paysan en bonnet fourré.* Il regarde vers la gauche en souriant; son nez est d'une assez grande longueur. Le fond est entièrement blanc.

Haut., 48 millim.; larg., 41.

* Épreuve non ébarbée. On voit à droite un trait de bordure très prononcé.

Nous avons eu l'occasion de voir au British Museum une épreuve où les angles sont aigus.

6. *Tête non achevée.* Un paysan, vu presque de profil, est tourné vers la gauche. Il rit la bouche ouverte. Son bonnet n'est marqué que d'un trait léger.

Haut., 36 millim.; larg., 34.

Weigel décrit un 1er état où cette planche n'est qu'ébauchée; de légères lignes la traversent.

* Ancienne épreuve.

Il existe au British Museum une épreuve où des traits échappés coupent le visage.

7. *Buste de vieille.* Vue presque de profil, tournée vers la gauche; elle a sur la tête un bonnet fourré. *P. O.*

Diam. de la hauteur, 56 millim.; celui de la largeur, 48.

* 1er état avant le trait autour de la composition. Dans l'état suivant, on voit ce trait.

SUJETS A UNE SEULE FIGURE.

8. *L'Homme en manteau court.* Il se dirige vers le devant, à gauche, la tête retournée vers la droite.

Haut., 41 millim.; larg., 34.

* Épreuve avant le fond nettoyé; elle est couverte de traits et de points. La planche n'est pas polie.

Dans le second état, toutes ces salissures ont disparu.

9. *La Femme à la cruche.* Elle est presque de face, se dirigeant vers la droite du devant. Une cruche est dans sa main droite. Pièce en losange.

Dimension : 34 millim.

* Épreuve où l'on voit dans le haut des salissures au-dessus de la tête de la femme. Weigel regarde comme un 1er état celles où la planche n'est pas ébarbée ni nettoyée. Dans cette circonstance, nous ne voyons là que l'indice d'un 1er tirage.

10. *L'Homme ayant la main dans son pourpoint.* Il se dirige vers le devant, à gauche. Sa tête est couverte d'un petit chapeau qui cache ses yeux.

Haut., 54 millim.; larg., 41.

* Épreuve où la planche n'est pas ébarbée; avec le fond couvert de salissures.

Weigel décrit un 1er état extrêmement rare avant la bordure. Il fait également remarquer que Basan a fait remordre cette planche. Par suite de cette opération, on rencontre des épreuves de ce tirage qui ont le fond sale et couvert de points. Dans ce cas, il faut faire attention au papier sur lequel ces sortes d'épreuves sont tirées.

11. *La Femme à la pipe.* Elle est assise sur une chaise, la tête un peu tournée vers la gauche, une pipe dans la main droite. A gauche, une bouteille sur une espèce de table.

Haut., 54 millim.; larg., 41.

1er état. Avant la bordure. Très rare. Décrit par Weigel.

* Ancienne épreuve du 2e état. Basan a fait remordre cette planche, alors on remarque particulièrement des points dans la marge du bas.

12. *Vieille au grand pot.* Vue de trois quarts, tournée vers la droite; elle est assise sur un banc.

Haut., 63 millim.; larg., 56.

* Ancienne épreuve. Weigel indique un 1er état où la planche n'est pas nettoyée, et où il y a beaucoup de barbes. Même observation que plus haut; c'est seulement un indice de premier tirage.

13. *Le Fumeur.* C'est un paysan assis sur une chaise, le pied gauche sur une escabelle. Il tient une pipe de la main gauche. C'est le pendant du n° 12.

Même dimension.

Weigel signale un 1er état où, à côté du dossier et du pied gauche du derrière de la chaise, on voit distinctement l'ébauche de la première position de la chaise qui est plus droite et moins oblique.

Également un 2e état où la planche n'est pas ébarbée. R. Dumesnil avait déjà mentionné la même remarque.

* Ancienne épreuve, mais ébarbée.

14. *Vieille debout.* Elle est de profil, tournée vers la droite. Sa tête est couverte d'un bonnet fourré.

Haut., 75 millim.; larg., 38.

* 1er état. On y remarque deux croquis : l'un d'une tête renversée aux pieds de la femme; l'autre d'un coude, à droite, près de la main. Ces deux objets ne sont que faiblement exprimés à la pointe sèche. La planche n'est pas ébarbée, surtout dans la marge du bas.

Dans le second état, ces croquis et ces signes ont disparu.

15. *Homme en manteau court et bonnet haut.* Il est de face, s'avançant vers le spectateur. Il porte un bonnet haut très enfoncé sur sa tête. Sa main droite est sur sa poitrine ; de l'autre, il relève les plis de son manteau.

Haut., 78 millim.; larg., 48.

* R. Dumesnil indique un état avec un petit croquis. On voit encore les traces dans notre épreuve, sur la droite du milieu.

Un état semblable est au British Museum.

16. *Le Buveur.* Il est assis sur un tonneau, le corps tourné vers la gauche, mais la tête vers la droite. Il tient un pot des deux mains. Au bas de la gauche : *c bega.*

Haut., 81 millim.; larg., 59. La marge du bas, 16.

* Épreuve avec le fond sale ; la marge du bas n'est pas nettoyée, ainsi que le tour de la planche. Collection R. Dumesnil.

Autre épreuve dans la même condition, mais moins belle.

Dans le tirage postérieur, les salissures ont disparu.

17. *Paysan le chapeau bas.* Il est assis sur un petit banc, tenant son chapeau de la main droite. Au bas du banc est un pot. A gauche, au-dessous des pieds : *c bega.* C'est le pendant du numéro précédent.

Même dimension.

* 1er état. Avant les retouches que nous allons mentionner plus bas; le fond et la marge sont couverts de salissures.

* 2e. Retouché au burin sur et sous le banc, à ses deux extrémités, à l'ombre portée du corps, et à l'ombre portée de la cruche, dont les contours sont mieux exprimés. Le fond est encore sale, ainsi que la marge du bas.

Dans les épreuves postérieures, les salissures ont disparu.

18. *La Femme portant un panier.* Elle est de face, se dirigeant vers la droite. De la main gauche, elle soutient le panier qu'elle a sur la tête ; de la droite, elle tient un grand pot. Au bas de la gauche : *c bega.*

Haut., 106 millim.; larg., 70. La marge du bas, 11.

* 1er état. Au haut d'un petit monticule, à gauche, est une pierre légèrement tracée. Au bas de la composition, un trait horizontal coupe le pied de la femme. A droite, de nombreuses lignes ne sont pas ébarbées. Toute la partie droite est remplie de salissures; l'estampe est très vigoureuse. Collection R. Dumesnil.

* Autre épreuve plus faible. A droite, les longues lignes ont disparu, mais la ligne horizontale qui coupe le pied de la femme est encore très visible.

Dans le second état, ces objets ne s'aperçoivent plus.

19. *Le Paysan à la fenêtre.* Il regarde en dehors, appuyé sur son bras gauche, la tête un peu tournée vers la droite; il porte un bonnet élevé. Au bas de la gauche : *c bega.* Ce morceau, gravé à la pointe sèche, est un des meilleurs de l'œuvre.

Haut., 87 millim.; larg., 78.

* 1er état. La plus grande partie des travaux est à l'eau-forte ; avant le jambage droit et l'appui de la croisée ; l'ombre du volet n'est que légèrement indiquée ; le mur à droite est blanc. On ne voit pas le nom de Bega. Les marges, entre le trait de bordure et le témoin du cuivre, sont couvertes de salissures ; avec de grandes marges. Collection R. Dumesnil.

* 2e. Le personnage est complètement ombré ; il y a une ombre très forte sur le bas du volet ; l'appui et le jambage droit de la fenêtre, ainsi que le mur de ce côté, sont entièrement terminés. Au bas, à gauche : *C. Bega.* Deux épreuves : l'une d'elles vient de la collection R. Dumesnil.

20. *Paysan vu jusqu'aux genoux.* Il est tourné vers la gauche, assis près d'une table, tenant de la main gauche sa pipe qu'il allume à un pot à feu.

Haut., 90 millim.; larg., 54.

* Épreuve avec la bordure faible, mais la planche est ébarbée et nettoyée ; ce qui indique un tirage postérieur.

Weigel fait un 1er état du tirage où la planche n'est ni ébarbée ni nettoyée.

Dans le 3e état qu'il décrit, la bordure, qui était faible, a été renforcée au burin, particulièrement dans le haut. On lit au bas, à droite : *page* 56. Cette estampe a été insérée dans le Dictionnaire des graveurs de Basan.

4e. Les mots *page* 56 sont supprimés.

SUJETS A PLUSIEURS FIGURES.

21. *La Famille.* Une femme assise donne le sein à son enfant. Derrière elle, à droite, un paysan paraît lui parler. A gauche, une fenêtre ouverte. Croquis légèrement fait.

Haut., 36 millim.; larg., 34.

Weigel indique un 1er état où, dans le fond, on voit un grand paysan debout. Une épreuve se trouvait dans la collection de M. l'archiviste Hoesel, à Leipzig.

* 2e. On ne voit plus le paysan debout. Notre épreuve n'est pas ébarbée.

22. *Le Paysan au dossier*. Il est à mi-corps, vu de dos, assis sur une chaise dont on ne voit qu'une partie du dossier ; sa main droite est blanche. Derrière lui, la tête d'une vieille femme, vue de profil.

Haut., 65 millim.; larg., 50. La marge du bas, 11.

* 1er état. Avec six traits horizontaux et presque parallèles dans la marge du bas. On voit très distinctement le corset et la bavette du tablier de la vieille qui ont disparu, ainsi que les lignes de la marge, dans l'état suivant.

23. *L'Assemblée près de la cheminée*. A gauche, un paysan, assis sur un tonneau, parle à un homme debout près d'une femme assise, à droite, et dont on ne voit que le dos. Le fond est occupé par un grand manteau de cheminée.

Haut., 77 millim.; larg., 59.

* Épreuve de la planche non ébarbée. On remarque beaucoup de salissures dans le bas.

Cette planche a été depuis remordue à l'eau-forte ; elle est rude et noire. Basan a fait exécuter cette retouche. Il en est résulté que l'eau-forte ayant mordu inégalement a altéré les marges et particulièrement celle du bas. Ceci permet de ne pas confondre cette retouche avec le premier tirage.

24. *Les Caresses mal reçues*. Une femme semble repousser les caresses d'un paysan assis à la droite de l'estampe.

Haut., 77 millim.; larg., 61.

Weigel décrit trois états :

1er. La tête du paysan, vu de profil, n'est indiquée que par des contours, et le banc est blanc. Cette épreuve, peut-être unique, se trouve dans l'Institut de Staedel, à Francfort.

2e. La planche non ébarbée.

3e. Décrit par Bartsch.

* On voit quelques salissures dans le bas de notre épreuve.

25. *Les Deux Amoureux*. Une femme assise, à droite, regarde tendrement un paysan qui lui fait des caresses. La femme tient un verre de la main gauche. Sur la table, une bouteille, deux pipes et deux feuilles de papier sur lesquelles il y a du tabac. Les figures sont à mi-corps.

Haut., 81 millim.; larg., 72.

* Ancienne épreuve, mais ébarbée. Dans le premier tirage, la planche n'est pas nettoyée.

Basan a fait remordre cette planche qui, dans cet état, se rencontre quelquefois avec des barbes.

26. *La Danse*. Dans un cabaret, sur le devant, à gauche, un paysan,

vu de dos, est assis sur un banc; près de lui est une femme qu'un autre paysan embrasse. Dans le fond, à droite, un homme danse avec une jeune femme.

Haut., 88 millim.; larg., 77.

* 1er état. Avec le fond blanc; on y voit seulement quelques essais de hachures.

* 2e. Le fond est entièrement ombré.

Il y a des épreuves postérieures remordues à l'eau-forte par Basan, où la planche n'a pas été nettoyée.

27. *Le Chanteur*. Composition de trois figures, deux hommes debout et un enfant. C'est un croquis légèrement exécuté.

Haut., 113 millim.; larg., 75.

* 1er état. Le bord gauche est irrégulier, et montre au-dessus de l'ombre portée par les figures une espèce de cran. Collection R. Dumesnil.

* 2e. La planche est coupée carrément, à droite.

Cette planche, qui faisait partie du fonds de Basan, a été remordue à l'eau-forte. On y remarque des lignes et des points, etc.

28. *La Jeune Mère*. Elle est assise à gauche, la tête un peu tournée vers la droite, tenant sur ses genoux un enfant endormi.

Haut., 97 millim.; larg., 81. La marge du bas, 11.

* Ancienne épreuve avant les croquis.

Weigel croit que Basan a édité cette planche. Sur ces épreuves modernes, on voit des croquis à droite. Un paysan et une paysanne en demi-figure sont au-dessus de la tête de l'enfant et de l'ombre de droite. Bega n'y a aucune part. Il est probable que ces figures ont été placées là, à l'aide d'une autre planche.

29. *Les Trois Buveurs*. L'un, vu de dos, est, à gauche, assis sur un banc, en face d'un autre assis sur un tonneau, qui regarde à gauche. Un troisième, debout, tient un verre. Le fond est blanc.

Haut., 106 millim.; larg., 104.

* 1er état. On voit au-dessus de la tête de l'homme assis sur un petit tonneau, un double trait et l'apparence de quelques travaux, dans l'intention sans doute de donner au bonnet une forme plus élevée. L'impression des bords de la planche est fortement empreinte.

* 2e. Ces traces de bonnet ont disparu. Les marges sont nettoyées.

Les épreuves éditées par Basan ont été remordues à l'eau-forte. On a cherché à faire reparaître les traces du bonnet élevé. Par suite de cette retouche, le fond est noirci. L'impression des bords de la planche est très faible.

30. *Une Mère allaitant son enfant*. Dans un intérieur éclairé par une grande fenêtre, à droite, le mari, appuyé sur une petite table, semble parler à une femme qui allaite son enfant. Celle-ci est assise,

à gauche, sur une chaise, et regarde vers la droite. Sur le devant, à gauche, un berceau.

Haut., 135 millim.; larg., 110. La marge du bas, 14.

1er état, signalé par Weigel. Le nom de C. Bega se trouve gravé très légèrement à la pointe, sur le côté gauche de la marge inférieure. A cette même place, il y a des traces du grattoir. Une épreuve était dans la collection de M. l'archiviste Hoesel, à Leipzig.

* 2e. On ne voit plus le nom de C. Bega. Cependant, à la loupe, il ne serait pas impossible d'en apercevoir encore quelques traces.

Il y a des épreuves éditées par Basan qui ont été remordues à l'eau-forte; l'impression des bords de la planche est très faible.

31. *La Mère au cabaret.* Dans un intérieur, on voit, à droite, une femme ayant un enfant sur ses genoux. En face d'elle, deux paysans : l'un, assis sur une chaise, regarde un homme debout qui tient un pot, dont le couvercle est levé. Ce morceau n'a pas été terminé. Le paysan assis, la moitié inférieure de la femme et son enfant ne sont qu'au trait.

Haut., 153 millim.: larg., 119.

1er état, signalé par Weigel. Il y a une place blanche près de l'œil droit de la mère, entre l'ombre sur son corset et les contours de la tête de l'enfant, on voit un espace blanc; les cheveux de cet enfant ne sont indiqués que par un seul trait.

* 2e. Les places blanches ont disparu ; l'ombre arrive jusqu'aux contours de la tête de l'enfant; les cheveux sont indiqués par plusieurs traits. Dans notre épreuve, on voit des taches sur la jambe gauche de l'homme assis.

R. Dumesnil indique une épreuve non ébarbée.

Les épreuves postérieures éditées par Basan ont été remordues à l'eau-forte ; on voit aussi les traces de la planche non nettoyée après cette opération.

32. *La Vieille Aubergiste.* Dans un cabaret, quatre paysans. Un d'eux, assis dans le milieu, sur un banc, est vu de dos; le deuxième, de face, se tourne pour parler au troisième, debout derrière lui. A gauche, dans le fond, on voit le dos du quatrième. A droite, une femme debout tient un pot de la main gauche. Du même côté, sur un tonneau couché, un grand chapeau.

Haut., 178 millim.; larg., 133.

1er état. Au British Museum. Moins travaillé dans le fond; les figures ont peu d'effet, le tonneau est clair.

* 2e. Avant l'adresse.

3e. On lit dans le milieu, vers la gauche : *I. Covens et C. Mortier Excudit.*

4e. L'adresse est effacée; la planche a été remordue à l'eau-forte, et retouchée au burin. On peut voir dans la marge de gauche, dans le milieu, à côté du dos du paysan, les lignes perpendiculaires au burin, et de même sur d'autres places. Ces épreuves, ajoute Weigel, sont très noires dans les premiers tirages, et elles sont de couleur de suie dans les parties ombrées.

On voit des épreuves modernes, dont quelques-unes sont sur papier de Chine, qui portent l'adresse de Covens et de Mortier. Weigel présume qu'elle a été replacée sur la planche, quoiqu'on ne puisse nier que la place où était l'adresse authentique n'ait été très bien recouverte. La planche est aujourd'hui à l'Institut bibliographique de Hildbourghausen.

J. Yver, dans le catalogue de N. Marcus, dit qu'il y a des épreuves trompeuses des trois plus grandes pièces de Bega, sur lesquelles les fichus des femmes sont effacés et où l'on voit des cous et des poitrines nues. Weigel pense que ce résultat a été obtenu à l'aide d'un papier collé sur différentes places, et ensuite au moyen d'autres planches de même grandeur sur lesquelles on avait regravé des croquis.

33. *La Jeune Aubergiste*. A gauche, une jeune femme debout, vue de profil et tournée vers la droite, regarde un paysan qui lui parle en la tenant presque embrassée. A droite, un paysan assis sur un baquet renversé tient un pot à feu de la main gauche.

Haut., 173 millim.; larg., 158.

1er état. Avant nombre de travaux ; la figure de la femme, partie de la bavette de son tablier, la gauche du chapeau, du vêtement et la main du paysan qui parle à la jeune aubergiste, n'y sont pas ombrés ; le dessus du chapeau de l'homme assis à la droite est presque blanc ; la partie ombrée du dos du paysan, qui est dans le fond, n'est couverte que d'une seule taille, et le bas de la quatrième douve du baquet est presque blanc.

* 2e. L'épreuve est terminée, mais il n'y a pas encore le nom du maître et l'adresse. Dans le bas, quelques salissures.

3e. Avec cette adresse : *J. Covens et Mortier excudit*, en bas, à gauche.

4e. Cette adresse est supprimée, et avec des hachures ; mais on distingue encore les traces de l'adresse.

5e. Les hachures sont effacées, la place est de nouveau blanche ; à gauche et en bas, une main étrangère a tracé : *Corn. Bega fec.*

La planche a été remordue à l'eau-forte et retouchée çà et là. Aujourd'hui, elle appartient à l'Institut bibliographique de Hildbourghausen.

Le catalogue Rigal mentionne une copie de cette pièce, gravée du sens opposé, sans nom de maître ; à gauche, dans la marge : *Corn. Bega*. Dans l'épreuve décrite par Regnault-Delalande, la marge était coupée, à droite, ce qui lui faisait croire que le nom du copiste pouvait se trouver de ce côté.

Haut., 193 millim.; larg., 156.

34. *La Jeune Cabaretière caressée*. Un vieux paysan assis, à droite, lui passe la main droite sur l'épaule et de l'autre lui serre la main droite. A gauche, un autre paysan assis est vu de dos. Près d'eux, sur un tonneau debout, une bouteille, une pipe, un pot à feu, du tabac sur

une feuille de papier. Sur le devant, plusieurs cartes à terre ; à droite, un chapeau et une espèce de pantoufle [1].

Haut., 200 millim.; larg., 167.

* Ancienne épreuve. Weigel signale comme un état celles où la planche n'a pas été ébarbée.

35. *Le Cabaret.* Dans un intérieur, une jeune femme assise, à gauche, et vue de profil, paraît écouter un paysan qui lui parle. Celui-ci est assis sur un banc, vis-à-vis d'elle. Près de la femme, un second paysan a les mains l'une sur l'autre, et tient un pot de la droite. Dans le fond, à droite, deux autres paysans; l'un d'eux est vu de dos.

Haut , 225 millim.; larg., 173.

* 1er état. Avant l'adresse.

2e. On lit à la gauche du bas : *J. Covens et C. Mortier excudit.*

Dans le 3e, cette adresse est effacée et la planche a été remordue à l'eau-forte. On connaît des épreuves tout à fait modernes. Aujourd'hui, cette planche appartient à l'Institut bibliographique de Hildbourghausen.

36. *Les Paysans en société.* Ils sont au nombre de huit. Deux, assis à terre, jouent aux cartes; un troisième, entre ces deux, tient un pot; trois autres, debout, paraissent suivre le jeu. Sur un grand banc, à droite, un chapeau; à gauche, un vieux tonneau, un balai, une pantoufle. Du même côté, dans le fond, derrière une cloison en planches, on voit le dos d'un homme assis. Dans la marge du bas, au milieu : *A Brouwer pinx.;* à droite, *Edewaert du Booys excu.*

Haut., 198 millim.; larg., 306.

* Très belle épreuve où la marge du bas est couverte de salissures, et où l'on voit très distinctement les traces d'une première inscription qui a été effacée.

Cette estampe est très rare. Heinecken l'avait citée d'après le catalogue Marcus, en 1770. Bartsch n'avait jamais vu cette pièce, il reproduisait la description d'Heinecken. Elle manquait au catalogue Rigal. Regnault-Delalande en regardait l'existence comme plus que douteuse. Weigel, en 1843, dans son *Supplément* à Bartsch, dit : *Cette belle et importante pièce du maître est aussi authentique qu'extrêmement rare.*

Il ajoute qu'il a fait exécuter une copie réduite de ce morceau par un graveur de Leipzig, M. F.-E. Miller. Nous devons dire, en terminant, que du Booys, éditeur, était un marchand d'estampes anglais.

Malgré l'autorité qui s'attache au nom de Weigel, nous ne partageons pas son opinion sur l'authenticité de cette pièce. Il n'y a pas d'apparence que Bega, qui a exécuté ses estampes d'après ses propres dessins, ait reproduit un œuvre de Brouwer. Le faire de cette estampe, malgré quelques similitudes, nous paraît différent de celui de Bega.

1. On trouve au British Museum le dessin colorié de cette pièce.

MORCEAUX CATALOGUÉS PAR WEIGEL.

37. *Buste d'un imbécile.* Il est vu de profil, tourné vers la gauche, la bouche ouverte comme s'il criait, sa chemise est décolletée. Il est légèrement griffonné avec beaucoup d'esprit. On remarque au haut de la planche une ligne irrégulière qui coupe les cheveux de l'homme, et en bas, à gauche, une double ligne.

Haut., 65 millim.; larg., 48.

Peut-être cette pièce est-elle unique. Elle est décrite par Brulliot dans sa *Table générale*, sous le nº 879. C'est la propriété de l'Institut de Staedel, à Francfort.

38. *Jeune Garçon de paysan.* Il est assis, tourné à gauche, tenant une cruche de la main droite. Sa tête est dirigée, à droite, vers le fond.

Haut. et larg., 54 millim.

Weigel mentionne deux états :

1er. Le fond du haut est blanc et sans indication du mur par des points.

2e. La planche est finie.

Ils se trouvent aussi dans l'Institut de Staedel, à Francfort. Peut-être ces deux épreuves sont-elles uniques.

Weigel signale trois éditions de l'œuvre de Bega. Voici les signes extérieurs qu'il en donne.

Les premières épreuves, en partie non ébarbées, particulièrement dans les marges, paraissent être les mêmes qui sont tirées sur papier hollandais, épais, dur et blanc; les formes des planches sont profondément empreintes. Nous n'ignorons pas, ajoute Weigel, qu'il y a aussi des premières épreuves tirées sur papier mince ; et qu'au contraire il y en a d'autres avec l'adresse de *Covens et Mortier*, qui ne sont pas les premières, lesquelles ont été également tirées sur un papier épais et dur. Cela paraît être une exception.

La 2e édition est celle de B. Picart qui a ajouté le titre. Les épreuves sont généralement bonnes, et tirées sur papier mince et blanc.

La 3e est celle de Basan. Les estampes sont sur papier brun et mince ; l'empreinte des bords de la planche est faible ; les planches ont été, en partie, remordues à l'eau-forte. Toutefois, Basan ne possédait que 18 planches. La plupart des planches, qui existent encore en Angleterre, sont plus usées. On en trouve des épreuves dans : *Lewis's Collection of two hundred original Etchings London*, in-folio, dans laquelle on trouve des épreuves modernes mauvaises pour la plupart, tirées avec de vieilles planches usées de différents maîtres.

Vendu l'œuvre entier, 35 pièces et doubles, Rigal, 117 fr. ; R. Dumesnil, moins le nº 36, œuvre provenant de Josi, 321 fr. ; Verstolk, probablement ce même œuvre, voir Dusart ; Guichardot, 155 fr., mais sans le titre et le nº 36.

BERGHEM ou plutôt BERCHEM (Clas ou Nicolas), peintre, né à Harlem, en 1624, mort dans la même ville, en 1683; élève de J. Van Goyen, Nic. Moyaert, P. Grebber et J. Weeninx. Son père était Pierre Klaasze, peintre fort médiocre. Nous ne raconterons pas que le jeune Nicolas, pendant qu'il travaillait chez Van Goyen, fut un jour poursuivi par son père, qui voulait le maltraiter, et qu'à cette occasion, Van Goyen, qui aimait son élève, parvint à contenir le père, et dit aux autres élèves : *Berg hem*, ce qui signifie *cachez-le*. Ce fut là l'origine du nom qui lui resta. Nous ne parlerons pas non plus de l'avarice de sa femme, qui retenait tout l'argent qu'il gagnait. On a peu de détails sur la vie de cet artiste; mais ses œuvres, que l'on trouve dans tous les musées et dans de nombreux cabinets, recommandent assez sa mémoire. Il est probable qu'il visita l'Italie, ou du moins toute la contrée qui s'étend de la France jusqu'à Gênes, comme le prouvent sa *Vue des environs de Nice*, qui est au musée du Louvre, et le *Vieux Port de Gênes,* qui, après avoir fait partie des cabinets les plus distingués, a figuré pour la dernière fois dans la vente Demidoff. Berghem, dans sa peinture, abuse souvent de la couleur rouge ; mais lorsqu'il prend une couleur chaude et dorée, et qu'il relève ses tableaux avec de beaux tons bleus, ses productions sont au-dessus de tout éloge. On trouve dans beaucoup de collections de nombreux dessins de lui, dont le mérite est incontestable. Il y a un peu de manière dans ses productions, ses figures sont généralement trop longues, mais ses animaux sont touchés de la façon la plus spirituelle. Ses eaux-fortes ne sont pas d'un moindre mérite ; elles prouvent le talent le plus aimable et le plus sympathique. Les *Trois Vaches au repos* et le *Joueur de cornemuse*, surnommé le *Diamant,* sont au nombre des estampes qui font le plus d'honneur à l'école hollandaise. Les belles épreuves de ce maître sont extrêmement rares ; il serait à peu près impossible de les réunir toutes en épreuves d'eau-forte pure. Nous n'avons rien négligé pour former et embellir cet œuvre, et nous espérons qu'on le placera sur la même ligne que celui du baron Verstolk de Soelen, qualifié d'*incomparable* par les rédacteurs de son catalogue. Nous suivrons les numéros de Bartsch, qui en a décrit 56 pièces.

ŒUVRE DE BERGHEM.

1. *La Vache qui s'abreuve.* La composition est en partie occupée par un abreuvoir, près duquel un berger debout, appuyé sur un bâton, parle à un homme assis à côté d'une femme qui vient de se laver les jambes ; plus loin, à droite, et derrière le berger, deux paysannes sont assises ; sur le devant, du même côté, on voit un bouc près d'un mouton couché ; à gauche, deux vaches sont dans l'eau ; l'une, après avoir bu, laisse découler l'eau de sa bouche ; près d'elles, un bélier, un mouton et une chèvre : plus loin, une ruine avec bas-relief ; dans le fond, des montagnes. Au bas, à gauche : *N. Berchem : f.* 1680, en gros caractères.

Haut., 279 millim., larg., 372.

* 1er état. A l'eau-forte pure, avec les remarques suivantes : à gauche, le nuage, entre les arbustes et le monument de pierre, ne touche pas la petite branche d'arbre et finit en pointe. Au haut du monument, à gauche, les feuillages ne sont formés que par quelques traits légers ; les broussailles qui pendent contre le mur extérieur n'offrent aussi que les mêmes travaux ; sur la tablette intérieure, à gauche, les broussailles ne se continuent pas, il y a une interruption vers le haut ; sur le haut, à droite, les petites broussailles sont interrompues ; dans le renfoncement au-dessous de la tablette, l'ombre ne se continue pas ; il n'y a que quelques traits légers dans le milieu ; à gauche, la première pierre qui forme l'attique n'est pas profilée ; les broussailles qui ont poussé du même côté n'offrent que quelques travaux qui ne se suivent pas ; dans le 2e état, elles sont accentuées par des tailles noires et continues qui détachent bien le contour des pierres ; la pierre du haut, à droite, sur la même ligne, a des intervalles blancs ; on en remarque également sur toutes les autres, et notamment sur celles qui touchent le dos de la vache, vue de profil. La vache, vue de face, a quelques travaux de moins sur la croupe. A gauche, à la hauteur de la tête de cette vache, il y a des places blanches raccordées depuis par des tailles allongées, et qui touchent alors le témoin du cuivre. Cette même vache a un point blanc dans la prunelle droite. La vache, vue de profil, a des travaux de moins sur la croupe, au-dessous de la queue relevée. Le nuage, à droite, est plus petit ; dans le bas, vers la gauche, il n'est accusé que par un simple contour ; vers le milieu, le nuage le plus bas, que touche la pointe de la montagne, est très-petit ; il ressemble à une fumée. L'homme debout n'a pas de contre-tailles sur les jambes. Le milieu de la jambe gauche de l'homme assis est blanc ; les traits ne se rejoignent pas. On voit sur le dos du chien une grande place blanche qui continue, sans interruption, depuis la queue jusqu'à l'eau dans laquelle il boit. Sur la gorge de la femme, on voit un espace blanc où les tailles ne se rejoignent pas. Le vêtement sur lequel elle est assise n'est ombré dans sa partie gauche que par de simples tailles. Le mouton, à droite, est moins ombré sur le dos ; il existe là une très large place blanche, qui a été diminuée dans l'état suivant. Le bras gauche de la femme assise tout à fait à droite et vue de dos, est moins travaillé ; l'ombre portée n'est faite que par quelques traits légers. Son épaule droite n'est pas indiquée par un trait.

Épreuve avec une très grande marge; collection Verstolk, où elle était annoncée comme unique. Vendue 1,785 fr.

Une autre que nous croyons être du même état, mais sans marge, faisait partie de la collection Standisch. Elle est aujourd'hui au British Museum.

* 2e état. Mentionné ordinairement comme premier; il est complètement terminé, mais on y lit toujours comme dans le précédent : *N Berchem f.* 1680.

Rigal, 235 fr.; Révil, 220 fr.; Debois, 415 fr.; Verstolk, 420 fr.; Arosarena, 260 fr.

* 3e. Les mots *N. Berchem : f.* 1680 ont été enlevés. On lit à la même place, mais plus bas, en petits caractères : *Delineat. et Sculpt. per N Berchem et in lucem edit : per N Visscher cum Privil* : Épreuve avec une grande marge. Collection Turin de Lyon.

Rigal, 16 fr.

4e. A la droite de la terrasse, on lit l'adresse suivante : *Leon. Schenck excud.*

5e. Cette adresse est supprimée.

* Je possède le dessin original, au bistre, de cette estampe ; il est du sens opposé, et porte la date de 1679. Il est d'une grande beauté, sa conservation est irréprochable. Collection Verstolk.

2. *La Vache qui pisse.* Elle est placée, vers le milieu de la composition, sur un terrain un peu élevé. A droite, sur le devant, un homme et une femme sont couchés. Plus loin, du même côté, près d'une cabane, sur la porte de laquelle un coq est perché, on voit un bœuf, un bélier, un mouton couchés, et un âne qui brait. A gauche, sur le devant, deux chèvres et un mouton. Dans le fond, du même côté, quelques animaux. Au milieu de la terrasse, sur le trait carré qui entoure la composition, se trouve une espèce de cartouche, dans lequel on lit : *C. P. Berghem inventer et fecit* [1].

Haut., 202 millim.; larg., 154.

* 1er état, non décrit par Bartsch. Il n'y a pas d'inscription dans le cartouche. Épreuve avec marge, provenant de la collection Debois.

Rigal, 1er état, 390 fr.; Révil, 550 fr.; Debois, 600 fr.; Verstolk, 398 fr.

* 2e. Avec l'inscription dans le cartouche, mais avant les mots : *F. de Wit excudit.*

Rigal, 60 fr.

3e. Avec l'adresse de *F. de Wit excudit.*

Verstolk, 60 fr.

4e. A la place de l'adresse précédente, on lit : *G. Valk excudit.* A droite, dans la marge du bas, le no 1, et en haut, à droite, en dehors de la bordure, la lettre *c*. Dans cet état les épreuves sont faibles.

Verstolk, 13 fr.

5e. Toute adresse est supprimée. Les épreuves sont mauvaises.

Weigel signale des épreuves vigoureuses, mais qu'il faut bien se garder de prendre

1. On voit au British Museum le dessin de la *Vache qui pisse;* il est légèrement fait, au crayon, et de sens opposé.

pour premières, avant l'adresse. On s'aperçoit facilement que les tailles sont déjà larges et usées; les parties ombrées sont trop noires et indistinctes.

Le même auteur signale une bonne copie de cette planche par le graveur et marchand d'estampes, M. F.-C.-G. Geyser, à Leipzig.

3. *Les Trois Vaches au repos.* Une, dirigée à gauche, est couchée près d'une autre qui est tournée vers la droite; la troisième est debout. Près d'un grand arbre, à droite, un berger et une bergère sont assis; du même côté, sur le devant, un mouton couché. A gauche, un tronc d'arbre est étendu à terre. Dans le fond, des fabriques et des montagnes. Au haut, à gauche : *N. Berghem fe.*

Haut., 171 millim.; larg., 231.

* 1er état. Il est d'eau-forte pure. Le tronc d'arbre couché est presque blanc, à son extrémité vers la gauche; les terrains, les animaux, le paysage et le grand arbre sont beaucoup moins travaillés; avant le nom du maître. Notre épreuve, avec une grande marge, vient de la collection Verstolk, dans le catalogue duquel elle était mentionnée comme unique. Vendue 1,660 fr.

On voit au British Museum deux épreuves avec le tronc d'arbre blanc. Dans l'une d'elles, au-dessous du mouton couché, à droite, le coin du bas est clair; le mouton ne se profile pas. Cette différence nous paraît provenir de ce que cette planche a été mal encrée.

* 2e. Il est catalogué comme premier. Le tronc d'arbre couché est bien plus travaillé; il est presque noir à son extrémité. Les animaux, les terrains, le paysage et le grand arbre sont entièrement terminés. La planche a tout son effet, mais le petit nuage, vers le milieu du ciel, au-dessus d'un bouquet d'arbres, est encore blanc. Les terrains au-dessous du ventre de la vache couchée ne sont pas encore éclaircis. Toujours avant le nom du maître.

Rigal, 390 fr.; Debois, 900 fr.; Révil, 550 fr.; Verstolk, 630 fr.; Arosarena, 1,100 fr.

* Je possède la contre-épreuve très vigoureuse de ce 2e état. Collection Verstolk.

Rigal, 65 fr.; Verstolk, 58 fr. 50 c.

* 3e. Non décrit par Weigel. Le terrain qui, dans l'état précédent, était très noir jusque sous le ventre de la vache couchée, est éclairci sur une largeur de 15 millimètres, à partir de cette vache, et montre à cet endroit un large coup de lumière, mais le petit nuage, dont nous avons parlé plus haut, est resté blanc; les montagnes du fond sont dans le même état. Cette épreuve est de la dernière rareté, c'est la seule que nous ayons vue; elle a de la marge et vient des collections Révil et Simon.

Une autre dans la même condition a été vendue à Londres.

Révil, 350 fr.; Simon, 560 fr.

* 4e. Comme la précédente, cette épreuve est encore avant le nom de Berghem. Les terrains, au-dessus de la vache couchée, sont comme dans le 3e état, mais le petit nuage, dont nous avons parlé, est ombré de tailles horizontales; les montagnes du fond, qui étaient demeurées blanches comme dans les 1er, 2e et 3e états, sont dans celui-ci teintées à la pointe sèche. Rare.

Rigal, 112 fr. 50 c., avec l'état suivant; Révil, 250 fr.; Verstolk, 220 fr. 50 c.; Guichardot, 405 fr.

* 5e. On lit en haut, à gauche : *N Berghem fe.* La bordure est renforcée au burin. Les belles épreuves se rencontrent difficilement.

6e. Décrit par Bartsch. On a ajouté un nuage mince qui se tire en largeur depuis les dernières extrémités des branches du grand arbre, c'est-à-dire depuis le milieu de la planche, jusqu'à l'extrémité la plus élevée du grand nuage gravé à la gauche de l'estampe; de plus, on a ajouté plusieurs traits de pointe sèche à ceux qui remplissent le haut de la planche, de façon qu'on en voit quelques-uns même au-dessous de celui des deux oiseaux qui vole le plus bas, tandis que, dans l'épreuve précédente, ces traits n'excèdent point cet oiseau.

Regnault-Delalande, dans le catalogue Rigal, indique deux états postérieurs.

7e. Avec l'adresse de *F. de Wit excudit.* Regnault-Delalande signale la présence du petit nuage indiqué dans le 6e état, mais Bartsch n'a pas parlé de l'adresse.

8e. L'adresse est effacée.

4. *Le Joueur de cornemuse.* Dans le milieu, un homme vu de dos, et monté sur un âne, parle à un paysan qui porte une cornemuse; plus loin, un berger conduit un troupeau de moutons et de vaches; dans le fond, des arbres et des montagnes. Au haut, à gauche : *N Berghem fe.* Pièce surnommée *le Diamant.*

Haut., 162 millim.; larg., 226.

*1er état. A l'eau-forte pure. Il est avant un grand nombre de travaux : notamment sur le premier monticule, à gauche, on ne voit pas, près du trait carré, les tailles qui existent dans l'état suivant; les broussailles au-dessous ne se détachent pas du terrain; la route sur laquelle s'avance l'homme monté sur l'âne est presque blanche, ainsi que le joueur de cornemuse; le cou de la première vache couchée est encore peu ombré; le terrain, à droite, au-dessous du petit tertre couvert de broussailles, n'est même pas profilé; toutes les parties de l'estampe ne sont que légèrement ombrées. Notre épreuve a de la marge, et vient de la collection Verstolk, dans le catalogue duquel elle était annoncée comme unique.

Verstolk, 1,365 fr.

Une épreuve du même état se trouve au British Museum.

* 2e. Ordinairement décrit comme premier. Il est du plus bel effet, et retravaillé dans toutes ses parties. Le petit monticule, à gauche, est ombré dans le haut; les terrains, la route, les arbres et le paysage sont très vigoureux; le cou de la première vache couchée est noir uniformément. Épreuve avant le nom du maître; elle a de la marge.

Rigal, 196 fr.; Révil, 250 fr.; Debois, 575 fr.; Verstolk, 346 fr. 50 c.; Simon, 360 fr.

* 3e. On lit au haut du ciel : *N Berghem fe.*

Weigel signale une supercherie : On a couvert certaines épreuves d'un cache pour faire disparaître le nom du maître. Ce tirage falsifié est facile à connaître. Ces sortes d'estampes, qu'on a voulu faire passer pour être avant la lettre, sont d'un effet terne, et d'un ton brunâtre. On peut encore s'en apercevoir, parce que la place restée blanche, là où était le nom du maître, a été raccordée au moyen d'un pinceau.

5. *L'Homme monté sur l'âne.* Dans le milieu, un homme nu-tête, assis sur un âne, se dirige vers le devant, à gauche ; un mouton et une chèvre le précèdent ; plus loin, il est suivi d'une femme portant un panier sur la tête, qu'accompagnent un mouton et une chèvre ; sur le devant, à droite, un groupe de cinq moutons, dont quatre sont couchés. A gauche, dans le bas, on lit : *Berghem* 1644. Ces deux derniers chiffres sont à rebours. Cette pièce est appelée aussi *le Retour des champs.*

Haut., 169 millim.; larg., 185.

* 1er état. Presque à l'eau-forte pure. Il est avant un grand nombre de travaux : la montagne, à gauche, est presque blanche ; la tête du mouton, que l'on voit du même côté, n'est qu'au trait ; la chèvre voisine se détache à peine ; les animaux, à droite, sont blancs en grande partie ; les bras de la femme qui porte un panier sur la tête sont blancs, ainsi que le devant de sa robe ; les deux animaux qui sont près d'elle ne sont qu'au trait ou presque au trait ; les terrains sont très légèrement faits ; autour du nom de Berghem, quelques tailles seulement. On lit au verso : *F Rechberger*, 1798. Collection Verstolk.

Verstolk, 1,407 fr.

Weigel dit qu'on ne connaît de cet état que deux ou trois épreuves.

Regnault-Delalande, dans le catalogue Rigal, avance qu'il y a des épreuves avec le ciel blanc. Nous pensons que c'est une erreur ; l'épreuve que nous venons de décrire, qui est toute première et très peu travaillée, offre déjà sur le ciel, quoique plus légèrement tracés, les nuages qu'on remarque dans l'état suivant, dit *avant la totalité des travaux sur le ciel.*

* 2e. Il est du plus bel effet. Les montagnes, les terrains, les animaux et la femme, dans le fond, sont ombrés, mais le ciel est dans le même état que dans l'épreuve décrite plus haut. Collections Van Leyden et de Fries. Au verso : *F Rechberger*

Debois, 600 fr. ; Verstolk, 451 fr. 50 c.

* 3e. Le ciel est entièrement couvert de travaux ; le nuage du haut, à gauche, a été renforcé ; des deux côtés, tout le fond est couvert de traits pour faire l'azur ; on y remarque de légers nuages. Collection Debois.

Debois, 130 fr. ; Arosarena, 175 fr. ; Simon, 185 fr.

6. *Pâtre vu de dos.* Il joue du flageolet près d'une jeune fille assise, à gauche, à côté de laquelle est un mouton ; plus loin, une haute montagne couverte d'arbres ; à droite, une vache couchée, un âne et une chèvre. Sans nom de maître.

Haut., 185 millim.; larg., 140.

1er état. Presque à l'eau-forte pure. Le terrain dans le bas est très légèrement fait ; derrière l'homme, le petit monticule est mal formé. Le trait carré est interrompu dans le bas, à droite, et sur le côté, jusqu'à la hauteur de la vache couchée ; l'angle du cuivre du haut, à droite, est carré vif. Avant le no 51.

* 2e. Terminé. Le terrain du bas est fortement ombré ; derrière l'homme, le

petit monticule est très fortement accusé. Dans le haut, à droite, l'angle du cuivre est arrondi; le trait de bordure est profilé, à droite; il se rejoint dans le bas avec celui qui est au-dessous; il paraît légèrement renforcé partout. Les traits de pointe, sur le ciel, à droite, près de l'angle du haut, sont très visibles. Cette dernière remarque est un indice de premier tirage, et non un état. Toujours avant le numéro.

3e. Avec le n° 51 ajouté depuis à la planche pour placer cette pièce dans l'œuvre de Karel Dujardin. (Voir ce nom.)

4e. Le n° 51 a été effacé. Les épreuves sont mauvaises.

7. *Pâtre causant avec une femme.* Il est dans le milieu, vers la droite, vu de dos; du même côté, plus à droite, la femme est assise allaitant son enfant. A gauche, deux grands arbres, devant lesquels sont un mouton et une brebis. Sans nom de maître.

Haut., 200 millim.; larg., 144.

* Pièce rare, qui n'est pas de Berghem. Elle a été gravée d'après un dessin de ce maître, selon toute vraisemblance, par J. Visscher.

8-12. *Les cinq sujets d'animaux, en hauteur.* Suite de cinq estampes.

Haut., 262 à 264 millim.; larg., 209.

1er état. Avant le nom du maître. Weigel dit qu'on n'en connaît qu'un seul exemplaire.

Nous parlerons plus bas des essais à l'eau-forte des nos 9, 10 et 11, qui ont appartenu autrefois au chevalier de Claussin.

2e. Avec le nom du maître gravé à l'eau-forte et le millésime; également avant les numéros. Weigel ajoute que l'épreuve antérieure B. n° 12, avec le millésime 1655 et avant les montagnes, etc., dans la droite du fond, appartient à cet état.

3e. Avec les numéros, mais avant l'adresse de *F. de Wit* sur la première pièce.

4e. Avec cette adresse sur la première pièce, et sur la dernière, où le millésime 1655 est effacé, avec l'adresse de *P. Goos.*

5e. Avec l'adresse de *Justus Dankerts* sur la première pièce, à la place de celle de *F. de Wit*; celle de *P. Goos* sur la dernière pièce est effacée.

6e. Avec l'adresse de *G. Van Keulen* sur la première pièce, à la place de celle de *Justus Dankerts.* Les épreuves de cet état sont faibles, et plus encore celles qui suivent.

8. *Le Berger assis sur la fontaine.* Il joue de la flûte; vis-à-vis de lui, un peu vers la droite, est une fileuse debout, vue de dos, ayant un chien derrière elle. A gauche, deux vaches et quatre moutons. (1)

* Avant l'adresse de F. de Wit et avant le n° 1. Très rare épreuve avec de la marge. Collection Verstolk.

Au British Museum, contre-épreuve avant l'adresse.

9. *Le Troupeau traversant le ruisseau.* A droite, une femme vue de dos, tenant un enfant, traverse à gué un ruisseau qui occupe tout le bas. Dans le fond, un homme à cheval, tenant un long bâton des deux mains, pousse vers le ruisseau trois bœufs, un âne et trois moutons. Au haut, à droite : *C. Berghem fe.*, et dans le bas, du même côté, le n° 2.

Joubert, dans son *Manuel de l'amateur d'estampes*, décrit de cette pièce une épreuve peut-être unique : ce n'est, à proprement parler, qu'une ébauche. Elle est généralement malpropre par le fait du cuivre, surtout dans les hauts. En bas, on voit trois raies demi-circulaires, la plus grande, à gauche, qui ont été effacées depuis par les travaux postérieurs. C'est l'épreuve qui faisait partie du cabinet Claussin.

Au British Museum, on en voit une très légère avant le nom et le numéro.

Il y a également une contre-épreuve du même état.

* Avec le n° 2 dans le bas, à droite. Collection Verstolk.

10. *Le Troupeau se reposant.* On voit, à droite, un groupe se composant d'une vache, d'un cheval, couchés, d'un âne debout, ainsi que d'un bélier ; cinq autres animaux couchés et debout sont à diverses places, sur une éminence ; à gauche, le berger se tient debout, appuyé contre une clôture près de laquelle sont deux grands arbres. Au haut, à droite : *C. Berghem fe.*, et dans le bas, du même côté, le n° 3.

Joubert dit qu'on connaît une pièce, simple ébauche d'eau-forte. Le fond du cuivre est sale et mal essuyé. L'épreuve est sans nom de maître et peut être regardée comme unique. Elle a fait partie du cabinet Claussin.

On voit au British Museum une épreuve très légère avant le nom et le numéro, ainsi qu'une contre-épreuve du même état.

* Avec le n° 3. Collection Verstolk.

11. *Halte devant une hôtellerie.* Une femme vue de profil et tournée vers la gauche, où est l'hôtellerie, tient un verre renversé ; près d'elle, un homme debout enveloppé d'un manteau ; l'hôtesse, appuyée sur le bas de la porte, regarde cette scène. Sur le devant, à gauche, un âne couché et un mouton debout ; on en voit un autre dans la même position à droite ; au fond, une femme vue de dos, sur un âne. Dans le haut, à droite : *C. Berghem fe.*, du même côté, dans le bas, le n° 4.

* Épreuve d'eau-forte pure, probablement unique ; elle a peu d'effet. Elle est avant les contre-tailles sur le haut du front de la femme montée sur l'âne. Derrière le mouton couché à droite, les travaux ne se prolongent pas jusqu'au bord de l'estampe. Collection Verstolk.

Nous pensons que c'est la même que Joubert a décrite et qui faisait partie du cabinet Claussin.

* Épreuve terminée, avec le nom de Berghem et le n° 4. Collection Verstolk.

12. *Le Ruisseau traversé*. Dans le milieu, une femme, montée sur un âne qui brait, s'avance dans l'eau, montrant quelque chose à un chien qui s'élance pour la saisir; à côté de l'âne, une vache boit. Derrière la femme, à gauche, un paysan chante, tenant des deux mains un papier sur lequel est écrit : *Berghe f. P. Goos exc.*; en avant du cheval, deux moutons. Au fond, à droite, un homme fait marcher deux ânes.

* 1er état. Très rare; avant les montagnes du fond, l'ânier et ses deux ânes. Les travaux du côté gauche de l'estampe dans toute sa longueur, et du côté droit dans le bas, n'arrivent pas jusqu'au témoin du cuivre; tout le fond, à droite, est blanc. Sur le papier que tient l'homme, on lit : *Berghe. f.* 1655. Épreuve avec marge. Collection Verstolk.

* 2e. Avec les montagnes, l'ânier et ses deux ânes. Des deux côtés, les travaux arrivent jusqu'au témoin du cuivre, mais l'inscription sur le papier est toujours la même. Épreuve avec marge. Collection Verstolk.

* Contre-épreuve. Sur le papier que tient l'homme, on lit, en caractères écrits à rebours : *Berghe. f. P. Goos exc.* L'année 1655 est supprimée. Collection Verstolk.

12 *bis*. Le même sujet, seulement la femme a le nez plus long. Sur le papier que tient l'homme, on lit seulement : *Berghem*. Pièce rare.

La dimension est un peu plus petite. Haut., 252 millim.; larg., 198.

1er état. Au British Museum. Avant le nom de Berghem sur le papier.

* 2e. Collection Verstolk.

Toute notre suite, vente Verstolk, 987 fr.

Weigel, se fondant sur ce que le nom de Berghem n'est pas suivi de la lettre *f*, prétend que cette pièce n'a pas été gravée par cet artiste; il la croit l'œuvre d'un graveur contemporain, mais il ne donne aucune preuve à l'appui de son opinion. Comme Bartsch, nous la croyons de Berghem; nous pensons que c'est la première planche; il est probable qu'il en a été mécontent et qu'il l'a recommencée. En effet, dans ce n° 12 *bis*, le travail de la pointe est généralement très faible. Tout le travail du fond est d'un ton extrêmement gris. La montagne se voit à peine. Cependant, ajoute Bartsch, Berghem a essayé de corriger le défaut de l'eau-forte en renforçant au burin plusieurs parties des animaux et des figures qui occupent le devant; mais ce travail au burin, d'un noir prononcé, s'accorde peu avec le reste de l'ouvrage, qui est trop grisâtre.

Il y a peu de différence entre ces deux planches à l'égard de la gravure même, ce qui prouve que Berghem a gravé la seconde d'après une épreuve de la première.

13-18. *Sujets d'animaux en largeur et deux têtes de bouc.* Suite de six estampes numérotées de 1 à 5; la sixième porte aussi le n° 5.

Haut., 119 millim.; larg. 169.

13. *La Vache couchée près de celle qui est debout.* Ces animaux occupent le milieu du devant. A gauche, deux moutons couchés. Vers le fond, à droite, une vache qu'une femme est occupée à traire. (1)

14. *Les Chevaux.* Ils sont au nombre de trois: un couché à gauche et deux debout; au milieu et à droite, entre les chevaux, un bouc; un autre est couché au coin de la droite. Au second plan, à gauche, un homme debout. (2)

15. *La Vache couchée près de la vache qui pisse.* Près de la première, vers le milieu de l'estampe, une chèvre est couchée; une autre est dans la même position à droite. Sur le second plan, à gauche, un berger, tenant un bâton des deux mains, fait marcher deux moutons; il est suivi d'un chien et d'un homme qui joue du flageolet. (3)

16. *L'Ane.* Il est debout au milieu de la planche, vu de trois quarts et dirigé vers le devant de la gauche; autour de lui, des deux côtés, plusieurs moutons et une chèvre se reposent. Sur un petit monticule, à droite, un berger et une jeune femme assis causent ensemble. (4)

* N° 13. 1er état. De la plus grande rareté; il est d'eau-forte pure, avant nombre de travaux : derrière la tête de la vache debout, les traits ne touchent pas l'oreille; il y a une petite place blanche qui n'existe plus dans l'état suivant; il n'y a que de simples tailles sur ses jambes; l'ombre portée sur tout le corps de la vache couchée n'est pas figurée; les ombres très fortes qui plus tard se voient sur la partie postérieure près de la mamelle, n'existent pas encore; toute cette place est d'un ton uniforme. Les nuages sont composés de tailles qui, dans beaucoup d'endroits, ne se rejoignent pas; dans l'état suivant, les places blanches sont éteintes par d'autres tailles. Épreuve avec une grande marge. Collection Verstolk.

* 2e. Avec les travaux indiqués ci-dessus, mais avant le nom de Berghem, le *cum Privilegio*, l'adresse de Visscher et le n° 1. Collections de Graves et Debois.

* N° 14. 1er état. A l'eau-forte pure, de la plus grande rareté. Le ventre du cheval debout est d'une teinte uniforme; les légers travaux qui forment un cercle au milieu de la croupe ne se rejoignent pas dans le milieu; il y a là une place blanche; le coup de lumière sur la jambe gauche de derrière s'étend jusqu'à la naissance de cette jambe; il a été diminué dans l'état suivant; à partir du ventre jusqu'au haut de cette même jambe, il y a un large coup de lumière; la queue, près du jarret droit, montre une large place blanche. Dans le bas, à droite, les travaux sont éloignés de deux à trois millimètres du trait carré; la pierre n'a qu'une très légère indication. Épreuve avec une grande marge. Collection Verstolk.

* 2°. Complètement terminé. Dans le bas, à droite, les travaux touchent le témoin du cuivre ; la pierre, plus grande, est accusée par une ombre portée très forte, à droite; mais avant *cum Privilegio* et *N. B.* dans le milieu, et avant le n° 2, au bas de la droite. Collections de Graves et Debois.

* N° 15. 1er état. Extrêmement rare, d'eau-forte pure. L'ombre portée contre la jambe pliée de la vache couchée est beaucoup moins forte que dans l'état suivant, qui montre à cette place des contre-tailles; les travaux sous le ventre de cette vache ne s'étendent pas jusqu'à la tête de la chèvre ; on voit en cet endroit une petite place blanche. Sous la vache debout, le terrain est d'une teinte uniforme et laisse voir près de la jambe gauche de derrière une petite place blanche qui plus tard a été éteinte par des travaux ; le long du dos, il y a moins de travaux ; à la naissance de la croupe et près de la queue il y a des places blanches qu'on ne voit plus dans le 2e état. Épreuve avec une grande marge. Collection Verstolk.

* 2°. Complètement terminé, mais avant *cum Privilegio* et *N. B.* dans le milieu du bas et avant le n° 3, dans le bas à droite. Deux épreuves ; l'une vient des collection de Graves et Debois.

* N° 16. A l'eau-forte pure. Le ciel, l'homme et la femme sont d'un ton très léger ; il y a peu de travaux sur les deux moutons couchés ; dans l'état suivant, ils ont été repris dans toutes leurs parties ; ils sont d'un ton uniforme : il en est ainsi de l'âne et de la chèvre couchée à ses pieds. Le dos du mouton qui est à gauche n'est pas profilé du côté de la tête. Contre les pierres que l'on voit dans le bas, à gauche, les travaux qui, dans le 2e état, vont jusqu'à l'extrémité de la planche, n'existent pas ; on voit contre les pierres et au-dessous une place blanche qui a plusieurs millimètres. Épreuve très rare avec une grande marge. Collection Verstolk.

Les quatre épreuves du 1er état ont les angles aigus.

Verstolk, 756 fr., avec deux têtes de bouc 17 et 18.

* 2e. Complètement terminé, mais avant *cum Privilegio* et *N. B.*, avant le n° 4, dans le bas à droite. Collections de Graves et Debois.

Les quatre épreuves du 2e état ont les angles arrondis.

Rigal, 241 fr.; R. Dumesnil, 224 fr.; Debois, 270 fr.; Révil, 275 fr. ; Verstolk, 231 fr.; Van den Zande, 261 fr.; Simon, 250 fr.

* 3e. On lit au bas de la première pièce : *Delin : et : sculpt : per N : Berchem et in lucem edit : per Nicolaus Visscher cum Privil : Ordin : general : Belgii Fœderat.* et le n° 1 ; aux trois autres pièces, au milieu : *cum Privilegio N. B.*, et à droite le numéro.

On connaît des copies en contre-partie de cette suite. Rigal, 13 fr.

17. *Tête de bouc.* Elle est vue de trois quarts, dirigée vers la gauche. Au bas : *N. Berchem Fec : N : Visscher edid : cum Privilegio.* (5)

Haut., 81 millim.; larg., 70.

18. *Tête de bouc au front éclairé.* Elle est presque de face, dirigée un peu vers la droite. Sa corne droite est plus longue que l'autre. Au bas : *N. Berchem Fec : N. Visscher edid : cum Privil.* (6)

Haut., 83 millim.; larg., 72.

* 1er état. Les deux pièces avant toute lettre. Collection Verstolk.

* 2e. Avec les inscriptions rapportées ci-dessus. Au nº 17, le nº 5, et au nº 18, le nº 5, au bas de la droite.

19. *Tête de bouc au front noir.* Elle est de trois quarts, dirigée un peu vers la droite. Le front est couvert de poil noir ; la partie au-dessus du nez est seule en blanc. Pièce très rare, sans nom de maître.

Haut., 81 millim.; larg., 70.

Verstolk, 294 fr.

* Très belle épreuve de la planche originale. Il en existe une copie gravée par Bartsch dans le même sens.

20. *Tête de bouc.* Elle est tournée à gauche, un peu en avant; moins finie que les autres têtes de bouc connues.

Haut., 99 millim.; larg., 81.

Verstolk, 168 fr.

Weigel dit qu'on n'en connaît pas plus de deux épreuves.

M. J. Sheepshanks en a fait faire une copie trompeuse par Benj. Gibbon.

Au British Museum, nous avons vu deux copies différentes, dans le sens de l'original.

21. *Deux petites têtes de bouc.* Elles sont tournées à droite et fortement ombrées. Celle de gauche est plus tournée vers le fond ; celle de droite l'est plus sur le devant.

Haut., 41 millim.; larg., 72.

Weigel dit qu'on en connaît à peu près six épreuves. M. Benj. Gibbon a exécuté pour l'amateur dont nous avons parlé plus haut une très bonne copie de cette pièce.

Nous avons vu au British Museum deux copies.

Cette estampe faisait partie de la collection Verstolk. Elle a été vendue seulement 40 fr.

22. *Tête de bélier.* Elle est de profil, tournée à gauche, la bouche ouverte. Les angles de la planche sont arrondis, et dans le bas, à droite, il y a une place défectueuse et non ébarbée.

Haut., 83 millim.; larg., 99.

Vente Verstolk, avec la copie, 33 fr.

Weigel, à l'époque où il faisait son supplément à Bartsch, disait qu'on ne connaissait qu'une épreuve de cette pièce. Elle avait fait partie de la collection Sheepshanks. Il pensait qu'elle était entrée dans le British Museum. Il en existe une belle copie faite par Benj. Gibbon. Weigel en signale plusieurs autres, mais qui sont inférieures à l'original. Nous avons vu au British Museum deux copies dans le sens de la pièce.

Bartsch, après avoir décrit ces morceaux, ajoute : « L'inutilité de nos recherches, soit pour voir ces estampes, soit même pour en trouver une notice dans tous les catalogues que nous avons soigneusement consultés à cet égard, nous a déterminé à les écarter de notre catalogue. Nous sommes persuadé qu'elles sont *uniques* ou qu'elles sont d'un autre maître. »

On a vu par tout ce qui précède que ces pièces, très rares, ne sont pas précisément uniques ; mais le prix peu élevé qu'elles ont atteint à la vente Verstolk peut faire croire que les amateurs ne les ont pas regardées comme étant l'œuvre de Berghem.

22 *bis*. *Trois têtes de chèvres et de bouc*. Sur une planche étroite, on voit, à droite, la tête d'un bouc tourné vers la gauche ; à gauche, la tête d'une chèvre tournée vers la droite, et, au milieu, une tête de chèvre vue de face. Légèrement gravé. Décrit par Weigel sous le n° 58.

Haut., 34 millim.; larg., 115.

Cette pièce, qui provenait du cabinet de Vos, a été vendue chez Verstolk 861 fr.

23-28. *Les Vaches à la laitière*. Suite de six estampes numérotées.

Haut. et larg., 88 à 90 millim.

23. Titre. Au milieu, sur un piédestal carré, on lit : *C. P. Berghem. Fesit. et Excud.* 1644. A gauche, une jeune fille portant un joug sur son cou, ayant ses deux seaux à ses pieds, s'appuie sur le piédestal ; elle regarde une vache qui est à droite et dont on ne voit que la tête et une partie du corps ; une chèvre est à la droite du devant. Le n° 1 est au haut du piédestal.

24. Une vache marche vers la droite ; une chèvre et deux moutons sont couchés à gauche. Le n° 2 est au haut, à droite.

25. Une vache, vue de profil, se dirige vers la gauche ; près de sa jambe gauche de devant, un mouton est couché. Le n° 3 est au haut, à gauche.

26. Une vache, la tête baissée, marche vers le devant, à gauche ; elle paraît regarder deux moutons qui sont couchés, à droite. Le n° 4 est au haut, à droite.

27. Une vache, vue par derrière, se dirige, à droite, vers le fond ; derrière elle, à gauche, une autre vache, vue de profil, tournée vers la gauche, dont on ne voit que le haut du corps. Le n° 5 est dans le haut, à droite.

28. Une vache, vue de profil, se dirige vers la gauche. Le n° 6 est au haut de la gauche.

1er état. Avant la lettre sur la première pièce et avant les numéros. Très rare.

Une suite de cet état est au British Museum, ainsi qu'une contre-épreuve du titre

2e état. Chez Verstolk, ces épreuves, dans une condition semblable, ont été vendues 231 fr.

* 2e. Avec la lettre et les numéros, mais avant les ciels terminés, aux nos 24 et 25. Collection Debois, dans le catalogue duquel cette remarque n'est pas indiquée.

Rigal, 72 fr.; Debois, 72 fr.; Van den Zande, 61 fr.

3e. Les ciels sont terminés aux nos 24 et 25 ; la bordure est renforcée.

Bartsch dit que l'on a des copies très trompeuses faites par un anonyme très habile. On lit sur le titre : *Animaux de Bergame inuento et feat.* Si cette première pièce ne présente pas de difficulté, on doit être en garde pour les autres, qu'on ne distingue des originaux que parce que les fonds de paysages sont gravés d'une pointe moins fine. Ces copies ne sont point numérotées. Weigel, au contraire, ne les trouve pas très ressemblantes ; il indique un 2e état avec l'adresse de Van Merle.

29-34. *Le Cahier à la femme, en six feuilles.* Suite de six estampes numérotées au bas de la droite.

Haut., 102 à 104 millim.; larg., 129.

29. Sur une large pierre occupant tout le bas de l'estampe, une jeune paysanne est assise, tournée vers la droite et tenant un papier à la main. Une autre femme, à mi-corps, vue de dos, est à droite. On lit dans le bas, sur la pierre : ANIMALIA *ad vivum delineata, et aquâ forti æri impressa Studio et arte Nicolai Berchemi Clemendt de Ionghe ex.* (1)

30. Deux moutons couchés occupent le milieu. L'un est de profil et dirigé vers la droite ; l'autre est de face. (2)

31. Deux moutons. L'un, couché, est vu de face ; l'autre, debout, est de profil, et tourné vers la droite. (3)

32. On voit deux béliers debout. Celui qui est devant est de profil, tourné vers la droite ; l'autre, vu de face, appuie le museau sur le dos du premier ; dans le fond, à droite, un mouton vu de dos. (4)

33. Deux moutons. Celui qui porte un licou est vu de face, couché ; l'autre, debout, est vu de profil, tourné vers la droite. (5)

34. Près d'une grosse pierre qui est à droite, un mouton est debout, dirigé vers la gauche ; dans le fond, à gauche, un mouton vu de dos ; entre la pierre et un grand arbre, un mouton couché. (6)

1er état. A l'eau forte pure, avant la lettre et les numéros.

Weigel cite encore un état qu'il regarde comme antérieur. Cette suite et celle qui vient après sont tirées sur une grande feuille avant que la planche ait été coupée. Dans les collections de MM. Udny, Claussin, J. Sheepshanks et dans le musée de lord Fitz-William, à Cambridge, se trouvaient des exemplaires. Il est probable qu'ils ont passé de l'une de ces collections dans l'autre.

Cette particularité est pour nous un indice de primauté de tirage et non un état.

Verstolk, épreuves séparées, à l'eau-forte pure, 420 fr.

Nous essayerons de faire connaître à quels signes on peut distinguer le 1er état.

29. Avant les contre-tailles sous l'ombre du vêtement de la femme, à gauche; l'ombre portée sous la main droite de la femme est étroite; les ombres qui détachent le vêtement de la pierre n'existent pas.

30. Il n'y a pas d'ombre portée sous le ventre du premier mouton; on ne voit pas non plus l'ombre portée qui détache celui-ci du mouton, dont la tête est à terre; on n'aperçoit pas encore les travaux qui, dans l'état suivant, profilent le dos du premier mouton.

31. La jambe droite de derrière du mouton debout n'est pas profilée par un trait fort; cette jambe n'est pas profilée en dedans; le trait qui marque le contour de la jambe droite de devant est très faible.

32. La jambe gauche de devant du bélier n'est pas accusée, dans le haut, comme dans l'état suivant, par deux traits très forts remontant vers l'épaule.

33. Le mouton couché n'a qu'une ombre portée très légère, sous le ventre; derrière sa jambe droite de derrière, l'ombre portée n'a pas de contre-tailles; sur le devant, les jambes ne se détachent pas par des ombres portées; il y a sous le ventre, près de la corde qui l'attache, un certain espace blanc.

34. Le mouton qui boit n'a presque pas de travaux, à gauche; son corps n'est pas accusé de ce côté; le contour, en remontant, de la tête du mouton n'est pas profilé; l'arbre, au-dessus du mouton qui boit, est blanc.

* 2e. Avant la lettre et avant les numéros. Une épreuve du n° 1 avec le titre et le numéro, mais avec l'adresse de Clemendt de Ionghe, est jointe à cette suite.

Debois, 179 fr.

* 3e. Avec la lettre et les numéros, mais avec l'adresse de Clemendt de Ionghe sur le titre.

R. Dumesnil, 20 fr.

4e. L'adresse de F. de Wit a remplacé celle de Clemendt de Ionghe.

5e. Toute adresse est effacée; dans la droite du haut, le caractère c sur chaque pièce. C'est l'édition publiée par Huquier, qui était devenu propriétaire des planches.

6e. Les numéros et les caractères c ont été effacés. C'est l'édition de Basan, dans les mains duquel les planches avaient passé. Depuis ce temps, les planches usées ont été remordues à l'eau-forte; elles font, ainsi que les suivantes, partie du fonds de Mme Jean, à Paris. Épreuves mauvaises.

Weigel mentionne d'assez bonnes copies anciennes, sans numéros ni lettre sur la première pièce.

35-40. *Le Cahier à l'homme, en six feuilles.* Suite de six estampes numérotées au bas de la droite.

Haut., 102 millim.; larg., 129 à 131.

35. A droite, sur une grande pierre qui occupe presque toute la largeur de l'estampe, un berger est assis, appuyé sur un bâton qu'il

tient des deux mains. Vers la gauche, un chien vu par derrière est debout sur la même pierre, où est écrit, à gauche : ANIMALIA *ad vivum delineata, et aqua forti æri impressa Studio et arte Nicolai Berchemi.*, et, à droite : *Clemendt de Jonghe excud.* (1)

36. Dans le milieu, un bouc debout, vu de profil, est dirigé vers la droite ; un autre est couché dans le fond, à droite. (2)

37. Deux boucs. L'un est de face, couché vers la droite ; l'autre, vu par derrière, est debout, à gauche. (3)

38. Deux autres boucs. Le premier est vu debout, de profil, les jambes de derrière étendues ; il est tourné vers la droite, regardant presque de face ; un autre dans un chemin creux, tourné vers la gauche. (4)

39. Un bouc, vu de profil, se dirige vers la gauche, où un autre, dans un chemin creux, paraît se diriger vers la droite. (5)

40. Une chèvre debout, vue de profil, est tournée vers la droite, où deux chevaux sont couchés. (6)

* 1er état. Très rare ; à l'eau-forte pure. Au premier morceau, le fond sur lequel se détache le chien est tout blanc ; il n'y a ni titre ni numéros. Dans la pièce suivante, le dos du bouc, vu de profil, n'est profilé que par un trait léger, renforcé dans le 2e état. Les quatre autres pièces se distinguent par une grande légèreté ; mais nous n'avons pas trouvé de différences assez appréciables pour pouvoir les mentionner ici. Collection Verstolk.

Verstolk, 220 fr. 50 c.

* 2e. Avant le titre et les numéros. A la première pièce, le fond sur lequel se détache le chien est ombré de tailles perpendiculaires. Contre le coude gauche, des deux côtés, et sous la jambe gauche de l'homme assis, il y a des ombres noires. Le bouc vu de profil, dans la seconde pièce, a sur le dos un trait renforcé. Les autres pièces paraissent avoir été légèrement retouchées.

3e. Comme le précédent, avec l'adresse de Clemendt de Ionghe.

4e. Celle de Wit a remplacé celle-ci.

5e. C'est l'édition d'Huquier, mais les épreuves portent le caractère *d* dans la droite du haut.

6e. Les numéros et les caractères *d* ont été effacés. C'est l'édition de Basan. Les planches sont dans le même état que celles du *Cahier à la femme.*

Weigel signale aussi, de cette suite, d'assez bonnes copies.

41-48. *Le Cahier à la femme, en huit feuilles.* Suite de huit estampes, numérotées au bas de la gauche.

Haut., 99 à 102 millim.; larg., 110 à 115.

41. Une femme est assise à gauche, le coude droit appuyé sur une pierre ; elle est vue de profil, regardant vers la droite, et montrant de

la main gauche un mouton debout devant elle ; à ses pieds, un petit mouton couché sur la pierre : ANIMALIA *ad vivum delineata, et aquâ forti œri impressa, Studio et arte Nicolai Berchemi. Th. Matham excud. Amst.* (1).

42. Dans le milieu, une brebis est tournée vers la gauche ; près d'elle, à droite et à gauche, deux agneaux couchés. Au bas, à gauche : *Beerighem f.* (2)

43. Entre deux moutons couchés, l'un vu de face, à gauche, et l'autre vu de dos, à droite, est un mouton debout, la tête un peu tournée à droite. Presque au milieu du bas : *Berghem f.* (3).

44. Une brebis debout, vue de profil, et tournée vers la droite, est tetée par un petit mouton ; un autre est couché, à gauche, derrière elle. Presque au milieu du bas : *Berghem f.* (4)

45. A droite, un mouton paraît se diriger vers le devant ; derrière lui, un mouton vu de profil, tourné vers la droite, bêle la tête élevée ; un troisième est couché dans le fond, à gauche ; sur le devant de ce même côté, un agneau couché. (5)

46. Une brebis, vue de dos et la tête tournée vers le devant, pisse ; derrière elle, un mouton vu de dos. (6)

47. Trois moutons. Deux, l'un derrière l'autre, sont couchés à gauche ; un troisième, dirigé du même côté, est debout dans le milieu. Au bas de la droite : *Berrighem.* (7)

48. En avant de deux grands arbres placés à gauche, une grande pierre ornée d'un bas-relief, représentant deux bergers, une vache et des moutons. (8)

1er état. A l'eau-forte pure avant le numéro.

Nous essayerons de faire connaître à quels signes on peut distinguer ces pièces.

* 41. Il n'y a rien d'écrit sur la pierre. A gauche, les travaux ne touchent pas le trait carré ; ils en sont éloignés de 2 millimètres. Il n'y a pas d'azur dans le haut ni au-dessus du petit mouton couché. Il y a moins de travaux sur le corsage de la femme et sur son genou droit. Collection Verstolk.

42. Il n'y a presque pas de travaux sur la croupe du grand mouton couché ; son poitrail est très léger, et se détache peu du terrain ; au-dessus du petit mouton, à gauche, le fond n'est pas ombré ; le coin du bas, à droite, n'a que quelques herbes.

43.

44. Avant le gazon, à droite, on ne voit que quelques touffes d'herbes ; dans l'état suivant, le gazon touche le trait carré.

45. A droite, vers le fond, le terrain n'est pas tracé ; à gauche, on voit une seule

touffe d'herbe légère, vers le coin. Le mouton qui marche en avant est à peine profilé vers la croupe.

46. Le terrain est à peine formé sous les animaux. Vers le fond, à gauche, il n'y a pas de travaux légers sous le pis de la brebis qui pisse. Les travaux n'existent pas à partir de la touffe d'herbe, au-dessous de la pierre.

47.

* 48. Avant le bas-relief sur la pierre. Collection Verstolk.

Nous croyons que cette remarque caractérise l'eau-forte pure. Justement, cette pièce nous manque dans la suite que nous allons décrire plus bas.

* 2e. Avant les numéros, avant la lettre sur la première pièce, mais avec les travaux à gauche, avec l'azur dans le haut et sur le petit mouton. Également très rare.

Le n° 48 qui manque a été remplacé par le n° 52, qui fait partie de la suite qui vient après celle-ci.

Les angles du cuivre sont aigus, avec de grandes marges qui ont conservé les franges du papier. Collection du chevalier Camberlyn.

Vendu 445 fr.

* 3e. Avec l'adresse de Matham et l'inscription citée plus haut sur la pierre, mais avant les numéros. Cette suite diffère de la précédente par les remarques que nous allons énumérer.

41. L'arbre derrière la femme, qui était nu, est orné de branches ; on voit un feuillage touffu ; il descend le long de son bras gauche jusqu'au petit mouton couché ; derrière le mouton debout, il y a encore du feuillage et de l'azur. Au bas de la pierre, il y a de fortes herbes et même sous la robe de la femme. Tous ces travaux n'existaient pas dans l'état précédent. Les angles du cuivre sont arrondis.

42. *Id.*, pour les angles du cuivre.

43. Même remarque.

44. Une forte salissure que l'on voyait dans le bas à droite, dans le 2e état, est nettoyée ; les angles du cuivre sont arrondis.

45. Un trait qui coupait la planche d'un bout à l'autre dans le haut, en forme de trait de bordure, est presque effacé ; il était très visible dans le 2e état. Les angles du cuivre sont arrondis dans le haut.

46.

47. Dans le haut, à gauche, le feuillage est très distinctement formé ; on l'apercevait à peine dans le 2e état.

Verstolk, 150 fr.

4e. L'adresse de Clemendt de Ionghe a remplacé celle de Matham ; avec les numéros.

5e. Avec l'adresse de F. de Wit.

6e. Toute adresse est effacée, et dans la droite du haut, il y a le caractère *a* sur toutes les pièces. On voit de doubles numéros à droite et à gauche, dans le bas. C'est l'édition d'Huquier.

7e. Les numéros et le caractère *a* sont effacés. C'est l'édition de Basan. Les épreuves postérieures comme ci-dessus.

49-56. *Le Cahier à l'homme, en huit feuilles*. Suite de huit estampes numérotées au bas de la gauche.

Haut., 97 à 102 millim.; larg. 110 à 115.

49. A droite, un berger, tourné vers la gauche, ayant un chien près de lui, est assis, les jambes étendues, près de deux arbres, sur une pierre où on lit : ANIMALIA *ad vivu delineata, et aquâ forti œri impressa, Studio et arte Nicolai Berchemi.* ; au-dessous : *Th. Matham excud. Amst.* (1)

50. Trois chèvres. Deux sont couchées contre un arbre, une à gauche, l'autre dans le milieu ; l'autre est debout au-delà des deux premières. Au bas, à droite : *Berrighem f.* (2)

51. Dans le milieu, un bélier est debout contre un mouton couché ; le bélier est de profil, tourné vers la droite, regardant de face. (3)

52. On voit un bélier couché tourné vers la gauche ; en arrière, un bouc couché vers la droite. Au bas de la gauche : *Berrighem f.* (4)

53. Dans le milieu, un bouc est vu par derrière, tournant la tête vers la gauche ; une chèvre est couchée de ce même côté ; à droite, une chèvre dont on ne voit qu'une partie du corps. (5)

54. Un bouc, vu de profil, est couché, tourné vers la droite ; un chevreau broute à gauche ; dans le milieu, une chèvre, vue de face. (6)

55. Deux chèvres. Une d'elles est couchée, tournée vers la droite ; derrière elle, une chèvre, vue de face, est debout. Au bas, à gauche : *Berrighem.* (7)

56. Trois chiens de chasse. Deux sont couchés, l'un au milieu ; l'autre dans le fond, à droite, est attaché à un arbre ; vers le fond, à gauche, le troisième est debout. (8)

1er état. British Museum. A l'eau-forte pure avant les numéros.
En voici la description.
49. Avant la lettre.
* 50. Au-dessus de la chèvre debout, le tour de la tête est blanc. Au-dessus de la chèvre couchée, à droite, contre le tronc d'arbre, on ne voit que quelques légers feuillages. Collections R. Dumesnil et Verstolk.

51. Les contre-tailles, derrière le mouton couché, n'ont que quelques millimètres ; elles ont un centimètre dans l'état suivant ; il n'y a pas de travaux sur ce mouton, sous le museau du bélier ; dans l'état suivant, des travaux légers rejoignent ce museau des deux côtés.

52. On ne voit pas, derrière le bélier debout, les tailles obliques qui marquent le terrain dans l'état suivant.

53. Avant les travaux qui ombrent le terrain à droite ; celui-ci ne se forme que de lignes légères ; il n'y a pas de travaux après la plante, à gauche.

54. Le terrain est à peine marqué sous les quatre pattes du bélier debout ; il n'est pas marqué, à droite, sous la barbe du bouc.

55. Le terrain n'est presque pas marqué, entre les jambes du bélier debout, ni devant le bélier couché à droite.

56. L'ombre portée, derrière le premier chien couché, se termine par quelques lignes droites; l'uniformité de ces lignes n'est pas modifiée par des travaux légers, comme dans l'état suivant; le gazon devant la tête de ce chien n'a qu'un centimètre vers le museau, il est assez éloigné.

La suite entière d'eau-forte pure figurait dans la collection Verstolk ; elle a été vendue 819 fr.

On voit au British Museum une feuille sur laquelle sont imprimés, sans avoir été divisés, les n°s 55, 45, 56, 48, 51, 46, épreuves d'eau-forte pure.

* 2e. Avant les numéros et avant la lettre sur la première feuille. Collection Dupré.

Voici les remarques qui distinguent cet état du 3e :

1. Avant l'azur du ciel, dans le fond, à gauche, et avant les tailles perpendiculaires qui ombrent la pierre sur le devant.

2. Les angles de la planche sont aigus. Le tronc d'arbre penché se profile, à droite, dans le haut, par deux traits légers; le terrain, à droite, près du témoin du cuivre, n'offre que de très légers travaux. Dans l'état suivant, les deux traits qui profilent le tronc d'arbre sont confondus, et présentent un noir; le terrain, à droite, est accusé par une série de traits vigoureux. L'angle du cuivre, au haut, à droite, est arrondi.

3. L'angle du cuivre à la gauche du bas est aigu ; il est arrondi dans l'état qui suit.

4. Sans différence.

5. L'angle du bas à droite est aigu ; il est arrondi dans l'état qui suit.

6. Sans différence.

7. Sans différence.

*8. Un trait qui, dans le haut, s'étend horizontalement d'un bout à l'autre de la planche est assez apparent ; on l'aperçoit à peine dans l'état qui suit. Cette suite est très rare.

* 3e. Avec le titre relaté ci-dessus et l'adresse de Matham, mais avant les numéros.

4e. Avec l'adresse de Clemendt de Jonghe et les numéros.

5e. L'adresse de F. de Wit a remplacé la précédente.

6e. Les pièces ont le caractère *b* dans la droite du haut. En bas, il y a de doubles numéros. C'est l'édition d'Huquier.

7e. On a supprimé les numéros et le caractère *b*. C'est l'édition de Basan. Les épreuves postérieures sont comme ci-dessus.

APPENDICE.

Weigel. 57. *Paysage*. A gauche, un tronc d'arbre devant lequel s'étend, vers la droite, un groupe composé de deux brebis et trois boucs couchés, d'une brebis debout derrière, et d'un bouc se dirigeant vers la droite. Dans le lointain, au fond, à droite, un berger appuyé sur son bâton. Sur le devant, à droite, quelques buissons.

Haut., 180 millim.; larg., 69.

Weigel dit que cette pièce est exécutée avec esprit ; elle lui paraît être du temps de la suite à *la Laitière*; le comte de Fries en possédait une épreuve, M. de Vos une autre qui est entrée dans la collection Verstolk. Cette pièce, qui paraît douteuse, ne s'est vendue en 1851 que 56 fr. 70 c.

On trouve au British Museum :

Portrait d'un jeune homme. Il tient une flûte dans ses mains ; sa tête est couverte d'un chapeau ; il regarde à gauche, appuyé sur un tertre. Pièce sans nom de maître ; elle est douteuse.

Haut., 143 millim.; larg., 110.

Paysage. Une femme, vue par le dos, garde des chèvres et une vache ; au fond, des rochers et une cascade. Sans nom de maître. Pièce douteuse.

Haut., 190 millim.; larg., 121.

Artémise reçoit les cendres de son époux. Elle est assise à droite près d'un lit à baldaquin. Un homme à genoux, à gauche, lui présente l'urne de Mausole, dont on voit le tombeau dans le fond par une grande arcade ouverte.

Haut., 35 millim.; larg., 196.

* Cette pièce, décrite dans le catalogue Camberlyn comme un sujet de l'Ancien Testament, a été attribuée par M. Guichardot à Berghem. Nous ne la croyons pas de ce maître, mais plutôt de Van Eckout.

Après avoir figuré dans les ventes Camberlyn et Alféroff, elle est devenue la propriété de M. Guichardot, à la vente duquel nous l'avons acquise pour le prix de 75 fr.

Camberlyn, 41 fr.

BLEKER (G...), peintre, né à Harlem, florissait vers le milieu du dix-septième siècle. Plusieurs de ses estampes portent les dates de 1638 et 1643. On n'a aucun détail sur sa vie. Bartsch décrit de lui douze pièces. Une treizième est aussi indiquée dans le catalogue Weigel.

ŒUVRE DE BLEKER.

1. *L'Ange promettant un fils à Abraham*. Le patriarche est debout à la droite de l'ange assis ; derrière lui est Sara. Dans le fond, à gauche, une basse-cour où l'on voit plusieurs moutons. Au haut de la gauche : *G. Bleker f.* 1638.

Haut., 142 millim.; larg., 212.

Camberlyn, 7 fr.
Weigel décrit trois états :
1er. Avant toute adresse.
2e. On lit : *Franciscus van den Enden excudit.*
3e. Avec cette adresse : *Joan Meyssens excudit.*

2. *Jacob donne un baiser à Rachel.* Celle-ci est debout, à gauche, près d'un puits, à côté de Jacob. A droite, un troupeau de moutons s'abreuve dans un bassin. Sur le devant, à gauche, un grand chien couché au bas du puits. En bas, dans la marge, les versets 9, 10 et 12 du XXIXe chapitre de la Genèse sont écrits, à gauche en latin, et à droite en hollandais.

Haut., 402 millim.; larg., 537. La marge du bas, 18.

3. *Jacob s'entretenant avec Rachel.* Le patriarche est debout sur e devant, à droite. On voit un peu plus loin trois bergères causant ensemble. A gauche, un troupeau de moutons s'abreuve dans un bassin carré. Dans la marge du bas : *G. Bleker* 1638.

Haut., 286 millim.; larg., 442. La marge du bas, 9.

4. *La Résurrection de Lazare.* Jésus-Christ debout, sur la droite du devant, tient la main gauche élevée comme pour ordonner à Lazare de sortir du tombeau, qui est dans le milieu. Les Juifs qui sont autour expriment leur étonnement. Un d'eux, à gauche, sur le devant, paraît très mécontent de ce miracle. Sur le tombeau : *G. Bleker invent et fecit.* Pièce très médiocre.

Haut., 127 millim.; larg., 188.

Weigel décrit deux états :
1er. Celui que nous venons de mentionner.
2e. Avec l'adresse de N. Visscher dans le bas.
Dans le catalogue Rigal, on signale une épreuve où on lit à terre, vers la droite : *ex P. C. V.* réunis.

5. *Saint Paul et saint Barnabé à Lystre.* Ceux-ci, au milieu du fond, s'avancent en déchirant leurs vêtements, pour empêcher les Lystriens de leur sacrifier un taureau. A gauche, un homme à cheval ; plus loin, un carrosse attelé de deux chevaux. Dans la marge du bas, à gauche : *G. Bleker* 1638. C'est le pendant du n° 3.

Même dimension.

1er état. Celui décrit ci-dessus.
2e. Avec l'adresse de N. Visscher à la droite du bas.
3e. Cette adresse est effacée, mais on en voit les traces.

6. *Le Vacher*. Il est assis sur le devant, à droite, jouant de la flûte. On voit, à gauche, trois vaches et un veau. Au haut de la droite : *G. Bleker f.* 1638.

Haut., 142 millim.; larg., 212.

Rigal, les six pièces ensemble, 61 fr. Camberlyn, le n° 6 seulement, 21 fr.

7. *Le Troupeau qui s'abreuve*. Des vaches, des moutons et des chèvres s'abreuvent au bord d'un ruisseau qui, du fond de la gauche, s'avance jusqu'au devant, à droite.

Haut., 156 millim.; larg., 237.

Camberlyn, 6 fr.

8. *Le Troupeau en marche*. On voit sur le second plan des vaches et des moutons gravissant une colline qui est à droite. Une femme assise sur un cheval est dans le milieu. Au devant, à droite, un bœuf pissant vu par derrière. Sans nom de maître. Ce morceau est le pendant du n° 7.

Même dimension.

9. *La Laitière*. On la voit dans le milieu occupée à traire une vache; elle cause avec un paysan assis au pied d'un arbre, sur le devant, à gauche. Dans le fond du même côté, deux chèvres ; à droite, deux vaches. Au bas de la gauche : *G. Bleker f.* 1643.

Haut., 156 millim.; larg., 234.

Camberlyn, 7 fr.
Weigel mentionne deux états :
1er. Celui décrit.
2e. Avec cette adresse : *Jan Kralinge excud.*

10. *Le Chariot à quatre roues*. On le voit au milieu, dirigé vers le fond, à droite. En cet endroit, un cheval dételé mange. Dans le fond, à gauche, devant une auberge, un cavalier tenant un verre parle à deux hommes, dont l'un coupe du pain pour donner à un cheval sellé que l'on voit par le dos. Au bas, à gauche, sur le devant : *G. Bleker f.* 1643.

Haut., 202 millim.; larg., 297.

11. *Le Chariot à deux roues*. Il est attelé d'un cheval, et un paysan le dirige vers la gauche. Dans le chariot, sur un gros paquet, une paysanne assise. Dans le fond, à droite, un cheval de somme suivi d'un paysan. Au haut de la gauche : *G. Bleker f.* 1643.

Même dimension.

12. *Le Cabriolet.* Il est à gauche, attelé d'un cheval ; un paysan y est assis à côté de sa femme, se dirigeant vers la droite du devant. Dans le lointain, un paysage où paissent deux vaches et un cheval. Dans le bas, hors du bord de la planche : *G. Bleker f.* 1643.

Même dimension que les deux précédentes.

Rigal, les nos 7 à 12, 61 fr.

Weigel. 13. *Laban donnant un baiser à sa fille Rachel.* On voit à droite un troupeau de sept moutons ; à gauche, une fontaine ornée d'une tête d'enfant et d'une tête de faune.

Haut., 140 millim.; larg., 212.

Ce morceau, qui est le pendant du n° 1, est de la plus grande rareté. On n'en connaît que deux épreuves : l'une était dans la collection du comte de Fries, l'autre dans celle du comte de Sternberg. Il était classé dans le catalogue de ce dernier sous la désignation de *Jacob et Rachel.*

Dans le catalogue annoté par M. Favart, nous trouvons la description de cette pièce, mais elle est toute différente de celle donnée par Weigel.

Jacob et Rachel au pied d'une fontaine. A la gauche, Rachel debout, tenant un long bâton de la main droite, semble écouter ce que lui dit Jacob, qui, d'une main tient la main gauche de Rachel en lui mettant l'autre sur l'épaule droite. Ces deux figures sont de profil, placées au devant d'une fontaine près de laquelle un troupeau de moutons se repose. Le fond est terminé par une haute montagne qui se prolonge vers la droite, en fuyant dans le lointain. C'est le pendant du n° 1 de la même grandeur, sans nom, mais incontestable.

Ces deux descriptions, qui me paraissent concerner le même morceau, se concilient difficilement.

BLOOTELING, BLOTELING ou BLOTELINGH (ABRAHAM), dessinateur et graveur à l'eau-forte, au burin et en manière noire, né à Amsterdam en 1634 ; il travaillait encore en 1687 ; on ignore l'année de sa mort. Ce maître a beaucoup gravé, principalement le portrait, qu'il a traité avec supériorité.

Egbert Meesz Kortenaert, amiral hollandais représenté presque de face, vu jusqu'aux genoux, tenant de la main gauche le bâton de commandement. Il est privé de l'usage d'un œil. Gravé d'après le tableau de B. Van der Helst. On lit au bas : EGBERT MEESZ KORTENAER L. ADMIRAEL. Au-dessous, six vers hollandais sur deux colonnes ; plus bas, une inscription en trois lignes. Au-dessous, à gauche : *Bartholomeus Van der Helst pinxit ;* à droite : *A Blotelingh sculpsit.*

Haut., 491 millim.; larg., 412. La marge du bas, 65.

* 1er état non décrit : il n'est pas terminé ; tout le fond est blanc. Le canon qui est à droite est blanc, sauf l'extrémité ; le canon de gauche est blanc. Le personnage n'est pas très avancé, à l'exception de son vêtement vers la droite, au-dessus du baudrier ; le reste de l'habit n'est ombré que d'une seule taille. Le visage, la cravate, le baudrier et la main qui tient le bâton sont avant beaucoup de travaux ; la main droite est blanche. Les vaisseaux ne sont indiqués que par quelques traits. Un léger trait de bordure autour de la composition.

* 2e terminé. Avec un fort trait de bordure, mais avant les mots *et excudit*, après *A Blotelingh sculpsit* [1].

Vente Camberlyn, 170 fr.

L'état suivant porte : *Blotelingh sculpsit et excudit.*

Vente Camberlyn, 25 fr.

Moelman, d'autres auteurs disent Muylman, ou plutôt *Pierre Schout,* chanoine d'Utrecht ; il est représenté à cheval dans une campagne, se dirigeant vers la gauche, d'après le tableau peint par Netscher pour la figure, par Wouvermans pour le cheval, et Wynants pour le paysage. M. Ch. Blanc dit, en parlant de cette belle estampe : *Bloteling, dans une planche très précieuse où l'on voit un cavalier chevauchant dans un paysage, a prouvé que la robe d'un cheval étrillé pouvait être gravée à merveille par une taille ondoyante et unie comme un corps luisant.* Vulgairement nommé *le Cavalier.*

Haut., 510 millim.; larg. 425. La marge du bas, 10 millim. La marge rapportée, 88.

* 1er état. Avant le nom du graveur au haut, à droite de la planche, et avant beaucoup de travaux sur le ciel, le personnage, le cheval et le paysage. Il n'y a pas de contre-tailles sur le haut de la botte qui couvre la cuisse ; il n'y en a pas non plus sur la botte, à gauche, dans la partie qui couvre la jambe ; on n'en voit pas contre la botte sur le ventre du cheval, ni sur la fonte qui cache une partie du pistolet, et aussi à gauche contre la poignée de l'épée. On ne voit pas de contre-tailles au-dessus de la tête du cheval. Collection Didot.

Vente Didot, 300 fr.

* 2e. Avec le nom du graveur dans le haut. On trouve dans le bas une inscription en caractères mobiles :

PETRUS SCHOUT *Lud. Canonicus Ultraject. Satrapes Hagesteinæ, Natus A°* 1640. 14 *sept., Denatus* 29 *Maji,* 1669.

1. Dans le catalogue R. Dumesnil (1838), on cite un état avant le trait de bordure et avant des travaux dans les ombres fortes. Vendu avec notre 2e état 127 fr. Cependant notre épreuve antérieure à celle-ci est entourée d'une bordure légère.

Suivent douze vers latins :

Gloria candoris patrii. . . . .
. . . . O mea sponsa meo.
Solide
Jacobus Heiblocq
Gymn : Amst : in nova
urbis regione rector.

Il y a des épreuves de ce 2e état qui n'ont pas cette inscription.

Vente Révil, 160 fr. ; Debois, 81 fr. ; Camberlyn, 130 fr., mais sans cette inscription dans le bas.

Manhaften, amiral de Hollande. Il est vu jusqu'aux genoux, presque de face, un peu tourné vers la droite ; à son cou une riche cravate ; à son baudrier brodé pend une épée dont on ne voit que la poignée ; sa main droite, gantée, s'appuie sur une canne ; sur la hanche est posée sa main gauche, qui tient un gant. Dans le fond, à droite, un combat naval. Dans le bas : Edt. MANHAFTEN ZEEHELT AEERT VAN NES. L : ADMIRAEL VAN HOLLANT... Au-dessous, dix vers hollandais sur deux colonnes, et plus bas, à gauche : *L. de Iongh pinxit;* au milieu : *t'Amsterdam gedruckt by Clemendt de Ionghe inde Calverstraat inde Const en Kaart Winkel;* à droite : *A. B. sculp.*

Haut., 370 millim.; larg., 330. La marge du bas, 60 millim.

* Très belle épreuve.

Michel Adrien Ruyter, amiral général de Hollande. Le corps tourné vers la gauche, il regarde de face, portant les moustaches et la royale ; sa tête nue est couverte de longs cheveux. Le portrait est dans un ovale ; on voit en haut les trompettes de la Renommée ; au bas, sur le haut du socle, deux canons et des armes. Au-dessous : *De Heere Michiel Adriaensz Ruyter,......* et tout au bas, à droite : *A. Blotelingh fecit aqua forti et exc.*

Haut., 285 millim.; larg., 223.

* Épreuve avec de grandes marges. Collection Thiers.

Augustus Stellingwerf, premier amiral de Frise. Il est de face, nu-tête, ayant son épée attachée à un riche baudrier. De la main droite, il tient le bâton de commandement ; la gauche pose sur la bouche d'un canon. Il est vu jusqu'aux genoux. Dans le milieu du bas : *Augustus Stellingwerf, Eerste. L. Admirt...* Plus bas, huit vers hollandais, au-dessous desquels est écrit sous la seconde colonne : *I. de Decker ;* plus bas, à gauche : *Lodewyck Van der Helst pinx;* dans le milieu :

A Blotelingh sculpsit. Dans le haut, sur l'estampe même : *Vivit Post Funera Virtus.*

Haut., 395 millim.; larg., 370. La marge du bas, 60 millim.

* Très belle épreuve.

Corneille Tromp, amiral de Hollande. Il est nu-tête, regardant presque de face, un peu tourné vers la droite, dans une bordure ovale de feuilles de laurier. Il porte un riche baudrier et un nœud de rubans sur l'épaule droite. Sur le haut du socle, à gauche : *P. Lely, pinxit;* à droite : *A. Blooteling, Sculp, et, ex.* 1676. Dans le bas, des deux côtés des armoiries, cinq lignes de titre : *d· Ed. Hr. Cornelis Tromp Ridler.....;* au bas des armoiries : FORTES CREANTUR FORTIBUS.

Haut., 450 millim.; larg., 210.

* Collection Thiers.

BOEL (Pierre), peintre, né à Anvers en 1615. Il excella dans le genre des quadrupèdes, des oiseaux et des fleurs. Les uns veulent qu'il ait eu pour maître François Snyders; d'autres croient, peut-être avec plus de raison, qu'il apprit son art à Gênes, chez Corneille de Wael, son oncle. A son retour, il séjourna à Paris, puis retourna dans sa patrie. Suivant Strutt, il est mort à Anvers en 1680. C'est ainsi que Bartsch raconte sa vie. Au contraire, Regnault-Delalande, dans le catalogue Rigal, dit qu'il mourut à Paris dans un âge très avancé. Il affirme que Boel, étant venu en France, fut presque continuellement occupé aux ouvrages que Ch. Le Brun faisait alors exécuter, par ordre du roi, aux Gobelins. Bartsch regarde les eaux-fortes de ce maître comme des chefs-d'œuvre, ne laissant aucun doute qu'il ne les ait faites dans le moment de sa plus grande force.

ŒUVRE DE BOEL.

1-6. *Différents oiseaux.* Suite de six estampes.

Haut., 162 millim.; larg., 130 à 143.

1. *Frontispice.* A gauche, autour d'un âne chargé de volailles, trois chiens de chasse. A droite, sur un des morceaux d'architecture en ruines, près d'un fusil couché : *Diversi ucelli à Petro Boel.*

2. *Les Faucons.* Vers la gauche, deux faucons attaquent un héron qui se défend avec ses pattes; à droite, dans un étang, deux canards effrayés.

Camberlyn, 110 fr.

3. *Les Aigles.* Ils se disputent la curée d'un jeune chevreuil. L'un d'eux, qui est dans le milieu sur l'animal, menace un autre aigle qu'on voit, à gauche, sur une butte ; un autre aigle, à droite, s'avance furtivement.

Camberlyn, 120 fr.

4. *Le Paon.* Tout le fond représente des morceaux d'architecture en ruines. A gauche, un paon est perché sur un débris de chapiteau, au bas duquel sont un coq, une poule et deux lapins; à droite, deux faisans.

Camberlyn, 20 fr.

5. *Les Butors.* Au bord d'un étang qui occupe la droite, des butors et des canards sauvages. A droite, sur le terrain, *P. B. F.*, selon Rigal. Nous ne voyons dans notre épreuve que *P. B.*

Camberlyn, 110 fr.

6. *Les Éperviers.* Des canards se sauvent devant deux éperviers. L'un d'eux, à gauche, perché sur une branche d'arbre, tient un canard dans ses serres ; à droite, un autre épervier, sur une branche d'arbre, semble menacer le premier. Dans le coin du bas, à droite : *P. B.* Cette suite n'a pas de numéros.

* Collections Durand et Brizard, de Gand. Cette suite est très rare.

Vente Rigal, 150 fr. les six pièces.

Weigel dit que l'on voit à l'Institut d'art de Staedel, de Francfort, le tableau de Snyders représentant *des Aigles,* d'après lequel Boel doit avoir gravé son n° 3.

7. *La Chasse au Sanglier.* Il court vers la droite, poursuivi par dix chiens. Un d'eux est couvert d'une chemise de mailles. Sur une des deux pierres qu'on voit, à gauche, près d'un chien renversé : *P. B.*

* 1er état. Très rare. Le nom du maître est gravé à l'eau-forte et en grandes lettres ; la planche n'est pas nettoyée. Épreuve avec une grande marge. On trouve des épreuves avec le nom en grandes lettres, mais avec la planche nettoyée.

Rigal, 1er état, 60 fr.

* 2e. Les lettres *P. B.* sont en petit caractère, mais avant l'adresse de Naudet.

Notre épreuve est tirée sur papier fort. Selon Weigel, les plus anciennes sont imprimées sur un papier très mince. On en trouve aussi sur du papier un peu moins mince qui paraissent avoir précédé celles tirées sur papier fort. Collections Durand et Brizard.

Camberlyn, 30 fr.

Weigel indique trois états postérieurs :

3e. Avec l'adresse de Naudet dans la marge du bas, à gauche.

4e. L'adresse précédente est remplacée par : *A Paris, Ph. le Bas, 1er Graveur du Cabinet du Roy, rue de la Harpe.* Les épreuves de cet état sont tirées ordinairement sur un très fort papier.

5e. Cette adresse est supprimée. Ces sortes d'épreuves sont ordinairement tirées sur papier très mince. Elles ne sont pas encore mauvaises.

Weigel termine en disant que, dans les *Painters Etchings de Walker,* on trouve une bonne copie du 1er état de ce morceau.

PIÈCES ATTRIBUÉES A BOEL, DÉCRITES PAR WEIGEL.

8. *Deux Éléphants, deux Ours et deux Lynx.* Au fond, un parterre entouré d'une balustrade ; au delà, des montagnes. Ce morceau, touché avec beaucoup de fermeté, est sans nom d'auteur ; au bas, une marge blanche.

Haut., 297 millim.; larg., 508. La marge du bas, 25.

9-14. *Des Volailles dans la basse-cour d'un château.* Suite de six estampes.

Haut., 230 à 239 millim.; larg., 338 à 352.

9. Canes musquées, Damoiselles, etc.
10. Pélicans de mer, etc.
11. Bleuets, Bécharoux, etc.
12. Autruches, Pals, etc.
13. Ducs.
14. Aigles et Griffon, etc.

A chaque morceau, dans la marge, le nom des oiseaux ; au coin, à gauche : *P. Boel del. ;* à droite : *chez G. Scotin..... à l'Estoile.* Dans Rigal, cette suite est décrite sous ce titre : *Différents oiseaux.*

Haut., 230 à 239 millim.; larg., 338 à 352.

Weigel mentionne trois états :

1er. Avant l'addition des mots : *A l'Estoile,* après le nom de *Scotin.*

On connaît une épreuve à l'eau-forte pure du no 14, avant la lettre. Elle faisait partie de la collection Camberlyn ; vendue, 60 fr., les extrémités des angles étaient restaurées ; également chez Rigal, mais toute la suite, y compris le no 8, 31 fr.

2e. C'est celui décrit ci-dessus.

3e. Les pièces sont numérotées au bas, à droite, de 1 à 6, et, à gauche, elles portent cette adresse : *F. de Poilly ex.*

On a encore attribué à Boel : *Un faucon fondant sur des poulets entourés d'un coq et de poules.* A droite, une grande corbeille et des chardons.

Haut., 205 millim.; larg., 286.

Brulliot, qui cite cette pièce, l'a rangée dans le catalogue de celles qui sont attribuées à M. Hondekoeter.

BOL (Ferdinand), peintre, né à Dordrecht vers 1611. Il n'avait que trois ans lorsque sa famille alla s'établir à Amsterdam. Il fut élève de Rembrandt, qu'il imita si parfaitement que souvent ses ouvrages ont été pris pour ceux de son maître. Il mourut en 1681. On trouve plusieurs de ses tableaux dans la maison du Conseil, à Amsterdam, et dans les principales juridictions de cette ville. Il y en a deux, dont un portrait, au musée du Louvre, et cinq dans la galerie de Dresde. Sa manière de conduire la pointe a une ressemblance si frappante avec celle de Rembrandt qu'il faut être parfait connaisseur pour distinguer certaines pièces gravées par ces deux artistes.

On connaît un portrait de Bol gravé par Bartsch. Dans le bas : *Bol se ipsum del Bartsch sc.* P. en H.

1er état. Avant la lettre.
2e. Celui décrit.

ŒUVRE DE BOL.

1. *Le Sacrifice d'Abraham.* Il est prêt à sacrifier son fils, qui est couché à terre, la tête appuyée sur un bûcher placé à la droite. Les mains de l'enfant sont jointes et liées par une corde; il n'a qu'une étoffe légère qui lui couvre les hanches. Abraham est debout, au milieu, tirant son couteau; un ange vers lequel il tourne les yeux lui saisit le bras gauche. Dans le fond, à gauche, des broussailles et des arbrisseaux ; sur le devant, à droite, les vêtements d'Isaac et un réchaud allumé. Vers le bas de la gauche : *F. Bol f.* Pièce cintrée dans le haut.

Haut., 426 millim.; larg., 326.

* 1er état. Fortement chargé de barbes, avant divers travaux; on n'y voit pas encore le nom de Bol. Collection du chevalier Camberlyn. Nous n'avons rencontré qu'une autre épreuve de cet état extrêmement rare.

Vente Camberlyn, 150 fr.

* 2e. Avec le nom de Bol. Sur la cuisse droite d'Isaac, les tailles se rejoignent

presque complètement, au lieu que cette cuisse est claire dans l'état précédent. Presque entièrement ébarbé.

Vente R. Dumesnil, 39 fr. 90 ; Verstolk, 60 fr.

2. *Le Sacrifice de Gédéon.* L'ange qui allume le sacrifice est debout, vêtu d'une longue robe blanche ; sa main droite est levée ; de l'autre, il tient un bâton avec lequel il touche l'autel d'où la flamme s'élève. Au milieu, le chêne au pied duquel l'ange était assis lorsqu'il apparut à Gédéon.

Haut., 212 millim.; larg., 167.

1er état. Avant le nom de Bol. L'ange n'est indiqué qu'au trait ; il se trouve dans l'estampe des parties blanches qui tranchent trop avec les ombres. Ce n'est qu'une ébauche, quoique d'un effet très piquant.

R. Dumesnil, 26 fr. 70 c.

2e. Au British Museum. Non décrit. Les quelques traits qui marquaient la figure de l'ange sont effacés ; il n'y a plus de trace de visage, seulement reste le tour de la tête ; l'aile droite de l'envoyé céleste est devenue blanche ; les tailles qui l'ombraient ont été enlevées, mais le bord de son vêtement est en grande partie couvert de tailles obliques. Les grandes plantes qui s'enlaçaient à l'arbre, à gauche, sont éteintes dans le haut. Le terrain est couvert de contre-tailles contre Gédéon, et au-dessous de la grande plante, à gauche. Avant le nom de Bol.

Verstolk, *superbe épreuve d'un état non décrit*, 64 fr. Peut-être est-ce notre 2e état?

3e. Le visage de l'ange est plus travaillé ; sa tête est ceinte d'un ruban au-dessus du front ; ses ailes sont plus ombrées, et les plis de sa robe mieux exprimés ; une partie du terrain où est placé l'ange, en avant de ses pieds, se trouve éclairci sans aucune taille. Les blancs de fumée sont accordés par des travaux à la pointe sèche. On voit des hachures légères sur le visage de Gédéon. Vers le haut de l'autel : *Bol f.* tracé très faiblement.

* 4e. La tête de l'ange est terminée ; il n'y a plus de ruban au-dessus du front ; sa chevelure tombe sur ses épaules. On ne voit plus le nom de Bol.

Camberlyn, 5 fr.

Je possède le dessin original de cette estampe.

3. *Saint Jérôme dans une caverne.* Il est assis vers la droite sur une butte, le bras gauche appuyé contre terre ; une draperie couvre ses hanches ; il regarde un petit crucifix qu'il tient de ses deux mains jointes. Sous la voûte de la caverne est un lion couché. Sur le devant, à droite, est un grand livre ouvert, posé à terre contre une tête de mort et un os. Au-dessus du livre, sur la butte : *F. Bol f.* Pièce cintrée dans le haut.

Haut., 281 millim.; larg., 143.

* 1er état. Les coins du haut sont extrêmement sales ; on voit le nom de Bol.

R. Dumesnil, 140 fr. ; Verstolk, 67 fr.

2°. Le nom de Bol a été enlevé, non sans laisser quelques traces; les tailles légères qu'on voyait autour ont été grattées ; il y a là une place blanche. Les salissures des marges du haut ont disparu.

4. *La Famille*. L'intérieur est éclairé, à droite, par une fenêtre dont un des côtés du châssis est ouvert; au-dessous, sur une table couverte d'un tapis, un livre ouvert; au bas de cette table, une femme, assise à terre, a sur ses genoux un enfant qu'elle allaite; derrière elle, un homme tient un linge des deux mains ; au fond, à gauche, dans un enfoncement, un lit dont les rideaux sont tirés. Dans la pièce ovale du vitrage de la partie de la croisée qui est fermée, on lit avec peine : *F. Bol*, et au-dessous : 1649. Le dessin de cette pièce est au British Museum.

Haut., 185 millim.; larg., 216.

R. Dumesnil, 12 fr. 70 c.; Verstolk, 23 fr. 50 c.
* Très belle épreuve.

5. *Philosophe en méditation*. Couvert d'un bonnet de Mezzetin et vêtu d'une grande robe, il est assis, le bras gauche appuyé sur une table où sont quelques livres et un globe ; sur son genou pose sa main droite qui tient des lunettes. A gauche, le fond est clair ; à droite, on voit une bibliothèque et un rideau levé. Pièce cintrée par le haut.

Haut., 230 millim.; larg., 178.

Claussin décrit trois états :

1er. Le haut de la colonne, ainsi que la partie supérieure du rideau, y sont assez clairs.

2e. Le haut de la colonne est recouvert de tailles presque horizontales, peu ébarbées, ainsi que le rideau, qui se voit ici croisé par des tailles tirées diagonalement de droite à gauche. Ces nouveaux travaux, faits à la pointe sèche, sont fortement chargés de barbes dans les premières épreuves. Le reste de l'estampe est moins brillant que dans le premier état.

Verstolk, 120 fr.

3e. On voit au haut de la planche, vers la droite, le nom de Bol et l'année 1662. Les épreuves de cet état, généralement grises de ton, ont peu d'effet.

6. *Vieillard philosophe*. Il porte une grande barbe ; on le voit assis devant une table, lisant dans un livre qu'il tient des deux mains, vu de trois quarts et tourné vers la droite. A sa gauche, sur la table, deux globes. Dans le fond, un pilier, indiqué au trait, s'élève jusqu'au haut de la planche, derrière le vieillard. Au haut, vers la droite : *F. Bol f.* 1642.

Haut., 212 millim.; larg., 164.

1er état. Avant le pilier derrière le vieillard, avant les hachures qui sont dans le fond, sur la gauche et vers le haut de l'estampe; le fauteuil, légèrement ébauché, n'a que de simples tailles. Cet état a moins d'effet que le suivant.

2e. Avec le pilier derrière le vieillard, avec les hachures qui sont dans le fond et le fauteuil terminé, mais avant le nom et l'année, non décrit par Claussin.

Décrit pour la première fois par R. Dumesnil; son épreuve, 190 fr. 75 c.; revendue chez Verstolk, 102 fr. 50 c.

3e. Avec le nom et l'année.

7. *Vieillard assis.* Il porte un bonnet de Mezzetin; sa main gauche est sur le bras d'un fauteuil, la droite dans sa robe ouverte bordée de fourrures et attachée avec une boucle. A la droite, quelques livres et un chandelier. Le fond est sale. Vers le haut de la gauche, dans le fond : *Bol.*

Haut., 191 millim.; larg., 129.

* 1er état. A l'eau-forte pure. On n'y voit pas encore le nom de Bol. Les livres et le chandelier s'y aperçoivent à peine; tous les vêtements ne sont couverts que de légers travaux; le bas de la manche droite est tout à fait clair; il n'y a pas de contre-tailles sur le genou droit du personnage; le dossier du fauteuil est d'une teinte grise et uniforme; près du gland du coussin du fauteuil, les travaux ne vont pas jusqu'au bord de la planche.

* 2e. Les barbes produisent le plus grand effet; les livres et le chandelier sont très visibles; le livre couché sur la table est parfaitement distinct et se profile bien dans sa partie supérieure; le visage est plus terminé; le vêtement est vigoureusement ombré; le bas de la manche droite est couvert de tailles horizontales; il y a des contre-tailles obliques sur le genou droit; au-dessous du fauteuil, les travaux vont jusqu'au bord de la planche. A gauche, vers le haut, on lit *Bol.*

Verstolk, 110 fr.

8. *Astrologue.* Il est assis devant une table sur laquelle sont un globe et plusieurs livres, dirigé vers la droite, coiffé d'un chapeau plat et tenant ses deux mains jointes. Dans le fond, une espèce d'arcade très ombrée. Au fond, à gauche, vers le haut, on lit : *Bol.*

Haut., 129 millim.; larg., 95.

* 1er état. A l'eau-forte pure, avant le nom du maître.

Le catalogue Verstolk décrit un état : avec le fond sous l'arcade jusqu'au bonnet de l'astrologue tout à fait blanc, ainsi que la table sous les mains et l'encrier presque invisible; le coin de l'estampe contre le bord supérieur est blanc, et les bords de l'estampe sont en général irréguliers. Vendu seulement 40 fr.

2e. Avec le nom de Bol; c'est celui décrit.

Camberlyn, 15 fr. 50 c.

9. *Vieillard à barbe frisée.* Il est de face, le corps dirigé vers la

droite ; sa robe est garnie de fourrure ; il s'appuie des deux mains sur une canne. On lit, au haut de la droite : *F. Bol f.*, et au-dessous : 1642 ; le chiffre 4 est à rebours.

Haut., 119 millim.; larg., 88.

* Épreuve vigoureuse.

Dans le catalogue Verstolk, on mentionnait une épreuve toute première, chargée de barbes, avec le fond sale. Vendue 44 fr.

10. *Vieillard en buste*. Il est de face, renfermé dans un ovale coupé par le haut ; il est dirigé vers la droite, et couvert d'une robe fourrée et attachée par une agrafe de diamants. Bartsch paraît n'avoir point vu cette estampe, qui est de la dernière rareté.

Haut., 141 millim.; larg., 125.

* Très rare épreuve d'eau-forte pure, non décrite, avec les barbes de la planche. Ni R. Dumesnil ni Verstolk ne possédaient cette pièce. Nous ne pouvons précisément dire s'il y a un second état plus terminé.

11. *Philosophe endormi*. Il a une longue barbe blanche ; sa tête est couverte d'un bonnet ; il est assis devant une table où l'on voit plusieurs livres, une chandelle et un globe ; il est dirigé vers la droite, tenant de la main droite une plume et de la gauche des lunettes. A gauche, une colonne qui monte jusqu'au haut ; sur la droite, un rideau élevé et une armoire cintrée. Tout le fond est couvert de doubles tailles. Pièce rare.

Haut., 140 millim.; larg., 117.

12. *Portrait d'un officier*. Il est à droite, dirigé vers la gauche, portant sur la tête une toque garnie de plumes ; il a un hausse-col et appuie les deux mains sur le pommeau de son épée. A gauche, au haut du fond, couvert de tailles croisées, on lit avec peine : *Bol f.* 1645. L'année est à rebours.

Haut., 137 millim.; larg., 113.

* Collection du comte Harrach, de Vienne.

Verstolk, 44 fr.

13. *Portrait d'homme*. Il est jeune, vu à mi-corps, presque de face ; posant le bras gauche sur le mur à hauteur d'appui, devant lequel il est placé ; sa tête, dont les cheveux sont frisés, est couverte d'un chapeau rond terminé en pointe ; un collet très large passe sur son manteau court. A gauche, un morceau d'architecture s'élevant jusqu'au haut, où il forme un cintre. Au haut de la droite : *Bol f.*

Haut., 151 millim.; larg., 110.

1er état. Avant le nom du maître.

R. Dumesnil, 17 fr. 60 c. ; Verstolk, 50 fr. 50 c.

* 2e. Non décrit avant que les deux coins du bas de l'estampe aient été terminés. Collection du comte Harrach, de Vienne.

3e. Avec le nom et les coins terminés.

Verstolk, 23 fr. ; R. Dumesnil, 12 fr. 70 c.

14. *L'Homme à la toque.* Il est à mi-corps, de trois quarts, dirigé à droite, coiffé d'un bonnet de Mezzetin orné de deux plumes. Il porte un large manteau bordé de fourrure. Au haut de la droite : *F. Bol f.* 1642.

Haut., 90 millim.; larg., 79.

Verstolk, 17 fr.

* Très belle épreuve.

15. *Un Philosophe.* Il est de profil, debout devant une table, tourné vers la gauche, portant un bonnet et une robe ; sa main gauche est appuyée sur le bras du fauteuil qui est derrière lui, et la droite sur la table où l'on voit un globe, une chandelle et un livre ouvert. Vers le haut de la gauche, une horloge est suspendue au mur. Dans le fond, une petite porte cintrée.

Haut., 72 millim.; larg., 52.

16. *La Femme à la poire.* Elle est à sa fenêtre ; vue de face, la tête coiffée d'un voile, s'appuyant sur son bras gauche, et tenant une poire de la droite. Au bas de la gauche, sur l'appui de la fenêtre : *Bol f.* 1651.

Haut., 146 millim.; larg., 119.

R. Dumesnil, papier du Japon, 127 fr. 50 c. ; la même épreuve, Verstolk, 86 fr.

* Épreuve avec beaucoup de barbes ; elle a une petite marge [1].

17. *Portrait de femme dans un ovale.* Elle est jeune, vue à mi-corps, presque de profil, tournée vers la droite ; sur sa tête est une toque ornée de deux plumes dont les extrémités s'inclinent par derrière. Le fond est blanc, seulement il y a une petite ombre sur l'épaule droite. Tout au haut de la planche, est tracé légèrement : *F. Bol f.* 1644.

Haut., 102 millim.; larg., 77.

1. Nous avons vu au British Museum une épreuve qui nous paraît antérieure :

Le milieu du front est moins travaillé ; les travaux qui sont au-dessous de l'œil droit se voient à peine ; le menton, à droite, n'est pas détaché par des tailles courtes et fortes que l'on voit dans l'état suivant ; le tour de la manche à droite est mal profilé.

M. Prestel annonce un 1er état, avant le trait échappé en diagonale qui se voit plus tard sur la muraille, vers le milieu de l'estampe, à gauche.

1er état. L'épreuve est plus colorée, le fond est très sale, les bords de la planche sont raboteux. Le cuivre est de forme carrée sans que l'ovale y soit tracé.

* 2e. L'ovale est tracé, c'est l'état que nous avons décrit plus haut.

Verstolk, 10 fr. 50 c.

18. *Vieillard à grande barbe et calotte*. Il est tourné vers la droite, portant sur les épaules une espèce de chape. La tête claire, peu ombrée, est vue de profil. Le fond est tout à fait clair, sauf quelques hachures au bas de la droite. Pièce dans un ovale.

Haut., 75 millim.; larg., 54.

19. *L'Heure de la mort*. Estampe allégorique, gravée pour un livre hollandais in-4°, intitulé : *Ian Harmans Krul Pampiere Wereldt;* c'est-à-dire *le monde de papier*, par Jean Krul. On voit sur la gauche une partie d'un cercueil surmonté d'un squelette qui tient un sablier dans ses mains, et près duquel est une pelle, un râteau et un grand livre ouvert. Du même côté, sous une tente, paraît un vieillard appuyé sur une table ; de sa main droite il montre l'appareil de la mort à une courtisane richement habillée, et coiffée d'un chapeau orné de plumes. Sur le devant on voit une partie d'un labyrinthe. Dans le fond, un paysage et des morceaux d'architecture. Au bas du squelette, dans un cartouche posé sur le cercueil, on lit les deux vers latins que le vieillard semble adresser à la courtisane :

Qui speculum hoc cernis, cur non mortalia spernis?
Tali namque domo conditur omnis homo.

Haut., 133 millim.; larg., 90.

1er état. On n'y voit pas de cartouche ni de vers latins.

* 2e. Avec le cartouche et les vers latins, mais avant les travaux ajoutés depuis au burin ; il n'y a pas d'impression au verso. Collection du comte Harrach, de Vienne.

Camberlyn, 16 fr.

3e Avec les travaux au burin et l'impression au verso.

Camberlyn, 3 fr. 75 c.

Nous trouvons dans la collection R. Dumesnil la description des deux pièces suivantes :

Le Capucin. Il est assis à gauche, vu de profil et tourné du côté opposé, devant une table, la tête appuyée sur une main, et posant l'autre sur un grand livre, dans lequel il semble lire. Au haut de la gauche : *F. Bol f.*

Haut., 115 millim.; larg., 75.

R. Dumesnil, 26 fr. 60 c.

Le catalogue Verstolk mentionne un 1er état moins travaillé, mais cette pièce a paru si douteuse que le premier et le second état n'ont été vendus chacun que 2 fr. 10 c.

20. *Vieillard se chauffant.* Il est vu presque de face et assis, la tête couverte d'un bonnet de fourrure et le corps enveloppé d'un manteau; il a les mains élevées au-dessus d'un réchaud posé sur une table placée devant lui. On lit au haut de la gauche : *F. Bol f.* 1639.

Haut., 140 millim.; larg., 122.

R. Dumesnil, 82 fr. 50 c.

Le catalogue Verstolk cite encore : Portrait d'un personnage noble, entouré de chérubins portant une couronne; non mentionné, très rare et attribué à *F. Bol.*

Vendu 63 fr.

BOL (Hans), peintre de paysages et graveur à l'eau-forte; né à Malines en 1534; mort à Amsterdam en 1593.

La Prédication de saint Jean-Baptiste. Dans un riche paysage, le saint est sur une montagne, vers la droite, où sont quelques personnes assises. Au bas de la montagne, une foule nombreuse; à gauche, un fleuve, sur lequel on remarque un pont, baigne une ville adossée à de hautes montagnes. Dans le milieu du bas : HANS BOL; les deux dernières lettres sont entrelacées. Pièce dans un rond.

Diam., 180 millim.

* Épreuve avec de la marge.

BOLSWERT (Boèce), graveur au burin, né à Bolswert dans la Frise, vers 1580; mort en 1634. On a peu de détails sur sa vie. C'est à lui que l'on doit le *Pèlerinage de Colombelle et de Volontairette vers leur bien-aimé dans Jérusalem;* Bruxelles, 1634. Ce roman mystique, écrit d'abord en hollandais, fut ensuite traduit en français en 1636, et plus tard il a paru dans la *Bibliothèque des romans,* tome II, 1775.

Voir, pour les estampes de Boèce Bolswert, *Œuvre de Rubens.*

BOLSWERT (Schelte), frère puîné du précédent, graveur au burin; né à Bolswert en Frise, vers 1586; florissait, dans le dix-septième siècle, à Anvers. Il excella à reproduire la touche et la couleur de Rubens, et à imiter, à l'aide du burin, le goût et le pittoresque de l'eau-forte. Il mourut à Anvers, dans un âge avancé.

L'Annonciation. La sainte Vierge devant un prie-Dieu est à genoux, à gauche; elle se retourne vers l'ange qui s'incline, venant de la droite, et lui présentant une branche de lis. Vers le haut, des rayons entre des nuages; le Saint-Esprit plane entre des anges. On lit au bas : PERILLVSTRI NOBILISSIMO QVE VIRO D. ANTONIO SIVORI . . . . Suivent trois lignes en latin; tout au bas, à gauche : *Gerardus Seghers inuentor.* Dans le milieu : *Cum priuilegijs.* A droite : *S. à Bolswert sculpsit.*

Haut., 360 millim.; larg., 270. La marge du bas, 27 millim.

1er état. Avant toute adresse : les épreuves postérieures portent *Gillis Hendricx exc.* Collection R. Dumesnil.

Saint Pierre reniant Jésus-Christ. Le prince des apôtres est à droite, éclairé par le flambeau que tient la servante qui est à côté de lui; la scène se passe dans un corps de garde où des soldats jouent aux cartes à la clarté d'un flambeau. Sujet de demi-figures gravé d'après un tableau de Séghers. Au bas, quatre vers latins : *Quid trepidas? vox est; . . .* Suit la dédicace à Collyns de Nole; dans le bas, à gauche : *Gerardus Segers inuen.* Au milieu : *Cum Priuilegio;* à droite : *S. à Bolswert sculp.*

Haut., 360 millim.; larg., 470.

* Très belle épreuve. (Voir Lauwers.)
Rigal, 61 fr.; Debois, 60 fr.

Le catalogue de messire del Marmol cite les deux estampes suivantes :

Le reniement de saint Pierre, copie en contre-partie sans nom de peintre ni de graveur. Avec ce titre : *Vera Negas, reus es.*

Une partie de la composition de la même estampe, où il n'y a que saint Pierre, la servante et un soldat. Avec le même titre. *Le Blond exc.*

Le Couronnement d'épines[1]. Le Christ est tourné vers la gauche; un bourreau lui présente un roseau; à droite, des soldats. *Titre :*

1. Le tableau original est dans la galerie de Potsdam. Un dessin fait évidemment pour la gravure, et selon toute apparence retouché par Van Dyck, dans certaines parties, et notamment dans la tête du Christ, est au musée du Louvre.

PLECTENTES CORONAM DE SPINIS . . . A gauche : *Ant van Dÿck pinxit ;* au dessous : *S. à Bolswert fecit ;* à droite : *Martinus van den Enden excudit cum Priuilegio.*

Haut., 580 millim ; larg., 435. La marge du bas, 15.

1er état. Sans les clous sur la hampe de la hallebarde que tient un vieillard derrière le Sauveur, et avant quelques-unes des taches sur la peau de léopard dont la figure d'homme debout, à droite, est revêtue. Une estampe de cet état a passé dans les mains de M. Blaisot, marchand d'estampes, à Paris. Elle n'était pas irréprochable pour sa conservation.

* 2e. Avec les travaux qui manquaient dans l'état précédent, mais avant les contre-tailles au vêtement et à la jambe gauche du 2e soldat qui est debout à droite, celui qui porte la peau de léopard, et avant différents travaux sur la muraille du fond. Collection Moronval.

Debois, 690 fr.; Révil, 300 fr.; Rigal, 340 fr.; R. Dumesnil, 89 fr.; Simon, 450 fr.

3e. Avec les contre-tailles sur le soldat et les travaux sur la muraille du fond.

L'Élévation en croix. Composition de neuf figures. Cinq hommes cherchent à élever le bois du supplice sur lequel N.-S. est crucifié : trois tirent vers la droite, deux autres poussent à gauche. Un peu plus loin, du même côté, deux hommes à cheval. Dans le bas, vers la gauche, un chien aboie. Le titre en une seule ligne : ET POSTQVAM VENERVNT IN LOCVM, ... *Luc.* 23. *V.* 33. A gauche : *Antonius van Dÿck pinxit. S. à Bolswert sculpsit.*

Haut., 440 millim.; larg., 335. La marge du bas, 30.

* 1er état. La jambe gauche du cheval qui est vu à moitié du côté gauche croise sur celle de droite. Ce défaut a été corrigé dans l'état suivant. Épreuve avec une grande marge.

Debois, 50 fr.; R. Dumesnil, 13 fr. 15 c.; Camberlyn, 17 fr.

Jésus-Christ en croix entre les deux larrons. La Madeleine embrasse les pieds du Sauveur. La sainte Vierge est debout, à gauche ; à droite, un homme vu de dos, tenant un bâton. Derrière lui, un homme à cheval. D'après le tableau de Van Dyck.

Haut., 608 millim.; larg., 449. La marge du bas, 17.

* 1er état. Avant toutes lettres, très rare de cette qualité ; avec marge. Collection du chevalier Camberlyn. Une épreuve semblable est décrite dans le catalogue de messire del Marmol.

Camberlyn, 120 fr.

2e. Avec ce titre : *Et postquam venerunt... S. à Bolswert sculp. Gil Hendricx exc.*

Le Christ en croix. A gauche, sainte Catherine de Sienne embrasse le pied de la croix ; à droite, saint Dominique, les bras ouverts, exprime sa douleur ; au bas, un ange en pleurs, assis sur une pierre où est une inscription en quatre lignes. Cette pièce est connue sous le nom de *Christ au Jacobin.* Dans la marge, une dédicace en cinq lignes : AMPLISSIMO AC REVERENDO ADMODVM DOMINO . . . . des deux côtés de la dédicace, des armoiries surmontées d'une mitre et de deux crosses ; au-dessous, à gauche : *Ant van Dÿck pinxit;* au milieu : *E. Quellinus delineauit;* à droite : *S. a Bolswert sculpsit.*

Haut., 610 millim. ; larg., 450. La marge du bas, 45.

* 1er état. Avant toutes lettres et avant les armes dans la marge du bas. Cette épreuve très rare provient de la collection Archinto. Une semblable figurait dans la collection de messire del Marmol.

* 2e. Avec le titre et les armes. Debois, 49 fr.

On a de cette estampe une copie trompeuse en contre-partie ; on la rencontre quelquefois avant la lettre.

Dans le catalogue de messire del Marmol nous lisons : « La copie en contre-sens, sans nom de graveur et avec cette inscription latine : *Vere languores.* . . . . »

Jésus en croix recommandant sa mère à son disciple bien-aimé. A gauche, un des bourreaux présente au Sauveur une éponge au bout d'un long bâton ; près de lui, deux cavaliers dont l'un tient un drapeau avec l'aigle impériale ; à droite, la Vierge et saint Jean. Sainte Madeleine va embrasser les pieds de Jésus-Christ. Dans le milieu, vers la gauche, une tête et un os de mort. Contre le bord, à droite : *A Van Dÿc pinxit.* Dans la marge du bas, quatre lignes : *Cum vidisset* IESVS *matrem, et discipulum.* . . . . . *Ioes.* 19. *Cap.* Suit la dédicace au marquis de Moncade. A la quatrième ligne, à gauche : *S. a Bolswert sculp.;* dans le milieu : *Cum priuilegio Regis Subsign. Cools;* à droite : *Martinus vanden Enden excudit.* Pièce connue sous le nom de *Christ à l'éponge.* Le tableau original se voit dans l'église Saint-Michel de Gand.

Haut., 620 millim. ; larg., 445. La marge du bas, 20.

* 1er état. De la plus grande rareté. Trois épreuves seulement sont connues : celle-ci, celle de messire del Marmol où la couronne d'épines est dessinée au crayon, et celle de M. Didot, vendue, en 1878, 2,050 fr.

Avant toutes lettres. Jésus-Christ n'a pas encore sur la tête sa couronne d'épines, et saint Jean a la main sur l'épaule de la sainte Vierge. Cet état se distingue encore par un certain nombre d'autres remarques que nous allons détailler ; avant le nuage très clair et très marqué que l'on voit entre le bras droit de la croix et le bras du Christ, cette place est presque noire; le corps du Christ est vigoureusement accusé dans toutes ses parties; on voit un coup de lumière sur l'arbre de la croix, au-dessous des pieds du Christ. A gauche, autour du drapeau, les nuages sont très vigoureusement traités; l'homme qui tient le drapeau a un coup de lumière dans les yeux; l'homme au casque a un coup de lumière dans l'œil gauche; son pied droit est entièrement dessiné. Les cheveux de saint Jean sont écartés, à gauche, et son front paraît très élevé sur ce point; à sa droite, ses cheveux descendent à peine au-dessous de l'œil; dans les prunelles de la sainte Vierge, on voit un petit point blanc. Avant le nom du peintre dans l'estampe. Le travail est dur dans toutes ses parties.

On raconte que l'estampe ayant été présentée dans cet état au marquis de Moncade, celui-ci fit remarquer que la main de saint Jean, posée sur l'épaule de la sainte Vierge, indiquait une attitude trop familière.

* 2e. Saint Jean n'a plus la main sur l'épaule de la sainte Vierge et le Christ a la couronne d'épines sur la tête. Son visage est plus légèrement tracé, et son corps est éclairci dans toutes ses parties; un nuage assez léger partage, en deux portions presque égales, l'espace entre le bras de la croix et le bras droit du Christ. A gauche, les nuages sont plus légers; dans les yeux de l'homme qui tient le drapeau, des tailles éteignent le coup de lumière qu'on y voyait précédemment; l'homme au casque n'a plus de lumière dans l'œil gauche; on ne voit plus son pied droit qui est dissimulé dans l'ombre. Le coup de lumière sur l'arbre de la croix, au-dessous des pieds du Christ, est éteint par de petites tailles qui ne se suivent pas. Les cheveux de saint Jean ne sont plus écartés à gauche; une mèche de cheveux a fait disparaître la partie élevée du front qui est partout de la même hauteur; ses cheveux, du côté droit, descendent presque jusqu'à l'épaule; dans les prunelles de la sainte Vierge, le coup de lumière est éteint. On lit dans le bas, à gauche de l'estampe : *A Van Dÿc pinxit*. Mais cette épreuve est avant les contre-tailles à la partie ombrée du corps et du bras droit du Christ, et sur la croix au-dessous du bras de la Madeleine; avant une petite ombre devant le gros doigt du pied de l'homme qui présente l'éponge, et avant que l'ombre portée par l'os de mort qui est à terre ait été prolongée à gauche de la terrasse; la jambe gauche de l'homme qui tient l'éponge n'est pas profilée en dedans par un trait dur; le fer qui est au pied droit du cheval qui porte l'homme au casque n'est pas indiqué par un double trait, ainsi que celui qui est au pied gauche de la jambe de derrière du cheval de l'homme qui tient le drapeau; la jambe droite de ce cheval n'est pas profilée par un trait; deux traits ne profilent pas la jambe de l'homme au drapeau.

Dans la marge, au-dessous du verset de saint Jean l'évangéliste, on lit la dédicace au marquis de Moncade; le nom du graveur, le privilège et l'adresse de Mart. Van den Enden. Collection Marshall.

Debois, 305 fr.; Simon, 135 fr.; Marshall, 268 fr.

* 3e. La main de saint Jean a été remise sur l'épaule de la sainte Vierge, on voit sur le ciel des contre-tailles qui raccordent le tour de cette main. Il y a des contre-tailles le long de la partie ombrée du bras droit et du corps du Christ, et sur l'arbre de la croix, au-dessus du bras de la Madeleine. Le fer est tracé par un double trait au pied droit de devant du cheval sur lequel est monté l'homme au casque; le fer est également tracé par un double trait au pied gauche de derrière du cheval qui porte l'homme tenant un drapeau; la jambe droite de cet homme est profilée par deux

traits; la jambe droite de devant du même cheval est profilée des deux côtés, ainsi que le dedans de la jambe gauche de l'homme qui tient l'éponge; le même homme a une petite ombre portée devant le gros doigt du pied; on en voit une au-dessous de l'os de mort qui est à terre. Les mots *A van Dÿc pinxit* ont été enlevés à la gauche de la terrasse, on lit à droite : *A van Dÿc pinxit*. Dans la marge du bas, il n'y a plus que le verset de saint Jean, la dédicace au marquis de Moncade a été supprimée. Collection du comte Harrach, de Vienne.

* 4e. La main de saint Jean a été de nouveau enlevée sur l'épaule de la sainte Vierge, et la place a été raccordée. Le titre et la dédicace ont été regravés. Le titre reproduit fidèlement les caractères primitifs, tandis que ceux de la dédicace diffèrent de ceux du 2e état. Les belles épreuves de ce 4e état sont encore très satisfaisantes. On ne s'explique pas pourquoi on a enlevé la dédicace au marquis de Moncade, et pourquoi on l'a rétablie; mais le fait n'est pas douteux. Dans notre épreuve, le raccord des tailles à la place de la main de saint Jean n'est pas sensible. Collections de Valois et William Esdaile.

Jupiter enfant. Il pleure en montrant un pot à une femme qui trait une chèvre; il est assis à la droite, près d'un grand arbre ; un satyre joue du tambour de basque. Au bas, quatre vers latins : *Quid mirum natura Iouis. . . . et sequitur. Jac : Jordaens inuent. S. à Bolswert sculpsit. . . cum priuilegio.*

Haut., 345 millim.; larg., 465.

* 1er état. Avant l'adresse de A. Bloteling, et avec le privilège; elle a une grande marge. Collections Bordugc et R. Dumesnil.

2e. On lit l'adresse de A. Bloteling et le privilège.

3e. Cette adresse et le privilège ont été effacés.

Mercure et Argus. Celui-ci est assis vers la gauche ; il dort pendant que Mercure qui est près de lui, vers la droite, s'apprête à lui couper la tête. Derrière Argus, on voit la vache blanche avec trois autres. A droite, une rivière bordée par de grands arbres ; vers la gauche, un chien assis. Au bas, sur trois colonnes, six vers latins : *Centum oculos Argus. . . .* à gauche : *I. Iordaens inuent. et pinxit Cum priuilegio.* à droite : *Schelte à Bolswert sculpsit.* Le tableau original est au musée de Lyon.

Haut., 385 millim.; larg., 520.

* 1er état. Très rare. Avant toutes lettres.

Le catalogue de messire del Marmol mentionne une épreuve semblable.

* 2e. Avant l'adresse de Bloteling. Collection R. Dumesnil.

3e. Avec l'adresse de Bloteling.

La Marche de Silène. Il est ivre, marchant vers la droite, conduit par une bacchante qui le tient par le bras gauche; à gauche, derrière lui, trois hommes dont un le soutient par le bras droit; un autre boit dans le fond. Au bas, quatre vers latins; au-dessous, à gauche : *Antonius van Dyck pinxit, S à Bolswert sculpsit.*; à droite, *C. Galle excudit Antverpiæ.*

Haut., 417 millim.; larg., 308. La marge du bas, 22.

* 1er état. Avant la lettre et avant divers travaux, notamment la contre-taille diagonale sur le haut de la cuisse gauche de Silène. Peut-être unique. Collections de Friès et chevalier Camberlyn.

Vente Camberlyn, 66 fr.

* 2e. Terminé avec les quatre lignes de titre, mais avant que l'adresse de Nicolas de Lauwers ait été effacée et remplacée par celle de Galle. Collection Camberlyn, 21 fr.

3e. Avec cette dernière adresse.

BOTH (André), peintre; né à Utrecht, au commencement du dix-septième siècle; élève d'Abr. Bloemaert et frère de J. Both. Il tomba dans un canal à Venise et se noya. André Both a gravé à l'eau-forte.

ŒUVRE D'ANDRÉ BOTH.

1. *Un Ermite.* Il prie à genoux, dirigé vers la gauche. Sur un quartier de rocher, un livre et une tête de mort. Au bas de la droite : *A Both*, gravé à rebours.

Haut., 167 millim.; larg., 119.

* 1er état. A l'eau-forte pure, avant les tailles horizontales et verticales sur le linteau et le volet de l'ermitage; avant les premières et les secondes tailles sur la roche, au-dessus de la croisée, et des contre-tailles au-dessus du livre et au-dessous de la discipline, sur un pli de la robe, au-dessus du genou droit de l'ermite, et du même côté, à l'ombre d'une pierre, près du nom du maître. Très rare. Notre épreuve vient de la collection Debois. Vendue 26 fr.

2e. Celui décrit.

2. *L'Anachorète.* Il est à genoux, devant un crucifix, lisant dans un livre placé sur un rocher, à droite. Au bas de la gauche : *A Both*, à rebours.

Même dimension.

Le catalogue Rigal décrit un 1er état. Les nuages sont presque blancs, la montagne du fond, à gauche, n'est qu'au trait; plusieurs parties des arbres et des plis de la robe sont avant divers travaux. Le second état est celui décrit.

3. *L'Anachorète* (seconde planche). C'est le même sujet gravé

avec très peu de changements. Vers le bas de la droite : *A. Both* 1632, à rebours.

Haut., 90 millim.; larg., 72.

4. *Le Frère quêteur*. Il a un sac sur l'épaule et se dirige vers la droite. Au bas de la gauche : *A. Both*.

Même dimension.

5. *Les Pèlerins en marche*. Ils vont vers la gauche; sur le devant du même côté : *A. Both*.

Même dimension.

1er état. Avant le nom du maître. 2e. Celui décrit.

6. *Les Buveurs*. Ils sont assis à table, dans un paysage. A la droite, un homme pisse contre un arbre.

Haut., 63 millim.; larg., 92.

7. *L'Homme vu en buste*. Il est de profil, tourné vers la droite, sur sa tête un bonnet fourré orné d'une plume. A gauche, vers le milieu : *A. Both*.

Diam., 117 millim.

1er état. Avant le nom du maître et avant la planche nettoyée. 2e Celui décrit.

8. *La Tentation de saint Antoine*. Le saint, assis à droite, tient un crucifix; sur le devant du même côté : *A. Both*, à rebours.

Haut., 146 millim.; larg., 191.

Weigel décrit un 1er état avant la lumière sur une partie des rochers derrière la tête du saint, avant les contre-tailles sur le bas du rocher à droite. La planche n'est pas ébarbée ni nettoyée.

Le second état est celui décrit.

9. *Les Débauchés*. Ils sont assis à table avec une jeune fille. Vers le fond, à droite, une vieille. Au bas de la gauche : *A. Both*.

Haut., 173 millim.; larg., 123.

Le 1er état est avant le nom de Both.

Vente Debois, 15 fr.

10. *Les Ivrognes*. C'est le pendant du numéro précédent. On voit cinq paysans, un d'eux vomit à gauche. Au bas de la droite : *A. Both*.

Même dimension.

Dans le catalogue Rigal : nos 1 et 2, 1er état, no 5; 1er état, nos 8, 9 et 10, 101 fr.

SUPPLÉMENT DE WEIGEL.

Judith. Elle tient de la main droite la tête d'Holopherne et son glaive de la gauche. Le nom du maître légèrement gravé se lit à peine. Cat. d'Alibert; abbé Zani, *Encyclopédie.*

Haut., 161 millim.; larg., 144.

Buste d'une vieille femme. Elle ressemble au n° (351 B) de Rembrandt. Elle est moins âgée, tournée vers la gauche, la tête vue de trois quarts, presque de face. Morceau légèrement gravé; au-dessus du front, à gauche : *Both.*

Haut., 65 millim.; larg., 54.

Collection de l'archiduc Charles.

Saint Pierre et d'autres apôtres. Pièce citée sans plus de désignation dans le catalogue Lloyd.

BOTH (Jean), peintre et graveur à l'eau-forte ; né à Utrecht, vers 1620; mort dans la même ville en 1650; il fut, ainsi que son frère André, élève d'Abraham Bloemaert. Les deux frères paraissent avoir été unis de la plus constante amitié. Jeunes, ils partirent pour l'Italie. Jean prit Claude Lorrain pour modèle, et André suivit la manière de Pierre de Laer. André ornait de figures et d'animaux les paysages de son frère. Ceux-ci sont des œuvres infiniment remarquables, surtout lorsqu'ils sont d'une couleur chaude et dorée. Ses estampes à l'eau-forte, surtout ses paysages, sont gravées d'une pointe fine et légère où il a su ménager les gradations du clair-obscur. Jean ne survécut pas longtemps à son frère. Bartsch n'indique pas l'année de sa naissance, mais dit qu'il mourut en 1650, à l'âge de quarante ans. La Biographie générale place la naissance des deux frères vers 1610.

ŒUVRE DE JEAN BOTH.

1-4. *Paysages en hauteur.* Suite de quatre pièces numérotées.

Haut., 257 à 261 millim.; larg., 202.

1. *La Femme montée sur le mulet.* Dans un paysage montueux, on voit, vers le milieu, une femme sur un mulet qu'un homme à pied avec un chien suit, et qu'un autre mulet précède ; ils se dirigent

vers la droite ; du même côté, dans le fond, quelques figures ; à gauche, un groupe d'arbres, dont deux sont très élevés. Sur le devant, à droite, au pied de quelques roches, une pièce d'eau. Au haut de la gauche, une grande montagne. Dans le haut, à droite : *Both fe. Matham ex.* Le dessin à l'encre de Chine de cette pièce est au British Museum ; il est en contre-partie.

1er état. Avant la lettre, c'est-à-dire avant le nom du maître ; çà et là peu fini ; les figures n'y sont que légèrement indiquées, avant le ciel (Weigel).

Dans le catalogue du baron d'Issendoorn, on lit : « 1er état à l'eau-forte pure. Avant toutes lettres, avant la bordure au burin ; elle n'est que légèrement indiquée à la pointe, avant l'azur du ciel, avant beaucoup d'autres travaux. Le chemin à gauche et les deux blocs de rocher à ce côté sont avant les lignes diagonales à la pointe sèche, et présentent de grandes places tout à fait blanches. La montagne la plus éloignée, au milieu, un peu vers la droite est également blanche, elle n'est indiquée qu'au contour, etc. » Non décrit, probablement unique. Cet état paraît antérieur au premier de Weigel.

* 2e. Avec le nom de *Both fe,* dans le haut à gauche, mais avant l'adresse de *Matham.* Les figures des villageois et le premier des deux baudets qu'on voit dans l'éloignement ne sont pas entièrement ombrés.

3e. Ces figures sont entièrement teintées, mais on ne voit pas encore l'adresse de Matham. Une épreuve de cet état est au British Museum.

* 4e. Avec *Matham ex* sous le nom de *Both.* Weigel dit qu'il y a des épreuves de cet état qui sont avant, d'autres avec le numéro.

5e Cette adresse est effacée ; on en voit les traces ; on lit à la place : *P. Mariette ex.*

6e Toute adresse est supprimée, les numéros ont été changés, savoir : le no 1 en 3, le no 2 en 1, le no 3 en 4 et le no 4 en 2. Dans cet état qui est celui de Basan, les épreuves sont encore acceptables. Depuis, elles sont devenues beaucoup plus mauvaises par l'abus qu'on en a fait, et le papier sur lequel elles sont imprimées est très défectueux.

2. *Le Chariot attelé de bœufs.* Sur un chemin qui du bord droit de la planche se prolonge dans un lointain à gauche, deux mendiants : l'un assis à terre, l'autre debout, vu presque de dos. On voit vers le devant un chariot attelé de deux bœufs. A droite, des rochers escarpés, baignés par une large rivière dont la vue se perd dans le lointain, à gauche. Au haut de la droite : *Both fe. Matham excud.*

Le tableau original faisait partie de la galerie Schneider. Vendu, en 1876, 45,000 fr.

1er état. Eau-forte pure avant le ciel ; le trait autour de la composition manque en beaucoup d'endroits ; le terrain entre le chariot et les hommes n'est que légèrement tracé. C'est probablement le 1er état cité par Weigel. British Museum.

2e. Cité dans le catalogue Rigal ; avant les tailles prolongées au bas de la montagne derrière la ville, et sur tout le côté de cette montagne qui borde la dernière des trois masses de rochers qui la précèdent, également avant le nom de *Both*. Le ciel est tracé.

* 3e. Avant le nom de Both et l'adresse de Matham, mais avec les travaux au bas de la montagne, derrière la ville et sur tout le côté de cette montagne qui borde la dernière des trois masses de rochers qui la précèdent.

* 4e. On lit dans le haut, à droite : *Both fe, Matham excud.*

(Voir pour les autres états le no 1.)

3. *Le Grand Arbre.* Placé devant un plus petit, il occupe le milieu de l'estampe, près d'un chemin où l'on voit, se dirigeant vers le fond, un homme à cheval suivi d'un bœuf que conduit un homme à pied. A gauche, des montagnes arides au pied desquelles sont des arbres et des arbrisseaux ; à droite, quelques arbustes et de l'eau, ainsi que sur le devant. Au haut, à droite : *Both fe. Matham ex.* Le dessin original de cette pièce est au British Museum ; il est à l'encre de Chine et du sens opposé.

1er état. A l'eau-forte pure. Il n'y a pas de trait autour de la composition ; dans plusieurs parties les travaux ne vont pas jusqu'à cet endroit même ; les montagnes du fond sont peu travaillées, ainsi que le rocher à gauche ; avant le nom de *Both*. C'est probablement le 1er état indiqué par Weigel. British Museum.

* 2e. Terminé, mais avant l'adresse de *Matham*, seulement *Both fe.*

3e. Avec l'adresse de *Matham* dans le haut, à droite, au-dessous de *Both fe.*

(Voir pour les autres états le no 1.)

4. *Les Deux Mulets.* Ils s'avancent, l'un derrière l'autre, vers le spectateur ; assez loin derrière eux, sur le chemin qu'ils suivent, on voit un homme qui boit et un chien qui se désaltère. A gauche, de grands rochers coupés à pic ; à droite, un bouquet de trois arbres qui s'élèvent jusqu'au haut de la planche ; sur le devant, un peu d'eau. Dans le haut, à gauche : *Both fe. Matham ex.*

1er état. Au British Museum. Il est à l'eau-forte pure. L'azur du ciel n'est pas tracé dans le haut de l'estampe ; le ciel, au-dessus des rochers, à gauche, est très léger. Le grand rocher est entièrement blanc, et ne se détache pas du ciel ; la route où est l'homme accompagné d'un chien est presque blanche ; le terrain, au-dessous à gauche, est blanc. La composition n'est pas bordée d'un trait carré. Avant le nom de *Both*. Dans le catalogue Verstolk on mentionne une épreuve moins travaillée, à l'eau-forte pure, avant le nom de *Both* ; c'est vraisemblablement le même état que celui du British Museum.

Cette dernière épreuve, vente Knowles, 755 fr.

* 2e. Terminé. Avec un trait de bordure autour de la composition. Avec les mots *Both fe* seulement.

* 3e. On lit : *Matham ex* au-dessous du nom de *Both.* Nos quatre pièces de cet état n'ont pas de numéros.

(Pour les autres états, voir le n° 1.)

La suite entière, vente Rigal, 400 fr. Le n° 1 était avec les figures blanches, le n° 2 avant le nom de Both et avant divers travaux.

Verstolk, quatre paysages, très belles épreuves, et le n° 4 d'eau-forte pure, 420 fr.

Les quatre pièces avec l'adresse de Matham : Rigal, 82 fr.; R. Dumesnil, 51 fr.; Simon, 145 fr.; Camberlyn, 120 fr.

5-8. *Les Paysages en largeur.* Suite de six pièces.

Haut., 194 à 197 millim.; larg., 270, pour les cinq premiers morceaux; le 6e, haut., 185 millim.; larg., 263.

5. *Le Ponte Molle sur le Tibre.* L'entrée est à gauche; deux mulets conduits par un homme viennent de sortir du pont dont les deux extrémités sont garnies chacune d'une tour en ruines; ils se dirigent vers le spectateur. Sur le pont, d'autres figures. Vers le milieu, au bord du fleuve, un grand bateau et un autre plus petit à côté, chargé de tonneaux. Sur la rive, à droite, quatre hommes, deux tonneaux debout et une malle et deux autres hommes, près du bateau. Au milieu du devant, quelques fragments de colonne. (1)

Le dessin original faisait partie de la collection Galichon. Il offrait un certain nombre de différences avec l'estampe.

1er état. Au British Museum. Avant le ciel. Les montagnes à gauche sont à peine tracées. Il n'y a pas de fumée au-dessus du toit de la maison, dans le fond. La composition n'est pas bordée d'un trait carré.

* 2e. Non décrit par Bartsch, mais cité dans le catalogue Rigal. La composition est bordée d'un trait carré. Les montagnes du fond sont tracées; il y a une colonne de fumée au-dessus du toit de la maison; mais avant les contre-tailles sur l'ombre, au bas de la partie latérale de la tour placée à l'entrée du pont. Les tailles du haut du mur en forme d'éperon qui soutient la tour placée à l'autre extrémité du pont, ne sont pas encore rentrées au burin; le dessus de la barque, vers la droite, est avant une partie des contre-tailles; les eaux n'y sont indiquées que par de légers travaux; et toutes les parties ordinairement teintées le sont très peu. C'est ce que l'on remarque particulièrement, à droite, et près du bord, sur le devant du fleuve, derrière le marinier; cette partie est toute blanche. On ne voit sur le ciel que quelques légers nuages et pas d'azur, ni dans le haut ni près de la première tour à l'entrée du pont. Collections de Vos et Verstolk.

Rigal, 210 fr.; Verstolk, 258 fr.

* 3e. Complètement terminé, mais avant les mots *Both fe,* ordinairement placés à la gauche, sur les terrasses ou dans la marge. Peu commun, mais moins rare que le précédent.

4°. Avec le nom de Both[1]. Il y a des épreuves de cet état avant, et d'autres avec les numéros.

5°. Avec les numéros, mais on lit : *à Paris chez P. Mariette*, dans la marge du bas à droite. Cet état n'est pas commun.

6°. L'adresse est effacée, mais sur les meilleures de cet état, on en voit encore les traces. Basan a été depuis propriétaire des planches. Les épreuves de son tirage sont médiocres. Depuis, les planches ont été gâtées; les estampes qu'on en a tirées sont mauvaises.

6. *Le Muletier*. Il tient par la bride un mulet chargé de deux tonneaux, et semble parler à un vieux paysan qui est à droite; près du mulet, vers la gauche, un homme courbé, vu de dos, renoue sa chaussure. A droite, deux hommes près d'un mur où se trouve une barrière; plus loin, une espèce de tour ou peut-être un tombeau antique. Au bout de ce mur, vers le fond à gauche, une hôtellerie où l'on voit un certain nombre de personnes. Le Tibre vient du fond de la gauche et s'étend jusqu'au devant du même côté. Dans l'éloignement, quelques montagnes. Vue prise sur la Voie Appienne. (2)

1er état. Avant l'azur du ciel; au British Museum.

* 2°. Avec l'azur, mais avant le nom de *Both*.

(Voir pour les autres états le n° 1.)

7. *Le Trajet*. Dans la campagne de Rome, au bord du Tibre, un cavalier dont un enfant garde la monture et une dame à cheval attendent pour entrer dans un bac, qu'un bouvier conduisant deux bœufs et deux hommes en manteau en soient sortis. A gauche, entre deux arbres, une route où un paysan à pied conduit un mulet; à droite, quelques hommes sur le rivage. Tout le fond est occupé par des montagnes; au pied de celle que l'on voit à droite est une ville baignée par le fleuve venant du fond, sur lequel on remarque un pont en ruines. C'est une vue de Tibur. (3)

1er état. Décrit par Weigel à l'eau-forte pure, avant l'azur du ciel.

* 2°. Avec l'azur, mais les eaux du fleuve ne sont que légèrement indiquées devant la ville que l'on aperçoit dans le fond, et le long du terrain des deux rives; la partie du fleuve, entre les deux pointes de terre et en avant du bac, est toute blanche; la colline, à droite, de l'autre côté du fleuve, et les montagnes du fond sont moins travaillées.

Rigal, 210 fr., avec le Ponte Molle, 2° état.

* 3° état. Avant le nom de *Both*, mais avec les travaux sur le fleuve, sur la colline, à droite, et sur les montagnes du fond.

(Voir pour les autres états le n° 1.)

1. Ce nom est dans la marge de la gauche du bas et en dehors de la marge.

8. *Les Deux Vaches au bord de l'eau.* On voit auprès, vers la gauche, deux hommes, l'un debout, vu de face ; l'autre assis, vu de dos. Dans le fond, des ruines et une montagne. Une pièce d'eau occupe le devant de la droite. C'est une vue près de Tivoli. (4)

* 1er état. Très rare. Le nuage au-dessus de la montagne du fond, à droite, ne s'élève pas jusqu'au bord de la planche, mais s'arrête au moins à dix centimètres du trait carré. Du côté droit de la colonne, au milieu des ruines, il n'y a point le nuage qui se lie à celui qui est au-dessus de la montagne ; en cet endroit la place est blanche ; la montagne du fond est moins travaillée. A partir de la grande branche qui, sur le devant du bas, à droite, tombe sur les eaux, il n'y a point deux lignes parallèles que l'on remarque dans l'état suivant. La planche est généralement moins travaillée dans toutes ses parties.

Verstolk, 126 fr.

* 2e. Avec le nuage qui se prolonge, au haut de la droite, jusqu'au trait carré; avec le petit nuage en forme d'azur, à droite de la colonne, et avec quelques travaux en plus sur les eaux ; avant le nom de *Both.* L'estampe dans cet état est d'un ton vigoureux.

(Voir pour les autres états le n° 1.)

9. *Les Pêcheurs.* On les voit, à droite, au nombre de trois, tirer leurs filets; près d'eux, deux cavaliers et deux piétons dont l'un arrange un fardeau qu'il va placer sur un mulet. Derrière eux, un chemin dans des collines où passent des paysans et des bœufs; à gauche, une grande montagne boisée ; d'autres montagnes dans le fond. C'est une vue du Tibre, près du Soracte. (5)

Le dessin de cette pièce, à l'encre de Chine, est au British Museum ; il est du sens opposé.

1er état. A l'eau-forte pure, avant l'azur du ciel et d'autres travaux ; ainsi décrit par Weigel.

* 2e. Terminé, mais avant *Both fe.*

(Voir pour les autres états le n° 1.)

10. *Le Pont de bois.* Il surmonte un torrent qu'on voit tomber à droite, du haut d'une grande montagne. Un homme venant de la droite, monté sur un mulet qu'un autre mulet chargé précède, y passe, suivi d'un piéton, tandis qu'un paysan monté sur un bourriquet et venant de la gauche, se dispose à le traverser. A droite, des montagnes escarpées ; à gauche, des bouquets de bois, et dans le lointain une montagne. C'est la vue de la cascade de Sulmone, près de Tivoli. (6)

1er état. A l'eau-forte pure, avant l'azur du ciel, avant d'autres travaux, etc.

* 2e. Terminé, mais avant *Both fe.*

(Pour les états suivants voir n° 1.)

Cette suite à l'eau-forte pure avant l'azur du ciel et d'autres travaux est dans la collection de l'archiduc Charles. L'une des épreuves a été retouchée au pinceau par Both.

Vendus avant le nom de *Both* les six morceaux : Rigal, 226 fr.; Simon, 160 fr.; R. Dumesnil, 63 fr. 50 c.; Debois, n° 5, 39 fr.; n° 6, 30 fr.; n° 8, 20 fr.; n° 10, 39 fr.

11-15. *Les Cinq Sens de l'homme.* Suite de cinq estampes gravées d'après André Both. Elles sont numérotées ; on lit dans la marge de chacune quatre vers hollandais.

Haut., 198 millim.; larg., 169. La marge du bas, 21.

11. *La Vue.* Une paysanne, entourée de trois enfants, essaye des lunettes qu'un mercier ambulant vient de lui offrir. A droite, contre une porte, un homme, vu de dos, est occupé à lire; vers le milieu, près du mercier, un autre homme. Dans le haut, à gauche : t'GESICHT, dans la marge du bas, à gauche : *Anderies. Both. Inventor.*, et à droite : *Jan. Both. Fecit. Fratres.* (1)

12. *L'Ouïe.* Un paysan debout, sur un grand panier renversé, lit une gazette à des villageois qui l'entourent. On voit, à droite, deux hommes; un d'eux lit un papier. Trois hommes et deux enfants sont près du paysan monté sur le panier. A gauche, d'autres personnes, parmi lesquelles on remarque un homme coiffé d'un chapeau à plumes, en manteau court, portant une épée. Au haut de la gauche : t'GEHOOR. Dans la marge du bas : *A Both. Inven.*, à droite : *J. Both. fecit.* (2)

13. *L'Odorat.* Scène où l'on voit deux femmes, un homme et trois enfants. Au milieu, une d'elles nettoie un enfant étendu sur ses genoux; à droite, l'homme, assis sur un panier renversé, paraît éprouver de vives coliques; à gauche, un enfant parle à un autre assis sur un vase. Au haut, à droite : DE REUCK. Dans la marge, à gauche : *A Both. Inven.;* à droite : *J. Both. Fecit.* (3)

14. *Le Goût.* Cinq hommes et quatre enfants sont autour d'une femme qui vend des gâteaux ; tout le groupe est vers la gauche, devant une clôture en planches ; un homme debout, un bâton dans les bras et mangeant un gâteau, est un peu plus vers la droite ; au haut, à droite : DE SMAEK. Dans la marge, à gauche : *A Both. Inven.;* à droite : *J Both. Fecit.* (4)

15. *Le Toucher*. Dans le milieu, un charlatan arrache une dent à un villageois. A gauche, plusieurs hommes dont un en chapeau de pèlerin tenant un bâton; à droite, deux femmes et un enfant. Dans le haut, à droite: t'GEVOEL. Dans la marge du bas, à gauche : *A Both. Inven.;* à droite : *J Both. Fecit.* (5)

1er état. Avant les numéros; Weigel ne sait pas s'il y a des épreuves avant la lettre.

* 2e. Avec les numéros, au bas à gauche, dans l'estampe, sur les numéros 11, 12, 14, et à droite à la même place, sur les nos 13 et 15.

Rigal, 12 fr.; Verstolk, 25 fr.; Camberlyn, 21 fr.; R. Dumesnil, 51 fr.; Van den Zande, 27 fr.; avec les numéros, mais avant l'adresse de *de Wit. excud.*

3e. On lit : *F de Wit. excud* sur la première pièce, et avec les numéros répétés, dans les marges du bas.

4e. L'adresse supprimée. Ces épreuves sont ordinairement très faibles et sans harmonie.

SUPPLÉMENT.

Groupe du muletier, du paysan et du mulet, tiré de l'estampe de Both B. n° 6; il est en contre-partie et de plus petit format.

Haut., 110 millim.; larg., 149.

Pièce douteuse et très rare; elle porte, à droite, sur le mur, le millésime de 1638. Sans cette date, Weigel attribuerait plutôt à Ossenbeck cette pièce qui faisait partie des collections Van Leyden et de Fries. Celle qui se trouve dans le cabinet de l'archiduc Charles, à Vienne, n'est point datée.

On trouve encore dans cette dernière collection la pièce suivante : *Tête de vieille d'après Rembrandt*. C'est une copie libre, et en contre-partie du n° 354. Elle est de trois quarts, dirigée vers la gauche. Un bout de draperie tombe derrière la tête. On lit, à gauche, sur le fond blanc, vers le milieu : *Both*. Cette eau-forte est d'une grande légèreté de pointe, et fort spirituelle.

Haut., 68 millim.; larg., 69.

(Extrait d'une note de M. Favart.)

BOUT (PIERRE), peintre et graveur à l'eau-forte; né dans les Pays-Bas, vers 1660, florissait vers 1700. Contemporain de Boudewyns, il orna de figures les paysages de cet artiste. Bartsch décrit cinq pièces de ce maître, mais quatre seulement paraissent authentiques. Elles sont d'un faire très distingué.

ŒUVRE DE BOUT.

Différents paysages.

Haut., 187 à 194 millim.; larg., 261 à 325; le cinquième morceau est le plus grand de la suite.

1. *Les Marchands de poissons.* Ils sont, à gauche, sur le rivage; derrière eux on voit une cabane et un bateau. Trois hommes s'avancent vers eux, deux sont à pied, dont l'un mène un chien; le troisième, à cheval, est un peu sur le second plan; plus loin, à droite, deux enfants. Dans le fond, un certain nombre de personnes sur le rivage, et plus loin, des bateaux sur la mer. Au bas, à gauche, dans la marge : *Petrus Baut inuenit*, et à droite : *Mart. vanden Enden excudit.*

1er état. Au British Museum. Le ciel n'est pas fait, les personnages s'aperçoivent à peine.

Le catalogue Verstolk indique une épreuve à l'eau-forte et au trait; c'est peut-être le même état. Vendue 63 fr.

* 2e. Entièrement terminé.

Debois, 20 fr.; Van den Zande, 12 fr.

2. *Les Patineurs.* On voit sur le devant, à gauche, deux traîneaux; à l'un d'eux on attelle un cheval. A côté, un homme et une dame auprès desquels un patineur vient de tomber par terre. A droite, des hommes patinent, et d'autres mangent sous une tente, derrière laquelle on voit une église et un clocher. Sur le second plan, à droite, un moulin; dans le milieu et à gauche, des patineurs. Au fond, une ville que dominent une grande église et des moulins.

1er état. Au British Museum. Épreuve très légère, moins travaillée dans toutes ses parties. L'ombre portée devant le traîneau et les hommes, à gauche, est très fine. Il n'y a pas de contre-tailles sur l'église, à droite, et dans la tente. Les fonds et le moulin se voient à peine.

M. Guichardot, dans le catalogue van den Zande, mentionne aussi de cette pièce une épreuve non décrite : elle est à l'eau-forte pure; on lit avec peine à la gauche du bas, au-dessus du trait carré, le nom du maître qui ne se voit plus dans l'état suivant. Cette épreuve est rognée de 23 millimètres dans le haut. Cet état pourrait bien être postérieur à celui du British Museum.

Van den Zande, 38 fr.

* 2e. Entièrement terminé

Debois, 29 fr.; Van den Zande, 25 fr.

3. *Les Traîneaux sur la glace.* Sur le milieu du devant, on en voit un, sur la glace, attelé d'un cheval, et portant trois hommes et une

femme ; on en voit un autre, à droite, près d'un village ; dans le milieu, un certain nombre de patineurs ; à droite, un moulin ; dans le fond, des arbres et un clocher. Dans le bas, à gauche : P BOUE. Très jolie pièce.

* Belle épreuve.

4. *Halte de chasseurs.* A droite, est une fontaine où, sur un piédestal, Neptune est assis; deux chevaux, l'un monté d'un homm etenant un fusil, l'autre d'une dame portant un faucon sur le poing, s'y désaltèrent; derrière la dame est un chasseur à cheval. Au milieu, un peu vers la gauche, un homme conduit un cheval par la bride ; des chasseurs à pied et des chiens. Dans le fond, à gauche, une ville baignée par une rivière. A gauche, dans la marge : *P. Bout.*

Le dessin de cette pièce est au British Museum ; il est du même sens que la gravure.

Van den Zande, 47 fr.
* Très belle épreuve.
Nous avons vu au British Museum une épreuve avant divers travaux qui paraissait d'eau-forte.

5. *La Jetée.* Elle est à gauche, en avant d'une rive revêtue d'un mur élevé ; un homme y descend par une échelle ; au-delà des maisons, sur le haut du mur, est une voiture attelée d'un cheval. Derrière la jetée sont plusieurs bateaux. On en voit aussi plusieurs à la droite. Tout à fait sur le devant, un bateau contre la rive, et un homme qui tient une corde. Pièce sans nom de maître. Weigel dit qu'elle est gravée par Bargas, d'après un dessin de P. Bout.

* Pièce rare. Collection Van den Zande.
Van den Zande, 60 fr.; Camberlyn, 82 fr.
Le catalogue Verstolk indique de ce nº 5 une épreuve moins travaillée extra-rare.
Suite entière : Rigal, 50 fr.; R. Dumesnil, 61 fr. 25 c.; Verstolk, 98 fr. 60 c.

BREENBERG ou BREENBERGH (BARTHOLOMÉ), peintre ; né à Utrecht, vers 1620 ; mort vers 1660. Il étudia les sites et les environs de Rome, et peignit avec beaucoup d'art et de vérité les paysages et les animaux. Il a gravé, à l'eau-forte, d'une pointe fine et spirituelle. Ses estampes sont rares. La Biographie générale le fait naître en 1614.

ŒUVRE DE BREENBERG.

1-17. *Ruines de Rome.* Suite de vues et de paysages.

Haut., 92 à 104 millim.; larg., 61 à 65.

1. *Titre.* Sur un piédestal surmonté d'une boule, on lit, en neuf lignes : *Verscheyden Vervallen gebouwē soo binnen als buyten* ROMEN . . . . . *Gedaen in't Iaer* 1640. C'est-à-dire : *Différentes ruines de Rome et de ses environs, dessinées et gravées à l'eau-forte par B. Breenbergh peintre, en l'année* 1640.

2. *Vue du Calidorium des thermes de Dioclétien.* A gauche, une grande porte surmontée d'une espèce de tour ; vers la droite, un édifice rond. Un homme, un peu dans l'ombre, se dirige du devant vers la droite du fond.

* 1er état. Le trait de bordure n'est pas profilé à gauche; vers le haut du même côté il y a comme l'indication d'une autre ruine.

2e. Le trait est profilé, et l'estampe nettoyée dans le fond.

3. *Autre Vue des thermes de Dioclétien.* On voit les ruines d'un bâtiment très élevé; à droite, un homme portant un fardeau sur les épaules sort d'une grande porte et se dirige vers la gauche. Sur le devant, des rochers couverts d'ombres.

4. *La Maison délabrée.* Elle est en avant d'une grande tour carrée. Sur le devant, à droite, une charrue.

5. *La Tour hexagone.* Elle est à gauche, surmontée d'un petit toit, au-dessus d'une espèce de cave ; un peu plus vers la droite, un grand arbre, près duquel un homme monte un escalier.

6. *Une partie des murs de Rome.* Au bord d'un chemin, à gauche, on voit une maison haute et étroite. Dans le fond, sur le chemin, une femme et un enfant. Au haut, à gauche : *BB. f.* 1640.

1er état. Décrit dans le catalogue Kalle : avant le monogramme du maître et l'année sur le ciel, à gauche.

* 2e. Avec le monogramme et l'année.

7. *Ruine à Saint-Laurent-le-Vieux, près Bolsène.* On voit, à gauche, un grand pan de mur à plusieurs étages. Il est soutenu par un autre mur, dans lequel il y a une arcade ; derrière ce mur, un grand arbre.

Tout au bas du grand mur en ruine, une petite porte. Dans le fond, vers la droite, un paysan fait marcher un âne.

Il y a une copie chez l'archiduc Charles, à Vienne. Au British Museum, copie plus petite, du sens de l'original; l'estampe est diminuée dans le bas.

8. *Restes de l'Aqueduc de Meza Via, entre Rome et Albano.* On peut compter huit arches au sommet desquelles on aperçoit la conduite de l'eau. Dans le fond, plusieurs constructions surmontent l'aqueduc. Sur le devant, à droite, un homme debout, et un chasseur accompagné de son chien, assis près d'une pierre sur laquelle on lit : *BB. f.* 1640.

9. *Vue de la Tour Léonine, au-dessus de Frascati.* Près d'un chemin où s'avance un homme conduisant un troupeau, s'élève, à gauche, un grand château où il y a deux tours à créneaux ; sur le devant, près d'une porte, une autre tour en ruine. Dans le fond, sur le chemin, une grande arcade. Au bas, à gauche : *BB. f.* 1640.

10. *Fragments du Colisée.* Vers la droite, on voit les ruines d'un amphithéâtre. Sur le devant, vers la gauche, une grande arcade sous laquelle passent deux hommes. Un homme seul marche vers le devant qui est entièrement couvert d'ombres.

11. *Vue du Ponte Mamolo.* Sur le devant, à gauche, une grande tour, dans laquelle on pénètre par une porte enfoncée; de l'autre côté est une autre tour dont on voit la porte ; elles paraissent reliées par un pont de bois. Près d'un mur en ruine qui est à droite, un homme qui s'appuie sur un bâton passe dans un chemin creux. Au haut de la planche, un peu au-dessus de la première tour : *BB f A* 1639.

12. *Vue d'une des grottes de Valmontone, à huit lieues de Rome.* L'intérieur est éclairé par une grande ouverture qui est à gauche. Un capucin est debout, près d'un autre assis à gauche, au pied d'un gros pilier.

13. *Vue des Thermes de Caracalla.* On les voit en ruine, remarquables par une grande ouverture, à droite, au haut d'une colline d'où descendent deux hommes. Dans le fond, à gauche, un bâtiment surmonté d'une tour ronde. Sur le ciel, au haut de la droite : *BB f.* 163. Ce dernier chiffre est à rebours, le quatrième manque.

14. *Hôtellerie à Prima Porta.* Elle est à gauche au sommet d'une

colline baignée par un torrent qui forme deux cascades à droite ; sur le devant, du même côté, un pont de bois.

15. *Cascade à Ponte della Trave.* A gauche, on voit plusieurs maisons sur un grand rocher taillé à pic, d'où tombe un ruisseau qui forme cascade au-dessous. L'eau s'écoule également d'un plus petit rocher vers le milieu de l'estampe. Sur le devant, des rochers. Au ciel, à droite : *BB f. A°* 1639.

On connaît une copie de cette pièce.

16. *Restes d'un palais à Tivoli.* Ils occupent tout le milieu à partir de la droite, où, sur une espèce de place, est une colonne. Au pied du palais, une route monte vers le fond, sur laquelle se trouve un homme faisant marcher un âne. Dans le bas, à gauche, un reste de barrage.

17. *Vue sur la voie Flaminienne, aux environs de Rome.* On voit, à droite, un vieux mur couvert d'une abondante végétation. Sur la route qui passe au pied, un certain nombre de personnes ; à droite, des arbres que domine un pin d'Italie ; dans le fond, une maison d'où s'élève une fumée.

* Suite très rare.

Rigal, 131 fr. ; R. Dumesnil, 160 fr. 50 c. ; Simon, 262 fr.

Bartsch décrit des copies des nos 7, 13, 14 et 15 ; elles ont peu de mérite. On reconnaît la copie du n° 7 en ce que le graveur a rendu tout à fait horizontaux les traits de l'ombre portée, au devant de la droite, tandis que, dans l'original, ils s'inclinent un peu de la droite vers la gauche.

N° 13. Dans la copie, le coin de la droite du bas de l'estampe est rempli d'une ombre noire, tandis qu'il est blanc dans l'original.

N° 14. On ne voit pas dans la copie les oiseaux qui, dans l'original, volent au-dessus de la maison la plus élevée.

N° 15. Dans la copie on n'a pas gravé les oiseaux au-dessus des maisons, ni ceux qui volent près de celle qui est dans le milieu. Weigel ajoute que ces copies ont été probablement faites par Schweyer pour Silberger, marchand d'objets d'art à Francfort.

Weigel indique une copie beaucoup meilleure du n° 11. Elle est plus ancienne et diffère peu de l'original ; mais elle est en contre-partie.

18. *Restes de la villa des empereurs à Rome.* Sur une colline s'élèvent un peu vers la droite, de grandes ruines percées de beaucoup d'ouvertures. Dans le haut, vers la gauche : *BB. f.* 1640.

Haut., 83 millim. ; larg., 45.

* Belle épreuve.

19. *Le Satyre maltraitant une femme* (*Corisque*). Celle-ci, sur le devant, à gauche, se défend contre un satyre qui la traîne par les cheveux. A droite, des rochers escarpés, dont l'un, vers le fond, est surmonté d'une tour. Sujet tiré du *Pastor Fido*.

Haut., 45 millim.; larg., 65.

Camberlyn, 11 fr. 50 c.
* Belle épreuve.

20. *Les Satyres*. Sur le devant, à gauche, une femme est assise vis-à-vis de trois satyres. Elle tourne le dos à un torrent qui vient du fond en se dirigeant vers la droite; du même côté, un peu en arrière, de grands arbres. Dans le fond, à gauche, des ruines remarquables par une longue série d'arcades : ce sont les substructions des thermes de Titus. Vers le milieu du haut : *BB f. An°* 1640.

Haut., 81 millim.; larg., 119.

* Très belle épreuve.

21. *La Femme conduisant un jeune garçon*. On la voit sur le devant, à gauche, portant un panier sur la tête. Dans le milieu, un arbre à moitié coupé; à droite, un tertre boisé; au fond, à gauche, des ruines au milieu des arbres. Au haut de la gauche : *BB f. A*. 1640. Les ruines ressemblent au Colisée.

Haut., 90 millim.; larg., 151.

* Épreuve où le fond est encore visible.

22. *Le Messager empressé*. Il a un bâton à la main et une épée au côté; il marche vers la droite où l'on voit un ruisseau traversé par une planche. A gauche, un puits dont un homme touche la margelle; un autre est assis sur un tronçon de colonne renversé. Dans le fond, à droite, une partie des ruines des thermes de Caracalla. Au haut de la droite : *BB f*.

Même dimension que la pièce précédente dont celle-ci est le pendant.

* Très belle épreuve.

23. *L'Auberge*. Dans un intérieur qui est la grotte de la nymphe Égérie, cinq hommes sont à manger et à boire autour d'une table de pierre très longue placée, à droite; c'est celle que Charles-Quint y fit poser. On voit une maison, dans le fond, de ce même côté, au-delà de la route, et plus loin encore, des arbres très hauts. Sur le devant,

au milieu, un homme se dirige vers ceux qui sont à table. Au milieu du bas, sur un morceau de bois : *BB f.* 1646.

Haut., 180 millim.; larg., 124.

1er état. Décrit pour la première fois dans le catalogue du baron d'Isendoorn : avant beaucoup de travaux, avant les grandes plantes grimpantes au côté droit de la voûte, dont les jets touchent presque la cime des arbres, et s'élèvent au-dessus de la maison, à droite sur le second plan.

* 2e. Avec ces travaux.

Nos 18-23. Rigal, 101 fr.; R. Dumesnil, 102 fr.; Simon, 117 fr.

24. *Le Back-Beer.* C'est un ours, assis dans une cuve; il est de profil, tourné vers la droite, et attaché par une chaîne à un mur qui est à gauche où se trouve le monogramme. Sur le bord de la cuve : *Back Beer*, ours de cuve.

Haut., 48 millim.; larg., 59.

1er état. Avant la lettre ; presque unique.

* 2e. Celui que nous venons de décrire ; il est extrêmement rare.

Rigal, 2e état. 92 fr.; R. Dumesnil, 160 fr. 50 c.

Gibbon, en 1830, a fait une copie trompeuse avec *BB f.* Au British Museum, copie dans le sens de l'original ; elle est assez trompeuse, mais elle a peu d'effet ; à gauche le cercle de la cuve ne touche pas l'ours.

25. *Les deux petits Paysages.* Ils sont sur une même planche à côté l'un de l'autre. Le premier, à gauche, représente une fontaine avec un bassin rond dans lequel une femme puise de l'eau ; elle est près d'un mausolée. Sur le devant, un homme se baisse pour remuer une pierre. Le monument est celui de la famille Cassie, à cinq milles de Rome, et la fontaine est près de la villa du pape Jules III, voisine de la porte du Peuple.

Le second paysage montre un homme qui marche au milieu du devant, en se dirigeant vers la gauche. A droite, un quartier de rocher. Dans le lointain, quelques fabriques, au haut d'une colline. C'est la vue du château de la famille Buoncompagnoni, près l'*Aqua acetosa*, au bord du Tibre.

Haut., 25 millim.; larg., 92.

* Ces deux morceaux réunis sont de la plus grande rareté.

Rigal, 102 fr.; R. Dumesnil, 267 fr.

Ces 25 pièces viennent de la vente du baron Silvestre faite à la fin de 1851 ; elles ont été payées 1,000 fr.

26-28. *Têtes d'hommes et de femmes mêlées de têtes d'animaux chimériques et de mascarons.* Trois planches gravées d'après de Gheyn.

26. *Première planche.* On voit des têtes d'hommes et de femmes, mêlées de têtes d'animaux chimériques, en différentes directions. A la gauche du bas, est le buste d'un homme, regardant en bas, la bouche ouverte; la tête vue de profil, tournée vers la droite, est couverte de longs cheveux. A la droite du bas, une tête chimérique, vue de face, ressemble à un hibou. Au haut, du même côté, le profil d'une jeune femme très belle, tournée vers la droite. Au bas de la gauche : *D Gheyn.* 1638.

Haut., 115 millim.; larg., 81.

Camberlyn, 31 fr.

27. *Deuxième planche.* Quatre têtes sont au haut de la gauche. Elles sont de profil, dirigées vers la droite et se suivent. La plus proche du bord de la gauche est une femme jeune et jolie; la deuxième, une tête chimérique avec un groin de cochon; la troisième une belle femme dont l'air est modeste; la quatrième, au milieu de la planche, est un nègre, vu de profil. Au milieu du bas : *D Gheyn.* 1638.

Même dimension.

Camberlyn, 30 fr.

28. *Troisième planche.* Les bustes offrent deux divisions principales : à gauche, trois têtes de vieillards à très grand nez, vus de profil, tournés vers la droite. L'autre division offre un plus grand nombre de têtes ; on y remarque un jeune homme les yeux baissés et la bouche ouverte, un jeune enfant et un nègre ; ces trois têtes sont également de profil et tournées vers la droite. Au bas de ce côté : *D Gheyn*, et au-dessus : 1638.

Haut., 81 millim.; larg., 115.

Camberlyn, 30 fr.; R. Dumesnil, nos 27 et 28, 119 fr. 50 c.

Verstolk, depuis 1 jusqu'à 28, 852 fr. 60 c.

Les nos 26, 27 et 28 sont rares; quoiqu'ils ne portent pas le nom de Breenberg, ils sont certainement de ce maître qui les a exécutés d'une pointe très délicate et spirituelle.

SUPPLÉMENT.

Weigel. 29. *Paysage avec des rochers.* A gauche, des édifices, un pont de deux arches en pierre. . . En haut, à droite : *B. B. F. Ano.* 1639. Peu fini.

Haut., 99 millim. ; larg., 140.

Cette pièce est décrite par Brulliot, Dict. des monogrammes, tome II, n° 227, et dans le catalogue Rigal, n° 29.

On la trouve dans le cabinet de l'archiduc Charles et au musée d'Amsterdam.

30. *Joseph faisant distribuer du blé pendant la famine en Égypte.* Sur une espèce d'estrade, en avant d'un vaste palais qui occupe toute la partie gauche, Joseph en costume oriental, abrité par un parasol que tient un esclave, et environné d'un grand cortège, fait distribuer du pain et des grains. On voit beaucoup de marchands au bas de l'estrade. Vers le milieu, un officier du prince compte de l'or sur une table à un vieil Arabe. Derrière cet officier, un groupe de femmes et d'enfants. A droite, des troupeaux de bœufs, des moutons et des chameaux. Riche fond d'architecture d'où s'élève une colonne triomphale. Sans nom de maître. En deux planches.

Haut., 466 à 468 millim; larg., 662. La feuille droite est plus large que la gauche.

* 1er état. A l'eau-forte pure avant une multitude de travaux. La muraille dans le haut à gauche est presque blanche; les marches sont blanches; près de l'homme qui porte un fardeau l'encadrement des pierres n'est pas tracé; derrière Joseph la muraille est blanche; au-dessus des bas-reliefs sur la muraille, il y a une large place blanche; avant de nombreux travaux sur tous les vêtements de Joseph; tous les personnages du bas sont très légèrement faits; les pains sont à peine ombrés. Dans la partie droite, l'arc et l'église offrent beaucoup de parties blanches; les montagnes du fond sont très légères; les animaux laissent voir beaucoup de parties claires; on aperçoit à peine la tête du mouton derrière le bélier. De la plus grande rareté.

* 2e. Avec tous les travaux indiqués ci-dessus; tous les personnages se détachent vigoureusement; dans la partie droite, les portes et les fenêtres de l'église que l'on ne voyait pas dans l'état précédent sont tracées; la tête du mouton est parfaitement profilée derrière le bélier; la coulure d'eau-forte sur le pied de l'homme dont on ne voit qu'une partie du corps sur la deuxième feuille, à gauche, est disparue. Également très rare.

La même pièce, copie de J. de Bischof ou Episcopius. On la reconnaît aux remarques suivantes : dans l'original, entre l'officier qui compte des pièces de monnaie, et un jeune garçon qui pleure, sur un plan très éloigné, près des fabriques, on voit un groupe de deux figures dont l'une tient un bâton; cette dernière seule a été reproduite dans la copie. De même, entre cet officier et ce jeune enfant, il y a sur le second plan, dans l'original, un groupe de quatre figures coupées à mi-corps par une ligne de terrain, toutes regardant vers la droite; dans la copie, la seconde à gauche regarde de ce même côté. Dans l'original le terrain est, quoique légèrement, garni partout de travail;

il y a de larges places blanches dans la copie. *Barth. Breenbergh inventor et pinxit* en bas à gauche sur le terrain. Dans la marge : *Erat Fames una relig :* en deux lignes.

Haut., 453 millim. non compris la marge ; larg., 669.

1er état. Avant toutes lettres (note de M. Favart).

* 2e. 1er de Weigel. On lit à gauche : *Barth. Breenbergh inventor et Pinxit.*

* 3e. On lit, à gauche, dans la marge, au-dessous du nom de *Breenberg : P. Schenck junior excudit,* ainsi que le n° 65 de l'éditeur.

M. Favart cite encore une autre copie plus petite qui se voit chez l'archiduc Charles. Elle est faite d'après celle d'Episcopius. Il y a quelques changements, l'anonyme a ajouté quelques bouts de figures et supprimé toute la partie droite de la caravane. Nous pensons que c'est la même que celle qu'a citée Heinecken. On lit sur le terrain vers la droite : *Barth. Breenbergh inventor,* et dans la marge : *Ægyptii magna: coram te,* en une seule ligne.

Haut., 381 millim.; larg., 515.

Les remarques que nous avons indiquées plus haut ne permettront plus de confondre l'œuvre originale du maître avec la copie d'Episcopius.

Le tableau original de Breenberg faisait autrefois partie de la célèbre galerie Braamkamp, vendue à Amsterdam vers la fin du siècle dernier.

Weigel attire en même temps l'attention sur une autre estampe du même maître : c'est le pendant du premier morceau. Il est intitulé le *Martyre de saint Laurent.* Episcopius en a exécuté une gravure avec l'inscription citée ci-dessus et la lettre suivante dans la marge : *Beatus Laurentius.* On n'a pas encore trouvé la gravure de Breenberg, si toutefois elle existe.

Le catalogue Marcus, Heinecken, Huber et Rost ont aussi parlé de cette pièce. Ils se sont cependant trompés en disant que *Joseph faisant distribuer du blé* portait la marque *B. B. F.*, et que l'inscription était *Erat fames.*

Brulliot avait également mentionné la même marque sur les deux pièces. Depuis 1843, époque à laquelle Weigel a écrit son supplément, on n'a pas découvert l'épreuve originale du saint Laurent.

Le tableau de Breenberg se trouve dans l'Institut des Beaux-Arts de Staedel, à Francfort.

31. Le portrait de Breenberg lui-même avec la vue d'une ruine dans le fond. Il est coiffé d'un grand chapeau, tourné à gauche, vu de trois quarts. Il porte un manteau sur lequel tombe une collerette abattue.

Haut., 92 millim.; larg., 68.

Cette pièce qui paraît être unique faisait partie de la collection de M. Sheepshanks à Londres, elle est probablement au Musée britannique. Ce doit être l'exemplaire de la collection Van der Dussen.

On trouve au British Museum une copie du même sens.

Les deux morceaux suivants sont au musée d'Amsterdam :

32. *Paysage avec château ruiné.* A droite, un pont en ruine près

duquel est un homme debout; à gauche, un grand château. Morceau d'un ton pâle.

Haut., 122 millim.; larg., 92.

33. *Paysage avec une montagne, à droite*. A gauche, un château et des édifices; sur le premier plan, des blocs de pierre.

Haut., 97 millim.; larg., 137.

Weigel dit que l'une ou l'autre de ces pièces pourrait bien être le n° 29, ci-dessus mentionné.

PIÈCES QUE WEIGEL DÉCLARE DOUTEUSES OU APOCRYPHES.

a. Un homme couvert d'un manteau, et portant un chapeau rond, montre de la main gauche à un Oriental qui est près de lui, à droite, un grand livre ouvert sur une table, et qu'examine un jeune homme, debout à sa droite. Dans le fond, une bibliothèque; à droite, une horloge. Les figures sont à mi-corps.

Décrit par Bartsch, IV, 180.

Haut., 61 millim.; larg., 88. La marge du bas, 11.

b. Vue prise du Colisée : les restes du temple du Soleil, la *Meta Sudans* sont à la gauche; à droite, près d'un berger, deux buffles; sur les plans suivants, d'autres figures et des animaux. Sans nom, ni marque. Attribué à Breenberg. Rigal. (30)

Haut., 110 millim.; larg., 193.

Weigel dit que cette pièce est de P. de Laer, il la décrit dans l'œuvre de ce maître, n° 21.

c. Restes du temple du Soleil, du côté du Colisée. Un paysan conduit un âne et regarde deux religieux à genoux; à la gauche du devant, une colline. Morceau attribué à Breenberg. Rigal. (31)

Haut., 115 millim.; larg., 106.

R. Dumesnil, 133 fr. 75 c.

Weigel ajoute : « Ce morceau, qui n'est pas rare, nous paraît être une œuvre moderne, peut-être de Chedel, d'après un dessin de Breenberg. »

d. Vue du Colisée. A droite, des hommes s'entretiennent ensemble. Cette pièce fait partie d'une suite de six vues de ruines.

Haut., 86 millim.; larg., 72.

Nos 21 à 32 du catalogue Rigal, 112 fr.

Verstolk, 18 études de ruines d'anciens édifices, non décrites par Bartsch, parmi lesquelles nos 31 et 32 de Rigal, et têtes fantastiques d'après de Gheyn, 170 fr.

Weigel termine en disant qu'il y a encore sept à huit morceaux de ce genre qui paraissent n'avoir pas même été exécutées d'après les dessins de Breenberg.

BREUGHEL, ou BREUGEL (PIERRE), peintre ; né en 1510 à Breughel, village près de Bréda, dont lui et ses descendants prirent le nom. Il voyagea en France et en Italie. Comme il avait adopté la manière de Jérôme Bosch qui mettait du comique dans ses compositions, on le surnomma Pierre le drôle. De retour à Anvers, il fut reçu en 1551 membre de l'Académie de cette ville. Il mourut à Bruxelles en 1570.

Mercure enlevant Psyché. On les voit en l'air, à droite, dans un paysage traversé par une large rivière qui serpente et sur laquelle on aperçoit un radeau ; à gauche, au haut d'une colline, un château. Dans la marge : ARTI ET INGENIO STAT SINE MORTE DECVS. Au dessous, quatre vers latins : *Pulcher Atlantiades Psÿchen ad sidera tollens.* . . . . *Petrus Breugel fec : Romæ A° :* 1553. *Excud Houf : cum præ : cæs.*

* Morceau très rare. Collection du comte Harrach, de Vienne.

La Chute d'Icare. Il tombe la tête en bas ; Dédale est dans les airs ; les deux personnages sont vers la gauche. On voit un grand paysage où serpente un fleuve couvert de navires. Dans le fond, une grande montagne ; il y en a une autre escarpée tout à fait à droite ; sur le premier plan, une tour élevée.

Dans la marge : INTER VTRVMQVE VOLA, MEDIO TVTISSIMVS IBIS.

Au-dessous, quatre vers latins : *Qui fuit vt tutas agitaret Dædalus alas?* . . . *Petrus Breugel fec : Romæ A°* : 1553. *Excud Houfs : cum præ : Cæs* :

Haut., 230 millim.; la marge du bas, 42; larg., 330.

* 1er état. Très rare. C'est celui décrit.

Camberlyn, 12 fr.

2e. L'adresse de *Houfs* (Houfnaghels) a été effacée et remplacée par celle de *H Hondius.*

BROSTERHUISEN (Jean), peintre et graveur à l'eau-forte; né en Hollande en 1596, mort en 1650. Il paraît avoir été protégé par Constantin Huygens. Son œuvre au nombre de 16 pièces a été décrit par M. Van der Kellen. Les estampes qui le composent sont des plus rares : les n°s 1, 2, 7, 8, 9, 10 qui se trouvent au cabinet d'Amsterdam sont uniques; quant aux n°s 3, 4, 5, 6, on n'en connaît que quelques épreuves. La suite 11-16 se rencontre plus fréquemment.

1. *Le Grand Clocher.* Il domine un village que l'on voit dans le milieu, à moitié caché par une colline où s'élèvent deux grands arbres. Une pièce d'eau ou une rivière qui s'étend jusqu'au bord de la gauche, baigne cette colline et l'extrémité du village. Dans le fond, un vaste paysage ; à droite, près de rochers boisés où cheminent deux hommes vus de dos, sur une pierre, contre un quartier de rocher : IANI BROSTERHVSI PRAEDIA. ; au haut du ciel, à gauche, le n° 1.

Haut., 160 millim.; larg., 235.

2. *La Cascade dans les rochers.* On en voit, à gauche, une masse au milieu desquels s'élèvent de grands arbres; du même côté, un peu plus vers le milieu, un château fort, au haut d'une montagne. A droite, un homme dont on ne voit que le haut du corps est armé d'un fusil et tient le bras droit levé; près du bord de la planche, deux grands arbres. Au haut, à gauche, le n° 2.

Haut., 164 millim.; larg., 215.

3. *La Ville au haut d'une montagne.* Elle est à gauche, au haut d'une montagne boisée, on y remarque une grande église et son clocher. A droite, des rochers, un pin, d'autres arbres et de grandes plantes, ainsi qu'un mouton debout tourné vers la gauche. Au haut, à gauche, le n° 3.

Haut., 166 millim.; larg., 215.

4. *Le Village au bord de l'eau.* On voit, à droite, une grande tour ressemblant à un colombier, au-dessus duquel volent de nombreux oiseaux; plus loin, du même côté, une église avec son clocher, et en avançant du côté de la gauche, une espèce de clocher dont on ne découvre que le sommet. Sur le devant, à droite, une rivière bordée d'arbres, où l'on aperçoit une île boisée, et où nagent des canards; plus loin, un homme dans sa nacelle; à gauche, près de grands arbres,

un chemin près duquel on lit : *B*, initiale du maître. Au haut, à gauche, le n° 4.

Haut., 160 millim.; larg., 230.

5. *La Chaumière près d'une pièce d'eau.* On voit, dans le milieu, un bâtiment rustique entouré de grands arbres. Sur le bord de l'eau, des saules ; à droite, près d'un barrage, un bouquet de quatre grands arbres, à côté d'un plus petit ; sur le devant, des herbes et quelques broussailles. Au haut, à gauche, le n° 5.

Dans la collection Alféroff de Bonn il existait une épreuve du n° 5 presque à l'eau-forte pure avant l'azur du ciel et avant le numéro.

Haut., 160 millim.; larg., 227.

6. *Le Berger gardant ses moutons.* Il est debout sur un tertre, à droite, près d'un village, où l'on aperçoit une église surmontée d'un clocher, et plus loin vers le milieu une espèce de tour carrée. Sur une colline, à gauche, un chemin et deux grands arbres ; dans le fond, un paysage boisé. Au haut, à gauche, le n° 6.

Haut., 157 millim.; larg., 227.

1er état. Avant les numéros, nous ne possédons que le n° 5.

* 2e. Avec les numéros, collection Drugulin[1].

Camberlyn, 5 pièces, 197 fr; Haller, 114 fr.; Sternberg, 240 fr.

Le catalogue Verstolk parle ainsi de ce maître :

Huit paysages, belles estampes non décrites, répétition du titre et deux petits paysages ; pièces extrêmement rares ; 11 estampes. Vendues 357 fr.

BRY (J. Théodore de), né à Liège, en 1561 ; mort à Francfort-sur le-Mein en 1623. Il fut dessinateur et graveur au burin. Il surpassa son père Théodore de Bry qui comme lui était graveur, et l'aida dans son commerce d'estampes. Son père avait commencé la célèbre collection des *Grands et Petits Voyages ;* il la continua jusqu'à sa mort.

Le Triomphe de Bacchus d'après Jules Romain. Le cortège, composé d'un grand nombre de figures, se dirige vers la droite, où est un temple déjà rempli par la foule. Le dieu, assis sur une peau de bouc, est traîné par un âne, aidé de plusieurs hommes qui se sont attelés au char. En avant, marchent des bacchantes, des enfants et des satyres.

1. Cette suite est décrite par M. Van der Kellen sous les nos 11-16.

Sur le char, des hommes soutiennent le dieu, tandis que derrière un homme donne à boire à un autre qui est dans le bas; à côté du char, des enfants et des satyres. Dans l'estampe, vers le milieu : *Ioan Theodore de Bry fe : et excud;* dans le bas, six vers latins : *Bacchus in hoc vehitur curru : Comitantur euntem.* . . . .

Haut., 113 millim., y compris la marge du bas; larg., 268.

Camberlyn, 10 fr.
* Très belle épreuve.

La Fontaine de Jouvence, d'après H. S. Beham. Elle est placée vers le milieu, beaucoup de personnes nues s'y baignent. On voit, à droite, des vieillards qu'on y porte; dans le fond, en avant d'un village où l'on voit une église, quelques personnes nues dansent près d'un feu allumé. A gauche, dans une espèce de salle soutenue par des colonnes, beaucoup d'autres personnes nues se baignent; on en voit aussi quelques-unes couchées sur des lits ou à table. Sur une terrasse, au-dessus de la salle, un certain nombre de figures nues. Au haut, à droite : H S B, monogramme de *Hans Sébald Beham;* dans le milieu du bas : 10. *Theo. de Bry fe.* Dans le bas, six vers latins : *Balnea Mundanæ non ultima gaudia vitæ.* . . . .

Haut., 70 millim; larg., 193.

Camberlyn, 11 fr.; Van den Zande, 8 fr.
* Belle épreuve.

BRUYN ou BRUIN (Nicolas de), dessinateur et graveur au burin; né à Anvers en 1570; fils d'Abraham de Bruyn, il eut son père pour maître. Heinecken a donné le catalogue des pièces de cet artiste; elles sont datées de 1594 à 1645. L'année de sa mort n'est pas précisément connue.

Une reine à genoux aux pieds d'un guerrier monté sur un cheval, probablement Abigaïl et David. Dans le milieu du bas, à gauche : 1608 *N de Bruÿn Inventor et Scul.*

Haut., 425 millim.; larg., 678.

* 1er état avant les retouches et l'adresse de G. Valk, qui caractérisent le 2e.

Ecce homo. Composition d'un grand nombre de figures, dans le goût de Lucas de Leyde. On lit dans le bas : S. Mat. Cap. 27. *Nicola de*

Bruyn Invent et sculpt., et en haut à droite, au-dessus d'une porte : 1604.

Haut., 460 millim.; larg., 705

* Collection Debois.

Grande fête sous les arbres; à droite, un pont et un château dans le fond. Dans un cartouche, à la droite du bas : *Dauidi Vinchbocus Inuet. Nicola de Bruÿn Sculptor* 1607.

Haut., 421 millim.; larg., 639.

* Belle épreuve.

Autre fête sous les arbres ; vers la gauche, un homme et une femme dansent ; dans le fond, un riche château ; au devant, une joute sur une pièce d'eau ; à droite, une terrasse avec colonnes et treillages, berceaux de verdure ; sur le premier plan, un bateau. A gauche : *Dauiedt Vinchbous Inu.;* à droite : *Nicola de Bruÿn Sculptor*. Magnifique composition.

Haut., 416 millim.; larg., 670.

* Belle épreuve.

BYE (Marc de), peintre et graveur à l'eau-forte ; né à la Haye, au commencement du dix-septième siècle ; élève de Jac van der Does. Beaucoup de ses pièces sont gravées d'après Potter. Quoique l'on y blâme une certaine froideur causée par la taille maigre et monotone qui y règne, et par le défaut du burin ou de la pointe sèche, on reconnaît cependant que M. de Bye a su mettre une grande vérité dans les caractères des différents animaux qu'il a représentés. Bartsch décrit 107 pièces, et Weigel porte ce nombre à 114. M. Delaborde le fait naître en 1612.

Le Muletier. Il frappe d'un bâton qu'il tient de la main droite un cheval qui se cabre, et qu'il tient par la bride ; derrière lui, un cheval renversé. A gauche, dans la marge : *Marcus de Bye inventor et fecit.;* à droite : *Nicolaus Visscher excudit.* (B. 78.)

Haut., 131 millim.; larg., 173 millim.

* 1er état avec l'adresse de Nicolaus Visscher. Nous ne savons pas pourquoi Weigel dit que le 2e est décrit par Bartsch. Cet auteur a précisément mentionné celui qui a l'adresse de Visscher. Peut-être Weigel a-t-il voulu dire que le premier état était avant l'adresse de Visscher.

Van den Zande, 8 fr.

CLAESSENS (Lambert-Antoine), graveur à l'eau-forte et au burin; né à Anvers en 1764, mort à Rueil près Paris en 1834. Claessens a gravé un certain nombre de morceaux de la manière la plus distinguée. Il fut avec Hess et de Frey l'un des derniers représentants de l'école de Rembrandt.

Hérodiade recevant la tête de saint Jean-Baptiste, d'après le tableau de Rembrandt qui est au musée d'Amsterdam. Elle est à droite, portant un riche costume; sur sa tête, des perles, un grand voile et des plumes. Le bourreau, presque de face, lui présente la tête de saint Jean; il tient encore son sabre à la main. Derrière les deux principaux personnages, quatre autres personnes.

Haut., 297 millim.; larg., 241.

* Épreuve avant toutes lettres.

La Descente de croix, d'après le tableau de Rubens qui est dans la cathédrale d'Anvers, et qui a fait autrefois partie du musée du Louvre. Composition de neuf figures; les saintes femmes sont à gauche.

Haut., 760 millim.; larg., 554.

* Épreuve avant la lettre sur papier de Chine, les noms d'auteurs tracés seulement à la pointe; elle est terminée. Très rare.

Il existe des épreuves du même état sur papier blanc.

Verstolk, avec le nom et le titre, 110 fr.; Debois, 500 fr.

M. Guichardot, dans le catalogue Van den Zande, décrit de cette pièce une épreuve avant toutes lettres qu'il prétend être une copie de l'estampe originale. Elle est, dit-il, de la même grandeur, et gravée dans le même sens; elle est sans aucune lettre, et porte dans la marge inférieure des traces d'essais de burin. Pour reconnaître cette copie, il signale les différences suivantes : le pouce de la main droite de la Madeleine est trop étroit et mal formé; il est surchargé de travaux au point de faire tache sur la jambe du Christ; la partie de ce doigt, entre l'ongle et la seconde phalange, est couverte de contre-tailles verticales, tandis que, dans l'estampe de Claessens, il n'y a que des points entre les tailles. Le bord du bassin, du côté où vient le jour, ne présente pas de coup de lumière, et l'ombre portée par ce bassin est lourde et sans transparence; il n'y a pas non plus de coup de lumière sur la draperie qui couvre le bras gauche de Joseph d'Arimathie.

Il fut reconnu, presque immédiatement, que c'était une erreur de M. Guichardot. La pièce qu'il signalait comme une copie était au contraire un premier essai de la planche dont Claessens n'avait pas été satisfait, et qu'il avait modifiée depuis. M. Clement, marchand d'estampes de la Bibliothèque, m'a déclaré tenir ce fait du gendre même de Claessens.

L'estampe de M. Van den Zande ne se vendit alors que 7 francs; mais l'erreur ayant été signalée, elle atteignit peu de temps après un prix beaucoup plus élevé.

La Femme hydropique, d'après le tableau de Gérard Dow qui est au musée du Louvre. Il fut offert à la France par le général Clauzel, depuis maréchal, auquel le roi de Sardaigne en avait fait présent. C'est une composition de quatre figures. La malade et le médecin sont tournés vers la gauche.

Haut., 533 millim.; larg., 473.

* Épreuve avant toutes lettres. C'est une des quatre qui furent trouvées dans le portefeuille de Claessens à l'époque de sa mort; elle n'est pas complètement terminée. Épreuve avec une grande marge.

Verstolk, 120 fr.

* Autre épreuve complètement terminée, avant la lettre; les noms d'auteurs seulement sont tracés à la pointe. Elle est sur papier de Chine avec toute sa marge.

Verstolk, 150 fr.

Il y a des épreuves avec la lettre grise qui sont encore fort belles.

M. Clement, marchand d'estampes, est aujourd'hui propriétaire de la planche.

CUYP ou KUYP (Albert), peintre et graveur à l'eau-forte; né à Dordrecht en 1606, mort dans un âge très avancé. Il fut élève de son père, et comme lui s'adonna au paysage qu'il enrichit d'animaux et de figures. Sa touche est fine, sa couleur chaude et harmonieuse. Le musée du Louvre possède six tableaux de ce maître. Les productions de cet artiste jouissent aujourd'hui d'une grande faveur, et le prix de ses peintures ne fait qu'augmenter dans les ventes.

ŒUVRE DE CUYP.

On compte ordinairement six pièces de cet artiste auxquelles on joint un titre qui n'est pas gravé par lui. Au British Museum, nous avons trouvé deux autres pièces du même maître que nous joindrons à celles-ci, sous les nos 7 et 8. Elles sont très rares.

Haut., 65 à 68 millim.; larg., 70 à 75. Le n° 6 est seul bordé d'un trait carré; il a 2 millimètres de moins en tous sens; aux sept autres la dimension est prise sur témoin du cuivre.

1. *Les Deux Vaches au bord de l'eau.* Elles sont tournées vers la droite : l'une est debout et l'autre couchée; derrière elles, deux hommes debout. Sur l'eau : *A C.*

2. *La Vache couchée et la Vache debout.* Elles sont dans un

pâturage. La première est vue de profil, regardant à droite, la seconde de face. Au coin du bas, à droite : *A C.*

3. *La Vache couchée et la Vache debout.* Elles sont dans un pâturage, tournées vers la gauche, toutes deux vues de profil. Il n'y a pas le monogramme du maître.

4. *Les Deux Vaches et les Deux Hommes.* Ceux-ci sont assis à droite ; on voit une vache debout, de profil, devant une vache couchée ; elles sont tournées vers la gauche. A terre, à gauche, au second plan : *A C.*

5. *Les Trois Vaches.* L'une d'elles est vue de profil, couchée, et tournée vers la gauche ; une autre derrière est debout, vue de face ; la troisième est de profil, debout, tournée vers la droite, où l'on voit des roseaux au bord de l'eau. Au bas, à gauche : *A C.*

6. *Deux Vaches près de la mer.* L'une et l'autre sont vues de profil, tournées vers la gauche, la première debout, la seconde couchée ; à droite, quelques navires sur l'eau. Sans monogramme. Cette composition est bordée d'un trait carré.

* Cette suite composée de six pièces seulement est peu commune.

Il existe des épreuves modernes auxquelles on a ajouté le titre suivant : *VI Stuks Koetjes beetst door A. Cuyp.*

7. *Vache seule.* Elle est tournée à droite ; à gauche, deux hommes ; derrière la queue de la vache, à gauche : *A C.*

8. *Troupeau de vaches couchées.* Au bas, à droite : *A C.*

* Ces deux pièces sont très rares. Collection d'Isendoorn.

Verstolk. La suite des 6 pièces, 1er et 2e tirage, avec les nos 7 et 8 et en outre le portrait de l'artiste, 231 fr. ; baron d'Issendoorn, nos 7 et 8, 60 fr. 90 c.

DALEN jeune (CORNEILLE VAN), dessinateur et graveur au burin, né à Anvers, vers 1640 ; présumé élève de Corneille Visscher. On ignore l'année de sa mort.

Pierre Aretin. Il est tourné vers la gauche, et tient un livre.

Jean Boccace. Il est tourné vers la droite ; sa main gauche, dont l'index est dans un livre, repose sur une table.

Georges Barbarelli, dit le Giorgion. Il est vu de face ; ses cheveux pendent sur ses épaules.

Sébastien del Piombo. Il est tourné vers la droite, et porte un costume de moine.

Haut., 380 millim. ; larg., 280.

Van den Zande, 255 fr.; marquis de Brème, 320 fr.; épreuves avant toutes lettres.

* Épreuves avant toutes lettres. Collection du comte Harrach, de Vienne.

DIEPENBEECK, ou DIEPENBEKE (Abraham), peintre; né à Bois-le-Duc, vers 1607; mort à Anvers en 1675; élève de P. P. Rubens. Diepenbeeck a gravé à l'eau-forte.

Paysan assis à gauche. Il est au pied d'un arbre, la tête appuyée sur la main droite, et tenant de l'autre un fouet, et la bride d'un âne debout devant lui; dans le fond, une campagne. Sur le ciel, à droite : *Diepenbeeck fe* écrit à rebours, et l'année 1630.

Haut., 56 millim.; larg., 144.

Rigal, 29 fr.; R. Dumesnil, 28 fr.; Durand, 23 fr.; Révil, avec la copie, 60 fr.; Visscher, 48 fr.

* Très belle épreuve.

Le catalogue Rigal cite une copie dans le même sens que l'original, avec le nom écrit de même. Le graveur a omis dix oiseaux volant, à la droite du fond, au-dessus des montagnes.

Haut., 61 millim., larg., 145.

On voit quatre copies au British Museum : deux sont du sens de l'original.

La première se reconnaît à ce que l'azur du ciel descend jusqu'à la croupe de l'âne.

Dans la seconde, l'azur du ciel descend encore plus bas; elle est peu trompeuse.

Les deux autres sont du sens opposé; l'homme est à droite. L'une d'elles a dans le bas quatre vers latins : *Quis piger hic recubas*. . . . .

DOES père (Jacques van der), peintre; né à Amsterdam en 1623, mort à la Haye en 1673; élève de Nic. Moyaert. Ces tableaux qui ne sont pas communs offrent des animaux très finement touchés. Nous avons vu un tableau très distingué de ce maître au musée d'Orléans. Does a gravé à l'eau-forte.

ŒUVRE DE DOES.

1. *Le Bélier et les Quatre Moutons*. Ils sont dans une campagne. Le bélier est debout, la tête appuyée sur un autre mouton; les trois autres sont couchés. Au fond, à droite, en avant d'une maison rustique, un pâtre et des moutons. Sur le ciel, au haut de la droite : *J. van der Does in A*. 1650.

Haut., 119 millim.; larg., 144.

* 1er état. De la dernière rareté. Il est avant le trait carré autour de la composition. Les montagnes du fond ont quelques travaux du côté gauche; les ombres derrière les animaux, à gauche, sont éloignées de plusieurs millimètres du témoin du cuivre; du même côté, dans le bas, les travaux ne descendent pas jusqu'au bord de la planche, et montrent dans plusieurs endroits une solution de continuité. La maison à droite est éloignée de plusieurs millimètres du témoin du cuivre; on voit de ce côté de larges places blanches. Collection Verstolk.

Verstolk, 406 fr.

* 2e. Également très rare. Un trait carré borde la composition. Les travaux des montagnes du fond ont été enlevés; elles sont blanches; les ombres, à gauche, derrière les animaux, sont couvertes par des tailles horizontales, et s'avancent jusqu'au trait carré; dans le bas de la planche, des travaux très noirs bordent ce même trait; du côté droit, de nouveaux travaux prolongent la maison et les terrains jusqu'au trait de bordure. Collection Godefroy, de Caen.

Rigal, 99 fr.; Verstolk, 180 fr. 60 c.; Camberlyn, 86 fr.; Knowles, 200 fr.

Il y a également des épreuves sur papier brun qui ne sont pas moins belles que celles sur papier blanc.

On connait une copie de ce morceau dans le sens de l'original, mais moins grande de 2 millimètres en tous sens. Au haut, vers la gauche : *A Bartsch sculp.* On rencontre quelquefois des épreuves avant le nom de Bartsch.

SUPPLÉMENT DE WEIGEL.

2. *Un Mouton couché près de l'enclos.* D'après l'estampe de K. Du Jardin; B. n° 35. Ce morceau est en contre-partie; l'enclos n'est formé que de trois planches en travers.

Haut., 50 millim.; larg., 90.

3. *Le Mouton couché.* D'après l'estampe de K. Du Jardin, n° 37. En contre-partie.

Haut., 56 millim.; larg., 68.

4. *Le Mouton et les Mouches.* D'après l'estampe de *K. Du Jardin, n°* 38. Morceau en contre-partie, où l'on n'aperçoit que huit mouches, devant et près de la tête; elles ne sont pas distinctement visibles.

Haut., 63 millim.; larg., 86.

Ces estampes sont gravées d'une pointe rude. L'une d'elles : le groupe des cinq moutons, est dans la collection de l'archiduc Charles. Weigel penche plutôt à attribuer ces pièces à *J. V. de Meer* qu'à *J. van der Does.*

DU HAMEEL (ALART), travaillait à Bois-le-Duc, vers la fin du quinzième siècle. Le n° 5 de son œuvre prouve qu'il se nommait Alart Du Hameel, et qu'il était de Bois-le-Duc. Il a gravé plusieurs estampes d'après Bosche ou Bos, Hieronymus Agnen de Bois-le-Duc. Celui-ci, qui était un peintre distingué, fut appelé Bos ou Bosche du lieu de sa naissance, qui s'écrit en hollandais *Hertogenbosch.* Il naquit, selon l'opinion commune, vers 1450, mais selon Immerzeel, l'année de sa naissance est 1470; il serait mort en 1518. Ces dates ne présentent aucune certitude. Passavant croit que toutes les pièces qui portent la signature de Bosche seul ont été gravées par cet artiste, et il n'attribue à Du Hameel que celles où sa signature se trouve à côté de celle de Bosche. Les premières se distinguent par une exécution fine et magistrale, tandis que les autres sont beaucoup plus médiocres. Quoi qu'il en soit, toutes les pièces dont nous allons donner la description sont de la plus grande rareté.

1. *Le Serpent d'airain.* On l'aperçoit, à gauche, au haut d'une perche, sur le sommet d'une colline. Les Hébreux sont à genoux, à droite ; au milieu de l'estampe, un homme a les bras ouverts et élevés. Quatre Hébreux étendus à terre se défendent contre des serpents brûlants ; un cinquième, vu de dos, un genou en terre, ôte son bonnet. Au milieu du haut : *bosche* et le chiffre. A chaque coin du haut, un rinceau d'ornements.

Haut., 189 millim. ; larg., 261.

2. *Le Jugement dernier.* Au milieu, le Seigneur, assis sur un arc-en-ciel, a les pieds posés sur un globe. Une palme est dans son bras droit ; près de son bras gauche, plane en l'air le glaive de la justice divine. A gauche, dans le lointain, est un chemin creux d'où les anges conduisent les élus vers le ciel. A l'entrée de ce chemin, un ange et un diable se disputent un ressuscité. Au-dessus des montagnes, deux anges dans les airs sonnent de la trompette ; sur la banderole qui les entoure : *Hec. Est. dies. Qvem. Fecit. dominvs.* Vers le fond, à droite, l'enfer, représenté par un château fort, engloutit les damnés que des démons hideux y entraînent. De ce côté, deux anges sonnent de la trompette, entourés d'une banderole sur laquelle on lit : *Svrgite. Mortvi. Venite. Ad. Ivdicivm.* Sur tout le devant, des démons représentés par

des animaux chimériques et des hommes monstrueux. Au milieu du haut, un peu vers la gauche : *bosche* et le chiffre.

Haut., 243 millim.; larg., 359.

Arosarena, 610 fr.; Durazzo, 2,580 fr.

* Pièce de la plus grande rareté. Collection Durazzo, de Gênes.

3. *Les Cavaliers autour d'une chapelle.* Du haut d'un balcon qui surmonte un édifice gothique, un ange parle à un roi qui est à cheval, au-devant de la gauche, suivi de six cavaliers armés de toutes pièces. A droite, quatre hommes, dont l'un a les mains jointes et élevées, sont debout, à la porte de la chapelle, regardant un vieillard qui, nu-tête et nu-pieds, entre dans l'édifice, portant de ses mains une poutre montée d'ornements à ses deux extrémités. Presque au milieu du haut : *Bosche* et le chiffre.

Haut., 261 millim.; larg., 187.

* Pièce de la plus grande rareté. Les deux angles du bas sont légèrement restaurés.

4. *L'Éléphant.* Il porte sur son dos un château que des soldats attaquent. Il est dans le milieu, vu de profil, et tourné vers la gauche. Plusieurs troupes de guerriers l'entourent et l'assaillent. Au milieu du devant, deux soldats : l'un sur un taureau, l'autre sur un lion. Toutes ces figures sont mal dessinées. Vers la droite du haut, le chiffre et le mot *Hameel.* On retrouve encore ce nom gravé sur le caparaçon d'un animal qu'on voit au-devant de la gauche, monté par un homme armé de toutes pièces. Au milieu du haut, au-dessus d'une bannière qui domine le château porté par l'éléphant : *Bosche.*

Haut., 200 millim.; larg., 324.

5. *Dessin d'un reliquaire.* C'est une pièce d'orfèvrerie gothique ornée de rinceaux, mais sans figures. Sur une banderole qui entoure le piédouche : *Deus ex substancia patris.* . . . . . Au bas du pilastre gothique qui est à la gauche de la colonne ronde du milieu : *Non desino.* Au bas du pilastre de la droite : *Hameel.* Dans le haut du sujet : *Alart. Du hameel* et le chiffre. Enfin, vers le bas de la planche : *shertoghenbosche.* La marque est gravée tout au bas, dans un dessin de la base de ce reliquaire ou ostensoir.

Morceau composé de trois planches. Réunies ensemble, elles ont : haut., 1,094 millim. La planche du bas a : haut., 432 millim.; larg., 203 dans le haut, et 257 dans le bas. Celle du milieu, haut., 331 millim.; larg., 203. Celle du haut, haut., 331 millim.; elle se termine en pointe, larg., 153.

6. *Dessin d'un ostensoir*. C'est la partie supérieure d'un ostensoir d'orfèvrerie gothique. Au haut de la droite, une partie de cet ostensoir figurée, en petit, vue de profil ; à gauche, on lit : *Hameel* et le chiffre.

Planche de forme hexagone. Haut. d'un angle à l'autre, 386 millim.; larg. dans le haut, 90 millim.; dans le bas, 226.

SUPPLÉMENT DE PASSAVANT.

7. *Les Souffrances de Job*. Il est assis, à droite, tourmenté par deux démons, tandis que, devant lui, on voit trois musiciens : celui du milieu joue de la harpe, un autre sur le devant souffle dans une conque. Dans le fond, à droite, des édifices brûlent. Au milieu du bas : *bos* avec le couteau. Oxford.

Haut., 95 millim.; larg., 81.

8. *Saint Pierre*. Il est debout, sur une console gothique, ornée de feuillages ; sa tête est vue presque de face, un peu penchée vers la droite. Il est vêtu d'un long manteau qui ne laisse voir que son pied droit. Il tient de la main gauche les clefs. La marque se voit, à droite, dans le bas de la planche.

Haut., 257 millim.; larg., 99.

9. *Saint Sébastien*. Il est tourné vers la gauche, et attaché à une colonne. A droite, le commencement d'un cintre. En bas : *b* avec le couteau. Oxford.

Haut., 110 millim.; larg., 77.

C'est une copie en contre-partie du n° 56 de Durer.

10. *Saint Christophe*. Il porte l'enfant Jésus à travers un large fleuve, en se dirigeant vers la gauche. Près d'un rocher, à gauche, l'ermite avec sa lanterne. Dans le coin en bas, un homme couché est saisi par une quantité de petites écrevisses. En haut, dans une banderole à enroulements, on lit : *Cristofore ste virtutis subtilitate, qui te de mane videt nocturno tempore ridet. bosche.* Au milieu du haut, le monogramme : la lettre A sur l'épée d'un démon. Oxford.

Haut., 203 millim.; larg., 338.

Vente Sternberg, 37 r 25 c

11. *Constantin à la tête de son armée.* Il s'avance à cheval vers la droite, au milieu de la pièce, entouré d'officiers et de soldats. Il porte la main gauche à sa toque, à l'aspect de la croix qui apparaît en l'air, soutenue par un petit ange. A la droite de Constantin, est le pape Sylvestre à cheval, et à gauche deux officiers également à cheval, dont un fait un geste de surprise. En avant de la troupe sont deux cavaliers vus de dos, l'un tient une lance, l'autre une trompette. Dans le fond, à gauche, une ville dont l'eau baigne les murs. Au milieu du haut : *Bosche* et la marque de *Du hameel.* Oxford.

Haut., 241 millim.; larg., 194.

12. *Une Bataille.* Deux armées sont aux prises; plusieurs morts couvrent le champ de bataille. Dans le milieu, à gauche, deux trompettes sonnent. Dans le fond, deux villes fortifiées ; à celle de droite un pont-levis. Du même côté, une potence. Cabinet Delbecq. Paris, 1852. n° 175.

Haut., 290 millim.; larg., 420.

13. *Jeune homme coiffé d'une guirlande.* Il a les cheveux longs et s'avance vers la gauche, les bras croisés; il porte un manteau court avec des souliers à la poulaine. En haut, aux deux côtés, deux banderoles. Sur celle de droite : IMG. Au bas : *hameel.* Dresde.

Haut., 88 millim.; larg., 68.

On attribue au maître les pièces suivantes qui n'ont pas de signature, mais qui sont bien dans sa manière.

14. *Le Christ entre la Vierge et saint Jean.* Jésus debout, devant un baldaquin dont deux anges tiennent les rideaux, montre de la main gauche la plaie de son côté; il est revêtu d'un manteau, et de sa tête couronnée d'épines partent trois rayons de lumière; à ses pieds le globe du monde. A gauche, la Vierge debout, les mains jointes; saint Jean s'approche, à droite.

Haut., 330 millim.; larg., 244.

Pièce décrite par Duchesne dans son *Voyage d'un Iconophile.*

15. *La Tentation de saint Antoine.* Il est dans le milieu, entouré de démons ; celui de gauche frappe le livre du saint avec un bâton ; vis-à-vis, un autre brandit une massue. En bas, à gauche, un troisième allume le feu avec un soufflet ; un quatrième enfonce ses griffes dans le vêtement du saint. Au-dessous de ce dernier, se voit le pourceau.

Pièce dans la manière du saint Christophe ; elle est décrite par *Nagler : Die Monogrammisten*, I, p. 15.

GRAVURES SUR BOIS.

1. *Saint Jean l'évangéliste dans l'île de Patmos.* Assis sur le devant, à gauche, près d'un groupe d'arbres, il regarde la sainte Vierge qui lui apparaît, à droite, sur des nuages. Un démon, près de lui, lui vole son écritoire. *Nagler, Die Monogrammisten*, I, p. 14.

Haut., 266 millim.; larg., 379.

2. *La Tentation de saint Antoine.* Dans un paysage, orné de ruines, le saint, tourné à gauche, est agenouillé devant un crucifix. Le diable lui amène une jeune femme ; à droite, une autre femme masquée est accompagnée de plusieurs démons. Au haut, à gauche, dans les airs, le saint que tourmentent les diables cherche à s'enfuir. Dans le fond, saint Antoine au milieu d'une scène infernale. Sur la fenêtre murée d'un château : 1522. Francfort-sur-le-Mein, *Weigel. Kunstcatalog*, n° 20479.

Haut., 261 millim.; larg., 386.

3. *Saint Antoine dans le désert.* Il prêche les bêtes rassemblées autour de lui. En bas, un monogramme ressemblant à un A gothique avec un crochet. Passavant ajoute que la manière ressemble à celle de Jost Amman, mais que l'exécution dénote un maître plus ancien. *Nagler Monogr.*, I, p. 14, n° 3.

DUJARDIN (Karle), peintre et graveur à l'eau-forte ; né à Amsterdam en 1635, mort à Venise en 1678. Il fut élève de N. Berghem. On connaît de lui cinquante-deux estampes ; la dernière est un portrait. Karle Dujardin a longtemps séjourné en Italie, et, parmi les artistes hollandais, aucun n'a mieux vu ce beau pays, et n'en a mieux représenté la couleur légère, chaude et harmonieuse. Ses tableaux font l'ornement des musées et des cabinets les plus riches. Ses estampes ont été gravées entre les années 1652 et 1660. Bartsch fait remarquer que celles de la première époque ne sont pas inférieures à celles qu'il a produites plus tard, non seulement pour la beauté du dessin, mais aussi pour la légèreté de la pointe. Quand les premières ont paru, l'artiste avait dix-sept ans. Ce n'est pas sans étonnement que l'on voit à quel degré de perfection Karle Dujardin était parvenu dès l'âge de dix-sept ans. Ses animaux sont de la vérité la plus frappante ; la critique la plus sévère y trouverait à peine quelque chose à reprendre. Nous terminerons cette courte notice par une petite particularité :

Karle Dujardin était à Rome en 1676 ; nous avons été assez heureux pour découvrir son nom inscrit à cette date dans l'église de Sainte-Constance qui fait partie du couvent de Sainte-Agnès. On le voit dans le haut d'une niche, à la droite de celle où était l'urne de porphyre de la sainte.

L'œuvre que nous allons décrire est presque entièrement contenu dans un volume relié en maroquin rouge et doré sur tranche.

A la suite de la description de chaque numéro, nous placerons tous les états qui nous sont connus, jusques et y compris l'état avec le numéro. Ensuite nous indiquerons les différents tirages, lorsque les numéros ont été gravés sur les planches. Ceux qu'on doit regarder comme primitifs avec les numéros sont au nombre de six.

Nous n'avons pas dû mentionner les tirages sans nombre qui ont été faits depuis que certaines planches ont été coupées, ces sortes d'épreuves ne peuvent pas prendre place dans le cabinet des amateurs, mais seulement figurer à la montre des étalagistes. On les rencontrait encore dans les foires, il y a une quarantaine d'années ; aujourd'hui elles ont complètement disparu.

ŒUVRE DE KARLE DUJARDIN.

§ 1.

1. *Frontispice.* Une fontaine en ruine, garnie d'arbrisseaux des deux côtés, occupe le milieu. L'eau coule d'un tuyau dans un bassin carré ; elle en sort par un trou et se jette dans un autre bassin carré plus petit, placé devant le premier. Sur le mur de la fontaine : ·K. DV. JARDIN *fe et. Excud.* 1652 ·A. D.

Haut. des 8 premières pièces, 149 millim. ; larg., 135.

1er état. Le grand mur qui est au-dessus de la fontaine est entièrement clair, il ne contient pas l'inscription rapportée plus haut ; dans le milieu du haut, sur le ciel, on remarque une coulure d'eau-forte ; avant le n° 1. Très rare.

* 2°. Comme dans l'état précédent, sans inscription; mais la coulure d'eau-forte a été enlevée; avant le n° 1, dans le coin du bas, à droite.

Vente Mecklenburg, 48 fr. 10 c.

* 3°. Avant le numéro, mais on lit sur le mur l'inscription rapportée ci-dessus.

* 4°. Avec le n° 1. Voir ultérieurement la description des différents tirages pour tous les numéros.

2. *Les Mulets*. Sur le devant, on en voit deux chargés : l'un est de trois quarts, l'autre de face. Dans le fond, à droite, un homme à cheval fait marcher devant lui deux autres mulets, vers la gauche. Au haut de la droite, en lettres retournées : ·K. DV. İ. *fe*.

* 1er état. De la plus grande rareté. Le grand plumet au-dessus de la selle du premier mulet est bordé des deux côtés de tailles tirées d'une manière horizontale, leur longueur est de 10 millimètres. Collection His de la Salle.

Une épreuve semblable est au cabinet des estampes de Paris.

Vente de la Salle, 199 fr.

* 2°. Les tailles horizontales dont nous venons de parler ont été enlevées, ou bien ont disparu par l'effet du tirage; mais avant le numéro dans le coin du bas, à droite. Collection R. Dumesnil.

Vente Knowles, 76 fr. 25 c.; Mecklenburg, 81 fr. 40 c.

* 3°. Avec le n° 2.

Il existe une copie en contre-partie.

3. *La Vache et le Veau*. Ils sont tous deux couchés. Celle-ci est vue de dos; derrière elle, sur la gauche, un veau vu par derrière, la tête de profil. Dans le fond, à droite, quelques maisons; du côté opposé, un jardin entouré d'une haie. Au haut de la gauche, on lit : ·K. DV. İ *fe*.

* 1er état. Très rare. Le long du toit de la maison où la fumée sort du tuyau d'une cheminée, on aperçoit une certaine quantité de traits tirés d'une manière horizontale, et se dirigeant vers la gauche; avant le numéro. Épreuve avec marge. Collection Verstolk.

* 2°. Les traits dont nous avons parlé ne s'aperçoivent presque plus; toujours avant le numéro, dans le coin du bas, à droite, en dehors du trait de bordure.

Guichardot, 51 fr.; Mecklenburg, 94 fr.

* 3°. Avec le n° 3.

On connaît une copie en contre-partie.

4. *Les Deux Chevaux*. L'un dort à terre, vu par derrière, le dos vers la droite et les pieds à gauche. Plus loin, un vieux cheval maigre, vu presque de dos, descend dans un creux en se tournant vers la gauche. Dans le lointain, à droite, une maison enclose de murs et entourée d'arbres. Au haut de la gauche : ·K. D. İ. *fe*.

* 1er état. Très rare. A partir du garrot du cheval debout, une large éraillure traverse le premier nuage sur une longueur de 35 millimètres; un peu plus vers la droite, une forte éraillure, longue de 15 millimètres, se trouve dans le nuage au-dessus du même cheval. Au milieu de la marge du bas, on aperçoit une large coulure d'eau-forte, avant le n° 4, dans le coin du bas, à droite.

Vente Knowles, 81 fr. 25 c.

* 2e. Également avant le numéro, mais on ne voit plus les accidents du cuivre que nous avions mentionnés dans l'état précédent. Épreuve avec marge.

Mecklenburg, 78 fr.

* 3e. Avec le numéro.

Il existe deux copies, l'une et l'autre en contre-partie.

5. *Les Chiens de chasse.* Ils sont couchés à terre; l'un, tourné vers la droite, a les jambes étendues vers le devant; l'autre, derrière lui, est vers la gauche du fond. A droite, un peu plus vers le fond, un attirail de chasse; on y voit un filet, une cage, un fusil et une arbalète; à gauche, une haie. Au haut de la droite : K. DV. İ. *fe.*

* 1er état. Très rare. A droite, en montant, le trait carré est interrompu sur une longueur de 12 millimètres; une coulure d'eau-forte existe à cette place; le derrière de la gourde, à droite, est extrêmement noir; dans le coin du bas, à gauche, les travaux sont très visibles jusqu'au bord du trait carré; avant le n° 5, dans le coin du bas, à droite. Une épreuve semblable est au cabinet des estampes de Paris.

* 2e. La crevasse d'eau-forte est disparue; le trait carré existe en cet endroit; à gauche, dans le coin du haut et dans celui du bas, on n'aperçoit plus les travaux que nous avons signalés dans l'état précédent; le derrière de la gourde est éclairé, mais l'épreuve est toujours avant le n° 5.

Mecklenburg, 41 fr.

* 3e. Avec le numéro.

Nous mentionnerons une copie en contre-partie.

6. *Les Deux Anes.* Ils sont debout, tournés vers la droite; l'un vu de profil, l'autre presque de face. Une maison à deux petites fenêtres occupe toute la largeur du fond; sur la gauche, un chien y arrive par une grande porte. Au haut de la droite, sur le mur de la maison : K. D. İ. *f.* 1652. Le D et l'f sont à rebours.

* 1er état. Très rare. La cheminée qu'on aperçoit sur le toit de la maison n'est que commencée vers la gauche; les travaux, à cette place, ne se relient pas au toit; vers la droite, entre le haut du toit, les travaux commencés et le trait carré, on voit une grande place blanche; au-dessus de la porte, le ciel n'est formé que d'une seule taille très légère; l'intérieur de la grande croisée n'est marqué que de deux tailles, ce qui laisse les jours plus larges; avant le n° 6, au bas, à droite, en dehors du trait carré.

* 2e état. La cheminée est complétée dans toutes ses parties; sur toute la longueur du ciel, au-dessous de la branche d'arbre, on aperçoit des contre-tailles horizontales;

une troisième taille a été tracée dans l'intérieur de la plus grande croisée, ce qui rend les mailles beaucoup plus serrées, mais les travaux ne sont pas ébarbés; également avant le n° 6. Cette épreuve, très rare, se trouve aussi au cabinet des estampes d'Amsterdam.

* 3e. Avant le n° 6, mais les travaux de la fenêtre et du ciel, dans la partie qui se trouve au-dessus de la porte, sont ébarbés.

Guichardot, 39 fr.

* 4e. Avec le numéro.

Deux copies : elles sont en contre-partie; l'une d'elles a été exécutée par M. de la Live.

7. *La Chèvre et les Deux Moutons.* Au milieu, un mouton, vu par derrière, est couché entre un autre mouton et une chèvre vus de face. Depuis la droite jusqu'au milieu, vers le fond, s'élève une haie, derrière laquelle il y a quelques arbres. A gauche, dans le lointain, un berger assis, tournant le dos; il tient un bâton élevé. Au bas de la gauche : K DV. I. *f.* 1653.

* 1er état. Très rare. Le ciel offre des travaux très vigoureux, même contre le chapeau du pâtre; vers le bas, à gauche, en montant, on remarque des travaux qui dépassent le trait carré; avant le n° 7, dans le coin du bas, à droite, sous le trait de bordure.

* 2e. Avant le numéro, les travaux du ciel sont déjà très affaiblis; la marge vers le bas, du côté gauche, est complètement nettoyée.

Mecklenburg, 78 fr.

* 3e. Avec le numéro.

Il existe une copie en contre-partie.

8. *Les Trois Cochons couchés devant l'étable.* Ils sont sur le devant; l'un tourné vers la gauche, les deux autres vers la droite, étendus sur du fumier. On aperçoit deux cochons à une auge placée devant la porte d'une étable qui est à la gauche du fond. Au haut de la droite : ·K. DV. İ. *fe* 1652. Le D est à rebours.

* 1er état. Très rare. A gauche, au milieu du trait carré, en montant, on remarque une place assez grande sans aucuns travaux, seulement avec des taches d'eau-forte; dans le fond, à droite, l'arbre le plus élevé et le bas du nuage sont coupés par de larges éraillures; dans le bas, le trait carré se suit sur toute sa longueur; avant le n° 8, dans le coin du bas, à droite.

* 2e. Avant le numéro; la place blanche qui existait contre le trait carré, à gauche, vers le milieu, est ombrée de légers travaux; le trait carré du bas est affaibli et les éraillures du ciel sont disparues.

Mecklenburg, 63 fr.; Knowles, 51 fr. 25 c.

* 3e. Avec le n° 9 pour le n° 8. Voir plus bas : *Tirages avec les numéros.*

On connaît une copie en contre-partie.

9. *Village sur la montagne.* On voit sur le haut un château qui s'étend presque sur toute la largeur de la planche ; il est entouré d'un mur qui descend vers la droite. Sur la montagne plusieurs arbres épars vers le haut, mais plus serrés vers le bas de la gauche. Au haut de la droite : ·K DV. IARDIN. 1658 *fec.* Ce dernier mot est à rebours.

Haut., 119 millim.; larg., 151.

* 1er état. Avant le numéro dans le coin du bas, à droite.
Mecklenburg, 50 fr.
* 2e. Avec le no 8 remplacé depuis par le no 9. Voir *Tirages avec les numéros.*

10. *Les Deux Hommes et la pierre dans l'eau.* Un ruisseau occupe toute la largeur de la planche. Vers la droite, un homme, marchant dans l'eau, parle à un autre qui s'efforce d'y remuer une grosse pierre. A droite, sur le bord, un roc surmonté de deux arbres. Vers le milieu du ruisseau, une petite chute d'eau. Au haut de la gauche : ·K. DV. IARDIN *fe* 1658. L'année est à rebours.

Haut., 122 millim.; larg., 156.

* 1er état. Avant le no 10 dans le coin du bas, à droite.
Mecklenburg, 63 fr.
* 2e. Avec le numéro.

11. *L'Homme qui se chausse.* Sur un terrain qui occupe les deux tiers du devant, à gauche, on le voit un genou en terre; un autre homme, enveloppé d'un manteau, est debout devant lui. Derrière celui-ci est un chien assis. Ils sont près d'un ruisseau qui s'étend sur toute la largeur de la planche, et dont les bords au delà sont garnis d'arbrisseaux ; au deuxième plan, sur une élévation qui s'incline vers la droite, on voit, au milieu de l'estampe, deux restes de bâtiments ruinés et une petite maison; au troisième plan, une autre élévation qui descend vers la gauche ; au milieu du fond, une grande montagne escarpée. Au haut de la droite : K DV IARDIN *fe.* 1658. Le dernier mot et l'année sont à rebours.

Haut., 122 millim.; larg., 183.

* 1er état. Avant le no 11 au coin du bas, à droite.
* 2e. Avec le numéro.

12. *Vue des restes d'un temple.* On voit les ruines, dans le milieu, sur une élévation au bas de laquelle coule un ruisseau, vers la droite jusqu'en avant. A gauche, sur un tertre qui descend vers la droite, un homme dessine le bâtiment. Derrière lui, un homme qui le regarde

paraît s'éloigner. Au fond, à gauche, trois petites montagnes. Au haut de la droite : K DV. IARDIN *f* 1658. La dernière lettre et l'année sont à rebours.

Haut., 119 millim.; larg., 153.

* 1er état. Avant le nº 12 dans le coin du bas, à droite.
* 2e Avec le numéro.

13. *Les Quatre Chèvres*. Au milieu, une chèvre debout, vue de profil, est dirigée vers la droite; une autre, tournée à gauche, se repose près d'elle, un peu plus vers le fond. Vers le devant de la droite, deux chevreaux sont couchés à côté l'un de l'autre; le plus rapproché du spectateur est de trois quarts, tourné vers la gauche; l'autre, vu presque de dos, est dirigé vers la droite. Dans le fond, de ce côté, une haie près de laquelle est un arbre. Au haut de la droite : ·K. DV. IARDIN. *f*.

Haut., 119 millim.; larg., 151.

* 1er état. Avant le nº 13 dans le coin du bas, à droite.
Mecklenburg, 69 fr. 50 c.
* 2e. Avec le numéro.

14. *Trois Moutons et une Chèvre*. Ils forment un groupe devant une bergerie. Deux moutons, vis-à-vis l'un de l'autre, sont couchés devant la porte ouverte de l'étable qui est à gauche, près de laquelle s'élèvent deux arbres. Assez près, est un jeune mouton debout, le corps tourné vers la droite, et la tête vers le spectateur. A ses pieds, une chèvre couchée, dont on ne voit pas la tête. Dans le fond, à droite, des broussailles. Sur la porte de l'étable : *K. Du Jardin* 1658, à rebours.

Haut., 122 millim.; larg., 153.

* 1er état. Très rare. On remarque sur les tailles, à droite, une certaine quantité de places noires qui ne sont pas ébarbées; avant le numéro, dans le coin du bas, à droite.
* 2e. Également avant le numéro, mais les places noires sont ébarbées.
* 3e. Avec le numéro.

15. *Les Deux Cochons*. A gauche, un porc très gras, vu en raccourci, est étendu sur du fumier; assez près de lui, vers le fond, un autre cochon debout, vu par derrière, tourné un peu vers la droite. A gauche, derrière une haie, se voit une étable au coin de laquelle est un tronc d'arbre. Sur le devant, à droite, des plantes à grandes feuilles. Sur une des planches de l'étable : K. DV Jardin *fe* 1656.

Haut., 117 millim.; larg., 146.

1er état. Avant le n° 15, dans la marge du bas, au-dessous du coin, à droite. Vente Guichardot, 43 fr.

* 2e. Avec le numéro.

16. *Les Trois Cochons près de la haie.* L'un dort, étendu à droite, la tête tournée vers la gauche. L'autre, couché derrière, a la tête haute et regarde à droite. Au milieu, assez près de ceux-ci, le troisième debout, vu de profil, est tourné vers la gauche. Dans le fond, à droite, une haie, derrière laquelle sont deux arbres. Au haut de la gauche : K. DV. IARDIN *fe.*

Haut., 117 millim.; larg., 146.

* 1er état. Avant le n° 16 dans le coin du bas, à droite. Mecklenburg, 78 fr.

* 2e. Avec le numéro.

17. *Les Arbres à racines découvertes.* On les voit, à droite, sur une élévation qui remplit toute la moitié de l'estampe. Au-dessous, un ruisseau occupe tout le bas; il est bordé des deux côtés d'arbres touffus. Sur un petit pont qui le traverse, un homme dirige deux chèvres, vers la droite. Au second plan, une montagne dont le sommet est couronné de plusieurs arbres. Une montagne nue et escarpée occupe le lointain à gauche. Au bas de la droite : .K DV. IARDİN. *f.* 1659.

Haut., 137 millim.; larg., 176.

* 1er état. Avant le n° 17 dans le coin du bas, à droite. La planche est couverte de salissures sur les eaux, et dans le bas.

* 2. Avec le numéro.

18. *Les Quatre Montagnes.* Elles occupent tout le lointain, et sont l'une derrière l'autre à différentes hauteurs. Un petit bois est au pied de la première, et un château sur son sommet. Sur le devant, à droite, un troupeau de moutons; de l'autre côté, un âne vu par derrière. Au haut de la gauche : K. DV. İARDIN. *fe.* 1659.

Haut., 137 millim.; larg., 171.

* 1er état. Très rare. Dans le bas, à droite, le terrain devant les moutons n'est formé que d'une seule taille; il paraît presque blanc; il en est de même à gauche derrière l'âne. Dans le haut, près du nom de K. Dujardin, on remarque, sur le ciel, une large coulure d'eau-forte; il existe une autre coulure d'eau-forte dans le milieu du bas, sur le trait carré; on ne voit pas le n° 18 dans le coin du bas, à droite.

* 2e. Du côté droit, derrière les moutons, et à gauche, derrière l'âne, le terrain est ombré par des contre-tailles; on remarque, sur le ciel, près du nom du maître, une

place blanche où était la coulure d'eau-forte ; mais l'épreuve est toujours avant le numéro.

* 3e. Avec le numéro.

19. *Le Goujat et les Deux Anes.* Paysage où, vers la droite du fond, un ruisseau forme une chute d'eau, et se répand sur toute la largeur de la planche. Sur le bord, vers le milieu, un homme vu de dos et deux ânes ; l'un se repose, l'autre est debout. A gauche, un grand arbre dont on ne voit que le tronc ; à droite, des rochers, où, parmi des buissons, s'élève un groupe d'arbres, au milieu de la planche. Au haut de la droite : K. DV. İARDIN 1660 *fec.*

Haut., 137 millim.; larg., 176.

* 1er état. Avant le no 19 sur la terrasse, dans le bas, à droite.
Vente Guichardot, 51 fr.
* 2e. Avec le numéro.

20. *Les Deux Muletiers.* A droite, sur le devant, un grand arbre, incliné vers le milieu, s'élève jusqu'au haut de la planche. Vers le fond, une montagne escarpée s'étend depuis la droite jusqu'aux deux tiers de la composition. Au bout, vers la gauche, sont deux mulets suivis d'un muletier. Dans le milieu, un homme fait marcher deux mulets chargés, ainsi que quelques chèvres ; il passe à gué une rivière qui coule au bas de la montagne. Les animaux se dirigent vers la droite du devant. Vers la gauche, au-delà de la rivière, un pays montueux dans le lointain. Au haut de la droite : K. DV. İARDIN. 1656. *fe.*

Haut., 140 millim.; larg., 176.

* 1er état. Avant le no 20 dans le coin du bas, à droite.
* 2e. Avec le numéro.

21. *L'Homme et le Chien.* Une rivière qui s'étend sur toute la largeur de la composition occupe le devant. A gauche, un rocher, garni d'arbrisseaux dans le bas, est surmonté d'un gros arbre qui s'élève jusqu'au bord supérieur. Vers le milieu, est un paysan vu de dos, qui a un chien à sa droite. Du côté opposé, quelques arbres, au-delà desquels se trouve une montagne aride, occupant tout le fond. Au haut de la droite : K. DV. IARDIN 1659 *fec.*

Haut., 140 millim.; larg., 176.

* 1er état. Avant le no 21 dans le coin du bas, à droite.
* 2e. Avec le numéro.

22. *Le Bouvier et ses trois bœufs*. Près d'un rocher qui est à gauche, un ruisseau partant du fond tombe sur une grande pierre plate qui est au milieu du devant. Au bas du rocher, un buisson d'où s'élève un bouquet d'arbres. Au bord du ruisseau, à droite, sur un terrain élevé, on voit trois bœufs ; l'un est debout et les deux autres couchés. Près d'eux, le bouvier vu de dos est assis, ayant un chien à côté de lui. Au haut de la gauche : K. DV. IARDIN. *fe*. 1660.

Haut., 142 millim.; larg., 176.

* 1er état. Avant le n° 22 dans le coin du bas, à droite.
* 2e. Avec le numéro.

23. *Le Berger derrière l'arbre*. A droite, une vache, vue de face, est couchée au pied d'un arbre derrière lequel est le berger, ayant un bâton posé sur son bras droit. Du côté opposé, une brebis couchée, vue de profil, est tournée vers la gauche. Au milieu, un petit agneau couché regarde la vache. Dans le fond, à gauche, on voit quelques édifices au haut d'une montagne qui s'étend jusqu'au milieu. Au haut de la gauche : K. DV JARDIN *fe*. 1656.

Haut., 151 millim.; larg., 180.

* 1er état. Avant le n° 23 dans le coin du bas, à droite.
* 2e. Avec le numéro.
On connaît deux copies : l'une dans le sens de l'original, l'autre en contre-partie.

24. *Les Deux Bœufs*. Ils sont dans un pré : l'un vu de profil, tourné vers la droite, se frotte le cou contre un pieu fiché en terre ; l'autre vu de dos est debout, vers la gauche, à peu de distance du premier. Au haut, du même côté : K DV. IADIN. 1655.

Haut., 153 millim.; larg., 178.

* 1er état. Avant le n° 24 dans le coin du bas, à droite.
* 2e. Avec le numéro.
Il existe une copie en contre-partie.

25. *Deux Chevaux près d'une charrue*. Sur le devant, à gauche, l'un, vu de dos, est debout devant une charrue qui se présente en largeur ; du côté opposé, l'autre, vu de profil, tourné vers la droite du fond, a la tête baissée et broute. Dans le lointain, au milieu, une colline. Au haut de la gauche : K. D. I. *fec*. 1657. Les trois premières lettres forment un monogramme.

* 1er état. Avant le nº 25 dans la marge du bas, au-dessous du coin, à droite. Vente Knowles, 94 fr.

* 2e. Avec le numéro.

26. *Le Bœuf et l'Ane.* Le premier est presque de trois quarts, tourné un peu vers le devant de la gauche. Près de lui, un âne, de profil, tourné un peu vers le fond, a la tête près du flanc de l'autre animal. Dans le lointain, une montagne qui s'élève vers la droite; un vallon la sépare du terrain où sont les animaux. Au haut de la droite : ·K. DV. IARDIN *fec.*

Haut., 158 millim.; larg., 185.

* 1er état. Avant le nº 26 dans le coin du bas, à droite.

* 2e. Avec le numéro.

27. *La Paysanne dans l'eau.* Elle traverse un ruisseau qui occupe toute la largeur du devant, relevant la longue chemise qui la couvre, dont elle tient le bout avec sa main droite. Son corps est de face, dirigé vers le spectateur, tandis que sa tête est un peu tournée vers la droite. De sa main gauche elle fait un signe à un chien qui saute aux jambes de derrière d'un âne chargé qui passe l'eau, à côté de la femme. Celui-ci, vu de profil, dirigé vers la droite, baisse la tête pour boire. Entre ses jambes on aperçoit un bélier sortant de l'eau et marchant vers le fond. Au haut de la gauche : ·K. DV IARDIN *fec.*

Haut., 164 millim.; larg., 200.

* 1er état. Avant le nº 27 dans le coin du bas, à droite; au milieu du bas, sur le trait carré, on remarque des taches d'eau-forte.

* 2e. Avec le numéro.

28. *Le Champ de bataille.* Sur le devant, un cadavre entièrement dépouillé; plus loin un homme mort, mais vêtu, est couché sur le visage. Un cavalier qui passe devant eux en se dirigeant vers la gauche, retourne la tête pour les regarder. Derrière lui, dans le milieu, un pillard porte sur son dos, de ses deux bras élevés, un paquet de dépouilles. Dans le fond, à droite, est un cheval mort. Plus loin, sur une hauteur, une troupe de cavaliers armés de piques court au galop dans le lointain, vers la gauche. Au haut de la gauche : K. DV. I *fe* 1652.

Haut., 169 millim.; larg., 198.

* 1er état. Avant le nº 28 à droite, vers le coin, au-dessus des herbes.

Mecklenburg, 75 fr.

* 2e. Avec le numéro.

29. *Le Mulet aux clochettes.* Il est debout, tourné vers la droite; au licou qu'il porte sont attachées quelques clochettes. Dans le fond, à droite, un âne vu par derrière est couché, vis-à-vis d'un âne qui est aussi dans la même position. Plus loin, du même côté, on aperçoit quelques arbres dans un enclos. Au bas de l'estampe, dans une petite marge : ·K. DV. IARDIN. 1653 *fe.*

Haut., 196 millim.; larg., 162.

* 1er état. Avant le n° 29 dans la marge du bas, au coin, à droite, entre les deux traits de bordure.

Révil avec n° 30, 2e état, 101 fr.; Guichardot, 131 fr.; Knowles, 50 fr.

* Autre épreuve du même état.

* 2e. Avec le numéro.

30. *Le Bœuf debout et le Veau couché.* Le bœuf est dans le milieu, tourné vers la gauche du fond. Assez près, de ce même côté, un veau, le corps tourné vers la droite, et la tête de face, se repose. Plus loin, un pâtre, vu de dos, est assis à terre. Au haut de la droite : ·K. DV. IARDIN. *fec.* 1658.

Haut., 196 millim.; larg., 162.

* 1er état. Très rare, non décrit. Le trait de bordure est interrompu à gauche, à la hauteur du premier nuage; la tache d'eau-forte est très prononcée; avant le n° 30 dans le coin du bas, à droite.

* 2e. Également avant le numéro, le trait de bordure est repris à gauche.

Mecklenburg, 62 fr. 50 c.; Guichardot, 201 fr.

* 3e. Avec le numéro.

31. *Bergère parlant à son chien.* Elle est assise, presque au milieu, tenant un fuseau à la main. Son corps est de face, mais sa tête, de profil, est tournée vers son chien assis qui regarde à gauche. On voit, à droite, une vache et trois moutons. Dans le lointain, une montagne où sont différents bouquets d'arbres, et sur le sommet une maison. A gauche, un arbre peu garni de branches s'élève jusqu'au haut de la planche, où est écrit : K DV. JARDIN *fec* 1653.

Haut., 189 millim.; larg., 216.

* 1er état. Avant le n° 31 dans le coin de la marge du bas, à droite.

* 2e. Avec le numéro.

32. *L'Ane entre deux moutons.* Dans un paysage montueux, on

aperçoit, à droite, dans l'ombre, un âne de face qui se repose et deux moutons couchés à ses côtés. De ce même côté, dans un petit terrain qui descend vers le milieu, un homme, accompagné d'un chien, fait marcher devant lui un âne chargé. Dans le lointain, une grande montagne dont une partie s'élève dans les nuages, et qui, vers le milieu de la droite, offre plusieurs groupes d'arbres. Dans le bas, un peu en avant de cette montagne, un village entouré d'arbres touffus. Au haut de la droite : K. DV. IARDIN *fe.* 1653.

Haut., 191 millim.; larg., 216.

* 1er état. Avant le n° 32 dans le coin du bas, à droite.
* 2e. Avec le numéro.

33. *Le Troupeau de moutons et de chèvres.* On voit quatre animaux couchés près l'un de l'autre : un mouton vu de dos, un autre de profil, dirigé vers la gauche, et deux chèvres vues de face, et placées à côté de chaque mouton. Une troisième chèvre de profil, tournée vers la droite, est debout à gauche. Dans le lointain, une montagne très étendue sur laquelle on aperçoit tout au loin un troupeau de moutons et son berger. Au haut du ciel, à droite : K. DV. IARDIN 1655.

Haut., 191 millim.; larg., 212.

* 1er état. Avant le n° 33 dans le coin du bas, à droite.
Vente Mecklenburg, 137 fr.
* 2e. Avec le numéro.

34. *Les Vaches, le Taureau et le Veau.* Dans le milieu, est une vache debout, presque de profil, tournée vers la gauche. A ses pieds est couché un veau, vu de dos ; derrière elle est un taureau de face, un peu tourné vers la droite. A gauche, sur le devant, des plantes et des chardons et un tronc d'arbre jeté auprès. De ce même côté, sur une colline qui s'élève dans le lointain, deux autres vaches ; l'une couchée, dirigée vers la gauche ; l'autre debout, vue de dos. Sans nom de maître.

Haut., 191 millim.; larg., 212.

* 1er état. Derrière le taureau, à la hauteur de ses jambes, au-dessus des petits arbres ; on remarque une montagne tracée légèrement ; il y a des traits entre le terrain et le ventre de la grande vache ; il y en a également le long de son cou ; on ne voit pas le n° 34 au coin du bas, à droite.

Vente Knowles, 125 fr.

* 2e. Avec le numéro, mais la montagne et les traits dont nous avons parlé le long du cou de la grande vache et sous son ventre sont encore très visibles ; à droite,

au-dessus des animaux, presque jusqu'au haut de la planche, il y a de très fortes salissures. Tous ces signes ont disparu dans les tirages postérieurs.

On connaît une copie en contre-partie.

Weigel dit que le peintre S. Graenicher a fait de bonnes copies des nos 15, 16 et 34. Il ajoute qu'elles ne sont pas difficiles à distinguer des originaux.

35. *Le Mouton couché près de la haie de planches.* Il est presque de face, la tête haute, tournée vers la droite, tendant son pied droit en avant. De ce même côté, vers le fond, le bout d'une haie composée de quatre planches attachées à deux troncs d'arbres. Au haut de la gauche : K D İ. *fe.* Le D est à rebours.

Haut., 70 millim.; larg., 95.

* 1er état. Avant le no 35 dans la marge du bas, au-dessous du coin, à droite.
* 2e. Avec le numéro.

36. *Mouton couché près d'un tronc d'arbre.* Vu presque de face, la tête tournée vers la droite, il tend en avant la jambe gauche de derrière. A gauche, un tronc d'arbre avec quelques bouts de branches. Au haut de la droite, on lit à rebours : K. D. I. *fe.*

Haut., 72 millim.; larg., 95.

* 1er état. Avant le no 36 dans le coin du bas, à droite.
* 2e. Avec le numéro.

37. *Le Mouton couché.* Il a le corps de profil et la tête de face. Il est dirigé vers la gauche où l'on voit, vers le devant, une plante à grandes feuilles. Dans le fond, à gauche, un village. Au haut de la gauche : K. D. İ. *fe.* 1655.

Haut., 75 millim.; larg., 95.

* 1er état. Avant le no 37 dans le coin du bas, à droite.
* 2e. Avec le numéro.

38. *Le Mouton et les Mouches.* Il est de profil, couché et tourné vers la droite. Autour de sa tête voltigent une douzaine de mouches. Au haut, un peu vers la gauche : K DV IADİN. *fe* 1655.

Haut., 75 millim.; larg., 97.

* 1er état. Avant le no 38 dans le coin du bas, à droite.
* 2e. Avec le numéro.
Voir Docs pour les nos 35, 37 et 38.

39. *Le Mouton près de la haie de paille.* Il est couché, vu de profil, dirigé vers la droite et baissant la tête. Vers le fond, à droite, une haie. Sans nom de maître.

Haut., 75 millim.; larg., 102.

* 1er état. Avant le n° 39 dans le coin du bas, à droite.
* 2e. Avec le numéro.

40. *Les Deux Moutons*. L'un debout, vu presque par derrière, est dirigé vers la gauche du fond, et porte la tête haute. Un autre, vu de face, est couché vis-à-vis de lui, vers la gauche. Au haut, de ce même côté : K DV IARDIN *f*. Cette dernière lettre est à rebours.

Haut., 75 millim.; larg., 102.

* 1er état. Avant le n° 40 dans le coin du bas, à droite.
Mecklenburg, 33 fr. 50 c.; Knowles, 18 fr. 75 c.
* 2e. Avec le numéro.

41. *Le Chien et le Chat*. Vers la droite, le chien est couché et dort; il est vu de profil et tourné vers la gauche; du même côté, un chat dort aussi, vu de dos, mais la tête retournée et de face. Tout le fond est couvert de hachures en divers sens, et très noires. Sans nom de maître.

Haut., 56 millim.; larg., 75.

* 1er état. Le fond est très noir autour des animaux, on n'aperçoit aucune place blanche; avant le n° 41, dans la marge, vers le coin du bas, à droite.
* 2e. Avec le numéro, mais déjà on aperçoit des places blanches au-dessus des animaux.

42. *La Brebis et son Agneau*. Elle est debout, vue presque de dos, dirigée vers la gauche du fond; devant elle est couché son agneau vu par le dos. Dans le lointain, une maison entourée d'arbres. Au haut de la gauche : K DV İ *fec*.

Haut., 72 millim.; larg., 95.

* 1er état. Avant le n° 42 dans le coin du bas, à droite.
* 2e. Avec le numéro.

43. *La Famille*. Un vieillard portant la barbe et les moustaches, vu de face, et dirigé un peu vers la droite, a sur le dos un paquet attaché à une corde qui lui passe sur la poitrine. A gauche, une jeune femme; à droite, un jeune garçon la tête couverte d'un chapeau rond, et regardant en bas. Figures à mi-corps. Au haut de la gauche : K. DV. İ.

Haut., 61 millim.; larg., 48.

* 1er état. Très rare. Près des initiales du maître, on remarque une large coulure d'eau-forte, très noire, et une plus petite au-dessous; les angles de la planche sont aigus ; avant le n° 43 dans le coin du bas, à droite.

* 2e. Les coulures d'eau-forte sont disparues; les angles de la planche sont arrondis; également avant le numéro.

* 3e. Avec le numéro.

44. *Études de têtes.* Vers le haut de la droite, profil d'un vieillard à grande barbe; à côté, celui d'une femme; tous deux tournés vers la gauche. De ce même côté, dans le bas, deux jeunes gens, de profil, se regardent. A la gauche de la planche, la tête et le dos d'un paysan, et plus bas, quelques autres griffonnements; dans le milieu, un paysan à cheval, vu par le dos. Sans nom de maître.

Haut., 48 millim.; larg., 61.

* 1er état. Très rare. Le fond est couvert de tailles horizontales légèrement tracées; l'homme à cheval, vu par le dos, est très distinct et très vigoureux; le terrain au-dessous du petit arbuste, à gauche, et sous la tête, à droite, est très visible; les angles de la planche sont aigus; on n'y voit pas le n° 44 dans le coin du bas, à gauche.

* 2e. Les tailles horizontales du fond sont disparues, l'homme à cheval est peu distinct; le terrain dans le bas est très affaibli, on n'aperçoit presque plus les travaux qui le formaient; les angles du cuivre sont arrondis; on voit dans le bas quelques taches noires, mais toujours avant le numéro.

* 3e. Avec le numéro.

45. *Le Berger et son Chien.* Au pied d'une montagne, vers la droite de l'estampe, est un bouquet d'arbres. Presque au milieu, vers le devant, un berger assis sur une pierre, et tenant un long bâton, s'amuse avec son chien qui saute vers la main tendue de son maître. Sans nom.

Haut., 45 millim.; larg., 56.

* 1er état. Très rare. L'estampe est extrêmement noire : le ciel, la montagne, les terrains; on y distingue à peine le berger; la pierre sur laquelle il est assis n'est pas visible; on n'aperçoit pas son chien; le ciel s'étend horizontalement d'un bout de l'estampe à l'autre. Il n'y a pas de trait carré autour de la composition; les angles de la planche sont aigus; avant le n° 45 dans le coin du bas, à droite.

Dimensions de la planche dans cet état : Haut., 48 millim.; larg., 59.

* 2e. On n'aperçoit plus sur le ciel que de très légers nuages; les montagnes, les terrains et les arbres sont éclaircis; la pierre sur laquelle le berger est assis est très distincte; le chien est très visible. La composition est bordée d'un trait carré; les angles de la planche sont arrondis; mais on ne voit pas encore le numéro.

La planche est réduite à la dimension ordinaire.

* 3e. Avec le numéro.

46. *Les Bâtiments avec la tour carrée.* A droite, derrière un mur, s'élèvent plusieurs arbres. Dans le fond, des maisons : l'une d'elles est surmontée d'une tour carrée assez haute qui occupe le milieu de la planche. Sans nom de maître.

Haut., 48 millim.; larg., 56.

* 1er état. De la plus grande rareté. Le ciel est très vigoureux; la maison, à gauche, n'est ombrée dans la partie qui touche le trait carré que d'une seule taille très grosse; les travaux ne descendent pas jusqu'au coin du bas, et le trait de bordure n'existe pas dans cette partie; il y a de nombreux travaux au-dessous de la tour; entre cet édifice et les arbres, au-dessus du mur à droite, des tailles horizontales semblent tracer le ciel; le mur de ce côté n'est ombré que d'une seule taille très forte, et descend jusqu'au bas de l'estampe; le terrain ne s'étend, vers la gauche, qu'à partir de ce mur. Le trait carré est fréquemment interrompu; avant le n° 46 dans le coin du bas, à droite.

* 2e. La planche a subi de nombreux changements : le ciel est éclairci au haut, à gauche; les travaux qui ombraient le mur de la maison, à gauche, contre le trait carré, ont été enlevés et remplacés par des tailles et des contre-tailles très fines; au-dessous de la tour, le mur a été éclairci; les tailles horizontales entre la tour et les arbres, au-dessus du mur, à droite, n'existent plus ; cette partie est blanche; le mur, à droite, est séparé du trait qui borde la composition, dans le bas, par un intervalle de 8 millimètres; les travaux qui l'ombraient ont été enlevés et remplacés par des tailles et des contre-tailles assez fines; le terrain s'étend d'un bout à l'autre de l'estampe; il a été retravaillé. Le trait qui borde la composition est très régulier; les angles de la planche qui étaient aigus, dans l'état précédent, sont arrondis; mais l'épreuve est encore avant le n° 46.

* 3e. Avec le numéro.

47. *Le Petit Paysage aux chèvres.* Dans un petit paysage, on voit, vers la droite, un village ombragé de plusieurs arbres, et surmonté d'une grande tour ronde. Du côté opposé, sur le devant, deux chèvres; l'une est couchée, l'autre ronge un arbre sec, qui est contre le bord de la planche. Sans nom de maître.

Haut., 48 millim.; larg., 56.

* 1er état. Très rare. Les angles de la planche sont aigus; le ciel, à droite, est très sale, il semble que l'eau-forte a éclaté à cette place; au-dessous de la tour, dans le coin à droite, les travaux sont apparents, ce qui ne produit pas encore la place blanche qu'on voit en cet endroit, dans les épreuves postérieures; il n'y a pas le n° 47 dans le coin du bas, à droite.

* 2e. Les coins de la planche sont arrondis; le ciel est nettoyé; il y a une place blanche au-dessous de la tour; également avant le numéro.

* 3e. Avec le numéro.

48. *Les Chèvres sur le rivage.* Une large rivière qui est au pied de montagnes escarpées s'éloignant, vers la droite, dans le fond, et dont le sommet est couvert de bois, coule à travers deux grands rochers qui, de chaque côté, s'élèvent jusqu'au haut de la planche. Sur le devant, à droite, deux chèvres; deux autres sont au bord de l'eau, vers le milieu. Sans nom de maître.

Haut., 48 millim.; larg., 56.

* 1er état. Très rare. Derrière les animaux, à droite, les travaux qui sont sur les arbres, au pied de la colline, ne sont pas ébarbés; les angles de la planche sont aigus; on ne voit pas le n° 48 dans le coin du bas, à droite.

* 2e. Les travaux sur les arbres qui sont au pied de la colline ont été ébarbés; les angles de la planche sont arrondis; encore avant le numéro.

* 3e. Avec le numéro.

49. *Le Cheval de somme.* Sur le devant, à gauche, un être humain qu'on peut prendre pour une femme ou pour un homme est assis vu de dos, tenant un bâton et ayant un chien à son côté. Dans le milieu, un paysan conduit un cheval de somme et dirige sa marche vers le fond. Sur la droite, dans le lointain, quelques figures.

Haut., 48 millim.; larg., 56.

* 1er état. Avant le n° 49 dans le coin du bas, à droite; les angles de la planche sont arrondis. Nous croyons qu'il doit exister un état antérieur mais nous n'avons pas été assez heureux pour le rencontrer.

* 2e. Avec le numéro.

50. *Le Chariot devant l'auberge.* On le voit à droite sur une petite hauteur; plus loin, deux hommes dont l'un porte un bâton et quelques animaux. Dans le lointain, une grande montagne occupe toute la largeur de la planche. Sans nom de maître.

Haut., 45 millim.; larg., 56.

* 1er état. Très rare. Les angles de la planche sont aigus; le trait carré est très visible dans le bas, à gauche; on n'aperçoit pas le n° 50 dans le bas, sur le terrain, à droite.

* 2e. Les angles de la planche sont arrondis; le trait carré est disparu dans le bas, à gauche; mais l'épreuve est encore avant le numéro.

* 3e. Avec le numéro.

51. *Le Joueur de flûte.* Voir BERGHEM.

On a joint à cette suite une épreuve avant le n° 51, dans le coin de la marge, à droite, près du témoin du cuivre.

52. *Le Joueur de violon, ou Savoyard.* Il est debout, au milieu, tandis que son chien qui est vis-à-vis de lui, vers la droite, et contre lequel deux autres chiens aboient, danse sur ses deux jambes de derrière. Dans le fond, un mur, au-delà duquel on aperçoit quelques maisons. Au haut de la gauche : ·K. DV. IARDIN *fec.* 1658.

Haut., 162 millim.; larg., 115.

* 1er état. Avant le n° 52 dans le coin du bas, à droite.

* 2e. Avec le numéro.

Cette suite est très difficile à réunir complète avant les numéros. Nous avons apporté le plus grand soin à nous assurer de l'authenticité des remarques, et en même temps pour avoir la certitude qu'à aucune des pièces le numéro n'avait été ni gratté, ni supprimé.

Nous avons décrit aussi vingt pièces d'états rarissimes ou inédits. Peut-être ne serait-il pas impossible de réunir toute la suite dans cette condition, mais alors il faudrait pouvoir rassembler une très grande quantité d'épreuves avant les numéros pour les comparer, et les simples épreuves de cet état sont déjà très rares. C'est après de bien longues recherches non interrompues que nous sommes parvenu à former l'œuvre dont nous venons de donner la description.

Weigel dit qu'on a trouvé des épreuves de quelques pièces avant le nom qui pourraient bien être d'eau-forte pure, particulièrement dix pièces citées dans le catalogue V. der Marck. Nos deux premiers états du n° 1 pourraient bien être de ce nombre; nous n'en avons pas vu d'autres.

Verstolk, 62 pièces avant les numéros, y compris le portrait de J. Vos, 1,927 fr. 50 c. Verstolk ne possédait que six pièces doubles. R. Dumesnil, 23 pièces avant les numéros, 486 fr. 25 c.; Van den Zande, 9 pièces avant les numéros dont 1 et 5, 1er état, 442 fr.; Camberlyn, 12 pièces avant les numéros, mais presque toutes en mauvais état, 322 fr.

Dans une vente à Amsterdam, en 1878, 52 pièces avant les numéros, 7,632 fr.

TIRAGES AVEC LES NUMÉROS.

Nous allons décrire six différentes éditions ou tirages avec les numéros.

1er *Tirage.*

Le premier morceau est avant l'adresse de Valk et Schenck. Les épreuves sont tirées sur très beau papier avec la marque d'une folie. Le huitième morceau porte le n° 9 qui depuis a été changé en n° 8, et le n° 9 a dans le bas inscrit un 8, auquel dans le tirage suivant on a substitué le n° 9. Le n° 17 est couvert de salissures sur les terrains du bas, sur les eaux, sur le grand arbre, au haut à droite; dans les épreuves postérieures, ces salissures ont presque disparu.

Le n° 23 se fait remarquer par cette particularité qu'on y voit, comme dans l'état avant le numéro, une espèce d'étoile à 10 millimètres au-dessous du trait carré du haut, et à 22 millimètres de la branche d'arbre, à droite; cette estampe fait partie du cabinet de M. His de la Salle.

Dans le n° 34, on aperçoit la montagne du fond derrière le taureau, ainsi que les traits entre le terrain et le ventre de la grande vache, également le long de son cou ; mais déjà dans le n° 41, le fond est devenu gris au-dessus des animaux. Les épreuves sont généralement très belles.

* Je possède la suite complète dans cet état, à l'exception du n° 23 qui appartient au tirage postérieur.

Rigal, suite complète de cet état, 76 fr.

2e *Tirage.*

Également avant l'adresse sur le premier morceau, mais le n° 9 est devenu le n° 8, et le n° 8 est à son tour corrigé par un 9.

Le n° 23 ne laisse plus voir l'étoile dont nous avons parlé, elle est disparue, mais derrière la vache, au-dessus des petits arbres, on remarque comme un nuage composé d'une vingtaine de traits tirés d'une manière horizontale, sur une longueur de 25 millimètres. Ils sont souvent très affaiblis dans des épreuves du même tirage. Les épreuves, quoique moins vigoureuses que celles de l'édition précédente, sont encore très belles ; on les reconnaît à la qualité du papier, qui est d'une couleur jaune dorée, et dont la marque consiste en de grandes armes.

* L'épreuve que je possède du n° 23 a une grande marge et les traits horizontaux que nous avons mentionnés sont fortement accusés.

Dans notre collection sont encore les nos 19, 23, 31, 32 et 41. Le fond du n° 41 est encore plus gris que dans l'état précédent, au-dessus des animaux.

3e *Tirage.*

Avec l'adresse de G. Valk et P. Schenck ex., sur le premier morceau. Le papier sur lequel cette suite est imprimée est beau et d'un jaune doré ; il a pour marque de grandes armes ; seulement les pontuseaux du papier qui, dans les deux états précédents, se trouvent à 25 millimètres de distance, ne sont plus ici qu'à 21. Les épreuves de cet état, quoique plus faibles que celles des deux tirages antérieurs, sont encore satisfaisantes et offrent des remarques que nous ne retrouverons plus dans les tirages dont nous parlerons plus bas.

* Ce tirage que je possède en entier me permet de le constater de la manière la plus complète. Les pièces sont encore deux par deux sur une même feuille, jusques et y compris le n° 22; elles sont isolées jusqu'au n° 35; les nos 35 jusqu'à 43 sont quatre par quatre sur deux feuilles; les nos 43 jusqu'à 51 exclusivement sont sur une même feuille; deux sujets en haut, ensuite six, trois par trois, l'un sur l'autre; les nos 51 et 52 sont sur une même feuille. Le fond du n° 41 est encore plus gris que précédemment.

4e *Tirage.*

L'adresse de G. Valk et P. Schenck ex. est effacée. On le distingue par quelques remarques dont nous allons donner la description.

N° 20. *Les Mulets.* Même dans l'état avec l'adresse on voyait encore, dans l'estampe, au milieu du bas, une place noire qui paraissait être une coulure d'eau-forte; dans ce tirage, elle est raccordée par des tailles obliques croisées de tailles horizontales.

N° 21. *L'Homme et le Chien.* La tache que l'on voyait dans les états précédents, derrière les pieds de l'homme, est raccordée dans celui-ci, et couverte de contre-tailles tirées de gauche à droite.

N° 23. *La Vache couchée.* On aperçoit autour de la tête de l'homme et contre son épaule une grande tache noire.

N° 31. *La Fileuse.* A droite, au-dessus de la haie, le trait carré a été repris jusqu'au haut de la planche; il est double dans cette partie.

N° 32. *L'Ane entre les deux moutons.* La place blanche au-dessous du trait carré, dans le milieu du haut de l'estampe, est raccordée par des travaux.

N° 41. *Le Chien et le Chat.* Les parties usées du fond au-dessus des deux animaux, sont plus larges et s'étendent d'un côté à l'autre de l'estampe.

Dans ce tirage les épreuves sont imprimées d'une manière fine et légère.

* La suite que je possède de cet état m'a permis de faire une constatation rigoureuse et certaine; elle est imprimée sur un beau papier dont voici la marque :

R LARDEL
FIN
PERIGORD
1712

Dans notre suite beaucoup de pièces sont deux par deux sur une même feuille; la marque du papier que nous venons de donner se rencontre fréquemment.

Je possède encore une autre épreuve du n° 23 où la tache noire est très forte. Elle appartient sans contredit à un tirage avec l'adresse effacée, mais peut-être antérieur à celui-ci.

5e *Tirage.*

C'est le 2e avec l'adresse effacée. Nous avons eu la chance de le rencontrer, encore imprimé sur un papier ancien, mais moins beau que les précédents. Les épreuves sont noires, lourdes et boueuses, mais les dix planches n°s 23 à 34, à l'exception des 27 et 28, ne sont pas encore diminuées de 28 millimètres au moins sur leur hauteur.

Cette suite, qui faisait partie de la collection de M. Ribard, vendue à Rouen en 1850, a été achetée par M. Clement, marchand d'estampes.

6e *Tirage.*

Également sans adresse mais imprimé sur papier cotonneux. Dix planches, savoir : n°s 23 à 26, 29 à 34, sont diminuées de 28 millimètres sur la hauteur; les épreuves sont grises et n'ont pas beaucoup d'effet.

De nos jours on a fait des tirages sans nombre de ces planches qui existent encore ; on en rencontre sur papier de coton assez épais ; elles sont d'un jaune foncé qu'on leur a donné à l'aide d'une préparation, afin sans doute de les faire passer pour anciennes.

52 *bis. Portrait de Vos, poète hollandais.* Il est à mi-corps, vu presque de face, la tête couverte d'une calotte, et ses cheveux lui pendent sur les épaules. Il a le corps enveloppé d'un manteau, et tient un rouleau de papier de la main gauche. Au haut de la gauche : K. DV IARDIN F. Dans la marge du bas, quatre vers hollandais : *Zoo spant Natuur door Vos.* . . . .
. . . . *boghtige trompet.*

S. v. Vondel.

Haut., 162 millim., y compris la marge de 34 millim.; larg., 126.

* 1er état. Très rare. Le trait qui borde la composition est très fin; le visage dans sa partie droite ne se détache pas des cheveux; du côté opposé, ceux-ci ne sont pas profilés sur le fond; le gland au-dessous du rabat s'aperçoit à peine, et plus bas les boutons de l'habit ne sont pas visibles ; le fond est presque d'une teinte uniforme; avant les quatre vers dans la marge du bas. Collection Verstolk.

* 2e. Également avant les vers; l'épreuve est presque terminée; le trait de bordure est renforcé dans toutes ses parties; il est formé de plusieurs traits placés l'un contre l'autre; le visage est éclairci dans toutes ses parties; du côté droit, il est parfaitement distinct des cheveux; ceux-ci sont profilés du côté opposé; le gland au-dessous du rabat

est très visible; plus bas, on distingue seulement quatre boutons sur l'habit; la main est éclaircie, mais le fond est toujours d'une teinte uniforme. Très rare.

* 3e. Avec les quatre vers dans la marge du bas; le fond, vers la gauche, est ombré de nouvelles tailles dans la partie où est le nom du maître; de manière qu'au-dessus du rouleau de papier que tient le personnage, le fond paraît plus clair; au-dessous du rouleau de papier, jusqu'au bas du coin, à gauche, il y a une ombre portée formée par des contre-tailles perpendiculaires. Collection Durand. Il serait difficile de réunir une plus belle suite du portrait de Vos.

Debois, 39 fr., épreuve ordinaire ; Guichardot, 20 fr.

On a inséré dans le même volume :

Portrait de K. Du Jardin, provenant du musée français, P. en h.

Épreuve avant toutes lettres.

Portrait du même. P. en h.

Épreuve avant la lettre provenant du musée Filhol.

Paysage du même maître, gravé par Daudet en 1777, d'après un tableau qui faisait partie du cabinet Lebrun. P. en l.

* Épreuve avant la lettre, seulement les armes.

Deux paysages gravés par Fortier, d'après deux tableaux du musée du Louvre : *le Repos sous les arbres* et *le Bocage.* Paris, chez Ostervald l'aîné. P. en h.

* Épreuves avant la lettre et avant le ciel.

Les Chanteurs, d'après C. Dujardin. Pièce gravée par Guttenberg Elle est dans un rond. Le tableau faisait partie du cabinet Poulain.

* Épreuve avant la lettre.

Les Grands Charlatans, d'après le même maître. Estampe gravée par J.-J. de Boissieu, d'après le tableau qui était alors dans le cabinet de Blondel de Gagny, et qui, aujourd'hui, fait partie du musée du Louvre. P. en l.

* Rare épreuve où l'angle droit du haut et l'angle gauche du bas sont mal formés; elle est avant le ciel terminé, et avant l'astérisque après J. J. D. B. 1772.

Cavalier faisant l'aumône, d'après le tableau du cabinet Choiseul, qui est aujourd'hui au musée du Louvre. P. en h.

* Épreuve avant la lettre ; on lit au bas, à droite : B A DUNCKER *f.* 1771.

Cavalier faisant l'aumône, d'après le même tableau. P. en h.

* 1er état, sur papier de Chine. On lit au bas, à droite, tracé à la pointe sèche : *le paysage gravé par Schroeder* 1820, et à gauche : *les figures gravées par Leroux.*

* 2e. Sur papier blanc. On lit au bas : *peint par Karl Dujardin, dessiné par Marchais, le paysage gravé par Schroeder, les figures par Leroux.* Estampe du musée français.

Le Joueur de guitare, d'après le tableau qui faisait autrefois partie du musée Napoléon. P. en h.

* 1er état. Sur papier de Chine. On lit au bas, tracé à la pointe, à gauche : *Carle Dujardin;* à droite : *Dupreel sculp.*

* 2e état. Sur papier blanc. On lit au bas, en caractères d'impression : *peint par Jardin (Carle du), dessiné par Desenne, gravé à l'eau-forte par Chataignier, terminé par Duprècl.*

Le Passage du gué, d'après le tableau qui est au musée du Louvre. P. en l.

Épreuve avant la lettre. On lit au bas : *peint par Carle Dujardin, dessiné par Marchais, gravé par Duparc.*

DUSART (Corneille), peintre ; né à Amsterdam en 1665, mort dans la même ville en 1704. Il fut élève d'Adrien van Ostade, qu'il ne parvint pas à égaler ; toutefois ce fut celui qui approcha le plus de sa manière. Ses tableaux représentent des scènes villageoises et populaires, et souvent ils sont d'un mérite distingué, si l'on en juge par les deux belles gravures de Woollet : *Les Cottagers* et *Les Joyeux Paysans.* Il a gravé, d'une pointe facile et légère, un certain nombre de pièces très recherchées des amateurs. Ses estampes en manière noire jouissent aussi d'une grande estime ; on croit que Gole avec lequel il était très lié a collaboré à plusieurs d'entre elles.

MORCEAUX GRAVÉS A L'EAU-FORTE.

Sujets de demi-figures.

1. *Les Crieurs.* On voit assis, près d'une table, un paysan à mi-corps et de face ; il a la bouche très ouverte. Il tient un grand verre de sa main droite élevée, et de l'autre soutient une cruche. Dans le fond, à

droite, un autre paysan paraît crier; il est debout, les deux mains élevées ; à gauche, un troisième fume. Sur la table, vers le bas de l'estampe, à droite : *Cor̄ du Sart f* 1685.

Haut., 99 millim.; larg., 72.

* 1er état. Avant le nom du maître. Collection Van den Zande.
Vendu 29 fr.
* 2e. Avec l'inscription relatée plus haut. La planche est encore carrée.
Camberlyn, 11 fr.
* 3e. La planche a été mise en ovale. On ne lit plus dans le bas que *Cor̄ du Sa.*
2e et 3e états. Van den Zande, 10 fr. 50 c.; R. Dumesnil, 26 fr. 75 c., avec nos 3, 4, 6, 7, 8, 10.

2. *Homme faisant la figue.* Il est en chapeau rond, faisant la figue de sa main droite élevée. A gauche, près de cette main : *C. d. S. f.*, et au bas : *Quam meminisse juvat.* Buste dans un ovale.

Haut., 99 millim.; larg., 79.

Weigel dit que cette pièce très rare n'est pas de C. Du Sart, mais de G. Schalken. On en trouve une copie dans les *Fac-similes of Painters Etchings de Walker.*

3. *Les Deux Chanteurs.* Deux paysans sont assis à table ; l'un vu de profil, tourné vers la gauche, tient de la main droite une feuille de papier, peut-être une chanson qu'il lit; l'autre près de lui, vu de face, l'accompagne ; une pipe élevée est dans sa main droite, dans l'autre une chaufferette. Dans le fond, à gauche, sur une des planches de la cloison : *Cor̄ dú Sart f* 1685.

Haut., 104 millim.; larg., 97.

* 1er état. La planche est carrée.
Van den Zande, 28 fr.
* 2e. La planche est réduite en ovale. On ne voit qu'une extrémité de la cruche pendue. Collection Verstolk.

Diam. : haut., 104 millim.; larg., 77.

Au British Museum, contre-épreuve du 2e état.

4. *Les Chanteurs, répétition du n°* 3. Cette pièce est exécutée d'une pointe plus fine. On voit, au haut de la droite, deux cruches suspendues au lieu d'une. Sur l'épaisseur de la table : *Corn̄. du S'art. fe.* 1685. Cette planche est plus grande que la précédente.

Haut., 110 millim.; larg., 106.

* Très belle épreuve.
Van den Zande, 36 fr.
* Contre-épreuve de la même pièce. Collection Verstolk.

Il existe une copie en manière noire; elle est de sens opposé; en bas, une marge blanche.

Haut., 126 millim.; y compris une marge de 7 millim.; larg., 106.

5. *Le Buveur gai.* Il a la bouche ouverte et paraît chanter. Dans sa main gauche élevée, une pipe, dans l'autre un grand verre. A droite, sur un tonneau près duquel il est assis, une pipe, un pot à feu. Au-dessus du tonneau, dans une ombre : *Corn̄. dú Sart* 1685. Pièce rare.

Haut., 122 millim.; larg., 117.

* Collection Verstolk.
Contre-épreuve, au British Museum.

6. *Les Deux Vieilles Chanteuses.* L'une vue de profil, tournée vers la droite, tient de la main droite un pot et de l'autre un verre. Sur une chaise à bras où elle est assise : *Corn̄. dú Sart fe* 1685. A droite, l'autre femme, de face, serre contre sa poitrine un grand pot qu'elle tient des deux mains. C'est le pendant du n° 4.

Haut., 113 millim.; larg., 110.

* Très belle épreuve.
* Contre-épreuve de la même pièce. Collection Verstolk.
Rigal, 1 à 6, moins le n° 2, 50 fr.

Sujets de figures entières.

7. *Le Couple ivre.* Un paysan et une femme dirigent leurs pas vers la droite. Dans la main gauche élevée de la femme, une bouteille, dans l'autre une cruche. L'homme qui la conduit par le bras tient son bonnet élevé de la main droite. Dans le fond, un village où sont plusieurs figures. Au bas de la gauche : *Corn. dú S'art f.* 1685.

Haut., 126 millim.; larg., 104.

Van den Zande, 16 fr.
* Épreuve et contre-épreuve. Cette dernière a une grande marge.

8. *Le Violon debout.* Au milieu, cinq paysans, assis autour d'une table, boivent et chantent. A droite, un homme debout joue du violon, tandis que derrière lui un jeune garçon l'accompagne avec un tambour. Dans le fond, quelques maisons et un puits près duquel sont plusieurs personnes. Au bas de la gauche : *Cor̄. dú Sart f.* 1685.

* Pièce très jolie et très spirituelle. Collection Galichon.
On connaît des contre-épreuves; elles sont rares. Une est au Cabinet des estampes.

9. *Le Baiser*. Un vieux paysan donne un baiser à une vieille dont il tient la main. Le bras droit de l'homme est passé autour du cou de la femme. Sous une tente, dans le fond, à gauche, plusieurs personnes sont à table. Au bas, du même côté : *Corñ. dú Sart f.* 1685.

Haut., 153 millim.; larg., 119.

* Épreuve et contre-épreuve. Collection Verstolk.

10. *Le Mari et l'Amant*. C'est le pendant du n° 9. Une jeune paysanne semble dire affectueusement adieu à un vieillard qui, de la main gauche, serre celle de sa femme, et de la droite presse celle de son rival que l'on voit derrière la paysanne. Au bas de la gauche : *Corñ. dú S'art. f.* 1685.

Même dimension.

* Épreuve et contre-épreuve. Collection Verstolk.

11. *Le Chien dansant*. Dans le milieu, un vielleur fait danser son chien devant une maison qui est à gauche. Une paysanne tenant un enfant par la main les regarde sur la porte. A droite, près du vieillard, un jeune enfant, ayant sur la tête un bonnet fourré très haut, est monté sur un cheval de bois. Dans le fond, quelques autres enfants. Sur une des marches de la porte de la maison : *Corñ. du Sart*. 1685. Morceau gravé dans le goût du n° 8.

Haut., 167 millim.; larg., 146.

* Épreuve avec une grande marge. Collection Verstolk.
Au British Museum, on voit une contre-épreuve qui a des taches d'eau-forte dans la marge à gauche.

12. *La Ventouse*. Dans un intérieur, une vieille applique une ventouse sur le pied droit que lui tend une femme assise à droite. La vieille a des lunettes sur le nez et une espèce d'entonnoir sur la tête. Derrière elle, presque au milieu, un gros homme aiguise un instrument de chirurgie. Au bas de la gauche : *Corñ. du sart. fe : et inv.* 1695. On lit dans la marge du bas : *Kopster* et deux distiques hollandais commençant ainsi : *Zet jy de koppen maar*,..... et cette adresse *J. Gole Exc. Amstelodami Cum Privilegio Ord Holl. et West Frisiæ.*

Haut., 223 millim.; larg., 171. La marge du bas, 32.

13. *Le Chirurgien de village*. Il sonde une plaie au bras d'un paysan qui est assis au milieu de la pièce, et qui paraît ressentir une vive douleur. Dans le fond, à gauche, une femme debout lève ses deux

mains croisées en signe de compassion. Du même côté, dans le bas : *Corn̄ : dú Sart fec. et inv.* 1695. On lit dans la marge du bas : *Heelmeester*—deux distiques hollandais qui commencent ainsi : *De duyvel Meester Hans*, ..., et l'adresse de Gole. C'est le pendant de la pièce précédente.

Même dimension.

14. *Le Cordonnier renommé.* Il est assis à gauche ; près de lui une grosse paysanne se tient debout sur le pied droit, tandis qu'elle tend la gauche à un garçon qui lui essaye un soulier, un genou en terre. Dans le fond, à droite, deux autres garçons ; l'un d'eux monte à une échelle pour prendre des souliers accrochés à une cheville de bois. Au bas de la gauche, sur un morceau de cuir : *Corn̄. dú Sart. fecit et invent.*, dans la marge du bas : *De Vermaarde Schoenmaaker — J. Gole exc : cum Privil : Amstelodami.* Le dessin original est au British Museum ; il est de sens opposé.

Haut., 225 millim.; larg., 176. La marge du bas, 27.

Van den Zande, ces trois pièces avec l'adresse de Gole, 44 fr.; R. Dumesnil, deux pièces avec l'adresse effacée; une seule avec l'adresse de Gole, 48 fr.

On connaît quatre états des deux premières pièces, et cinq de la troisième.

1er état. Avant la lettre dans la marge du bas, et avant divers travaux, probablement à toutes les pièces.

2e. Avant l'adresse de J. Gole [1].

* 3e. Avec l'adresse de J. Gole ; celui qui est décrit par Bartsch.

4e. L'adresse de Gole est effacée. C'est le tirage de Basan. Les épreuves sont usées et même communes. Il faut y apporter une certaine attention pour ne pas prendre des épreuves assez satisfaisantes de cet état pour des épreuves avant l'adresse de Gole.

* Le 1er état que je possède du n° 14 me permet de constater les remarques suivantes : l'épreuve est avant la lettre. Dans le haut, et des deux côtés, les travaux ne touchent pas le bord de la planche ; ils sont très irréguliers. Sur la partie gauche de la petite armoire, il n'y a pas de contre-tailles ; la boîte sur la petite planche ne touche pas le témoin du cuivre ; sur le papier au-dessous il n'y a ni portraits ni écriture. Le petit buffet, contre le soupirail de la cave, ne touche pas le bord de la planche. En bas, à droite sur le terrain, on ne voit pas encore l'ombre portée obliquement dont nous parlerons plus tard ; le terrain est complètement uniforme. Le pied de la table n'est pas profilé à droite ; le dessus de la table est blanc ; l'homme qui est assis à cette table n'a pas de bras gauche. Au-dessous de la lampe renversée, dans la partie gauche, il n'y a pas de contre-tailles. Le fond, au-dessus de la lampe, n'est formé que de simples tailles perpendiculaires ; les contre-tailles ne s'étendent pas jusqu'à la jambe droite de l'homme qui monte à l'échelle ; il n'y a pas encore de contre-tailles au-dessous de son pied droit. Sous l'armoire, au-dessus de la tête de la femme, on ne

1. Voir plus bas la description du n° 14 où il y a un état de plus, avant la lettre, terminé.

voit pas de contre-tailles; à gauche, au-dessous de l'armoire, il n'y a que des tailles croisées d'autres tailles en losange, on ne voit pas encore une contre-taille courte et très dure; sous la femme, et contre l'homme à genoux, il n'y a pas de contre-tailles; il n'en existe pas non plus sous la chaise du cordonnier.

Dans la collection de M. de Rothschild il y a un état avant la lettre, terminé.

* 3e. Les travaux touchent le témoin du cuivre, au haut et sur les côtés. Dans le haut, à gauche, la boîte touche le bord de la planche. L'armoire suspendue qui, à gauche, n'avait que des tailles perpendiculaires est ombrée de contre-tailles obliques; sur le papier, au-dessous de la planche, on voit deux portraits et des lignes figurant l'écriture. Derrière le cordonnier, la petite armoire touche le bord de la planche. A droite, dans le bas, le terrain qui n'était ombré que de simples tailles, offre une grande ombre portée tirée obliquement qui s'étend en pointe presque au milieu de la planche. Le pied de la table est profilé, à droite; le dessus de la table est ombré; on voit le bras gauche de l'homme et la jambe au-dessous. Au-dessous de la lampe, à gauche, il y a des contre-tailles obliques; au-dessus de l'armoire et de la lampe, le fond est ombré de contre-tailles tirées obliquement; les contre-tailles s'étendent jusqu'à la jambe gauche de l'homme qui monte à l'échelle; il y a des contre-tailles obliques sous le pied gauche de cet homme. On voit des contre-tailles obliques, au-dessous de l'armoire, sur la tête et sur les épaules de la femme; l'ombre portée sous la femme, contre l'homme qui est à genoux, est croisée de contre-tailles tirées obliquement; on en remarque également sous le bras gauche du cordonnier et dans l'ombre qui est sous sa chaise; mais avant l'adresse de Gole.

15. *Le Violon assis.* Dans un cabaret, un gros homme debout, à droite, devant une cheminée, paraît écouter un chanteur qui, assis sur une chaise, s'accompagne du violon, la jambe tendue et posée sur un banc qui est dans le milieu. Près d'eux des paysans, des femmes et des enfants. Au bas d'une affiche attachée à une toile qui fait le tour de la cheminée : *Corn. dú Sart f* 1685. Dans la marge du bas : *Rústicús ex animo. non pullús. Hÿpocritâ, gaúdet.*

Haut., 275 millim.; larg., 141.

1er état. A l'eau-forte pure; de la dernière rareté.

* 2e. Avant les travaux faits au berceau; le terrain près du joueur de violon est blanc, ainsi que le bas du manteau de la cheminée.

* Contre-épreuve.

2e état. Knowles, 275 fr.

Au British Museum, contre-épreuves du 1er et du 2e état.

* 3e. Les travaux au berceau s'étendent sur le terrain, sur le bas du manteau de la cheminée, sur les planches du lit et sur les figures.

Au British Museum, on voit une épreuve de cet état couverte de tailles en tout sens, les personnages paraissent comme dans un nuage.

Dans ce troisième état les travaux au berceau sont d'autant plus visibles que les épreuves sont plus anciennes. Plus tard on n'en voit plus que les traces, comme dans les épreuves modernes, car la planche existe encore.

16. *La Fête de village.* On voit une réunion nombreuse de paysans et de marchands. Vers le fond, à droite, un théâtre de bateleurs. Au bas de la gauche, sous un banc sur lequel une vielle est placée : *Corn̄. dú Sart fe.* 1685. Le dessin original est dans la collection de l'archiduc Charles.

Haut., 248 millim.; larg , 329.

1er état. A l'eau-forte pure ; moins travaillé. Une seule fois nous avons eu l'occasion de voir cet état.

Une contre-épreuve du 1er état est au British Museum.

* 2e. Ancienne épreuve.

MORCEAUX GRAVÉS EN MANIÈRE NOIRE.

17. *Le Vieillard lisant.* Assis, vu jusqu'aux genoux, il tient de la main droite un flacon et de l'autre un papier. Au haut de la gauche : *Corn̄. Dusart Fe. et Inv :*

Haut., 194 millim.; larg., 153.

* Pièce rare. Collections R. Dumesnil et Verstolk.

18. *Le Barbier, ou Chirurgien de village.* Il va raser un jeune homme assis dans un fauteuil, vers la gauche. Au bas, du même côté, sur un petit banc où sont des bouteilles, des poêlons et des boîtes d'onguent : *Corn̄. Dusart Fe. et Inv.*

Haut., 252 millim ; larg , 205.

* Morceau très rare. Collection Verstolk.

Weigel mentionne des copies de ce morceau par J. Gole et par P. Schenck ; elles portent chacune le nom de leur auteur. Il faudrait y faire attention pour le cas où l'on trouverait une de ces copies avant la lettre. Les pièces de Gole sont à peine inférieures à celles de Dusart.

19. *Le Tabac présenté.* Un homme, assis à gauche, présente une tabatière ouverte à un paysan assis qui tient une pipe et un verre de bière, et chante tandis qu'un joueur de violon l'accompagne. Dans la marge, à gauche : *Corn̄. dúsart pinxit et fecit* 1685.

Haut., 304 millim.; larg., 259. La marge du bas, 16.

* Rare et très belle pièce.

20-31. *Les Douze Mois de l'année.* Suite de douze estampes.

Haut., 200 millim.; larg., 153. La marge du bas, 16.

Ces morceaux sont inventés et gravés par Dusart et terminés par J. Gole.

20. *Janvier*. On voit trois jeunes villageois ; l'un porte l'étoile des rois qui est au bout d'un long bâton ; un autre, à droite, la met en mouvement à l'aide d'une corde ; derrière eux, le troisième en roi porte une couronne sur la tête. Dans la marge du bas. — *Les XII Mois de l'Année. Jnvanté et gravé par Corn̄ : Dusart et terminé par J. Gole avec Privilege des Estats de Hollande et West-Frise a Amsterdam.* (1)

21. *Février*. Un homme masqué danse, tenant de la main gauche une torche allumée, de l'autre un gaufrier. Près de lui, deux enfants : l'un fait une culbute, l'autre joue du *Rummel pot*. Dans la marge du bas, à gauche : *C. Dusart jnv : J. Gole exc : Amstelod : cum Privilegio.* (2) Gravé par Gole.

22. *Mars*. Un pêcheur et sa femme jettent des boules de neige à trois paysans qui sont dans le fond, à droite. Dans la marge du bas, à gauche : *Corn. Dusart Pinx : et Fecit.;* à droite : *I. Gole Ex : Amstelodami Cum Privilegio.* (3.)

23. *Avril*. Dans un cabaret, une jeune femme verse à boire à un chasseur, assis sur un banc à la droite. Dans la marge du bas, à gauche : *C. Dusart jnv : J. Gole ex : Amstelodami cum Privil :* (4) Gravé par Gole.

24. *Mai*. Paysan portant un enfant; il regarde des poules et des poulets, qui sont sur le devant, à droite ; on lit dans la marge, à gauche : *Corn̄ : Dusart Pincit Fecit et Jnv̄ :* et à droite : *J. Gole exc : cum Privil : Amstelodami.* (5)

25. *Juin*. Les enfants de la Pentecôte. Trois jeunes filles marchent de front; une d'elles, à droite, tient une branche de flambe, et de l'autre montre une tirelire attachée à sa ceinture. Dans la marge, à gauche : *C. Dusart jnv : J. Gole exc : Amstelod : Cum Privilegio.* (6) Gravé par Gole.

26. *Juillet*. Des faucheurs amoncellent du foin. Un jeune paysan jette une petite botte sur une jeune paysanne étendue à terre, contre une meule de foin qui est à gauche. Dans la marge du bas, à gauche : *Corn̄ : Dusart pincit fec : et inv.;* et à droite : *J. Gole exc : Amstelodami cum Privilegio.* (7)

27. *Août.* On voit l'intérieur d'une grange. Un paysan bat du blé, vers la gauche, une femme verse du grain dans un sac. Dans le fond, à droite, un homme aiguise sa faucille. Dans la marge du bas, à gauche : *Corñ : Dusart inv. et fec.;* à droite : *J. Gole exc. cum Privil. Amstelodami.* (8)

28. *Septembre.* Des paysans déchargent une barque remplie de fruits. Un d'eux remet un grand panier à une femme qui est sur le quai, à la gauche. Sur la barque : *Cornelivs dú Sart fecit et invē.;* dans la marge du bas, à gauche : *J. Gole exc. cum Privilegio Amstelodami.* (9)

29. *Octobre.* Trois buveurs sont dans une cave ; l'un boit assis sur un tonneau, à gauche ; l'autre verse du vin ; le troisième, à droite, regarde le vin qu'il a dans son verre. Les deux derniers sont debout. Dans la marge, à gauche : *Corñ. Dusart pinsit fec̄. et inv :;* à droite : *J. Gole exc : Amstelod. cum Privilegio.* (10)

30. *Novembre.* Des villageois tuent un cochon. Sur le devant, à gauche, un jeune garçon enfle une vessie. Dans la marge du bas, à gauche : *Corñ : Dusart inv : et fec.;* à droite : *J. Gole exc : cum Privil : Amstelodami.* (11)

31. *Décembre.* Une paysanne patine ; elle a derrière elle un homme qui la guide à l'aide d'un croc que celle-ci tient de la main gauche. Dans la marge du bas, à gauche : *C. Dusart In.;* à droite : *I. Gole exc : Amstelodami Cum Privilegio.* (12) Gravé par Gole.

1er état. *Janvier.* Avant tous noms dans la marge. British Museum.

Février. Avant toutes lettres. British Museum. Le catalogue Rigal décrit un état où le manche du gril derrière l'enfant qui joue du *Rummel Pot* est tout à fait ombré.

Mars. Avant les flocons de neige sur le toit et sur la chaumière. Cat. Rigal.

Avril. Avant toutes lettres. British Museum. Le catalogue Rigal décrit un état, avant la triple bordure au bas du jupon de la jeune fille.

Mai. On lit dans le catalogue Rigal : le chapeau de la femme qui est du côté gauche ne recouvre que la partie supérieure de son front, et le treillage de la cage suspendue à droite est moins serré que dans le 2e état.

Août. Avant tous noms. British Museum. On lit dans le catalogue Rigal : les épis à la droite du devant n'y sont pas encore éclaircis.

Septembre. Avant toutes lettres, avant le nom de Dusart sur le bateau. British Museum.

Octobre. Le catalogue Rigal décrit un état, avant les lumières très prononcées sur la tinette, devant l'homme assis sur le tonneau.

Décembre. Avant toutes lettres. British Museum. On lit dans le catalogue Rigal : à la gauche du ciel, une volée de douze oiseaux, qu'on ne voit pas aux épreuves suivantes.

Jusqu'à présent nous n'avons trouvé que neuf mois, qu'on puisse classer dans le 1er état. Ces pièces sont extrêmement rares.

* 2e. Avec les noms de Dusart et de Gole dans la marge du bas, mais avant le nom du mois.

3e. Dans le milieu de la marge du bas, on lit sur chacune des pièces le nom du mois : Januariús, Februáriús, Martiús, Aprilis, Mayús, Júniús, Júliús, Aúgústús September, October, November, December.

32-37. *La Joie publique à l'occasion de la prise de Namur par Guillaume III, roi d'Angleterre et prince d'Orange; le 2 septembre* 1695. Suite de sept estampes sans numéros.

32. *Le Patriote dans la joie.* Un paysan danse, tenant son chapeau de la main droite élevée, et semblant de l'autre jeter en l'air un verre vide. On voit, dans le fond, le camp ou plutôt la ville de Namur. Dans la marge du bas : *Communia Gaudia;* au-dessous, six vers hollandais : *Dat heet eerst — en Spanje leven! C. Dusart in. et fe. J. Gole Ex. Amstelodami cum Priuilegio Ord. Holl. et West-Frisiæ.* (1)

Haut., 237 millim.; larg., 176. La marge du bas, 21.

1er état. Avant la lettre. Très rare.

* 2e. Celui décrit. Collection Verstolk.

33. *L'Artificier.* Il met le feu à la mèche d'une fusée volante qu'il tient de la main gauche. On lit dans la marge du bas : *Vreden is beter als overwinning.* (La paix vaut mieux que les victoires.) *C. Dusart inv. et fec. J. Gole ex.* etc. (2) Le dessin original est au British Museum.

Haut., 237 millim.; larg., 176. La marge du bas, 9.

34. *La Femme orangiste.* Elle court vers le devant de la droite, tenant de la main gauche un drapeau attaché au bâton d'une fourche, et de l'autre une feuille de papier où une orange se voit au milieu d'un cœur, avec cette devise : *Oranje in't hart.* (Orange au cœur.) On lit dans la marge du bas : *Procul ite Profani.*, six vers hollandais : *De Zege is — van het stroopen — C. Dusart in. et fe. J. Gole Ex.* etc. (3)

Haut., 230 millim.; larg., 176. La marge du bas, 13.

35. *La Vendeuse de thé.* Elle danse en se dirigeant vers la gauche, tenant de la main droite élevée un pot, et de l'autre une petite caisse avec cette inscription : PUYK VAN CINESE Tée (Thé chinois excellent).

Dans la marge du bas : *Vrolyke Tryn.* (La joyeuse Catherine.) — Quatre vers hollandais : *Dat heb ik — niet dan teer. — C. Dusart in. J. Gole Exc.* . . . .

Haut., 230 millim.; larg., 178. La marge du bas, 16.

36. *La Femme artificier.* Elle est de profil, dirigée vers la gauche, tenant de ses deux mains élevées une fusée volante. Dans le fond, à droite, à travers une porte de ville, un feu d'artifice sur une place pleine de monde. On lit dans la marge du bas : *De Vrede Maakt my gaande.* (La paix me soulève.) *C. Dusart inv : et fec : J. Gole exc :* etc. (5)

Haut., 230 millim.; larg., 180. La marge du bas, 11.

37. *L'Indien.* Il danse en état d'ivresse, sa pipe à la bouche, tenant de la main gauche son bonnet et de l'autre une bouteille. Dans le lointain, un vaisseau sur la mer. Dans la marge du bas : *Oostindien-Vaarder.* (Le soldat indien.) (6) (Voir n° 42.)

Dans le catalogue Rigal, on mentionne des premières épreuves dont Bartsch ne parle pas. Les nos 3, 4, 6, sont avant toutes lettres et les nos 2 et 5 avant les inscriptions dans les marges. Rigal, 41 fr., moins le n° 32.

38. *Le Pédicure.* Il se dirige vers la droite en dansant, tenant de sa main gauche élevée un bâton garni d'une guirlande de cordons et de houppes. Dans le lointain, à gauche, deux jeunes garçons courent après lui. Dans la marge du bas, quatre vers hollandais : *Siet hier hebje — Extro hoo; o. — C. Dusart inv. et fec. J. Gole ex.* . . . . .

Haut., 230 millim.; larg., 178. La marge du bas, 21.

Le catalogue Rigal décrit deux états :

1er. De la plus grande rareté : avant le panneau vitré au-dessus de la porte; les parties frappées par la lumière aux cordons et aux houppes n'y sont pas éclaircies; aussi avant les arbres, le clocher et les nuages; et enfin avant toutes lettres.

2e. C'est celui décrit par Bartsch.

39. *L'Arlequin.* Il danse avec une échelle sur un théâtre, au bas duquel, vers la gauche, sont plusieurs spectateurs ; sur une des planches des tréteaux : *Corn̄ Du Sart. fec̄. et. inv̄.* ; ces mots sont exprimés en blanc. Au milieu de la marge du bas : *Harlequin,* et à gauche : *J. Gole ex. Amstelodami cum Privilegio.*

Haut., 232 millim.; larg., 176. La marge du bas, 18.

1er état. Avant toutes lettres dans la marge du bas. Très rare. Collection Verstolk.

2e. Décrit par Bartsch.

40. *La Loterie de Grottenbroeck.* Un trompette accompagne un homme qui porte de la main gauche un grand pot à thé, et de l'autre une lettre. A la porte d'une maison qui est à gauche, une femme exprime son admiration. A droite, dans le lointain, des villageois accourent. Dans la marge du bas : *Lottery van Grottenbrock, Vertoonnende. . . . . . C. Dusart inv. et Fecit. J. Gole ex. Amstelod. cum Privil.*

Haut., 230 millim.; larg., 196. La marge du bas, 21.

Le catalogue Rigal décrit trois états :

1er. Épreuve d'essai avant la lettre. Avec les ornements sur la théière, et avant les maisons de la droite du fond.

2e. La théière est sans ornements, mais on voit les maisons de la droite du fond; également avant la lettre.

3e. Avec la lettre. Décrit par Bartsch.

Rigal, 38, 39, 40, 40 fr.

41. *Les Sept.* C'est une caricature représentant un fou monté sur un âne sur la crinière duquel est perché un hibou. Sur les épaules du fou, est à califourchon un jeune garçon qui a une jambe de bois ; il est borgne, et sa bouche est fermée par un cadenas. Il est coiffé d'une botte. De la main gauche il tient une espèce de tambourin et une saucisse de la droite. Le fou qui tient de la main gauche la jambe du jeune garçon qu'il porte tourne la tête vers un homme qui est près de lui, à droite. Ce dernier porte un cochon de lait sous le bras; il est coiffé d'une lanterne et orné de différents ustensiles de cuisine. Ces trois figures et les animaux qu'ils portent font six êtres; sur un soufflet suspendu à l'épaule de l'âne on lit : VII. Au milieu de la marge : *Nos sumus Septem.* Ces mêmes mots sont à gauche et à droite en hollandais, en allemand, français et anglais. Tout au bas : *C. Dusar inv. J. Gole exc. Amstelodami. . . . .*

Haut., 237 millim.; larg., 178. La marge du bas, 21.

1er état. Épreuve d'essai, avant la lettre.

2e. Décrit par Bartsch.

Rigal possédait la copie exécutée en manière noire, mais de sens opposé à l'original; elle est moins large de 27 millimètres. Au-dessous des mots : *Nos sumus septem, C. Dusart inv. Amst.*

SUPPLÉMENT DE WEIGEL.

Pièces en manière noire dont Bartsch n'a pas donné la description.

42. *Le Soldat revenu des Indes.* Il est à gauche, dansant avec sa maîtresse qui est à droite. Dans le fond, la mer et des vaisseaux. Dans la marge du bas : *Gelyk van aart, is wel gepaart. C. Dusart inv. J. Gole exc. Amstelodami cum Privilegio.*

Haut., 250 millim., y compris la marge du bas; larg., 178. Cette pièce doit appartenir à la suite formant les numéros 32 à 37.

* 1er état. Épreuve d'essai, avant la lettre et avant les vaisseaux. Collection du chevalier Camberlyn.

2e. Décrit ci-dessus.

43-46. *Les Quatre Ages de la vie humaine.* Suite sans numéros.

Haut., 252 millim., y compris 16 millim. de marge; larg., 182.

43. *L'Enfance.* On voit un enfant assis, à droite, un moulin à vent et une cuiller à la main; une jeune fille lui montre une poupée; à gauche, deux fenêtres à panneaux vitrés éclairent la chambre. Dans la marge : *Les Quatres Ages de la vie humaine. Inventé et gravé par C. Dusart et terminé par J. Gole, avec Privilège des États de Hollande, et West-Frise.;* au-dessous : *L'Enfance,* 1. *Age;* et deux vers français : *L'Enfance, ce primtems. . . . . .*

Weigel décrit trois états :

1er. Avant toutes lettres et avant les panneaux vitrés. Catalogue Rigal.

2e. Avec le nom du maître et l'adresse, mais avant les vers français qui sont au bas.

3e. Avec les vers français.

44. *La Jeunesse.* Un jeune homme courtise une jeune fille; la scène se passe sous une treille, devant un cabaret; plus loin, à droite, un paysan embrasse une paysanne. Dans la marge : *La Jeunesse, 2 Age.;* et deux vers : *La Jeunesse assouvit. . . .*

1er état. Avant toutes lettres, avant le trait du haut de la marge; les parties de la composition où frappe la lumière ne sont pas éclaircies; on n'y voit pas, à gauche, au pied du banc, une touffe d'herbe; on remarque du même côté, derrière une cafetière posée sur le banc, un bâton appuyé contre la maison. Ce bâton ne se trouve pas aux épreuves postérieures. Catalogue Rigal.

2e. Avec le nom du maître et l'adresse, mais avant les vers français dans le bas.
3e Avec les vers français.

45. *L'Age viril.* Un homme qui paraît soucieux compte de l'argent, une femme pèse de l'or ; au fond, à droite, un jeune garçon apporte des sacs. Dans la marge : *l'Age viril,* 3. *Age.;* et deux vers français : *L'homme également meur. . . . .*

1er état. Épreuve d'essai, avant la lettre.
2e. Avec le nom du maître et l'adresse, mais avant les vers français dans le bas.
3e. Avec les vers français.

46. *La Vieillesse.* Une femme, appuyée sur une béquille, présente une écuelle à un vieillard assis au coin du feu ; à gauche, un vieux qui crache, tenant un verre à la main. Dans la marge : *La Vieillesse,* 4. *Age;* et deux vers français : *C'est un âge où Iamais. . . . .* Aux trois derniers morceaux, à gauche, dans la marge : *Corn: Dusart jnv : et fec : J. Gole exc : cum Privil : Amstelodami.* Aux nos 44 et 45 on lit : *Cor.*

1er état. Épreuve d'essai, avant la lettre.
2e. Avec le nom du maître et l'adresse, mais avant les vers français.
3e Avec les vers français.

Sujets de demi-figures.

47. *Femme assise près d'une table ronde.* Elle tient un verre et une pipe ; un homme en lui parlant lui serre la main droite. Dans la marge, à gauche : *Corn. Dusart fecit* 1685.

Haut., 185 millim., y compris 16 millim. de marge ; larg., 140.

1er état. Avant la lettre ; les parties frappées par la lumière ne sont pas entièrement éclaircies ; ce qu'on remarque principalement sur la table, où l'ombre, fortement prononcée dans l'épreuve postérieure, ne se trouve pas même indiquée ici. Cette pièce est une des plus rares du maître. Cat. Rigal.
2e. Décrit ci-dessus.

48. *La Chercheuse de puces.* Elle est debout, tête nue, la gorge découverte ; elle cherche une puce sur le bord de sa chemise ; elle est près d'une table où sont un mouchoir de cou et une chaufferette ; à la

droite, une lampe allumée. Composition dans un ovale dont les angles sont teintés. Sans nom de maître.

Haut., 191 millim., y compris la marge de 32 millim.; larg., 86.

Nos 43 à 48, Rigal, 31 fr.
* Pièce de la plus grande rareté. Collection Verstolk de Soelen.

49. *Le Paysan qui rit.* Il est assis, de profil, tenant une pipe de la main droite, et le bras gauche appuyé sur le dossier de sa chaise. Il regarde vers la gauche du haut, où on lit : *Corn̄. dú Sart fe.* C'est le pendant du n° 17 : *Le Vieillard lisant.*

Haut., 189 millim.; larg., 146.

* Weigel dit que c'est un des plus beaux morceaux du maître. Collection Verstolk.

49 *bis. La Paysanne qui rit.* Elle est nu-tête, tournée vers la droite, tenant dans la main gauche une bouteille carrée et dans la droite un verre long; son coude droit est appuyé sur le bras d'une chaise. Dans le haut, à gauche : *Corn̄. Dúsart. fe.*

Même mesure.

* Cette pièce non décrite est réellement le pendant du n° 49. C'est à tort que Weigel a dit que ce pendant était le n° 17 : *Le Vieillard lisant.* Extrêmement rare. Collection Goldsmid.

50-54. *Les Cinq Sens.* Suite de cinq estampes.

Haut., 232 à 234 millim.; larg., 178 à 187.

La première pièce, *La Vue*, porte l'inscription suivante : T'GESIGT. *O qualis facies*, etc.; la deuxième : *L'Ouïe*, T'GEHOOR. *Canoro incipiat...* etc.; la troisième : *Le Toucher*, T'GEVOEL. *Uror et in vacuo...* etc; la quatrième, *L'Odorat,* DE REUCK. *Bonus odor...* etc; la cinquième : *Le Goût,* DE SMACK. *Quanto porrexit...* etc. A ces cinq planches : C D, au bas de la droite.

Décrit par Brulliot dans le *Dict. des Monogrammes*, t. XI, page 45, sous le n° 364. Également décrit dans le catalogue de *N. Marcus.* Amsterdam, 1770, sous le n° 2214.

55-56. *Deux estampes.* Demi-figures d'un paysan tenant une pipe à la main, et d'une paysanne avec une bouteille. Dans la marge du haut : *C. Dusart fecit.* Weigel ne donne pas la mesure.

Ces deux pièces en hauteur sont décrites dans le catalogue de *N. Marcus* et dans celui de *van Coehoorn*. Elles sont presque uniques, dit Weigel. Elles faisaient partie de la collection Drugulin vendue à Londres en 1866.

57-62. *Des Moines, des femmes et des filles*. Suite de six estampes.

Diam., 140 à 142 millim.; haut. de la planche carrée, 187 à 194 millim.

1. On lit dans le haut, en deux lignes : *Monachus in Claustro Non Valet Ova Duo*. Un moine ivre, vu de profil, une pipe à la main, est assis à gauche ; à droite, une abbesse, de face, fume, et en même temps offre des gâteaux au moine. Dans la marge du bas :

Les Moines de dans leur Convent,
Au lieu de songer a la Gloire,
Ne pensent qu a fumer et boire
Ou a batir sur le devant.

* Avec les vers et la lettre.

2. *La Messagere d'Amour*. Une abbesse, tenant une crosse de la main gauche, reçoit une lettre que semble lui lire une vieille qu'on voit à gauche avec des lunettes sur le nez. Dans la marge du bas :

Cette Abesse prend du plaisir
a Lire sa Lettre Amoureuse ;
Mais elle est beaucoup plus joyeuse
Lors que son Abbé vient contenter son desir.

* Avec les vers et la lettre.

3. *Les Moines qui se battent*. L'un d'eux qui est à droite a saisi son rosaire, et frappe à coups redoublés un autre qui crie, tenant dans sa main droite crispée des scapulaires.

* Avant la lettre.

4. *Le Moine qui prêche une vieille femme*. Il est à droite, le capuchon rabattu, parlant à une vieille assise, les mains jointes, sur une chaise à gauche ; à son bras droit un chapelet.

* Avant la lettre.

5. *Le Moine gaillard*. On le voit debout, à gauche, faisant des attouchements à une femme assise, à droite, la gorge découverte et riant.

* Avant la lettre.

6. *Le Repas joyeux*. A gauche, une femme nu-tête est assise, la gorge découverte, buvant dans un verre qu'elle tient de la main droite, tandis qu'elle a une cruche dans l'autre. A droite, un moine tient en l'air de la main droite une corne à boire, et de la gauche un verre presque plein. A gauche, à la chaise de la femme un chapelet; sur la table à droite, un poisson, un couteau, etc.

Avant la lettre. Suite très rare décrite en partie pour la première fois. Collection Drugulin. Nous ne savons s'il y a de ces quatre pièces des épreuves avec une inscription.

A l'exemple de Weigel, nous croyons devoir mentionner ici une suite de caricatures à laquelle Dusart pourrait bien avoir prêté son concours. Elles ont paru sous le titre suivant :

LES
HEROS DE LA LIGUE.
OU
LA PROCESSION MONACALE
CONDUITTE PAR LOUIS XIV,
POUR LA CONVERSION
DES PROTESTANS
DE SON ROYAUME.
A Paris
Chez. PERE PETERS à l'Enseigne de
Louis le Grand MDCLXXXXI.

Suite de 26 pièces y compris le titre et le sonnet final.

Haut., 146 millim.; larg., 107.

On y trouve les personnages suivants :

Le Roy de France. *lHōme immortel Chef de la Ste Ligue*. Il est vu presque de face, en soleil, un peu tourné vers la droite. Il porte un capuchon de moine surmonté d'un croissant, et tient une torche de la main droite.

Le Père La Chaise. *Tres Habile Confesseur*. Il est tourné vers la gauche, et porte le costume de jésuite.

Le Roy jacque Déloge. Il est tourné vers la gauche, et porte un costume de jésuite; ses cheveux tombent sur ses épaules.

Le Pere Petres. *L'hōme de grande entreprise et de peu de succez*. Il est tourné vers la gauche, tirant la langue; il porte un costume de moine.

Guilleaume de Fustemberg. *Crie ite Missa est*. Tourné vers la gauche, il regarde le spectateur, portant un froc de moine auquel un éteignoir est attaché.

L'Archevesque de Rheims. *Asne Mitré.* Il regarde à droite où l'on voit une fleur de lis et une étoile ; sur sa tête un pâté au sommet duquel un couteau est enfoncé ; ce pâté est orné de pipes, et entouré de bouteilles, de cartes et de dés.

L'Archevesque de Paris. *Plus ami des Dames, que du Pape.* Il regarde à droite, portant un costume ecclésiastique ; sa langue sort de sa bouche.

L'Evesque de Meaux. *Secretaire du Conseil de la Ste Ligue.* L'illustre Bossuet est de face, couvert d'un grand chapeau sur lequel il y a une fleur de lis, surmonté d'une croix, une plume est sur son oreille droite ; sur sa poitrine, un médaillon où on lit : IHS.

L'Evesque De Saintes. Il est tourné vers la droite, portant un froc sur le capuchon duquel est un crucifix.

Mainbourg. *Jesuite defroqué.* Il regarde à gauche, la tête couverte d'un capuchon ; sur sa poitrine un médaillon avec IHS.

Mr Le Tellier. *Chancelier qui signa la reuocation de l'Edit par complaisance.* Il est presque de face, couvert d'un froc.

Louvois. *Executeur des ordres de la Ste Ligue.* C'est un gros moine, la tête rasée ; il est tourné à droite.

Bovfflers. *General de la Dragonnerie.* Il porte un froc, et de son capuchon sort sa tête rasée, tournée vers la droite.

Marillac. *Intendant du Poitou.* Il baisse sa tête qui est rasée et sort de son capuchon, tournée vers la gauche.

La Rapine. *Directeur de Valance et d'Acc pline.* Sa tête rasée, qui sort d'un capuchon, est tournée vers la droite ; une croix sur sa poitrine.

Baville. *Fils du Premier president de Paris.* Il est presque de face, un peu tourné vers la gauche ; sur le capuchon qui couvre sa tête, un goupillon.

Pelisson. *Qui a laissé sa Religion pour avancer ses affaires.* Sa tête qui est dans un capuchon est tournée vers la gauche; autour de son cou, un gros rosaire ; sur sa poitrine, un médaillon avec une fleur de lis.

Demevin. *Intendant de Rochefort, qui fut cassé pour avoir outré la persecution.* Il est tourné vers la gauche, la tête rasée ; son capuchon est rabattu sur ses épaules.

BEAUMIER. *Advocat du Roy a la Rochelle Persecuteur perpetuel.* Il a la tête rasée, regardant à droite; son capuchon est rabattu en arrière.

DU VIGER. *Conseiller au parlem$^{t.}$ de Bourdeaux. qui perdit au jeu tout ce qu'il avait gagné contre les protestans.* Sa tête rasée sort à moitié de son capuchon ; il regarde à droite ; autour de son cou un rosaire auquel pend une croix.

M$^{R.}$ LE CAMUS. *Lieutenant Civil du Chastelet de Paris.* Il regarde à droite ; sa tête rasée sort de son capuchon ; autour de son cou un rosaire auquel une croix est suspendue.

DE LA REIGNIE. *Persecuteur des peuples et des Huguenots. sans qu'on oze s'en plaindre.* Il regarde de face, la tête enfoncée dans un capuchon.

LE COMMISSAIRE LA MARRE. *Doce mine et fin Renard.* Il regarde de face, le nez en l'air, la tête couverte d'un capuchon.

MAD$^{E.}$ DE MAINTENON. *Veuve de Scarron.* Elle est dans un froc, regardant en l'air, la tête de face et renversée en arrière. Au bas de chaque personnage quatre vers satiriques.

La dernière feuille est un sonnet intitulé :

Reponse des Refugiez aux Persecuteurs.

Voici les trois derniers vers de cette pièce :

Nôtre ORANGE est icy, vous sçavez sa coutume ;
IACQUE a desja senti qu'elle est son amertume,
Et LOUIS pourroit bien en gouster a son tour.

* 1er état. Avec l'année MDCLXXXXI sur le titre.
2e. L'année est effacée.

Weigel pense que J. Gole, C. Dusart et P. Picart ont gravé ces pièces en manière noire, et que Gole les a éditées.

Le même auteur décrit encore 18 pièces que Rechberger a incorporées dans l'œuvre de Dusart qui se trouve chez l'archiduc Charles.

a. *La Famille de paysans.* Dans le milieu d'une chambre misérable, un paysan assis est vu de face ; sa femme, vue de profil, allaite un enfant. Le paysan tient de la main droite une cruche, et de l'autre un verre plein. Dans le fond, un escalier en bois au haut duquel est une porte ouverte.

Haut., 194 millim.; larg., 156.

b. *Le Lecteur*. Un paysan, coiffé d'un chapeau élevé, est assis à gauche près d'une table, tenant une pipe à la main, et riant en regardant une feuille de papier. A sa gauche, un paysan qui paraît crier se penche vers lui. Un espace destiné à une inscription a 7 millim. de largeur.

Haut., 230 millim.; larg., 106.

c. *La Joyeuse Société*. Six personnes sont autour d'une table ronde sur laquelle il y a un jambon. Parmi elles un homme, sur le devant, qui porte une coiffure blanche en forme de couronne, boit dans un long verre. A sa droite, une femme tient sur ses genoux un petit garçon qui lâche de l'eau contre un chien qui a les pieds de devant appuyés sur une lanterne. L'espace destiné à l'inscription a 23 millim. de largeur.

Haut., 270 millim.; larg., 196.

d. *Représentation satyrique*. Un gros homme, peut-être un crieur de nuit, ayant un cor à son côté, tient de la main droite élevée une bouteille longue attachée à un bâton, qu'il paraît allumer avec la main gauche. Un garçon rit, à la gauche, tenant des deux mains une torche projetant une grande flamme; à droite, deux autres jeunes gens dont l'un tient trois seringues. On lit : *Victoria publica*, et, au-dessous, deux vers coupés, chacun de quatre lignes : *Als de vuurpyl — bewaard. A Bogaart*. A gauche : *C. Dusart inv. J. Gole Exc. Amstelodami*. A droite : *Cum privilegio Ord. Holl. et West-Frisiæ*.

Haut., 245 millim.; larg., 180.

e. *Seconde Représentation satyrique*. Un tambour ivre, coiffé d'un large chapeau orné de plumes et d'une rose, tient de la main droite un grand bocal dans lequel il y a quelques fruits et de la main gauche une torche; il a sa caisse à son côté. Dans la marge du bas : *Cereris Bachique amicus;* au-dessous, deux vers coupés, chacun en trois lignes : *Ick lach — Wiljam zwicht. A. Bogaart,* ensuite une ligne et un vers coupé en une ligne. *Ik drink — Britanje,* et plus bas : *C. Dusart inv. J. Gole Excudit. Amstelodami cum Privilegio Ord. Holl. et West-Frisiæ*.

Haut., 264 millim.; larg., 194.

f. *Le Couple chantant.* Une femme assise sur un banc, tenant une feuille de papier, chante, ainsi qu'un paysan debout derrière elle ; sur son bonnet pointu une flûte est attachée. A droite, un homme barbu, âgé, le chapeau enfoncé sur les yeux, joue de la musette. Dans la marge : *Canoro incipiat purrire choro. Iuvenal.* II. *Sat.* Au-dessous, à gauche : *C. D Inv. I Gole fec et Exc. cum Privil Amstelodami.*

Haut., 246 millim.; larg., 185.

Au Cabinet des estampes une épreuve avec les initiales du peintre et l'adresse de l'éditeur seulement.

g. *L'Homme ivre.* Il vomit; un garçon lui relève sa chemise par derrière en se bouchant le nez. L'ivrogne est soutenu par un paysan qui a deux chapeaux sur la tête. La scène est complétée par une femme qui pleure, et par un porc.

Weigel n'indique aucune mesure.

h. *La Pâtissière.* Au milieu, devant le foyer, une femme donne un gâteau à un homme qui s'est affublé d'une grande corbeille sur la tête; dans le haut, une grande lanterne.

Haut., 252 millim.; larg., 183.

i. *Le Couple amoureux.* Un paysan, coiffé d'un chapeau pointu orné de deux plumes, attire vers lui une jeune fille debout, à gauche. On lit cette inscription : *Meester Joris met syn Anna.*

Haut., 239 millim.; larg., 183.

k. *La Barbière.* Elle rase un homme âgé qui a étendu sa jambe droite sur laquelle la femme a posé sa jambe gauche. Çà et là des ustensiles de pharmacie. Dans la marge du bas : *De Man most Barbieren.*

Haut., 254 millim.; larg., 173.

l. *Le Barbier.* Un homme âgé, debout, à gauche, la tête couverte d'une espèce de capuchon, rase un jeune paysan assis à côté d'une table couverte de bouteilles et de casseroles.

Haut., 254 millim.; larg., 185.

m. *Les Deux Musiciens.* A droite, un jeune homme assis joue du luth et chante ; à gauche, un homme âgé joue de la musette.

Haut., 205 millim.; larg., 178.

n. *La Patineuse.* Sur le premier plan, une grosse femme, vue de face, patine, le bras droit appuyé sur le côté, et tenant de la main gauche un manchon blanc. Un homme derrière elle, à gauche, l'embrasse. Au fond, plusieurs personnes. Dans la marge : *La Hollandoise sur les patins.;* au-dessous : deux vers français ; plus bas : *C. Dusart inv. J Gole fe et ex : Amstelodami*, etc.

Haut., 250 millim.; larg., 176.

o. *Le Patineur.* Sur le premier plan, un homme, portant un large chapeau, patine, tenant de la main gauche une pipe au-dessus de sa tête, et de la droite un croc. C'est le pendant de la pièce précédente. Dans la marge : *Le Hollandois sur la glace.;* au-dessous : deux vers français ; plus bas : même inscription que ci-dessus.

Même dimension.

p. *La Belle contente.* Elle est en demi-figure dans un rond, vue de face, tenant de la main gauche une bourse au-dessus de sa tête, et de la droite une plume d'autruche. Dans la marge du bas : *La drolesse contante.*

Haut., 243 millim.; larg., 167.

q. *Le Buveur content.* Il est de face, en demi-figure, tenant en l'air de la main droite un grand bocal. Dans la marge du bas : *C'est-tout son cœur.* C'est le pendant de la pièce précédente.

Même dimension.

r. *Le Fumeur.* Dans un rond, un paysan, vu de face, assis les jambes écartées, laisse sortir la fumée de sa bouche ouverte. De sa main gauche il tient une blague à tabac, et de l'autre une pipe.

Haut., 232 millim.; larg., 185.

s. *La Buveuse.* Dans un rond, une paysanne assise sur une chaise tient de sa main droite une cruche qu'elle regarde, et un verre de la gauche.

Haut., 250 millim.; larg., 178.

PIÈCES NON DÉCRITES EN MANIÈRE NOIRE ET A L'EAU-FORTE.

1. *Le Fumeur assis.* De la main gauche il élève un verre au-dessus de sa tête, de la droite il presse son chapeau contre lui, et tient une pipe ; à gauche, un tonneau. Au-dessus de la jambe droite de l'homme,

il y a comme une espèce de plinthe blanche pour ménager une inscription. Sans nom de maître.

Haut., 135 millim.; larg., 93.

1er état. La plinthe n'est pas figurée.

2e. La plinthe est tracée depuis le bord à gauche de l'estampe jusqu'au pied droit de la chaise. Ces deux états sont au British Museum.

2. *Les Deux Amoureux.* Un homme couvert d'un grand chapeau paraît presser un peu sa femme assise, qui tient un verre de vin d'une main et une pipe de l'autre. Celle-ci a la gorge découverte. Sur une table, à gauche, un grand verre et divers ustensiles. Sans nom de maître. British Museum.

Haut., 170 millim., sans une grande marge blanche qui est dans le bas; larg., 150.

3. *Le Joueur de luth et le Joueur de vielle.* Le premier est assis à droite sur un escabeau et tourné vers le spectateur, il a la tête couverte d'une espèce de toque, ses jambes sont croisées; derrière lui une armoire en forme de placard; le joueur de vielle est à gauche, tourné vers la droite et debout; il porte un vieux chapeau. Morceau non décrit, sans nom de maître, que nous avons vu récemment à Paris; il nous paraît être l'œuvre de Dusart.

Haut., 170 millim.; larg., 200.

1er état. A l'eau-forte et au burin. On voit la petite armoire; le plancher, surtout vers la gauche, est blanc, ainsi que le luth dans une moitié, à droite. Les vêtements offrent de nombreuses places blanches.

2e. L'estampe est couverte de manière noire, la petite armoire est disparue, la moitié blanche du luth est teintée légèrement à la roulette ainsi que le plancher dans le bas. Les personnages, les vêtements et le fond sont couverts de manière noire.

Nous avons vu au Cabinet des estampes les deux pièces suivantes :

4. *Les Joueurs de trictrac.* L'un est assis, à droite, sur le devant; l'autre debout, à gauche dans le fond; une table est entre eux. Dans la marge : *'t Verkeer Boort.;* au-dessous : *C Dusart inv. J. Gole fec : et exc : cum Privilegio ord : Holland :* etc. Pièce en manière noire.

Haut., 245 millim., y compris la marge; larg., 185.

5. *Le Fumeur et la Buveuse sous la treille.* Celui-ci debout, tenant une boîte à tabac de la main droite et sa pipe de la gauche, paraît agacer une buveuse assise à droite; au fond, des buveurs assis; à gauche près d'un chien qui satisfait un besoin : *Corm du Sart fec.* 1694. Eau-forte.

Haut., 370 millim.; larg., 250.

DYCK (ANTOINE VAN), peintre et graveur à l'eau-forte; né à Anvers en 1599, mort à Londres en 1641. Son père, qui était peintre sur verre, lui donna les premiers principes de dessin, et le plaça ensuite chez Henri van Balen. Il avait déjà fait de grands progrès sous ce maître, lorsqu'il fut admis dans l'école de Rubens. C'est là qu'il acheva de se perfectionner, et il devint le plus brillant élève de cet illustre peintre. C'est d'après ses conseils qu'il se rendit en Italie; il travailla à Rome et à Gênes; il copia à Venise les ouvrages du Titien et de Paul Véronèse. Il revint plus tard dans sa patrie, qu'il avait déjà enrichie de plusieurs tableaux. Il se rendit à la Haye, où il fit un grand nombre de portraits. Sur l'invitation de Charles Ier, il passa en Angleterre; c'est dans cette contrée qu'il abandonna les tableaux d'histoire pour se livrer au genre du portrait; il y acquit une telle supériorité que Titien seul peut lui enlever la palme. Charles Ier avait pour lui la plus grande estime; désirant le fixer en Angleterre, il lui fit épouser une jeune personne d'une famille noble. Van Dyck survécut peu de temps à ce mariage; celle qu'il avait épousée fit comme la veuve de Rubens : l'une et l'autre abandonnèrent le nom illustre qu'elles portaient pour choisir des maris dont la postérité n'aura jamais à se souvenir.

Les tableaux de Van Dyck font l'ornement des églises de la Belgique, des plus beaux musées et de nombreuses galeries. On voit à Gênes beaucoup de ses portraits les plus remarquables, et ceux qui décorent le château de Windsor ne cesseront jamais d'exciter l'admiration de tous les connaisseurs. Ses gravures à l'eau-forte et ses dessins ne sont pas moins remarquables. On présume que c'est à partir de 1632, lorsqu'il revint de son premier voyage en Angleterre, au moins jusqu'en 1636 et plus tard, qu'il conçut le projet de publier une collection d'estampes de ses portraits d'hommes illustres pour la plupart contemporains; qu'il en prépara et poursuivit l'exécution.

Ces portraits sont en grand nombre; Van Dyck en exécuta quelques-uns à l'eau-forte, et les autres furent gravés d'après des tableaux et des dessins par les plus habiles artistes de son temps. L'époque d'ailleurs où Van Dyck concevait cette grande pensée était une des plus mémorables dont l'histoire ait gardé le souvenir. On était au milieu de la guerre dite de *Trente ans*, et l'Europe entière prenait part à la lutte suprême du catholicisme et du protestantisme. Les hommes les plus éminents apparaissaient de toutes parts : princes, généraux, diplomates, peintres, poètes, littérateurs, savants, artistes en tous genres. On peut ajouter que Van Dyck et ses collaborateurs se montrèrent tout à fait dignes des hommes dont ils ont conservé l'image à la postérité. Nous ne savons si Van Dyck a pu peindre ou dessiner d'après nature cette foule de personnages, mais l'œuvre est là, et dénote en même temps la fidélité de la ressemblance et la fécondité du peintre dont rien, dans un pareil effort, n'indique la faiblesse ou la lassitude. Un grand nombre de portraits que Van Dyck fit spécialement pour la gravure existent encore de nos jours : les uns sont peints en grisaille, les autres dessinés à la pierre d'Italie et à l'encre de Chine; on en connaît qui sont en bistre. Nous indiquerons plus bas tous ceux que nous avons pu connaître, mais le nombre en est limité. Il est vrai que M. Szwykowski a cherché à indiquer pour chaque portrait le lieu où le dessin original est conservé, mais, comme le fait observer M. Wibiral, les sources sont souvent surannées. Il s'en trouve 37 dans la collection du duc de Buccleuch, 10 dans la vieille pinacothèque de Munich, plusieurs au musée du Louvre, au British Museum et dans des collections particulières; personnellement j'en possède trois : celui de Crayer, de C. Schut et de Stalbent.

Nous renvoyons d'abord pour l'œuvre de ce maître aux catalogues de messire del Marmol, 1794; Alibert, 1803; Paignon-Dijonval, 1810; Silvestre, 1810; Revil, 1838; Debois, 1844; Saint, 1846; Verstolk de Soelen, 1851; Herman Weber, 1852; Archinto, 1862; Marshall, 1864; le chevalier Camberlyn, 1865; Drugulin, 1866; MM. de Brème, 1866; Bus de Gisignies, 1876; Wolff de Bonn, 1877. Bartsch, par un oubli inexplicable, ne parle pas de ce maître, mais son œuvre gravé par lui a été décrit par M. Carpenter, conservateur du *Print-Room* au British Museum, 1 vol. imprimé en 1844.

Il a été décrit plus tard par M. Duplessis, sous-conservateur du Cabinet des estampes de Paris, qui a fait reproduire par l'héliogravure toutes les eaux-fortes de Van Dyck, même trois de celles qui lui sont attribuées. In-fol.

Les eaux-fortes de Van Dyck et les portraits d'après lui par différents artistes ont été décrits dans un catalogue spécial par M. Herman Weber, marchand d'estampes; Bonn, 1852. Ce travail méritait à tous égards la faveur dont il a joui. Nous citerons ensuite celui de M. Szwykowski dont nous avons parlé plus haut, enfin celui du Dr F. Wibiral, de Vienne, jusqu'à présent le plus complet de tous. 1 vol. Leipzig, chez Alexander Danz, 1877.

M. Wibiral a augmenté encore le nombre des portraits catalogués ; il a fait connaître de nouveaux états qui avaient échappé aux recherches de M. H. Weber. Enfin la partie la plus originale peut-être de son travail est l'étude particulière qu'il a faite des filigranes qui marquent les papiers sur lesquels les épreuves sont tirées. Dans six grandes feuilles, il a donné les fac-similés de 94 filigranes. Avec ces renseignements de la plus grande exactitude, il est possible de prévenir les altérations et les supercheries auxquelles on s'était livré pour donner une valeur factice à certaines eaux-fortes de Van Dyck ou bien à des portraits de l'*Iconographie*. On peut même, quand l'estampe est privée de sa marge, assigner avec certitude l'état auquel elle appartient. M. Wibiral laisse peu de choses à faire à ses successeurs. Nous ne pouvons, pour notre part, ajouter que quelques états qu'il n'a pas connus, un certain nombre d'épreuves avant la lettre des portraits de l'*Iconographie*, enfin la description de tous les portraits qui composent ce catalogue. M. Herman Weber ainsi que M. Wibiral se sont bornés à indiquer les nom et prénom de chaque peintre ; mais si par hasard une épreuve est privée de sa marge ou même est avant toutes lettres, la connaissance du personnage peut présenter quelque difficulté Cette description est un complément qui nous paraît indispensable.

Le catalogue d'Alibert était fait d'après l'œuvre admirable de Mariette qu'il possédait [1] ; il en était de même pour Paignon-Dijonval, Silvestre, etc. M. Herman Weber s'est servi pour son travail de l'œuvre magnifique qu'il avait acquis à la vente Verstolk [2]. Notre catalogue sera en grande partie la description de notre œuvre.

1. L'œuvre de Mariette contenait 522 portraits. Il est ainsi décrit : On distingue parmi eux ceux qu'il a gravés à l'eau-forte, et dont les épreuves sont toutes premières ; ainsi que toutes celles qui forment cette suite ; beaucoup se trouvent avec des différences singulières, etc. Vendu 1,060 fr. en 1775.

L'œuvre d'Alibert était encore plus considérable, il s'était accru d'un certain nombre de pièces. Il en contenait 908. Vendu 2,803 fr. Son catalogue a été rédigé par Regnault de la Lande ainsi que celui de Silvestre.

2. L'œuvre de Verstolk contenait 322 pièces. Vendu 5,355 fr.

Il se compose du recueil de Debois, relié dans un volume en maroquin vert, auquel ont été ajoutées un certain nombre de pièces rares et curieuses, et d'une autre partie en feuilles plus nombreuses encore et non moins remarquable.

Les pièces qui composent le volume de Debois, conservé par nous dans son intégrité, ont toute leur marge. On y compte 14 eaux-fortes de Van Dyck avant la lettre; il contient en tout 149 estampes. dont 20 ont été ajoutées. Les morceaux qui appartiennent à l'édition de M. V. den Enden sont tantôt avant, tantôt avec le nom du graveur.

Nous noterons les pièces qui composent ce recueil par un (D) *Debois*, ou bien par (*Ad*^{n} *à D.*) *Addition à Debois*.

PIÈCES GRAVÉES A L'EAU-FORTE PAR VAN DYCK.

A. *Jésus couronné d'épines.* On le voit tourné vers la gauche, insulté par un de ses bourreaux qui lui présente un roseau; un peu en arrière, à gauche, un soldat portant un casque et une cuirasse. Sujet de demi-figures. Dans la marge du bas, quatre vers latins : *Ecce stat innocuus. . . . . . . quanta manent.* A gauche : *Anton. Van Dyck inuen.*, à droite : *Cum Priuilegio.*

Haut., 254 millim., y compris la marge du bas; larg., 203.

1er état. A l'eau-forte pure, avant la lettre. Cet état est le seul où l'on retrouve intact le travail de Van Dyck. Il a été décrit dans le catalogue de messire del Marmol. On en connaît deux épreuves : l'une au British Museum, l'autre chez le duc de Devonshire. Reproduit en héliogravure par M. Amand-Durand, dans le catalogue de M. Duplessis.

* 2e. Retravaillé dans toutes ses parties vraisemblablement par Vorsterman. Au bas, dans la marge, les quatre vers latins, le nom du peintre avec *Cum Priuilegio.* Notre épreuve vient des collections Durand et Debois. (Ad^{n} à D.)

A l'Albertine de Vienne, on trouve une très belle épreuve avec A° 1630 écrit à la main après *inuen.*

Debois, 173 fr.; Arosarena, 390 fr.; Simon, 395 fr.; Camberlyn, 230 fr.; Kalle, 251 fr. 25 c.

3e. A la suite des mots *Cum Priuilegio*, on lit *Regis*. L'adresse : *A. Bon Enfant excu.* se trouve au-dessous de l'inscription.

4e. A la suite du nom de Van Dyck, on lit *Invenit et fecit aqua forti*. L'adresse de *Bon Enfant* a été enlevée, mais on y lit encore le mot *Regis*.

5e. Le mot *Regis* a été enlevé.

6e. Les mots *Cum Privilegio* ont été effacés, mais on ne voit pas encore l'adresse de Lebas.

7e. On lit : *A Paris chez J. P. Lebas, premier graveur du cabinet du Roi, rue de la Harpe.*

B. *Le Titien considérant sa maîtresse*. Elle est tournée vers la gauche, coiffée en cheveux, portant la main gauche sur son cœur. A gauche, Titien la touche avec la main droite. Le peintre porte la barbe, sa tête est coiffée d'un bonnet. Au bas de la droite, sur un appui, une tête de mort dans une espèce de boîte. Sujet de demi-figures gravé d'après Titien par Ant. Van Dyck. Dans la marge du bas, quatre vers italiens : *Ecco il belveder!. . . . . del magno Titiano.*, et deux lignes de dédicace à VAN VFFEL.

Haut., 254 millim.; larg., 221. La marge du bas, 32.

1er état. Eau-forte pure, avant la lettre et avant le trait carré. Le fond est légèrement ombré. La joue gauche, le cou et une partie de l'épaule de la femme s'y trouvent entièrement en blanc. La seule épreuve connue est au British Museum. Cet état a été reproduit en héliogravure par M. A. Durand. Peut-être est-ce la planche qui est réellement l'œuvre de Van Dyck.

2e. Avant la lettre ; plus terminé. La joue gauche de la femme et le cou sont couverts de travaux au burin, mais la tête de mort et la niche où elle se trouve ne sont pas encore achevées. Une épreuve est au British Museum.

* 3e. La planche est terminée probablement par Vorsterman. On lit dans le bas les quatre vers dont nous avons parlé, et en outre les deux lignes de dédicace. Les bords de la planche sont encore irréguliers et raboteux. Avant *A. Bon Enfant excu.* (Adn à D.)

Debois, 120 fr.; Simon, 226 fr.; Camberlyn, 156 fr.; Bus de Gisignies, 510 fr.; Kalle, 375 fr.

4e. Au-dessous de la dédicace, on lit en caractères plus petits, à gauche : *Titian Inventor Cum Privilege Regis* et au milieu, vers la droite : *A. Bon Enfant excu.*

Camberlyn, 80 fr.

5e. L'adresse de *Bon Enfant* est effacée.

Le même sujet. Charmante copie en contre-partie, plus petite que l'original. Au bas, les quatre vers italiens sont remplacés par quatre vers latins exprimant le même sens :

Ecce viro quæ grata suo, etc. . . .
Hæc magni Titiani, arte notanda refert.

A gauche : *Titian. pinxit.*, à droite : *A Paùli fecit.*

Haut., 164 millim.; larg., 135. La marge du bas, 20.

* Collection du comte Harrach, de Vienne.

On a attribué encore à Van Dyck les pièces suivantes :

La Sainte Vierge. Elle est représentée assise, tenant sur ses genoux l'enfant Jésus, auquel elle présente le sein; derrière elle, à droite, on voit saint Joseph feuilletant un livre. P. en h.

Vente Camberlyn, 4 fr. 50 c.

Buste de Sénèque dans une niche. On lit au bas, dans l'épreuve qui est au British Museum, en vieille écriture : *Ex marmore antiquo delineavit A. V. Dyck. Van Dyck seef du Poëst is raer*[1].

PORTRAITS A L'EAU-FORTE PAR LE MÊME.

Nous diviserons cet article en deux parties : la première comprendra les portraits qui ont été reconnus de tout temps pour avoir été gravés par Van Dyck, la seconde ceux que la critique moderne lui attribue, ou penche à lui attribuer, et ceux qu'elle conteste.

§ I

Ce paragraphe contient seize portraits : Jean Breughel, Pierre Breughel, Van Dyck, Érasme, Franck, Le Roy, Monper, Van Noort, Pontius, Snellinx, Snyders, Suttermans, Vorsterman, G. de Vos, P. de Vos, Wael.

On pourrait les diviser encore en deux catégories : la première composée des portraits au nombre de dix qui, entièrement terminés par le maître lui-même, ont eu fort peu à souffrir des changements jugés nécessaires par les éditeurs qui ont possédé ces planches après la mort de Van Dyck. Il est probable que les fonds que l'on remarque dans les portraits de Jean Breughel, Franck, Noort, Vorsterman et même Wael ne sont pas l'œuvre du maître, mais ont été ajoutés postérieurement. Les autres ont passé par toutes les éditions, sauf quelques retouches, absolument dans l'état où ils se trouvaient à la mort de

1. Nous croyons qu'on lui a encore attribué : *Le Martyre de sainte Barbe* et *Le Groupe d'Amours.*

Van Dyck, et le portrait d'Érasme n'a jamais été achevé. La seconde catégorie contient six pièces. Le maître n'a gravé que les têtes et fort peu de corps des portraits de Van Dyck, Le Roy, Snyders et Paul de Vos. Celui de Pontius est plus avancé, celui de Guillaume de Vos n'a jamais été terminé.

L'éditeur Gillis Hendricx a fait terminer à sa façon le portrait de Van Dyck qui, guindé sur un piédestal, sert de titre à sa publication; Pontius et Guillaume de Vos ont été si bien changés qu'on a beaucoup de peine à les reconnaître; au moins Snyders a-t-il été terminé d'une manière assez satisfaisante par P. Neeffs.

Quant aux portraits de Le Roy et de Paul de Vos, ils n'ont ni l'un ni l'autre fait partie de la publication de M. Van den Enden. Le premier a été très bien terminé par un artiste inconnu, et le second, par les soins de Meyssens, a été pourvu d'un corps qui ne lui va pas très bien.

1. BREUGHEL (Jean), dit de Velours, peintre de paysages, de fleurs et de fruits; né à Bruxelles en 1568, mort à Anvers en 1625.

Il est tourné vers la gauche, la tête nue; il a le cou entouré d'une grande collerette; il tient de la main droite les plis de son manteau. Dans la marge du bas : IOANNES BREVGEL ANTVERPIÆ PICTOR FLORVM ET RVRALIVM PROSPECTVVM. Au-dessous, à gauche : *Ant. van Dyck fecit aqua forti.*, et dans le milieu : G. H.

Haut., 192 millim.; larg., 146. La marge du bas, 36.

1er état. A l'eau-forte pure, avant la lettre, avant le fond et avant le trait carré qui entoure la composition. Presque unique.

* 2e. Avant toutes lettres, mais une partie du fond est couverte par des lignes horizontales très serrées qui, au-dessus de la tête, s'étendent sur toute la largeur de la planche et descendent, du côté droit, un peu plus bas que l'oreille. Le trait carré est très légèrement tracé à la pointe. (D.) Le filigrane du papier consiste en deux C couronnés ayant une double croix dans le milieu.

Arosarena, 95 fr.; Archinto, 73 fr.; Bus de Gisignies, 310 fr.; Wolff, 831 fr. 25 c.

3e. Décrit par M. Wibiral. Avec le titre relaté ci-dessus, le trait d'encadrement est au burin, mais avant les lettres G. H. Cet état ne nous paraît pas suffisamment caractérisé. Également décrit par Carpenter et Weber.

Bus de Gisignies, 124 fr.; Wolff, 132 fr. 75 c.

* 4e. On voit les lettres G. H., mais le fond n'est pas encore changé.

* 5e. Le fond ombré seulement en partie dans les états précédents est entièrement couvert d'une taille de lignes horizontales un peu moins serrées à gauche; mais on

voit toujours les lettres G. H. Notre épreuve a une grande marge. Le filigrane du papier est une folie à cinq dents; au-dessous : I. D. surmontant trois boules.

Wolff, 76 fr. 25 c.

6e. Les lettres G. H. ont été effacées sur le cuivre. On trouve de ce dernier état des épreuves très bonnes et d'autres très mauvaises, attendu que le cuivre existe encore.

2. BREUGHEL (PIERRE), le jeune, dit le Drôle, ou Breughel d'enfer, peintre de scènes villageoises et de drôleries; né à Bruxelles en 1565, mort vers 1637, d'autres disent 1642.

Il est tourné vers la droite, la tête nue, le cou entouré d'une grande collerette; il tient de sa main droite les plis de son manteau. On lit dans la marge du bas : PETRVS BREVGHEL ANTVERPIÆ PICTOR RVRALIUM PROSPECTVVM. ; au-dessous, à gauche : *Ant. van Dyck fecit aqua forti.* Dans le milieu : G. H.

Haut., 205 millim.; larg., 149. La marge du bas, 29.

* 1er état. Avant la lettre et avant le trait qui entoure la composition. (D.) Même filigrane que pour Jean Breughel.

Arosarena, 121 fr.; Archinto, 165 fr.; Camberlyn, 210 fr.; Bus de Gisignies, 660 fr.; Wolff, 123 fr. 75 c.; Knowles, épreuve rognée, 388 fr. 75 c.

2e. On lit au bas le titre relaté plus haut, mais avant les lettres G. H.

Wolff, 236 fr. 25 c.

* 3e. On lit toujours PROSPECTVVM, mais avec les lettres G. H. Épreuve avec une grande marge sur papier à la folie; dans le bas trois boules, et au-dessus ID.

4e. Le mot ACTIONVM a remplacé PROSPECTVVM, mais avec G. H. Épreuve avec une grande marge.

Bus de Gisignies, 50 fr.; Wolff, 63 fr. 65 c.

5e. Les lettres G. H. sont effacées. Quant à la qualité des épreuves, même remarque que pour le portrait précédent.

CORNELISSEN. Voir § II.

3. DYCK (ANTOINE VAN), peintre d'histoire et de portraits; né à Anvers en 1599, mort à Londres le 9 décembre 1641.

La tête nue seulement, tournée vers la droite; au-dessous, une indication de Collet. On voit au British Museum une contre-épreuve de ce portrait. Au-dessous de la tête de Van Dyck, on a rapporté un dessin du socle qui figure dans l'édition de G. Hendricx. Ce dessin au crayon noir est lavé à l'encre de Chine.

Haut. de l'eau-forte, 239 millim.; larg., 151. Dimension prise sur le témoin du cuivre.

* 1er état. A l'eau-forte pure; il n'y a de gravé que la tête et une indication de collet. Extrêmement rare. (D.) Filigrane aux deux C couronnés avec une croix double dans le milieu.

Bus de Gisignies, 2,200 fr.; Wolff, 3,500 fr.

* Le même portrait, 1er état. Dans la même condition que le précédent, mais avec quelques retouches à l'encre de Chine dans les yeux. Épreuve avec toute sa marge. Collection Revil. Filigrane au Phénix dans une couronne de laurier. (Adn à D.)

* 2e. La planche est terminée par Jacques Neeffs; le buste est posé sur un piédestal. Sous la pierre carrée qui soutient le buste, on lit à gauche : ANT. VAN DYCK.; et à droite : *Ant. van Dyck fecit aqua forti.* Sur le fût de colonne, des deux côtés duquel sont deux têtes de Mercure avec un caducée et une trompette, au-dessous est écrit en dix lignes : ICONES PRINCIPVM VIRORVM DOCTORVM. . . . . AB ANTONIO VAN DYCK PICTORE AD VIVVM EXPRESSÆ EIVSQ : SVMPTIBVS ÆRI INCISÆ. Plus bas, dans un cartouche : ANTVERPIÆ *Gillis Hendricx excudit.* Anno 1645. En bas, à gauche : *Iac. Neeffs sculpsit.* Dans notre épreuve on a changé à la plume le 5 en 6. Très rare.

Kalle, 387 fr. 50 c.; Bus de Gisignies, 250 fr.; Wolff, 287 fr. 50 c.

* 3e. La date de 1645 est effacée. Filigrane : Folie avec une espèce de couronne composée de six perles; elles se terminent par des pointes. Une d'elles en se prolongeant forme un 4 au-dessus des trois boules. Collection Dreux.

Bus de Gisignies, 32 fr.; Wolff, 112 fr. 50 c.

4e. L'adresse de Gillis Hendricx est effacée et remplacée par celle de Verdussen; et au lieu de NVMERO CENTVM, on lit : NVMERO CENTVM ET VIGINTI QVATVOR. Mauvais, la planche a été remordue à l'eau-forte.

4. ÉRASME (Didier), de Rotterdam, illustre savant; né en 1467, mort en 1536.

Il a la tête couverte d'une espèce de bonnet, et tournée vers la droite, il tient dans ses mains un livre ouvert. On lit dans la marge du bas : *ERASMVS ROTTERDAMVS,* et à gauche : *Ant. van Dyck fecit aqua forti.* Cette planche est couverte en partie de points résultant de la crevure du vernis.

Haut., 198 millim.; larg., 151. La marge du bas, 36.

* 1er état. Avant la lettre et le trait de bordure. Très rare. (D.) Le filigrane est un double C couronné, avec une double croix dans le milieu.

Camberlyn, 200 fr.; épreuve restaurée, Bus de Gisignies, 750 fr.; Wolff, 1,000 fr.

2e. Avec le trait d'encadrement, mais avant les lettres G. H. Cet état ainsi constaté est douteux.

3e. Avec l'inscription relatée plus haut, et avec les lettres G. H.

* 4e. Les lettres G. H. sont effacées sur le cuivre, mais le tracé des lignes de l'inscription est très apparent. S'il existe des épreuves avant les lettres G. H., celle-ci pourrait bien être de ce nombre. Collection Revil. L'épreuve a toute sa marge.

Le filigrane est une folie avec deux cornes se terminant par des boules; elle a cinq pointes : l'une d'elles se prolonge par un trait sur trois boules; lettres I D. M. Wibiral indique ce filigrane comme caractérisant le papier employé pour les épreuves, soit avant, soit avec les lettres G. H.

Vente Revil, 24 fr.; Archinto, 21 fr.

5. FRANCK ou FRANCKEN (François), peintre d'histoire; né à Anvers en 1580, mort en 1642.

Il est nu-tête, presque de face; sa barbe est longue; il porte un col rabattu; sa main gauche sort de dessous son manteau. Dans la marge du bas : FRANCISCVS FRANCK ANTVERPIÆ PICTOR HVMANARVM FIGVRARVM. *Ant. van Dyck fecit aqua forti. G. H.*

Haut., 194 millim.; larg., 151. La marge du bas, 43.

1er état. A l'eau-forte pure, avant le fond, avant la lettre et avant le trait d'encadrement. Une épreuve se trouve chez le duc de Devonshire, sur laquelle Van Dyck a fait plusieurs retouches qu'on a mises à profit depuis; il y a même tracé un fond à la pierre d'Italie.

* 2e. Avant la lettre, avant le trait d'encadrement. Le fond est couvert de travaux au burin; on voit un pilastre vers le bord droit. Très rare. (D.) Filigrane : un double C couronné, avec la double croix dans le milieu.

Arosarena, 102 fr.; Didot, 480 fr.; Archinto, 140 fr.; Bus de Gisignies, 500 fr.; Wolff, 756 fr. 25 c.

* 3e. Avec le trait carré et l'inscription rapportée ci-dessus, mais le mot FRANCK est écrit : VRANX; on n'y voit pas les lettres G. H. Le filigrane de notre épreuve a deux C couronnés avec une double croix dans le milieu.

Bus de Gisignies, 60 fr.

* 4e. On voit les lettres G. H., mais le mot VRANX n'est pas corrigé. Collection Drugulin.

Wolff, 120 fr.

* 5e. Avec les lettres G. H., mais le mot VRANX est remplacé par FRANCK.

6e. Les lettres G. H. sont effacées; on voit une nouvelle taille dans les cheveux.

6. LEROY (Philippe), baron, seigneur de Ravels, conseiller d'État du roi d'Espagne Philippe IV; curieux de tableaux. On ne voit que la tête nue du personnage, une partie de son col rabattu et de son vêtement attaché par un cordon; il regarde presque de face, un peu tourné vers la droite.

Haut., 237 millim., y compris 48 pour le socle; larg., 149.

* 1er état. A l'eau-forte pure, avant la lettre; il n'y a de gravé que la tête tournée vers la droite, et très peu du collet et du haut du manteau; au-dessus de l'épaule gauche se trouve une large tache d'eau-forte. Très rare. (D.) Filigrane du papier : deux C couronnés avec une double croix dans le milieu.

Revil, 210 fr.; Bus de Gisignies, 2,050 fr.; Wolff, 2,625 fr.

Nous avons vu au British Museum une épreuve avant la lettre avec la tache d'eau-forte, non décrite; le milieu de la mèche de cheveux dans le haut est blanc. Il n'y a aucun travail sur le front, ni au-dessous de l'œil droit; dans cette partie la joue est blanche; plus bas on ne voit pas de points dans la joue. La joue gauche n'offre qu'un petit travail léger. Les moustaches sont très minces. La lèvre du bas est à peine tracée; la barbiche est très légère. Les vêtements ne sont indiqués que par des tailles très fines. Au-dessous de la joue droite, il n'y a pas de contre-tailles, ni sur le vêtement. Les cordons sont à peine tracés; il n'y a pas de boutons sur le vêtement. Nous regrettons de ne pas avoir eu la pensée de contrôler cette pièce par le filigrane du papier, pour pouvoir la classer définitivement.

2e. Il est aussi rare que le premier, mais la coulure d'eau-forte a été enlevée. Ce qui nous détermine à faire un état de cette simple différence, c'est qu'il est difficile de croire qu'une aussi forte tache ait disparu par l'effet du tirage, vu l'extrême rareté du premier état.

Revil, 80 fr.; Wolff, 1,150 fr.

3e. Avant la lettre, mais le buste terminé et placé sur un fond noir est entouré d'une bordure ovale ; on ne voit pas encore la chaîne d'honneur sur la poitrine; les angles contre l'ovale sont encore en blanc. Très rare.

Une contre-épreuve de cet état se trouvait dans la collection Camberlyn. Vendue 215 fr.

Nous avons vu au British Museum une épreuve où le socle et l'ovale n'étaient pas faits, ainsi qu'une contre-épreuve de la même qualité. Ces deux pièces sont non décrites.

* 4e. Également avant la lettre, avant la chaîne et avant les armes au milieu du bas, mais les angles contre l'ovale sont couverts d'une taille horizontale. Collection du marquis de Breme.

Revil, 111 fr. 50 c.; vente Camberlyn, 390 fr.; vente de Breme, 335 fr.; Kalle, 367 fr. 50 c.; Wolff, 206 fr. 25 c.

5e. Sur la tablette encore sans inscription est un écusson armorié, soutenu par deux porte-étendard.

6e. Également sans inscription, mais on voit une chaîne sur la poitrine du personnage.

7e. Des deux côtés des armes qui ne sont pas surmontées d'un casque et d'un cimier, ni entourées d'un manteau, la lettre est ainsi décrite :

D'un côté :
Philippus Baro
dominus de Ravels,
et in fano

De l'autre :
de le Roy et S. R. I.
Brouchem, Oelegem,
St. Lamberti.

A. Van Dyck faciem delineavit et fecit aqua forti. Très rare.

Une épreuve de cet état se trouvait dans la collection Marshall ; il est probable que c'est la même qui a passé ensuite dans la vente Drugulin.

8e. Les armes sont complétées par l'addition d'un casque et d'un manteau, on lit : *Philipus Baro Le Roy* [1].

1. Nous avons reproduit les inscriptions telles qu'elles sont rapportées dans le catalogue Marshall.

LEROY (PHILIPPE), baron, seigneur de Ravels; autre portrait du même personnage. (Voir § II.)

7. MOMPER (JOSSE DE), peintre de paysages; né à Anvers vers 1580, mort dans la même ville, vers 1634.

Adossé contre un rocher, la tête nue, il est tourné vers la droite et regarde presque de face; il lève sa main droite qui est gantée. On lit dans la marge du bas : *Judocus de Momper Pictor montium Antuerpiæ,* au-dessous, à gauche : *Ant. van Dyck fecit aqua forti.*, et au milieu : G. H.

Haut., 198 millim.; larg., 149. La marge du bas, 36.

* 1er état. Avant toutes lettres, avant le trait carré qui entoure la composition. Très rare. (D.) Filigrane : un double C couronné avec la double croix.

Arosarena, 130 fr.; marquis de Breme, 407 fr.; Camberlyn, 460 fr.; Bus de Gisignies, 1,050 fr., marge coupée; Kalle, 413 fr. 75 c.

2e. Il n'y a qu'une seule ligne de titre; on ne lit pas encore *montium Antuerpiæ.*

3e. Le titre en deux lignes; les mots *montium,* etc., ont été ajoutés, mais avant les lettres G. H. Cet état nous paraît douteux. M. Wibiral déclare l'avoir rencontré deux fois sur papier au double C couronné avec une double croix dans le milieu. La planche était encore pleine d'égratignures et de saletés, surtout près de l'oreille droite, à gauche du sommet de la tête et au bout de la moustache, à gauche.

* 4e. Avec les lettres G. H.

5e. Ces lettres sont effacées. La planche est nettoyée aux endroits cités plus haut.

MOMPER, second portrait du même personnage. (Voir § II.)

8. OORT ou NOORT (VAN ADAM), peintre d'histoire; né à Anvers en 1557, mort en 1641.

Il est vu de face, nu-tête, un peu tourné vers la gauche; il porte une large collerette; de sa main gauche il relève son manteau. Dans la marge du bas : ADAMVS VAN NOORT ANTVERPIÆ PICTOR ICONVM., plus bas : *Ant. van Dyck fecit aqua forti.;* avec les lettres G. H.

Haut., 196 millim.; larg., 149. La marge du bas, 36.

1er état. Eau-forte pure; le portrait seul est gravé; le fond est presque blanc; quelques traits à peine mordus apparaissent seuls à la gauche de la tête. Avant la lettre, avant le trait d'encadrement. De la plus grande rareté.

2e. Des traits horizontaux gravés à la pointe indiquent la construction de pierre sur laquelle se détachera dans l'état suivant la tête du personnage, mais aucune trace de burin n'apparaît. British Museum. Décrit par MM. Duplessis et Wibiral.

* 3e. Avant la lettre, avant le trait d'encadrement, mais avec une espèce de mur ou pilastre dans le fond, à gauche, gravé au burin. Rare. (D.) Filigrane : un double C couronné avec une double croix dans le milieu.

Didot, 405 fr.; Camberlyn, 300 fr.; Knowles, 612 fr. 50 c.; Kalle, 352 fr. 25 c.; Bus de Gisignies, 320 fr.; Wolff, 658 fr. 25 c.

4e. Avec le titre cité plus haut, mais avant les lettres G. H. et avant les nombreuses traces courtes, presque horizontales, produites par le brunissoir au 6e état, au-dessous des lettres. . . . IÆ PICT. . . . . .; les rouillures au bord droit de la planche sont encore très faibles. Très rare. Décrit par M. Wibiral qui, dit-il, a constaté deux fois cet état sur papier au double C couronné avec la double croix dans le milieu.

* 5e. Avec les lettres G. H.

Wolff, 118 fr. 75 c.

6e. Ces lettres sont effacées, mais en laissant les traces qu'on a mentionnées plus haut. Les rouillures sont plus apparentes.

9. PONTIUS ou DUPONT (Paul), graveur au burin; né à Anvers vers 1596.

Il est vu presque de face, nu-tête, tourné vers la gauche; sa collerette est rabattue, sa main droite est visible. On lit au bas : *Paulus du Pont Calcographus.*; plus bas : *Ant. van Dyck fecit aqua forti.*; avec les lettres G. H.

Haut., 203 millim.; larg., 151. La marge du bas, 21.

1er état. Eau-forte pure, avant la lettre; la planche est d'une forme irrégulière, raboteuse sur les bords, et plus grande que dans l'état suivant. L'épreuve décrite par Carpenter et qui se trouvait dans la collection de Ch. Hall, à Londres, est entrée depuis au British Museum. Il existe une épreuve semblable au cabinet impérial de Vienne et une autre au cabinet de Dresde.

* 2e. Avant la lettre, avec le fond couvert d'une taille de lignes horizontales, à l'exception d'une partie qui est restée blanche, au bas de la gauche, sous le bras droit. La planche est régulière sur la hauteur, mais sur la largeur elle est beaucoup plus grande, notamment à droite; la planche a 9 à 10 millimètres du côté gauche et 18 du côté droit. Très rare. (D.) Filigrane : un double C couronné avec une double croix dans le milieu.

Arosarena, 215 fr.; Bus de Gisignies, 1,050 fr.; Wolff, 1,675 fr.

* 3e. Avec le titre cité plus haut, mais avant les lettres G. H. Les travaux sont dans le même état, la mesure du cuivre est la même. Avec toute sa marge.

4e. Sans changement, mais avec les lettres G. H. Également très rare.

5e. Toujours avec les lettres G. H., mais les travaux de Van Dyck ont presque disparu; la planche est entièrement retravaillée par un graveur au burin; le mot *Antuerpiæ* a été ajouté au titre, et la planche rognée à droite et à gauche n'a plus que 162 millimètres au lieu de 183. Les marges des deux côtés ne mesurent que 3 à 4 millimètres.

Bus de Gisignies, 62 fr.; Wolff, 63 fr. 75 c.

6e. Les lettres G. H. ont été effacées. Dans les dernières épreuves de cet état, la retouche du côté droit de la chevelure nuit à l'effet du portrait.

10. SNELLINX (Jean), peintre d'histoire; né à Malines en 1544, mort à Anvers en 1638.

Il est vu de face; sa tête, couverte d'une calotte, est de trois quarts, tournée vers la gauche; son col est rabattu; il a la main droite étendue sur sa poitrine. Au bas, dans la marge : *Joannes Snellinx Pictor.;* plus bas : *Ant van Dyck fecit aqua forti.;* au milieu : G. H.

Haut., 212 millim.; larg., 151. La marge du bas, 27.

* 1er état. Avant la lettre, avant le trait carré autour de la composition. Très rare. (D.) Filigrane : un double C couronné avec une double croix dans le milieu.

Arosarena, 160 fr.; marquis de Breme, 452 fr.; Bus de Gisignies, 550 fr.; Knowles. 535 fr.; Kalle, 425 fr.; Wolff, 887 fr. 50 c.

2e. Les lignes d'encadrement sont légèrement tracées à la pointe. Le titre qui n'a qu'une ligne s'arrête au mot *Pictor.* Avant G. H. Très rare.

3e. Le titre est le même, mais on lit G. H. Également très rare.

* 4e. Avec le titre en deux lignes, on lit : *Humanarum figurarum in Aulæis et tapetibus Antuerpiæ.,* au-dessous de la première ligne; toujours avec les lettres G. H. Rare. (Adn à D.)

Bus de Gisignies, 30 fr.; Wolff, 68 fr. 75 c.

5e. L'adresse est effacée.

SNELLINX, second portrait du même personnage. (Voir § II.)

11. SNYDERS (François), peintre de chasses, d'animaux et de fruits; né à Anvers en 1579, mort en 1657.

Il n'y a de gravé que la tête et le collet; le personnage est vu de face, tourné légèrement vers la gauche. Au bas, dans la marge : FRANCISCVS SNYDERS VENATIONVM, FERARUM, FRVCTVVM, ET OLERVM PICTOR ANTVERPIÆ. ; au-dessous : *Ant. van Dyck pinxit et fecit aqua forti.*

Haut., 237 millim.; larg., 151. La marge du bas, 18.

* 1er état. A l'eau-forte pure; il n'y a de gravé que la tête et le collet. Avant le trait de bordure. Très rare. Collection Revil. (Adn à D.) Filigrane : une folie qui se rattache à trois boules par un trait.

Arosarena, 471 fr.; Didot, 360 fr.; Bus de Gisignies, 1,250 fr.; Wolff, 1,387 fr. 50 c.

Au British Museum, contre-épreuve du 1er état.

* 2e. Sans changements dans les travaux; le trait carré n'est pas encore tracé, mais avec le titre que nous avons mentionné plus haut. Également très rare. (Adn à D.)

* 3e. La planche est entièrement terminée par Jacques Neeffs qui a gravé le corps, les mains, le fond sans toucher à la tête, laquelle est restée telle que Van Dyck l'a exécutée. On lit, à droite : *Jac. Neeffs sculpsit;* au milieu : G. H. Rare épreuve avec une grande marge. (Adn à D.)

Bus de Gisignies, 826 fr.; Wolff, 115 fr.

4e. Les lettres G. H. sont effacées.

STEVENS. (Voir § II.)

12. SVTTERMANS (Juste), peintre de portraits et d'histoire du grand-duc de Toscane, né à Anvers en 1597, mort en 1681.

Il est nu-tête, vu de face, un peu tourné vers la gauche; son collet est rabattu; sa main droite n'est qu'au trait, la gauche ne se voit pas. Dans la marge du bas : IVSTUS SVTTERMANS ANTVERPIENSIS PICTOR MAGNI DVCIS FLORENTINI.; plus bas : *Ant. van Dyck fecit aqua forti.;* et au milieu : G. H.

Haut., 210 millim.; larg., 162. La marge du bas, 34.

* 1er état. Avant la lettre, avant le trait de bordure. Très rare. (D.)

Arosarena, 175 fr.; Didot, 1,000 fr.; Bus de Gisignies, 1,110 fr.; Wolff, 1,612 fr. 50 c.

2e. Avec le trait carré; on lit : JVDOCVS CITERMANS ; avant les lettres G. H. Très rare.

Camberlyn, 235 fr.

* 3e. On lit toujours : JVDOCVS CITERMANS, mais au milieu du bas les lettres G. H. Rare. (Adn à D.)

Bus de Gisignies, 180 fr.; Wolff, 225 fr.

4e. Toujours avec G. H., mais les noms du peintre sont écrits : JVSTVS SVTTERMANS.

5e. Les lettres G. H. sont effacées.

TRIEST (Antoine), évêque de Gand. (Voir § II.)

13. VORSTERMAN (Lucas), graveur au burin; né à Gueldre, vers 1580.

Il est nu-tête, le corps un peu tourné vers la droite; il regarde de face; il porte une grande collerette rabattue, un pourpoint et un manteau ; on voit une partie de son bras et de sa main droite. On lit au bas, dans la marge : LVCAS VORSTERMANS CALCOGRAPHVS ANTVERPIÆ IN GELDRIA NATUS. ; à gauche, au-dessous : *Ant. van Dyck fecit aqua forti.;* et au milieu : G. H.

Haut., 216 millim.; larg., 151. La marge du bas, 21.

* 1er état. Avant la lettre, avant le fond et avant le trait qui borde la composition. Très rare. (D.) Filigrane : un double C couronné avec la double croix dans le milieu.

Arosarena, 400 fr.; marquis de Breme, 631 fr.; Bus de Gisignies, 1,060 fr.; Wolff, 2,787 fr. 50 c.

* 2e. Avant le fond, mais la composition est bordée d'un trait carré; on lit au bas l'inscription relatée ci-dessus, mais on ne voit pas encore les lettres G. H. Épreuve avec toute sa marge. Très rare. Filigrane : un double C couronné avec la double croix dans le milieu.

Kalle, 382 fr. 50 c.

3e. Toujours avant le fond ; mais avec G. H.

* 4e. On lit toujours G. H., mais le fond est gravé au burin. Épreuve avec une grande marge. (Adn à D.)

Bus de Gisignies, 80 fr.; Wolff, 318 fr. 75 c.

5e. Les lettres G. H. sont effacées. Sur les dernières épreuves de cet état on voit des retouches au-dessous de la moustache gauche, du côté droit de la chevelure et sous le menton, dans les endroits où l'eau-forte avait manqué.

14. VOS (Guillaume de), peintre d'histoire ; né en Flandre vers la fin du seizième siècle.

Il est nu-tête, regardant de face, le corps un peu tourné vers la gauche ; son col est rabattu ; de sa main gauche légèrement tracée il tient les plis de son manteau. Au bas, dans la marge : GVILLIELMVS DE VOS. ANTVERPIÆ PICTOR HVMANARVM FIGVRARVM.; plus bas, à gauche : *Ant. van Dyck fecit aqua forti.;* à droite : *S. à Bolswert sculpsit;* au milieu : G. H.

Haut., 202 millim.; larg., 146. La marge du bas, 34.

1er état. A l'eau-forte pure ; il n'y a que la tête et le collet de terminés; avant la lettre et le fond et avant le trait de bordure. On connaît deux épreuves de cet état au British Museum, dont l'une vient de la collection Hall et l'autre est retouchée au pinceau par Van Dyck. Il en existe encore une autre du 1er état dans le cabinet impérial de Vienne.

* 2e. Avant la lettre, mais avec le fond, la partie ombrée de la poitrine et le bras gauche sont très avancés ; la partie éclairée et le bras droit seulement sont au trait. (D.)

Bus de Gisignies, 300 fr.; Wolff, 562 fr. 50 c.

* 3e. La planche, retravaillée au burin par Bolswert, offre l'inscription rapportée ci-dessus; dans le milieu du bas les lettres G. H. Collection d'Affry.

L'état annoncé dans le catalogue Van den Zande, avant quelques travaux repris au burin sur la poitrine et sur le bras gauche du personnage, est douteux. Vendu chez Van den Zande, 6 fr. 50 c.

4ᵉ. Même titre, mais les lettres G. H. sont effacées. Les premières épreuves de cet état ont la trace d'une égratignure assez forte sur l'épaule gauche qui a disparu par l'effet du tirage. Le col de la chemise a été retouché plus tard.

Le dessin original au crayon noir, ayant les carreaux du graveur, faisait partie de la collection Simon. Vendu en 1862, 600 fr.; sa hauteur est de 252 millimètres sur une largeur de 190.

15. VOS (Paul de), peintre de batailles et de chasses; né à Alost vers 1600, mort en 1654. Houbraken le fait naître en 1607 à Hulst, et Descamps à Anvers en 1600.

Il est nu-tête, tourné vers la gauche; son corps est de face; une collerette plissée tombe sur ses épaules; son bras gauche est étendu et sa main droite sort de son manteau. Dans la marge du bas : PAVLVS DE VOS PICTOR; au-dessous, à gauche : *Anton. van Dyck fecit.;* à droite : *Ioan. Meysens excudit.*

Haut., 216 millim.; larg., 146. La marge du bas, 14.

* 1ᵉʳ état. A l'eau-forte pure; il n'y a de gravé que la tête, le collet et une partie du fond avant la lettre. Très rare. Collection Saint. (Adⁿ à D.)

Revil, 99 fr.; Saint, 250 fr.; Arosarena, 720 fr.; Wolff, 2,650 fr.

Dans le catalogue du chevalier Camberlyn, M. Guichardot a décrit une contre-épreuve du 1ᵉʳ état qui a servi à Jean Meyssens pour terminer la planche; à cette épreuve le corps et les mains sont dessinés à la pierre noire. En mauvais état.

Vente Camberlyn, 185 fr.

* 2ᵉ. La planche est terminée, on y lit le titre cité plus haut; mais avant les contre-tailles qui couvrent l'épaule droite du personnage. Très rare. Collection du chevalier Camberlyn.

Vente Camberlyn, 62 fr.; Bus de Gisignies, 24 fr.; Wolff, 106 fr. 25 c.

* 3ᵉ. Le manteau sur l'épaule droite du personnage a des contre-tailles; avec l'ombre du doigt dans la marge. Très rare. (D.) M. Wibiral indique une variante : il y a des épreuves de cet état où le doigt n'a pas d'ombre dans la bordure.

* 4ᵉ. La planche a été retouchée par Bolswert, le titre est en deux lignes; au-dessous du premier titre on a ajouté VENATIONVM ANTVERPIÆ.; plus bas, à gauche : *Ant. van Dyck pinxit et fecit aqua forti.;* à droite : *S. à Bolswert sculpsit.* remplace l'adresse de *Meysens;* au milieu on lit G. H. Cette dernière lettre touche le deuxième doigt de la main gauche; le fond est déjà gravé au burin. Peut-être existe-t-il un état avant G. H.

5ᵉ. Le titre est le même, mais les lettres G. H. sont effacées.

16. WAEL (Jean de), peintre d'histoire; né à Anvers en 1560, mort en 1633.

Il est tourné vers la gauche; la tête couverte d'une calotte est vue de trois quarts; le personnage porte une grande fraise; on voit son bras gauche et sa main fermée. Dans la marge du bas : IOANNES DE WAEL ANTVERPIÆ PICTOR HUMANARVM FIGURARVM.; au-dessous, à gauche : *Ant. van Dyck fecit aqua forti.;* au milieu : G. H.

Haut., 209 millim.; larg., 167. La marge du bas, 34.

* 1er état. Avant la lettre; le bras et la main gauches ne sont pas indiqués; les bords de la planche sont irréguliers et raboteux. Très rare. (D.) Filigrane : un double C couronné avec une double croix dans le milieu.

On pense que le fond, dont les tailles sont lourdes, n'a pas été gravé par Van Dyck; peut-être existe-t-il des épreuves avant ce fond, mais jusqu'à présent on n'en a rencontré aucune.

Bus de Gisignies, 710 fr.; Wolff, 1,412 fr. 50 c.

* 2e. Avant la lettre comme le précédent, mais le bras gauche et la main s'y trouvent; les bords de la planche sont encore irréguliers et raboteux. Extrêmement rare. Notre épreuve a toute sa marge. Filigrane : aigle à double tête couronnée.

On ne connaissait autrefois que deux épreuves de cet état : celle de M. le docteur Wolff à Bonn et la nôtre. M. Wibiral déclare avoir rencontré trois fois cet état dans des collections publiques. Une autre épreuve a encore passé en 1875, dans la vente de M. Friedrich Kalle. Vendue 537 fr. 50 c.

Wolff, 1,250 fr.

3e. Avec le titre relaté plus haut, mais avant les contre-tailles sur le manteau, le long de la poitrine, et avant G. H. Très rare.

* 4e. On voit des contre-tailles sur la poitrine contre l'épaule. Le dessus de cette épaule est ombré entièrement; il était presque blanc dans les états précédents, avec les lettres G. H.

5e. Le titre est le même, mais les lettres G. H. sont effacées.

WAVERIVS ou VAN DEN WOUWER. (Voir § II.)

PORTRAITS A L'EAU-FORTE ATTRIBUÉS A VAN DYCK

§ II

Les portraits que nous venons de décrire étaient seuls, presque jusqu'à nos jours, reconnus pour être l'œuvre de Van Dyck.

Il est vrai que le catalogue d'Alibert, dont la vente a eu lieu en mai 1803, attribuait déjà à Van Dyck le portrait de CORNELISSEN, qu'il décrivait ainsi :

« CORNELISSEN (Antoine), curieux de tableaux, à Anvers, P. en D.-C. (Pièce en demi-corps.) La planche de ce portrait n'a pas été terminée. »

Dans le catalogue Silvestre, dont la collection a été vendue en 1810, on lisait :

« Un second portrait de LE ROY. La tête et une partie du buste seulement, gravés à l'eau-forte. Cette tête est du sens opposé à l'estampe précédente. »

Depuis cette époque, on a découvert les eaux-fortes suivantes :

MOMPER, c'est ainsi qu'il est décrit dans le catalogue Revil, mars 1838, par M. Defer.

« Épreuve d'eau-forte avant toutes lettres et de la plus grande rareté, où la tête est seulement gravée et le reste indiqué au trait. Cet état n'est indiqué dans aucun catalogue ; ni celui de la collection d'Alibert, ni celui de Silvestre ne parlent de cette estampe. »

SNELLINX, gravé, dit-on, une seconde fois par Van Dyck, et STEVENS.

Quant au portrait de Triest, c'est ainsi qu'il est décrit dans le catalogue d'Alibert :

« TRIEST (Antoine), évêque de Gand ; P. en D.-C. L'eau-forte de la tête de ce portrait est d'Ant. Van Dyck. Cette planche a été terminée par P. de Iode. »

La même mention se trouvait dans le catalogue Silvestre.

Nous devons joindre à ces portraits celui de WAVERIUS ou VAN DEN WOUWER.

M. H. Weber a cru reconnaître encore la main de Van Dyck dans les portraits de DELMONT et de MALLERY.

17. CORNELISSEN (Antoine), amateur d'objets d'art; né à Anvers en 1565, mort en 1639.

Il a la tête nue, tournée vers la gauche; il porte la barbe ; son collet tombe sur ses épaules ; son bras sort de dessous son manteau ; il a la main étendue. Au bas, dans la marge : ANTONIVS CORNELISSEN ; plus bas, à gauche : *Ant. van Dyck pinxcit.* ; à droite : *Mart.*

vanden Enden excudit Cum priuilegio; sous le nom du peintre : *L. Vorsterman sculp.*

Haut., 205 millim.; larg., 253. La marge du bas, 32.

* 1er état. A l'eau-forte pure; avant la lettre. La tête et la main sont gravées avec une grande délicatesse; le collet, le bras et le corps ne sont qu'indiqués. Cet état est si rare qu'on n'en connaît que deux ou trois épreuves. Collections Séguier et His de la Salle. (Adn à D.)

A l'Albertine, à Vienne, il y a une contre-épreuve de cet état.

2e. Terminé par Vorsterman, avant la lettre ; de la plus grande rareté.

Vente Guichardot, 455 fr.

* 3e. On lit dans la marge le titre relaté ci-dessus, mais on ne voit pas encore le nom du graveur. Très rare aussi. Épreuve avec marge. Collection Archinto. Filigrane : grande fleur de lis dans un écu presque droit couronné ; aussi les lettres V. M.

Vente Archinto, 122 fr. ; Bus de Gisignies, 90 fr. ; Wolff, 400 fr. ; Kalle, 53 fr. 75 c.

* 4e. Même titre et même adresse, mais au-dessous du nom de Van Dyck, on trouve l'indication : *L. Vorsterman sculp.* Épreuve avec toute sa marge, rare. (D.) Filigrane : bâton de Bâle dans un écu couronné ; au-dessous : P. V.

Vente Camberlyn, 55 fr.

5e. L'adresse de *Mart. vanden Enden* est effacée. Le titre est en deux lignes; les mots PICTORIÆ ARTIS AMATOR ont été ajoutés; au-dessous des deux derniers mots, on voit des égratignures minces et effilées inclinées légèrement vers la droite; au milieu du bas, un trait en biais; avant les lettres G. H. Filigrane du papier : folie à cinq dents qui, selon M. Wibiral, caractérise les états avant G. H.

6e. Avec le même titre, les mêmes égratignures, mais avec les lettres G. H. Le trait échappé du bas est affaibli.

7e. Les lettres G. H. sont effacées; on ne voit plus le trait en biais, ni les égratignures, mais on en voit d'autres plus courtes, plus nombreuses, montant de gauche à droite.

L'esquisse originale en grisaille est chez le duc de Buccleuch.

18. LE ROY (Philippe), baron, seigneur de Ravels.

C'est le second portrait de ce personnage. Il n'y a de fait que la tête, le collet et une partie du buste. Cette pièce ne nous paraît pas être la copie de la première. Dans celle-ci, on remarque, à gauche, un large coup de lumière sur les cheveux; plus bas, une mèche, qui tombe sur le front, est séparée du reste de la chevelure par un coup de lumière. Ces places blanches sont à peine sensibles dans ce second portrait. Dans le premier portrait, à droite, quelques poils de la barbiche se séparent du gros de celle-ci ; dans le second portrait, cette barbiche est toute ramassée et ne forme qu'un faisceau noir. Dans le premier portrait, à gauche, la collerette n'a que trois dents bien caractérisées ; dans le second, on voit presque la moitié d'une quatrième dent. Le dessin de la collerette n'est pas le même dans les deux pièces. Les mèches de cheveux au-dessus de l'oreille ne sont pas semblables dans les deux estampes. On voit aussi quelques différences dans les cordons de la collerette. Le premier portrait montre sur l'habit deux boutons seulement, et rien au-dessous ; tandis que le second portrait, au-dessous du second bouton, offre un trait circulaire qui en figure comme un troisième. Dans le second portrait, à gauche, on voit quelques points qui complètent la collerette, et comblent la lacune du collet au menton, tandis que dans la première planche, il y a dans cette partie, qui est alors à droite, une place blanche.

(Haut., 227 millim.; larg., 142. L'épreuve pourrait ne pas être dans son intégrité.

* Estampe de la plus grande rareté, avant toutes lettres.

19. MOMPER (Josse de), gravé une seconde fois par Vorsterman. Il est nu-tête, tourné à droite, sous des rochers, couvert d'un manteau d'où sortent son bras et sa main droite. Une ligne de titre : IVDOCVS DE MOMPER ; à gauche : *Ant. van Dyck pinxit ;* à droite : *Mart. vanden Enden excudit Cum priuilegio ;* sous le nom du graveur : *L. Vorsterman sculp.*

Haut., 230 millim.; larg., 156. La marge du bas, 23.

1er état. A l'eau-forte pure ; il n'y a de gravé que la tête, le collet, une partie du fond autour de la tête et de légers contours du corps. Le cuivre a 238 millimètres de hauteur sur 160 de largeur. On ne connaît que deux épreuves de cet état : l'une au British Museum ; l'autre, qui a passé dans les cabinets Revil, Verstolk et Wolff, de Bonn, a été vendue récemment 6,000 fr.

* 2e. La planche est terminée par Vorsterman ; le titre est celui que nous avons relaté plus haut, avant le nom du graveur ; la dimension de la planche est réduite, c'est celle que nous avons indiquée en commençant. Très rare. (D.) Filigrane : grande fleur de lis dans un écu presque carré couronné ; aussi M. V.

3e. Même titre, même adresse, mais avec le nom de *L. Vorsterman sculp.*, à gauche, au-dessous du nom du peintre. Très rare.

4e. Le titre est en deux lignes ; on a ajouté PICTOR MONTIVM ANTVERPIÆ ; avant les contre-tailles qui descendent de la tempe droite au-delà du bord de la pommette. Les lignes de l'adresse et quelques lettres encore sont reconnaissables ; avant G. H. Extrêmement rare. Décrit par Drugulin.

5e. Même titre, mais avec les contre-tailles à l'endroit indiqué ci-dessus, et avec les lettres G. H.

6e. G. H. est effacé, mais on en voit encore les traces au-dessous de MONTIVM. Dans les premières épreuves de cet état la pupille de l'œil gauche est noire ; dans les épreuves postérieures elle est éclairée et avec un petit point noir qui touche le bord supérieur de l'œil.

20. SNELLINX (Jean), gravé une seconde fois.

Il est de face, la tête couverte d'une calotte, et tourné vers la gauche; son collet est rabattu; on voit, dans le fond, un pilier au-dessus de l'épaule droite du personnage. Au bas, dans la marge : IOANNES SNELLINCX. ; à gauche : *Ant. van Dyck pinxit.* ; à droite : *Mart. vanden Enden excudit Cum priuilegio* ; au-dessous du nom du peintre : *Pet. de Iode sculp.*

Haut., 203 millim.; larg., 144. La marge du bas, 21.

1er état. A l'eau-forte pure, avant la lettre et avant le pilastre du fond. De la dernière rareté, probablement unique.

* 2e. La planche est terminée par Pet. de Iode, avec l'inscription relatée ci-dessus, mais avant le nom du graveur. Très rare. Filigrane : une fleur de lis dans un écu couronné; en outre V. M.

Kalle, 62 fr. 50 c.; Bus de Gisignies, 55 fr.; Wolff, 312 fr. 75 c.

* 3e. Même titre et même adresse, mais le nom du graveur se lit au-dessous de celui du peintre. Le tracé des lignes est très apparent. Rare. (D.) Filigrane : bâton de Bâle dans un écu couronné; au-dessous : V. M.

Bus de Gisignies, 10 fr.; Wolff, 33 fr. 25 c.

4e. Le titre est en deux lignes. Les mots : PICTOR HVMANARVM FIGVRARVM ANTVERPIÆ ont été ajoutés. L'adresse de *Mart. vanden Enden* est effacée, on lit encore *Cum priuilegio.* Avant G. H. Très rare.

5e. Avec trois lignes de titre. On lit en plus : IN AVLÆIS ET TAPETIBVS; avec G. H.

6e. Ces lettres sont effacées. Dans les dernières épreuves de cet état, on voit des rouillures.

21. STEVENS (Pierre), aumônier du sénat d'Anvers et amateur de tableaux; né vers 1593, mort en 1658.

Il est nu-tête, tourné vers la droite; une riche collerette tombe sur ses épaules; son bras droit sort de son manteau, et sa main est appuyée sur sa hanche. On lit au bas : PETRVS STEVENS[1]; au-dessous, à gauche : *Ant. van Dyck pinxcit;* à droite : *Mart. vanden Enden excudit Cum priuilegio;* plus bas, sous le nom du peintre : *L. Vorsterman sculp.*

Haut., 205 millim.; larg., 149. La marge du bas, 21.

1er état. A l'eau-forte pure, avant la lettre. L'épreuve qui faisait partie des collections Séguier et His de la Salle a été vendue en 1856. Vainement poussée par nous à un prix élevé, elle est retournée en Angleterre. Nous pensons que c'est la même qui, aujourd'hui, est au British Museum.

1. M. Wibiral croit que dans l'origine, le prénom du personnage était écrit ou devait être écrit PIETERS, et que PETRVS est une correction, il trouve les traces de l'I dans la deuxième lettre.

2e. Épreuve avant toutes lettres de la planche terminée. British Museum. Extrêmement rare.

* 3e. Avec le titre relaté ci-dessus, mais avant le nom du graveur. Très rare. Collection Camberlyn. Filigrane : grande fleur de lis dans un écu presque carré couronné.

Vendu 103 fr.

* 4e. L'inscription est la même, mais le nom du graveur est au-dessous de celui du peintre. Rare. (D.) Filigrane : double C couronné avec la croix double dans le milieu.

5e. Le titre est en deux lignes : on a ajouté au nom du personnage : S. P. Q. ANTVERP. AB ELEEMOSYNIS., mais avant AMATOR PICTORIÆ ARTIS. On lit encore l'adresse de *Mart. vanden Enden*. Une épreuve de cet état est au British Museum, une autre du même état est décrite dans la collection Marshall. Très rare.

6e. Une troisième ligne a été ajoutée, on lit : AMATOR, etc. L'adresse de *Mart. vanden Enden* est effacée, mais avant G. H. Cet état a été mentionné dans le catalogue Alibert, mais selon nous, il n'est pas suffisamment caractérisé ; il faudrait le trouver avant la troisième ligne.

7e. Avec les lettres G. H. au milieu du bas.

8e. Cette adresse est effacée.

22. TRIEST (D. ANTOINE), évêque de Gand; né au château d'Anweghem, près d'Oudenarde, en 1576; mort en 1637.

Il a la tête nue ; il est légèrement tourné vers la droite ; son corps est enveloppé d'un grand manteau ; à gauche, on voit un rideau dans le fond; à droite, deux colonnes. On lit dans la marge : PERILL^{VS} ET RE^{MUS} DÑVS D. ANTONIVS TRIEST EPISCOPVS GANDAVENSIS TOPARCHA DOMINY S^{TI} BAVONIS COMES EVERGHEMIENSIS ET REGLÆ MA^{TI} A CONSILIO STATVS ETC. Dans le coin, à gauche : *Ant. van Dyck pinxit ;* au-dessous : *Pet. de Ioden sculp. ;* à droite : *Mart. vanden Enden excudit cum priuilegio.*

Haut., 232 millim., y compris une marge de 21 millim.; larg., 167. C'est par erreur que MM. Weber et Wibiral disent 245 et 176.

1er état. A l'eau-forte pure, avant la lettre; la tête et la main sont presque terminées. La planche est plus grande : elle a 268 millimètres de hauteur sur une largeur de 176. On n'en connaît qu'une contre-épreuve unique jusqu'ici, qui se trouve dans la collection du duc de Devonshire. Elle est retouchée au pinceau.

2e. La planche est terminée. Épreuve avant la lettre. Très rare. British Museum.

* 3e. La planche est réduite à la dimension indiquée plus haut, mais le mot TOPARCHA est écrit TOPAIRHA ; on ne lit pas encore : *Pet. de Ioden scup.* Avec une grande marge. Très rare. Filigrane : fleur de lis dans un écu surmonté d'une grande couronne, lettres S. L.

Archinto, 52 fr.; Kalle, 114 fr. 75 c.; Bus de Gisignies, 270 fr.; Wolff, 725 fr.

* 4e. On lit TOPARCHA; sous le nom de Van Dyck : *Pet. de Ioden scup.* Rare. (D.) Filigrane : double C couronné avec une double croix dans le milieu.

Wolff, 76 fr. 25 c.

5e. Même titre. L'adresse de *Mart. vanden Enden* est remplacée par G. H.

M. Wibiral indique un état avant les lettres G. H., mais un petit trait diagonal qu'il signale à la place de *Mart. vanden Enden* n'est pas suffisant.

6e. L'adresse G. H. est effacée. Le trait diagonal a disparu.

23. WAVERIVS ou VAN DEN WOUWER (Jean), chevalier, conseiller au service de l'archiduc Albert; né à Anvers en 1574, mort en 1635.

Il est nu-tête, tourné vers la gauche; son col est rabattu; de son manteau, bordé de fourrures, sort sa main gauche qui tient des papiers. On lit au bas, dans la marge : D. IOANNES WAVERIVS EQVES *Regi Catholico a Consilijs;* au-dessous, à gauche : *Ant. van Dyck pinxcit;* à droite : *Mart. vanden Enden excudit Cum priuilegio;* sous le nom du maître : *Paul. Pontius sculp.*

Haut., 205 millim.; larg., 147. La marge du bas, 21.

1er état. A l'eau-forte pure, avant toutes lettres; la tête et le collet sont presque terminés; la chaine, les boutons et l'habit brodé seulement au trait; l'hermine et le manteau sont indiqués; avant la main et avant le fond. De la dernière rareté.

On connaît une épreuve qui est dans le cabinet de C. S. Bale, Esq., à Londres.

2e. Avant la lettre. La tête est terminée au burin, la main qui tient une lettre est introduite dans l'estampe; des deux côtés de la tête, on voit une partie du fond. On ne connaît que deux épreuves de cet état : l'une au musée d'Amsterdam, l'autre au British Museum. Cette dernière est rehaussée de blanc avec quelques teintes de bistre.

* 3e. La planche est terminée par Pontius; on lit au bas l'inscription relatée ci-dessus, mais on ne voit pas encore au-dessous du nom du peintre : *Paul Pontius sculp.* Très rare. Filigrane : grande fleur de lis dans un écusson couronné.

Bus de Gisignies, 60 fr.; Wolff, 225 fr.

* 4e. Avec le nom du graveur. Weber dit n'avoir jamais rencontré d'épreuve de cet état. Une épreuve semblable à la nôtre se trouvait dans la collection Marshall où elle est annoncée comme non décrite. (D.)

5e. L'inscription ci-dessus relatée est effacée; au milieu de la marge, on voit des armes, et des deux côtés, une inscription en trois lignes : DOMINVS IOANNES VAN DEN WOUWER EQ. TOPARCHA QUENASTÆ REGI CATHOLICO BELLI, ET SUPREMI ÆRARII IN BELGIO A CONSILIIS; plus bas, à gauche : *Anton van Dyck pinxit;* à droite : *Paul Pontius sculpsit.;* au haut du fond, à droite : *Aetatis suæ LVIII A° MDCXXXII;* mais avant les lettres G. H. Le coin où cette adresse a été apposée est couvert de salissures, nettoyées depuis pour y mettre les initiales. British Museum.

6e. Les lettres G. H. se trouvent entre le nom du graveur et le bord de la planche, à droite. Les salissures ont été nettoyées.

7e. L'adresse G. H. est effacée.

Nous devons mentionner ici qu'il existe au British Museum une épreuve de ce portrait avec la tête seulement et une indication de vêtement; le fond est très sale. C'est une falsification; il paraît qu'on a gratté la planche en y laissant seulement la tête, la collerette, etc.

On voit par ce qui précède combien sont rares les premières épreuves des pièces comprises dans ce second paragraphe. Sont-elles ou non l'œuvre de Van Dyck? Cette question présente des difficultés que nous allons essayer de résoudre.

D'abord, si l'on recherche l'opinion des contemporains, un doute grave s'élève ; aucune de ces pièces terminées par le graveur ne porte dans l'inscription : *van Dyck fecit aqua forti.* On la trouve cependant sur quinze des seize portraits que nous avons décrits dans le premier paragraphe. La plus grande partie, il est vrai, n'a subi que peu de changements ; mais les portraits de Le Roy, de Pontius, de Snyders, de Guil. de Vos, qui ont été retravaillés ou complétés sont donnés à Van Dyck ; il en est ainsi du portrait du peintre lui-même, auquel on a adapté le piédestal dont nous avons parlé. A tous, *van Dyck fecit aqua forti.* Un seul n'a pas cette mention : c'est le Paul de Vos ; mais au moins Meyssens, qui l'a retrouvé après la mort de l'auteur, a-t-il inscrit au bas : *Anton. van Dyck fecit, Ioan Meysens excudit*[1]. Nous reviendrons tout à l'heure sur ce premier argument.

Maintenant, si nous consultons les traditions que les ventes établissent et l'opinion des amateurs, nous constaterons les faits suivants : Le catalogue de messire del Marmol (1794), en parlant du portrait de *Triest,* ne l'attribue en aucune façon à Van Dyck. Mais cette attribution se trouve dans les catalogues d'Alibert (1803), Silvestre (1810), rédigés par Regnault de la Lande.

Quant au portrait de Cornelissen, il est attribué d'une manière vague à Van Dyck dans le catalogue d'Alibert. Le second portrait de Le Roy est donné à Van Dyck dans ceux de messire del Marmol et Silvestre.

Le second portrait de Momper faisait partie de la collection Revil, vendue en 1838. Il est donné à Van Dyck par M. Pierre Defer, rédacteur du catalogue ; mais nous nous rappelons très bien que pendant l'exposition et la vente, les amateurs de cette époque émirent nettement leurs doutes sur son authenticité ; ils n'y reconnurent ni la fermeté ni l'esprit du premier Momper. Il ne fut poussé aux enchères

1. On trouve dans le 4e état cette mention : *Ant. van Dyck pinxit et fecit aqua forti.*

d'une façon sérieuse que par M. Saint, peintre distingué, grand amateur des portraits de Van Dyck, et par le baron Verstolk de Soelen, auquel il fut adjugé pour 350 francs, prix que tout le monde trouva énorme. Qui aurait pu penser alors que cette même estampe monterait à 6,000 francs à la vente du docteur Wolff, de Bonn?

Quant au portrait de Van den Wouwer, comme les seules épreuves qui existent se trouvent en Hollande et en Angleterre, peu de personnes en France les connaissent. Toutefois, lorsque j'ai vu cette estampe au musée d'Amsterdam en 1840, et celle qui se trouve au British Museum, beaucoup plus tard, à deux reprises différentes, je n'ai éprouvé aucun doute, et n'ai pas hésité à déclarer que Van Dyck n'était pas l'auteur de cette pièce. Il suffit de jeter un coup d'œil sur cette tête et cette fourrure si pauvrement exécutées.

Vers 1841, les portraits de Cornelissen et de Stevens furent vendus en Angleterre, tous deux, je crois, à la vente Séguier. L'opinion des amateurs fut alors si incertaine que M. Defer acheta, à Londres, ces deux estampes pour un prix très modique; il les vendit 100 francs chacune à M. de la Salle. Lorsque ces deux portraits furent vus par les amateurs français, ceux-ci élevèrent les doutes les plus sérieux sur leur auteur; ils s'accordèrent à ne leur trouver ni l'esprit, ni le brillant, ni la fermeté des autres portraits de Van Dyck.

En 1844 parut le catalogue de Van Dyck par M. Carpenter. Le savant conservateur du cabinet des estampes au British Museum n'hésite pas à donner à Van Dyck les portraits de Cornelissen, du second Momper, du second Snellinx et de Waverius. Nous n'avons rien dit sur le second Snellinx, que nous n'avons vu mentionné dans aucun catalogue de vente; personnellement, je ne connais pas l'eau-forte; mais si l'on compare ce portrait terminé au premier gravé par Van Dyck, il paraîtra bien inférieur; et pour quelle raison l'éminent artiste aurait-il gravé de nouveau un portrait qu'il avait exécuté d'abord avec tant de supériorité?

M. Carpenter rejette le Stevens et le second portrait de Le Roy. Il les attribue tous deux à un graveur inconnu. Comme ces deux portraits ont un très grand mérite, l'opinion de M. Carpenter, loin de dissiper les doutes sur les autres de cette catégorie, ne fait que les accroître encore.

Nous concevons que M. Carpenter n'ait pas admis le Stevens dont l'exécution diffère un peu trop de celle de Van Dyck ; mais pourquoi son exclusion porte-t-elle sur le second Le Roy ? De tous ces portraits, si l'on ne fait pas attention à une certaine dureté dont il est empreint, c'est celui de tous qui ressemble le plus aux portraits de Van Dyck. M. Carpenter a déclaré que c'était une copie ; nous avons établi plus haut qu'il y avait trop de différences entre les deux Le Roy pour que le dernier fût regardé comme une copie ; il nous semble que M. Carpenter aurait dû admettre que c'était un premier essai du maître dont il n'avait pas été satisfait, ou peut-être Le Roy lui-même. On sait que cet amateur était assez difficile en ce genre, puisqu'il fit effacer son portrait fait par Vorsterman pour le faire graver de nouveau par Pontius.

Notre embarras eût été plus grand au sujet du portrait de Triest, puisque la seule contre-épreuve connue est dans la collection du duc de Devonshire ; mais à la vue de l'héliogravure de M. A. Durand, tous les doutes que nous avaient inspirés le portrait terminé se sont changés en certitude. La maigreur, le peu d'effet des travaux sont là pour convaincre les plus incrédules. Nous ne le regardons même pas comme un des meilleurs de cette classe. Quant au Waverius, nous ne pouvons que persister dans notre opinion.

Quoi qu'il en soit, le plus beau portrait de cette catégorie est le Cornelissen. Au moins celui-là peut faire illusion. Il est vrai qu'on lui reproche un certain maniéré qui diffère à ne pas s'y méprendre du modelé qui caractérise les œuvres propres de Van Dyck. La grande régularité des tailles dénote plutôt la main d'un graveur exercé. Cependant, nous concevons l'hésitation à l'égard de cette belle production, et nous l'eussions certainement admise si elle avait un peu plus d'effet.

Nous ne disons rien des portraits de Delmont et de Mallery. On n'a trouvé aucune eau-forte qui soit venue confirmer les appréciations et les conjectures de M. H. Weber.

Il faut donc en revenir à cet argument décisif : *van Dyck fecit aqua forti, van Dyck pinxit.* Il paraît évident, ou du moins très probable que toutes les estampes qui portent l'adresse de Mart. van den Enden ont été publiées du vivant même de Van Dyck. Ce grand peintre aurait-il souffert que son nom ne figurât pas au bas de portraits tels que *Cornelissen,* le *second Momper*, *Triest*, etc., s'il avait réellement gravé ces pièces à l'eau-forte, à moins qu'il n'eût jugé que ces productions étaient peu satisfaisantes ou indignes de lui. Mais Gillis Hendricx était devenu en 1645, et même plus tôt, l'acquéreur des planches ; Van Dyck était mort ; il avait tout intérêt à rechercher ses productions, et cependant il néglige celles dont nous venons de parler. Tous ceux qui avaient vu Van Dyck les produire étaient encore vivants et en état de lui donner tous les renseignements à cet égard, et Gillis Hendricx n'en met au jour aucun de cette deuxième catégorie, en indiquant que Van Dyck est l'auteur de l'eau-forte. Plus tard, Meyssens publie le *Paul de Vos* avec cette mention : *van Dyck fecit.* Malgré même l'introduction un peu tardive, dans le 4ᵉ état, des mots *aqua forti,* il nous semble qu'il y aurait bien quelques objections à porter contre cette dernière pièce : d'abord, comment se fait-il que dans aucune des eaux-fortes de Van Dyck il n'y ait aucun fond gravé par ce maître, qu'on n'en rencontre aucun dans les trois portraits de Van Dyck, de Le Roy et de Snyders, tandis que dans celui de de Vos il y a un fond rempli de crevasses? Maintenant, si l'on compare ce dernier portrait avec celui de Van Noort et surtout celui de Vorsterman, qui s'en rapproche le plus, on remarque une grande différence dans les cheveux, et particulièrement dans les plis de la collerette. Nous nous inclinons devant la mention de *fecit* et celle *d'aqua forti*, et tout en regardant ce portrait comme bien inférieur aux quinze autres, nous nous bornons à penser que Van Dyck, de son vivant, ne l'a laissé de côté que parce qu'il n'en était pas satisfait.

Cependant, les sept portraits de la seconde catégorie doivent-ils être rejetés dans l'obscurité où des catalogues récents en ont relégué plusieurs, nous ne le pensons pas. Ces productions ne sont pas sans mérite ; on ne peut les assigner à tel ou tel graveur ; il n'est pas impossible que Van Dyck lui-même ne les ait vues, qu'il n'ait même donné quelques conseils à ceux qui en sont les auteurs. Enfin, la rareté en est si grande que telles productions que l'on voudrait confondre dans la foule peuvent arriver à se vendre des prix bien supérieurs aux plus élevés qu'atteindraient les eaux-fortes réelles du maître. Nous avons cru qu'il fallait en faire une seconde classe sous le nom de

Portraits attribués à Van Dyck, qui deviendrait ainsi un corollaire indispensable de la première.

PORTRAITS GRAVÉS D'APRÈS ANT. VAN DYCK

Suite connue sous le nom d'ICONOGRAPHIE.

PORTRAITS POUR L'ÉDITEUR MART. VAN DEN ENDEN

On connaît un certain nombre d'éditions de ces planches. La première, celle de Mart. van den Enden, se composait dans l'origine de quatre-vingts planches, auxquelles quatre autres ont été ajoutées depuis avec la même adresse, savoir : Bosschaert, Catherine Howard, Snayers et Seghers.

Les quatre-vingts planches de cette édition peuvent être divisées en trois séries :

A. *Princes et capitaines* (16 feuilles).

Aremberg (le prince Albert) ;
Bazan (Alvar) ;
Blancatcio (Lelio) ;
Columna (Carolus) ;
France (Gaston de) ;
Frockas (Perera) ;
Gusman (Diego) ;
Gustave-Adolphe ;
Lorraine (Marguerite de) ;
Médicis (Marie de) ;
Nassau (Jean de) ;
Savoye (Franç.-Thom. de) ;
Spinola (Ambroise) ;
Tilly (Jean, comte de) ;
Urfé (Geneviève d') ;
Wallenstein (Albert, comte).

Les feuilles de cette série ont eu, dès leur première apparition, une inscription en plusieurs lignes donnant les noms et les titres des personnages représentés ; le nom du peintre se trouve en bas, au milieu ; le nom du graveur ordinairement à gauche ; l'adresse avec les mots ajoutés : *Cum priuilegio*, à droite. On ne connaît pas d'épreuve avant le nom du graveur. Les différences que l'on rencontre dans quelques-unes viennent de changement dans les titres ou de corrections de fautes d'écriture.

B. *Hommes d'État et savants* (12 feuilles).

Digby (Kenelm);	Peirese (Nicolas);
Gevaert (Caspar);	Puteanus (Erycius);
Halmalius (Paul);	Scaglia (Alexander);
Hugens (Constantin);	Triest (Ant.);
Lipsius (Justus);	Tulden (Theodorus);
Miraeus (Albertus);	Wouwer (Jean Van den).

Les portraits de cette série ont paru d'abord avec l'*inscription* des noms et des titres *en deux ou plusieurs lignes*, avec le nom du peintre et l'adresse, mais avant le nom du graveur. Ces premières épreuves sont très rares. M. Wibiral distingue là une première et une seconde édition.

La troisième série compte cinquante-deux pièces; elle a paru d'abord avec *une seule ligne d'inscription*, contenant le prénom et le nom de famille du personnage. Le nom du peintre est à gauche, l'adresse en bas, à droite. On ne voit pas encore le nom du graveur; il a été ajouté dans la suite. On peut donc penser qu'il y a eu une première et une seconde édition. Nous signalerons plus tard, en certaines circonstances, trois états avec l'adresse de Mart. van den Enden. Nous croyons encore que l'on peut ou que l'on pourra rencontrer de toutes ces pièces des épreuves avant la lettre. Mais ce n'est pour nous qu'un essai, et non un tirage régulier avec cette particularité.

Gillis Hendricx, en 1645, fit l'acquisition des planches du premier éditeur, dont il effaça l'adresse en conservant les mots : *Cum priuilegio ;* il marqua chaque planche de ses initiales G. H. Dans les séries A. B., les inscriptions, pour la plupart, n'ont pas de changement; mais dans la troisième, on ajouta dans une troisième ligne, aux noms des personnages, leurs qualités et leur origine.

On rencontre quelquefois des épreuves avant les lettres G. H. C'était sans doute un essai pour faire la révision des accessoires et donner une place convenable aux initiales. Ces sortes d'épreuves sont très rares.

Gillis Hendricx tira un grand parti des planches qu'il avait acquises, et les épreuves qu'il a mises au jour sont justement célèbres par leur belle impression et leur effet pittoresque. Celles qui sont avant les lettres G. H. ont dû précéder la première édition, qui a la date de 1645 sur son frontispice.

On est incertain sur la question de savoir s'il y a eu deux éditions avec G. H, l'une avec l'année 1645 sur le titre, et l'autre avec cette année effacée. On rencontre des recueils où les planches portent G. H et où l'année 1645 ne se trouve plus sur le titre ; mais cet indice n'est pas assez concluant pour donner une affirmation positive. Les épreuves avec l'adresse de Mart. van den Enden, surtout celles avec remarques, sont très rares. Il en est de même des épreuves avec cette adresse effacée, et qui sont réellement avant les lettres G. H. Les estampes qui ont cette adresse se rencontrent assez difficilement, et même celles tirées immédiatement après que cette adresse a été effacée.

Voici comment M. Wibiral établit pour chacune des trois séries la suite des états :

Série A.

I. Adresse de M. V. D. E. avec le nom du graveur.
II. Adresse G. H.
III. G. H. effacé.

Série B.

I. Adresse de M. V. D. E. avant le nom du graveur.
II. Même adresse, avec ce nom.
III. G. H., sauf quelques feuilles avant ces initiales.
IV. Les lettres G. H. effacées.

Série C.

I. Adresse M. V. D. E. avant le nom du graveur.
II. Même adresse, avec ce nom.
III. État intermédiaire, avant G. H.
IV. Avec G. H.
V. Les lettres G. H. effacées.

Nous avons mentionné quatre autres portraits ; nous n'y reviendrons pas.

ÉDITION SPÉCIALE DE G. HENDRICX.

Cet éditeur, après avoir acquis les quatre-vingts planches de son prédécesseur, y joignit quinze eaux-fortes de Van Dyck, ainsi que quelques autres pièces, le nombre en fut d'abord de cent. Les planches portent l'adresse G. H., ou bien G., ou *Gillis Hendricx excudit*. Cependant, il faut dire qu'en réalité notre éditeur a enrichi la collection de dix-neuf portraits que M. Wibiral divise en deux classes : la première composée de neuf pièces et l'autre de dix. Sur les neuf pièces on trouve G. H., et sur les autres l'adresse en plein.

ÉDITION DE JEAN MEYSSENS.

Elle se compose de trente-quatre feuilles. Les portraits ont généralement deux états : le premier avec l'adresse pleine de l'éditeur et souvent avec l'addition du millésime, à droite, dans le bord inférieur ; dans le second état, l'adresse est effacée.

Quant aux autres portraits publiés par divers éditeurs, avec ou sans adresse, comme ils n'ont, par rapport à l'origine de leurs états, aucune qualité commune, lorsque nous ferons leur description, nous noterons les particularités qui les caractérisent.

On ignore à quelle époque les planches qu'il avait achetées sortirent des mains de Gillis Hendricx ; mais le fait, c'est qu'il les laissait encore en très bon état. Son successeur se borna à effacer son adresse, mais il ne fit aux cuivres aucune retouche. On présume que cette première édition avec l'adresse effacée a paru vers 1660. Dans l'ouvrage d'Isaac Bullart : *l'Académie des Sciences et des Arts, Paris*, 1682, on trouve, tome II, p. 478, à la fin de la biographie de Van Dyck, la remarque suivante :

« NOTA : *Les planches des portraits que Van Dyck a faits et les exemplaires sont présentement entre les mains de François Foppens, marchand libraire à Bruxelles, et consistent en* 110 *figures.* »

Maintenant, cette note doit-elle s'appliquer à l'année 1665, époque à laquelle Bullart a résidé à Bruxelles, ou bien à celle de 1682, date de la publication de son ouvrage ?

M. Wibiral, qui croit que cette note se rapporte à l'année 1665, nie formellement l'existence d'une édition d'Anvers, 1663-65, ainsi que celle d'une autre édition de Bruxelles, 1680-85.

On n'a aucun renseignement précis sur le sort des planches, depuis 1660 jusqu'au commencement du dix-huitième siècle. Cependant, dans le cours de ce laps de temps, l'ouvrage a été publié plusieurs fois, toujours avec le titre de Gillis Hendricx ; mais M. Wibiral pense que c'était une même édition. On en rencontre rarement des exemplaires en vieilles et riches reliures. Le nombre des portraits qu'ils contiennent varie de cent à cent douze feuilles. On y trouve fréquemment des portraits d'après Van Dyck, avec d'autres adresses d'éditeurs, surtout de la suite publiée par Meyssens.

L'adresse de ce dernier n'a été effacée que vers 1670. Weber décrit seulement seize portraits de cette édition, et M. Wibiral trente-quatre, sans pouvoir assurer cependant que cette suite soit complète. Lorsque nous traiterons de cet éditeur, nous ferons connaître un titre qui devait précéder la suite. Cette pièce, signalée par M. Drugulin en 1871, et décrite dans le catalogue de M. Bus de Gisignies, en 1876, ne paraît pas avoir rempli l'emploi auquel elle était destinée.

Au commencement du dix-huitième siècle, les éditeurs H. et C. Verdussen, à Anvers, réunissaient :

	81	planches	de l'édition de	M. van den Enden ;
	28	—	—	Gillis Hendricx ;
	3	—	—	Jacobus de Man ;
	5	—	—	Joannes Meyssens ;
	1	—	—	L. Vorsterman ;
et	6	sans aucune adresse.		

Total : 124 planches.

L'*Iconographie* qu'ils publièrent avait deux titres, savoir :

1° Le frontispice employé dans l'édition de Gillis Hendricx ; mais au lieu de *NVMERO CENTVM*, on ajouta *et viginti quatuor*. L'adresse de Gillis Hendricx fut effacée et remplacée par *Antverpiæ Hermicus et Cornelius Verdussen excudunt.*

2° Avec un titre imprimé sans millésime : *Le cabinet des plus beaux portraits, etc., peints par Van Dyck, gravés en taille-douce par les meilleurs graveurs, Anvers, Verdussen.*

M. Wibiral fait remarquer que ces exemplaires ne contiennent pas toujours cent vingt-quatre portraits. On en trouve aussi quelques autres d'après Rubens, Lievens, etc.

Les planches qui avaient déjà antérieurement subi des retouches furent soumises plus tard à une nouvelle opération de l'eau-forte et imprimées à plusieurs reprises : Amsterdam, 1722; la Haye, 1723 et 1728; Amsterdam, 1732; Amsterdam et Leipzig, 1759.

Les planches, alors très détériorées, ne présentent que de pauvres restes de la qualité originale et donnent tout au plus une idée de la composition.

Les cuivres originaux existent encore aujourd'hui dans leur plus grande partie. En 1851, ils furent vendus pour 2,500 francs par M. Van Marke, marchand d'estampes à Liège, à la Chalcographie du Louvre. Là ils furent encore retouchés habilement, et l'on en tire des épreuves passables, qui sont livrées au commerce comme sujets d'études.

Nous avons déjà parlé de certaines falsifications, qui sont d'ailleurs très faciles à reconnaître, les épreuves qu'on a présentées dans cet état n'étant rien moins que belles. Nous les ferons connaître lorsque nous parlerons de certaines estampes qui ont été l'objet de cette manœuvre déloyale. On a maintes fois aussi tracé à la plume l'adresse de Mart. van den Enden, ainsi que les lettres G. H. On a également gratté ces adresses. Pour reconnaître ces fraudes, outre la plus ou moins mauvaise des qualités des épreuves, il sera utile de faire attention aux filigranes. C'est, sous ce rapport, un utile secours que M. Wibiral indique aux amateurs.

Maintenant, nous passons à la description des pièces de l'*Iconographie.*

Le premier *titre* que nous avons cité lorsqu'il s'est agi du portrait de Van Dyck portait sur la base : ICONES PRINCIPVM VIRORVM, etc.

Nous allons donner la description d'un autre beaucoup plus rare.

Second titre pour l'édition de Gillis Hendricx. Dans un cartouche, aux deux côtés duquel sont deux femmes nues vues jusqu'aux jambes et soutenant chacune une longue corne d'abondance garnie de fruits surmontant une coquille que l'on voit dans le haut, on lit en neuf lignes : ICONES PRINCIPVM VIRORVM DOCTORVM PICTORVM CHALCOGRAPHORVM STATVARIORVM NEC NON AMATORVM PICTORIÆ ARTIS AB ANTONIO VAN DYCK EXPRESSÆ. Dans le bas du cartouche, on voit une tête d'ange ailée. Au-dessous, un trait sépare ce cartouche d'un plus petit, composé d'une espèce d'écusson orné d'enroulements. Tout au bas : ANTVERPIÆ ; à droite : *Gillis Hendricx excudit.*

Haut., 259 millim.; larg., 169. Mesure prise sur le niveau du cuivre.

* Très rare épreuve avec une grande marge, provenant de la collection du marquis de Breme. Une autre semblable appartient à M. Wibiral.

Cette copie d'un cartouche d'*Agostino Mitelli* est tirée sur un papier dont la marque consiste en deux C couronnés; l'un des deux paraît cassé. C'est le filigrane 2e, planche 1re du catalogue Wibiral. Cette marque s'employait du temps de Gillis Hendricx. Sur notre épreuve, cette adresse est couverte de salissures. Cette planche a dû être mise en tête d'un recueil de l'*Iconographie*; il est facile de voir qu'elle a été détachée d'un volume dans lequel elle était reliée.

Vente du marquis de Breme, 101 fr.

GRAVEUR ANONYME.

24. BOSSCHAERT (Thomas Willeborts), peintre d'histoire et directeur de l'Académie à Anvers ; né en 1613, à Bergen op Zoom ; mort à Anvers en 1656.

Il est nu-tête, tourné vers la gauche ; ses cheveux tombent sur son col rabattu ; sa main gauche, posée sur sa poitrine, sort de son manteau. Le titre est en deux lignes : THOMAS WILLEBOIRTS BOSSCHAERTS, *Pictor ;* plus bas : *Martinus vanden Enden excudit*, sans nom de peintre ni de graveur.

Haut., 218 millim.; larg., 167. La marge du bas, 23.

1er état. Avant toutes lettres, au British Museum. Très rare.

* 2e. Celui décrit plus haut, avec l'adresse de *M. vanden Enden*. Rare. (D.)

Archinto, 25 fr.; Wolff, 38 fr. 75 c.

3e. La première adresse est effacée. On lit, à gauche : *Joannes Meyssens excud. Antverpiæ.*

Cette pièce qui originairement ne faisait pas partie de l'*Iconographie*, a paru postérieurement avec l'adresse de *M. vanden Enden*. On la trouve dans des exemplaires reliés appartenant soit au tirage du premier éditeur ou à celui de *Gillis Hendricx.*

SCHELTE A BOLSWERT.

25. AREMBERG (Albert, comte d'), prince de Barbanson; né en 1600, mort en 1670.

Il est nu-tête, tourné vers la droite; ses cheveux tombent sur un riche col rabattu; il porte une chaîne sur sa cuirasse; sa main droite est appuyée sur une canne. Dans la marge du bas, on lit en quatre lignes : ALBERTVS PRINCEPS COM. AREMBERG. PRINC. BARBANSOM. COM. AEIGROMONTAN. ET RVP. IN ARDENN. VICECOM. DAVENS. PER HANNON ET CIVIT LEOD. ET MONTI. IN HANNON ADVOCAT. PERPET. AVR. VELL. EQ. ETC.; plus bas, dans une ligne, à gauche : *S. a Bolswert sculp;* au milieu : *Ant. van Dyck pinxit;* et vers la droite : *Mart. vanden Enden excudit Cum priuilegio.*

Haut., 214 millim.; larg., 173. La marge du bas, 23.

1er état. Avant toutes lettres, au British Museum. Très rare.

* 2e. L'inscription est telle que nous l'avons rapportée ci-dessus. Très rare. Collection Marshall.

Vente Marshall, 40 fr.; Wolff, 256 fr. 25 c.

3e. On lit BARBANSON et AIGREMONTAN au lieu de BARBANSOM et AEIGREMONTAN. Rare. (D.) Filigrane : double C couronné avec une double croix dans le milieu.

Archinto, 32 fr.; Wolff, 113 fr. 75 c.

4e. L'adresse de *Mart. van den Enden* est effacée, mais avec les lettres G. H.

Wolff, 38 fr. 75 c.

5e. Ces lettres ont été enlevées.

26. BARBÉ (Jean-Baptiste), graveur au burin; né à Anvers en 1572 ou 1585, mort en 1650.

Il est nu-tête, vu de face, portant la barbe; sa collerette plissée tombe sur ses épaules; il appuie sur sa poitrine les doigts de sa main gauche ouverte. Dans le bas, une ligne de titre : IOANNES BAPTISTA BARBE; plus bas, à gauche : *Ant. van Dyck pinxcit;* à droite : *Mart. vanden Enden excudit Cum priuilegio.*

Haut., 211 millim.; larg., 153. La marge du bas, 23.

1er état. Avant toutes lettres, au British Museum. Très rare.

* 2e. Avec le titre ci-dessus, mais avant le nom du graveur. Épreuve avec toute sa

marge. Très rare. Collection Archinto. Filigrane : grande fleur de lis dans un écu surmonté d'une couronne; des deux côtés de la fleur de lis : S. I.

Vente Archinto, 37 fr.; Camberlyn, 20 fr.; Wolff, 51 fr. 25 c.

* 3e. Même titre et même adresse, mais au-dessous du nom du peintre, on lit : *S. a Bolswert sculp;* mais on ne voit pas encore l'accent sur l'E du mot BARBE. On rencontre des épreuves de cet état où l'on voit l'accent sur l'E : dans les unes, l'accent est derrière cette lettre; dans les autres, il est immédiatement au-dessus. Rare. (D.) Filigrane : bâton de Bâle dans un écu couronné; au-dessous : P V.

Wolff, 26 fr. 25 c.; avant l'accent sur l'E.

4e. Au-dessous du nom du personnage, on lit : CALCOGRAPHVS ANTVERPIÆ. L'adresse de *Mart. vanden Enden* est effacée; au milieu du bas : G. H.

Wolff, 18 fr. 75 c.

Le catalogue d'Alibert mentionne une épreuve avant les lettres G. H.

5e. Les lettres G. H. sont effacées.

27. BROUWER (Adrien), peintre; né à Harlem en 1608, mort à Anvers en 1640.

Il est presque de face, la tête nue; ses cheveux pendent sur son col rabattu; son corps est un peu tourné vers la droite; sa main droite, gantée, sort de son manteau. On lit au bas, dans la marge : ABRAHAM BRAVWER; plus bas, à gauche : *Ant. van Dyck pinxit;* à droite : *Mart. vanden Enden excudit.*

Haut., 216 millim.; larg., 153. La marge du bas, 23.

* 1er état. Épreuve avant toutes lettres. Très rare. Collection Em. Martin.

Une épreuve du même état est au British Museum.

Vente Em. Martin, 130 fr.

* 2e. Le prénom du peintre est écrit : ABRAHAM; le nom du graveur ne s'y voit pas encore. Très rare. Collections Séguier, Carpenter et Marshall. Filigrane : grande fleur de lis dans un écusson couronné, au-dessous duquel on lit : L. P.

Vente Archinto, 27 fr.; vente Camberlyn, 31 fr.; Marshall, 21 fr. 25 c.; Wolff, 132 fr. 75 c.

3e. Au lieu d'ABRAHAM, on lit : ADRIANVS, mais sous le nom du peintre, on ne voit pas encore celui du graveur. Très rare aussi.

Wolff, 26 fr. 25 c.

* 4e. Au-dessous du nom du peintre : *S. a Bolswert sculp.* Il n'y a pas d'autre changement dans l'inscription. Rare. (D.) Filigrane : petite folie à quatre dents très rapprochées; au-dessous : un 4 et trois boules.

* 5e. Au-dessous de la première ligne, on lit : GRYLLORVM PICTOR ANTVERPIÆ.; l'adresse de *Mart. vanden Enden* est effacée, il ne reste plus que *Cum priuilegio;* mais avant les lettres G. H. Épreuve avec une grande marge. Très rare.

Wolff, 28 fr. 75 c.

6e. Avec trois lignes de titre; on a ajouté : NATIONE FLANDER. Au milieu du bas : G. H. Le nom du personnage est écrit : BROUWER.

7e. Les lettres G. H. sont effacées.

28. JVSTVS LIPSIVS (JUSTE LIPSE), écrivain célèbre, historiographe du roi d'Espagne ; né en 1547, mort en 1606.

Il est nu-tête, vu presque de face, un peu tourné vers la droite ; il porte une collerette ; son vêtement est garni de fourrures ; les doigts de sa main droite entrent dans les feuillets d'un livre ; de la gauche, il paraît montrer quelque chose. Dans la marge du bas, ce titre en deux lignes : CLARISSIMVS IVSTVS LIPSIVS HISTORIOGRAPHVS REGIVS PROFESSOR CONSILIARIVS ETC. ; plus bas, à gauche : *Ant. van Dÿck pinxit;* à droite : *mart. vanden enden excudit cum priuilegio.*

Haut., 221 millim.; larg., 156. La marge du bas, 23.

1er état. Avant le nom du graveur. Très rare. Collection Archinto. Filigrane : grande fleur de lis dans un écu surmonté d'une couronne ; des deux côtés de la fleur de lis : S I.

Vente Archinto, 36 fr. ; Wolff, 188 fr. 75 c.

2e. Même titre et même adresse, mais au-dessous de *Ant. van Dÿck,* on lit : *S. a Bolswert sculp.* Rare. (D.)

Camberlyn, 30 fr. ; Wolff, 26 fr. 75 c.

3e. Même titre, mais l'adresse de *mart. vanden enden* est effacée ; avec le lettres G. H.

On a signalé un état avant G. H. Filigrane : folie à cinq dents avec deux cornes au bout desquelles sont des boules, mais sans indiquer d'autres remarques.

4e. Les lettres G. H. sont effacées.

29. MARGUERITE DE LORRAINE, femme de Gaston de France, duc d'Orléans, frère de Louis XIII ; née en 1613 ou 1616, morte en 1672.

Elle a les cheveux frisés ; la tête et le corps sont légèrement tournés vers la gauche ; sa collerette riche est rejetée en arrière ; elle porte un vêtement splendide ; sa main droite est étendue au-dessous de sa poitrine. Dans la marge du bas, deux lignes de titre : MARGARITA PRINCEPS LOTHARINGIA DVCISSA SEREMA AVRELIANENSIS ; plus bas, à gauche : *Ant. van Dyck pinxit;* à droite : *Mart. vanden Enden excudit cum priuilegio;* au bas, à gauche, dans l'estampe : *S. a Bolswert sculp.* On ne connaît pas d'épreuve avant le nom du graveur.

Haut., 214 millim.; larg., 173. La marge du bas, 22.

1er état. Avec le nom du graveur, mais avec le mot MARGARITA. Très rare.

Wolff, 120 fr. 75 c.

* 2e. Le mot MARGARITA est écrit MARGARETA. Rare. (D.)

Wolff, 61 fr. 25 c.; Bus de Gisignies, 84 fr.

3e. L'adresse de *Mart. vanden Enden* est effacée; on lit les lettres G. H.

4e. Cette adresse a été enlevée.

30. PEPYN (Martin), peintre d'histoire; né à Anvers en 1578, mort à Rome en 1642.

Il est nu-tête, un peu tourné vers la droite; il porte une grande barbe; sa collerette plissée est rabattue sur ses épaules; de sa main droite il relève son manteau; sa main gauche est étendue; le pouce est passé dans la ceinture du personnage. Dans le bas, une ligne de titre : MARTINVS PEPYN; au-dessous, à gauche : *Ant. van Dyck pinxit.*; à droite : *Mart. vanden Enden excudit Cum priuilegio.*

Haut., 216 millim.; larg., 151. La marge du bas, 23.

1er état. Avant la lettre; le personnage a les cheveux ras, ils ont été changés dans l'état suivant. Extrêmement rare. Collection Albertine.

* 2e. Au-dessous du nom du peintre, on ne voit pas encore celui du graveur. Épreuve avec marge. Très rare. Collection Archinto. Nous n'avons pu voir d'autre filigrane que V M.

Vente Archinto, 45 fr.; Wolff, 168 fr. 75 c.

* 3e. Au-dessous du nom du peintre : *S. a Bolswert sculp.* Rare. (D.) Filigrane : bâton de Bâle dans un écu couronné; au-dessous : P V.

Wolff, 63 fr. 75 c.

4e. Avec deux lignes de titre; on a ajouté PICTOR HUMANARUM FIGURARUM ANTVERPIÆ. L'adresse de *Mart. vanden Enden* est effacée. On lit G. H.

Wolff, 26 fr. 25 c.

M. Wibiral décrit un état antérieur avant les lettres G. H. Avec le bord de la planche blanc. Ce même état est constaté par le catalogue Alibert et par M. Gensler, mais il faudrait quelque autre remarque plus précise pour affirmer que cet état existe réellement.

5e. Les lettres G. H. sont effacées. Au-dessous de FIG... on voit les traces fines du polissoir; au-dessous de la lettre V du mot ANTVERPIÆ, se trouve une égratignure horizontale qui n'existait pas précédemment.

31. VRANCX (Sébastien), peintre de batailles et capitaine d'une compagnie de bourgeois; né à Anvers en 1573, mort en 1647.

Il est nu-tête, tourné vers la gauche; il porte les moustaches et la barbe; sa collerette plissée est rabattue sur ses épaules; de l'index de la main droite il montre la large poignée de son épée, qui sort de dessous son manteau. Dans le bas, le titre en une seule ligne :

SEBASTIANVS VRANX; plus bas, à gauche : *Ant. van Dyck pinxit;* à droite : *Mart. vanden Enden excud. cum priuilegio.*

Haut., 214 millim.; larg., 156. La marge du bas, 21.

1er état. Avant toutes lettres. Au British Museum. Très rare.

* 2e. Au-dessous du nom du peintre, on ne voit pas encore celui du graveur. Très rare. (D.) Filigrane : grande fleur de lis dans un écu presque carré couronné; aussi M. V.

Archinto, 42 fr.; Camberlyn, 21 fr.; Wolff, 157 fr. 50 c.

* 3e. Même titre et même adresse, mais à l'endroit indiqué, on lit : *S. a Bolswert sculp.* Très rare aussi. Collection Em. Martin. Filigrane : bâton de Bâle dans un écu couronné.

Camberlyn, 34 fr.; Wolff, 41 fr. 25 c.

4e. Le titre est en deux lignes. On a ajouté PICTOR PRÆLIORVM MINORVM COHORTIS CIVIVM ANTVERP. DVCTOR; l'adresse de *Mart. vanden Enden* est effacée; en bas, au milieu : G. H.

Wolff, 38 fr. 75 c.

5e. Ces lettres sont effacées.

GUILLAUME JACOBSZ. DELFF.

32. MIREVELT (Michel), peintre de portraits; né à Delft en 1567, mort en 1641.

Il est nu-tête, tourné vers la droite; il porte les moustaches et la barbe; une large collerette plissée entoure son cou; ses deux mains sortent de son manteau, la droite est fermée, la gauche tient des gants; la palette, les pinceaux, le point d'appui sont sur une table, à droite, au pied d'une colonne. Dans le bas, une ligne de titre : MICHAEL MIREVELT; au-dessous, à gauche : *Henri. Hondius sculp.*, vers le milieu : *Ant. van Dyck pinxit;* à droite : *Mart. van den Enden excudit cum priuilegio.*

Haut., 230 millim.; larg., 180. La marge du bas, 23.

* 1er état. Avant toutes lettres, la tête et le fond sont moins terminés; au-dessous de l'épaule droite, le manteau est presque blanc; on n'y voit pas les contre-tailles qui existent dans l'épreuve terminée, et qui descendent vers le bas, le long du revers du manteau; on n'y voit pas non plus les points qui sont entre les tailles des parties claires; la main et la manchette sont un peu moins ombrées; le gant est moins travaillé, le bout d'un de ses doigts est blanc; le dessus du piédestal de la colonne est clair, ainsi que le dessus de la pierre sur laquelle est posée la colonne. Collection Saint.

Cette estampe et la suivante n'ont que des pontuseaux sans aucun filigrane.

Une épreuve du même état se voit au British Museum et une autre faisait partie de la collection du docteur Wolff, à Bonn, et de celle de M. Bus de Gisignies. Cet état est extrêmement rare.

Wolff, 150 fr.

* 2e. Avant toutes lettres, mais entièrement terminé. Très rare. Collection Marshall : une épreuve semblable était chez M. Bus de Gisignies.

Archinto, 41 fr.; Camberlyn, 31 fr.; Marshall, 26 fr. 75 c.; Wolff, 50 fr.

* 3e. On lit l'inscription rapportée ci-dessus. Rare. (D.) Filigrane : bâton de Bâle dans un écu couronné; au-dessous : P. V.

Archinto, 24 fr.; Wolff, 30 fr.

4e. Le titre est en deux lignes; au-dessous du nom du personnage on a ajouté : ICONVM PICTOR IN HOLLANDIA. On lit à gauche : *Ant. van Dyck pinxit*, et plus bas : *Wilhem Jac. Delphius sculpsit*; l'adresse de *Mart. van den Enden* est effacée et remplacée par G. H.

Wolff, 66 fr. 75 c.

M. Wibiral signale un état avant G. H. où l'on voit les traces horizontales du grattage de la première adresse. Cette remarque ne nous paraît pas suffisante pour caractériser un état; d'autant plus que ces marques subsistent dans l'épreuve avec G. H.

5e. Ces lettres sont effacées. On voit beaucoup de petites égratignures, au-dessous de... OR IN HOLLAND. . . . .

CORNEILLE GALLE LE VIEUX

33. WOLFART (Artus), peintre d'histoire; né à Anvers, en 1625, mort en 1687.

Il est nu-tête, tourné vers la droite, portant les moustaches et la barbe; sa collerette plissée tombe sur ses épaules; de la main droite il tient les plis de son manteau. Dans le bas, cette seule ligne : ARTVS WOLFART; plus bas, à gauche : *Ant. van Dyck pinxit.;* à droite : *Mart. vanden Enden excudit Cum priuilegio.*

Haut., 218 millim.; larg., 160. La marge du bas, 23.

* 1er état. Avant toutes lettres et avant beaucoup de travaux. Toute la partie éclairée du front, à gauche, est blanche; du même côté, sur la joue, toute la partie éclairée depuis l'œil jusqu'à la moustache est blanche; à gauche, la collerette n'offre que de légers travaux; le pouce et l'index de la main qui tient le manteau sont presque blancs; le fond, à droite, n'est ombré que de tailles horizontales parsemées de points; on n'y voit pas encore les contre-tailles perpendiculaires qui l'ombrent dans l'état suivant; les plis du manteau en arrière de la main et dans la partie qu'elle soutient se distinguent par de larges coups de lumière sans aucuns travaux. De la plus grande rareté, peut-être unique. Collection Marshall.

Vente Marshall, 153 fr. 75 c.

2e. Avant toutes lettres, terminé. British Museum. Très rare.

* 3e. Avec l'inscription relatée ci-dessus, mais avant le nom du graveur. Épreuve avec une grande marge. Rare. Collection Em. Martin. Filigrane : grande fleur de lis dans un écu couronné.

Camberlyn, 27 fr.; Marshall, 33 fr. 75 c.; Wolff, 107 fr. 75 c.

* 4e. Avec le nom de *S a Bolswert sculp*, sous celui de *van Dyck*. Très rare. (D.)

Wolff, 26 fr. 25 c.

5e. Même titre, même adresse, mais au lieu du nom de *Bolswert*, on lit : *Corn. Galle sculpsit*. Très rare aussi.

Camberlyn, 26 fr.; Archinto, 26 fr.

6e. Avec deux lignes de titre; au-dessous du nom du personnage on a ajouté : PICTOR HVMANARVM FIGVRARVM ANTVERPIÆ, l'adresse est effacée; mais avec les lettres G. H. Collection Marshall.

Wolff, 51 fr. 25 c.

M. Wibiral, à l'exemple d'Alibert, cite un état avant G. H., mais en disant seulement que l'emplacement où ces lettres ont été apposées est encore tout blanc. Ceci ne suffit pas pour caractériser un état. Également cité par M. Drugulin.

7e. Les lettres G. H. sont effacées.

GUILLAUME HONDIUS.

34. FRANCK (François), le jeune, peintre d'histoire; né à Anvers en 1580, mort en 1642.

Il est nu-tête, tourné vers la gauche, portant les moustaches et la barbe; sa collerette riche tombe sur ses épaules; sa main, qui sort de son manteau, pose sur un appui de pierre. Dans le bas, une ligne de titre : FRANCISCVS FRANCK IVNIOR; plus bas, à gauche : *Ant. van Dyck pinxit;* à droite : *Mart. vanden Enden excudit Cum priuilegio.*

Haut., 209 millim.; larg., 151. La marge du bas, 22.

* 1er état. Avant le nom du graveur. Collections Séguier, Carpenter et Marshall. Très rare. Filigrane : grande fleur de lis dans un écu carré couronné.

Archinto, 30 fr.; Camberlyn, 36 fr.; Marshall, 29 fr.; Wolff, 76 fr. 25 c.

* 2e. Au-dessous du nom du peintre, on lit : *Pet. de Iode sculp.* Très rare. (D.) Filigrane : bâton de Bâle dans un écu couronné; au-dessous : P V.

* 3e. Avec deux lignes de titre; on a ajouté : PICTOR HVMANARVM FIGVRARVM IN PARVIS ANTVERPIÆ; l'adresse de *Mart. vanden Enden* est effacée; à la place de *Pet. de Jode sculp.*, on lit : *Guilliemus Hondius sculpsit;* avant les lettres G. H. Collection Bus de Gisignies.

Bus de Gisignies, 22 fr.; Wolff, 80 fr.

4e. Dans la seconde ligne du titre on lit : IN P, le reste, ARVIS, a été effacé sur le cuivre et l'espace est resté blanc; avant les lettres G. H. Une épreuve de cet état est décrite dans la vente *Heberle* (Bonn, 1875).

5e. Les mots IN P, sont remplacés par IN MINOR; avant G. H.

6e. Au lieu de IN MINOR on voit MINORUM; avec G. H.

7e. Cette adresse est effacée.

35. HONDIVS (Guillaume), le portrait du graveur même; né à la Haye en 1600, mort probablement à Dantzig.

Il est nu-tête, vu de face; il porte la moustache et la royale; son col découpé retombe sur ses épaules; de la main gauche, il relève les plis de son manteau. Une ligne de titre : GVILLELMVS HONDIVS. (les caractères ont 7 millim. de hauteur); plus bas, à gauche : *Guil. Hondius sculp.;* au milieu : *Ant. van Dyck pinxit;* à droite : *Mart. vanden Enden excudit Cum priuilegio.*

Haut., 203 millim.; larg., 153. La marge du bas, 28.

* 1er état. Avant toutes lettres. De la plus grande rareté. Collection Marshall. Ce même état est au British Museum et au musée d'Amsterdam.

Marshall, 125 fr. 25 c.; Vente Didot, 200 fr.; Wolff, en médiocre état, 170 fr.

* 2e. Le nom du peintre est en grandes lettres. Très rare. (D.) Filigrane : double C couronné avec une double croix dans le milieu.

Vente Archinto, 47 fr.; Wolff, 129 fr.

3e. Même titre et même adresse; les lettres du nom du peintre n'ont que 5 millimètres de hauteur.

Wolff, 52 fr. 50 c.

4e. Le titre est en deux lignes; les mots CALCOGRAPHVS HAGÆ COMITIS ont été ajoutés; les lettres G. H. ont remplacé l'adresse de *Mart. vanden Enden.*

M. Wibiral annonce un état avant G. H., mais il n'est pas suffisamment constaté par ce fait que l'endroit au-dessous de *Dyck pinxit* est entièrement blanc.

Ainsi catalogué Camberlyn, vendu 21 fr.

5e. Les lettres G. H. ont été enlevées; on en voit des traces au-dessous du mot *Dyck.*

ARNOULD DE JODE.

36. HOWARD (Lady Catherine), duchesse de Lenox; née vers 1620, morte en 1650.

Elle est coiffée en cheveux, dirigée vers la droite; elle a des boucles d'oreille, un collier et un bracelet de perles; son vêtement est riche; à droite, des arbres; à gauche, un rideau. Le titre est en deux lignes : *Excell^mæ. Ill^mæqz. Dominæ* CATHARINÆ HOWARD, *Excell^mi. Ducis Liuoxiæ hæredis coniugis dilectissimæ, vera effigies.;* au-dessous, à gauche : *Ant. van Dÿck pinxit;* dans le milieu : *Arnoldus de Iode sculpsit;* à droite : *Martinus vanden Enden excudit.*

Haut., 230 millim.; larg., 191. La marge du bas, 23.

* 1er état. Avant toutes lettres. De la plus grande rareté. Collection Marshall.

Vente Marshall, 90 fr.

* 2e. Avec l'inscription ci-dessus. Collection Marshall. Filigrane : grand écusson partagé au milieu par une bande historiée, surmonté d'une large couronne au haut duquel est une croix sur une boule. Deux lions debout le soutiennent.

Wolff, 33 fr. 25 c.

PIERRE DE JODE, DIT LE VIEUX.

37. T'SERCLAES DE TILLY (Jean, comte de), baron de Morbays; né en 1559, mort en 1632.

Il est en cuirasse, le bâton de commandement à la main, tourné vers la droite; dans le fond, une muraille est derrière lui; du côté droit, on voit des flammes. Le titre est en trois lignes : ILLVSTMVS IOANNES, COM. DE TSERCLAES. DOM. TILLI, BARO DE MORBAYS, DOM. DE BALLAST, MONTIG. HOLERS. HEESWYCK DYNTER ETC.; plus bas, à gauche : *Pet. de Joden sculp.;* au milieu : *Ant. van Dyck pinxit;* à droite : *Mart. vanden Enden excudit Cum priuilegio.*

Haut., 209 millim.; larg., 180. La marge du bas, 25.

* 1er état. Avec l'inscription rapportée ci-dessus. Très rare. Collection Archinto.

Vente Archinto, 50 fr.; Bus de Gisignies, 44 fr.; Wolff, 140 fr.

* 2e. Même adresse et même titre; mais des points ont été ajoutés à la fin des mots BARO, HEESWYCK et DYNTER; un accent se trouve entre TS de TSERCLAES écrit T'SERCLAES. Très rare. (D.)

Wolff, 88 fr. 75 c.

3e. L'adresse de *Mart. vanden Enden* est effacée; au milieu du bas : G. H.

Wolff, 85 fr. 75 c.

4e. Ces lettres sont effacées.

PIERRE DE JODE, DIT LE JEUNE.

38. COSTER (Adam de), peintre d'effets de nuit; né à Malines.

Il regarde de face, la tête nue, portant la barbe et les moustaches; sa collerette plissée tombe sur ses épaules; son corps est tourné vers la droite; sa main gauche est posée sur un appui; la droite est presque derrière son dos. Dans le bas, une ligne de titre : ADAM DE COSTER ; plus bas, à gauche : *Ant. van Dyck pinxit;* à droite : *Mart. vanden Enden excudit Cum priuilegio.*

Haut., 209 millim.; larg., 160. La marge du bas, 20.

1er état. Avant toutes lettres. British Museum.

* 2e. La main droite n'est qu'au trait; avant le nom du graveur. Très rare. Collection Saint. (Adn à D.)

Vente Archinto, 50 fr.; Camberlyn, 57 fr.; Wolff, 188 fr. 75 c.; Marshall, 60 fr.

* 3e. Même titre et même adresse; la main droite est terminée; également avant le nom du graveur. Très rare. (D.) Filigrane : grande fleur de lis dans un écu carré couronné.

Archinto, 38 fr.; Wolff, 35 fr.

4e. Le titre est en deux lignes; on a ajouté : PICTOR NOCTIUM MECHLINIENSIS; avec le nom du graveur; l'adresse de *Mart. vanden Enden* est effacée; on lit : G. H.

Wolff, 25 fr.

5e. Cette adresse a été enlevée.

39. HALMALIVS (PAUL), sénateur d'Anvers; né en 1586, mort en 1643.

Il est nu-tête, un peu tourné vers la gauche ; il porte les moustaches et la barbe ; une collerette plissée tombe sur ses épaules ; une double chaîne est sur sa poitrine ; sa main droite retient les plis de son manteau. On lit dans le bas, sur une seule ligne : *Nobilissimus et integerrimus Vir*, D. PAVLVS HALMALIVS, *Senator Ant.*; plus bas, à gauche : *Ant. van Dyck pinxit.;* à droite : *Mart. vanden Enden excudit Cum priuilegio.*

Haut., 214 millim.; larg., 162. La marge du bas, 23.

* 1er état. Avant toutes lettres. De la plus grande rareté. Collection Marshall. Une épreuve du même état est au British Museum.

Vente Marshall, 65 fr. 50 c.

* 2e. Avec le titre relaté ci-dessus; mais avant le nom du graveur. Très rare. Collection Archinto.

Vente Archinto, 38 fr.; Marshall, 25 fr.; Wolff, 94 fr.

* 3e. Même titre et même adresse; mais au-dessous du nom du peintre, on lit : *Pet. de Jode sculp.* Très rare. (D.) Filigrane : double C couronné avec une croix double dans le milieu.

Wolff, 26 fr. 25 c.

4e. L'adresse de *Mart. vanden Enden* est effacée; on lit G. H. Rare.

Wolff, 17 fr. 25 c.

M. Wibiral indique un état avant les lettres G. H., mais des traces de brunissoir et une place blanche sous les lettres *Vir, D.*; ne sont pas suffisantes pour qu'un état ne soit pas contestable.

5e. Les lettres G. H. sont effacées.

40. JORDAENS (Jacques), peintre d'histoire ; né à Anvers en 1594, mort le 18 octobre 1678.

Il est nu-tête, vu de face, portant les moustaches et la royale ; une large collerette plissée tombe sur ses épaules ; sa main gauche est étendue sur sa poitrine ; à gauche, derrière le personnage, un mur d'architecture rustique. Une ligne de titre : IACOBVS IORDAENS ; plus bas, à gauche : *Ant. van Dyck pinxit;* à droite : *Mart. vanden Enden excudit Cum priuilegio.*

Haut., 216 millim.; larg., 169. La marge du bas, 23.

* 1er état. Avec le titre relaté ci-dessus, mais avant le nom du graveur. Très rare. Collection Archinto.

Vente Archinto, 59 fr.; Marshall, 24 fr.; Wolff, 187 fr. 50 c.

* 2e. Le titre et l'adresse sont les mêmes, mais on lit au bas, à gauche : *Pet. de Iode sculp.* Rare. (D.) Filigrane : bâton de Bâle dans un écu couronné ; au-dessous : P V.

Wolff, 26 fr. 25 c.

3e. Le titre est en deux lignes; les mots : PICTOR ANTVERPIÆ, HVMANARVM FIGVRARVM, INMAIORIBVS ont été ajoutés; à la place de *Mart. vanden Enden*, les lettres G. H.

M. Drugulin signale un état avec deux lignes de titre, avant G. H. Il cite à l'appui qu'une partie des lignes de l'adresse de *Mart. vanden Enden* est encore très visible.

4e. Les lettres G. H. sont enlevées. On ne voit plus la trace des lignes qui encadraient l'adresse de *Mart. vanden Enden*. On voit des égratignures qui s'élèvent du bas de la planche dans toute la longueur du mot HVMANARVM.

41. NOLE (André Colyns de), statuaire d'Anvers ; né en 1590.

Il est nu-tête, les cheveux un peu épars, regardant légèrement vers la droite ; il porte les moustaches et la royale ; une large collerette plissée tombe sur ses épaules ; sa main droite est appuyée sur un buste antique ; de l'index de la main gauche il semble montrer quelque chose. Le titre n'a qu'une ligne : ANDREAS COLYNS DE NOLE ; plus bas, à gauche : *Ant. van Dyck pinxcit;* à droite : *Mart. vanden Enden excudit Cum priuilegio.*

Haut., 216 millim.; larg., 160. La marge du bas, 21.

1er état. Avant toutes lettres. Extrêmement rare. British Museum.

* 2e. Avec l'inscription rapportée ci-dessus, mais avant le nom du graveur. Très rare. Collection Archinto.

Vente Archinto, 57 fr.; Wolff, 80 fr.

* 3e. Même titre et même adresse, mais au-dessous du nom du peintre, on lit : *Pet. de Jode sculp.* Rare. (D.)

Wolff, 26 fr. 25 c.

4e. Avec deux lignes de titre ; les mots STATVARIVS ANTVERPIÆ ont été ajoutés; à la place de *Mart. vanden Enden* : G. H.

Wolff, 30 fr.

5e. Cette dernière adresse est effacée.

42. POELENBVRG (Corneille), peintre d'histoire et de paysages ; né à Utrecht en 1586, mort en 1660.

Il est nu-tête, tourné vers la gauche ; il porte les moustaches et la royale ; son col découpé tombe sur ses épaules ; sa main droite sort de dessous son manteau ; son bras gauche est plié et semble appuyé sur sa hanche. Une ligne de titre : CORNELIVS POELENBOVRCH ; plus bas, à gauche : *Ant. van Dyck pinxit.* ; à droite : *Mart. vanden Enden excudit Cum priuilegio.*

Haut., 205 millim.; larg., 155. La marge du bas, 23.

* 1er état. Avec le titre ci-dessus, mais avant le nom du graveur. Très rare. (D.) Filigrane : grande fleur de lis dans un écu presque carré couronné; aussi avec V. M.

Archinto, 34 fr.; Marshall, 20 fr.; Wolff, 159 fr.

* 2e. Même titre et même adresse, mais sous le nom du peintre, on lit : *Paul. du Pont sculp.* Rare.

Wolff, 26 fr. 25 c.

3e. Le titre et l'adresse sont les mêmes, mais le nom du graveur véritable est rétabli; on lit : *Petrus de Jode sculpsit,* au lieu de *Paul. du Pont sculp.* Rare.

4e. Le titre est en trois lignes; les mots HOLLANDVS PICTOR IN PARVIS FIGVRIS HVMANIS ont été ajoutés; l'adresse de *Mart. vanden Enden* est effacée, mais avant G. H. Rare.

5e. Le mot PARVIS est changé en MINORIBVS; au milieu du bas : G. H.

6e. Ces lettres sont effacées.

43. PVTEANVS (Erycius), historiographe des Pays-Bas; né en 1574, mort en 1646.

Il est vu presque de face ; ses cheveux sont un peu en désordre ; il porte les moustaches et la barbe ; un grand col tombe sur ses épaules ; de la main droite, il entr'ouvre les feuillets d'un livre ; dans le fond, à droite, une bibliothèque. Le titre est en deux lignes : CLARISSIMVS ERYCIVS PVTEANVS HISTORIOGRAPHVS REGIVS PROFESSOR

CONSILIARIVS ETC. ; plus bas, à gauche : *Ant. van. Dÿck pinxit ;* à droite : *Mart. vanden Enden excudit cum priuilegio.*

Haut., 198 millim.; larg., 162. La marge du bas, 21.

* 1er état. Avant la lettre. Dans la marge du bas, on lit une inscription manuscrite différente de celle que l'on trouve ordinairement et qui se termine par ÆTAT. LIX. Extrêmement rare. Collection Archinto.

Vendu 101 fr.; Marshall, 22 fr. 50 c.; Wolff, 188 fr. 75 c.

2e. Avec le titre cité plus haut, mais avant le nom du graveur. Très rare.

Wolff, 33 fr. 75 c.

* 3e. Même titre et même adresse, mais sous le nom du peintre, on lit : *Pet. de Iode sculp.* Rare. (D.)

4e. Le titre est le même, mais les lettres G. H. ont remplacé *Mart. vanden Enden.*

MM. Drugulin et Wibiral signalent un état avant G. H. qui n'est pas suffisamment caractérisé.

5e. Les lettres G. H. sont effacées.

SNELLINX (Jean). (Voyez eaux-fortes attribuées à Van Dyck.)

TRIEST (Antoine). (Voyez eaux-fortes attribuées à Van Dyck.)

44. TVLDENVS (Diodore), professeur de jurisprudence à l'université de Louvain ; mort en 1645.

Il est nu-tête, vu de face, portant les moustaches et la royale ; un col dentelé tombe sur ses épaules ; il a la main droite au milieu d'un livre ouvert, dont il soutient un des côtés de la main gauche ; derrière la tête du personnage un grand rideau. Le titre est en deux lignes : CLARISSIMVS DIODORVS TVLDENVS. I. C. ET PROFESSOR REGIVS IN ACADEMIA LOVANIENSI ; à gauche, au-dessous : *Ant. Van Dÿck pinxit ;* à droite : *Mart vanden Enden excudit cum priuilegio.*

Haut., 239 millim.; larg., 167. La marge du bas, 21.

1er état. Avant la lettre. British Museum. Extrêmement rare.

* 2e. Avec le titre ci-dessus, mais avant le nom du graveur. Très rare. Collection Archinto. Filigrane : grande fleur de lis dans un écu couronné, au bas : WR.

Vente Archinto, 36 fr.; Marshall, avec 3e état, 33 fr.; Wolff, 39 fr.

3e. Même titre et même adresse, sous le nom du peintre, on lit : *Pet. de Jode sculp.* Rare. (D.) Filigrane : grande fleur de lis dans un écu presque carré, couronné.

Wolff, 62 fr. 50 c.

4e. Même titre, mais l'adresse de *Mart. vanden Enden* est effacée et remplacée par G. H.

Wolff, 45 fr.

Le catalogue Alibert indique un état avant G. H.

5e. L'adresse G. H. est effacée.

Le dessin original est au musée du Louvre.

45. VRPHÉ (Geneviève d'), veuve de Ch. Alexandre, duc de Croy.

Elle est coiffée en cheveux, de face, un peu tournée vers la droite ; une large collerette tombe sur ses épaules ; son vêtement est d'une grande richesse ; elle porte des perles autour du cou ; un grand collier de perles, auquel est attaché un portrait, entoure ses épaules : à son bras gauche est un bracelet de perles ; sa main gauche est étendue sur sa poitrine. Le titre est en deux lignes : ILLVS^MA^ DNA. GENOVEFA D'VRPHE, VIDVA CAROLI ALEXAND. DVC. CROI. MARCHION. DE HAVERE ETC. ; plus bas, à gauche : *Pet. de Ioden sculp.* ; au milieu : *Ant. van Dyck pinxit;* à droite : *Mart. vanden Enden excudit Cum priuilegio.*

Haut., 216 millim.; larg., 180. La marge du bas, 18.

1er état. Avant toutes lettres. Extrêmement rare. British Museum.

* 2e. Très rare épreuve avec le titre ci-dessus. Collection Archinto.

On ne connaît pas d'état avant le nom du graveur.

Vente Archinto, 43 fr. ; Camberlyn, 40 fr. ; Wolff, 363 fr. 75 c.

3e. Même titre et même adresse, mais le mot HAVERE a été corrigé, on lit : HAVRE ; des points ont été ajoutés après les mots VIDVA et CAROLI.

Wolff, 63 fr. 75 c.

4e. Le titre est le même, mais l'adresse de *Mart. vanden Enden* a été effacée et remplacée par G. H.

5e. Ces lettres ont été enlevées.

46. WALLENSTEIN (Albert, comte de), duc de Friedland ; né en 1583, mort en 1634.

Il est nu-tête, vu presque de face, tourné vers la gauche ; il porte les moustaches et la royale ; son col tombe sur ses épaules ; il est représenté en cuirasse, le bâton de commandement à la main. Le titre est en une seule ligne : ALBERT. DVX. FRITLAND. COM. WALLEST. ETC. ; plus bas, à gauche : *Pet. de Jode sculp.* ; au milieu : *Ant. van Dÿck pinxit ;* à droite : *Mart. van den Enden excudit Cum priuilegio.*

Haut., 214 millim.; larg., 162. La marge du bas, 21.

1er état. Avec le titre ci-dessus. Rare. (D.) Filigrane : bâton de Bâle dans un écu couronné ; au-dessous : P. V.

Archinto, 37 fr.; Camberlyn, 30 fr.; Marshall, 37 fr. 50 c.; Wolff, 151 fr. 25 c.

2e. Le titre est le même, mais l'adresse de *Mart. van den Enden* est effacée et remplacée par les lettres G. H. Rare.

3e. Les lettres G. H. sont effacées.

NICOLAS LAUWERS.

47. BLANCATCIO (Frère Lelio), commandeur de l'ordre de Malte.

Sa tête est chauve ; il est tourné vers la droite, le bâton de commandement à la main, et couvert d'une cuirasse ; son casque est posé sur un appui. Le titre est en trois lignes : FRAI. LELIO. BLANCATCIO. COMMENDAT. MELIT. MARCH. MONT. SILVAN. A. CONSIL. COLLATER. NEAPOL. CATH. MA. A. CONS. STAT. ET. SVPREM. CAMPI. MARSCHALC ; plus bas, à gauche : *Nicola. Lauwers sculp.;* au milieu : *Ant. van Dyck pinxit;* à droite : *Mart. vanden Enden excudit Cum priuilegio.*

Haut., 191 millim.; larg., 158. La marge du bas, 25.

* 1er état. Avant toutes lettres, avant les plumes sur le casque, avant les travaux additionnels sur la barbe et sur le fond. De la plus grande rareté. Collection Drugulin. Vendu 80 fr.

Une épreuve semblable est au British Museum.

2e. Avant la lettre, terminé. Extrêmement rare. British Museum.

* 3e. Avec l'inscription rapportée ci-dessus. Très rare. (D.) Filigrane : grande aigle à deux têtes ; dans le milieu : F D.

Archinto, 36 fr.; Camberlyn, 10 fr.; Wolff, 176 fr. 25 c.

4e. L'inscription est la même, mais l'adresse de *Mart. vanden Enden* est effacée et remplacée par G. H. Rare.

Wolff, 22 fr. 50 c.

5e. L'adresse est la même, mais vers la fin de la deuxième ligne on lit : CATH. MATIS A. CONS. au lieu de MA. A CONS. Rare aussi.

6e. L'inscription est la même, mais les lettres G. H. sont effacées.

PAUL PONTIUS.

48. BALEN (Henri van), peintre d'histoire, le premier maître de Van Dyck ; né à Anvers en 1560, mort en 1632.

Il est nu-tête, tourné vers la droite ; il porte les moustaches et la barbe ; sa collerette plissée tombe sur ses épaules ; sa main droite sort de dessous son manteau ; sa main gauche est posée sur une tête sculptée. Une ligne de titre : HENRICVS VAN BAELEN ; au-dessous, à gauche : *Ant. van Dyck pinxit.;* à droite : *Mart. vanden Enden excudit Cum priuilegio.*

Haut., 214 millim.; larg., 151. La marge du bas, 25.

1er état. Avant la lettre. British Museum. Très rare.

* 2e. Avec l'inscription rapportée ci-dessus, mais avant le nom du graveur. Très rare. Collection Archinto.

Vente Archinto, 36 fr.; Wolff, 187 fr. 50 c.

* 3e. Même titre et même adresse, mais au-dessous du nom du peintre, on lit : *Paul du Pont sculp.* Rare. (D.) Filigrane : bâton de Bâle dans un écu couronné; au-dessous : P V.

4e. Le titre est en deux lignes; les mots PICTOR ANT. HVMANARVM FIGVRARVM VETVSTATIS CVLTOR ont été ajoutés; l'adresse de *Mart. vanden Enden* a été effacée et remplacée par G. H. Assez rare.

Wolff, 34 fr. 50 c.

L'état avant ces lettres décrit par M. Wibiral n'est pas suffisamment caractérisé par quelques traces de l'ancienne adresse encore un peu visibles.

5e. Le titre est le même, mais les lettres G. H. sont effacées. On aperçoit sous. . . M FIGVRARV, les traces courtes et remarquables du brunissoir.

49. BAZAN (Don Alvar), marquis de Santa-Cruz, général des troupes du roi d'Espagne dans les Pays-Bas ; mort en 1646.

Il est nu-tête, vu de face, portant les moustaches et la barbe ; un grand col tombe sur ses épaules ; une écharpe est en travers sur sa cuirasse ; sa main droite est appuyée sur son casque, et de la gauche il tient un bâton de commandement. Le titre est en trois lignes : EXCELL.MVS D. DON. ALVAR BAZAN MARCH. DE STA. CRVC. CATH. MA. A STAT CONSIL. ET CVBICVL. OCEAN. QVACVNQ. HISP. MONARCH. DOMIN. PRO PRÆF BELGIOR ARM PER BELG. GVBERN. ; plus bas, à gauche : *Paul. Pontius sculp.* ; au milieu : *Ant. van Dyck pinxit;* à droite : *Mart. vanden Enden excudit Cum priuilegio.*

Haut., 211 millim.; larg., 162. La marge du bas, 23.

1er état. Avant toutes lettres. Extrêmement rare. British Museum.

* 2e. Avant les points ajoutés au bout de chaque mot, on lit : BELGIOR. Très rare. Épreuve avec marge. Collections Mariette et Marshall.

Vente Marshall, 27 fr. 75 c.; Wolff, 162 fr. 50 c.

* 3e. Avec le titre ci-dessus, mais avec des points ajoutés au bout de chaque mot; au lieu de BELGIOR on lit : REGIOR. Rare. (D.) Filigrane : grande aigle à double tête avec F D.

Archinto, 25 fr., Wolff, 39 fr. 75 c.

4e. L'adresse de Mart. vanden Enden est effacée et remplacée par les lettres G. H.

5e. Cette dernière adresse a été enlevée.

50. BREVCK (Jacques de), architecte à Mons, en Hainault.

Il est nu-tête, un peu tourné vers la gauche, portant la barbe longue; de la main droite, il relève les plis de son manteau; un compas est dans sa main gauche. Le titre est en une ligne : JACOBVS DE BREVCK; plus bas, à gauche : *Ant. van Dyck pinxcit;* à droite : *Mart. vanden Enden excudit Cum priuilegio.*

Haut., 202 millim.; larg., 167. La marge du bas, 23.

1er état. Épreuve avant toutes lettres. Il en a été vendu une à Londres en 1850. Extrêmement rare.

* 2e. Avec le titre ci-dessus, mais avant le nom du graveur. Très rare. Collection Archinto.

Vente Archinto, 48 fr.; Camberlyn, 17 fr.; Marshall, 18 fr. 75 c.; Wolff, 84 fr. 75 c.

* 3e. Même titre et même adresse, mais au-dessous du nom du peintre, on lit : *Paul. Pontius sculp.* Rare. (D.) Filigrane : bâton de Bâle dans un écu couronné, au bas : P. V.

Wolff, 32 fr. 50 c.

4e. Le titre est en deux lignes; les mots ARCHITECTVS MONTIBVS IN HANNONIA ont été ajoutés; les lettres G. H. ont remplacé l'adresse de *Mart. vanden Enden.*

Wolff, 44 fr.

Le catalogue Alibert mentionne une épreuve avant G. H.

5e. Cette adresse est effacée.

51. COLVMNA (Carolvs de), ou Charles de Colonne, général espagnol dans les Pays-Bas; mort en 1643.

Il est nu-tête, un peu tourné vers la droite, portant les moustaches et la barbe; son col dentelé tombe sur ses épaules; il porte sur sa cuirasse une écharpe en sautoir; sa main droite armée d'un gantelet descend plus bas que l'estampe et s'étend sur le titre; la gauche, également armée d'un gantelet, tient un bâton de commandement. Le titre est en deux lignes : DOM. CAROLVS. DE. COLVMNA. A. CONS. STAT. PRIM. A. CVBIT. REG. MAT. CATH. MAGISTER. CAMPI. GNALIS. IN. BELG. ETC.; plus bas, à gauche : *Paul. Pontius sculp.;* au milieu : *Ant. van Dyck pinxit;* à droite : *Mart. van den Enden excudit Cum priuilegio.*

Haut., 211 millim.; larg., 162. La marge du bas, 23.

* 1er état. Avec l'inscription rapportée ci-dessus. Il est très rare, mais c'est à tort que M. Duchesne, dans le *Voyage d'un Iconophile*, décrit cet état comme unique. (D.) Filigrane : vraisemblablement grand aigle à double tête avec F. D.

Vente Archinto, 36 fr.; Camberlyn, 26 fr.; Marshall, 17 fr. 50 c.; Wolff, 158 fr. 25 c.

2e. Même titre, mais l'adresse de *Mart. van den Enden* a été effacée et remplacée par G. H.

Wolff, 107 fr. 50 c.

3e. L'adresse est la même, mais au commencement de la deuxième ligne, on lit : CVBIC. REG. MA^{TIS}, à la place de CVBIT. REG. MAT.

Wolff, 38 fr. 75 c.

4e. Les lettres G. H. sont effacées.

On trouve des épreuves de cet état qui ont été falsifiées, on a rétabli l'adresse de Mart. van den Enden, afin de les faire passer pour des épreuves du 2e état; mais celui que nous avons décrit plus haut ayant l'adresse de Gillis Hendricx sans aucun changement à l'inscription, a fait découvrir la supercherie, attendu que cette épreuve ainsi falsifiée portait CVBIC et MA^{TIS}; d'ailleurs le point manque après *Mart.* C'est à tort que M. Guichardot a annoncé une estampe semblable comme du deuxième état.

Vente Camberlyn, 5 fr.

52. CRAYER (Gaspar de), peintre de portraits et d'histoire; né à Anvers en 1582, mort en 1669.

Il est nu-tête, tourné vers la droite, portant les moustaches et la royale; sa collerette plissée tombe sur ses épaules; de la main droite il relève son manteau; il a la main gauche étendue sur sa poitrine. Une ligne de titre : GASPAR DE CRAYER; plus bas, à gauche : *Ant. van Dyck pinxit;* à droite : *Mart. vanden Enden excudit Cum priuilegio.*

Haut., 218 millim.; larg., 171. La marge du bas, 21.

1er état. Avant toutes lettres. Extrêmement rare. British Museum.

* 2e. Avec l'inscription ci-dessus, mais avant le nom du graveur. Très rare. Collection Marshall.

Vente Marshall, 43 fr. 25 c.; Wolff, 92 fr. 25 c.

* 3e. Même titre, même adresse, mais au-dessous du nom du peintre, on lit : *Paul. du Pont sculp.* Rare. (D.) Filigrane : grand lion la patte droite levée, aussi M V.

Archinto, 34 fr.; Wolff, 36 fr. 25 c.

* 4e. Sans adresse d'éditeur, avec deux lignes de titre; les mots PICTOR HVMANARVM FIGVRARVM BRVXELLIS sont ajoutés. L'adresse est effacée; on lit seulement *Cum priuilegio.* Rare. Épreuve avec marge. Collection Bus de Gisignies. Filigrane : folie sous laquelle est un 4 au-dessus de trois boules.

Bus de Gisignies, 22 fr.; Wolff, 38 fr. 25 c.

Cet état est cité dans Weber, mais l'inscription de la seconde ligne est rapportée d'une manière très inexacte.

5e. L'inscription du titre est en quatre lignes; on lit à la place de la seconde ligne de l'état précédent : ANTVERPIENSIS HVMANARVM FIGVRARVM MAIORVM PICTOR ET CARDINALIS FERDINANDI HISPANIARVM INFANTIS.DOMESTICVS BRVXELLIS. Le mot *pinxit* a été effacé et se trouve gravé de nouveau entre les noms du peintre et du graveur; on lit G. H. dans le milieu du bas.

6e. Cette adresse est effacée.

M. Revil m'a cédé à l'amiable le dessin original de cette pièce.

53. FROCKAS PERERA ET PIMENTEL (Don Emmanuel), comte de Feria ; mort en 1646.

Il est nu-tête, tourné à droite, revêtu de son armure; il tient de la main gauche le bâton de commandement. Le titre est en cinq lignes : NOBILISSIMVS VIR AC D. EMANVEL FROCKAS PINYRA. ET PIMENTEL COMES DE FERIA EQVES ORDINIS MILITARIS S. JACOBI DOMINVS S^{AE} BENEDICTÆ REGIÆ AC CATHOLICÆ SVÆ MAIESTATIS CONSILIARIVS CVBICVLARIVS ETC. ; plus bas, à gauche : *P. Pontius sculp.;* au milieu : *Ant. van Dyck pinxit;* à droite : *Mart. vanden Enden excudit Cum priuilegio.*

Haut., 212 millim., larg., 160. La marge du bas, 23.

1er état. Avant toutes lettres. Extrêmement rare. British Museum.

La planche est plus large, aux deux côtés une marge de 15 millimètres.

Une épreuve semblable était dans la collection du docteur Wolff, à Bonn.

Wolff, 777 fr.

* 2e. Avec l'inscription ci-dessus. Rare. C'est par une erreur typographique que, dans le catalogue Debois, on a écrit PINGRA au lieu de PINYRA. Cette erreur est d'autant plus facile à reconnaître que notre épreuve est celle qui a été décrite par M. Defer. (D.)

Vente Archinto, 36 fr.; Wolff, 25 fr.

3e. Le titre est le même, mais l'adresse de *Mart. vanden Enden* est effacée et remplacée par G. H., en bas au milieu. Très rare.

Wolff, 26 fr. 25 c.

C'est par erreur que Weber avait décrit un état avec PINYRA et avant G. H. Ces lettres avaient été grattées sur l'exemplaire qui lui avait servi pour faire sa description.

4e. Également avec les lettres G. H., mais le mot PINYRA est remplacé par PERERA.

5e. L'adresse G. H. a été enlevée.

54. GEEST (Corneille van der), amateur d'objets d'art à Anvers; mort en 1647.

Il est nu-tête, regardant vers la gauche; il porte les moustaches et la barbe; une large collerette plissée entoure son cou; ses deux mains sont croisées l'une sur l'autre; des gants sont dans la droite. Le titre est en une seule ligne : CORNELIVS VANDER GEEST; plus bas, à gauche : *Ant. van Dyck pinxcit;* à droite : *Mart. vanden Enden excudit Cum priuilegio.*

Haut., 218 millim.; larg., 171. La marge du bas, 23.

1er état. Avant toutes lettres. Extrêmement rare. British Museum.

* 2e. Avec le titre ci-dessus, mais avant le nom du graveur. Très rare. Collection Archinto. Filigrane : grande fleur de lis dans un écu carré couronné.

Vente Archinto, 36 fr.; Marshall, 22 fr. 50 c.; Wolff, 325 fr.

* 3e. Même titre et même adresse, mais au-dessous du nom du peintre, on lit : *Paul. Pontius sculp.* Rare. (D.) Filigrane : bâton de Bâle dans un écu couronné; au-dessous : P V.

Wolff, 13 fr. 75 c.

4e. Le titre est en deux lignes; les mots ARTIS PICTORIAE AMATOR ANTVERPIAE ont été ajoutés; l'adresse de *Mart. vanden Enden* a été effacée et remplacée par G. H. Rare.

Wolff, 26 fr. 25 c.

M. Wibiral décrit un état avant G. H., mais il ne le caractérise que par les signes suivants : au-dessous des lettres. . . . ORIAE, un trait fin forme un lacet en avant, et descend au bord droit de la planche; un autre trait descend presque verticalement entre les lettres T et O du mot AMATOR; la place au-dessous de Æ et AMA. . . . . est blanche. Ces signes qui se retrouvent dans l'état avec G. H. ne nous paraissent pas suffisants.

5e. On ne voit plus G. H.

55. GEVARTIVS (Gaspard), jurisconsulte, secrétaire de la ville d'Anvers; né en 1593, mort en 1666.

Il est nu-tête, regardant du côté gauche; il porte les moustaches et la royale; une collerette dentelée tombe sur ses épaules; son manteau est bordé de fourrures; sa main est appuyée sur un livre dans l'intérieur duquel est l'index. Le titre est en deux lignes : CLARISSIMVS VIR CASPAR GEVARTIVS I. C ANTVERPIÆ GRAPHIARIVS ETC.; plus bas, à gauche : *Ant. van Dÿck pinxit;* à droite : *Mart. vanden Enden excudit Cum priuilegio.*

Haut., 212 millim.; larg., 156. La marge du bas, 25.

* 1er état. Avant toutes lettres. Extrêmement rare. Une épreuve semblable est au British Museum.

* 2e. Avec le titre ci-dessus, mais avant le nom du graveur. Très rare. Collection Archinto. Filigrane : grande fleur de lis dans un écu gondolé surmonté d'une couronne.

Vente Archinto, 37 fr.; Marshall, 20 fr.; Wolff, 188 fr. 75 c.

* 3e. Même titre et même adresse, mais au-dessous du nom du peintre, on lit : *Paul. du Pont sculp.* Rare. (D.) Filigrane : bâton de Bâle dans un écusson couronné; au-dessous : P V.

Camberlyn, 17 fr. 50 c.; Wolff, 125 fr.

4e. Le titre est le même, mais l'adresse de *Mart. vanden Enden* est effacée, on lit toujours CASPAR. Très rare.

* 5e. Le titre est le même, mais on lit seulement CASP; les deux dernières lettres ont été effacées, il n'y a pas encore les lettres G. H. Très rare aussi.

Wolff, 63 fr. 75 c.

6e. L'inscription primitive a été enlevée et remplacée par la suivante : CLARISSIMVS VIR, CASPERIVS GEVARTIVS JVRISCONSVLTVS ARCHIGRAMMATEVS ANTVERPIANUS ET HISTORIGRAPHVS CÆSAREVS; dans le bas, à droite : G. H. Très rare.

7e. L'inscription est en trois lignes; on a ajouté CONSILIARIVS entre ANTVERPIANVS et HISTORIOGRAPHVS. . . . toujours avec G. H.

8e. Le titre est resté le même, mais les lettres G. H. ont été enlevées.

56. GVSMAN (Don Diego Philippe de), marquis de Leganes; mort en 1655.

Il est nu-tête, légèrement tourné vers la droite, portant les moustaches et la royale; son col est dentelé; il est couvert de son armure, et tient le bâton de commandement. Le titre est en quatre lignes : ILLVST.MVS ET EXCELL.MVS DON. DIEGO. PHILIPPVS. DE. GVSMAN. MARCH. LEGA « NES. SVMM. LEGIONENS. REGN. COMMENDAT. REG. CATH. A CVBI » CVL. ET. CONSIL. STAT. ARCAN. BELGIC. SENAT. PRÆS. MILIT. EQVEST. APVD. BELG. ET. AENOR. TORMENTOR. APUD. HISPAN. PRÆFECT.; plus bas, à gauche : *Paul. Pontius sculp.*; au milieu : *Ant. van Dyck pinxit*; à droite : *Mart. van den Enden excudit Cum priuilegio.*

Haut., 218 millim.; larg., 164. La marge du bas, 23.

1er état. Avant toutes lettres. Extrêmement rare. British Museum.

* 2e. Avec le titre et l'adresse ci-dessus. Très rare. (D.)

Archinto, 36 fr.; Camberlyn, 14 fr.; Wolff, 75 fr.

3e. L'adresse de *Mart. van den Enden* a été enlevée et remplacée par G. H.

Wolff, 38 fr. 75 c.

4e. Toute adresse est effacée. Il y a de cet état des épreuves falsifiées où l'on a rétabli l'adresse de *Mart. van den Enden.*

57. GVSTAVE-ADOLPHE, roi de Suède; né en 1594, mort en 1632.

Il est nu-tête, regardant vers la gauche; ses cheveux sont courts; il porte les moustaches et la royale; son col tombe sur ses épaules; une large écharpe en sautoir couvre sa cuirasse; il tient de la main gauche son bâton de commandement. Deux lignes de titre : GVSTAVVS ADOLPHVS D. G. REX. SVEC. GOTH : ET VAND. MAGNVS. PRINCEPS. FINLANDIE DVX. ETC.; plus bas, à gauche : *Paul. Pontius sculp.;* au milieu : *Ant. van Dÿck pinxit;* à droite : *Mart. vanden Enden excudit Cum priuilegio.*

Haut., 211 millim.; larg., 171. La marge du bas, 23.

1er état. Avant toutes lettres. Extrêmement rare. British Museum.

* 2e. Avec l'inscription ci-dessus. Très rare. Collection Thiers. Filigrane : grande aigle à double tête avec F D.

Thiers, 39 fr.; Wolff, 401 fr. 25 c.

* 3e. Au lieu de FINLANDIE, on lit FINLANDIÆ. Rare. (D.)

Archinto, 32 fr.; Wolff, 176 fr. 25 c.

4e. Le titre est le même, mais l'adresse de *Mart. vanden Enden* est effacée et remplacée par G. H.

5e. Ces lettres sont effacées.

58. HONTHORST (GÉRARD), peintre d'histoire; né à Utrecht en 1592, mort en 1660.

Ses cheveux sont longs, il regarde vers la gauche; il porte les moustaches et la royale; un grand col couvre ses épaules; sa main semble soutenir son manteau qui est croisé sur sa poitrine. Une ligne de titre : GERARDVS HONTBORST; plus bas, à gauche : *Ant. van Dyck pinxit;* à droite : *Mart. vanden Enden excudit Cum priuilegio.*

Haut., 209 millim.; larg., 162. La marge du bas, 23.

* 1er état. Avec le titre ci-dessus, mais avant le nom du graveur. Très rare. Collection Marshall.

Filigrane : grande fleur de lis dans un écu carré couronné.

Vente Marshall, 27 fr. 75 c.

Archinto, 25 fr.; Wolff, 113 fr. 75 c.

* 2e. Même titre et même adresse, au-dessous du nom du peintre, on lit : *Paul. du Pont.* Rare. (D.)

Wolff, 75 fr.

3e. Même titre et même adresse, mais au lieu de HONTBORST comme dans les deux premiers états, on lit : HONTHORST, le B a été transformé en H. Très rare aussi.

4e. Le titre est en deux lignes; les mots HOLLANDVS PICTOR HVMANARVM

FIGVRARVM ont été ajoutés, l'adresse de *Mart. van den Enden* a été effacée, mais on ne voit pas encore les lettres G. H. Très rare.

Wolff, 101 fr. 25 c.

5e. Le titre est le même, mais avec G. H. au milieu du bas. Rare.

6e. Le titre est en deux lignes, mais la seconde H du mot HONTHORST est mieux formée; au lieu de l'inscription rapportée ci-dessus, on lit dans la seconde ligne : HAGÆ COMITIS PICTOR HVMANARVM FIGVRARVM MAJORV; toujours avec G. H. Rare.

7e. Cette adresse est effacée.

59. HVGENS (Chevalier Constantin), seigneur de Suylecom, conseiller et secrétaire du prince d'Orange; mort en 1687.

Il est de face; ses cheveux sont longs; il porte les moustaches et la royale; sa collerette plissée tombe sur ses épaules; il est enveloppé d'un manteau; sa main gauche est posée sur un livre. Le titre est en deux lignes : D. CONSTANTINVS HVGENS EQVES TOPARCHA SVYLECOM.; plus bas, à gauche : *Ant. van d''ck pinxit;* à droite : *Mart. vanden Enden excudit Cum priuilegio;* à la gauche du bas, dans l'estampe : *Paul Ponsius sculp.*

Haut., 216 millim.; larg., 164. La marge du bas, 25.

* 1er état. Avec le titre ci-dessus. Très rare. (D.) Filigrane : bâton de Bâle dans un écu couronné; au-dessus : P V.

Archinto, 36 fr.; Camberlyn, 15 fr.; Wolff, 60 fr. 50 c.

2e. L'adresse de *Mart. vanden Enden* a été effacée et remplacée par G. H. Le titre est resté le même. Rare.

3e. Les lettres G. H. ont été enlevées.

60. MEDICIS (Marie de), reine de France; née en 1573, à Florence, morte à Cologne en 1642.

Elle est coiffée en cheveux, tournée vers la droite; elle porte en arrière de ses épaules une large collerette; son vêtement est riche; dans sa main gauche elle tient des fleurs. Dans le fond, à gauche, on voit une couronne; un rideau forme le fond, à droite. Le titre est en deux lignes : MARIA DE MEDICES REGINA FRANCIÆ TRIVM REGVM MATER.[1]; plus bas, à gauche : *Paul. Ponsius sculp.;* au milieu : *Ant.*

1. Elle était mère de Louis XIII, roi de France, et belle-mère du roi d'Angleterre et du roi d'Espagne; une de ses filles avait encore épousé le duc de Savoie.

van Dÿck pinxit; à droite : *Mart. vanden Enden excudit cum priuilegio.*

Haut., 218 millim.; larg. 178. La marge du bas, 21.

* 1er état. Avant toutes lettres. De la dernière rareté. Épreuve avec marge que nous ne croyons pas terminée. Collection Wolff, de Bonn.

Vente Wolff, 375 fr.

2e. Avec le titre ci-dessus, mais le nom du graveur est écrit *PonSius.* Extrêmement rare.

* 3e. Le nom du graveur est écrit *Pontius;* la grande S du milieu est encore très visible, mais le t est formé. Très rare aussi. (D.) Filigrane : aigle à double tête couronnée ; au milieu : bâton de Bâle avec F. D.

Camberlyn, 14 fr.

4e. Même titre, mais l'adresse de *Mart. vanden Enden* a été enlevée et remplacée par G. H. Rare.

5e. Ces lettres ont été effacées. C'est à tort que l'on a prétendu que MEDICES avait été changé en MEDICIS ; le premier mot subsiste encore dans le dernier état. On ne connaît pas non plus d'état avant G. H.

61. MIRÆVS (Aubert), de Bruxelles, doyen de l'église cathédrale d'Anvers; mort en 1640.

Il est nu-tête, tourné vers la droite, portant les moustaches et la barbe; son col est très court; couvert d'un vêtement à doubles manches, il pose son bras droit sur un appui; sa main gauche est placée un peu au-dessus de sa main droite. Le titre est en deux lignes : AVBERTVS MIRÆVS BRVXELLENSIS DECANVS ANTVERPIENSIS. ; plus bas, à gauche : *P. Pontius sculp.;* au milieu : *Ant. van Dyck pinxit;* à droite : *Mart. vanden Enden excudit Cum priuilegio.*

Haut., 212 millim., larg., 162. La marge du bas, 27.

* 1er état. Avec l'inscription ci-dessus. Très rare. (D.)

Archinto, 37 fr.; Wolff, 63 fr. 75 c.

2e. Le titre est le même, mais l'adresse de *Mart. vanden Enden* a été effacée et remplacée par G. H.

3e. Ces lettres ont été enlevées.

62. MYTENS (Daniel), peintre d'histoire, de la Haye.

Il regarde, un peu tourné vers la gauche ; ses cheveux sont longs; il porte les moustaches et la royale; son col dentelé tombe sur ses épaules; sa main gauche sort de dessous son manteau ; il est accoudé sur un appui de pierre ; un mur est derrière lui. Le titre n'a qu'une ligne : ISAAC MYTENS; plus bas, à gauche : *Ant. van Dyck pinxit;* à droite : *Mart. vanden Enden excudit Cum priuilegio*[1].

Haut., 221 millim.; larg., 176. La marge du bas, 23.

* 1er état. Avant toutes lettres. Extrêmement rare. Une épreuve semblable est au musée d'Amsterdam, une autre au British Museum.

* 2e. Avec l'inscription ci-dessus, mais avant le nom du graveur. Très rare. (D.) Filigrane : grande fleur de lis dans un écu presque carré couronné, aussi M. V.

* 3e. Même titre et même adresse, mais au-dessous du nom du peintre, on lit *Paul. du Pont sculp.* Rare. Collection Camberlyn.

Vente Archinto, 36 fr. ; Camberlyn, 26 fr.

4e. Le titre est en deux lignes; les mots HOLLANDVS PICTOR HVMANARVM FIGVRARVM ont été ajoutés; l'adresse de *Mart. vanden Enden* est effacée, mais avant G. H. Rare.

Wolff, 37 fr. 50 c.

5e. Le titre est en deux lignes, mais les lettres SAAC sont effacées sur la planche, la première seule reste; toujours avant G. H. Rare aussi.

6e. Même titre, mais au lieu d'Isaac on lit : DANIEL; avec les lettres G. H.

7e. L'inscription est la même, mais l'adresse est effacée.

63. NASSAU (Jean, comte de), chevalier de la Toison d'or ; né en 1583, mort en 1638.

Sa tête est chauve, il regarde de face; il porte les moustaches et la royale; un large col dentelé tombe sur ses épaules; il est couvert d'une armure; décoré des insignes de la Toison d'or; dans sa main droite est le bâton de commandement. Trois lignes de titre : EXCELLMUS DOMINVS. D. IOANNES. COMES. NASSOVIÆ CATTINELLIBOCI. VIANDEN, DIETZ. ETC. EQVES AVREI VELLERIS, S. MA=CÆS. MARESCHALLVS. CATH. REG. IN BELGIO EQVITVM. GENERALIS. ETC. ; plus bas, à gauche : *Paul Ponsius sculpsit;* au milieu : *Ant. van Dÿck pinxit;* à droite : *Mart. van den Enden excudit Cum priuilegio.*

Haut., 216 millim.; larg., 169. La marge du bas, 21.

1er état. Avant toutes lettres. Extrêmement rare. British Museum.

* 2e Avec le titre ci-dessus, le nom du graveur est écrit *Ponsius*. Très rare. Collection Camberlyn. Filigrane : grande aigle à double tête avec F D.

Vente Archinto, 36 fr. ; Camberlyn, 18 fr. ; Wolff, 126 fr. 25 c.

* 3e. L'inscription est la même, mais des points sont ajoutés après tous les mots, sauf VIANDEN et IN, et le nom du graveur est écrit *Pontius;* les traces de l'S sont encore apparentes. Rare. (D.)

4e. L'adresse de *Mart. van den Enden* est effacée, avec les lettres G. H. au milieu du bas. Rare.

5e. Cette adresse a été enlevée.

1 Le dessin original a été exposé en 1879 au palais des Beaux-Arts.

64. PALAMEDES (PALAMEDESZ STEVENS), peintre de batailles, de Delft ; né à Londres en 1607, mort en 1638.

Il est nu-tête, tourné vers la droite ; une grande collerette plissée tombe sur ses épaules ; son manteau est rejeté sur son épaule droite ; son bras gauche est appuyé sur une pierre. Une ligne de titre : PALAMEDES PALAMEDESSEN ; plus bas, à gauche : *Ant. van Dyck pinxcit ;* à droite : *Mart. vanden Enden excudit Cum priuilegio.*

Haut., 205 millim. ; larg., 158. La marge du bas, 21.

1er état. Avant toutes lettres. Extrêmement rare. Musée d'Amsterdam.

* 2e. Avec le titre ci-dessus, mais avant le nom du graveur. Très rare. (D.) Filigrane : grande fleur de lis dans un écu presque carré couronné.

Vente Archinto, 37 fr. ; Camberlyn, 15 fr. 50 c. ; Wolff, 88 fr. 75 c.

3e. Même titre et même adresse, mais au-dessous du nom du peintre, on lit : *Paul. Pontius sculp.* Rare.

4e. Le titre est en deux lignes ; les mots PRÆLIORVM PICTOR IN HOLLANDIA sont ajoutés ; l'adresse de *Mart. vanden Enden* est effacée et remplacée par G. H. Rare.

M. Wibiral mentionne un état avant G. H., mais des traces horizontales qui s'élèvent de gauche à droite dans cet endroit ne sont pas suffisantes pour caractériser un état.

5e. Toute adresse est effacée. Les traces horizontales ont disparu.

65. PONTIVS (PAUL, ou DU PONT), graveur au burin ; né à Anvers en 1596 ou 1600.

Il est nu-tête, tourné vers la gauche, portant les moustaches et la royale ; son col dentelé tombe sur ses épaules ; sa main gauche soutient les plis de son manteau ; dans le fond, à gauche, un mur. Une ligne de titre : PAVLVS PONTIVS ; plus bas, à gauche : *Ant. van Dyck pinxcit ;* à droite : *Mart. vanden Enden excudit Cum priuilegio.*

Haut., 214 millim. ; larg., 176. La marge du bas, 23.

1er état. Avant toutes lettres. Extrêmement rare. British Museum et musée d'Amsterdam.

* 2e. Avec le titre ci-dessus, mais avant le nom du graveur. Très rare. Collections Séguier, Carpenter et Marshall. Filigrane : grande fleur de lis dans un écu couronné ; au-dessous : W R.

Vente Marshall, 32 fr. 75 c. ; Wolff, 363 fr. 75 c.

* 3e. Même titre et même adresse, mais sous le nom du peintre, on lit : *Paul. Pontius sculp.* Rare. (D.)

Wolff, 75 fr.

4e. Le titre est en deux lignes ; les mots : CALCOGRAPHVS ANTVERPIÆ ont été ajoutés ; l'adresse de *Mart. vanden Enden* a été effacée et remplacée par G. H. Rare.

L'état avant G. H. décrit par M. Wibiral n'est pas suffisamment caractérisé.

5e. On a enlevé G. H.

66. RAVESTEIN (JEAN VAN), peintre de portraits; né à la Haye en 1572, mort en 1657.

Il est nu-tête, tourné vers la gauche, portant les moustaches et la barbe; son cou est entouré d'une collerette plissée; sa main droite qui sort de dessous son manteau est appuyée sur une pierre, à droite; derrière le personnage, un mur. Une ligne de titre : CASPAR RAVESTYN; plus bas, à gauche : *Ant. van Dÿck pinxit;* à droite : *Mart. vanden Enden excudit Cum priuilegio;* à gauche, en bas dans l'estampe : *Paul. Ponsius sculp.*

Haut., 209 millim.; larg., 153. La marge du bas, 25.

* 1er état. Avant toutes lettres. Extrêmement rare. Collection Santarelli.

* 2e. Avec l'inscription rapportée ci-dessus. Rare. (D.)

Archinto, 35 fr.; Camberlyn, 14 fr.; Wolff, 70 fr.

3e. Le titre est en deux lignes; les mots PICTOR ICONVM HAGÆ COMITIS ont été ajoutés; l'adresse de *Mart. vanden Enden* a été effacée; mais avant les lettres G. H. Très rare.

4e. Le titre est le même, à l'exception de la première ligne qui est ainsi écrite : IOANNES VAN RAVESTEYN; mais avec les lettres G. H. au milieu du bas. Rare.

5e. Cette adresse a été effacée; mais le nom de *Ponsius* n'a pas été corrigé.

67. ROMBOVTS (THÉODORE), peintre d'histoire; né à Anvers en 1597, mort en 1637.

Il est nu-tête, tourné vers la droite, portant des moustaches et un peu de barbe; c'est à peine si l'on aperçoit son col rabattu; il fait un signe de la main gauche; sa main droite appuyée sur sa hanche soutient les plis de son manteau. Une ligne de titre : THEODORVS ROMBOVTS; plus bas, à gauche : *Ant. van Dyck pinxit;* à droite : *Mart. vanden Enden excudit Cum priuilegio.*

Haut., 211 millim.; larg., 149. La marge du bas, 21.

1er état. La main gauche est seulement au trait; cité par Weber sur une épreuve privée de sa marge. Très rare.

* 2e. Avec l'inscription ci-dessus, mais avant le nom du graveur. Très rare. (D.) Filigrane : grande fleur de lis dans un écu couronné, aussi M. V.

Vente Archinto, 37 fr.; Wolff, 167 fr. 50 c.

3e. Même titre et même adresse, mais au-dessous du nom du peintre, on lit : *Paul. du Pont sculp.* Rare.

4°. Le titre est en deux lignes; les mots PICTOR HVMANARVM FIGVRARVM ANTVERPIÆ sont ajoutés ; à la place de *Mart. vanden Enden* les lettres G. H. Rare aussi.

L'état avant cette adresse n'est pas suffisamment caractérisé.

5°. Cette dernière adresse a été enlevée.

68. RVBENS (Pierre-Paul), peintre d'histoire; né à Cologne en 1577, mort à Anvers le 30 mai 1640.

Il est nu-tête, se penchant pour regarder vers la droite ; il porte les moustaches et la barbe ; un col dentelé tombe sur ses épaules; il est décoré d'une chaîne ; son manteau est rejeté sur son épaule gauche; sa main droite est étendue sur sa poitrine. Une ligne de titre : D. PETRVS PAVLVS RVBBENS EQVES. ; plus bas, à gauche : *Ant. van Dyck pinxit;* à droite : *Mart. vanden Enden excudit Cum priuilegio.*

Haut., 209 millim.; larg., 146. La marge du bas, 21.

1er état. Avant toutes lettres. Extrêmement rare. British Museum. Une épreuve semblable a été vendue à Dresde en 1846.

* 2e. Avec le titre ci-dessus, mais avant le nom du gravenr. Très rare.

Wolff, 500 fr.

* 3e. Même titre et même adresse, mais sous le nom du peintre, on lit : *Paul. du Pont sculp.* Rare. (D.) Filigrane : bâton de Bâle dans un écu couronné ; au-dessous : P V.

Vente Camberlyn, 70 fr. ; Wolff, 251 fr. 25 c.

4e. Le titre est toujours en une seule ligne, mais l'adresse de *Mart. vanden Enden* a été effacée; avant les lettres G. H. Très rare.

5e. Le titre est en trois lignes; les mots REGI CATOLICO IN SANCTIORE CONSILIO A SECRETIS ÆVI SVI APELLES ANTVERPIÆ ont été ajoutés; pour cela on a effacé les noms des artistes et le *Cum priuilegio*. Ces mots se trouvent maintenant tout en bas; à gauche : *Ant. van Dyck pinxit*, et immédiatement au-dessous : *Paul. Pontius sculpsit;* à droite : *Cum priuilegio;* au milieu : G. H. Rare.

6e. Toute adresse est effacée.

69. SAVOYE (François-Thomas), prince de Carignan; né en 1596, mort en 1656.

Il est nu-tête, tourné vers la gauche, portant les moustaches et la royale ; ses cheveux tombent sur un col qui recouvre ses épaules; il est couvert de son armure ; de sa main droite il tient le bâton de commandement ; sa main gauche est appuyée sur un casque. Le titre est en trois lignes : SERENISS.MVS PRINC. FRANCISCVS. THOMAS. A. SABAVDIÂ. PRINC. CARIGNANI. ETC. ARMOR. ET. EXERCIT.

CATH.AE MAI.TIS IN. BELG. PRÆFECT. ET. GVBERNAT. GENERAL; plus bas, à gauche : *Paul. Pontius sculp.;* au milieu : *Ant. van Dyck pinxit;* vers la droite : *Mart. van den Enden excudit Cum priuilegio.*

Haut., 212 millim.; larg., 183. La marge du bas, 21.

1er état. Avant la lettre, non terminé. Peut-être unique. Collection Artaria, à Vienne.

* 2e. Avec l'inscription ci-dessus. Rare. (D.) Filigrane : bâton de Bâle dans un écu; au-dessous : LV.

Vente Archinto, 30 fr.; Camberlyn, 20 fr.; Wolff, 188 fr. 75 c.

3e. L'adresse de *Mart. van den Enden* a été effacée et remplacée par G. H.

Wolff, 56 fr. 25 c.

4e. Ces lettres ont été enlevées.

70. SCAGLIA (César-Alexandre), abbé de Staffarde, homme politique et savant; mort en 1641.

Il est nu-tête, vu de face, légèrement tourné vers la droite, portant les moustaches, la royale et un peu de barbe; son col tombe sur ses épaules; il s'appuie sur le piédestal d'une colonne; les doigts de sa main gauche sont pliés, l'index seul est étendu; un rideau tombe derrière son épaule droite. Le titre est en deux lignes : ILL.MVS ET R.MVS DD. CÆSAR ALEXANDER SCAGLIA ABBAS STAPHARDÆ ET MANDANICES; plus bas, à gauche : *Ant. van Dÿck pinxit;* à droite : *Mart. vanden Enden excudit Cum priuilegio.*

Haut., 221 millim.; larg., 176. La marge du bas, 21.

1er état. Avant toutes lettres. Extrêmement rare. British Museum.

* 2e. Avec l'inscription ci-dessus. Extrêmement rare aussi. Collection Marshall.

Camberlyn, 21 fr.; Marshall, 38 fr. 75 c.; Wolff, 50 fr.

* 3e. L'inscription relatée plus haut a été effacée. Dans la marge, une ligne de titre et six vers latins en deux colonnes : CÆSAR ALEXANDER SCAGLIA ABBAS STAPHARDÆ ET MANDANICES.; au-dessous : *Hic quem tacentem. . . . . ex uisis parat*; tout en bas, à gauche : *P. Pontius sculp.;* au milieu : *Ant. van Dyck pinxit;* à droite : *Mart. vanden Enden excudit Cum priuilegio.* Le dernier mot du deuxième vers est *Regens*. Extrêmement rare. Collection Archinto.

Vente Archinto, 32 fr.; Wolff, 50 fr.

* Autre épreuve du même état, mais le coin, dans le bas à droite, est arrondi.

* 4e. Même titre et même adresse, mais au lieu du mot *Regens* on lit, à la fin du 2e vers, *Mouens*. Rare. (D.)

5e. La première lettre du mot *mouens* n'est plus une majuscule, mais une petite m; vers la droite, sous le bras gauche du personnage : OBIIT XXI MAY M.DC.XLI. Rare.

6°. Le titre est le même, mais l'adresse *Mart. vanden Enden* a été effacée et remplacée par G. H. Rare aussi.

7°. Ces lettres ont été enlevées.

71. SEGHERS (Gérard), peintre d'histoire; né à Anvers en 1589, mort en 1651.

Il est nu-tête, tourné vers la gauche, portant les moustaches et la barbe; son col est rabattu; il est enveloppé dans son manteau d'où sort sa main droite. Une ligne de titre : GERARDVS SEGERS; plus bas, à gauche : *Ant. van Dyck pinxit;* à droite : *Mart. vanden Enden excudit Cum priuilegio* [1].

Haut., 211 millim.; larg., 149. La marge du bas, 21.

* 1er état. Avant le nom du graveur. Très rare. Collection Archinto.

Vente Archinto, 41 fr.; Camberlyn, 41 fr.; Wolff, 51 fr. 25 c.

2e. Même titre et même adresse; au-dessous du nom du peintre, on lit : *Paul. du Pont sculp.* Rare. (D.) Filigrane : bâton de Bâle dans un écu carré couronné; au-dessus : P. V.

3e. Le titre est en quatre lignes; les mots : ANTVERP. HVMANARVM FIGVRARVM MAIORVM PICTOR AVLICVS SEREN.MI PRINCI FERDINANDI AVSTRIACI HISP.RVM INFANT. S. R. E. CARD. BELGARVM GVBERNATORIS ont été ajoutés; l'adresse de *Mart. vanden Enden* a été enlevée et remplacée par G. H. Rare.

De petites égratignures ne sont pas suffisantes pour faire affirmer avec certitude qu'il existe un état avant G. H.

4e. Ces lettres sont effacées.

72. STALBENT (Adrien van), peintre de paysages; né à Anvers en 1580, mort en 1662.

Il est nu-tête, regardant à gauche; il porte les moustaches et la royale; sa collerette plissée tombe sur ses épaules; de sa main gauche il relève les plis de son manteau. Une ligne de titre : ADRIANVS STALBENT; plus bas, à gauche : *Ant. van Dyck pinxit;* à droite : *Mart. vanden Enden excudit Cum priuilegio* [2].

Haut., 216 millim.; larg., 167. La marge du bas, 21.

1er état. Non décrit, avant toutes lettres; le papier que tient le personnage est blanc;

1. Le dessin original a été exposé en 1879 au palais des Beaux-Arts.

2. Le dessin original faisait partie de la collection Galichon, à la vente duquel il fut adjugé au prix de 4,000 francs. Nous l'avons acquis à la vente des dessins de E. Suermond, pour le prix de 3,750 fr.

les deux mains ne sont pas faites; seulement elles sont légèrement tracées ainsi que les manchettes. Peut-être unique. British Museum.

2°. Avant toutes lettres, terminé. Extrêmement rare. British Museum.

* 3°. Avec le titre ci-dessus, mais avant le nom du graveur. Très rare. (D.) Filigrane : grande fleur de lis dans un écu presque carré couronné; aussi M V.

Archinto, 37 fr.; Marshall, 21 fr. 25 c.; Wolff, 76 fr. 25 c.

4°. Même titre et même adresse, mais sous le nom du peintre, on lit : *Paul. du Pont sculp.* Rare.

5°. Le titre est en deux lignes; les mots PICTOR RVRALIVM PROSPECTVVM ANTVERPIAE ont été ajoutés; les lettres G. H. ont remplacé l'adresse de *Mart. vanden Enden.* Rare aussi.

L'état annoncé par Alibert et Paignon-Dijonval, avant G H., n'est pas suffisamment caractérisé par quelques égratignures.

6° Toute adresse est effacée.

73. STEENWYK (Henri), peintre d'intérieurs d'églises et de palais; né à Anvers en 1589.

Ses cheveux sont longs, il est tourné vers la droite, et paraît regarder le spectateur; il porte les moustaches et la barbe; son col tombe sur ses épaules; il tient de la main gauche un papier sur lequel il paraît montrer quelque chose avec l'index de la droite. Une ligne de titre : HENRICVS STEENWYCK.; plus bas, à gauche : *Ant. van Dyck pinxit.;* à droite : *Mart. vanden Enden excudit Cum priuilegio.*

Haut., 221 millim.; larg., 171. La marge du bas, 21.

1er état. Avant toutes lettres. Extrêmement rare. British Museum.

* 2°. Avec le titre ci-dessus; on ne voit pas encore le nom du graveur. Très rare. (D.) Filigrane : grande fleur de lis dans un écu couronné; aussi A N.

Vente Archinto, 36 fr.; Wolff, 63 fr. 25 c.

3°. Même titre et même adresse; au-dessous du nom du peintre, on lit : *Paul. du Pont sculp.* Rare.

4°. Le titre est en deux lignes; les mots : PICTOR ARCHITECTONICES HAGÆ COMITIS ont été ajoutés; les lettres G. H. ont remplacé l'adresse de *Mart. vanden Enden.* Rare.

Même remarque que précédemment pour l'état indiqué avant G. H. par MM. Drugulin et Gensler.

5°. Toute adresse a été enlevée.

74. VANLOON (Théodore), peintre d'histoire, de Louvain; né à Bruxelles.

Il est nu-tête, tourné vers la droite, portant les moustaches et la barbe; sa collerette plissée tombe sur ses épaules; sa main droite dont l'index est étendu sort de son manteau; la gauche s'allonge sur un appui qui est dans la marge même de l'estampe. Une ligne de titre : THEODORVS VANLONIVS ; au-dessous : à gauche : *Ant. van Dyck pinxit*, et à la suite : *Mart. vanden Enden excudit Cum priuilegio.*

Haut., 239 millim., y compris la marge du bas; larg., 169.

1er état. Avant toutes lettres. Extrêmement rare. British Museum.

* 2e. Avec le titre ci-dessus; avant le nom du graveur. Très rare. Collection Archinto.

Vente Archinto, 36 fr.; Camberlyn, 17 fr.; Wolff, 125 fr.

* 3e. Même titre et même adresse, mais dans le bas : *Paul. du Pont sculp.* Rare. (D.) Filigrane : bâton de Bâle dans un écusson couronné; au-dessous : P. V.

4e. Le titre est en deux lignes; les mots PICTOR HVMANARVM FIGVRARVM MAIORVM LOVANII ont été ajoutés; le nom de Van Dyck et l'adresse ont été effacés; le nom du peintre gravé de nouveau se trouve sous celui du graveur, à gauche; les mots *Cum priuilegio* vers la droite; au milieu : G. H. Rare.

5e. Ces lettres ont été enlevées.

75. VOS (Simon de), peintre d'histoire; né à Anvers en 1603.

Il est nu-tête, vu de face, les cheveux frisés, portant les moustaches et la royale; une collerette plissée tombe sur ses épaules, il a la main droite appuyée sur sa hanche. Une ligne de titre : SIMON DE VOS; plus bas, à gauche : *Ant. van Dyck pinxit;* à droite : *Mart. vanden Enden excudit Cum priuilegio.*

Haut., 212 millim.; larg., 146. La marge du bas, 23.

* 1er état. Avant le nom du graveur. Très rare. (D.)

Archinto, 34 fr.; Camberlyn, 29 fr.; Wolff, 81 fr. 25 c.

2e. Même titre et même adresse; au-dessous du nom du peintre, on lit : *Paul. du Pont. sculp.* Rare.

Wolff, 50 fr.

3e. Le titre est en trois lignes; les mots PICTOR IN HVMANIS FIGVRIS MAJORIBVS ET MINORIBVS ANTVERP. ont été ajoutés; l'adresse de *Mart. vanden Enden* a été remplacée par G. H. Rare.

L'état avant ces lettres n'est pas assez caractérisé pour le placer avec certitude.

4e. Les lettres G. H. sont effacées.

WAVERIVS (Jean). (Voir portraits attribués à Van Dyck.)

76. WILDENS (Jean), peintre de paysages; né à Anvers en 1584, mort en 1644.

Il est nu-tête, vu de face; une mèche de cheveux tombe sur son front;

il porte les moustaches et la royale; sa collerette plissée couvre ses épaules; sa main droite étendue sort de dessous son manteau; la gauche est derrière son dos. Une ligne de titre : IOANNES WILDENS; plus bas, à gauche : *Ant. van Dyck pinxit;* à droite : *Mart. vanden Enden excudit Cum priuilegio.*

Haut., 209 millim.; larg., 169. La marge du bas, 21.

* 1er état. Avant le nom du graveur. Très rare. Collection Archinto.

Archinto, 36 fr.; Wolff, 188 fr. 75 c.

* 2e. Même titre et même adresse; sous le nom du peintre on lit : *Paul du Pont. sculp.* Rare. (D.) Filigrane : grand lion, la patte droite levée, aussi M V.

3e. Le titre est en deux lignes; les mots PICTOR RVRALIVM PROSPECTVVM ANTVERPIAE ont été ajoutés; à la place de *Mart. vanden Enden*, G. H.

L'état avant ces lettres n'est pas suffisamment caractérisé par des égratignures.

4e. Les lettres G. H. ont été enlevées.

ANDRÉ STOCK.

77. SNAYERS (Pierre), peintre d'histoire, de batailles et de paysages, de Bruxelles; né à Anvers en 1593.

Il est nu-tête, tourné du côté droit, portant les moustaches et la barbe; une longue collerette plissée couvre ses épaules; il tient de la main gauche les plis de son manteau. Une ligne de titre : PETRVS SNAEYERS PICTOR.; plus bas, à gauche : *Antonius van Dÿck pinxit;* à droite, *Martinus vanden Enden excudit.*

Haut., 207 millim.; larg., 162. La marge du bas, 23.

* 1er état. Avant toutes lettres. Très rare. Avec de la marge. Collection Saint. Une épreuve du même état est au British Museum. Filigrane : grande fleur de lis dans un écu gondolé où sont I S.; au-dessous : L.

Wolff, 163 fr. 25 c.

* 2e. Avec l'inscription ci-dessus, mais avant le nom du graveur. Rare. (D.) Filigrane : grand lion à la patte droite levée; aussi MV., marque d'un 1er tirage.

Vente Archinto, 39 fr.

3e. Le titre et l'adresse sont effacés; on lit en deux lignes : PETRVS SNAYERS PRÆLIORVM PICTOR BRVXELLIS; à l'endroit où se trouvait l'ancienne adresse : *Andreas Stock sculpsit.*

ROBERT VAN VOERST.

78. DIGBY (Sir Kenelm), chevalier, homme politique et savant; né en 1603, mort en 1665.

Il est tourné vers la droite; ses cheveux tombent sur ses épaules; il porte les moustaches et la barbe; sa main gauche est étendue sur sa poitrine ; son bras droit sort de dessous son manteau, mais on ne voit pas la main ; à droite, une sphère sur un appui où on lit : IMPAVIDVM FERIENT. Une ligne de titre : D. KENELMUS DIGBI EQVES ; plus bas, à gauche : *R. V. Vorst sculp.* ; au milieu : *Ant van Dÿck pinxit* ; à droite : *Mart. vanden Enden excudit Cum priuilegio.*

Haut., 216 millim. ; larg., 180. La marge du bas, 36.

* 1er état. Avant toutes lettres. Très rare. Même état. British Museum.

Wolff, 251 fr. 25 c. Mal conservé.

*2e. Avec l'inscription rapportée ci-dessus. Rare. (D.) Filigrane : bâton de Bâle dans un écu couronné ; au-dessous : P. V.

Vente Archinto, 41 fr. ; Wolff, 56 fr. 25 c.

3e. Le titre est en deux lignes ; les mots ET ASTROLOGVS CAROLI REGIS MAGNÆ BRITANIÆ forment la seconde ligne ; le nom du peintre effacé au milieu se trouve sous celui du graveur ; l'adresse de *Mart. vanden Enden* a été enlevée ; avant G. H. Rare.

4e. Le titre a été modifié ; au lieu de ET ASTROLOGVS..., on lit : AVRATVS APVD CAROLṼ REGẼ MAGNÆ BRITANIÆ ; au milieu du bas : G. H. Rare.

5e. Même titre ; les lettres G. H. sont effacées.

79. JONES (INIGO), architecte du roi d'Angleterre ; né à Londres en 1572, mort en 1651.

Il a la tête couverte d'un bonnet ; ses cheveux tombent sur ses épaules ; son visage est tourné vers la gauche ; sa main droite est appuyée sur sa hanche ; il tient un papier de la gauche. Le titre est en deux lignes : CELEBERRIMVS VIR INIGO IONES PRÆFECTVS ARCHITECTVRÆ MAGNÆ BRITTANIÆ REGIS, ETC. ; plus bas, à gauche : *Ant. van Dÿck pinxit* ; à droite : *Mart. vanden Enden excudit Cum priuilegio.*

Haut., avec la marge du bas, 219 millim. ; larg., 167.

* 1er état. Avant toutes lettres. Extrêmement rare. Une épreuve semblable est au British Museum.

* 2e. Avec le titre ci-dessus, avant le nom du graveur. Très rare. (D.) Filigrane : grande fleur de lis avec I S. dans un écu couronné.

Wolff, 188 fr. 75 c.

3e. Même titre et même adresse, mais sous le nom du peintre, on lit : *R. V. Vorst.* Très rare.

Archinto, 33 fr.

4e. Le titre est le même, mais l'adresse de *Mart. vanden Enden* est effacée et remplacée par G. H. Rare.

Un état avant G. H. mentionné par Alibert, Paignon-Dijonval et Gensler ne peut être suffisamment caractérisé par quelques faibles traits horizontaux tracés à la gauche.

5e. L'adresse de G. H. est effacée ; on en aperçoit encore les traces au-dessous de la feuille de papier que tient le personnage.

80. VOERST (Robert van), graveur au burin ; né à Arnheim en 1596, probablement mort à Londres, en 1660.

Il est nu-tête, tourné vers la gauche ; ses cheveux tombent sur ses épaules ; il porte les moustaches, la royale, ainsi qu'un peu de barbe ; un grand col couvre ses épaules ; il est accoudé sur une pierre et tient un rouleau de papier dans sa main gauche. Une ligne de titre : ROBERTVS VAN VOERST. ; plus bas, à gauche : *Ant. van Dÿck pinxit ;* à droite : *Mart. vanden Enden excudit cum priuilegio.*

Haut., 212 millim.; larg., 158. La marge du bas, 21.

1er état. Avant la lettre. Extrêmement rare. Mentionné au catalogue Silvestre.

* 2e. Avec le titre ci-dessus, avant le nom du graveur. Très rare. (D.) Filigrane : grande fleur de lis dans un écusson gondolé couronné ; au milieu : I S., au bas : W R.

Archinto, 39 fr. ; Wolff, 85 fr.

*3e. Même titre et même adresse ; mais sous le nom du peintre : *R. V. Vorst. sculp.* Rare.

* 4e. Le titre est en deux lignes ; les mots CALCOGRAPHVS LONDINI ont été ajoutés ; l'adresse de *Mart. vanden Enden* a été effacée et remplacée par G. H. Rare aussi.

L'état avant ces lettres mentionné aux catalogues Alibert et Paignon-Dijonval et décrit par Drugulin n'est pas suffisamment caractérisé par quelques faibles traits couchés au-dessous de la seconde ligne.

5e. L'adresse G. H. est effacée ; on en voit les traces au-dessous de... APHVS LO...

Le dessin original de Van Dyck est au musée du Louvre.

81. VOUET (Simon), peintre d'histoire ; né à Paris en 1582, mort en 1641.

Il est nu-tête, tourné vers la gauche, portant les moustaches et la royale ; son col tombe sur ses épaules ; il a la main appuyée sur un livre au dos duquel on lit : TRATTATO DELLA NOBILTA DELL' PITTVRA. Une ligne de titre : SIMON VOVET. ; plus bas, à gauche : *R. V. Vorst sculp. ;* au milieu : *Ant. van Dyck pinxit ;* à droite : *Mart. vanden Enden excudit Cum priuilegio.*

Haut., 200 millim.; larg., 169. La marge du bas, 37.

* 1er état. Les lettres qui forment le nom du peintre ont plus de six millimètres de hauteur. Très rare. (D.) Filigrane : bâton de Bâle dans un écu couronné ; au-dessous : V V.

Wolff, 116 fr. 25 c.

2e. Les lettres du nom de Vouet, etc., sont plus petites ; elles n'ont que 5 millimètres de hauteur. Rare.

Vente Archinto, 26 fr.

* 3e Deux lignes de titre ; les mots PICTOR HVMANARVM FIGVRARVM PARISIIS. ont été ajoutés ; l'adresse de *Mart. vanden Enden* a été effacée ; reste *Cum priuilegio ;*

avant les lettres G. H. Cet état est au British Museum; il est également décrit dans les catalogues Wolff et Bus de Gisignies. Très rare. Filigrane : grande folie à cinq dents avec deux cornes sur la tête; au-dessous de l'une des dents un 4 surmontant trois boules.

Bus de Gisignies, 46 fr.; Wolff, 51 fr. 25 c.

4e. Le titre est en trois lignes; les mots PARISIENSIS PRIMVS GALLIARVM REGIS PICTOR HISTORIARVM IN MAIORI FORMA ont été ajoutés; le nom du peintre, effacé au milieu, se trouve, à gauche, au-dessous de celui du graveur; avec l'adresse G. H.

5e. Ces lettres sont effacées.

LUCAS VORSTERMAN.

82. CACHIOPIN (Jacques de), amateur d'objets d'art à Anvers; né vers 1578, mort en 1642.

Il est nu-tête, tourné vers la droite, portant les moustaches et la royale; ses épaules sont couvertes d'une collerette plissée; de sa main gantée il tient les plis de son manteau; sa main droite étendue déborde sur la marge où est l'inscription. Une ligne de titre : IACOBVS DE CACHOPIN; au-dessous, à gauche : *Ant. van Dyck pinxcit;* à droite : *Mart. vanden Enden excudit Cum priuilegio.*

Haut., 234 millim.; y compris la marge du bas; larg., 167.

1er état. Avant toutes lettres. Extrêmement rare. British Museum.

* 2e. Avec l'inscription ci-dessus, avant le nom du graveur. Très rare. Collection Archinto. Filigrane : grande fleur de lis dans un écu presque carré couronné; aussi les lettres V.M.

Vente Archinto; 36 fr.; Wolff, 63 fr. 25 c.

* 3e. Même titre et même adresse, mais le nom du personnage écrit CACHIOPIN; au-dessous du nom du peintre, on lit : *Vorsterman sculp.* Très rare aussi. (D.) Filigrane : double C couronné avec la croix double dans le milieu.

4e. Le titre est en deux lignes; les mots AMATOR ARTIS PICTORIÆ ANTVERPIÆ ont été ajoutés; les lettres G. H. remplacent l'adresse de *Mart. vanden Enden.* Rare.

5e. Ces lettres ont été effacées.

83. CALLOT (Jacques), de Nancy, peintre et graveur; né en 1593, mort en 1635.

Il est nu-tête, les cheveux tombants; tourné vers la gauche; il porte les moustaches et la royale; un col dentelé tombe sur ses épaules; il est décoré d'un collier orné d'un médaillon; il est occupé à dessiner; près de lui, un encrier, une boîte, une équerre et un compas. Une ligne de titre : IACOBVS CALLOT; plus bas, à gauche : *Ant. van Dyck pinxcit;* à droite : *Mart. vanden Enden excudit Cum priuilegio.*

Haut., 209 millim.; larg., 162. La marge du bas, 18.

* 1er état. Avec le titre ci-dessus, avant le nom du graveur. Très rare. Collection Marshall.

Vente Archiuto, 50 fr.; Marshall, 60 fr.; Wolff, 183 fr. 75 c.

* 2e. Même titre et même adresse, mais au-dessous du nom du peintre, on lit : *Vorstermann sculp.* Rare. (D.) Filigrane : bâton de Bâle dans un écu couronné; au-dessous : P. V.

3e. Le titre est en deux lignes; la seconde est formée par les mots : CALCOGRAPHVS AQVA FORTI NANCII IN LOTHARINGIA; l'adresse de *Mart. vanden Enden* a été enlevée; on n'y voit pas encore le mot NOBILIS qui forme la troisième ligne, ni les lettres G. H. Très rare.

4e. Le titre est en trois lignes; le mot NOBILIS a été ajouté et forme la troisième ligne; en bas, à droite : G. H. Rare.

5e. Ces lettres ont été effacées.

84. COEBERGER (Venceslas), architecte et directeur des monts-de-piété, à Bruxelles; né en 1560, mort en 1630.

Il est assis, tourné vers la droite, la tête couverte d'une calotte; il porte les moustaches et la barbe; sa tête est un peu enfoncée dans un grand col rabattu; appuyé sur un piédestal, il tient dans la main droite un rouleau de papier. Une ligne de titre : WENCESLAVS COEBERGER; plus bas, à gauche : *Ant. van Dyck pinxit.;* à droite : *Mart. vaden Enden excudit Cum priuilegio.*

Haut., 205 millim.; larg., 171. La marge du bas, 23.

* 1er état. Avant toutes lettres. Extrêmement rare. Collections Marshall et Drugulin. Une épreuve du même état est au British Museum.

* 2e. Avec l'inscription ci-dessus, avant le nom du graveur. Très rare. (D.) Filigrane : grande fleur de lis dans un écu presque carré couronné; aussi VM.

Vente Archinto, 36 fr.; Camberlyn, 30 fr.; Wolff, 51 fr. 25 c.

3e. Même titre et même adresse, mais au-dessous du nom du peintre, on lit : *Vorsterman sculp.* Rare.

4e. Le titre est en quatre lignes; on a ajouté : PRÆFECTVS GENERALIS MONTIUM PIETATIS, BRVXELLIS, ALBERTI ARCHIDVCIS QVONDAM PICTOR HVMANARUM FIGVRARVM; l'adresse de *Mart. vaden Enden* a été effacée et les noms des artistes ont été gravés de nouveau; avec les lettres G. H.

L'état décrit avant G. H. par Alibert, Paignon-Dijonval, Drugulin, etc., ne se constate que par un trait échappé qui prolonge dans le bas le V de QVONDAM. Cette remarque ne nous paraît pas suffisante.

5e. Les lettres G. H. ont été enlevées; le trait échappé se voit encore faiblement, mais il y a une quantité considérable d'égratignures au-dessous de QVONDAM jusqu'aux trois premières lettres du mot PICTOR.

CORNELISSEN (ANTOINE). (Voyez eaux-fortes attribuées à Van Dyck.)

85. DELMONT (DÉODAT), peintre d'histoire; né à Saint-Tron en 1581, mort en 1634.

Il est nu-tête, tourné vers la droite, portant les moustaches et la royale; sa collerette dentelée tombe sur ses épaules; sa main gauche est étendue sur sa poitrine; elle touche une chaîne et le pommeau d'une épée, sa main droite en tient le fourreau. Dans le haut, à gauche, un V légèrement tracé. Une ligne de titre : DEODATVS DEL MONT; plus bas, à gauche : *Ant. van Dyck pinxit;* à droite : *Mart. vanden Enden excudit Cum priuilegio.*

Haut., 203 millim.; larg., 144. La marge du bas, 23.

1er état. Avant toutes lettres. Extrêmement rare. British Museum et musée d'Amsterdam.

* 2e. Avec l'inscription relatée ci-dessus, avant le nom du graveur. Très rare. (D.) Filigrane : grande fleur de lis dans un écu presque carré; aussi M. V.

Vente Archinto, 41 fr.; Wolff, 188 fr. 25 c.

3e. Même titre, même adresse, mais au-dessous du nom du peintre, on lit : *Vorsterman sculp.* Rare.

4e. Le titre est en trois lignes; l'inscription est ainsi : D. DEODATVS DEL MONT. ANTV. DVCIS NEOBVRGICI QVONDAM PICTOR, ET AB EODEM EQVESTRI GRADU DECORATVS; l'adresse de *Mart. vanden Enden* a été effacée et remplacée par G. H.

Le catalogue Alibert cite un état avant G. H.

5e. Ces lettres ont été enlevées.

86. DYCK (ANTOINE VAN). C'est le peintre lui-même.

Nu-tête, complètement tourné vers la droite, il ne dirige pas moins ses regards vers le spectateur; il porte les moustaches; son col dentelé tombe sur ses épaules; son corps est entouré d'une chaîne; de la main gauche, il relève son manteau. Une ligne de titre : D. ANTONIVS VAN DYCK EQVES; plus bas, à gauche : *Ant. van Dyck pinxit;* à droite : *Mart. vanden Enden excudit Cum priuilegio.*

Haut., 225 millim.; larg., 149. La marge du bas, 18.

* 1er état. Avec le titre relaté ci-dessus, avant le nom du graveur. Très rare. Collec-

tions Carpenter et Marshall. Filigrane : grande fleur de lis dans un écu presque carré couronné ; au bas : L. P.

Vente Archinto, 92 fr.; Camberlyn, 58 fr., en mauvais état; Marshall, 102 fr. 50 c.; Wolff, 325 fr.

* 2e. Même titre et même adresse, mais au-dessous du nom du peintre, on lit : *Vorsterman sculp.* Rare. (D.)

Wolff, 187 fr. 50 c.

3e. Le titre est en deux lignes; on a ajouté CAROLI REGIS MAGNÆ BRITANIÆ PICTOR ANTVERPIÆ NATVS; à la place de l'adresse de *Mart. vanden Enden*, celle de G. H.

Wolff, 102 fr. 50 c.

4e. Ces lettres sont effacées.

87. EYNDEN (Hubert vanden), sculpteur à Anvers.

Il est nu-tête, tourné à droite, portant les moustaches et la royale ; son col dentelé tombe sur ses épaules ; il s'appuie sur une tête sculptée, et paraît montrer quelque chose de l'index de la main gauche. Une ligne de titre : HVBERTVS VANDEN EYNDEN ; plus bas, à gauche : *Ant. van Dyck pinxcit;* à droite : *Mart. vanden Enden excudit Cum priuilegio.*

Haut., 198 millim.; larg., 146. La marge du bas, 23.

* 1er état. Avec le titre ci-dessus, avant le nom du graveur. Très rare. Épreuve avec marge. Collection Archinto. Filigrane : grande fleur de lis dans un écu couronné dont elle touche les bords au milieu.

Vente Archinto, 39 fr.; Camberlyn, 31 fr.; Wolff, 57 fr. 50 c.

* 2e. Même titre et même adresse, mais au-dessous du nom du peintre, on lit : *L. Vorsterman sculp.* Rare. (D.) Filigrane : double C couronné avec une double croix dans le milieu.

Camberlyn, 10 fr.

3e. Le titre est en deux lignes, les mots STATVARIVS ANTVERPIÆ ont été ajoutés; l'adresse de *Mart. vanden Enden* a été remplacée par G. H.

Wolff, 37 fr. 50 c.

M. Guichardot décrit dans le catalogue Camberlyn un état avant les lettres G. H., mais il n'indique aucune autre remarque. Vendu 16 fr.

4e. Les lettres G. H. ont été enlevées.

88. GALLE (Théodore), graveur au burin ; né à Anvers vers 1570 ou 1580.

Il est nu-tête, tourné vers la droite, portant les moustaches et la barbe ; sa collerette plissée tombe sur ses épaules ; sa main droite est étendue sur sa poitrine ; sa main gauche sort de dessous son manteau. Une ligne de titre : THEODORVS GALLE ; plus bas, à gauche :

Ant. van Dyck pinxcit; à droite : *Mart. vanden Enden excudit Cum priuilegio.*

Haut., 209 millim.; larg., 151. La marge du bas, 18.

* 1er état. Avec le titre ci-dessus, avant le nom du graveur. Très rare. Collection Archinto. Filigrane : grande fleur de lis dans un écu presque carré couronné.

Vente Archinto, 36 fr.; Camberlyn, 18 fr.; Wolff, 132 fr. 50 c.

* 2e. Même titre, même adresse, mais au-dessous du nom du peintre : *L. Vorsterman sculp.* Rare. (D.) Filigrane : bâton de Bâle dans un écu couronné ; au-dessous : P V.

3e. Le titre est en deux lignes ; on a ajouté : CALCOGRAPHVS ANTVERPLÆ ; à la place de *Mart. vanden Enden,* les lettres G. H.

Les catalogues Alibert et Paignon-Dijonval mentionnent des épreuves avant cette adresse.

4e. Les lettres G. H. ont été effacées.

89. GASTON (de France), duc d'Orléans, frère de Louis XIII ; né en 1608, mort en 1660.

Il est nu-tête, vu de face; ses cheveux longs tombent sur un col dentelé qui couvre ses épaules ; il porte les moustaches et la royale ; sur sa cuirasse, on voit un baudrier, et par-dessus la croix du Saint-Esprit; il est ceint d'une écharpe et tient dans sa main droite le bâton de commandement. Le titre est en deux lignes : SERENISS. PRINCEPS GASTON DE FRANCIA CHRISTIANISS REGIS FRA TER, DVX AVRELIANENSIS ; plus bas, à gauche : *L. Vosterman sculp.;* au milieu : *Ant. Van Dÿck pinxit;* à droite : *Mart. vanden Enden excudit cum priuilegio.*

Haut., y compris la marge du bas, 225 millim.; larg., 162.

* 1er état. Avant toutes lettres. Extrêmement rare. Même état, British Museum.

* 2e. Avec l'inscription relatée ci-dessus, mais avant les points dont nous parlerons dans l'état suivant. Très rare.

Wolff, 312 fr. 50 c.

Le catalogue Archinto mentionne une épreuve avant le nom du graveur ; vendue 60 fr. Nous croyons que cet état n'existe pas.

3e. On voit des points après les mots PRINCEPS. GASTON. FRANCIA. DVX. ; entre les deux syllabes du mot FRA TER se trouvent des traits d'union dans la forme de guillemets. Très rare. (D.)

Camberlyn, 21 fr. ; Wolff, 50 fr.

4e. L'inscription est la même, mais l'adresse de *Mart. vanden Enden* a été enlevée et remplacée par G. H. Ces lettres se trouvent après le mot *pinxit.*

5e. Ces lettres sont effacées.

90. GENTILESCHI (HORACE LOMI, dit), peintre d'histoire; né à Pise en 1563, mort à Londres en 1647.

Il est nu-tête, tourné vers la droite, portant les moustaches et la barbe; son col est plié et touche ses épaules; sa main droite à moitié fermée est sur sa poitrine; sa main gauche sort de son manteau. Une ligne de titre : HORATIVS GENTILESCIVS; plus bas, à gauche : *Ant. van Dyck pinxit;* à droite : *Mart. vanden Enden excudit Cum priuilegio.*

Haut., 214 millim.; larg., 171. La marge du bas, 21.

1er état. Avant toutes lettres. Extrêmement rare. British Museum.

* 2e. Avec le titre ci-dessus, avant le nom du graveur. Très rare. (D.)

Vente Archinto, 36 fr.

* 3e. Même titre et même adresse, mais au-dessous du nom du peintre, on lit : *L. Vosterman sculp.* Rare. Collection Camberlyn. Filigrane : bâton de Bâle dans un écu couronné; au bas : P V.

Vente Camberlyn, 10 fr.; Wolff, 51 fr. 25 c.

4e. Le titre est en deux lignes; les mots ITALS PICTOR HVMANARVM FIGVRARVM, IN ANGLIA ont été ajoutés; à la place de *Mart. vanden Enden,* G. H. Rare.

L'état avant ces lettres constaté par Alibert, Paignon-Dijonval et Drugulin, ne nous paraît pas suffisamment caractérisé par un trait échappé qui part de l'N du nom du peintre et descend jusque près du bord de la planche, et par quelques petites égratignures.

5e. Toute adresse est effacée. On ne voit plus le trait échappé.

91. JODE (PIERRE DE, dit LE VIEUX), graveur au burin; né à Anvers en 1570, mort en 1634.

Il est nu-tête, tourné vers la droite, portant les moustaches et la barbe; une large collerette est autour de son cou; sa main gauche étendue retient sur sa poitrine les plis de son manteau; la droite à moitié fermée pose sur l'appui où est l'inscription. Une ligne de titre : PETRVS DE IODEN; plus bas, à gauche : *Ant. van Dyck pinxcit;* à droite : *Mart. vanden Enden excudit Cum priuilegio.*

Haut., 211 millim.; larg., 162. La marge du bas, 21.

* 1er état. Avant toutes lettres. Extrêmement rare.

* 2e. Avec l'inscription ci-dessus, avant le nom du graveur. Il n'y a pas de trait à l'extrémité inférieure du trait vertical de la lettre R. Très rare. Collection Marshall. Filigrane : grande fleur de lis dans un écu couronné finissant par une espèce d'ornement.

Vente Archinto, 40 fr.; Marshall, 29 fr.; Wolff, 126 fr. 25 c. à toute marge; 87 fr. 50 c. petite marge.

* 3e. Même titre et même adresse, mais au-dessous du nom du peintre, on lit :

L. Vorsterman sculp. Rare. (D.) Filigrane : grand lion avec la patte droite levée; aussi M V.

4°. Le titre est en deux lignes; les mots CALCOGRAPHVS ET DELINEATOR ANTVERPIENSIS ont été ajoutés; l'adresse de *Mart. vanden Enden* a été remplacée par G. H.

MM. Drugulin et Gensler mentionnent un état avant G. H., mais ils n'indiquent pour le reconnaître que deux petits traits verticaux au-dessous des lettres ..EA.. ce qui ne nous paraît pas suffisant. L'état décrit par M. Guichardot avant G. H., dans le catalogue Van den Zande, a été vendu 10 fr.

5°. Sans aucune adresse. On voit au-dessous de DELIN les traces de l'enlèvement de G. H., les petits traits verticaux ont disparu.

92. LIVENS (Jean), peintre d'histoire et graveur à l'eau-forte; né à Leiden en 1607.

Il est nu-tête, tourné vers la gauche, portant de légères moustaches; sa main droite est sur sa poitrine; il est accoudé sur un livre. Une ligne de titre : IOANNES LIVENS; plus bas, à gauche : *Ant. van Dyck pinxit;* à droite : *Mart. vanden Enden excud. Cum priuilegio.*

Haut., 214 millim.; larg., 149. La marge du bas, 21.

* 1er état. Avec l'inscription ci-dessus, avant le nom du graveur. Très rare. (D.)

Vente Archinto, 25 fr.; Camberlyn, 31 fr.; Wolff, 75 fr.

* 2e. Même titre, même adresse, mais au-dessous du nom du peintre, on lit : *L. Vosterman sculp.* Rare. Collection Camberlyn. Filigrane : bâton de Bâle dans un écu couronné; au bas : P V.

Vente Camberlyn, 11 fr.

3e. Le titre est en deux lignes; on a ajouté : PICTOR HVMANARVM FIGVRARVM MAIORVM LVGDVNI BATAVORVM; l'adresse de *Mart. vanden Enden* a été enlevée et remplacée par G. H. Rare.

Un état avant G. H. mentionné chez Alibert ne peut être suffisamment caractérisé par quelques égratignures verticales, à gauche.

4e. Toute adresse est effacée. On en voit les traces au-dessous de ARVM MAI. . . .

93. MALLERY (Charles de), graveur au burin; né à Anvers vers 1576.

Il est nu-tête, vu de face, regardant un peu vers la gauche; il porte les moustaches et la royale ; sa collerette plissée tombe sur ses épaules; de sa main gauche il retient sur sa poitrine les plis de son manteau; derrière lui, à droite, une colonne en ruines. Une ligne de titre : CAROLVS DE MALLERY; plus bas, à gauche : *Ant. van Dyck pinxcit;* à droite : *Mart. vanden Enden excudit Cum priuilegio.*

Haut., 214 millim.; larg., 146. La marge du bas, 21.

1er état. Avant toutes lettres. Très rare. British Museum.

2e. Avec l'inscription relatée ci-dessus, avant le nom du graveur. Très rare.

Vente Archinto, 20 fr.; Wolff, 187 fr. 50 c.

* 3e. Même titre et même adresse, mais au-dessous du nom du peintre, on lit : *L. Vorsterman sculp.* Rare. (D.) Filigrane : grand lion, la patte droite levée.

Vente Camberlyn, 11 fr.; Wolff, 88 fr. 75 c.

4e. Le titre est en deux lignes; on a ajouté : CALCOGRAPHVS ANTVERPIÆ; l'adresse de *Mart. vanden Enden* a été effacée et remplacée par G. H. Rare.

L'état avant G. H. n'est pas assez caractérisé par un tracé de lignes plus ou moins apparent, et par quelques égratignures en ligne horizontale.

5e. Toute adresse a été enlevée.

94. MILDERT (Jean van), sculpteur; mort à Anvers en 1638.

Il est nu-tête, tourné vers la droite, portant les moustaches et la barbe; sa collerette plissée tombe sur ses épaules; de la main droite il tient les plis de son manteau. Une ligne de titre : IOANNES VAN MILDER; au-dessous, à gauche : *Ant. van Dyck pinxcit;* à droite : *Mart. vanden Enden excudit Cum priuilegio.*

Haut., 210 millim.; larg., 149. La marge du bas, 21.

1er état. Avant toutes lettres. Extrêmement rare. British Museum.

* 2e. Avec l'inscription relatée ci-dessus, avant le nom du graveur. Très rare. Collection Archinto.

Vente Archinto, 42 fr.; Wolff, 126 fr. 25 c.

* 3e. Même titre et même adresse, mais au-dessous du nom du peintre, on lit : *L. Vorsterman sculp.* Rare. (D.)

4e. Le titre est en deux lignes; on a ajouté : STATVARIVS ANTVERPIÆ NATIONE GERMANVS; à la place de *Mart. vanden Enden,* les lettres G. H. Rare.

5e. Le titre est le même, mais on a effacé G. H.

6e. Sans adresse comme le précédent, mais le nom du peintre est écrit MILDERT.

MOMPER (Josse de). (Voyez eaux-fortes attribuées à Van Dyck.)

95. PEIRESE (Nicolas Fabrice de), conseiller au parlement d'Aix, savant célèbre; né en 1580, mort en 1637.

Il est de face, la tête couverte d'une calotte, un peu tourné vers la gauche, portant les moustaches et la barbe; son col tombe sur ses épaules; il a deux livres devant lui; sa main gauche, dans laquelle est un papier, est posée sur le plus petit. Le titre est en deux lignes : D. NICOLAVS FABRICIVS DE PEIRESE *Regius in Aquisextiensi Curia*

Senator etc.; plus bas, à gauche : *Ant. van Dyck pinxcit;* à droite : *Mart. vanden Enden excudit Cum priuilegio.*

Haut., 212 millim.; larg., 151. La marge du bas, 25.

1er état. Avant toutes lettres. Extrêmement rare. British Museum.

Dans le catalogue Van der Kellen on a annoncé un état non terminé avant toutes lettres, avant beaucoup de travaux dans la figure, les cheveux, les mains, l'habit et les livres. Ces parties, ajoute-t-on, sont légèrement retouchées au pinceau par Vorsterman ou par Van Dyck.

* 2e. Avec le titre relaté ci-dessus, avant le nom du graveur. Très rare. Épreuve avec marge. Collection Archinto.

Vente Archinto, 38 fr.; Camberlyn, 21 fr.; Wolff, 168 fr. 75 c.

* 3e. Même titre et même adresse, mais au-dessous du nom du peintre, on lit : *L. Vorsterman sculp.* Rare. (D.) Filigrane : bâton de Bâle dans un écu couronné; au-dessous : P V.

4e. Le titre est le même; l'adresse de *Mart. vanden Enden* est effacée et remplacée par G. H. Rare.

Quant à l'état avant G. H., nous ne pouvons que répéter ce que nous avons déjà dit tant de fois, il n'est pas suffisamment constaté par un tracé de lignes très visibles et quelques égratignures verticales.

5e. Toute adresse a été enlevée. On en voit encore les traces au-dessous de *Curia*.

96. SACHTLEVEN (Corneille), peintre de sujets familiers; né à Rotterdam en 1606.

Il est nu-tête, tourné vers la gauche, la tête un peu penchée, portant les moustaches et la royale; sa collerette plissée tombe sur ses épaules, on aperçoit ses mains; son bras gauche est appuyé sur la tête d'un animal. Une ligne de titre : CORNELIVS SACHTLEVEN, la lettre E se trouve placée en petit entre les lettres L V; plus bas, à gauche : *Ant. van Dyck pinxit.;* à droite : *Mart. vanden Enden excudit Cum priuilegio.*

Haut., 212 millim.; larg., 251. La marge du bas, 21.

* 1er état. Avec le titre ci-dessus, avant le nom du graveur. Très rare. (D.)

Wolff, 188 fr. 75 c.

* 2e. Même titre et même adresse, mais au-dessous du nom du peintre, on lit : *L. Vosterman sculp.* Rare. Collection Camberlyn. Filigrane : bâton de Bâle dans un écu couronné; au bas : L. V.

Vente Archinto, 24 fr.; Camberlyn, 16 fr.

3e. Le titre est en deux lignes; on a ajouté : HOLLANDVS PICTOR NOCTIVM PHANTASMATVM; les lettres G. H. ont remplacé l'adresse de *Mart. vanden Enden.*

4e. Sans aucune adresse.

97. SCHVT (Corneille), peintre d'histoire, à Anvers ; né en 1590, mort en 1660 ou 1676.

Il est nu-tête, tourné vers la droite, portant les moustaches et la royale ; son col dentelé tombe sur ses épaules ; il s'appuie sur le piédestal d'une colonne qu'on voit dans le fond, à droite ; sa main gauche seule est visible. Une ligne de titre : CORNELIVS SCHVT ; plus bas, à gauche : *Ant. van Dyck pinxit ;* à droite : *Mart. van den Enden excudit Cum priuilegio.*

Haut., 214 millim.; larg., 158. La marge du bas, 21.

* 1er état. Avec le titre ci-dessus, avant le nom du graveur. Très rare. (D.) Filigrane : grande fleur de lis dans un écu presque carré couronné ; aussi M V.

Vente Archinto, 30 fr. ; Wolff, 126 fr. 25 c.

2e. Même titre et même adresse, mais au-dessous du nom du peintre, on lit : *L. Vorsterman sculp.* Rare.

3e. Le titre est en deux lignes ; on a ajouté : PICTOR HVMANARVM FIGVRARVM ANTVERPIAE ; à la place de *Mart. vanden Enden,* les lettres G. H. Rare.

L'état avant G. H. n'est pas suffisamment caractérisé.

4e. Toute adresse est effacée.

Je possède le dessin original de cette pièce.

98. SPINOLA (Don Ambroise), duc de San Severino, général des armées d'Espagne dans les Pays-Bas ; né en 1571, mort en 1630.

Il est nu-tête, tourné vers la gauche, portant les moustaches et la barbe ; son cou est entouré d'une large collerette montante ; sur l'armure dont il est couvert, on voit le collier de la Toison d'or ; sa main droite est posée sur un casque surmonté d'un énorme panache ; dans sa main gauche, le bâton de commandement. Le titre est en quatre lignes : ILLVSTRISS.MUS PRINCEPS AMBRO » SIVS. SPINOLA. MARCHIO. SESTI. ET. VENAFRI. DVX. SANSEVERIN. EQ. AVR. VELLER. ARMOR. ET. EXERCIT. CATH.AE. MAI.TIS IN. BELG. PRAEFECT. ET. GVBERNAT. GÑALIS. ; plus bas, à gauche : *L. Vorsterman sculp. ;* au milieu : *Ant. van Dyck pinxit ;* à droite : *Mart. vanden Enden excudit Cum priuilegio.*

Haut., 230 millim.; larg., 170. La marge du bas, 23.

* 1er état. Avec l'inscription ci-dessus. Rare. Épreuve avec toute sa marge. (D.) Filigrane : bâton de Bâle dans un écu couronné ; au-dessous : P. V.

Archinto, 41 fr. ; Camberlyn, 21 fr. ; Wolff, 162 fr. 50 c.

2e. Le titre est le même, mais les lettres G. H. ont remplacé l'adresse de *Mart. vanden Enden.* Rare.

L'état avant G. H., mentionné par MM. Gensler et Bus de Gisignies, n'est pas suffisamment caractérisé.

3e. Les lettres G. H. sont effacées.

On voit au British Museum le dessin du portrait de Spinola par Vorsterman. Il est à la plume avec quelques teintes de bistre. Le personnage est tourné à droite; il n'y a que la tête et la fraise seulement.

STEVENS (PIERRE). (Voyez eaux-fortes attribuées à Van Dyck.)

99. VDEN (LUCAS VAN), peintre de paysages; né à Anvers en 1595, mort en 1660 ou 1662.

Il est nu-tête, tourné vers la droite, portant les moustaches et la royale; son col dentelé tombe sur ses épaules; il a la main droite appuyée sur sa hanche; il tient de la gauche un papier sur lequel un arbre est dessiné. Une ligne de titre : LVCAS VAN VDEN; plus bas, à gauche : *Ant. van Dyck pinxit;* à droite : *Mart. vanden Enden excudit Cum priuilegio.*

Haut., 210 millim.; larg., 153. La marge du bas, 21.

* 1er état. Avec l'inscription ci-dessus, avant le nom du graveur. Très rare. Collection Marshall. Filigrane : grande fleur de lis dans un écu couronné; peut-être V M.

Vente Marshall, 66 fr. 25 c.; Wolff, 62 fr. 50 c.

* 2e. Même titre et même adresse, mais sous le nom du peintre, on lit : *L. Vorsterman sculp.* Rare. (D.) Filigrane : bâton de Bâle dans un écu couronné; au-dessous : P V.

Vente Archinto, 10 fr.; Camberlyn, 30 fr.

3e. Le titre est en deux lignes; les mots PICTOR RVRALIVM PROSPECTVVM ANTVERPIAE ont été ajoutés; dans le milieu du bas : G. H. L'adresse de *Mart. vanden Enden* a été enlevée.

Le catalogue Alibert mentionne une épreuve avant G. H.

4e. Toute adresse est effacée.

100. VOS (CORNEILLE DE), peintre de portraits, de Hulst.

Il est nu-tête, tourné vers la droite, portant les moustaches et la royale; son col est rabattu; de sa main droite il tient les plis de son manteau; de la gauche il paraît montrer quelque chose. Une ligne de titre : CORNELIVS DE VOS; au-dessous, à gauche : *Ant. van Dyck pinxit;* à droite : *Mart. vanden Enden excudit Cum priuilegio.*

Haut., 221 millim.; larg., 151. La marge du bas, 23.

* 1er état. Avec le titre ci-dessus, avant le nom du graveur. Très rare. Collection Archinto. Filigrane : grande fleur de lis dans un écu couronné; au bas : L P.

Archinto, 33 fr.; Camberlyn, épreuve en mauvais état, 12 fr.; Wolff, 151 fr. 25 c.

* 2e. Même titre et même adresse, mais sous le nom du peintre, on lit : *L. Vosterman sculp.* Rare. (D.) Filigrane : bâton de Bâle dans un écu couronné; au-dessous : P V.

3e. Le titre est en deux lignes; on a ajouté : PICTOR ICONVM ANTVERPIAE; à la place de *Mart. vanden Enden*, les lettres G. H.

L'état avant G. H., mentionné dans les catalogues Alibert et Paignon-Dijonval et décrit par M. Wibiral, n'est pas suffisamment caractérisé par des traces de l'enlèvement de l'adresse de *Mart. vanden Enden*.

4e. Les lettres G. H. sont effacées. M. Wibiral mentionne quelques égratignures au-dessous de C T., et d'autres au-dessous de NVM ANTVER. . . .

LUCAS VORSTERMAN LE JEUNE.

101. SEGHERS (Gérard), peintre d'histoire; né à Anvers en 1589, mort en 1651.

Il est nu-tête, tourné vers la droite, portant les moustaches et la barbe; sa main gauche sort de dessous son manteau; il est paré d'une chaîne avec médaillon. Une ligne de titre : D. GERARDO SEGHERS PICTORI ANTVERPIANO; plus bas, quatre lignes en latin : *Quod Tabulis sacris . . . amiticiæ ergô* L. VORSTERMAN L. M. D. C. Q.; dans le coin du bas, à gauche : *Ant. van Dyck pinxit;* dans celui de droite : *M : vanden Enden exc.*

Haut., 305 millim.; larg., 156. La marge du bas, 23.

* 1er état. Avant toutes lettres. Très rare. Une épreuve semblable est au British Museum.

* 2e. Avec le titre mentionné ci-dessus, mais avant le nom du peintre et l'adresse de *M : vanden Enden*. Le prénom du personnage est écrit GERARDI. Très rare. Collections Lousbergs et Camberlyn.

Vente Camberlyn, 28 fr.; Wolff, 101 fr. 25 c.

* 3e. GERARDI est changé en GERARDO; on lit le nom de van Dyck et l'adresse de *vanden Enden*. Épreuve avec marge. Collection Camberlyn.

Vendu 15 fr.

4e. Décrit par M. Wibiral. La tête est plus large; une partie du fond, à gauche, est changée en cheveux; l'adresse est la même.

PIÈCES GRAVÉES POUR L'ÉDITEUR GILLIS HENDRICX.

SCHELTE A BOLSWERT.

102. ERTVELT (André van), d'Anvers, peintre de marines.

Il est nu-tête, tourné vers la droite, tenant un rouleau de papier dans sa main droite qui sort de dessous son manteau ; on voit la mer dans le fond. Le titre est en deux lignes : ANDREAS VAN ERTVELT PICTOR TRIREMIVM NAVIVMQVE MAIORVM ANTVERPIÆ. ; plus bas, à gauche : *Ant. van Dyck pinxit.* ; à droite : *S. à Bolswert sculpsit.* ; au milieu : G. H.

Haut., 210 millim.; larg., 166. La marge du bas, 34.

1er état. Avant la lettre. Extrêmement rare. Il en existe trois épreuves d'essai au British Museum. L'une d'elles est plus terminée.

* 2e. Avec l'inscription ci-dessus. Collection Marshall.

Vente Marshall, 42 fr. 75 c. ; Wolff, 57 fr. 50 c.

Les épreuves mentionnées aux catalogues Alibert et Paignon-Dijonval, avant les lettres G. H., ne sont pas suffisamment caractérisées.

3e. Le titre est le même, mais les lettres G. H. sont effacées.

103. RVTHVEN (Lady Mary), femme d'Ant. van Dyck, remariée plus tard avec Sir Richard Pryse.

Elle est tournée à droite, coiffée en cheveux, portant un collier et des boucles d'oreilles en perles ; sa robe est décolletée ; de la main gauche elle tient un bracelet de perles passé autour de son bras droit. Le titre est en trois lignes : MARIA RVTEN NATA IN SCOTIA, VXOR ANTONII VAN DYCK PICTORIS, E RVTORVM FAMILIA NOBILISSIMA ORIVNDA. ; dans le bas, à gauche : *Ant. van Dyck pinxit* ; à droite : *S. à Bolswert sculpsit* ; dans le coin du haut, à droite, au-dessous de l'estampe : G. H.

Haut., 224 millim.; larg., 160. La marge du bas, 16.

* 1er état. Avant toutes lettres et avant divers travaux sur les cheveux, sur les sourcils et sur le front. De la plus grande rareté. Collection Santelli.

Une épreuve d'essai, avant toutes lettres, est au musée d'Amsterdam.

* 2e. Le titre est en deux lignes ; la seconde finit par le mot PICTORIS ; après RVTEN on lit : NATA IN ANGLIA ; avant G. H. Très rare. Collection Knowles.

Vente Camberlyn, 111 fr. ; Wolff, 126 fr. 25 c. ; Knowles, 126 fr. 25 c.

3e. Le titre est en trois lignes comme nous l'avons cité, avec G. H.
Vente Archinto, 28 fr.; Wolff, 86 fr. 25 c.
4e. Même titre, mais les lettres G. H. sont effacées.

PIERRE CLOUET.

104. HOLLAND (Henri-Rich, comte de), mort en 1660.

Il est presque de face, un peu tourné vers la gauche; ses cheveux sont longs; il porte les moustaches et la royale; son col dentelé tombe sur ses épaules; il porte une cuirasse et l'ordre de la Jarretière; un large baudrier tient son épée sur le pommeau de laquelle il appuie sa main gauche renversée; la droite est posée sur son bâton de commandement. Le titre est en deux lignes; HENRICVS RICHE COMES HOLLANDIÆ BARO DE KENSINGTON NOBILISSIMI ORDINIS GARTERII EQVES CAROLI. I°. REGIS MAGNÆ BRITANIÆ A CONSILIIS. ETC.; plus bas, à gauche, les noms des artistes, l'un sous l'autre : *Ant. van Dÿck pinxit.*, et *Pet. Clouwet sculpsit.;* à droite, en deux lignes : *Gillis Hendricx excudit.*

Haut., 240 millim.; larg., 185. La marge du bas, 20.

* 1er état. Avant le titre. On lit à gauche : *Ant. van Dÿck pinxit;* à droite : *Petrus Clouwet sculpsit.*; avant l'adresse. Rare. Deux épreuves : l'une d'elles vient de la collection Saint.
Wolff, 101 fr. 25 c.
2e. Avec l'inscription relatée plus haut. Rare.
3e. Le titre est le même, mais l'adresse est effacée.

PIERRE DE JODE LE JEUNE.

105. BLOIS (Jeanne de).

Elle est tournée vers la droite; ses cheveux ne sont pas très longs; elle porte des boucles d'oreilles et un double collier de perles; un grand collier à quadruple rang de perles est placé sur ses épaules; on voit sur sa poitrine une croix enrichie de perles; elle porte un grand col dentelé et des manchettes du même genre; son vêtement est riche. Une ligne de titre : D. IOHANNA DE BLOIS; au-dessous, à gauche : *Ant. van Dÿck pinxit.;* plus bas : *Petr. de Iode sculpsit.;* à droite, en deux lignes : *Gillis Hendricx excudit.*

Haut., 230 millim.; larg., 190. La marge du bas, 35.

* 1er état. Avant toutes lettres. Très rare. Collections Carpenter et Marshall. Une épreuve avant toutes lettres se trouve au musée d'Amsterdam, une autre est décrite dans le catalogue Silvestre. Une contre-épreuve du même état est au British Museum.

Vente Marshall, 89 fr. 50 c.

* 2e. Avec le titre relaté ci-dessus. Rare. Épreuve avec de grandes marges. Collection Camberlyn. Filigrane : folie à cinq pointes; plus bas un 4 au-dessus de trois boules.

Camberlyn, 75 fr. 50.

106. JODE (Pierre de), le jeune, graveur au burin; né à Anvers en 1606.

Il est nu-tête, tourné vers la droite ; son col brodé et dentelé tombe sur ses épaules ; son manteau est jeté sur son épaule droite ; il tient un papier dans la main gauche ; sur une table, des outils de graveur. Le titre est en deux lignes : PETRVS DE IODE IVNIOR CHALCOGRAPHVS ANTVERPIÆ. ; au-dessous, à gauche : *Ant. van Dyck pinxit.;* à droite : *Petrus de Jode sculpsit.;* au milieu : G. H.

Haut., 240 millim.; larg., 180. La marge du bas, 20.

1er état. Épreuve d'essai non terminée avant la lettre. De la plus grande rareté. Une de cet état est au musée d'Amsterdam, une autre plus avancée au British Museum.

2e. Avant la lettre terminée. Très rare. Au cabinet des estampes de Paris.

* 3e. Avec l'inscription relatée plus haut et avec les lettres G. H. Collection Marshall.

Vente Archinto, 19 fr.; Marshall, 18 fr. 75 c.; Wolff, 126 fr. 25 c.

4e. Même titre, mais les lettres G. H. sont effacées.

ADRIEN LOMMELIN.

107. AUTRICHE (Ferdinand d'), archiduc, infant d'Espagne, gouverneur des Pays-Bas.

Il est nu-tête, tourné à gauche ; ses cheveux sont longs ; il a sur les épaules une large collerette bordée de dentelles ; sur sa cuirasse est l'ordre de la Toison d'or ; autour de son corps, une large écharpe ; dans sa main droite, le bâton de commandement ; sa main gauche est sur la garde de son épée. Le titre est en deux lignes : SERENISSIMVS PRINCEPS FERDINANDVS AVSTRIACVS S. R. E CARDINALIS BELGARVM BORGVNDIORVMQ : GVBERNATOR. ETC. ; plus à gauche, sur deux lignes : *Ant. van Dych pinxit. Adrian Lommelin sculpsit.;* à droite : *Gillis Hendricx excudit.*

Haut., 216 millim.; larg., 185. La marge du bas, 22.

* 1er état. Avant la lettre. Très rare. (Voir Payne.)
2e. Avec l'inscription relatée plus haut.

108. BOLSWERT (Schelte a), graveur au burin, d'Anvers; né vers 1586, à Bolswert, en Frise.

Il est nu-tête, un peu tourné vers la droite, portant les moustaches et la barbe; une collerette plissée tombe sur ses épaules; il est enveloppé d'un grand manteau d'où sort sa main gauche.

Haut., 255 millim.; larg., 192.

1er état. C'est le portrait de HVBERTVS DE HOT, et l'estampe porte cette inscription. On lit à gauche : *Ant. van Dyc pinxit,* plus bas : *Adr. Lommellin sculpsit,* à droite : *Gillis Hendricx excudit.* Très rare.

Wolff, 362 fr. 50 c.

2e. La tête est effacée et remplacée par celle de S. à Bolswert. Le titre est en deux lignes : SCELTE A BOLSWART CALCOGRAPHVS ANTVERPIÆ; plus bas, à gauche : *Ant. van Dyc inventor. Adr. Lommelin sculpsit;* à droite : *Gillis Hendricx excudit.*

109. FAILLE (Alexandre de la), sénateur d'Anvers; né en 1583.

Il est nu-tête, vu de face, portant les moustaches et la barbe; une large collerette tombe sur ses épaules; de sa main droite il relève les plis de son manteau; au haut, à droite, des armes. Le titre est en une ligne : D. ALEXANDER DELLA FAILLE *nobilis, senator Antüerpiensis;* plus bas, à gauche : *Anton van Dÿck pinxit;* à droite, en deux lignes : *A Lommelin sculp. Gillis Hendricx excudit.*

Haut., 253 millim.; larg., 185. La marge du bas, 23.

1er état. Avant toutes lettres, avant les armes dans le haut à gauche, le tour de la tête au-dessus de la chevelure est blanc; la boucle de la ceinture n'est pas tracée. De la dernière rareté. British Museum.

* 2e. Avant toutes lettres, mais avec les armes; il y a des tailles au-dessus de la chevelure, la boucle de la ceinture est faite; cependant avant les divers travaux que nous allons énumérer : à droite, au-dessous des cheveux et sur le front, il n'y a pas encore une ombre portée très forte qui détache bien cette partie; le dessus du nez est blanc, on ne voit pas encore les travaux qui diminuent ce coup de lumière; sur la pommette de la joue, à droite, il y a un large coup de lumière qui est éteint dans l'état suivant; du même côté, contre la barbiche, on ne voit pas encore de tailles obliques. Extrêmement rare. Collection Marshall.

Vente Marshall, 114 fr. 75.

Une épreuve avant toutes lettres seulement est au British Museum.

* 3e. Avec l'inscription relatée ci-dessus et avec l'adresse de *Gillis Hendricx*. Filigrane : armes d'Amsterdam.

Vente Archinto, 31 fr. Camberlyn, 55 fr.; Wolff, 181 fr. 25 c.

4e. Le titre est le même, mais on a enlevé *Gillis Hendricx* en laissant subsister *excudit;* on lit au milieu : *Iacobus de Man ex.*

110. HENRIETTE MARIE, femme de Charles Ier, roi d'Angleterre.

Le titre est en deux lignes : *Serenissima Potentissimaq³ Henrica Maria* DEI *gratia Magne Britañiæ Franciæ Hibern. Regina;* à gauche : *Ant. van Dyck pinxit, Lommelin sculp.;* à droite : *Gillis Hendricx exc.*

1er état. C'est celui décrit.

2e. Même titre et même adresse, mais les mots : *Lommelin sculp.* sont presque enlevés ; on lit au milieu : *Joseph Couchet sculp.*

Le Blanc, dans le *Manuel de l'amateur d'estampes*, décrit un état avec *G. Black exc.*; M. Wibiral pense que c'est une erreur.

111. HONTZUM (Zegerus van), chanoine d'Anvers.

Il est nu-tête, tourné vers la gauche, portant des moustaches et une barbiche ; il est vêtu d'une robe longue ; dans la main droite il tient un livre ; la gauche est pendante. Le titre est en deux lignes : *Zegerus van Hontzum S. T. L. cathedralis penitentiarius et Canonicus Ecclesiæ Antverpiensis;* en bas, à gauche : *Ant. van Dyc pinxit;* au milieu : *Adr. Lommelin sculp.;* à droite : *G. Hendricx excudit.*

Haut., 234 millim.; larg., 184.

Seul état.

112. HOWARD (Lady Catherine), duchesse de Richmond et Lenox.

Le titre est en deux lignes : EXCEL^MÆ^ ILL^MQÆ³^ DOMINÆ CATHARINÆ HOWARD, EXCELL^MI^ DVCIS LIVOXIÆ HÆREDIS CONIVGIS DELECTISSIMÆ VERA EFFIGIES (LIVOXIÆ est pour LINOXIÆ); en bas, à gauche : *A. van Dyck pinxit;* au milieu : *G. Hendricx excudit;* à droite : *A. Lommelin sculp.*

Seul état connu. (Voir le même portrait gravé par Arnould de Jode.)

113. LEMON (Margareta), maîtresse de Van Dyck.

Elle est coiffée en cheveux; sur sa tête une couronne de fleurs. Elle est tournée vers la droite, et porte un collier de perles; elle tient de la main droite un bouquet de fleurs. Une ligne de titre : MARGARETA LEMON.; au-dessous, à gauche : *Ant. van Dÿck pinxit;* plus bas, du même côté : *Adrian. Lommelin sculpsit.;* à droite, en deux lignes : *Gillis Hendricx excudit.*

Haut., 216 millim.; larg., 180. La marge du bas, 34.

* Ancienne épreuve. Dans le catalogue de messire del Marmol, on signale deux états : l'un avec, l'autre sans adresse.

114. LEROY (Jacques), seigneur d'Herbais, mort en 1653.

Vu de face, assis dans un fauteuil; il porte les moustaches et la royale; son cou est entouré d'une large fraise; sa robe est bordée de fourrures; il tient dans la main droite un papier. Dans le haut, à gauche, les armoiries. Le titre et la dédicace sont en quatre lignes : D. IACOBVS LE ROY EQVES DOMINVS DE HERBAIX, PRÆSES CAMERÆ RATIONVM BRABANTIÆ AB ANNO 1632. OBIIT A° 1653 ÆTATIS SVÆ 84. Audessous : D. PHILIPPO LE ROY *equiti aurato et Bannereto Domino de Brouchem et Olegem etc. hanc nobilis et præclari viri eius parentis effigiem, pictam ab Antonio van Dÿck A° 1631 dedicabat Ægidius Hendricx A° 1654.*; à gauche : *Ant. v. Dÿc pinxit.;* à droite : *Ad. Lommelin sculp.*

Haut., 264 millim.; larg., 214. La marge du bas, 14.

* 1er état. Avant toutes lettres. Le trait carré n'existe pas, à gauche, depuis l'extrémité de la fourrure jusqu'au bas de la main. Extrêmement rare. Épreuve avec marge. Collection Drugulin.

2e. On lit *Olegem*. Très rare.

* 3e. Avec le titre ci-dessus. La planche est plus étroite, à gauche; le trait carré touche la manchette. Dans le haut du même côté, les armoiries; à la place d'*Olegem*, on lit *Œelegem*.

JACQUES NEEFFS.

115. RYCKAERT (Martin), peintre de paysages; né à Anvers en 1591.

Il est de face; il a des moustaches et de la barbe; il porte un bonnet et un vêtement garni de fourrures; sa main gauche pose sur un bras du fauteuil où il est assis. Le titre est en deux lignes : MARTINVS RYCHART VNIMANVS, PICTOR RVRALIVM PROSPECTVVM ANTVERPIÆ.; plus bas, à gauche : *Ant. van Dyck pinxit.;* à droite : *Iacobus Neeffs sculpsit;* et au milieu : G. H.

Haut., 237 millim.; larg., 194. La marge du bas, 23.

1er état. Épreuve d'essai avant la lettre mentionnée par Weber; de la plus grande rareté.

2e. Avant divers travaux : notamment la boule fixée à droite sur le fauteuil n'est couverte qu'en partie par une taille. Dans les épreuves postérieures, cette boule se trouve entièrement couverte de lignes horizontales; mais avec le titre ci-dessus. Décrit au catalogue Liphart (Leipsig, 1876). Très rare.

Le catalogue Alibert indique une épreuve avant G. H. avec le double trait à la pointe. Cette désignation nous paraît insuffisante.

* 3e. Avec les travaux sur la boule, mais toujours avec les lettres G. H. Collection Marshall. Rare. Filigrane : folie à cinq pointes avec un 4 au-dessus de trois boules.

Marshall, 53 fr.; Wolff, 141 fr. 25 c.

* 4e. Même titre, mais les lettres G. H. sont effacées. Même collection.

116. TASSIS (Antoine de), chanoine d'Anvers, amateur de beaux-arts; mort en 1651.

Il est nu-tête, vu de face, portant des moustaches et un bouquet de barbe; il a l'index passé dans un livre qu'il tient de la main gauche; il est vêtu en ecclésiastique; à droite, un rideau. Le titre est en trois lignes : ANTONIVS DE TASSIS CANONICVS ANTVERPIANVS, PICTVRÆ, STATVARIÆ, NEC NON OMNIS ELEGANTIÆ AMATOR ET ADMIRATOR.; plus bas, à gauche : *Ant. van Dyck pinxit.;* à droite : *Iacobus Neeffs sculpsit.;* au milieu : G. H.

Haut., 239 millim.; larg., 180. La marge du bas, 16.

1er état. Non terminé, avant toutes lettres; on n'y voit pas les tailles perpendiculaires, sur le fond, dans le haut, à gauche; il n'y a pas de contre-tailles sur les tranches du livre. De la plus grande rareté. British Museum.

2e. Avant toutes lettres, terminé. Extrêmement rare. British Museum.

* 3e. Avec le titre ci-dessus, et avec les lettres G. H. Collection Marshall. Très rare.

Wolff, 141 fr. 25 c.

4e. Toute adresse est effacée.

PAUL PONTIUS.

117. ROCKOX (Nicolas), ancien conseiller de la ville d'Anvers.

Il est encadré dans une bordure ovale au bout de laquelle sont des armoiries ; tourné vers la droite, il porte les moustaches et la barbe; autour de son cou est une collerette plissée. Sur la bordure, on lit : NICOLAVS ROCKOX, EQVES ET CONSVLARIS ANTV. AET. ANNO LXXIX. — STET QVICVNQ³. VOLET POTENS AVLÆ CVLMINE LVBRICO, ME DVLCIS SATVRET QVIES. Sur une tablette au-dessous, trois distiques latins :

Qui nouies patriâ moderatus in Urbe secures,

. . . .

. . . .

Octonas bis dum vixit Olympiadas

. . . .

Maiorem sed enim spreta, Quiesq³, probant.

C. Geuartius Pos.

Plus haut, sur la console de support, à gauche : *Paul. Pontius fecit.*

Haut., 252 millim.; y compris la marge du bas ; larg., 271.

* 1er état. On voit une verrue sur la joue droite du personnage ; le mot *fecit.* n'est pas suivi de *et excu.* Très rare. Collection Camberlyn.

Vente Camberlyn, 100 fr.

* 2e. On voit toujours la verrue, mais avec les mots *et excu,* à la suite de *fecit.* Très rare. Collection Camberlyn.

Vente Camberlyn, 35 fr.

* 3e. Non décrit par MM. Weber et Wibiral : la verrue est effacée, mais à la suite du mot *fecit* on lit encore *et excu.* Le mot *claudit* mal formé a remplacé *vixit.* Collection Camberlyn.

Vente Camberlyn, 37 fr.

* 4e. Les inscriptions sont les mêmes ; seulement dans le second vers du deuxième distique, le mot *claudit* est mieux formé. Sur la console de support, on lit, à gauche : *Paul. Pontius sculpsit;* à droite : *H. de Neyt excudit.* Rare. Collection Marshall.

* 5e. Avec l'année 1639. à la suite de *sculpsit.* Rare. Collection Camberlyn.

Vente Camberlyn, 15 fr.

6e. L'inscription sur la console est encore une fois changée. On lit à gauche : *Pet. Paul. Rubenius. Paul. Pontius sculpsit* 1639. ; à droite, l'adresse de *H. de Neyt.* Rare.

Vente Camberlyn, 15 fr.

* 7e. Au-dessus de la tablette contenant les trois distiques, on lit : OBIIT XII DEC. M.DC.XL. Rare. (D.)

Vente Camberlyn, 15 fr.

8e. L'adresse de *H. de Neyt* est effacée et remplacée par G. H.; on ne voit plus l'année 1639; au lieu de *Pet. Paul. Rubenius*, on lit au-dessus du nom de graveur : *Ant. van Dÿck pinxit;* l'inscription sur la bordure ovale a été également modifiée; au lieu de AET. ANNO LXXIX, il y a REI ANTIQVARIÆ CULTOR. Rare.

* 9e. Les lettres G. H. sont effacées. Il y a une modification au mot *Quicsq*, le signe 3 est tout à fait dans le bas. Collection Camberlyn.

Vente Camberlyn, 15 fr.

LUCAS VORSTERMAN.

118. ISABELLE CLAIRE EVGÉNIE, infante d'Espagne, souveraine des Pays-Bas.

Elle porte l'habit de l'ordre de Saint-François; elle tient dans ses mains un des pans de sa robe. L'inscription est en trois lignes : SERENISSIMA D. ISABELLA. CLARA EVGENIA. HISPANIARVM INFANS ETC : SER.MI ALBERTI, ARCHID. AVSTRIÆ, DVCIS BVRGVNDIÆ, BELGARVM PRINCIPIS, ETC VIDVA, MATER CASTRORVM.; plus bas, à gauche : *D. A. van Dÿck Eques pinxit.;* au milieu : *Cū Priuileg.;* à droite : *L. Vorsterman sculp.*

1er état. Avant toutes lettres. Extrêmement rare. British Museum.

* 2e. Avec l'inscription ci-dessus mais avant les lettres G. H. Très rare. (D.)

Quoiqu'il n'y ait aucun signe particulier pour faire reconnaître cet état, nous croyons qu'il est tel que nous l'annonçons : à cause de la beauté de l'épreuve, et en même temps parce qu'il fait partie du volume Debois où toutes les épreuves sont en premières adresses, et dont aucune n'a le signe G. H.

Wolff, 106 fr. 25 c.

3e. A la suite des mots *Cū Priuileg.*, les lettres G. H.

4e. Ces lettres sont effacées.

119. MONCADA (François de), marquis d'Aytone, grand sénéchal d'Aragon; né en 1586, mort en 1635.

Il est nu-tête, vu de face, portant les moustaches et la royale; son col s'abaisse sur ses épaules; sa main droite pose sur des papiers; de sa main gauche il tient le cordon de l'ordre dont il est décoré. Le titre est en quatre lignes : EXCELL.MVS D. FRANCISCVS DE MONCADA, MARCHIO AYTONÆ, COMES OSSONÆ, VICECOMES CABRERÆ ET BAAS, MAGNVS SENESCALCVS REGNI ARRAGONIÆ, PHILIPPO IV. HISPANIAR̄. INDIARVMQ₃, REGI A CONSILIIS STATVS, EIVSDEMQ₃ LEGATVS EXTRAORDIN. ET SVPREMVS MILITIÆ TERRA MARIQ₃

IN BELGIO PRÆFECTVS.; un peu plus haut, à droite, dans l'estampe même, en deux lignes : *D. A. Van Dÿck Eques Pinxit. L. Vorsterman sculpsit.*

Haut., 234 millim.; larg., 167. La marge du bas, 20.

1er état. Non décrit. Avant toutes lettres, non terminé; la tête et les mains sont blanches; l'intérieur du médaillon est blanc. De la dernière rareté, peut-être unique. British Museum.

* 2e. Avant toutes lettres, terminé. Extrêmement rare. Collection Lamothe-Fouquet, de Cologne.

3e. Avec l'inscription rapportée dans le titre, mais avant les lettres G. H. et les mots *cum priuilegio* après le nom de *Vorsterman*. Très rare. Filigrane : grande fleur de lis dans un écu presque carré couronné.

Archinto, 40 fr.; Marshall, 39 fr.; Wolff, 112 fr. 75 c.

* 4e. Également avant G. H., mais avec les mots *Cum priuilegio*, très finement tracés. Très rare. (D.) Filigrane ; grand aigle à deux têtes. C'est la marque indiquée par M. Wibiral.

* 5e. Le titre est le même, mais avec les lettres G. H., en bas dans la marge, à droite, et avec les mots *cum priuilegio*. Rare.

6e. Le titre est le même, mais les lettres G. H. sont effacées; on aperçoit encore les mots *cum priuilegio* qui ont disparu dans les épreuves d'un tirage postérieur.

* Je possède une épreuve de cet état avec de très grandes marges, au-dessous de laquelle, à l'aide d'une planche rapportée, on lit : IN EIVSDEM MARCHIONIS EFFIGIEM EPIGRAMMA. BREDA A BATAVORVM OBSIDIONE LIBERATA ANN. M.DC.XXXIV. *Septembr. die VIII. Ductu Excellmi Principis* D. FRANCISCI DE MONCADA, MARCHIONIS AYTONÆ, etc. *Belgarum et Burgundionum* GVBERNATORIS.

Cette inscription est suivie de dix distiques latins :

ARRAGONVM *sacro natus de sanguine* REGVM. . . . .

. . . . *Nominis Vmbra Tui.* GEVARTIVS Pos.

Au milieu de ces vers les armes de Moncada.

120. WOLFGANG (Guillaume), comte palatin du Rhin.

Il est nu-tête, tourné vers la droite, portant les moustaches et la royale; son col tombe vers ses épaules; sur sa cuirasse la Toison d'or; de la main gauche il s'appuie sur son bâton de commandement. Le titre est en trois lignes : SERENISSIMVS PRINCEPS WOLFGANGVS WILHELMVS, D. G. COMES PALATINVS RHENI, DVX BAVARIÆ, IVLIACI, CLIVIÆ, ET MONTIVM : COMES VELDENTII, SPONHEMII MARCHIÆ, RAVENSBURGI ET MOERSII, DOMINVS IN RAVENSTEIN. ETC.; plus bas, à gauche : *D. A. van Dÿck Eques Pinxit.;* au milieu : *Cū Priuileg :;* à droite : *L. Vorsterman sculp.*

Haut., 211 millim.; larg., 162. La marge du bas, 29.

1er état. Avant la lettre, non terminé ; tout le côté droit est blanc ; le bras droit et le bâton de commandement ne sont pas faits ; la draperie dans le haut à gauche n'existe pas. Une épreuve au British Museum, une autre au cabinet des estampes de Paris. Ce sont les seules que l'on connaisse.

* 2e. Avant les lettres G. H., avec les essais de cuivre devant les mots *Cū Priuileg.*; on lit l'inscription relatée plus haut. Très rare. (D.)

Vente Camberlyn, 25 fr. ; Wolff, 51 fr. 25 c.

3e. Le titre est le même, mais sous les mots *cū Priuileg.*, les lettres G. H.

4e. Ces lettres sont effacées ; on ne voit plus les essais de cuivre dont nous avons parlé plus haut.

PORTRAITS GRAVÉS POUR L'ÉDITEUR JEAN MEYSSENS

PAR UN ANONYME (probablement MEYSSENS).

121. CHARLES Ier, roi d'Angleterre ; né le 29 octobre 1600, mort le 30 janvier 1649.

Il est vu presque de face ; ses cheveux tombent sur le col dentelé qui couvre ses épaules ; il est revêtu de son armure ; sa main droite est posée sur la couronne royale ; il s'appuie de la gauche sur son bâton de commandement. Une ligne de titre : CAROLVS DEI GRATIA MAGNÆ BRITANNIÆ FRANCIÆ ET HIBERN. REX. ; à gauche : *Antoniūs Vañ Dÿck Pinxit ;* à droite : *Ioan. Meysens excudit.*

* 1er état. Épreuve d'essai à l'eau-forte pure ; avant un grand nombre de travaux ; le visage est presque blanc. Il n'y a pas de rideau derrière le personnage, mais des espèces de nuages. Dans la marge l'inscription relatée plus haut est tracée à la pointe, on lit seulement : ANTONINS VAN DYCK PINXIT ; avant l'adresse de *Meysens.* De la plus grande rareté. Collection Camberlyn.

Vente Camberlyn, 190 fr.

2e. Entièrement terminé. L'inscription a été regravée. Les mots *Antoniūs Vañ Dÿck pinxit* ont été reportés plus haut ; on voit encore les traces de l'ancienne inscription ; avec l'adresse de *Meysens.* Rare. (D.)

Vente Camberlyn, 26 fr.

3e. L'adresse est effacée ; le mot *excudit* est resté seul ; il n'y a pas d'autre différence dans l'inscription.

PIERRE BAILLIU.

122. BOVRBON (ANTOINE DE), légitimé de France, comte de Moret.

Il est tourné vers la droite, portant les cheveux longs, les moustaches et la royale ; un col dentelé tombe sur ses épaules ; sa main droite est pendante; de la gauche il s'appuie sur le pommeau de son épée. Le titre est en trois lignes : ANTHONIVS BOVRBONIVS, COMES MORETANVS, ET ABBAS S.[ti] STEPHANI CÄENTINI, FILIVS NATVRALIS HENRICI MAGNI ET JACQVELINÆ BVEILANÆ COMITISSÆ MORETANÆ. ; au-dessous, à gauche : *Antonius van dyck pinxit.;* au milieu : *Petrus de Ballu sculpsit.;* à droite : *Ioannes Meysens excudit Antverpiæ.* L'inscription a été gravée par Hollar.

Haut., 230 millim.; larg., 178. La marge du bas, 16.

1er état. Épreuve d'essai, non terminée, de la plus grande rareté. Décrite par Weber.
* 2e. Avec l'inscription ci-dessus. Rare. Collection Marshall.
Vente Marshall, 26 fr. 50.; Wolff, 50 fr.
3e. L'adresse de *Meysens* a été effacée; il reste seulement *excudit Antverpiæ.*

123. LVCY PERCY, comtesse de Carlisle.

Elle est tournée vers la droite, ayant des roses dans ses cheveux; elle porte des boucles d'oreilles et un collier de perles; sa gorge est découverte; son habillement est riche; on voit ses deux mains; derrière elle un mur épais. Le titre est en deux lignes : LVCIA PERCYE, COMES CARLYLENSIS, MARCGRAVIA DONCASTRENSIS BARONISSA HAYÆ IN SALCÏA, ETC.[A]; au-dessous, à gauche : *Antonius van Dych pinxit.;* au milieu : *Petrus de Baillue sculpsit.;* à droite : *Ioannes Meyssens excudit Antuerpiæ.*

Haut., 225 millim.; larg., 178. La marge du bas, 23.

* 1er état. Avec l'adresse de *Meyssens.*
Vente Camberlyn, 15 fr. 50.
2e. Les mots *Ioannes Meyssens* sont effacés.

124. VRFÉ (Honoré d'), gentilhomme de la chambre du roi, auteur de l'*Astrée;* né à Marseille le 11 février 1567, mort à Villefranche en 1625.

Il est tourné vers la droite; ses grands cheveux tombent sur la collerette dentelée qui couvre ses épaules; il porte les moustaches et la royale; sur son riche vêtement on remarque un baudrier; sa main droite gantée sort de dessous son manteau; son bras est appuyé sur le dos d'un fauteuil; il tient un gant dans la main gauche. Le titre est en deux lignes : ILLVS.[MVS] DOMNIVS HONORIVS VRFEIVS NOBILIS

ORD.[RIVS] CVBICVLI REGII, DVX 50. ARMATORVM HOMINVM A SVO MANDATO, COMES NOVI CASTELLI, BARO ARCIS MORANDANÆ ETC[A].; au-dessous, à gauche : *Antonius van Dyck pinxit.;* au milieu : *Pet. de Baillue sculpsit.;* à droite : *Ioannes Meysens excudit.*

Haut., 232 millim.; larg., 191. La marge du bas, 9.

* 1er état. Avant toutes lettres. Très rare. Épreuve avec marge venant de la collection Saint. Des épreuves semblables se trouvent au musée d'Amsterdam et au British Museum.

* 2e. Avec l'inscription et l'adresse de *Meyssens*. Épreuve avec toute sa marge. (D.)

3e. L'adresse est effacée.

CORNEILLE GALLE LE JEUNE.

Le catalogue Bus de Gisignies décrit un frontispice par Corneille Galle pour la suite des portraits de Van Dyck gravés et publiés par Meyssens.

Le titre est en sept lignes au pied des marches du trône sur lequel est assis Philippe IV : *Thêatrum principum* | *virorumq₃, doctrina et arte pingendi clarissimorum* || *ab* || *Antonio van Dyck et alijs ad vivum* || *expressorum* || *sumptibus Joan Meyssens.* || *Antverpiæ.* || A gauche : *N. V. Horst fig.;* au milieu : *Corn. Galle sculp.* Non décrit.

125. FERDINAND III, empereur d'Allemagne; né en 1608, mort le 2 avril 1657.

Il est vu de face, couronné de lauriers, couvert de son armure, décoré de la Toison d'or; il tient une épée de la main droite, et pose la gauche sur un globe surmonté d'une croix. Le titre est en deux lignes : FERDINANDUS III. DEI GRAT. IMPERATOR ROM. SEMP. AUGUST. GERM. HUNG. BOH. REX : ARCHIDUX AUST. DUX BURGUND. ETC.; au-dessous, à gauche : *Ant. van Dÿc pinxit.;* au milieu : *Corn. Galle Iunior sculpsit.;* à droite : *Io. Meÿssens excudit Antverpiæ* A° 1649.

* 1er état. Avec l'adresse de *Meyssens*. Rare. Collection Marshall.

Vente Camberlyn, 25 fr.; Marshall, 25 fr. 25 c.; Wolff, 186 fr. 25 c.

2e. L'adresse est effacée.

126. HENRIETTE DE LORRAINE, princesse de Phalsbourg.

Elle est tournée vers la droite, coiffée en cheveux; elle porte des boucles d'oreilles et un collier de perles; sa collerette est rejetée en arrière; sa gorge est découverte; son vêtement est riche; elle laisse pendre son bras droit; de la main gauche elle paraît ramasser des roses qui sont sur une table. Le titre est en trois lignes : HENRICA LOTHARINGIÆ, PRINCIPISSA PHALSEBVRGÆ, ET RIXHEIMÆ, COMITISSA BOVLAYÆ, BARONISSA ASPRIMONTIS, DOMINA NOVI-CASTELLI, PRENY HOMBVRGI, S.TI ANOLDI, AVANTGARDÆ, SAMPIGNI, FRANC-ALTORFFI ETC.A; au-dessous, à gauche : *Antonius van Dyck pinxit.;* dans le milieu : *Cornelius Galle iunior sculpsit.;* à droite : *Ioannes Meysens excudit.*

Haut., 241 millim.; larg., 189. La marge du bas, 24.

1er état. Avant toutes lettres. Très rare. British Museum et musée d'Amsterdam.
* 2e. Avec l'inscription ci-dessus et l'adresse de *Meyssens*. Rare. (D.)
Vente Camberlyn, 13 fr.; Wolff, 157 fr. 50 c.
3e. L'adresse est effacée.

127. MARIE D'AUTRICHE, impératrice, femme de l'empereur Ferdinand III.

Elle est de face, richement coiffée en cheveux, portant une large collerette plissée; son vêtement est orné d'un collier et de boutons en émeraudes; de ses deux mains elle tient un éventail; à droite la couronne impériale. Le titre est en deux lignes : MARIA AUSTRIACA FERD. III. UXOR. I. DEI G. IMP. ROM. SEMP. AUG. GERM. HUNG. BOH. REG. ARCHIDUCISSA AUSTR. DUCISSA BURGUN. ETC.; au-dessous, à gauche : *Ant. van Dyck pinxit.;* au milieu : *Corn. Galle Iunior sculpsit.;* à droite : *Io. Meyssens excudit Antverpiæ A°.* 1649.

Haut., 237 millim.; larg., 180. La marge du bas, 27.

* 1er état. Avec l'adresse de *Meyssens*. Rare. Collection Marshall.
Wolff, 112 fr. 50 c.
2e. L'adresse est effacée.

128. MEYSSENS ou MEISSENS (Jean), de Bruxelles, peintre graveur à l'eau-forte et au burin, éditeur d'estampes à Anvers.

Tourné à gauche, il porte les cheveux longs, les moustaches et la royale; un long col tombe sur ses épaules; de la main gauche il tient les plis de son manteau; à gauche, un dessin et une palette. Le titre est en deux lignes : IOANNES MEYSENS BRVXELLENSIS PICTOR, ET

AMATOR CALCOGRAPHIÆ ANTVERPIÆ; au-dessous, à gauche : *Antonius van dyck pinxit.;* à droite : *Cornelius Galle iunior sculpsit.*

Haut., 230 millim.; larg., 178. La marge du bas, 18.

1er état. Avant toutes lettres; une épreuve d'essai est au musée d'Amsterdam De la plus grande rareté; peut-être unique.

2e. Avec l'inscription ci-dessus. On lit MEYSENS; au milieu : *Cornelius Galle. . .* L'inscription entière a été gravée par Hollar. Très rare.

* 3e. On lit MEISSENS; les mots *Cornelius Galle. . . . .* sont à droite. Collection Camberlyn Filigrane : grande folie à cinq dents avec un 4 dans le bas surmontant trois boules.

Vente Camberlyn, 44 fr.; Wolff, 38 fr. 75 c.

129. PAPPENHEIM (GODEFROY-HENRI, comte DE), maréchal des armées de l'empereur d'Allemagne; né à Pappenheim le 29 mai 1594, tué à Lutzen, le 16 novembre 1632.

Il est nu-tête, un peu tourné vers la droite, portant les moustaches et une royale très longue; son col dentelé tombe sur ses épaules; sur sa cuirasse on voit la Toison d'or; dans sa main droite est le bâton de commandement; sa main gauche est posée sur un casque. Le titre est en deux lignes : GODEFRIDVS-HENRICVS COMES DE PAPENHEIM CONSILIARIVS AVLICVS SVÆ CES. MAIEST. EIVSQ³ EXERCITVVM MARESCHALLVS GENERALIS; au-dessous, à gauche : *Ant. van Dyck pinxit.;* dans le milieu : *C. Galle schulpsit.;* à droite : *Ioañ Meyssens excudit.*

Haut., 233 millim.; larg., 178. La marge du bas, 27.

1er état. Avant toutes lettres. Les nuages qui sont à gauche et ceux qui sont à droite diffèrent tout à fait de l'état terminé; la partie claire qui est au-dessus de la tête du personnage n'est ombrée que de simples tailles un peu circulaires; celle du rideau est ombrée de tailles circulaires avec quelques contre-tailles par places, tandis que dans l'état avec la lettre on ne voit que des tailles horizontales. Les cheveux du personnage sont moins travaillés, on y voit vers la gauche deux mèches en l'air : le front est moins ombré; les tailles ne se rejoignent pas vers la gauche; il y a là une grande place blanche; le sourcil de l'œil droit est interrompu par places, et les traits ne se suivent pas; la joue droite n'est pas ombrée vers le nez; de ce côté le nez n'a que de très légers travaux; entre les deux moustaches qui sont moins ombrées il y a un petit espace blanc; au-dessous de la lèvre inférieure il n'y a pas de barbiche, tandis que dans l'état terminé il y en a une qui rejoint la barbe. Celle-ci est moins longue à partir de la lèvre inférieure, elle n'a que 26 millimètres, plus tard elle en a 29. Sur l'épaule droite, le col est ombré de différents travaux qui n'offrent rien de régulier; les dents sont plus petites; on n'y voit pas les petites lignes blanches qui séparent le col de ces dents; celles-ci ne sont ombrées que de traits légers; sur l'épaule gauche, le col offre des travaux tout différents; les coups de lumière sur la cuirasse et l'armure du bras sont couverts de légers travaux qui ont été enlevés par la suite; il en est de même sur l'avant-bras; tout le dessus de la main est presque blanc, le pouce est moins travaillé; tout le milieu du bâton de commandement est blanc sans aucun travail; les doigts de la main qui tient le casque sont moins ombrés; sur le casque lui-même le coup de lumière est couvert de tailles; il y a deux clous qui tiennent la visière du casque; il n'y en a qu'un seul dans l'état terminé; à gauche, au-dessous du bâton de commandement, l'armure des cuisses n'existe pas, on ne voit là que des tailles et des contre-tailles. La planche est plus courte dans le haut et dans le bas; le coude droit touche au trait de bordure en bas et sur les côtés; on ne voit que quatre doigts de la main gauche.

Haut., 218 millim.; larg., 170. De la plus grande rareté.

Nous avons vu au British Museum une autre épreuve avant différents travaux mais que nous croyons plus avancée que celle-ci. Également de la plus grande rareté.

2e. Avant toutes lettres mais terminé. Extrêmement rare. British Museum.

* 3e. Avec l'inscription relatée plus haut. Dans notre épreuve, l'estampe est complétée par l'addition des travaux qui manquaient dans le 1er état. Il y a cinq doigts à la main gauche; avec les dimensions citées à la fin de la description.

Vente Camberlyn, 26 fr.; Archinto, 14 fr.; Marshall, 29 fr.

4e. Le titre est le même, mais l'adresse est effacée.

5e. Même titre, mais à l'endroit où se voyait l'adresse de *Meyssens*, on lit celle de *Jac de Man*.

130. TAIE (Engelbert), chevalier, député des états de Brabant.

Il est nu-tête, tourné vers la gauche, portant les moustaches et la royale; une large collerette plissée entoure son cou; il semble montrer quelque chose de l'index de la main gauche; de la droite il soutient les plis de son manteau. Le titre est en deux lignes : DOMINVS ENGELBERTVS TAIE EQVES, BARO WEMMELIVS, ETCA DEPVTATVS ORDINARIVS INTER NOBILES STATVS BRABANTIÆ.; au-dessous, à gauche : *Antonius van Dyck pinxit.;* au milieu : *Cornelius Galle iunior sculpsit.;* à droite : *Ioannes Meyssens excudit Antuerpiæ.*

Haut., 237 millim.; larg., 183. La marge du bas, 18.

* 1er état. Avec l'inscription ci-dessus. Rare. Collection Marshall.

Vente Camberlyn, 16 fr.; Wolff, 26 fr. 25 c.

2e. L'adresse de *Meyssens* est effacée.

W. HOLLAR.

131. ARUNDEL (Thomas Howard, comte d').

Il est nu-tête, un peu tourné vers la droite, portant les moustaches et la barbe; il est revêtu de son armure; dans sa main droite le bâton de commandement; il appuie la gauche sur son casque. Le titre est en quatre lignes : ILLVSTRIS^{VS} ET EXCELLENT.^{MVS}. . . . . GENERALIS MILITIÆ DVX; au-dessous, à gauche : *Ant. van Dyck Eques pinxit;* au milieu : *W. Hollar fecit* 1646; à droite : *J. Meyssens ex. Antuerpiæ.*

Haut., 245 millim.; larg., 190.

1er état. C'est celui décrit. Très rare.
Camberlyn, 45 fr.
Le catalogue Bus de Gisignies indique une épreuve avant l'adresse.
2e. L'adresse de *Meyssens* est effacée.

132. ARUNDEL (ALATHÉE TALBOT, comtesse D'), femme du précédent personnage.

Elle est nu-tête, portant une couronne, ayant des cheveux épais qui couvrent tout son front; elle a des boucles d'oreilles de perles et un collier de perles; sur le manteau d'hermine qui couvre ses épaules et qu'attache une belle broche, est un collier orné de perles; elle tient des deux mains un autre riche collier de perles. Le titre est en deux lignes : ILLVSTRISSIMA ET EXCELLENTISSIMA DOMINA; DÑA : ALATHEA TALBOT, etc : *Comitissa Arundelliæ et Surriæ,* etc : *et prima Comitissa Angliæ;* au-dessous, à gauche : *Ant : van Dyck Eques pinxit.;* au milieu : *W. Hollar fecit* 1646 *Antverpiæ.;* à droite : *Ioh : Meyssens excudit.*

Haut., 245 millim.; larg., 194. La marge du bas, 21.

* 1er état. Avec le titre relaté ci-dessus. Rare.
2e. L'adresse de *Meyssens* est effacée.

133. CHARLES II, roi d'Angleterre; né en 1630, mort en 1686; portrait à mi-corps.

Il est tourné vers la gauche, ses cheveux longs tombent sur son col de dentelles; sa main droite est appuyée sur une canne; la gauche qui tient un chapeau touche la garde de son épée. Dans le fond, à gauche, un château dans un parc. L'inscription est en trois lignes : CAROLVS II, D. G : MAGNÆ BRITANNIÆ FRA^{CIE} et HIBERNIÆ REX, etc. *natus A° 1630. Hanc Maiestatis suæ Effigiem ab Antonio van Dycke Equite sic depictam, Humillimus Cliens Wenceslaus Hollar, Boh. Aqua forti æri insculpsit, dedicauit consecrauitque*

Anno 1649; plus bas, à droite : *Ant. van Dycke pinxit;* à gauche : *W. Hollar fecit et exc.*

Haut., 215 millim.; larg., 178. La marge du bas, 27.

1er état. C'est celui décrit ci-dessus. Très rare.

2e. Même inscription, mais les mots *natus* A° 1630 font partie de la première ligne; entre *sic* et *depictam* le mot *prius* se lit au-dessus; les mots *dedicauit consecrauitque* manquent; dans les lettres Æ du mot HIBERNIÆ le trait du milieu manque aussi. Très rare.

3e. Même inscription, mais après *Hollar fecit* il n'y a plus *et ex;* au milieu du bas : *Io Meyssens excudit.* Rare.

Camberlyn, 21 fr.

4e. L'adresse est effacée. Cet état n'est pas commun.

134. MALDERVS (JOANNES VAN), évêque d'Anvers.

Deux lignes de titre : PERILL.RIS ET REVEREN.MVS DOMINVS IOANNES MALDERVS EPISCOPVS ANTVERPIENSIS; au-dessous, à gauche : *Antonius van Dyck pinxit;* au milieu : *W. Hollar fecit aqua forti Antuerpiæ* A° 1645; à droite : *Ioannes Meysens excudit.*

1er état. C'est celui décrit. Rare.

2e. L'adresse de *Meysens* est effacée.

Cité d'après M. Wibiral.

135. PORTLAND (HIERONYMUS WESTON, comte DE).

Le titre est en deux lignes : PERILLVSTRIS DOMINVS HIERONYMVS WESTONIVS COMES PORTLANDIÆ NEYLANDIÆQ3, etc.; plus bas, à gauche : *Antonius van Dyck pinxit;* au milieu : *W. Hollar fecit aqua forti* 1645; à droite : *Ioannes Meysens excudit.*

1er état. C'est celui décrit ci-dessus. Rare.

2e. L'adresse de *Meysens* est effacée.

Cité d'après M. Wibiral.

136. PORTLAND (MARIA, *recte* FRANCES STUART, comtesse DE).

Elle est coiffée en cheveux, tournée à droite; elle a des perles aux oreilles et autour du cou; autour de son corsage un autre collier de perles; elle porte une fourrure sur les épaules; son bras droit nu est pendant; de sa main gauche elle touche la fourrure qui est sur son épaule droite. Le titre est en deux lignes : ILLVSTRIS : DOMINA DÑA : MARIA STVART COMITISSA PORTLANDIÆ NEYLANDIÆQ3, etc.;

plus bas, à gauche : *Ant. van Dycke pinxit;* au milieu : *W. Hollar fecit A°* 1650; à droite : *Joannes Meysens excud. Antuerpiæ.*

Haut., 234 millim.; larg., 176. La marge du bas, 36.

1er état. C'est celui décrit.

2e. L'adresse de Meyssens est effacée.

137. VILLIERS (Élisabeth), duchesse de Lenox et de Richmond.

Vue presque de face, un peu tournée vers la gauche, coiffée en cheveux, elle porte un collier de perles; sa gorge est très découverte; son vêtement est riche; elle tient des roses dans ses mains; dans le fond, à droite, des arbres; à gauche, une colline. Le titre est en deux lignes : ILLVSTRISS : ma D : na DOMIna ELISABETHA VILLIERS DVCESSA DE LENOX ET RICHMOND. etc : FILIA GEORGIJ VILLIERS DVCIS ET COMITIS BVCKINGHAMIÆ. ; au-dessous, à gauche : *Ant : van dyck pinxit;* au milieu : *W. Hollar fecit;* à droite : *Ioannes Meysens ex : Antverpiæ.*

Haut., 230 millim.; larg., 180. La marge du bas, 18.

* 1er état. Avec l'adresse de *Meysens*. Rare.

2e. Cette adresse est effacée.

138. WAEL (Lucas et Corneille de), peintres d'Anvers. Le premier est né en 1591, le second en 1594; l'année de leur mort n'est pas connue.

Ils sont tous deux nu-tête, presque de face, un peu tournés vers la droite; celui qui est assis porte les moustaches et la royale; son bras droit pend sur le dos de sa chaise; il appuie sa main gauche sur sa cuisse; celui qui est debout n'a que des moustaches; il a la main droite posée sur la base d'une colonne; sa gauche est à demi ouverte. Le titre est en trois lignes : LVCAS ET CORNELIVS DE WAEL. ANTV : FFr. GERMANI IÕis FF : QVI PICTORIAM ARTEM HÆREDITARIO IVRE CONSECVTI, HIC RVRALIVM ILLE OMNIGENVM PRECIPVEQVE CONFLICTVVM REPRÆSENTATOR. ; au-dessous, à gauche : *Ant. van Dyck Eques pinxit. ;* au milieu : *W: Hollar fecit.* 1646. ; à droite : *I: Meysens exc.*[1]

Haut., 257 millim.; larg., 216. La marge du bas, 27.

1. Le tableau de Van Dyck représentant les deux frères Wael est au musée du Capitole à Rome; sur un autre tableau qui sert de pendant à celui-ci, on voit réunis Momper et Pierre de Jode, dit le vieux.

* 1er état. Avec le titre et l'adresse ci-dessus. Rare.

2e. L'adresse de *Meysens* est effacée.

PIERRE DE IODE.

139. CUSANCE (Béatrix de), Princesse de Cante-Croye; elle épousa en premières noces Eugène-Léopold d'Oiselet, prince de Cante-Croye, qui mourut en 1636; et en secondes noces Charles IV, duc de Lorraine. Béatrix de Cusance mourut à Besançon en 1663.

Elle est tournée à droite, coiffée en cheveux, portant des boucles d'oreilles, un collier et des bracelets en perles; des bijoux semblables décorent son corsage; son vêtement est riche; de la main droite elle relève les plis de sa robe, tandis que la gauche pose sur un rideau. Une ligne de titre : BEATRIX COSANTIA PRINCEPS CANTE-CROYANA ETCA; au-dessous, à gauche : *Antonius van Dyck pinxit.;* dans le milieu : *Petrus de Iode sculpsit.;* à droite : *Ioannes Meyssens excudit Antuerpiæ* [1].

Haut., 232 millim.; larg., 189. La marge du bas, 11.

1er état. Avant toutes lettres. De la plus grande rareté. Une épreuve est au musée d'Amsterdam, une autre au British Museum.

* 2e. Avec l'inscription relatée ci-dessus. Rare. Épreuve avec marge. Collection Marshall. Filigrane : folie ayant sur la tête deux cornes terminées par des boules, avec cinq dents dans le bas; au-dessus : un 4 sur une boule.

Vente Marshall, 26 fr. 75.; Wolff, 38 fr. 75 c.

3e. L'adresse de *Meyssens* est effacée; reste seulement *Antuerpiæ*.

140. FERDINAND D'AUTRICHE, infant d'Espagne, gouverneur des Pays-Bas espagnols; dit aussi *le cardinal infant.*

Il est nu-tête, tourné vers la gauche, portant les moustaches et la royale; son col dentelé tombe sur ses épaules; une grande écharpe passe sur son vêtement ouvert; dans sa main droite il tient le bâton de commandement; du même côté un rideau forme le fond. Le titre est en deux lignes : SERENISSIMVS PRINCEPS FERDINANDVS AVSTRIACVS S. R. E. CARDINALIS BELGARVM BOVRGVNDORVMQ3 GVBERNATOR ETCA; au-dessous, à gauche : *Antonius van Dÿck pinxit.;* au milieu : *Pet. de Jode fecit.;* à droite : *Ioannes Meyssens excudit.*

Haut., 226 millim.; larg., 189. La marge du bas, 23.

1. Le portrait peint en grisaille par Van Dyck est dans la salle Lacaze, au musée du Louvre.

* 1er état. Avec le titre relaté ci-dessus. Rare. (D.)

2e. L'adresse de *Meyssens* est effacé. On lit : *Jac de Man.*

141. MONTFORT (Jean de), maître-général des monnaies du roi d'Espagne.

Nu-tête, tourné vers la droite; il porte une large collerette plissée; une clef de chambellan est à sa ceinture; les deux mains sont visibles; l'index de la gauche descend sur l'inscription. Le titre est en quatre lignes : D. IOANNES DE MONTFORT SERENISSIMORVM ARCHIDVCVM ET PRINCIPVM BELGII ALBERTI ET ELISABETHÆ AVLARVM PRIMARIVS CONSTITVTOR ET EXORNATOR, NEC NON REGIS CATHOLICI MONETARVM CITRA MONTES CONSILIARIVS, ET MAGISTER GENERALIS, NOBILIVMQ₃ DOMINARVM PALATII SERENIS.^MÆ^ ELISABETHÆ INVIOLATVS CVSTOS.; au-dessous, à gauche : *Antonius van Dyck pinxit.;* au milieu : *Petrus de Iode sculpsit.;* à droite : *Ioannes Meyssens excudit Antuerpiæ*[1].

Haut., 239 millim.; larg., 191. La marge du bas, 191.

1er état. Avant toutes lettres. De la dernière rareté. Une épreuve est au British Museum, une autre au musée d'Amsterdam.

* 2e. Avec le titre relaté ci-dessus. Rare. Collection Marshall.

3e. L'adresse de *Meyssens* est effacée et remplacée par celle de *Jac. de Man.*

4e. Toute adresse a été enlevée.

P. VAN LISEBETTEN OU LISEBETIUS.

142. HAMILTON (Jacques, marquis d').

Il est un peu tourné vers la gauche, nu-tête; ses longs cheveux tombent sur ses épaules; il porte un col rabattu; sur sa cuirasse on voit le cordon de la Jarretière; il tient de la main droite appuyée sur son casque le bâton de commandement; sa main gauche est visible. Le titre est en quatre lignes : IACOBVS HAMILTONIVS, MARCHIO AB HAMILTON, COMES CAMBRICENSIS ET ARANENSIS, BARO EVENIVS ET ABERBROCHIVS MAGISTRO EQVITVM SVÆ MAIESTATIS MAGNE BRITANNIÆ, ET EQVES ORDINIS GARTERY.; au-dessous, à gauche : *Ant. van D¨ck pinxit;* au milieu : *Pet. van Lisebetius sculp.;* à droite : *Joannes Meÿssens excudit.*

Haut., 239 millim.; larg., 186. La marge du bas, 28.

1. Le tableau original est dans la galerie impériale de Vienne.

* 1er état. Avec le titre ci-dessus.

2e. Le titre est le même, au lieu de *Joannes Meyssens* on lit : *Jacobus de Man.*

I. MEYSSENS.

143. EE (François van der), seigneur de Meysse, bourguemestre de Bruxelles.

Nu-tête, tourné vers la gauche, il porte les moustaches et la royale; son cou est entouré d'une grande collerette; il est décoré d'une longue chaîne; des papiers sont dans sa main gauche, au petit doigt de laquelle il y a un anneau. Le titre est en deux lignes : D. FRANCISCVS VANDER EE *Dn̄s de Meys, Pretor Ciuitatis Bruxellensis.;* au-dessous, à gauche : *Anton van Dyck pinxit;* à droite : *Ioannes Meysens fecit et excud*

Haut., 118 millim., y compris la marge du bas, larg., 86.

1er état. Une ligne de titre et avant l'adresse de Meyssens. Très rare.

2e. Avec cette adresse. Rare.

* 3e. Avec le titre en deux lignes relaté plus haut. La planche est terminée au burin. (D.)

4e. L'adresse de Meyssens est effacée.

144. HENRIETTE MARIE, reine d'Angleterre; née le 25 novembre 1609, morte le 10 septembre 1669.

Elle est tournée vers la droite, coiffée en cheveux sur lesquels sont des perles; elle est parée de boucles d'oreilles et d'un collier de perles; sa gorge est découverte; un grand collier d'émeraudes et de pierres précieuses est sur ses épaules; son corsage est orné de perles; elle tient une fleur dans la main droite; près d'elle, à gauche, la couronne royale. Une ligne de titre : HENRICA MARIA DEI GRATIA MAGNÆ BRITANIÆ FRANCIÆ HIBERN. REGINA; au-dessous, à gauche : *Ioan. Meysens fecit et excud.;* à droite : *Anton. van Dyck Pinxit.*

Haut., 213 millim.; larg., 171. La marge du bas, 18.

* 1er état. D'eau-forte. On voit à droite un ciel et des nuages blancs qui ont disparu dans l'état suivant; le rideau n'offre que de légers travaux, il en est de même sur le visage, la gorge et les manches; à gauche, sur la robe, près des joyaux, sont de larges places blanches; derrière le coude droit, il n'y a que de simples tailles en zigzag; la couronne est très légèrement faite, et la croix qui la surmonte offre plusieurs places blanches; il en est de même des lis qui l'entourent; l'appui sur lequel elle pose n'offre que des tailles croisant carrément d'autres tailles; on n'y voit pas encore les tailles obliques qui sont dans l'état terminé. Extrêmement rare. Collection Camberlyn.

M. Wibiral annonce cet état comme avant l'adresse de *Meysens*; elle est dans l'épreuve que nous décrivons.

Vente Camberlyn, 62 fr.

* 2e. Terminé, avec l'adresse de *Meyssens*. Très rare. (D.) Filigrane : grande fleur de lis dans un écusson presque carré couronné.

Camberlyn, 14 fr.

3e. Le nom de *Ioan. Meysens* est effacé et remplacé par celui de *Waumans*. La planche est coupée dans un angle à gauche, en bas.

4e. Sans nom d'éditeur et de graveur

145. RUTEN (Marie), femme de Van Dyck.

Tournée vers la droite, ayant une branche dans ses cheveux; elle porte des boucles d'oreilles et un collier de perles; sa gorge est découverte; de la main gauche elle tire un collier de perles qui est passé à son bras droit. Une ligne de titre : MARIA RVTEN VXOR D. ANTONI VAN DYCK EQVES; au-dessous, à gauche : *Anton. van Dyck pinxit.*; à droite : *Ioan. Meysens fecit et excud.*

Haut., 218 millim.; larg., 176. La marge du bas, 18. La largeur totale de la planche est de 185. M. Wibiral dit 187.

* 1er état. Avec l'inscription ci-dessus. Le coin du haut à droite n'est pas coupé comme l'indique M. Wibiral pour les épreuves de cet état, mais seulement couvert de salissures. Très rare. Estampe gravée à l'eau-forte. (D.)

2e. L'adresse de *Meyssens* est effacée. On voit des égratignures à la place. Rare.

3e. Le titre est le même, mais on lit à droite l'adresse de *Fran vanden Wyngaerde ex*. La planche a été diminuée d'au moins 10 millim. sur la largeur. Elle a été terminée au burin par un graveur anonyme. Les deux coins du haut ont été coupés symétriquement. Assez rare encore.

M. NATALIS.

146. ERNESTINA, princesse de Ligne, comtesse de Nassau.

Elle est en cheveux, le front découvert, regardant à gauche; sur ses épaules une large collerette dentelée, avec une plus grande en arrière; sur sa poitrine une croix ornée de perles et un double collier de perles; son bras gauche est pendant; sa main droite tombe sur le dossier d'un fauteuil; derrière elle des draperies. Une ligne de titre : ERNESTINA PRINCEPS LIGNEANA et STI IMPERII, COMES NASSAVIA. ETCA; plus bas, à gauche : *Antonius van Dyck pinxit.*; au milieu : *Michael Natalis sculpsit.*; à droite : *Ioannes Meyssens excudit Antuerpiæ.*

Haut., 245 millim.; larg., 187. La marge du bas, 18.

* 1er état. Avec le titre ci-dessus. Rare.
Vente Camberlyn, 18 fr.
2e. L'adresse de *Meyssens* est effacée; les mots *excudit Antuerpiæ* sont restés.

J. NEEFS.

147. BARLEMONT (Marie-Marguerite de), comtesse d'Egmont.

Elle est tournée vers la droite, coiffée en cheveux; elle porte un collier de perles; sa gorge est découverte; son bras droit est pendant; de la main gauche elle relève une partie de son vêtement. Une ligne de titre : D. DÑA. MARIA MARGARETA DE BARLEMONT COMITISSA HEGMONDANA; au-dessous, à gauche : *Ant. van Dyck pinxit;* au milieu : *Jacobus Neefs sculpsit.;* à droite : *Ioēs Meyssens exc.*

Haut., 242 millim.; larg., 189. La marge du bas, 25.

* 1er état. Avant toutes lettres; une épreuve semblable est au British Museum. De la plus grande rareté.
2e. Avec l'inscription ci-dessus. Rare.
Wolff, 100 fr.
3e. L'adresse de *Meyssens* est effacée.

PAUL. PONTIUS.

148. AREMBERG (Marie, comtesse d'), princesse de Barbançon.

Elle est tournée vers la gauche, ayant des perles dans les cheveux; elle porte des boucles d'oreilles, un collier et des bracelets en perles; sa collerette est rejetée en arrière; son habillement est riche; ses mains sont placées l'une sur l'autre. Le titre est en deux lignes : MARIA DEI GRATIÂ PRINCEPS, COMES ARENBERGIÆ, PRINCEPS BAR·BANSONIA ETCA; au-dessous, à gauche : *Antonius van Dyck pinxit.;* au milieu : *Paulus Pontius sculp. Anno* 1645.; à droite : *Ioannes Meyssens excudit Antuerpiæ.*

Haut., 226 millim.; larg., 178. La marge du bas, 16.

1er état. Avant toutes lettres. De la plus grande rareté. Deux épreuves du même état sont au British Museum.
* 2e. Avec l'inscription relatée ci-dessus. Rare. Épreuve avec une grande marge.
Wolff, 76 fr. 25 c.
3e. L'adresse de *Meyssens* est effacée.

RUCHOLLE.

149. SAVOYE (Charles-Emmanuel de), prince de Piémont.

Il est nu-tête, les cheveux hérissés, regardant un peu vers la droite, portant les moustaches et la barbe ; il est revêtu de son armure sur laquelle tombe une large décoration ; dans sa main gauche, le bâton de commandement. Le titre est en deux lignes : CAROLVS EMMANVEL DVX SABAVDIÆ PRINCEPS PIEDEMONTANVS COMES ASTIENSIS, ETC^{A}; au-dessous, à gauche : *Antonius van Dyck pinxit;* au milieu : *Petrus Rucholle sculpsit;* à droite : *Joannes Meyssens excudit Antverpiæ.*

Haut., 224 millim.; larg., 175.

1er état. C'est celui décrit.

2e. Le titre est le même, mais avec l'adresse de *Jacobus de Man.*

H. SNYERS.

150. ROBERT, comte palatin du Rhin ; né en 1619, mort à Londres le 29 novembre 1682 ; plus connu sous le nom de prince Rupert.

Vu de face, il porte les cheveux longs ; une collerette dentelée tombe sur son hausse-col ; il tient dans la main droite le bâton de commandement ; l'autre est posée sur sa poitrine. Deux lignes de titre : ILLUSTRISSIMVS PRINCEPS ROBBERTVS, COMES PALATINVS RHENI, EQVES ORDINIS S^{TI} GEORGII. HIPPARCHVS SVÆ MAI^{TIS} MAGNÆ BRITANNIÆ. ETC^{A}; au-dessous, à gauche : *Antonius van Dyck pinxit.;* au milieu : *Henricus Snyers sculpsit.;* à droite : *Ioannes Meyssens excudit Antuerpiæ.*

Haut., 234 millim.; larg., 176. La marge du bas, 21.

* 1er état. Avec le titre ci-dessus. Très rare. Collection Camberlyn.
Vente Camberlyn, 40 fr.
2e. Le nom de l'éditeur est effacé.

C. WAUMANS.

151. CROY (Marie-Claire de), duchesse de Havré.

Elle est tournée vers la droite, coiffée en cheveux ; elle porte des perles en boucles d'oreilles ; un collier de perles orne son cou, un double collier de perles est sur ses épaules; sous sa collerette son vêtement est riche; on aperçoit sa main gauche et une partie de la droite. Le titre est en deux lignes : MARIA CLARA DE CROIIO, DVX HAVREANA CROYANAQ³ PRINCEPS S.TI IMPERII, SOVVERRANEA ET BARONISSA FENESTRANGIÆ ET COSTÆ COMES FONTENOIIA ETC.; au-dessous, à gauche : *Antonius van Dyck pinxit.;* au milieu : *Coenraerdus Waumans sculpsit.;* à droite : *Ioannes Meysens excudit.*

Haut., 239 millim.; larg., 191. La marge du bas, 18.

* 1er état. Avec l'inscription ci-dessus. Rare. (D.)
Vente Marshall, 79 fr.
2e. L'adresse de *Meysens* est effacée.

152. ORANGE (Frédéric-Henri, prince d'), comte de Nassau, marquis de Vère et de Flissingue.

Il est nu-tête, tourné vers la gauche, portant les moustaches et la royale; son col dentelé tombe sur ses épaules; il est couvert de son armure; une écharpe entoure son bras gauche, et il tient de la main gauche le bâton de commandement; sur une table, à gauche, est un casque surmonté d'un grand panache; dans le fond, un rideau. Le titre est en trois lignes : FREDERICVS HENRICVS D. G. PRINCEPS ARAVSIONENSIVM COMES NASSAVIÆ, ETC. MARCHIO VERÆ ET FLISSINGÆ, BARO BREDÆ, GRAVIÆ, DIESTÆ ETC.; au-dessous, à gauche : *Antonius van Dÿck pinxit :;* au milieu : *Conraet Waumans sculpsit :;* à droite : *Ioannes Meysens excudit.*

Haut., 243 millim., y compris la marge du bas, larg., 187.

* 1er état. Avec l'inscription ci-dessus. Rare. (D.)
Camberlyn, 10 fr.; Wolff, 62 fr. 50 c.
2e. Le nom de *Meysens* est effacé : *excudit* seul est resté.

153. ORANGE (Émélie de Solms, princesse d'), femme du précédent.

Elle est tournée à droite; elle a des perles dans les cheveux et des boucles d'oreilles en perles; son col est orné d'un collier de perles; sous sa collerette un double collier de perles pend sur sa robe; sa main et son bras droits sont posés sur une table. Le titre est en deux lignes : EMELIÆ DE SOLMS, D. G. PRINCEPS ARAVSIONENSIVM,

COMITISSA NASSAVIÆ, ETC., MARCHIONISSA VERÆ ET FLISSINGÆ, BARONISSA BREDÆ GRAVÆ, DIESTÆ ETC.; au-dessous, à gauche : *Antonius van Dÿck pinxit.;* au milieu : *Conraet Waumans sculpsit:;* à droite : *Ioannes Meysens excudit.*

Haut., 234 millim.; larg., 185. La marge du bas, 18.

* 1er état. Avec l'inscription ci-dessus. Rare. Épreuve avec toute sa marge. (D.) Camberlyn, 31 fr.

2e. Le titre est le même, mais l'adresse de *Meysens* est effacée.

154. ZVNIGA ET DAVILA (Don Antoine), marquis de Mirabelle.

Nu-tête, presque de face, il porte les moustaches et la royale; une large collerette plissée entoure son cou; sur son riche vêtement, on voit une chaîne sur laquelle est passé le pouce de la main gauche; à droite, un rideau. Le titre est en trois lignes : DOM : ANTHONIVS DE ZVNIGA ET DAVILA, MARCHIO MIRABELLÆ, COMES BRANTEVILLÆ, ORDINIS CALATREN.IS PHILIP.O IV. HISPAN.VM REGI A SVPREMIS CONSILYS STATVS, ETC.; au-dessous, à gauche : *Antonius van Dÿck pinxit;* au milieu : *Coenradus Waumans sculpsit.;* à droite : *Ioannes Meÿssens excudit.*

Haut., 243 millim.; larg., 186. La marge du bas, 18.

* 1er état. Avec le titre ci-dessus. Épreuve avec marge. Collection Marshall. Camberlyn, 11 fr.

2e. L'adresse de *Meyssens* est effacée, on ne voit pas encore celle de *Jacobus de Man*. Décrit par M. Wibiral.

3e. On lit cette dernière adresse.

PORTRAITS DIVERS, D'APRÈS A. VAN DYCK

Avec adresse d'éditeur.

GRAVEURS ANONYMES.

155. OPSTAL (Antoine van), peintre de portraits à Bruxelles.

Il est tourné vers la droite, nu-tête, portant des cheveux longs par derrière; il a des moustaches et de la barbe; une large collerette de petits plis tombe sur ses épaules; sa main gauche qui sort de son manteau est posée sur sa poitrine. Une ligne de titre : ANTHONIVS VAN

OPSTAL. BRVXELLENSIS PICTOR ICONVM. ; plus bas, à gauche : *Anthonius van Dÿck pinxit.*

Haut., 194 millim.; larg., 157. La marge du bas, 36.

* 1er état. Avant toutes lettres; avant des travaux sur la main du personnage, les doigts sont blancs; également avant des travaux sur la manchette qui est presque blanche; il y a aussi des travaux de moins sur la joue droite, au-dessous de l'œil. De la dernière rareté. Collection Drugulin.

Drugulin, 90 fr.

* 2e. Également avant toutes lettres, mais entièrement terminé. Très rare. Collection Camberlyn.

Vente Camberlyn, 116 fr.

On voit au British Museum deux épreuves d'essai différentes; elles sont avant toutes lettres.

* 3e. Avec le titre ci-dessus, mais des parties effacées ou mal venues nous paraissent avoir été reprises dans le manteau, avant l'adresse de *Jacobus de Man.* Rare. Collections Séguier et Marshall. Dans le catalogue de ce dernier l'épreuve est annoncée comme du premier état.

Archinto, 16 fr. Marshall, 17 fr. 50.

4e. Avant l'adresse, mais retouché dans le manteau. Faute de point de comparaison nous ne pouvons dire quelles sont les retouches.

5e. Vers la droite, l'adresse de *Jacobus de Man.*

Dans le catalogue Winkler on décrit encore un autre état avec les mots : *Joan Meyssens,* au lieu de *Jacobus de Man,* cette adresse ayant été effacée.

156. SYMEN (PIERRE), peintre d'Anvers.

Il est nu-tête, tourné vers la gauche, portant les moustaches et la barbe; son cou est entouré d'une grande collerette; sa main droite est étendue sur sa poitrine; de la main gauche il relève les plis de son manteau; dans le fond, des colonnes.

Haut., 259 millim.; larg., 191. La marge du bas, 14.

* 1er état. Sans aucune lettre; seulement dans le bas à gauche : *Jacobus de Man.* Collection Saint.

2e. Sur une seule ligne : PETRVS SYMEN PICTOR ANTVERPIENSIS; toujours avec *Jacobus de Man.*

3e. L'adresse est effacée.

A. BLOOTELING.

157. MIRABELLE (marquis DE).

Il est nu-tête, tourné vers la gauche; il porte un col; par-dessus son vêtement est une longue chaîne; ses épaules sont couvertes d'un manteau; sa main gauche pend sur la garde de son épée; à gauche, une colonne. Une ligne de titre : MARQUIS DE MIRABELLE. ; au-dessous, à gauche : *A. van Dÿck Pinxit.;* à droite : *A. Blotelingh sculp.*

Haut., 246 millim.; larg., 187. La marge du bas, 16.

* 1er état. Avant toutes lettres. Extrêmement rare. Collection Drugulin. Filigrane : écusson avec des croix obliques, surmonté d'une couronne, et soutenu par deux lions.

Archinto, 76 fr. ; Drugulin, 67 fr. 50 c.

* 2e. Avec l'inscription relatée ci-dessus. Rare. Épreuve avec marge.

Camberlyn, 16 fr. Épreuve mal conservée.

3e. Après *sculp.*, on lit *et excud.*

P. CLOUET.

158. ROGIERS (Théodore), ciseleur en argent, d'Anvers.

Tourné à gauche, il porte les cheveux longs, les moustaches et la royale ; son bras droit est posé sur le piédestal d'une colonne ; ses deux mains sont visibles ; dans le fond, à droite, un château sur une montagne. Le titre est en deux lignes : THEODORVS ROGIERS. ANTVERPIENSIS, CÆLATOR IN ARGENTO. ; plus bas, à gauche : *Ant. van Dÿck pinxit. ;* à droite : *Petrus Cloüet sculpsit.*

Haut., 234 millim.; larg., 184. La marge du bas, 27.

1er état. Avant toutes lettres. Extrêmement rare. Au musée d'Amsterdam.

* 2e. Avec le titre ci-dessus, mais avant l'adresse. Rare. Collection Marshall.

Archinto, 26 fr. ; Wolff, 26 fr. 25 c.

3e. Le titre est le même, mais au milieu, on lit : *Jacobus de Man exc.*

W. HOLLAR.

159. CHARLES-LOUIS, comte palatin du Rhin; né le 20 décembre 1617, mort le 28 août 1680.

Le titre est en deux lignes : CAROLVS LVDOVICVS D : G : COMES PALATINVS AD RHENVM S.RI R.NI IM.RII *Princeps, Archidapifer et Elector, Dux Bauariæ, Nobilissimi ordinis Garterii Eques etc.;* en bas, à gauche : *Ant. van dycxk pinit,* au milieu : *W. Hollar fecit,* 1646.

1er état. Avec le titre ci-dessus, avant l'adresse. Extrêmement rare.

2e. L'inscription est la même, mais on lit à gauche : *H. van der Borcht excu.* Rare.

Vente Camberlyn, 20 fr.

3e. L'adresse est effacée.

A. LOMMELIN.

160. FAILLE (Jean-Charles de la), d'Anvers, jésuite et mathématicien.

Un peu tourné vers la gauche, il est coiffé de son bonnet carré ; il porte les moustaches et la barbe ; sa main gauche pose sur son genou ; près de sa main droite qui tient un compas, on voit des instruments de mathématiques et un globe. Le titre est en une seule ligne : R. P. IOANNES CAROLVS DEL LA FAILLE, *Antverpiensis e Societate* IESV ; à gauche : *Ant. van Dyck pinxit ;* à droite : *A. Lommelin sculp.*

Haut., 247 millim. ; larg., 207. La marge du bas, 40.

* 1er état. Avant toutes lettres. De la plus grande rareté. Collection Marshall. Filigrane : deux C entrelacés surmontés d'une couronne.

Vente Marshall, 112 fr. 50.

2e. Décrit plus haut, avec une ligne de titre. Très rare.

3e. Avec un nouveau titre en cinq lignes : R. P. IOANNES CAROLVS DEL LA FAILLE. *Antuerpiensis e Societate* IESV *in Academia — madrilensi collegij imperialis matheseos professor : Philippi IV. hispaniarum indiarumq. regis consiliarius — cosmographus indiarum consilij primarius. Serenissimi principis, Joannis Austriaci gubernatoris belgii — quondam præceptor, nec non in expeditionibus, neapolitanis, portus longoni barcinonæ in rebus bellicis, serenitati suæ a consilijs, etc. ;* à gauche : *Ant. van Dyck pinxit ;* à droite : *Adr Lommelin sculp.* Rare.

4e. Le titre est le même, mais au milieu : *Jacobus de Man exc.*

J. PAYNE.

161. CHARLES-LOUIS, prince-électeur.

Il est nu-tête, ses cheveux sont longs ; il regarde vers la gauche. On ne voit que la tête seulement, sur un fond blanc. Dans le bas : *Carolus Lodouicus Prince Elector ;* au-dessous, à gauche : *A. Van Dyck Pinxit ;* dans le milieu : *I. Payne sculpsit ;* à droite : *P. Stent excud :*

Haut., 408 millim. ; larg., 117.

162. ALGERNON PERCY, comte de Northumberland.

Il est tourné vers la gauche ; il porte les cheveux longs. On ne voit que la tête seulement sur un fond de nuages. Dans le bas : *Algernon Percy Earle of Northumberland ;* au-dessous, à gauche : *A. Van Dyck Pinxit ;* au milieu : *I. Payne sculpsit ;* à droite : *P. Stent excud :*

Haut., 113 millim. ; larg., 122.

* Très rares avec une grande marge. Les deux portraits, dans notre épreuve, sont réunis sur une même feuille. Collection Camberlyn.

Vente Camberlyn, 101 fr.

Dans la même vente, contre-épreuve de ces deux portraits, 26 fr.

163. FERDINAND D'AUTRICHE, infant d'Espagne, cardinal, gouverneur des Pays-Bas.

Il est tourné vers la gauche, portant les moustaches et la royale; son col dentelé tombe sur ses épaules; il est revêtu de son armure et décoré des insignes de la Toison d'or; son corps est ceint d'une écharpe; dans sa main droite le bâton de commandement; la gauche pose sur la garde de l'épée. Le titre est en deux lignes : *Serenissimus Princeps Ferdinandus Austriacus* S. R. E. *cardinalis Belgarum Bourgundorumq' Gubernator etc.;* au-dessous, à gauche : *Antonius van Dyck pinxit;* au milieu : *John Paine fecit;* à droite : *P. Stent excudit.*

Haut., 205 millim.; larg., 162. La marge du bas, 36.

* 1er état. Avant toutes lettres. Très rare. (Adn à D.)

2e. Avec l'inscription ci-dessus.

P. PONTIUS.

164. GERBIER (BALTHAZAR), envoyé d'Angleterre à la cour de Bruxelles.

Tourné vers la droite, il porte les moustaches et la royale; un grand col tombe sur ses épaules; son bras droit dont la main est gantée repose sur un appui de pierre; de la main gauche nue il tient un papier sur lequel on lit : *Viuat memoria Bukingamii.* Le titre est en quatre lignes : D. *Balthazar Gerberius primus post renouationem Foederis Cum hispaniarum rege anno* 1630. *a Potentissimo et Serenissimo Carolo Magnæ Britanniæ Franciæ et Hyberniæ Rege, Bruxellas ablegatus Agens Ao.* 1631; au-dessous, à gauche : *Anton. van Dÿck pinxit;* à droite : *Paul Pontius schupcit.* Dans le milieu de l'inscription les armes du personnage.

Haut., 218 millim.; larg., 171. La marge du bas, 27.

1er état. Avec l'inscription relatée ci-dessus. Extrêmement rare.

2e. Le titre est le même, mais au haut, à gauche, sur l'estampe, on lit : *Ætatis suæ* 42. A: 1634. Très rare.

3e. Cité par M. Drugulin avec les mots *Hispaniarum Rege* et *Prolegatus* à la place de *ablegatus Agens*, mais avant *Eques Auratus*. Très rare.

* 4e. Avec les changements indiqués ci-dessus et aussi avec les mots *Eques Auratus*, au-dessus des armes. Rare. (D.)

5e. Le titre est le même, mais avec l'adresse *P.S. excudit* (Peter Stent). Au-dessous des armes; l'inscription sur la lettre que tient le personnage a été effacée, et le papier n'est couvert que d'une simple taille.

165. ORANGE (Frédéric-Henri, prince d'), comte de Nassau, etc., né en 1584, mort en 1647.

Le titre est en quatre lignes : FREDERICO HENRICO D. G. PRINCIPI ARAVSIONENSIVM COMITI NASSAVIÆ, CATTIMELIBOCII, VIANDÆ, DIETZIÆ, LINGÆ, MEVRSIÆ, BVRÆ, LEERDAMI. ETC., MARCHIONI VERÆ ET FLISSINGÆ, BARONI BREDÆ, GRAVIÆ ETC.; au-dessous, à gauche : *Ant. van Dyck pinxit;* au milieu : *Paulus Pontius sculpsit;* plus bas : *Cum privilegio Ordinum Confœderatorum;* à droite : *C. vander Stock excudit.*

1er état. C'est celui que nous venons de décrire. Très rare.

2e. Le titre est le même, mais l'adresse de *C. vander Stock* a été effacée et remplacée par *Gillis Hendricx excudit Antu.*

3e. Toute adresse a été enlevée.

Cette pièce in-folio a été pliée et incorporée dans l'*Iconographie*, en épreuve du 3e état par les éditeurs Verdussen.

166. SAVOYE (François-Thomas de), prince de Carignan, général de l'armée d'Espagne dans les Pays-Bas.

Il est représenté en cuirasse jusqu'aux genoux. C'est une grande pièce in-folio insérée pliée dans l'*Iconographie* par les éditeurs Verdussen. Quatre lignes de titre et de dédicace : SERENISSIMO PRINCIPI FRANCISCO THOMÆ A SABAVDIA PRINCIPI CARIGNANI. ETC. *Armorum et Exercituum Cathae Maiestatis in Belgio Præfecto et Gubernatori generali hanc ejusdem ad Vivum expressam Iconem D. D. D. Car. Vander Stock Cum priuil.;* plus bas, à gauche : *Ant. van Dyck pinxit;* au milieu : *Paulus Pontius sculpsit.*

1er état. Celui décrit. Très rare.

2e. Même titre, mais en bas, au-dessous de *Vander Stock* on lit : *Gillis Hendricx excudit Antu.* Rare.

3e. Toute adresse est effacée.

CRISP. V. QVEBORN.

167. MARIE, princesse d'Angleterre, fille de Charles Ier.

Elle est dans une bordure ronde, un peu tournée vers la droite; coiffée en cheveux dont les boucles pendent sur ses épaules; son cou est orné d'un collier de perles; elle est légèrement décolletée. On lit autour de la bordure : 1641 ANNO ÆTATIS SUÆ IO., et dans le bas : *D. Maria Principissa Mag^x^ Britan^x^ etc.;* au-dessous : *Ant van Dÿck pinxit.; Crisp: V. Queborn sculp.;* plus bas, à droite : *Christoffel Dassegnies hage excud:*

Haut., 225 millim.; larg., 198. La marge du bas, 50.

* Ancienne épreuve. Filigrane : grande aigle à double tête.
Vente Camberlyn, 61 fr.

L. VORSTERMAN, DIT LE VIEUX.

168. NASSAU (Jean, comte de), etc.

Un peu chauve, vu presque de face, il porte les moustaches et un bouquet de barbe; un col richement brodé tombe sur ses épaules; sur sa cuirasse, on voit l'ordre de la Toison d'or. Autour de l'ovale qui entoure le portrait, on lit : ILLVSTRISSIMVS DOMINVS. D. IOANNES, COMES NASSOVIÆ, CATTINELLIBOCI. VIANDEN. DIETZ ÆtC., EQVES AVREI VELLERIS, S. MA : CÆS. MARESCHALLVS, CATH. REG. IN BELGIO, EQVITVM GENERALIS, ÆtC.; dans le bas, sur la bordure : une ligne de dédicace : ILLVSTRISSIMÆ PRINCIPI. ERNESTINÆ DE LIGNE. EIVSDEM. D. COMITIS VXORI. D. D.; au-dessous, à gauche : *A Van Dÿck pinxit;* au milieu : *Cũ priuileg.;* à droite : *Lucas Vorsterman Exc.*

Haut., 225 millim.; larg., 194. La marge du bas,

* 1er état. Avec le titre rapporté ci-dessus qui commence par ILLVSTRISSIMVS, et avant l'ornement dont nous parlerons plus bas. Très rare. Collection Séguier.

* 2e. On lit EXCELLENTISSIMVS; en avant de ce mot, un ornement en losange. Rare.

3e. L'inscription est la même, mais l'adresse est effacée.

169. ROCKOX (Nicolas), ancien conseiller de la ville d'Anvers, représenté assis dans son cabinet.

Il est dans un fauteuil, tourné vers la gauche; il porte une collerette plissée; il tient un papier dans la main gauche, la droite pose sur une table sur laquelle est le buste d'Homère; dans le fond, une ville. Au haut, à droite, sur une colonne : *A. van Dyck pinxit. L. Vorsterman sculp. et excud Cum priuilegiis.*

Dans les épreuves où la marge du bas est exhaussée aux dépens du portrait, on voit des armes à la place où était l'inscription ci-dessus. On lit dans la marge une dédicace, quatorze vers latins, plus les noms des artistes et l'année 1635.

Haut., 288 millim.; larg., 257. La marge du bas, 18.

1er état. Épreuve d'essai, non terminée, avant toutes lettres, peut-être unique. Musée d'Amsterdam.

*2e. Avant toutes lettres, et avant l'inscription dans le haut de l'estampe à droite. De la plus grande rareté. La marge est coupée près du trait de bordure. Collection Lamothe-Fouquet de Cologne.

*3e. Avant aucune lettre dans la marge du bas, avant les noms de Platon et de Sénèque sur la tranche des deux volumes et avant les médailles sur la table; on lit, au haut de la droite, en trois lignes : *A van Dyck pinxit. L. Vorsterman sculp. et excud. Cum priuilegijs.* Le cuivre est beaucoup plus large; il est de 27 millim. de chaque côté du trait de la bordure; sur la largeur, on en voit un autre, simple à gauche et double à droite. De la plus grande rareté. Collection Marshall.

Vente Marshall, 63 fr. 75; Camberlyn, 30 fr.

*4e. Dans le même état que le précédent, mais le trait qui borde la composition, assez finement profilé à gauche dans l'état précédent, est dans celui-ci renforcé au burin; sur la largeur, le cuivre n'a plus que 2 millim. au-delà du trait de bordure. Non décrit. Très rare. Collection Camberlyn.

Vente Camberlyn, 57 fr.

5e. Également avant la lettre, mais sur l'un des deux volumes on lit : *Plato* et sur l'autre : *Seneca.* La chevelure du buste est changée, et apparaît rasée à moitié; le piédestal du buste offre plus de lumière; on y voit apposée une inscription en trois lignes : ΔΗΜΟΣΘΕΝΗΣ || *Cur ἡμιξύρκτος, Semitonsus* || *Vide Plutarch. eius Vita.* Très rare.

6e. La marge du bas est exhaussée aux dépens du portrait qui est raccourci jusqu'aux genoux; il y a des médailles sur la table; là où était l'inscription, dans le haut à droite, on voit des armes. Dans la marge : VIR ILLVSTRIS, D. NICOLAVS ROCCOXIVS, EQVES, VRBIS ANTVERPIÆ CONSVL NONVM; — plus bas, quatorze vers latins : DIGNVS APELLÆEE. . . . . *Templa rogant C. Gevartius pos.* et une dédicace en deux lignes : NOBILMO AMPLISSIMOQ3 VIRO. . . . . *dignissimo et spectatissimo;* à gauche : *Ant. van Dyck pinxit*; à droite : *Luc. Æmilius Vorstermanns, sculptor, Lub. Mer. Dedicabat.*

7e. Il est conforme au 6e état, mais le nom du peintre est effacé, à gauche; il se trouve à droite sous le nom du graveur, ainsi reproduit : *Anton van Dyck pinxit Anno* 1625.

8e. L'année 1625 qu'on lisait dans l'état précédent a été enlevée. Cette remarque a été décrite par M. Guichardot dans le catalogue Camberlyn. L'épreuve a été vendue 20 fr.

L. VORSTERMAN, DIT LE JEUNE.

170. VORSTERMAN (Lucas), le vieux, de Gueldres; graveur au burin.

Tourné vers la droite, il porte les cheveux longs; il a les moustaches et la barbe; son corps est enveloppé d'un manteau. Une ligne de titre : LVCAS VORSTERMANS; au-dessous, ces deux vers latins :

Desine Lysippos iactare animosa vetustas.
Hic Vir, hic excudit spirantia mollius æra.

IL; plus bas, à gauche : *Ant. van Dÿck pinxit.;* à droite : *Luc. Vorstermans iunior sculpsit et excudit.*

Haut., 212 millim.; larg., 167. La marge du bas, 28.

* 1er état. C'est celui décrit. Épreuve avec marge.

2e. L'inscription est la même; la planche est coupée dans un angle, à gauche, en bas.

C. VISSCHER.

171. HENDERVKVS DV BOOYS.

Il est nu-tête, tourné vers la gauche, portant les moustaches et la royale; son col est simple et court; il semble montrer quelque chose de l'index de la main droite; un manteau couvre ses épaules. Une ligne de titre : HENDERVKVS DV BOOYS ; au-dessous, à gauche : *Ant. van Dyck pinxcit;* plus bas : *Corn. Vischer sculp.;* au milieu : *E. Collectione Nobilissimi Joannis Domini Somers.;* — à droite : *E. Cooper excudit.*

Haut.. 207 millim.; larg., 180. La marge du bas, 23.

1er état. Avant toutes lettres. Très rare.

2e. Avec la lettre, mais avant le nom de *Visscher* et l'adresse de *du Booys.*

3e. Avec le nom de *Visscher*; on lit à droite, légèrement tracé à l'eau-forte : *Eduwaert du Booys excudit.*

4e. Cette adresse est gravée au burin.

5e. C'est celui décrit; le nom de *Du Booys* est remplacé par *E. Cooper.*

172. SIEVERI (Hélène-Léonore de).

Elle est nu-tête, les cheveux rejetés en arrière, tournée vers la droite; un long col brodé tombe sur ses épaules; elle porte de larges manchettes brodées, elle tient sa main gauche dans sa main droite. Une ligne de titre : HELENA LEONORA DE SIEVERI; au-dessous, à gauche : *Ant van Dyck pinxcit;* plus bas : *Corn. Visscher sculp.;* au milieu : *E. Collectione Nobilissimi Joannis Domini Somers.;* à droite : *E. Cooper excudit.*

Haut., 207 millim.; larg., 180. La marge du bas, 21.

1er état. Avant toutes lettres. Très rare.
2e. Avec le nom de *Visscher,* mais avant l'adresse de *du Booys*.
3e. Avec *Eduwaert du Booys excudit* légèrement tracé à l'eau-forte.
4e. L'adresse est au burin.
* 5e. C'est celui décrit. L'adresse de *E. Cooper* a remplacé la précédente.

PORTRAITS SANS AUCUNE ADRESSE D'ÉDITEUR

ANONYMES.

173. LEROY (Philippe), seigneur de Ravels.

Il est nu-tête, tourné vers la gauche; ses cheveux sont longs; il porte les moustaches et la royale; un col brodé, noué par un cordon orné de glands, tombe sur ses épaules; ses manches se distinguent par des crevés; il a des manchettes brodées; son bras gauche en partie couvert d'un manteau pose sur la garde de son épée; de sa main droite il prend la tête d'un chien qui le regarde; à gauche, un pilier orné de deux statues au haut duquel est une inscription grecque. Ce portrait est sans aucune lettre dans la marge du bas.

Haut., 261 millim.; larg., 221.

* Ancienne épreuve. Collection Saint. Regnault de la Lande dans le catalogue Silvestre signale cette pièce comme une copie de celle de Pontius dont nous parlerons plus loin. Elle diffère cependant; la main gauche est ici tout entière et pose sur la garde de l'épée; on voit un anneau au petit doigt; le cou du chien est visible; le personnage est représenté jusqu'aux genoux; il n'y a pas les armes sur le pilier à gauche.

174. LEROY. Femme du précédent. Décrit par M. Wibiral.

C'est une dame aux cheveux flottants, un éventail dans la main gauche. Pareillement sans inscription. Une épreuve de la bibliothèque impériale de Vienne porte cette note manuscrite et ancienne : *Domina Leroy.*

On ne connaît qu'un seul état.

S. BARRAS.

175. MAHARKYSUS (Lazare), médecin d'Anvers. Pièce gravée en manière noire.

Il est assis dans un fauteuil, tourné vers la droite, nu-tête, portant des moustaches et un peu de barbe ; il est vêtu d'une robe longue ; ses deux mains sont visibles. Le titre est en deux lignes : LAZARUS MAHARKYZUS *Medicus Antverpiensis.;* plus bas, à gauche : *Ant : Van dyck pinxit ;* à droite : *Se : Barras sculpcit.* On lit tout au bas, d'une vieille écriture : *Ce vant ches le S*r. *Coussin marchand aix.*

Haut., 245 millim.; larg., 171. La marge du bas, 36.

1er état. Avant la lettre. Très rare.

* 2e. Avec l'inscription relatée ci-dessus, le tracé des lignes est très apparent.

BERNARD.

176. CHARLES-LOUIS, comte palatin du Rhin.

Tourné vers la gauche, il porte les cheveux longs, et sur la lèvre supérieure de légères moustaches ; il est couvert d'une armure complète ; sa main droite qui tient le bâton de commandement est posée sur un casque ; l'autre s'appuie sur la garde d'une épée. Le titre est en deux lignes : *Carolus Ludovicus DEI Gratia Comes Palatinus Rheni, S : Rom : Impery. Archi » Thesaurarius et Elector Dux Bauariæ etc.,* au-dessous : *Antonius Vandykc Eques ad Vivum depinxit Londini, Anno* 1641 *Aqua forti celauit Anno* 1657 ; au-dessus de l'année : *Bernard.*

Haut., 279 millim.; larg., 241. La marge du bas, 25.

* Ancienne épreuve.

P. CLOUET.

177. LAMEN (Jean-Christophe vander), peintre d'histoire et de conversations, d'Anvers; né vers 1575.

Il est tourné à gauche, ses cheveux sont longs; il a des moustaches et un grand col; sa main droite qui sort de dessous son manteau pose sur son bras gauche. Le titre est en deux lignes : CHRISTOPHORVS VAN DER LAMEN ANTVERPIENSIS, PICTOR CONSORTII IVVENILIS.; plus bas, à gauche : *Antonius van Dÿck invenit.*; à droite : *Petr. Cloüet sculpsit.*

Haut., 214 millim.; larg., 169. La marge du bas, 23.

* Ancienne épreuve.
Wolff, avant la retouche, 38 fr. 75 c.

178. SCRIBANIUS (Charles), de Bruxelles; jésuite.

Nu-tête, tourné vers la gauche, il porte les moustaches et la barbe; il a le costume de son ordre; sa main droite est posée sur un livre dans lequel est introduit l'index; de la main gauche il tient son bonnet carré; sur une table un crucifix, dans le fond une grosse colonne. Le titre est en quatre lignes : R. P. CAROLVS SCRIBANIVS *Bruxellensis, é Societate* IESV; *in qua Antuerpiæ et Bruxellæ Rector, ac Flandro-Belgicæ Provincialis, per multos annos fuit. Pietate, doctrina, consilio, rebus bono publico gestis, libris editis clarus. Obÿt Antuerpiæ 24 Iun. Anno* 1629. *ætatis* 69; au-dessous, à gauche : *Ant. van Dÿck pinxit.*; à droite : *Petrus Cloüet sculpsit.*

Haut., 226 millim.; larg., 183. La marge du bas, 29.

* Ancienne épreuve avec une grande marge. Collection Marshall. Filigrane : grande folie à cinq dents avec deux cornes sur la tête; dans le bas, trois boules.

179. WAKE (Anna), épouse de Jacques Saville, comte de Sussex.

Elle est tournée à gauche, coiffée en cheveux; elle porte des boucles d'oreilles et un collier de perles ainsi qu'une croix; sa collerette est rejetée en arrière; son vêtement est riche; à chaque bras elle a un bracelet de perles à plusieurs rangs; on voit une bague au pouce de sa main droite, dans laquelle est un éventail de plumes.

Une ligne de titre : D. ANNA WAKE; au-dessous, à gauche : *Ant. van Dÿck pinxit;* à droite : *Petrus Clouwet sculpsit.*

Haut., 226 millim.; larg., 171. La marge du bas, 23.

* 1er état. Avant toutes lettres. Très rare. Collection Saint.

On lit dans la marge écrit à la main, un titre très ancien : *D. Anna de Wake Uxor Petri Stevens Elsmosenary, et D. Leonelli Stevens Consulis Antuerpiensis mater.* Nous ne pouvons dire si elle a épousé lord Saville après être devenue veuve. Filigrane : folie à cinq dents avec deux cornes sur la tête et trois boules dans le bas.

* 2e. Avec les noms des artistes, mais avant le nom de la dame. Rare.

Vente Camberlyn, 41 fr.

3e. On lit : D. ANNA WAKE. L'inscription est la même, mais les deux pupilles sont rapetissées sensiblement.

Vente Camberlyn, 8 fr.

G. Faithorne. (Voyez cet artiste.)

P. IODE.

180. LIBERTI (Henri), organiste de Groningue.

Il est de face, ses cheveux sont épars; une double chaîne entoure son corps; il tient de la main droite un papier où l'on voit de la musique; sa main gauche est pendante. Le titre est en deux lignes : HENRICVS LIBERTI. GROENINGENSIS CATHED. ECCLESIÆ ANTVERP̄. ORGANISTA.; plus bas, à gauche : *Ant. van Dÿck pinxit.;* à droite : *Petrus de Iode sculpsit*[1].

Haut., 236 millim.; larg., 191. La marge du bas, 20.

1er état. On lit GROENINENSIS. ECCLESÆ. Sur la feuille de musique : *Ars longa ars Longa sed vita brevis.* De la plus grande rareté.

Wolff, 175 fr. 25 c.

* 2e. Le mot est corrigé en GROENINGENSIS. On lit ECCLESIÆ. Sur le papier *sed* est retranché. Épreuve signée P. Mariette, 1670. Collection Marshall.

Archinto, 10 fr.; Marshall, 32 fr. 75.

3e. La planche a été remordue à l'eau-forte.

181. MARCQUIS (Guillaume), médecin d'Anvers.

Une ligne de titre : GVILIELMVS MARCQVIS ANTVERP. MED. DOCT. ÆT. 36 A° 1640; — à gauche : *Ant. van Dyck pinxit;* à droite *Petr. de Jode sculp.*

1. Le dessin original de ce portrait est au British Museum.

M. Wibiral n'indique qu'un seul état, celui décrit; mais dans le catalogue Bus de Gisignies on pense qu'il existe un 1er état avec le nom de *Borrekens* remplacé plus tard par celui de *Van Dyck*.

182. SIMONS (QUINTIN), peintre d'histoire; de Bruxelles.

Il est nu-tête, vu de face, portant les moustaches et la barbe; une longue collerette plissée tombe sur ses épaules; on voit entièrement sa main droite; la gauche sort en partie de dessous son manteau. Une ligne de titre : QVINTINVS SIMONS. ; au-dessous, à gauche : *Ant. van Dÿck pinxit.;* à droite : *Pet. de Jode sculp.*

Haut., 241 millim.; larg., 184. La marge du bas, 21.

* 1er état. Avec le titre relaté ci-dessus. Collections Carpenter et Marshall. Camberlyn, 9 fr. 50 c.; Wolff, 95 fr.

2e. On lit au-dessous de la première ligne : BRVXELLENSIS PICTOR HISTORIARUM. Wolff, 51 fr. 25 c.

3e. La planche a été entièrement remordue à l'eau-forte.

W. HOLLAR.

183. EVELYN (JOHN), amateur; né à Wotton le 31 octobre 1620, mort le 27 février 1705.

Il est à gauche, nu-tête, regardant à droite, ayant un doigt de la main gauche passé dans une chaîne qu'il tient, et portant une large fleur dite soleil. Le titre est en cinq lignes : DÑO : IOHANNI EVELINO GENEso ANGLO, ARTIS PICTVrae AMATORI. . . . . A° 1644; dans tout le bas : *Ant. van dyck pinxit, W : Hollar fecit Londini.*

Haut., 113 millim.; larg., 110. La marge du bas, 21.

* Ancienne épreuve.

L. FERDINAND.

184. MARIA RUTEN.

La femme de Van Dyck est tournée vers la droite, coiffée en cheveux, dont les boucles tombent sur ses épaules; son cou est orné d'un collier de perles; elle porte un riche vêtement. On lit au bas, à gauche : *Ant van dyck pinxit. ;* à droite : *L. Ferdinand fecit.*

Haut., 180 millim.; larg., 142. La marge du bas, 9.

* Pièce rare.

C. GALLE.

185. MARSELAR (Frédéric de), bourguemestre de Bruxelles, ambassadeur.

Nu-tête, tourné vers la gauche, il regarde presque de face; il porte les moustaches et la royale; une collerette plissée tombe sur ses épaules; il est placé dans une bordure ovale au bas de laquelle on voit des armoiries. On lit autour : TALIS ERAS CVM LVSTRA DECEM TIBI VOLVERET ÆTAS, MARSELAR, INGENIO, MERITIS ET STIRPE CORVSCVS. *N. Burgund. consil.* Sur le socle, six vers latins : *Ardua res, seu bella paret, seu fœdera iungat, ... testis erit, J. v. W.;* à gauche du socle : *Ant. van Dÿck pinxit,* à droite : *Corn Galle sc.*

Haut., 299 millim.; larg., 198.

* Épreuve avec une belle marge.

A. LOMMELIN.

186. ARENBERG (Marie, comtesse d'), princesse de Barbançon.

Deux lignes de titre : MARIA DEI GRATIA PRINCEPS COMES ARENBERGIÆ PRINCEPS BARBANSONIA ETC^A; au-dessous, à gauche : *Ant. van Dyck pinxit,* et *Adrian Lommelin sculpsit,* en deux lignes.

Seul état.

187. BISTHOVEN (Jean-Baptiste de), d'Anvers, jésuite.

Il est tourné à gauche, les cheveux frisés, portant les moustaches et la barbe; de sa main droite il tient un livre dans lequel l'index est entré; la gauche est pendante; il est revêtu du costume de son ordre. Une ligne de titre : R. P. IOANNES BAPTISTA DE BISTHOVEN *Antverpiensis e societate* IESV; à gauche : *Ant : van Dÿck pinxit.;* à droite : *A. Lommelin sculp.*

Haut., 259 millim.; larg., 207. La marge du bas, 23.

* 1er état. Avant toutes lettres, et avant beaucoup de travaux, notamment sur le visage. Très rare. Collection Marshall.

* 2e. Avant toutes lettres. Terminé. L'inscription dans le bas est manuscrite; elle nous paraît écrite et signée par le graveur lui-même. Très rare. Collection Marshall.

* 3e. Avec une ligne de titre; c'est celui décrit.

Vente Marshall, les trois pièces, 129 fr.

4e. On a ajouté deux autres lignes : *Collegii Alostani Rector, nec non in missione fidei catholicæ propagandæ apud exteros præpositus obijt a° 1655*; avec les noms du peintre et du graveur.

188. CHARLES Ier, roi d'Angleterre.

Une ligne de titre : CAROLVS DEI GRATIA MAGNÆ BRITANNIÆ, FRANCIÆ ET HIBERNIÆ REX. ; au-dessous, à gauche : *Ant. van Dyc pinxit;* à droite : *Adr. Lommelin sculp.*

Seul état.

189. MALDER (JEAN VAN), évêque d'Anvers.

Il est assis dans un grand fauteuil, coiffé de son bonnet carré, légèrement tourné vers la gauche, portant les moustaches et une barbiche ; il est en camail et en surplis, tenant un livre de la main droite ; la gauche, à l'index de laquelle est un anneau, est pendante. Une ligne de titre : PERILL.RIS ET REVEREN.MVS DOMINVS. D. IOANNES MALDERVS ; au-dessous, à gauche : *Ant. van Dyck pinxit;* à droite : *Adrianus Lommelin sculpsit.*

Haut., 242 millim.; larg., 196.

Seul état.

190. MARSELAER (FRÉDÉRIC DE), bourguemestre de Bruxelles, etc.

Il est nu-tête, tourné vers la droite, portant les moustaches et la royale : une collerette plissée tombe sur ses épaules ; il tient dans la main droite un papier sur lequel on voit un caducée et le pétase de Mercure ; au haut, à droite, des armoiries. Le titre est en deux lignes : D. FREDERICVS DE MARSELAER, EQVES AVRATVS, TOPARCHA DE PARCK, ELEWYT HARSEAVX, HOYCKE, BORNAGE, LIBERI QVE DOMINII DE OPDORP, CONSVL BRVXELLÆ. ; au-dessous, trois vers latins : *Quantum occulta viris . . . . pacis alumnus.;* plus bas, à gauche, en deux lignes : *Ant. van Dÿck pinxit.*, *Adrian Lommelin sculp.;* à droite : *N. Burgund. Cons. Brab :*

Haut., 227 millim.; larg., 191. La marge du bas, 30.

* 1er état. Avant les contre-tailles sur le papier que le personnage tient à la main. Rare. Collection Camberlyn.

Vente Camberlyn, 39 fr.

2e. L'inscription est la même, mais il y a des contre-tailles sur le papier.

Vente Camberlyn, 15 fr.

191. STEVENS (Adrien), d'Anvers.

Il est un peu tourné vers la droite, la tête couverte d'une calotte; une fraise plissée entoure son cou; il porte une robe longue; sa main droite est pendante; de la gauche il paraît montrer quelque chose. Le titre est en deux lignes : INTEGERRIMVS VIR ADRIANVS STEVENS S. P. Q. ANTVERP. AB ELEMOSYNIS. ; au-dessous, à gauche : *Ant. van Dÿc pinxit;* à droite : *A. Lommelin sculp.*

Haut., 245 millim.; larg., 185.

* Ancienne épreuve du seul état connu.

192. VOS (Paul de), peintre de batailles et de chasses.

Une ligne de titre : PAVLVS DE VOS; à gauche : *A. van Dyck pinxit;* à droite : *A. Lommelin sculp.*

1er état. C'est celui décrit. Extrêmement rare.

2e. Le titre est en trois lignes; au-dessous du nom du peintre, on lit en deux lignes : *Antverpiensis, pictor in omni genere animalium etiam venationum nec minus Instrumentorum tum bellicorum tum aliorum per totum orbem celebris*; à gauche : *A. van Dyck pinxit;* à droite : *A. Lommelin sculp.;* mais la tête n'a pas encore été regravée et il n'y a pas les secondes tailles sur le fond.

3e. L'inscription est la même; près du bras droit, un pan du manteau a été supprimé; la tête a été retouchée; le fond, à gauche, entièrement couvert de nouvelles tailles.

193. WAEL (Jean de), d'Anvers, peintre d'histoire.

Il est debout, tourné vers la gauche, coiffé d'une calotte, portant les moustaches et la barbe; une fraise plissée entoure son cou; son corps est couvert d'une espèce de robe longue; il montre quelque chose de la main droite, et tient ses gants dans la gauche. Une ligne de titre : IOANNES DE WAEL; plus bas, à gauche : *Ant. van Dyck pinxit;* à droite : *Adrian Lommelin sculpsit.*

Haut., 268 millim.; larg., 185.

1er état. Avant la lettre. Avant le changement au nez et avant d'autres travaux.

2e. Celui décrit.

On connaît une contre-épreuve au cabinet des estampes de Paris.

TH. MATHAM.

194. LEBLON (MICHEL), agent de Suède en Angleterre.

Tourné, à droite, les cheveux frisés, il porte les moustaches et un bouquet de barbe; un col dentelé tombe sur ses épaules; sa main gauche est étendue sur sa poitrine. Le titre est en trois lignes : *Michel le Blon Agent de la Roÿne et Couronne de Suède chez Sa Ma[té] de la Grande Bretagne;* au-dessous, à gauche : *Cavallier Van Dÿc pinxit.*, à droite : *Theo : Matham sculpsit*[1].

Haut., 218 millim.; larg., 172. La marge du bas, 59.

1er état. Avant toutes lettres, avec de nombreux coups de lumière sur le manteau; sur la main gauche il y a un large coup de lumière. Extrêmement rare. British Museum.

2e. Également avant toutes lettres, mais les coups de lumière sont éteints. Très rare aussi. British Museum.

Une épreuve avant toutes lettres faisait partie de la collection Marshall.

* 3e. C'est celui décrit. Épreuve avec de grandes marges. Collection Camberlyn.

Vente Camberlyn, 14 fr.

J. NEEFFS.

195. HERTOGE (JOSSE DE), conseiller de Brabant.

Il est nu-tête, presque de face, un peu tourné vers la droite; son col couvre ses épaules; il porte une espèce de robe longue; sa main droite est pendante; de la gauche il paraît montrer quelque chose. Trois lignes de titre : *Messire* IOSSE DE HERTOGE *chevalier S[r] de franoy, honswalle etc; conseillier du conseil de brabant, ambassadeur de la part de sa Ma[te] catholique co[e] ducq de bourgoigne et des pais bas, a la diete de ratisbonne de l'an* 1636.; à gauche : *Ant. van Dÿck pinxit.;* à droite : *Jacobus Neefs sculpsit.*

Haut., 251 millim.; larg., 205. La marge du bas, 41.

* Belle épreuve du seul état connu.

1. Le tableau original faisait partie de la galerie Delessert, vendue en 1869.

P. PONTIUS.

196. LEROY (Philippe), seigneur de Ravels, amateur de tableaux.

Tourné vers la gauche, nu-tête, portant les moustaches et la royale, ayant un col dentelé qui tombe sur ses épaules; il caresse un chien de la main droite, et s'appuie sur la garde de son épée de la main gauche qui sort de son manteau; on voit à gauche une espèce de pilier où sont deux statues; dans le haut, une inscription en grec et des armes. Le titre est en quatre lignes : PHILIPPVS LE ROY, DOMINVS DE RAVELS, ETC^A ARTIS PICTORIÆ AMATOR ET CVLTOR. A° 1631; au-dessous, à gauche : *Antonius van Dÿck pinxit.*; à droite : *Paul de Pont sculpsit.*

Haut., 230 millim.; larg., 171. La marge du bas, 25.

1er état. Avant toutes lettres, non terminé; la main droite qui est appuyée sur la tête du chien n'est qu'en partie tracée; elle n'existe pas contre le trait carré; la main gauche est à peine ombrée, avant le monogramme. De la dernière rareté. British Museum. Collection Albertine, vente de Liphart, 1876.

2e. Avant toutes lettres, terminé; mais l'inscription grecque sur le pilier, à gauche, n'est pas tracée; on voit, à droite, au-dessus de l'épaule du personnage, un V, monogramme de *Vorsterman*. Extrêmement rare.

* 3e. Comme dans l'état précédent, mais sur le pilier à gauche on lit cette inscription grecque en deux lignes : **ΚΑΛΟΣ ΘΑΝΩΝ ΠΑΛΙΜΦΥΕΙ.** Très rare. Collection Marshall.

Vente Marshall, 138 fr. 75.

4e. Avant toutes lettres, mais le portrait n'ayant pas été trouvé ressemblant, la tête a été grattée et recommencée par Pontius qui, en même temps, raccorda toute la planche. Les armes du personnage placées en haut, à gauche, sur le pilier sont mieux formées, sans être encore surmontées d'un casque; on voit toujours l'initiale de Vorsterman. Très rare.

5e. Il est conforme à l'état précédent, à l'exception que l'on voit des armes au-dessus du casque; l'initiale du premier graveur a été enlevée. Très rare aussi. Collection Saint.

* 6e. Encore avant la lettre, mais le trait de bordure qui était fin dans les états précédents a été renforcé dans celui-ci, il est devenu très noir; les armes ont été effacées; tout le fond, à gauche, jusqu'à la tête du personnage, offre une taille de plus. Rare. Collections Archinto et Marshall.

Vente Archinto, 51 fr.; Marshall, 80 fr. 75., avec l'état suivant.

* 7e. Avec l'inscription relatée plus haut. Assez rare. Épreuve avec une grande marge. Collection Marshall.

197. SCRIBANIUS (CHARLES), jésuite.

Tourné vers la gauche, nu-tête, avec les moustaches et la barbe ; il porte le costume de son ordre ; sa main droite est appuyée sur un livre ; de l'autre il tient son bonnet carré ; dans le fond, une colonne. Une ligne de titre : P. CAROLVS SCRIBANI SOC. IESV. *Obijt 24. Junij a°. 1629. ætatis* 69. ; plus bas, à gauche : *Antonius van Dyck pinxit;* au milieu : *Cum priuilegio ;* à droite : *Paulus Pontius sculpsit.* (Voir Clouet.)

Haut., 167 millim. ; larg., 132. La marge du bas, 10.

* Épreuve avec une grande marge. (Ad[n] à D.)

R. VAN VŒRST.

198. CHRÉTIEN, évêque postulé d'Halberstadt, duc de Brunswick et de Lunebourg.

Appuyé contre un arbre, il est tourné vers la droite ; ses cheveux sont longs ; une grande collerette tombe sur sa cuirasse ; son bras gauche est passé dans une écharpe ouvragée et brodée ; il porte au côté droit l'ordre de la Jarretière. Le titre est en deux lignes : CHRISTIANO D. G. POSTULATO EP°. HALBERSTADIENSI, DVCI BRVNSVICENSI, ET LVNEBVRGENSI ETC. ; au-dessous, à gauche : *Ant. van Dÿck pinxit. ;* à droite : *Robertus van Voerst sculpsit.*

Haut., 205 millim., larg., 169. La marge du bas, 34.

* 1er état. Avant toutes lettres. Très rare. Collection Marshall.

* 2e. Avec l'inscription relatée ci-dessus. Même collection.

Vente Marshall, les deux pièces, 81 fr. 25 ; Camberlyn, 1er état seul, 51 fr.

* Autre épreuve avec une grande marge. Collection Camberlyn. Filigrane : folie à cinq dents avec deux cornes sur la tête ; au-dessous : un 4 surmontant trois boules.

Vente Archinto, 20 fr. ; Camberlyn, 15 fr.

199. MANSFELD (ERNEST), prince et comte.

Tourné vers la droite, nu-tête, portant les moustaches et la barbe ; il est couvert de son armure sur laquelle passe une écharpe brodée et ouvragée ; son col est fait d'une riche guipure. Le titre est en trois lignes : ERNESTO PRINCIPI ET COMITI MANSFELDIÆ, MARCHIONI CASTELLI-NOVI ET BVTIGLIRIÆ, BARONI AB HELDRVNGEN,

GENERALI ETC.; au-dessous, à gauche : *Ant. van Dÿck pinxit.;* à droite : *Robertus van Voerst sculpsit.*

Haut., 200 millim.; larg. 167. La marge du bas, 34.

1er état. Avant toutes lettres. Très rare. On en voit deux épreuves au British Museum.

* 2e. Avec l'inscription ci-dessus. Épreuve avec une grande marge. Collection Camberlyn. Filigrane : phénix dans un rond.

Vente Archinto, 20 fr.; Camberlyn, 9 fr.

200. PEMBROKE (Philippe-Herbert), comte.

Il est nu-tête, tourné vers la gauche, portant les moustaches et une longue barbiche; son col richement brodé tombe sur ses épaules; il porte la plaque de l'ordre de la Jarretière sur son manteau dont il relève les plis de la main droite. Le titre est en trois lignes : PHILIPPVS HERIBERTVS COMES DE PENBROKE ET MONGOMERY, BARO DE CARDIFFE ET SHIRLAND, DNVS DE PARRE ET ROOS IN KENDALL, MARCHIO STI QVINTI, REGIS ANGLIÆ A CVBICVLIS EQVES PERISCELIDIS.; au-dessous, à gauche : *Ant. van Dÿck pinxit.;* à droite : *Robertus van Voerst sculpsit.*

Haut., 203 millim.; larg., 171. La marge du bas, 34.

* 1er état. Avant toutes lettres. Très rare.

Vente Archinto, 37 fr.

* 2e. Avec le titre ci-dessus. Épreuve avec marge. Collection Archinto. Filigrane : armes de Hollande.

Vente Archinto, 9 fr.

201. ARUNDEL (Thomas-Howard, comte d'), grand maréchal d'Angleterre, célèbre amateur; mort à Anvers, en 1646.

Le titre est en quatre lignes : *Illustrissimus Dns.* D. THOMAS HOWARDVS, *Comes Arundeliæ et Surreiæ, Primus Angliæ Comes, Dominus Howardi Maltrauers, Mowbray, Segrave, Breus, Clun et Osestriæ, Comes Marescallus Angliæ, Nobilissimi, Periscelidis siue Gartery ordinis Eques et Serenissimo Regi Carolo, Magnæ Britaniæ Franciæ et Huberniæ, Regi ab intimis Consilijs. Liberalium artium Mæcenas et promotor omnium virtutum Actione et laude;* plus bas, à gauche : *Opera Vorstermanni.*

1er état. C'est celui décrit. Très rare.

2e. Les mots *Opera Vorstermanni* ont été effacés; on a ajouté ces deux lignes : *Ut donum hoc, mentemque probes quâ consecro Amori sufficit hocce tuo HIC. Magnus.* ARONDELIVS ; un peu plus bas vers la droite : C. O. Q. D. A. VAN DYCK D. *Vorstemani*, et les mots *Cum priuile*, à droite, plus haut.

PORTRAITS D'APRÈS DIVERS PEINTRES QUI SE TROUVENT DANS LE VOLUME PROVENANT DE LA COLLECTION DEBOIS

J. LIÉVENS.

GOUTER, musicien anglais.

HEINSIUS, professeur à Leyde.

(Voir plus bas, pour ces deux noms, l'article de Liévens.)

J. DE NEEFFS.

NEMIUS (D. GASPARD), évêque d'Anvers.

Le personnage est dans une bordure ronde, tourné vers la droite, ayant sur la tête son bonnet d'évêque ; il porte les moustaches et la royale. Le titre est en trois lignes : PERILLVSTRIS ET REVERENDISSIMVS DOMINVS D. GASPAR NEMIVS, SEPTIMVS ANTVERPIENSIVM EPISCOPVS. ; plus bas, à gauche : *Gerardus Seghers pinxit.* ; à droite : *Iacobus Neeffs sculpsit et excudit.*

Haut., 227 millim.; larg., 178. La marge du bas, 23.

* Épreuve avec toute sa marge. Filigrane : vase surmonté d'ornements au haut desquels est un croissant.

TOLLENAER (R. P. JEAN), de la compagnie de Jésus.

Il est assis dans un fauteuil tourné vers la droite ; ses cheveux sont crépus ; il porte les moustaches et la barbe ; il est vêtu de l'habit de jésuite ; il se dispose à écrire ; dans le fond, à droite, des livres et une statue de la sainte Vierge tenant un sceptre ; sur la table un livre sur lequel on lit : IOANNIS TOLLENARII E SOC. IESV. SPECVLVM VANITATIS

SIVE ECCLESIASTES DILVCIDATVS. Le titre est en cinq lignes : R. P. IOANNI TOLLENARIO *Societatis* IESV *per Flandro-Belgicam Prouinciali, Domus Professæ tertiùm Præposito, nuper publico mœrore vitâ functo ; quod de Virgine et Sodalitate eius Partheniâ, plurium annorum directione, orationibus habilis, alÿsque officÿs optime meritus sit, Sodalitas Litteratorum Primaria, gratæ memoriæ ergo curabat. Antuerpiæ* M.DC.XXXXIII *obÿt* 3 *Aprilis Ætatis LXI.;* au-dessous, à gauche : *P. Fruitiers delin.;* à droite : *Iac. Neeffs sculpsit et excudit Cum priuilegio.*

Haut., 214 millim.; larg., 180. La marge du bas, 41.

* Épreuve avec toute sa marge.

P. PONTIUS.

BECK (JEAN, baron de), seigneur de Beaufort.

Il est dans une bordure ovale, tourné vers la droite ; sur sa tête couverte d'une longue chevelure une calotte ; il porte les moustaches et la royale ; son col tombe sur ses épaules ; il est revêtu de son armure ; son bras droit est entouré d'une écharpe ; il tient dans la main droite le bâton de commandement. Le titre est en quatre lignes : *Jean Baron de Beck. Seig^r. de Beaufort; Wÿdimb, et Reingskeim etc. Mr̃e de Camp general, et Collonel D'ung Regiment de haul allemans pour le seruice de Sa Ma^te Gouuerneur et Cap^ne gen̄l du pays Duché Luxembourg, et Comté de Chinÿ;* plus bas, à gauche : *Franciscus de Nÿs pinxit.;* à droite : *Paul. Pontius sculpsit.*

Haut. totale, 189 millim.; larg., 146.

* Épreuve avec toute sa marge.

HEEM (JEAN DE), d'Utrecht, peintre de fruits ; né à Utrecht en 1600, mort en 1674.

Il est tourné vers la droite ; ses cheveux sont longs ; il porte les moustaches et la royale ; son col tombe sur ses épaules ; sa main gauche est sur sa poitrine ; l'extrémité des doigts est cachée sous le manteau du personnage. Une ligne de titre : IOANNES DE HEEM VLTRAIECTENSIS. ; au-dessous, deux distiques latins : *D'Heem pingit natura stupet. . . . . . quis pariare potest?* au-dessous, à gauche :

Ioannes Lÿvÿus pinxit.; au milieu : *Paulus Pontius sculpsit.;* à droite : *Martinus vanden Enden excudit.*

Haut., 230 millim.; larg., 189. La marge du bas, 27.

* Épreuve avec toute sa marge.

RAPHAEL SANZIO D'VRBIN, peintre d'histoire; né le 6 avril 1483, mort à Rome le 6 avril 1520; gravé d'après le tableau du maître.

Il est assis, tourné vers la droite; sa tête est couverte d'une toque; ses cheveux sont pendants; dans le fond, à gauche, un paysage. Une ligne de titre : RAPHAEL DE VRBIN; au-dessous, trois distiques latins : *Vrbinum Vrbs aluit.* . . . . . *pictus et orbe foret.;* plus bas, à gauche : *Paulus Pontius fecit et excudit;* à droite : *Cum priuilegÿs.*

Haut., 214 millim.; larg., 169. La marge du bas, 25.

* 1er état. C'est celui décrit. Très rare. Épreuve avec toute sa marge.
2e. Les mots *et excudit* sont effacés; on lit : *Io. Meyssens exc.*
3e. Cette adresse est effacée.
Cette planche a été gravée, dit-on, sous la conduite de Van Dyck.

SEGHERS (Daniel), de la compagnie de Jésus; peintre de fleurs; né à Anvers en 1590, mort en 1660.

Il est tourné vers la gauche, portant les moustaches et la barbe; son costume est celui des jésuites; il tient dans les mains un dessin d'architecture; le fond représente un paysage. Une ligne de titre : DANIEL SEGERS E SOCIETATE IESV.; au-dessous, un distique latin : *Arte sua haud similes flores.* . . . . DANIEL *orbe dedit.* Au bas, à gauche : *Ioannes Lyvyus pinxit.*

Haut., 225 millim.; larg., 191. La marge du bas, 29.

* 1er état. Avant le nom du graveur. Épreuve avec toute sa marge. Filigrane : grande fleur de lis dans un écusson presque carré; au-dessous : un monogramme.

L. VORSTERMAN.

BRAN (Don Ieronimo de), général et amateur des arts.

Il est nu-tête, tourné vers la gauche, portant les moustaches et la royale; son col dentelé et brodé tombe sur ses épaules; de la main droite il s'appuie sur sa canne; trois doigts de sa main gauche sont pliés. Le titre est en trois lignes : *Dom. Ieronimo de Bran, Capitaneo; et ab exercitù cæsareæ S. Ma^{tis} nec non Illustrissimæ S! Excell^e. Piccolomini, Militiæ Præfecti, et Ducis d'Amalfi Agenti Indefatigato per Belgium, etc. Liberalium Artium amatori, D. D. L Vorsterman sculptor.*; au-dessous, à droite : *I. Liuius delin* :

Haut., 284 millim.; larg., 216. La marge du bas, 21.

1er état. Avant des travaux sur la poignée de l'épée; avant la bande brodée sur la manche droite l'inscription est celle que nous venons de citer plus haut. De la plus grande rareté.

* 2e. L'inscription est la même, mais avec les travaux dont nous venons de parler. Rare. Épreuve avec toute sa marge. Filigrane : folie à cinq dents avec deux cornes sur la tête; dans le bas : trois boules.

3e. L'inscription est changée; on lit : *Prenobili Ac Generoso Domino D[no] Hieronymo de Bran Cæsareo Agenti Catholici exercitus Capitaneo eiusq[3] Annonæ Prefecto Generali in Belgio, etc. Liberalium Artium Amatori, etc. D. D. Lucas Vorsterman sculptor.* Les mots *I Liuius delin.* sont effacés.

Le catalogue Heimsoeth décrit un 1er état avant le nom de Liévens. L'inscription est gravée à l'eau-forte en plus petits caractères. Cet état ne serait-il pas le même que le troisième cité plus haut?

LANIER (NICOLAS), directeur de la musique de Charles Ier; peintre et amateur d'objets d'art.

Il est nu-tête, tourné vers la droite, portant les moustaches et un peu de barbe; son col est rabattu sur ses épaules; il est couvert d'un manteau fourré; sa main droite qui tient une canne touche au chapeau placé sur ses genoux. Le titre est en trois lignes : *Nicolao L'anier. In aula Serenissimi Caroli Magnæ Britanniæ Regis Musicæ Artis Directori, admodum Insigni Pictori, Cæterarumque Artium Liberalium maximè Antiquitatum Italiæ Admiratori et Amatori Summo, Mœcenati suo Vnicè Colendo.*; au-dessous, à gauche : *Ioannes Lÿvÿus pinxit.*; au milieu : *Martinus vanden Enden excud.*; à droite : *Lucas Vostermans sculpsit.*

Haut., 232 millim.; larg., 189. La marge du bas, 25.

* Épreuve avec toute sa marge. Filigrane : grande fleur de lis dans un écusson couronné, au-dessous duquel est un petit monogramme.

PICCOLOMINI (OCTAVE), d'Aragon, général des armées de l'empereur; né en 1599, mort à Vienne le 11 août 1656.

Il est un peu tourné vers la gauche; ses cheveux sont très épais; il porte les moustaches et la royale; son col dentelé et brodé tombe sur ses épaules; il est revêtu de son armure, et tient dans la main gauche le bâton de commandement. Le titre est en deux lignes : INVICTISSIMO COMITI OCTAVIO PICCOLOMINEO DE ARAGONA. *Cæsarei Exercitus in Belgicam Præfecto.;* au-dessous, deux distiques latins : *Quod non Barbarico. . . . . viuis in eré meo;* plus bas, à gauche : *G Segers pinxit.;* au milieu : *Cum priuilegio Regium;* à droite : *Vorsterman sculpsit.*

Haut., 214 millim.; larg., 170. La marge du bas, 21.

* Épreuve avec toute sa marge.

On trouve encore dans le même volume la pièce suivante par P. P. Rubens :

Vieille avec un panier sous le bras, dite la Vieille à la chandelle. (Voir œuvre de Rubens.)

APERÇU SUR LES FILIGRANES

M. Wibiral attache avec raison une assez grande importance, relativement aux estampes qui composent l'œuvre de Van Dyck, à la qualité des papiers et aux filigranes qui les distinguent. Il pose en principe *que la qualité du papier marche parallèlement avec celle des épreuves, et qu'aussi la beauté des épreuves diminue dans la même mesure que celle du papier.* Il ajoute *que les différents éditeurs ont traité les premières séries d'épreuves publiées par eux, en consacrant plus de soins à l'impression comme au choix des papiers que dans les séries suivantes.*

Les toutes premières épreuves des eaux-fortes de Van Dyck (avant la lettre) sont exclusivement sur les papiers avec :

1° Deux C entrelacés avec croix;

2° Fleur de lis couronnée;

3° Aigle à deux têtes de grandeur moyenne;

4° Phénix dans une couronne de laurier.

Les épreuves dont le filigrane est une fleur de lis couronnée peuvent être regardées comme les plus anciennes.

Les estampes de la *première édition de Mart. vanden Enden* offrent d'excellents papiers avec les filigranes suivants dans les trois séries :

A. *Princes et Capitaines.*

Exclusivement, grand aigle à deux têtes.

B. *Hommes d'État et Savants.*

Exclusivement, écu avec une fleur de lis couronnée.

C. *Artistes et Amateurs.*

1° Folie à cinq dents;

2° Écu avec une petite fleur de lis couronnée. Ces écus diffèrent par la forme et par les initiales qui les accompagnent;

3° Écu au lion.

Les plus belles épreuves sont tirées sur des écus presque carrés.

La *seconde édition de M. V. D. E.* offre des papiers de moindre qualité; on y voit les filigranes suivants :

1° Double C avec croix;

2° Folie à cinq dents;

3° Écu avec une petite fleur de lis couronnée. Les écus diffèrent par la forme.

4° Bâton de Bale dans un écu couronné;

5° Aigle moyen à deux têtes;

6° Phénix dans une couronne de laurier;

7° Grand lion.

Les papiers les plus employés sont le double C avec croix, la folie à cinq dents et le bâton de Bale; les autres ne se rencontrent qu'accidentellement.

Dans les *états intermédiaires avant G. H.* on trouve exclusivement le double C couronné, la folie à cinq dents avec un 4 surmontant trois boules avec les lettres PDB IC.

La *première édition de Gillis Hendricx* a été exécutée avec le plus grand soin. Le papier, quoique n'égalant pas le premier de M. V. D. E., est encore d'une excellente qualité. Voici les filigranes qui caractérisent cette première édition :

1° Double C avec croix;

2° Double C sans croix;

3° Folie à cinq dents de différentes formes;

4° Folie à neuf dents.

Les filigranes, double C sans croix, folie à cinq dents avec une petite tête, folie à neuf dents, sont ceux qui se rencontrent le plus fréquemment.

Dans la *seconde édition G. H.* les papiers sont encore de très bonne qualité, on trouve pour filigranes :

1° Folie à neuf dents;

2° Écu au bœuf.

Les épreuves sont toujours belles.

On remarque bien quelque relâchement, et des papiers un peu moins fins dont les filigranes sont :

1° Folie à cinq dents sur un 4 surmontant trois boules, mais autour du front de cette folie, on voit un chapelet de boules, et à gauche, dans le bas, les lettres P. G.;

2° Écu à fleur de lis couronnée;

3° Agnus Dei. C'est un mouton avec une croix et une bannière; on en rencontre trois sortes dont la forme diffère. On les voit dans un écu couronné.

M. Wibiral fait remarquer qu'il a rencontré des épreuves postérieures de cette seconde édition de *Gillis Hendricx* sur des papiers grisâtres, quelque peu spongieux, et à peine transparents, avec des filigranes méconnaissables. Les filigranes mentionnés jusqu'ici, sauf les trois derniers, ne se rencontrent plus après G. H.

Les filigranes suivants appartiennent exclusivement à *l'édition après G. H.*, de 1665 à 1670 :

1° Folie à cinq dents avec des variantes;

2° Folie à sept dents d'espèces différentes;

3° Ruche;

4° Deux C entrelacés avec des variantes;

5° Lion dans un cercle double;

6° Armes d'Amsterdam. Deux lions tiennent un écusson dans lequel sont des croix surmontées d'une couronne au-dessus de laquelle est une croix surmontant une boule. Il y a des différences dans ce filigrane : l'un d'eux offre au bas les lettres I C.

De 1670 à 1680 on remarque :

1° Folie à sept dents;

2° Écu avec une grande fleur de lis couronnée;

3° Armes d'Amsterdam avec des variantes;

4° Écu à une fleur de lis;

5° Écu à la croix couronné. Cet écu est petit et assez large; la croix est d'une forme bizarre.

De 1690 à 1700, on remarque :

1° Écu à une fleur de lis. La figure 9[a], à laquelle M. Wibiral renvoie, représente un écu dentelé surmonté d'une couronne; on voit dans l'écu comme une corne d'abondance d'où sort une espèce de fleur.

2° Raisin.

Le papier que les éditeurs H. et C. Verdussen employaient exclusivement pour l'*Iconographie* était à gros fils, forts et souvent jaunâtres, dont la qualité reste inférieure dans les éditions suivantes ou devient encore plus mauvaise. Les filigranes sont :

1° Une fleur de lis;

2° Raisin;

3° Trois croissants;

4° Un cœur dans une suite de lettres; tantôt au milieu de deux, tantôt dans un plus grand nombre;

Enfin les lettres AI, KIK, IVH, LEDARY et autres.

Les feuilles de l'édition de Meyssens, 1er état avec l'adresse, sont sur des papiers avec les filigranes suivants :

1° Deux C entrelacés avec croix;

2° Deux C entrelacés sans croix. Ces deux C, tous deux surmontés d'une couronne, sont d'une forme assez bizarre.

3° Folie à cinq dents avec variantes;

4° Folie à sept dents d'espèces différentes;

5° Écu avec une fleur de lis, avec variétés;

6° Armes d'Amsterdam;

7° Petit aigle à deux têtes;

8° Phénix dans une couronne de laurier;

9° Aigle dans un double cercle;

10° Agnus Dei; il y a deux variétés;

11° Écu au bœuf;

12° Écu au raisin.

Les plus belles épreuves se trouvent sur les deux C entrelacés avec croix; sur deux folies qui se distinguent par une longue queue derrière la tête; sur deux autres folies dont la corne de devant est plus petite que celle de derrière; au bas de l'une d'elles sont les lettres EC, BRH; sur un écu couronné ayant au centre une fleur de lis, au bas duquel sont les lettres S L C; sur l'aigle à double tête couronnée offrant dans un écu un bâton de Bâle entre les lettres P B; sur un phénix dans une bordure de laurier; enfin sur un écu au bœuf.

Les planches gravées par Hollar offrent, en premier état, un papier dont la marque est PINAUD, il a dû être employé de 1650 à 1660.

Dans les états où l'adresse est effacée les meilleures épreuves offrent ces filigranes :

1° Folie à sept dents avec variantes;

2° Écu à une fleur de lis;

3° Armes d'Amsterdam avec variantes.

Il était de notre devoir d'offrir un court résumé du travail intéressant de M. Wibiral, auquel d'ailleurs les planches dont il l'a enrichi ajoutent un grand prix. Nous avons précédemment mentionné avec soin, quand nous avons pu les voir distinctement, les filigranes qui se trouvent sur les épreuves qui nous appartiennent.

TABLE DES SUJETS

ET

DES PERSONNAGES REPRÉSENTÉS

Additions.

EVERDINGEN (Allart ou Aldert van), peintre et graveur à l'eau-forte, né à Alkmaar en 1621, était le troisième fils de Jean van Everdingen, secrétaire de la ville, et le frère de César van Everdingen qui fut peintre d'histoire. M. Drugulin dit qu'il fut inscrit dans la Gilde de Saint-Luc à Alkmaar, en 1632; comme à cette époque il avait onze ans, cette particularité est un peu douteuse. Il vint ensuite à Utrecht, et devint élève de Roelant Savry, et plus tard de Pierre Molyn le vieux.

Everdingen passe pour avoir fait plusieurs voyages dans sa première jeunesse, mais ce qui paraît probable c'est qu'il séjourna quelque temps en Norwège, et que cette circonstance donna une direction décisive à son talent. On pense qu'une grande partie de ses eaux-fortes, de ses dessins et de ses tableaux sont faits d'après des sites de ce pays. Quand il fut de retour, il épousa, à Harlem, le 21 février 1645, Janncke Cornelis, jeune personne de cette ville, demeurant dans la grande rue des Bois.

En 1648, Everdingen se trouve inscrit parmi les membres de la Gilde de Saint-Luc, à Harlem, avec son frère César. L'opinion générale le fait vivre à Alkmaar, et lui donne une place de diacre de l'Église réformée dans cette ville. M. Drugulin croit qu'il a passé ses dernières années à Amsterdam, où il mourut au mois de novembre 1675. La *Gazette de Harlem* du 3 mars 1676 annonce que « la veuve et les héritiers de feu Allart van Everdingen disposeront en vente publique, le 11 mars 1676, à Amsterdam, *au Heeren logement,* de tous les objets d'art délaissés par lui, tant de beaucoup de paysages peints de sa main, que de ceux d'autres peintres qu'il a colligés; et que ces objets peuvent être vus avant la vente dans la maison du défunt »[1].

Il laissa trois fils qui tous les trois ont plus ou moins pratiqué les arts, et qui restèrent en possession de ses planches. Une autre vente eut lieu plus tard, le 19 avril 1709, après la mort de la veuve d'Everdingen. La *Gazette de Harlem* en faisait l'annonce, le 16 avril 1709, et donnait la nomenclature des tableaux qui devaient figurer dans cette vente : « Tels que Rafael, Giorgion, Annibal Carrats, Titiaen, Rembrandt, etc., et tous les meilleurs ouvrages d'Everdingen. La vente

1. Il semble assez étonnant que ce soit la Gazette de Harlem et non celle d'Amsterdam, qui annonce les ventes des objets d'art après la mort d'Everdingen, ainsi qu'après celle de sa veuve.

avait lieu dans le *Kalver-Straat* près du *Dam*, en face du signe de l'*Union dorée*, dans la maison mortuaire de la veuve ».

Bartsch décrit 163 estampes d'Everdingen et M. Drugulin 167. Celles mentionnées en plus par MM. Nagler et de Laborde forment des doubles emplois, comme l'a constaté M. Drugulin : ce sont différents états de celles dont il a lui-même donné la description.

Aucune date ne se trouve sur les estampes d'Everdingen ; M. Drugulin a recherché à quelle époque elles ont été exécutées. Les marques des papiers employés par notre artiste lui permettent de croire qu'elles ont dû voir le jour de 1645 à 1656, mais ce n'est là qu'une conjecture. Il est bien difficile d'admettre que, pendant les dix-neuf dernières années de sa vie, Everdingen ait totalement abandonné la gravure à l'eau-forte.

M. Drugulin a également essayé de classer les estampes en trois périodes qui correspondent aux progrès qu'Everdingen a pu faire dans l'art de la gravure, mais il ne peut rien résulter de bien concluant d'une pareille étude.

Toutefois si l'on s'en rapporte aux indications provenant des marques des papiers, outre quelques épreuves d'essai, il peut y avoir eu au moins deux éditions de l'œuvre réuni, imprimées du vivant d'Everdingen : la première pendant son séjour à Harlem de 1645 à 1654 ; la seconde tirée plus tard. Les estampes si lourdement retouchées au burin nous paraissent postérieures à la mort du maître.

On peut donner aux pièces en manière noire la date approximative de 1655 et 1656.

Quoi qu'il en soit, pour donner une juste idée du talent de ce maître, nous ne pouvons que reproduire ici ce que dit Bartsch dans sa notice sur notre artiste :

« Tous ces morceaux représentent la nature sans embellissements. Au lieu de sites agréables, de collines garnies d'une verdure fraîche, de fabriques élégantes et de ruisseaux serpentants, ce sont des endroits pauvres où les rochers, les écueils, les torrents, les chutes d'eau et les chaumières concourent à donner au paysage un caractère particulier qui n'a rien que d'austère et de rustique.

« La variété étonnante des objets traités dans ces estampes est égale à la vérité avec laquelle ils sont représentés. L'une prouve la grande fécondité du génie de leur auteur, l'autre sa rare habileté.

Bartsch, qui ne connaissait presque aucune des épreuves d'essai de notre artiste, trouve que ses estampes sont gravées d'une pointe grossière plutôt que fine, mais il ajoute qu'elle est toujours conduite avec infiniment d'esprit par une main vite et hardie.

« Nous sommes bien éloigné de prétendre, dit-il ensuite, qu'Everdingen ait négligé le détail : son œuvre nous offre même quelques pièces où il a mis un fini presque semblable à celui qu'on trouve dans les estampes les plus délicatement terminées. Telles sont : la Rivière serpentante (33), le Rocher sortant de l'eau (34), le Rocher sortant de la rivière (40), le Petit Pont couvert (45), les Deux Solives sur l'eau (56); et principalement les deux Figures au bas du rocher pointu (42), et le Cavalier sur le petit pont (50).

« La suite de 57 pièces pour le poème *des fourberies du renard* a été gravée par Everdingen dans le temps de sa plus grande force. Les différentes espèces d'animaux qu'on y trouve sont généralement représentées dans leur vrai caractère, et rendent d'une manière parlante les rôles que la fable leur donne. L'expression de l'astuce dans toutes les attitudes, souvent même dans les jeux de physionomie du renard rusé, prouve l'esprit observateur et le génie heureux de notre artiste. Du reste, les animaux sont groupés et disposés avec entente, les fonds des paysages où ils se trouvent, dessinés d'un bon goût, et le tout ensemble est gravé d'une pointe hardie qui décèle la main d'un maître exercé. »

Les gravures d'Everdingen sont rares et recherchées, surtout quand elles ne sont pas retouchées ; les épreuves des premiers états sont presque introuvables. La révélation de ces épreuves d'essai appartient en quelque sorte à M. Drugulin qui a donné le catalogue le plus complet de ce maître. Nous aurons peu de chose à y ajouter. Si nous lui avons fait de nombreux emprunts, c'est que M. Drugulin, à qui nous avions soumis notre travail primitif, nous a fourni lui-même des indications bien plus complètes, et à peu près identiques à celles qu'il a publiées plus tard. Nous aurions été heureux de consigner ici, de son vivant, nos remercîments sincères. Aujourd'hui nous ne pouvons plus rendre qu'un tardif hommage à la mémoire de ce bienveillant et remarquable connaisseur. D'ailleurs nous avons examiné de nouveau avec le plus grand soin les estampes qui composent notre œuvre ; nous avons vérifié scrupuleusement toutes les remarques du catalogue de M. Drugulin; nous avons tenu compte des notes que nous avons pu recueillir au British Museum, enfin nous avons trouvé d'utiles renseignements dans le catalogue d'Alféroff de Bonn, dans ceux publiés plus récemment par M. Prestel et dans celui du baron d'Isendoorn.

M. Drugulin a modifié dans quelques parties l'ordre des numéros de Bartsch, ce qui lui a permis de classer par suites toutes les pièces de l'œuvre, jusques et y compris son numéro 101. Les huit dernières pièces n'ont pas de classement. Seulement il a fait entrer dans ces différentes suites plusieurs pièces introuvables qui les laisseront toujours incomplètes.

Bartsch de son côté n'a fait entrer dans aucune suite les n°s 25, 29 *bis*, 73-81, 87-89, 99-103.

Quoique l'ordre adopté par M. Drugulin puisse être préférable, nous avons suivi les numéros de Bartsch qui sont plus connus, en renvoyant à la fin les pièces décrites pour la première fois par M. Drugulin.

Quant aux tableaux de ce maître, ils ne sont pas moins remarquables que ses eaux-fortes, mais on les rencontre rarement. Nous en connaissons un dans une famille de Rouen, un autre est dans le musée de la même ville; il y en a un au Louvre; un de ses tableaux figurait chez M. de Morny. Nous avons été assez heureux pour acquérir à la vente Piérard une marine d'Everdingen qui ne serait peut-être pas tout à fait déplacée dans le voisinage de celle de Ruisdael qu'on voit au musée du Louvre.

ŒUVRE D'EVERDINGEN.

Pièce qui peut servir de titre : Elle représente le piédestal d'un obélisque dont on voit les premières pierres; ce monument est au milieu d'un paysage borné au fond par de hautes montagnes. Sans nom de maître. (D. appendice n° 2.)

Haut., 118 millim.; larg., 154.

* Cette pièce n'est pas d'Everdingen. Elle faisait partie de la collection Verstolk.

Au British Museum, on voit une épreuve de ce titre où l'on remarque dans la marge, au coin du bas, à droite, un monogramme C. H. gravé très légèrement. Ce n'est pas celui d'Everdingen.

PIÈCES DE FORME OVALE.

1. *Petit Paysage en hauteur*. A gauche, un hameau entouré d'arbres; sur le devant, à droite, un saule.

Diam. : haut., 73 millim.; larg., 62.

1er état. A l'eau-forte pure. Le trait de bordure est fin et irrégulier; il est interrompu vers le haut de la gauche; l'azur et les nuages existent, mais on ne voit pas l'oiseau au milieu du haut; le pignon de la maison est surmonté par un épi formé de trois traits. Très rare.

* 2e. Le trait qui borde la composition, quoique fin, est continu; on voit l'oiseau vers le milieu du haut; le pignon de la maison se termine par un trait assez court.

3e. Les bords sont nettoyés; le trait de bordure est renforcé et plus régulier; l'estampe est retouchée au burin, surtout sur les herbes du devant et sur le saule qui se détachent vigoureusement du fond; une cinquième branche a été ajoutée dans le bas à la petite touffe du saule.

2. *Petit Paysage en largeur*. Dans le fond, un petit hameau devant lequel passe un ruisseau; à droite, sur un monticule où s'élève un arbre isolé, on lit : AVE, monogramme du maître.

Diam. : haut., 62 millim.; larg., 73.

1er état. Le trait de bordure est fin et interrompu par places; vers la droite du haut on voit deux oiseaux; le rivage au-dessous du monogramme n'est ombré que d'une seule taille; la planche est sale. Très rare.

* 2e. Le trait de bordure repris à la pointe est double en partie, mais il est encore demeuré fin; le ciel est nettoyé, à la droite, autour de l'arbre isolé; l'eau, à la droite, et la partie élevée de la rive sont encore d'un aspect sale et un peu confus. Rare.

3e. La bordure a été renforcée; toute la planche a été nettoyée; les deux oiseaux dans le grand nuage sont disparus; la planche a été retouchée durement au burin, surtout à la droite où une partie de l'eau, assez claire dans l'état précédent, est couverte de tailles horizontales; les herbes de la rive sont reprises, et partiellement remplacées par des touffes.

3. *Ruisseau avec un petit pont de bois*. Au milieu de l'estampe, six à sept saules à la suite l'un de l'autre, au bord de l'eau.

C'est par erreur que cette pièce a été classée par Bartsch dans l'œuvre d'Everdingen. Il n'avait sous les yeux qu'une épreuve coupée; on lit seulement sur le ciel S. R. enlacés. Note de Weigel. Cette pièce est de Ruisdael. Nous n'en parlons ici que pour ne pas déranger l'ordre des numéros.

PIÈCE DE FORME RONDE.

4. *Paysage avec pont de bois.* Dans le fond, quelques chaumières bordées de pieux, derrière lesquelles on voit des arbres; à droite deux cavaliers suivis d'un piéton; à gauche, trois chèvres; plus loin un pont de bois près duquel est un homme; sur le devant, de l'eau, au bord de laquelle on lit sur une pierre qui est à droite : AVE.

Diam. : haut., 188 millim.; larg., 195 millim. avec la marge du cuivre.

1er état. La planche est dans son intégrité et de forme ronde. Elle est sale; l'azur et les nuages sont finement tracés; il n'y a pas d'oiseaux dans le ciel; à gauche, au-dessus de la grande branche de l'arbre principal qui est sèche, les branches sont très petites et ne s'étendent pas jusqu'au milieu de la grande branche; à droite, la cime des arbres n'est presque pas ombrée contre le trait de bordure; la butte au-dessous des trois chèvres est ombrée d'une seule taille; sur la droite, il n'y a qu'un tronc d'arbre dans la verdure, derrière les rochers; l'homme tenant une canne n'a pas de pieds; plus bas, entre les herbes du rivage et une petite planche, près de deux bouts de solives, on voit une chèvre couchée; la pierre, dans l'eau, n'a aux deux côtés que des traits horizontaux. Très rare.

2e. A droite, la chèvre est effacée; on voit cinq oiseaux sur le ciel; les branches du grand arbre et la cime de ceux qui sont à droite sont plus travaillées et beaucoup augmentées; l'homme à la canne a deux pieds; on voit dans l'eau l'image de la pierre nettement circonscrite par des traits verticaux. Très rare aussi.

* 3e. La planche est de forme ovale, elle est diminuée sur la hauteur. Le trait qui borde la composition est très léger, il n'est pas visible dans beaucoup de parties; l'azur du ciel n'est marqué dans le haut que par des traits fins; on n'aperçoit que de légers nuages au-dessous; avant des contre-tailles sur la partie ombrée du terrain en avant des palissades; au-dessous des chèvres il n'y a pas de fortes contre-tailles sur le terrain qui cependant a été retravaillé, et offre quelques contre-tailles légères; la pierre qui est au bord de l'eau ne se détache pas bien; le monogramme enlevé par la diminution de la planche et que l'on voyait sur la partie la plus basse du rocher, à droite, a été remplacé par un autre placé plus haut sur la même pierre, où précédemment il y avait une petite ombre. La nouvelle mesure de la planche est : haut., 184 millim.; larg., 193. Rare.

Kalle, 37 fr. 50 c

* 4e. Le trait qui borde la composition est très fort; l'azur du ciel est tracé en gros traits; les nuages sont plus fortement accusés; on voit des contre-tailles horizontales sur le premier poteau du petit pont dont les autres travaux ont été augmentés; il y a des contre-tailles sur la partie ombrée du terrain en avant des palissades; il en existe également sur le terrain au-dessous des chèvres; des tailles horizontales grosses et dures se voient derrière la pierre qui est dans l'eau; les plantes tout à fait à gauche, les tiges de roseaux, à droite, ont été renforcées; la planche a été nettoyée.

PIÈCES EN HAUTEUR.

5. *Les Quatre Figures sous un arbre.* Trois sont debout et une assise. Parmi elles, à droite, est une femme debout, à laquelle un homme, appuyé sur un bâton, paraît parler; sur une grosse pierre dans le milieu : AVE.

Haut., 70 millim.; larg., 65.

1er état. Les angles sont aigus, le trait de bordure est fin. La main que l'homme debout pose sur la pierre est sans doigts; au-dessous est une coulure d'eau-forte; les ombres derrière le chapeau de cet homme n'ont qu'une simple taille; avant le monogramme du maître. Très rare.

* 2e. Derrière le chapeau de l'homme debout, les ombres sont couvertes d'une taille croisée; sa main a des doigts; on ne voit plus la coulure d'eau-forte; les initiales du maître sont tracées, mais la pierre sur laquelle elles sont écrites est restée blanche; le trait de bordure est fin.

* 3e. Les rochers et la pierre où sont les initiales sont teintés par des tailles légères, ainsi que le manteau de l'homme et le vêtement de la femme debout. Le trait de bordure est renforcé.

6. *L'Homme sur le petit pont de bois.* Un ruisseau coule entre des rochers escarpés ; dans le milieu est le pont, sur lequel passe un homme portant un morceau de bois sur son épaule; à gauche, au-dessus de rochers, une grande construction et des cabanes en planches au milieu de quelques arbres ; à droite, quelques rochers surmontés de deux petits arbres ; sur une pierre tout au bas de la gauche : AVE.

Haut., 84 millim.; larg., 72.

1er état. Les angles sont aigus; le trait de bordure est fin; les coins de la gauche du haut et de la droite d'en bas sont ouverts. Le tronc d'arbre, à la gauche, a deux branches contre le trait; au-dessus de la pierre du bas, à gauche, les ombres sont claires et formées de deux tailles tout au plus. Très rare.

Knowles, 185 fr.

* 2e. Le trait de bordure est toujours dans le même état. Les rochers dans le bas sont d'une teinte uniforme; ils offrent du côté où est le monogramme des doubles et des triples tailles; le tronc d'arbre, à gauche, n'a plus que trois branches : deux à droite et une seule contre le trait de bordure. On ne voit pas dans notre épreuve d'éraillure sur le ciel.

Dans les épreuves postérieures d'un même tirage les angles sont arrondis, et l'on voit une longue éraillure perpendiculaire à travers le milieu du ciel.

* 3e. Le trait carré est renforcé et fermé partout. Le rocher, à droite, et celui de gauche sont détachés par des retouches dures, chacun dans leur partie gauche; les eaux contre la pierre plate et le grand rocher à gauche sont accusées par une grosse barre noire composée de plusieurs traits sur une épaisseur de 3 millimètres.

7-10. Suite de quatre estampes.

Haut., 122 à 124 millim.; larg., 103 à 107.

7. *La Cascade.* Du fond de la droite, un torrent vient se briser sur le devant entre plusieurs rochers; dans le fond, au milieu, une église avec un clocher peu élevé, à sa gauche on voit des maisons en bois; dans le bas, du même côté, des rochers; la droite est bordée par un rocher escarpé couronné de grands arbres; au pied de ce rocher, sur une pierre : AVE. (1)

1er état. Les angles du cuivre sont aigus; les bords de la planche sont sales et raboteux, les deux coins de la gauche dans le trait de bordure ne sont pas fermés; ce trait est fin; l'azur est très léger à gauche, mais il y a quelques salissures sur le ciel. Très rare.

* Il y a des épreuves du même état qui ont les angles du cuivre arrondis, et qui n'ont pas de salissures sur le ciel. Très rare aussi.

* 2e. Le trait de bordure est renforcé, tous les coins sont fermés; les bords du cuivre sont nettoyés; les arbres du haut à droite sont profilés par de nouveaux travaux; les anfractuosités du rocher au-dessous sont plus vigoureusement accusées; plusieurs parties des rochers ont été reprises à la pointe, et sur le plus petit, au coin du bas, à droite, il y a des contre-tailles horizontales, mais on ne voit pas encore l'azur au-dessous des arbres, à droite, et au-dessus du clocher de l'église.

* 3e. Cet azur est tracé; les rochers à droite sont retouchés au burin d'une manière dure, ainsi que les arbres au-dessus; il y a des contre-tailles en losange sur la droite du rocher qui est dans l'eau, sur la pierre où est le monogramme, sur celle qui est dans le coin à droite; sur la rive gauche, les herbes ont été renforcées près de la petite cascade.

8. *Le Porcher.* On le voit sortant d'un pont fait de troncs d'arbres sur lequel passe un homme vu de dos; à gauche, de grands arbres et dans le fond une église et un village; au milieu coule une rivière dans laquelle on voit un îlot où est un grand arbre; à droite, sur la rive, d'autres grands arbres; vers le devant, du même côté, sur une pierre qui sort de l'eau : AVE. (2)

* 1er état. Le trait de bordure est fin, les coins du bas sont ouverts; le ciel est légèrement indiqué, à gauche, où un faible azur descend seulement à 9 millim. du trait supérieur. Très rare. Collection d'Isendoorn

Isendoorn, 258 fr.

2e. L'azur a été renforcé et élargi; à l'angle gauche il descend à 13 millim.

* 3e. Le trait de bordure est renforcé, les coins du bas sont fermés, les bords nettoyés, mais il n'y a pas d'autres travaux.

* 4e. Le feuillage des arbres à gauche et à droite est retouché; l'azur est repris au burin et augmenté, il descend par bandes sur la cime des arbres et sur les nuages des deux côtés; on voit quelques tailles horizontales fines dans la partie gauche du tronc du grand arbre qui est à droite; toutes les lumières de cette langue de terre, jusqu'à la bordure, sont éteintes par des tailles légères.

9. *La Meule.* On la voit couchée près d'une chaumière au pied de laquelle un homme et une femme sont assis; au fond, à droite, un homme s'éloigne conduisant des bestiaux; plus loin, du même côté, une chaumière près de laquelle sont de grands arbres; à gauche, quelques palissades et deux petits arbres; sur le devant, des deux côtés, des rochers; dans le coin du bas, à droite : AVE. (3)

* 1er état. Le trait de bordure est fin; le coin de la droite d'en haut non fermé; il y a de l'azur dans le haut et un peu plus bas à gauche. On ne voit pas deux coulures d'eau-forte sur la droite d'en haut. Très rare. M. Prestel, dans le catalogue Kalle, est d'un avis contraire; il regarde comme premières les épreuves où sont ces coulures d'eau-forte.

2e. Le trait est renforcé et tous les coins fermés; mais il n'y a pas de tailles sur les parties éclairées de la meule, de la cabane, de la colline derrière le berger.

* 3e. Le trait de bordure est très fort; un azur tracé au burin encadre complètement la branche la plus élevée de l'arbre qui est dans le milieu. Il y a des tailles sur les parties claires de la meule, de la cabane, il s'en trouve également sur les rochers devant et derrière l'homme qui conduit les animaux.

10. *La Chapelle.* On la voit à gauche construite en charpente, et surmontée d'un petit clocher, à mi-hauteur d'une montagne à laquelle on accède par un chemin qui s'ouvre dans le milieu, et sur lequel un homme s'avance vers le spectateur; près de cette chapelle entourée de sapins, une cabane; on voit également des sapins à droite; du même côté, contre le trait carré du bas : AVE. (4)

* 1er état. Le trait de bordure est faible; le coin de la gauche d'en bas est seul fermé; l'azur et les nuages sont finement tracés; l'angle gauche dans le haut est blanc; avant la coulure d'eau forte, à droite de l'homme en marche. Très rare. Collection d'Isendoorn.

Vente d'Isendoorn, 194 fr.

2e. L'azur est repris à la pointe et continué jusqu'au coin gauche; il y a une coulure près du bâton de l'homme. Très rare aussi.

* 3e. Tous les coins de la bordure sont fermés; la coulure d'eau-forte est disparue.

* 4e. La planche a été retouchée; à gauche, un fort azur a été tracé au burin; les nuages, à droite, sont accusés par des tailles et des contre-tailles; le rocher près duquel passe l'homme est ombré de contre-tailles très dures, dans le haut et dans le milieu.

PIÈCES EN LARGEUR.

11-16. Suite de six estampes.

Haut., 70 à 73 millim.; larg., 101 à 104.

11. *Les Deux Tonneaux devant la chaumière.* Près d'un canal qui

occupe tout le devant, se trouve, à gauche, un hameau entouré d'arbres; sur le canal, près des deux tonneaux contre lesquels une femme est assise, on voit un homme dans une barque; au coin du bas, du même côté : AVE. (1)

* 1er état. Le trait est fin; trois coins sont ouverts; le monogramme est sur un fond blanc. Très rare. Collection d'Isendoorn.

Isendoorn, 150 fr. 50 c.

*2e. Quelques contre-tailles fines s'étendent sur l'eau, depuis le trait, à gauche, jusqu'au milieu, de manière à traverser le monogramme.

* 3e. Le trait est renforcé, tous les coins sont fermés; la pointe ombrée de la nacelle a été arrondie au niveau de l'eau, et reprise par trois traits assez forts. Collection d'Isendoorn.

Kalle, 13 fr. 75 c.

* 4e. Retouché au burin; il y a des contre-tailles sur le ciel, à gauche, sur les nuages; l'azur et les nuages qui étaient finement tracés, et ces derniers sans contours vers le côté droit, ont été agrandis et munis de contours nettement tracés; les roseaux sur le bord de l'eau sont renforcés et augmentés.

12. *Le Pèlerin*. Il est suivi d'un chien, et gravit un chemin qui est à droite, où le précède un homme chargé d'un fardeau; dans le milieu, un hameau au-devant duquel on voit une femme et un homme assis; dans tout le fond, des arbres; au milieu du devant, vers la gauche, un pin cassé; dans le coin du bas, à gauche : AVE. (2)

* 1er état. Le trait carré est fin; il n'y a point d'azur; les travaux à gauche ne touchent pas à la bordure. Très rare. Au British Museum, une épreuve sur papier du Japon.

Heimsoeth, 76 fr. 25 c.

2e. Indiqué dans le catalogue du baron d'Isendoorn; la bordure est faible, mais les travaux, à gauche, touchent la bordure.

* 3e. Le trait carré est renforcé; les coins qui étaient arrondis dans l'état précédent sont devenus aigus; il n'y a plus d'espace blanc entre le trait et les travaux, mais avant des tailles régulières sur le terrain éclairé près du couple assis, et sur la cabane au milieu.

* 4e. Avec l'azur formé de tailles horizontales, et avec les travaux que nous venons d'indiquer.

13. *La Barque du pêcheur*. Au milieu, près du bord de l'eau, est une cabane adossée à des rochers escarpés que l'on voit à gauche, au sommet desquels se repose un homme chargé d'un fardeau; à droite, la rivière près de laquelle sont deux hommes à côté de la barque. Dans le bas, vers la gauche : AVE. (3)

* 1er état. Le trait est fin et irrégulier; on ne voit que de légers nuages et pas d'azur. Très rare. Collection Knowles.

Knowles, 62 fr. 50 c.

*2e. Le trait est renforcé au burin, mais sans autres travaux; les nuages sont affaiblis.

* 3e. L'azur s'étend dans toute l'étendue de la planche; il y a des retouches au burin sur le rocher, à gauche; sur les pierres qui forment le rivage dans le milieu; le travail des nuages a été changé; on voit des bandes d'azur au-dessous.

14. *Vue de mer.* On voit à droite des rochers au bas desquels il y a une femme et deux hommes dont un est assis; à gauche, la mer avec des barques et un navire à voiles dans le fond; au bas de la gauche, près du trait carré : AVE. (4)

* 1er état. La bordure est faible et irrégulière, les angles du haut et du bas, à droite, sont ouverts; l'azur et les nuages sont légers; il y a de petites égratignures à la gauche du haut. Selon M. Drugulin, c'est à ce signe qu'on reconnaît un second tirage du 1er état. Dans ce 1er tirage la planche est sale; il n'y a pas d'égratignures.

2e. Le trait de bordure est au burin, et les coins de droite sont fermés; les ombres portées des rochers du fond ont été renforcées par des tailles perpendiculaires à la pointe sèche; il y a aussi quelques petits coups de pointe dans les branches et le feuillage des arbres.

Isendoorn, 42 fr. 50 c.

* 3e. Un fort azur s'étend par bandes à travers toute la planche; les nuages qui étaient presque au trait sont partout ombrés par des tailles; des contre-tailles dures détachent le petit rocher près du bateau, et font ressortir les anfractuosités du gros rocher, à droite, ainsi que celui près duquel sont les trois personnes.

15. *La Chaumière délabrée.* Elle est presque dans le milieu, vers la droite, où, près d'un saule, un homme dirige un bateau; la rivière se prolonge vers la gauche; sur la rive opposée, des arbres; on aperçoit du même côté une barque à voile; sur une pierre qui sort de l'eau, vers la gauche : AVE. (5)

* 1er état. Le trait est fin et irrégulier; les nuages et l'azur sont très légers; toute la partie droite du ciel est blanche; avant la seconde taille, à droite, entre le saule et le trait de bordure. Très rare.

2e. Le trait est renforcé et régulier, les coins sont fermés; entre le saule et le trait de bordure il y a une contre-taille; avec quelques travaux de plus dessous et contre le bras du batelier, dans le feuillage du saule et dans l'eau.

Isendoorn, 27 fr. 50 c.

* 3e. Il y a des contre-tailles sur le ciel; l'azur touche le trait carré à droite; du même côté les rochers sont retouchés durement, ainsi que les roseaux sur le devant.

16. *L'Église sur la montagne.* A droite, on voit une masse de rochers au haut desquels est une église; un bois assez touffu les

sépare d'un autre rocher qui est à gauche, au sommet duquel est un homme; dans le bas, vers la droite, deux hommes : l'un debout, l'autre assis; tout le bas est occupé par de l'eau; sur un rocher, à droite : AVE. (6)

1er état. Le trait carré est fin, les coins de la gauche sont ouverts; on ne voit pas l'église au haut de la montagne; les nuages et l'azur sont légèrement tracés.

2e. Le trait carré est toujours fin; l'estampe a été reprise dans les parties ombrées; on voit l'église.

* 3e. Le trait carré est renforcé; les coins sont fermés; sur le quartier de rocher sur lequel est le chiffre, on remarque dans les ombres des troisièmes tailles horizontales à gauche, diagonales à droite; il n'y a pas de contre-tailles sur le ciel.

* 4e. L'azur est repris au burin et couvert de contre-tailles sur presque toute la largeur; les ombres des rochers du devant sont formées de contre-tailles régulières en losange.

17-20. Suite de quatre estampes.

Haut., 98 à 100 millim.; larg., 105 à 107.

17. *Le Hameau sur la pente d'une montagne*. Il occupe le milieu et la droite; dans le bas, du même côté, des solives renversées au milieu de quelques rochers; un ruisseau, sur le bord duquel est un arbre, coule du fond de la gauche, vers le devant; sur une pierre à mi-côte, à droite : AVE. (1)

* 1er état. A l'eau-forte pure; le trait est fin et interrompu; le coin du haut, à gauche, est ouvert; les nuages sont faibles, ainsi que l'azur qui n'est formé dans le coin gauche que de traits épars, et ne descend qu'à 7 millimètres; le coin de la droite est blanc. Collection d'Isendoorn.

Isendoorn avec les 3e et 4e états, 260 fr.

* 2e. Le trait est repris et fortifié à la pointe; l'azur s'étend à droite jusqu'au trait; à gauche il descend à 11 millim.

* 3e. Le trait de bordure est fait au burin; le ciel est fatigué; mais il n'y a aucun autre travail. Collection d'Isendoorn.

* 4e. Il y a de forts nuages à droite; l'azur du ciel s'étend sur toute la largeur de l'estampe; à gauche, il descend par petites bandes vers le toit de la maison; les rochers bordant le ruisseau et le petit arbre devant les chaumières sont retouchés d'une manière dure, ainsi qu'un tronc d'arbre coupé qui se présente d'une manière horizontale entre deux autres renversés.

18. *Le Rocher*. Il s'élève assez haut entre le milieu et la gauche de l'estampe; de ce même côté, sur une espèce de pont de bois, on voit un homme assis; dans le fond, une chaumière près d'un grand arbre; du

côté droit, une chaumière isolée entourée de grands arbres ; au bas d'un petit tertre, à droite : *Ave.* (2)

* 1er état. Eau-forte pure. Le trait de bordure qui est assez fort montre trois coins ouverts ; les nuages sont très légers, au-dessus il y a une indication d'azur. Très rare.

Isendoorn, 140 fr.

* 2e. La planche est encore sale dans le haut ; l'azur s'étend sur toute la largeur de l'estampe ; dans le coin du bas, à gauche, il y a toujours une petite place blanche.

3e. Décrit par M. Drugulin. Le trait de bordure est renforcé, tous les coins sont fermés ; la petite place blanche, dans le coin du bas, est couverte de quelques traits légers à la pointe ; le ciel est fatigué.

* 4e. L'azur est retracé durement dans le haut de l'estampe ; il descend par bandes sur les nuages qui ont été aussi retracés, et dont les contours sont formés par des tailles dures ; des parties claires sur les rochers, à gauche, ont été éteintes en certaines places par des tailles fines horizontales ; on en voit quelques-unes de plus sur le chemin, au-dessus de la tête de l'homme assis.

19. *Le Hameau sur un terrain montueux.* A droite, une chaumière se voit au sommet d'une colline ; près de la porte, des solives sont étendues à terre ; à gauche, quelques chaumières dans des arbres ; au fond, un clocher ; sur le milieu d'un chemin, un cavalier, au second plan ; sur le devant, un homme parle à une femme ; vers la droite, près du trait carré, dans le bas : AVE. (3)

1er état. A l'eau-forte pure ; la planche est sale. Le trait est fin, les deux coins de la gauche ne sont pas fermés ; sur le ciel un azur et des nuages finement indiqués, il y a des coulures, à gauche ; on voit deux petites places blanches dans le coin supérieur, de ce côté. Très rare.

* 2e. Le trait renforcé et les coins fermés. L'azur a été repris avec de fines entre-tailles à la pointe sèche qui recouvrent quelques endroits restés blancs dans le coin du haut, à gauche.

3e. Indiqué par M. Drugulin. Le trait carré est renforcé, tous les coins sont fermés.

* 4e. Le toit de la cabane, à gauche, est ombré de tailles longitudinales, et le faîte de tailles horizontales ; il y a des contre-tailles sur le terrain, dans le bas ; on voit sur le toit de la chaumière qui est à droite, des tailles légères horizontales et, à gauche, des travaux légers sur le monticule où elle est placée ; dans le haut, à gauche, l'azur paraît égratigné.

20. *Les Tonneaux débarqués.* On voit une barque sur un canal qui occupe tout le bas ; des deux côtés d'un chemin où sont des piétons et un cavalier, on aperçoit des chaumières avec une église qui forme le fond, à gauche ; vers le milieu, sur une pierre, près de la chaumière qui borde le canal : AVE. (4)

1er état. A l'eau-forte pure. Le trait est fin; les coins sont ouverts; l'angle de la droite est blanc; l'eau-forte a manqué sur les hommes dans la nacelle, et celle-ci est toute ombrée, à l'exception du devant; au milieu du ciel et vers la droite, beaucoup de taches. Très rare. M. Drugulin dit qu'il a vu une épreuve de cet état où n'étaient pas les taches mentionnées.

* 2e. Il n'y a plus de taches sur le ciel; l'azur est continué en traits fins jusqu'à l'angle de la droite; les hommes dans la nacelle sont bien distincts; la tête de celui qui est debout forme encore une tache noire.

3e. Le trait est renforcé et tous les coins sont fermés; les hommes dans la nacelle sont repris à la pointe; la tête de celui qui est debout est distinctement exprimée.

* 4e. Retouché au burin; il y a des troisièmes tailles sur les nuages; un nouvel azur couvre toute la largeur de l'estampe; on voit de fortes contre-tailles obliques sur la barque; au-dessous, à gauche, une série de tailles horizontales éteint les parties claires de l'eau; les poutres du même côté sont presque entièrement ombrées; il y a des tailles fines horizontales sous l'homme à cheval, devant et derrière lui, ainsi que sur le terrain, à sa gauche.

21-24. Suite de quatre estampes.

Haut., 59 à 62 millim.; larg., 107 à 108.

21. *Le Trèteau de charpentier.* Il est vers la droite au bord d'une rivière, près de laquelle un homme penché range des solives; dans le milieu, des tonneaux et deux hommes : l'un assis, l'autre dans une nacelle; à droite, deux chaumières devant l'une desquelles sont des palissades; plus loin, des arbres, et, au bas de la gauche, des rochers; sur l'un d'eux on lit : AVE. (1)

* 1er état. Avant des travaux sur les rochers du devant et dans le fond, à droite; l'arbre du fond, à gauche, est blanc. Il n'y a pas d'égratignure sur le ciel. Très rare.

Isendoorn, 64 fr.

* 2e. Les rochers sont retravaillés sur le devant et dans le fond, à droite; l'arbre du fond, à gauche, est teinté; l'égratignure que l'on remarque dans certaines épreuves du 1er état est disparue.

22. *La Figure à cheval sur le pont de pierre.* Elle se dirige vers le fond de la gauche; près d'elle un homme assis et une chèvre; dans le milieu, du fond d'une voûte sort un torrent; vers la droite, au sommet d'une colline rocheuse, quelques maisons; tout à fait à droite, des arbres; sur le devant, de l'eau, et des rochers à gauche; sur une petite pierre près de la voûte : AVE. (2)

1er état. Le trait est fin; le coin de la droite d'en haut est ouvert; l'azur est à peine sensible ; le grand nuage est légèrement tracé ; la face éclairée du grand rocher vers la droite ne montre pas d'ombre. Très rare.

Isendoorn, 34 fr.

* 2e. Dans le même état que le précédent, à l'exception d'une ombre portée qui tombe des buissons sur la partie basse du grand rocher éclairé à la droite.

* 3e. Le trait carré est renforcé ; l'azur est tracé sur le ciel ; les contours du gros nuage du milieu sont accusés par des tailles et des contre-tailles assez fortes ; le fond de la voûte d'où sort le torrent est très noir, on y voit des tailles en carré, comme s'il y avait là une grille ; sur les rochers qui sont à droite, près de la voûte, on distingue quelques retouches dures.

23. *Les Deux Solives flottant sur l'eau.* On les voit sur le devant ; tout le milieu est occupé par des chaumières en planches ; en arrière, à droite et à gauche, de grands arbres ; dans tout le bas de la droite, non loin d'un homme qui semble rouler un arbre, et d'un autre debout, on lit sur une pierre, dans l'eau : AVE. (3)

* 1er état. Le trait carré est fin ; il y a trois angles aigus ; les coins de la droite sont ouverts, celui du haut est resté blanc ; avant quelques travaux pour mieux accuser le contour des eaux et la poutre qui soutient le toit de la chaumière, à gauche.

Isendoorn, 10 fr. 50 c.

* 2e. Le trait carré est renforcé ; il est raccordé dans le haut, à droite, où il n'y a plus de place blanche ; le tour des eaux est plus nettement profilé ; la poutre qui soutient le toit de la chaumière se détache mieux ; le bloc de pierre qui est auprès offre quelques contre-tailles obliques ; sous le toit de la chaumière, à gauche, il y a des tailles perpendiculaires courtes.

24. *Le Chevrier.* Il est à droite sur un tertre ; plus bas, du même côté, trois chèvres et un mouton ; à gauche, sur le devant, une pièce d'eau ; plus loin, quelques chaumières dans des arbres ; sur une pierre, au milieu du devant : AVE. (4)

* 1er état. Le trait de bordure est fin ; le coin de la gauche du haut non fermé ; au-dessous des oiseaux l'azur n'existe pas, ainsi qu'au-dessus de l'arbre du milieu ; l'espace à la droite du bas, au-dessous du groupe d'herbes, est blanc.

Isendoorn, 49 fr.

* 2e. Le trait est renforcé ; les coins sont fermés ; l'azur existe, au-dessous des oiseaux, jusqu'à la montagne, et au-dessus de l'arbre du milieu ; l'espace à la droite du bas est ombré de tailles et de contre-tailles obliques.

25. *Le Hameau sur un rocher.* On l'aperçoit au milieu, descendant vers la gauche ; à droite, deux hommes vus à moitié se dirigent par un chemin qui va vers le fond, du même côté, des arbres et des rochers ; à gauche, vers le bas, un homme ; de nombreuses solives à terre et

deux chèvres; en avant, deux tonneaux couchés, au-dessous desquels on lit : AVE.

Haut., 83 millim.; larg., 131.

* 1er état. Le trait carré est fin ; les angles du haut ne sont point raccordés; l'azur du ciel est interrompu par places; avant quelques travaux sur le rocher à droite; les fenêtres de la cabane, à gauche, sont ombrées d'une seule taille.

Il existe des épreuves du 1er état, où sur le nuage le plus élevé, à droite, il y a une coulure d'eau-forte; dans d'autres épreuves elle est disparue. M. Drugulin croit devoir faire un état antérieur quand cette coulure existe.

2e. Le trait carré est renforcé; les coins du haut sont fermés; dans le haut, à gauche, l'azur est raccordé dans toutes ses parties; on voit également un raccord semblable dans le nuage le plus élevé à droite; il y a des tailles obliques sur la partie claire du rocher, dans le haut, contre lequel un homme paraît adossé; le rocher dans le fond, à droite, près du sapin, est séparé en deux par quelques traits noirs; les fenêtres de la cabane sont ombrées de contre-tailles.

26-29. Suite de cinq estampes.

Haut., 87 à 95 millim.; larg., 128 à 131.

26. *Le Gros Arbre*. Il est dans le milieu, penchant vers la gauche d'où vient un homme qui sonne du cor; dans le coin, à droite, un ruisseau coule dans les rochers; tout le fond est composé de rochers derrière lesquels est une forêt; sur une grosse pierre, au milieu du devant : AVE. (1)

1er état. Le trait est fin ; le ciel est blanc à l'exception d'un petit nuage, à droite; on ne voit pas les oiseaux ni le chiffre du maître ; à la droite du bas, la pierre n'a que deux tailles. Très rare.

2e. Il y a cinq oiseaux en l'air. Le chiffre AVE est sur la pierre, à la droite du bas. Très rare aussi.

* 3e. Le chiffre AVE est écrit sur la pierre dans le milieu ; mais on voit encore le même chiffre sur la pierre à la droite du bas, bien qu'elle soit ombrée d'une troisième taille.

4e. Il y a un azur très finement tracé tout au haut. Entre la pierre du milieu où est le chiffre et la racine de l'arbre, vers la droite, il y a une taille horizontale rentrée à la pointe.

* 5e. Le trait carré est renforcé, surtout à gauche et dans le bas; l'azur est tracé dans le haut; de gros nuages descendent sur les arbres; le gros arbre est vigoureusement ombré du côté gauche; le dessous de ses racines est creusé durement par des tailles en losange; les rochers à droite sont fortement accusés ainsi que la plante dans le milieu du bas; la planche se détache en noir; le joueur de cor qu'on apercevait à peine dans les états précédents est très visible; le dessous de son bras droit est fortement ombré.

27. *Les Restes de la haie*. A droite, sur une hauteur, on voit une

chaumière près de laquelle est un homme debout devant des palis: de même côté on aperçoit les restes de la haie; sur le second plan, à gauche, un homme à cheval et deux piétons; dans le fond, un ancien château avec des tours; contre le trait de bordure, vers la droite : AVE. (2)

1er état. A l'eau-forte pure; avant le ciel; les montagnes du fond sont blanches; les arbres du fond seulement au contour. Très rare.

* 2e. On voit quelques légers traits d'azur dans le haut, à droite; les montagnes du fond sont légèrement ombrées ainsi que les arbres; les deux tours du grand bâtiment sont encore blanches.

3e. L'azur et les nuages sont au burin; la grosse tour du bâtiment est ombrée de tailles perpendiculaires; le sommet de la butte, près de l'homme debout, est couvert de tailles et de contre-tailles.

Il existe au British Museum une épreuve avant le ciel où les terrains sont extrêmement noirs.

28. *Les Trois Figures au haut du rocher*. On les voit, à droite, dans un pays très montueux en partie couvert d'arbres ; à gauche, une chaumière entre deux grands arbres, au bas de laquelle coule un torrent; au coin du bas, à droite, un homme et une femme portant chacun un enfant, gravissent un chemin près duquel, dans le bas, on lit : AVE. (3)

* 1er état. Le trait carré est fin; les angles sont aigus; les deux coins de la gauche sont ouverts; la pente éclairée de la montagne en haut et à gauche des trois figures, ainsi que la face du rocher à pic dans le torrent, sont blanches. Les épreuves postérieures de cet état ont les angles arrondis. Très rare.

Knowles, 31 fr. 25 c.

2e. Les deux coins du haut à gauche sont fermés; le trait est renforcé; sans autres travaux.

3e. La pente de la montagne au milieu du haut est couverte de traits en biais; sur la face éclairée du rocher debout dans le torrent, on aperçoit une contre-taille; les ombres de ce rocher sont reprises de contre-tailles au burin.

29. *La Maison avec tourelle*. Elle est dans le milieu, entourée d'arbres, et dominée au fond par une grande montagne qui se prolonge vers la droite; à gauche, au pied d'un rocher surmonté d'un grand arbre, deux hommes : l'un couché et l'autre debout; dans le bas de ce rocher, contre le trait de bordure : AVE. (4)

* 1er état. A l'eau-forte pure; le trait de bordure est léger et interrompu par places; les coins ne sont pas raccordés; les nuages sont de forme indécise; il y a un assez grand espace blanc à la droite du haut.

2e. Le trait est renforcé, tous les coins sont fermés; la planche qui était sale a été nettoyée; l'espace blanc, au haut, à droite, est à peu près rempli d'un azur au burin; il y a des contre-tailles fortes et régulières sur les rochers et le terrain, à gauche.

29 *bis*. *Le Troupeau de moutons*. Un berger le fait marcher dans un défilé, entre deux rochers, dont celui de droite est surmonté de pins; dans le fond, à gauche, une église avec un petit clocher entouré d'arbres; dans le lointain, une large rivière; vers la gauche du devant : AVE. Cette pièce est rare.

On ne connaît qu'un seul état; le trait est fin; les deux coins de la gauche sont ouverts; à gauche, des nuages finement tracés, et plus haut un azur qui s'étend dans les deux tiers de la planche. L'épreuve du cabinet de Vienne présente une égratignure perpendiculaire qui coupe la rivière.

30-33. Suite de quatre estampes.

Haut., 99 à 101 millim.; larg., 127 à 129.

30. *La Chaumière vue par derrière*. Elle est à gauche, sur des rochers où l'on aperçoit deux hommes; au fond, deux maisons dont on ne voit que les toits, entourés d'arbres; à droite, un grand rocher escarpé couronné d'arbustes; au coin du bas, à gauche : AVE. (1)

1er état. Eau-forte pure; le trait est assez fort; les angles de la gauche et du bas sont aigus; il n'y a à gauche qu'un très faible azur; sur la première perche du toit de la chaumière, on voit un oiseau. Très rare.

* 2e. Les angles sont arrondis; le ciel dans le haut est couvert d'un azur; on voit vers la droite des nuages en traits fins et serrés; on n'aperçoit plus sur la perche l'oiseau dont nous avons parlé.

* 3e. Le trait de bordure est au burin; tous les coins sont fermés; l'azur est regravé dans le haut à gauche; sous la branche d'arbre du haut, et sous la cime des arbres du fond, on voit de larges bandes d'azur; les lumières du fond, sur les chaumières et les arbres, et celles du feuillage, en haut, à droite, sont éteintes par des petits traits; le petit rocher, dans le bas, à droite, n'a plus qu'une toute petite partie claire dans un coin, à gauche; sur le grand rocher, une place blanche, vers le bas, est éteinte par des tailles horizontales.

31. *Le Rocher immense*. Il occupe tout le milieu; il est baigné par une rivière que l'on voit à droite et sur tout le devant; il est surmonté à gauche par des arbres; du même côté on voit, à mi-hauteur, une chaumière; dans le bas, des hommes paraissent décharger un bateau. Ce morceau, qui représente un effet de nuit, est très chargé de manière noire, au moyen du berceau. (2)

1er état. Il est absolument différent; le grand rocher dépasse à peine le milieu de l'estampe; il est éloigné à droite dans sa partie la plus extrême de 44 millim. du trait de bordure; dans le fond, de ce côté, on observe une chaîne de montagnes; on aperçoit à l'horizon deux vaisseaux sur une mer calme; l'un paraît s'éloigner, pendant que l'autre, vu dans toute sa longueur, reste en place; à droite, il y a quelques nuages, et, en haut, à gauche, un autre plus sombre, mais tous traités d'une pointe légère; un chaud soleil éclaire cette scène; les angles du haut sont à arêtes vives; les coins du trait d'encadrement ouverts; le nuage, à droite, et au niveau du sommet du quartier de rocher détaché, n'est formé que d'une seule taille.

2e. Sur le nuage, à droite, dans la partie la plus rapprochée du rocher, il y a une contre-taille offrant des barbes assez fortes.

3e. On voit maintenant un effet de nuit; l'estampe est couverte de manière noire; le grand rocher est doublé à la droite d'un autre presque aussi grand qui couvre en partie le navire; entre ce rocher et le trait de bordure il n'y a que 10 millim.; sur la hauteur, à gauche, les arbres ont été agrandis et reliés par des buissons à un autre nouvellement gravé dans le milieu; on n'aperçoit plus que la moitié de la maison, et sur le bord un homme debout et deux tonneaux, au lieu de deux hommes et de quatre tonneaux; trois pierres à fleur d'eau sont éclairées d'un coup de lumière; les nuages sont couverts de manière noire; mais, à gauche du grand arbre, on distingue encore quelques traits d'azur finement tracés.

* 4e. Les angles sont arrondis; le ciel à gauche est plus sombre; l'azur à la gauche du grand arbre est repris à la pointe, et descend plus bas; on voit des contre-tailles sur le chemin qui monte, aux deux tiers de la hauteur; les hommes et les tonneaux sont couverts de traits fins dans le sens de leur longueur; les trois blocs de pierre à fleur d'eau montrent des contre-tailles de la même nature; les ombres du grand rocher dans sa partie droite sont reprises.

5e. Le trait est renforcé, tous les coins fermés; sur les masses de rochers, vers la droite, on aperçoit des tailles verticales fortes et régulières au burin.

32. *Les Deux Nacelles qui s'approchent.* Elles sont sur une rivière, à la droite; un homme est dans chacune d'elles, un autre homme est sur le rivage; dans le fond, du même côté, un village au pied d'une montagne, couronnée d'une ville au sommet; au milieu, des maisons en bois, près desquelles sont des tonneaux et une charrette à la gauche; ce côté est décoré par un bouquet d'arbres. (3)

1er état. Tous les angles sont aigus; le trait carré est fin; les deux coins de la droite sont ouverts; il y a des nuages qui s'étendent du milieu vers la droite; la moitié gauche du ciel est claire; à la gauche du bas, le feuillage près du tronc d'arbre coupé; une pierre triangulaire placée à moitié chemin, la moitié droite du chemin montant et le feuillage qui l'avoisinent sont en pleine lumière; le rivage entre les quartiers de rochers du devant et la chaumière n'est ombré que d'une seule taille. Très rare.

* 2e. Les parties dont nous venons de parler sont ombrées de tailles fines; le rivage derrière les quartiers de rochers offre des secondes et des troisièmes tailles; on voit des contre-tailles longitudinales sur les poutres qui servent de base à la chaumière; le trait carré est toujours fin; les coins de la droite sont ouverts. Rare.

Knowles, 31 fr. 25 c.

3e. Les angles sont arrondis; la bordure est renforcée, les coins sont fermés; la partie du ciel laissée libre par les nuages est couverte d'un azur au burin.

33. *La Rivière qui serpente.* Sur le devant, on voit un bateau sur lequel est un homme, et quelques pierres dans l'eau; à gauche, sur un tertre, quelques grands arbres agités par le vent; près de la bordure, un arbre tronqué; à droite, sur un monticule, deux figures assises et quelques moutons; plus loin, un bouquet d'arbres; sur le terrain, près du trait de bordure, au milieu : AVE. (4)

* 1er état. Le trait est fin; on le voit à peine sur la moitié du bas de la droite; les coins de la gauche du haut et de la droite du bas sont ouverts; avant l'azur au-dessus et au-dessous du petit nuage, à droite; avant les travaux sur les terrains à la gauche du bas, et sur les pierres qui sont dans l'eau. Il y a des épreuves qui sont avant des éraillures sur le ciel.

Isendoorn, 85 fr.

* 2e. Le trait de bordure est très fort; les coins sont fermés; l'azur est tracé au-dessus et au-dessous du petit nuage, à droite; les pierres dans l'eau et les terrains, à gauche, sont ombrés de grosses contre-tailles en losange.

34-39. Suite de six estampes.

Haut., 85 à 90 millim.; larg., 134 à 137.

34. *Le Rocher sortant de l'eau.* Il est dans le milieu, vers la gauche, dans une rivière qui coule de la droite; en arrière, un pays montueux couvert d'arbres, et au bas duquel sont des chaumières; à droite, un amas de rochers où s'élèvent quelques grands arbres; on voit dans le haut deux hommes : l'un lève le bras droit, l'autre tient un bâton; sur un roc, au bas de la droite : AVE. (1).

* 1er état. Le trait est fin et interrompu par places. L'arbre, au haut à droite, est blanc; les rochers au-dessous ne se détachent pas bien.

Knowles, 25 fr.; Isendoorn, 42 fr. 50 c.

* 2e. Le trait carré est renforcé. Le rocher du milieu est ombré dans le bas par des contre-tailles dures; l'arbre tout à fait à droite est plus travaillé; les rochers sont détachés par des travaux au burin; il y en a notamment sur le tronc d'arbre dénudé.

35. *Les Trois Chèvres au bord de l'eau.* Elles sont à gauche, près d'elles un homme vu de dos; un peu en arrière, du même côté, et dans le milieu, des chaumières; le pays est montueux, notamment à droite où il y a beaucoup de rochers et des arbres; une rivière coule sur le devant; au bas du rocher, vers la droite : AVE. (2)

1er état. Le trait est fin; le coin d'en haut à droite est ouvert; à gauche, l'azur ne touche pas le trait; dans le fond, à gauche, entre deux arbres, et au-dessus d'un long bloc de rocher, les travaux horizontaux du terrain ne s'élèvent qu'aux deux tiers des cimes des arbres.

* 2e. On voit dans le lointain, à gauche, une colline à la hauteur de la cime des deux arbres.

* 3e. Le trait est renforcé et les coins fermés; M. Drugulin dit que l'azur va jusqu'au trait, à gauche, dans notre épreuve la place blanche de l'état précédent est restée; au milieu, et vers la droite, les nuages sont différents; les anfractuosités du rocher, à droite, se détachent d'une manière vigoureuse, surtout dans le bas; on aperçoit quelques contre-tailles obliques sur le rocher qui est au-dessus de la pierre où se trouve le monogramme.

M. Drugulin décrit un 3e état antérieur à celui-ci :

La planche paraît avoir subi un accident : une partie du ciel, au-dessus du hameau et jusqu'au gros nuage, a disparu; ce nuage n'a plus de contour distinct dans le bas. Ce n'est pas pour nous un état, mais un simple accident de la planche.

36. *Les Chaumières sur le bord d'un torrent.* Elles sont, à gauche, entourées d'arbres, près de rochers plats sur lesquels on voit un tronc d'arbre renversé et le tronc d'un autre debout; vers le haut, du même côté, on voit deux hommes s'appuyant sur des bâtons; le torrent coule dans le milieu, au-dessus d'un pont de bois ou d'une espèce de digue délabrée; à droite, de grands rochers couronnés d'arbres; sur une roche, près du trait, vers la gauche : AVE. (3)

* 1er état. Le trait est fin; les coins sont ouverts; deux couches de nuages tracés très finement sont séparées par un espace blanc.

Knowles, 35 fr.

2e. Le trait est renforcé et les coins sont fermés; mais avant les travaux dont nous allons parler plus bas.

* 3e. Les deux couches de nuages dans le haut sont reliées avec les nuages du bas par des bandes d'azur qui commencent, à gauche, contre le trait carré, et s'étendent jusqu'au milieu vers la droite; les parties blanches des rochers sont teintées par des tailles tirées d'une manière horizontale; il y a des retouches sur le devant, et surtout dans la chute d'eau.

37. *Les Deux Pins près des chaumières.* Celles-ci sont placées sur un rocher, dans le milieu; à droite, une masse de rochers plus élevée est couronnée d'arbres parmi lesquels on voit des pins; à gauche, d'autres rochers; sur le devant, près du trait de bordure, deux hommes dans une barque, et sur le rivage un homme assis sur un tronc de bois; une rivière occupe tout le devant; dans la partie la plus ombrée des rochers, à droite : EVERDINGEN. (4)

1er état. Le trait est fin; les nuages et l'azur sont finement tracés; à la gauche du bas, entre les deux hommes et le trait, on en observe un troisième; avant les deuxièmes tailles sur les ombres du rocher, à la droite du devant.

* 2e. Le trait carré est toujours fin; on ne voit plus le troisième homme dont nous venons de parler, à sa place une double taille en losange; les nuages et l'azur sont comme dans l'état précédent; les rochers sont d'un ton uniforme; mais en plusieurs endroits, ils ont des doubles tailles. Deux épreuves de cet état; l'une avec de la marge. Knowles, 35 fr.

* 3e. Le trait de bordure est fort; l'azur s'étend dans toute la longueur, jusqu'au trait carré, à droite; du côté gauche, il couvre tout le ciel jusqu'aux nuages; des travaux vigoureux font ressortir toutes les anfractuosités des rochers; au-dessus du nom et au-dessous, on voit des contre-tailles obliques courtes.

38. *La Chaumière délabrée*. Elle est sur le devant, à droite; près d'elle, des solives à terre, et, en arrière, un grand arbre et le feuillage d'un plus petit; vers le milieu, une chèvre sur une roche; au second plan, une rivière sur laquelle il y a des bateaux, et que borde un rivage couvert d'arbres entre lesquels s'élève un clocher; sur le devant, tout à fait à gauche, un homme, et tout près, sur une pierre : AVE. (5)

* 1er état. Il n'y a pas de trait autour de la composition; les angles du cuivre dans le haut sont aigus; il n'y a pas d'azur dans le milieu de l'estampe; les arbres du fond sont presque au contour; le terrain éclairé sur le devant et le toit de sa cabane sont presque en blanc.

2e. Indiqué par M. Drugulin : les angles du cuivre sont arrondis, et les ombres du devant reprises à la pointe d'une manière visible.

* 3e. La composition est bordée d'un trait fort, renfermant en hauteur 88 millim. sur 133 en largeur; tout le milieu du ciel est rempli par l'azur qui descend par bandes légères jusqu'au toit de la chaumière; les grandes lumières du devant, tant du terrain que du toit de la cabane, ainsi que celles des arbres du fond, ont été éteintes par des tailles simples; on voit des tailles horizontales légères sur les parties claires de la roche qui est à gauche, au bord de l'eau.

39. *L'Homme à l'ouverture de la haie délabrée*. Il sort à gauche où, sur le penchant d'une colline, on voit quelques chaumières; elles sont entourées vers le bas d'une clôture en mauvais état; vers le milieu, trois chèvres couchées et quatre porcs dont deux sont debout; dans le fond, à droite, près d'une clôture, une cabane entourée d'arbres; sur une pierre, au bas de la gauche : AVE. (6)

* 1er état. Le trait de bordure est fin; les deux coins du haut et celui de la gauche du bas non fermés; dans le nuage où volent les oiseaux, la partie la plus rapprochée du toit n'est pas ombrée.

* 2e. Le trait carré est renforcé; on voit quelques travaux de plus à la pierre qui est à droite; les pierres, à gauche, dans le bas, se détachent du trait de bordure par quelques travaux assez noirs; le nuage, au-dessus de la chaumière, est ombré jusqu'au toit par des traits légèrement tracés; une petite montagne, à droite, est ombrée par des traits simples, mais assez serrés; ils se prolongent dans les arbres au-dessous, jusqu'au palis.

40-51. Suite de douze estampes.

Haut., 93 à 95 millim.; larg., 136 à 141.

40. *Le Rocher sortant du milieu de la rivière.* Une large rivière coule du fond de la gauche jusqu'à l'extrémité de la droite du devant; on y remarque un bateau monté par quatre hommes, et sur un banc de sable, dans le milieu, deux hommes debout et un tonneau; à droite, des montagnes en partie couronnées de verdure au pied desquelles sont quelques maisons; à gauche, au sommet d'une colline rocheuse couverte d'arbres, est un homme debout tenant un bâton; au bas de ce même côté, contre le trait : AVE. (1)

1er état. Le trait de bordure est fin; les rochers à gauche sont ombrés d'une seule taille; on voit de l'azur seulement à gauche; avant les oiseaux, vers la droite.

* 2e. L'azur est continué jusqu'à la droite du haut; vers la droite, il y a des oiseaux; les rochers de devant sont repris à la pointe, et ombrés de secondes et de troisièmes tailles.

* 3e. Les nuages sont plus marqués; l'azur est fortement tracé sur le ciel, à droite, plus bas que les oiseaux; le rocher du milieu et ceux à gauche sont détachés par des travaux durs en losange qui ressemblent à des taches noires; le trait de bordure est fort.

41. *Les Trois Huttes au sommet du rocher.* Elles sont au milieu de la planche sur un rocher couvert de bois; devant la porte ouverte de celle du milieu un homme est assis à terre, une femme, les mains sous son tablier, est debout devant lui; on voit des arbres à droite et à gauche; sur une pierre blanche, au milieu de l'estampe : AVE. (2)

1er état. Les angles sont aigus; le trait est fin; deux coins sont ouverts; deux nuages au milieu, vers la gauche, sont séparés par le toit de la chaumière la plus élevée; le bout du grand arbre, à gauche, est nu; les rochers du bas sont clairs; le monogramme très fin s'aperçoit à peine dans les ombres de la gauche du bas.

2e. Il y a des branches à l'arbre du coin à gauche; les buissons au-dessous sont plus travaillés; les faces des rochers du bas sont ombrées d'une simple taille, à l'exception de la pierre dans le milieu du bas où on lit maintenant : AVE.

Isendoorn, 47 fr.

* 3e. Le coin de la gauche du haut est fermé; un nuage unissant les deux qui

étaient séparés a été ajouté au-dessus de la chaumière ; un azur fin s'étend jusqu'au coin de la droite ; à la gauche du bas, les branches et le pied du petit arbre sont repris à la pointe.

4e. Les angles du cuivre sont arrondis ; la planche est nettoyée ; les nuages ont presque disparu, mais avant les travaux dont nous allons parler plus bas.

* 5e. De gros nuages occupent la largeur de l'estampe, depuis l'arbre à gauche jusqu'au trait de bordure à droite ; dans le haut, à droite, l'azur est marqué en gros traits ; au-dessous du nuage, les arbres et le rocher se détachent par des travaux vigoureux qui semblent parsemer de taches noires toutes ces parties ; il y a des contre-tailles obliques sur la chaumière qui est le plus à droite. Le trait de bordure est très fort.

42. *Le Rocher pointu.* Sur toute la largeur du bas, s'étend une rivière qui se perd dans le lointain, à droite ; elle baigne, à gauche, un rocher dénudé, pointu, au bas duquel sont deux figures assises ; au milieu du fond, entre ce rocher pointu et quelques écueils sur le devant de la droite, deux bateaux à voiles sont arrêtés ; sur un roc, au bas du côté gauche : AVE. Cette pièce est rare. (3)

M. Drugulin décrit ainsi les trois états :

1er état. Trait fin ; les nuages existent ; toute l'estampe est d'un effet très léger ; les rochers du côté gauche sont ombrés de simples et de doubles tailles seulement ; la face supérieure du quartier de rocher où est le chiffre, n'a qu'une seule taille.

2e. Les rochers sont repris ; une troisième taille perpendiculaire se voit sur les deux quartiers les plus à gauche, et s'élève sur la face inférieure du premier jusqu'au chiffre du maître ; en haut, à droite, trois oiseaux ; la plus grande des pierres dans l'eau, en dessous des deux hommes, est parfaitement claire dans le haut ; la planche est d'un effet vigoureux.

3e. L'estampe est nettoyée ; plusieurs entre-tailles horizontales dans l'eau, sur le bateau le plus avancé, et en dessous du groupe d'écueils à droite, ont été introduites à la pointe et rentrées à l'eau-forte, on en voit les taches dans ces endroits ; sur la partie éclairée de la grande pierre mentionnée ci-dessus, on observe deux traits horizontaux dont l'un la traverse sur toute sa largeur.

43. *Le Troupeau de cochons.* On les voit dans une rue de village ; à gauche, près d'un personnage en manteau, l'homme qui les conduit menace avec son fouet un cochon ; à droite, près d'une porte, un homme ayant un bâton sur l'épaule se dirige vers le fond ; du même côté, s'élèvent un mur continu et une église entre deux maisons ; le clocher pointu s'aperçoit au milieu de grands arbres ; au bas de la droite, dans une mare d'eau : AVE. (4)

* 1er état. Les angles sont aigus ; le trait de bordure est formé de deux traits

finement tracés; deux coins sont ouverts; il y a des nuages, mais pas d'azur; dans notre épreuve il y a quelques petites taches sur le ciel et devant l'homme, à droite. Rare.

Isendoorn, 77 fr.

* 2e. Les angles sont arrondis; il y a de l'azur dans le ciel, mais il est faible à droite; il y a beaucoup d'espace entre cet azur et les nuages; les contours des branches dans le haut sont repris à la pointe, surtout de celles qui passent devant le clocher; sur notre épreuve on ne voit plus la coulure d'eau-forte devant l'homme, à droite.

3e. Le trait est renforcé; les coins sont fermés; l'azur est repris et continué en bas jusqu'aux nuages; on voit quelques petites retouches sur la gauche du devant.

44. *La Rivière au bas du grand rocher*. Elle occupe toute la largeur du devant; dans le milieu, près du bord, on voit plusieurs barques et deux hommes; au haut du rocher, des maisons; on en voit d'autres au bas et un moulin, vers la droite, au milieu, des arbres; à gauche, d'autres arbres parmi lesquels on remarque des pins; du même côté, sur le flanc de la montagne, des chèvres au pâturage; au bas, à gauche, tout près de l'eau : AVE. (5)

* 1er état. Les angles sont aigus; avant l'azur du ciel, dans le coin du haut à droite, descendant jusqu'aux nuages; avant l'azur dans le coin du haut à gauche; avant de nombreux travaux sur les rochers et sur les arbres; le trait de bordure est fin. Rare.

Knowles, 37 fr. 50 c.

2e. Cité par M. Drugulin : les angles sont arrondis; on voit une égratignure en biais, longue de 8 millim., sur la partie ombrée de la montagne, en dessous et un peu à droite des chèvres. Ces différences nous paraissent bien légères.

* 3e. Le trait carré est légèrement renforcé, des bandes d'azur descendent du côté droit jusqu'aux nuages; l'azur est tracé au haut du ciel, à gauche; les anfractuosités du grand rocher, sur la droite, et la butte de terre, à gauche, sont ombrées par des contre-tailles obliques dures, et ces nouveaux travaux ressemblent à des taches très noires; le devant de la première chaumière, à droite, se détache en noir; on voit quelques contre-tailles horizontales, à gauche, sur le pignon de la chaumière qui est derrière le moulin, et d'autres de même nature sur la rive, entre deux bouquets d'arbres.

45. *Le Pont couvert*. Sur tout le devant s'étend un ruisseau qui coule du fond de la droite; ses bords, à gauche, sont couverts d'arbres; vers le milieu, un escalier de troncs d'arbres conduit au pont; à droite, sur un rocher garni d'arbres, est une grosse tour; dans le milieu de l'eau, près d'une barque, une pierre sur laquelle on lit : AVE. (6)

1er état. Les angles de la planche sont aigus; la bordure est interrompue; trois coins sont ouverts; le ciel est blanc, mais au milieu il y a un peu d'azur au-dessus des nuages; l'eau est en blanc depuis le trait du bas jusqu'aux reflets du rivage; à droite, les travaux du rocher ne touchent pas la bordure. Très rare.

* 2e. Les angles sont arrondis; dans le bas, l'eau est rentrée à la pointe, mais il y a toujours un espace blanc, vers la droite où la bordure est interrompue. Très rare aussi. Épreuve avec marge.

* 3e. Les bords sont nettoyés; on voit au-dessus des arbres un azur légèrement indiqué dans toute la longueur. Le trait de bordure n'est presque plus visible, à droite.

4e. Décrit par M. Drugulin : les interstices de l'azur remplis de nouveaux traits; quelques entre-tailles dans l'eau; le trait du bas fermé; les travaux à la droite continués jusqu'au bord.

* 5e. Le trait carré est très fort dans toutes ses parties; tous les coins sont fermés; le dessous des arbres à gauche est ombré par des travaux durs au burin, ce qui détache l'escalier; le terrain au-dessus de la barque est très noir; ces retouches ressemblent à des taches; les contours des arbres dans le milieu ont été repris vigoureusement, sur la droite.

46. *Les Deux Hommes sur la terrasse élevée.* Elle s'étend depuis la gauche jusqu'aux deux tiers de la planche; on y voit un arbre tronqué; plus loin, de grands arbres, et dans un fond plus à gauche, le toit d'une chaumière; à droite, une rivière dans laquelle on voit des rochers, et de l'autre côté un village très garni d'arbres au pied d'une grande montagne; au milieu du bas : AVE. (7)

* 1er état. Le trait de bordure est fin et interrompu en deux endroits dans le haut; les nuages et l'azur existent; le feuillage des buissons, à la gauche du bas, n'est pas ombré. Dans les premières épreuves de cet état les angles du cuivre sont aigus.

* 2e. Le trait renforcé dans toutes ses parties n'offre aucune solution de continuité. sur la pointe du terrain qui s'avance dans l'eau, au-dessous du rocher, on remarque des tailles longitudinales; les lumières sur le feuillage des buissons et celles sur les arbres, près de la bordure à droite, sont éteintes par de petits coups de pointe; les nuages au-dessus de la montagne sont accusés en dessous par des tailles circulaires continues.

47. *Marine à travers le rocher percé.* Il forme une voûte à travers laquelle on voit la mer; dans le fond, deux vaisseaux vont à la voile; au-dessus d'un rocher, trois hommes : le plus près du spectateur est vu de dos et tient un bâton; dans le fond, à gauche, une espèce de château; la face du rocher percé est en grande partie tapissée d'arbres; au milieu du bas : AVE. (8)

1er état. Trait fin et interrompu; les deux coins de la gauche sont ouverts; avant les grosses branches qui pendent de la voûte du rocher. Rare.

* 2e. Avec ces grosses branches; il y a quelques changements dans le paysage du fond, mais avant des retouches très dures sous la voûte du rocher; le trait de bordure est toujours fin.

Knowles, 25 fr.

* 3°. Sous la voûte du rocher, notamment entre les deux grosses branches qui pendent, on voit des contre-tailles très dures tirées d'une manière horizontale; il y a des travaux de plus dans le bas du rocher, à gauche. Le trait de bordure est renforcé, tous les coins sont fermés.

48. *Les Deux Hommes à la porte.* A gauche est un hameau ; sur la porte de la chaumière la plus avancée, on voit deux hommes dont l'un est assis sur une pierre ; tout le fond est garni d'arbres ; à droite, sur un tertre, des pins ; au milieu, des roches sur l'une desquelles est un arbre tronqué ; presque au bas de la droite : AVE. (9)

* 1er état. Le trait de bordure est fin ; il n'y a qu'un peu d'azur à gauche, près du grand arbre ; tout le haut du ciel est blanc ; l'estampe est légère. Très rare. Épreuve avec marge. Collection Robert Dumesnil.

Isendoorn, 42 fr. 50 c.

* 2e. Un léger azur est tracé dans le haut contre le trait carré qui est resté fin, mais avant les travaux durs sur le rocher, à gauche.

* 3e. Ce rocher, dont les anfractuosités ne se détachaient pas, est retouché dans plusieurs parties par des travaux durs qui ressemblent à des taches ; le chemin l'est également ; sur les montagnes du fond, il y a des traits réguliers et horizontaux. Le trait de bordure est très fort.

49. *Le Charpentier.* Il est dans le bas, à gauche, tenant un cordeau ; des solives sont derrière lui ; plus haut, une femme est assise ; on voit dans le fond trois chaumières ; à droite, des rochers au haut desquels des chèvres se reposent sous des grands arbres ; vers le milieu, un torrent divisé par deux rochers ; sur le plus petit, vers le bas : AVE. (10)

1er état. Trois angles sont aigus ; le trait est fin, mais doublé sur trois côtés. La butte, au-dessous du charpentier, n'est ombrée que d'une seule taille ; avant une contre-taille sur le jupon de la femme assise et sur la culotte de l'homme. Rare.

* 2e. Avec les travaux mentionnés ci-dessus ; mais avant des retouches dures sur les rochers et sur le terrain où sont les planches. Le trait qui borde la composition est toujours fin.

* 3e. Le rocher du milieu est retouché dans certaines parties d'une manière dure, ainsi que le premier rocher, à droite, et celui où sont les lettres AVE ; le terrain où se trouvent les planches se détache par des travaux vigoureux ; ces différents travaux ressemblent à des taches. Le trait carré est renforcé, les angles sont arrondis.

50. *Le Cavalier sur le pont.* Il se dirige vers la droite où sont des rochers couronnés d'arbres en avant desquels sont deux pins ; au milieu, une rivière coule à travers des roches ; à gauche, deux solives

dans l'eau, près d'un chemin montant dans des rochers ; dans le bas, de ce côté, sont trois hommes, un assis et deux debout; tout à fait à gauche, des rochers et un pin renversé; le monogramme AVE est vers la droite sur une pierre qui sort de l'eau. (11)

* 1er état. Le trait est fin; les coins du bas sont ouverts; le ciel est blanc dans le haut; avant quelques travaux sur les eaux, au-dessous du rocher, à droite; la montagne derrière l'homme à cheval est très visible. Très rare.

Knowles, 50 fr.; Isendoorn, 90 fr.

* 2e. Avec un peu d'azur dans le ciel, au-dessous du trait carré, à gauche; il y a quelques travaux légers sur les eaux, au-dessous du rocher, à droite; la montagne derrière le cavalier est à peine visible.

3e. Décrit par M. Drugulin : les parties ombrées des rochers, au milieu et à droite, sont couvertes de contre-tailles à la pointe; il y a même des troisièmes tailles sur la base du rocher du premier plan au milieu, et sur la pierre où est le monogramme; les branches des pins à droite sont reprises à la pointe.

* 4e. Le trait est renforcé et les coins sont fermés; le peu d'azur que l'on voyait, à gauche, dans l'état précédent est effacé; à droite, le ciel est couvert de nouveaux nuages; au-dessus, et contre le trait carré, l'azur est fortement tracé; le rocher à droite et celui de gauche sont retouchés par des travaux durs en losange, qui ressemblent à des taches très noires; il y a quelques contre-tailles sur les hommes, à gauche; on ne voit plus la montagne derrière le cavalier.

Une retouche postérieure a encore alourdi cette planche; le rocher de droite ne forme plus qu'une masse noire.

51. *La Chèvre sur le petit pont.* Elle est précédée par un porte-balle qui se dirige vers la gauche; au milieu coule un torrent entre des rochers que l'on voit à gauche et à droite; de ce côté, de grands arbres forment le fond; sur le grand rocher de droite, où l'on voit des pins renversés, est un homme assis près duquel on lit en trois lignes : A VAN EVERDINGEN FE. (12)

1er état. Les angles sont aigus; le trait est fin; le ciel est blanc ainsi que les faces éclairées des rochers; on n'y voit ni l'homme assis, ni les deux troncs d'arbres renversés qui se croisent, ni le nom du maître. Cet état est au British Museum; il y a deux essais différents pour placer des personnages. Très rare.

Isendoorn, 128 fr.

* 2e. Avec le nom du maître, l'homme assis et les troncs d'arbres; mais avant l'azur dans le haut, à gauche; le trait carré est fin.

3e. Décrit par M. Drugulin : les angles sont arrondis; au milieu du bas, sur la rive droite, une touffe d'herbes; de nouvelles tailles sur l'eau.

4e. Le trait est renforcé; il y a de l'azur dans le haut à gauche; l'estampe est retouchée au burin dans les ombres des rochers de la gauche et de la droite du devant; les tiges d'herbes, à droite, sont toutes noires.

52-55. Suite de quatre estampes.

Haut., 97 à 102 millim.; larg., 135 à 138.

52. *La Nacelle retirée au bord.* Sur le devant, est une rivière dont les bords sont très rocailleux, surtout à droite; vers le fond, deux chaumières entre lesquelles on aperçoit trois figures; au milieu, sur le devant, trois chèvres; à gauche, près de la barque, deux hommes assis; tout au bas, du même côté : EVERDINGEN. (1)

1er état. Les angles sont aigus; le trait de bordure est fin; il y a un azur très léger à gauche, et quelques nuages à droite; avant la montagne dans le lointain, à gauche, entre la grande chaumière et le trait. Une épreuve de cet état est au British Museum. Rare.

* 2e. Le trait carré est toujours fin; on voit la montagne, à gauche, derrière l'arbre; mais avant les travaux dont nous allons parler.

Knowles, 32 fr.

* 3e. L'azur est profilé dans toute la partie gauche; il s'étend jusqu'aux nuages, et touche le toit de la grande chaumière; les rochers du bas, près le nom du maître, offrent de nouveaux travaux en losange, et se détachent vigoureusement; on remarque des contre-tailles obliques derrière les deux hommes assis; les contours de la barque sont exprimés par des tailles longitudinales très dures; le trait de bordure a été renforcé.

53. *Le Petit Pont de bois.* Il est à droite; un homme le traverse en se dirigeant vers la gauche, où l'on voit quelques chaumières sur des rochers dont la cime est couverte d'arbres; à droite, de l'autre côté de la rivière, une montagne boisée; dans le bas, à gauche, deux hommes assis; du même côté, sur une partie ombrée d'un rocher : AVE. (2)

* 1er état. Les angles sont aigus; le trait de bordure est fin; dans le haut, à gauche, sur une longueur de 5 millim., le feuillage ne touche pas le bord; dans le creux du rocher, l'ombre, au-dessus des deux hommes assis, n'offre qu'une contre-taille fine. Rare.

2e. Le trait est renforcé à gauche, et couvre la lacune que nous avons signalée; dans le creux du rocher, on remarque une troisième taille à la pointe formée par neuf traits tracés en biais.

54. *Les Deux Hommes de condition.* Ils sont assis vers la droite, au pied d'un immense rocher escarpé et pointu; derrière ce rocher se trouve un autre plus petit, au sommet duquel on voit des chèvres; à gauche, sur un tertre, un grand arbre penché; à droite, sur un morceau de rocher derrière lequel sont de grands arbres : EVERDINGEN FE. (3)

1er état. Les angles sont aigus; le trait de bordure est fin; avant la colline ombrée et l'arbre à gauche; on voit à cette place une vallée profonde et boisée où est une église dont il reste seulement la pointe du clocher dans l'état suivant. Rare.

* 2e. Les angles sont arrondis; on voit un grand arbre à gauche sur un tertre qui cache la vallée; on n'aperçoit plus que la pointe du clocher de l'église; avec quelques taches d'eau-forte sur le ciel, mais il manque une partie de l'azur; avant des travaux durs, sur le grand rocher, au-dessus des hommes assis, et dans toute la partie droite, ainsi que sur le petit rocher où est le nom du maître; le trait de bordure est toujours fin.

* 3e. Du côté droit, l'azur descend presque jusque sur l'arbre qui est le plus proche du grand rocher; du côté gauche, il y a de l'azur tracé au-dessous des nuages; le grand rocher est durement retravaillé dans sa partie droite, et au-dessus des deux hommes assis; il en est de même sur le rocher où est l'inscription; ces retouches forment des taches très noires; le trait de bordure est légèrement renforcé.

55. *L'Inscription.* Dans un paysage rempli de rochers, et dont tout le fond ne laisse apercevoir que des bois d'où sort, à gauche, le pignon d'une chaumière, on voit trois hommes sur le devant, à gauche; l'un d'eux qui a son chapeau à la main montre avec un bâton aux deux autres vus de dos, cette inscription écrite en deux lignes sur un rocher : ALLART VAN EVERDINGEN. (4)

1er état. Les angles sont aigus; le trait est fin; le coin du bas est ouvert; l'azur et les nuages sont très légers, mais l'angle gauche est blanc; il y a une place blanche devant l'homme au bâton; le tronc du premier pin, au milieu, sur les rochers du second plan, s'élève de la surface nue du rocher; vers la gauche, il y a une lacune dans les travaux représentant une haie de palis. Rare.

* 2e. Les angles sont arrondis; la place blanche devant l'homme au bâton est éteinte; on voit au milieu un travail léger indiquant des broussailles qui s'étend sur toute la largeur des rochers en enveloppant le pied du pin, et cachant l'ouverture de la haie.

* 3e. Le trait est fort; les coins sont fermés; les nuages ont presque disparu, l'azur au burin s'étend dans toute la largeur du ciel; on voit des retouches dures sur les rochers.

56. *Les Deux Solives sur l'eau.* Une rivière coule du fond, vers la droite, au milieu des rochers, et s'étend sur tout le devant de la planche; elle est traversée par un pont en solives dont le milieu pose sur des troncs d'arbres debout; à droite, des chaumières sur des rochers; à gauche, d'autres rochers au bas desquels est un rivage où se voit un homme debout tenant un bâton près d'un autre assis à terre; au bas de la gauche, sur une pierre au bord de l'eau : AVE.

Haut., 91 millim.; larg., 138.

1er état. Les angles sont aigus; le trait est fin; il fait saillie dans le haut, vers la droite; sur le ciel, des nuages et un azur légèrement tracés; l'homme debout a deux jambes; son dos est ombré de traits horizontaux; dans le bas, il y a un espace clair entre les deux pierres et la solive flottante la plus rapprochée. Très rare.

2e. Les angles de la planche sont arrondis; sur la pierre du rivage, à droite du monogramme, on observe des traits fins et perpendiculaires; il y a des entre-tailles dans l'eau, et l'emplacement entre les deux pierres et la solive est couvert de traits; l'homme debout paraît n'avoir qu'une jambe; sur son dos une contre-taille oblique. Rare.

* 3e. Le trait est repris; les pierres du rivage à droite et à gauche du monogramme sont couvertes d'une contre-taille oblique; on remarque une coulure d'eau-forte ronde au-dessus et au milieu de la première solive.

* 4e. L'azur est raccordé dans toute sa longueur, mais très durement par places; les anfractuosités des rochers de gauche sont vivement accusées par des retouches dures; les pierres du bas, à gauche, qui ne se détachaient pas des eaux sont profilées par des travaux très vigoureux; il y a des retouches horizontales sur l'arbre et obliques en dessous, à l'entrée du pont; le trait de bordure est fort.

57-64. Suite de huit estampes.

Haut., 78 à 80 millim., larg., 142 à 146.

57. *Le Chariot au défilé.* Au milieu, un chemin serpente entre des rochers; le chariot attelé d'un cheval sur lequel est monté le cocher se dirige vers le fond; à gauche, une maison sur des rochers qui s'étendent jusqu'au trait de bordure; à droite, un amas de rochers; dans le coin du bas, à gauche : AVE. (1)

* 1er état. Eau-forte pure. Le trait carré est fin; trois coins sont ouverts; la planche n'est pas ébarbée; on ne voit qu'un peu d'azur dans le haut, mais les traits fins qui dans les états suivants descendent jusqu'au nuage, à droite, et couvrent une partie du ciel, ne s'aperçoivent pas encore.

Isendoorn, 128 fr.

* 2e. Les angles sont plus arrondis; un azur léger s'étend au-dessous du trait carré; et l'on aperçoit sur le ciel des tailles horizontales légères; le rocher à pic, à droite, est encore ombré de traits légers à l'eau-forte.

* 3e. La planche est nettoyée; le trait de bordure a été renforcé et les coins sont fermés; le ciel est fatigué, mais il n'y a pas encore les travaux que nous allons décrire.

* 4e. L'azur a été retracé dans le haut; il descend par bandes jusqu'au nuage, à droite, et presque sur le toit de la grande maison; les anfractuosités des rochers, à droite, ont été plus fortement accusées; des travaux vigoureux détachent mieux la route, à gauche; les anfractuosités des rochers au-dessus sont fortement profilées par des travaux noirs; l'arbre au-dessus se détache vigoureusement dans sa partie droite; à gauche particulièrement, toutes les retouches ressemblent à des taches noires.

58. *Les Deux Barques dans la large rivière.* Elles sont arrêtées à droite, près d'un amas de rochers qui sortent de l'eau, assez près d'une

montagne escarpée garnie d'arbres au sommet de laquelle sont des maisons; dans le coin du bas, à gauche, une nacelle où sont deux hommes; un troisième est assis sur le rivage; tout au milieu de l'estampe, sur une pierre qui sort de l'eau : AVE. (2)

1er état. A l'eau-forte pure. Les angles sont aigus; il y a trois coins ouverts; la planche est pleine d'égratignures et de coulures d'eau-forte; vers la droite, un azur à traits forts et les contours supérieurs d'un nuage; l'eau du devant offre de grandes lumières à droite et à gauche; les ombres sur les arbres et le grand rocher n'ont que deux tailles au plus.

2e. Il y a un azur à traits légers sur tout le ciel; le grand nuage à droite est ombré vers le bas.

Isendoorn, 53 fr.

* 3e. Le coin de la gauche du bas est fermé; la planche est nettoyée en partie; plusieurs des travaux fins du nuage à droite et de l'azur sont disparus; l'eau du devant est couverte de traits effilés dans toute sa largeur. De cet état deux épreuves, l'une est moins nettoyée que l'autre et cependant, dans cette dernière, le coin du bas à gauche est ouvert.

* 4e. Le trait carré est renforcé; tous les coins sont fermés; l'azur n'existe presque plus à gauche; les lacunes dans la partie droite sont remplies de nouveau; on voit des contre-tailles en losange sur le grand rocher; le petit rocher rond a des contre-tailles dures à gauche et à droite; dans le bas, à droite, sur l'eau, des tailles très serrées et noires rendent la partie qui est au-dessus beaucoup plus claire.

59. *Les Pins au défilé.* On les voit, à gauche, en arrière d'une colline, entre deux grandes montagnes, dont l'une offre à son sommet des constructions à pignon pointu; dans la partie éclairée de la colline, deux hommes sont assis; à droite, sur un terrain moins accidenté, des arbres; au milieu, vers la droite du bas : AVE. (3)

1er état. A l'eau-forte pure. Les angles sont presque carrés; le trait est fin et irrégulier; il est double sur les deux côtés; les deux coins de la droite sont ouverts; depuis le milieu, jusqu'à la bordure, à droite, un grand nuage qui n'offre pas de contours au-dessus et à droite de l'arbre le plus élevé; tout au haut, à gauche de ce nuage, un petit azur faiblement tracé; à la droite du bas, les travaux ne touchent pas à la bordure. Très rare.

* 2e. Les angles sont arrondis; l'azur repris à la pointe sèche s'étend jusqu'à la montagne qui est à gauche; entre les cimes des deux arbres, sur la montagne, le nuage est pourvu de contours; le trait de bordure est toujours fin et double sur les côtés.

Isendoorn, 32 fr.

* 3e. Le trait de bordure est très fort; tous les coins sont fermés; l'azur du ciel qui ne montrait qu'une petite bande, vers la gauche, descend presque jusqu'à la montagne; à droite, au-dessus du nuage, une partie blanche restée assez large est couverte d'un azur qui s'étend par bandes; il y a des travaux dans la partie inférieure d'un nuage, à droite, dans l'intérieur, et dans le bas contre le trait de bordure; le rocher

vers le milieu, au-dessous du petit arbre, était ombré d'un ton uniforme, il offre par places des travaux durs qui ressemblent à des taches noires; vers la gauche du bas, des roches en pente sont ombrées par de simples tailles obliques.

60. *Les Deux Nacelles vides.* Elles sont au bas de la gauche, où l'on voit deux hommes dont l'un roule un tonneau; du même côté, un rivage un peu montueux où s'élèvent des chaumières au milieu d'arbres; toute la partie droite et tout le devant sont occupés par une rivière sur laquelle sont plusieurs navires à voiles; vers le devant, à droite, près d'une roche penchée, des solives dans l'eau; sur une pierre au bord de l'eau, dans le milieu : AVE. (4)

1er état. A l'eau-forte pure. Le trait est fin, double sur les côtés; trois coins sont ouverts; les nuages et l'azur sont très finement indiqués, à gauche; ce dernier n'est formé que de trois traits.

* 2e. L'azur est légèrement augmenté à gauche; l'eau, dans l'angle gauche, est claire et sans travaux.

3e. Le trait est renforcé; les coins sont fermés; la lumière sur l'eau, dans l'angle gauche, est couverte de quatre petits traits; le toit de la chaumière, à gauche, est encore blanc.

Isendoorn, 42 fr.

* 4e. L'azur a été regravé au burin; au coin du haut, à gauche, deux bandes d'azur reliées par quelques traits descendent presque jusqu'au petit arbre; le toit de la maison est complètement ombré; l'azur, vers la droite, est profilé jusqu'au trait carré, plusieurs bandes d'azur touchent aux gros nuages dont les travaux ont été repris; dans le bas, à gauche, des mouvements de terrain sont accusés par des travaux vigoureux très noirs; les bateaux se détachent mieux que dans l'état précédent; il y a des tailles de plus dans le coin du bas, à gauche, sur l'eau.

61. *La Nacelle dans les joncs.* On voit dans le fond un village au milieu des arbres, vers la gauche, entre deux chaumières, une église surmontée d'un clocher devant laquelle sont des palis; sur le devant, du même côté, un grand arbre, un pieu et une grosse pierre; vers la droite, près de deux grands arbres, trois hommes : un debout, l'autre assis et un autre qui s'éloigne; près d'une pièce d'eau, un homme est dans la nacelle; un peu au-dessous, contre le trait de bordure : AVE. (5)

* 1er état. A l'eau-forte pure. Le trait est fin et interrompu; il y a de l'azur sur toute l'étendue du ciel; le toit de l'église, à gauche du clocher, et l'arbre, à droite, est blanc. Les premières épreuves de cet état sont très sales; dans des épreuves postérieures comme la nôtre la planche a été nettoyée, et une partie de l'azur dans le milieu a disparu. M. Drugulin fait deux états de ces différences qui nous paraissent provenir du tirage.

2e. Le trait est renforcé; on voit des nuages à droite; l'azur est tracé au burin;

il y a des retouches sur la pierre, sur l'arbre et sur le terrain éclairé devant la cabane, au second plan; le toit de l'église et l'arbre sont couverts de traits simples.

Isendoorn, 24 fr., avec l'état précédent.

62. *Le Roc pointu au bord de l'eau.* Il est dans le milieu, près d'une nacelle, dans le voisinage de laquelle sont deux hommes; toute la droite est occupée par une grande rivière; on voit vers le fond, du même côté, une masse de rochers dont le plus grand offre une ouverture dans le bas; à gauche, des chaumières et un grand arbre; au-dessous, sur une pierre : AVE. (6)

1er état. Le trait est fin; les coins sont ouverts; il y a quelques nuages au milieu, et un azur en haut, à droite, finement indiqués; le château que l'on aperçoit, sur une montagne qui est au fond, est surmonté d'une tour où l'on voit deux pignons et des épis. Rare.

* 2e. La planche est nettoyée; les taches sont grattées et avec elles une partie des nuages et du château; on ne voit plus que des traces du toit et de la tour.

Isendoorn, 26 fr. 50 c.

3e. Décrit par M. Drugulin. Le trait est renforcé; tous les coins sont fermés; l'estampe offre des travaux à la pointe sèche dans les ombres entre le grand arbre et les rochers du rivage.

* 4e. Il y a un azur très fort dans le haut du ciel; il descend par bandes des deux côtés du grand rocher; une autre bande d'azur touche les nuages; la rive gauche est accusée par des travaux vigoureux, ainsi que le terrain sur lequel s'élève le grand arbre; celui-ci a été également retouché.

63. *Les Dessinateurs.* Ils sont assis, le dos tourné, sur le sommet d'une colline; à droite, un homme en manteau passe derrière eux; à gauche, un pays montueux, au fond duquel on voit quelques chaumières et des pins; plus bas, sur une rivière, une nacelle montée par plusieurs hommes; à droite, à mi-hauteur, près de deux arbres tronqués, on lit sur une pierre : AVE. (7)

1er état. Le trait est fin; trois coins sont ouverts; dans le coin du haut, à gauche, l'azur est formé d'une douzaine de traits; à droite, un grand nuage ombré de deux tailles croisées; avant les traits en biais sur les montagnes du fond. Rare.

2e. Décrit par M. Drugulin. Dans le coin du haut, à gauche, il n'y a qu'un petit nuage.

* 3e. Le ciel est couvert d'un azur assez léger; le grand nuage est ombré d'une troisième taille; les montagnes du fond sont couvertes d'une taille fine; on voit quelques herbes de plus sur le gazon au-dessous des figures.

4e. Le trait est renforcé; les coins sont fermés; la planche, qui a été nettoyée, est retouchée au burin sur les rochers du devant et sur les trois figures; la partie supérieure du rocher, à gauche des hommes assis, est couverte d'une taille en biais.

64. *Le Moulin à eau au pied d'une montagne.* Il est situé sur une rivière qui coule de la gauche vers le milieu de la planche ; près de la berge, que soutiennent des pieux, passent un cavalier et un piéton ; toute la partie droite est occupée par une montagne boisée ; dans le milieu du haut, quelques toits et un homme qui se dirige vers le fond ; à gauche, une montagne surmontée d'un arbre mort ; dans le bas, sur un rocher, un arbre à moitié renversé ; sans nom de maître. (8)

* 1er état. La planche est sale ; irrégulière dans le bas ; il y a un azur très léger au milieu vers la gauche ; le contour du tronc d'arbre sec au haut de la montagne est rond dans le haut ; le trait de bordure est fin. Très rare. Collection Knowles.

Knowles, 188 fr. 75 c.

* 2e. La planche est nettoyée ; le trait de bordure paraît encore plus fin ; on aperçoit un peu d'azur à gauche, mais dans le milieu il y a une large place blanche le haut de l'arbre mort se termine en pointe, on voit deux petites branches de chaque côté ; les ombres du devant, à gauche, sont fatiguées.

* 3e. Le trait de bordure est renforcé ; la planche est entièrement nettoyée ; l'azur a disparu ; les ombres du devant, à gauche, qui étaient fatiguées sont reprises à la pointe aussi bien que le grand arbre qui s'y élève ; les planches qui forment le toit du moulin ne sont encore accusées que par un trait.

* 4e. Un azur au burin est tracé sur toute la largeur de la planche ; le toit du moulin est ombré d'une taille en biais ; il y a quelques travaux de plus sur le terrain du bas, à gauche ; l'arbre dans le haut du même côté est mieux accusé par quelques retouches vigoureuses.

65-72. Suite de huit estampes.

Haut., 93 à 95 millim. ; larg., 140 à 117.

65. *Les Tonneaux et les planches au bord de l'eau.* On les voit à gauche, en avant d'une chaumière bordée en grande partie de palis ; en arrière, du même côté, des arbres et une colline surmontée de plusieurs grands pins ; dans le milieu, une grande église, et vers la droite une maison dont on aperçoit le toit, près d'un groupe d'arbres qui occupe tout le reste de la droite ; sur tout le devant, une large rivière, au bord de laquelle, vers le fond, sont deux figures ; sur l'eau, deux pêcheurs dans une barque tirent leurs filets ; au bas de la gauche : AVE. (1)

1er état. Les angles sont aigus ; le trait est fin ; les coins sont ouverts ; il n'y a pas de travaux sur le ciel. Très rare.

* 2e. Il y a de l'azur à gauche ; un gros nuage se voit à droite. M. Drugulin distingue de cet état deux sortes d'épreuves : les secondes ont les angles arrondis ; plusieurs égratignures et une en biais se montrent à travers le haut nuage, vers la droite ; tirées sur un papier différent des premières, elles ont une largeur de 141 à 142 millim.

Il signale une ancienne copie de ce 2e état assez exacte, mais peu trompeuse ; elle a 93 millim. en hauteur et 138 en largeur.

* 3e. L'azur du ciel est tracé par bandes, dans le coin à droite, au-dessus des arbres ; ces arbres et le petit saule au-dessous sont mieux profilés ; le terrain à gauche et l'arbre penché sur la rivière dans la partie droite se détachent avec vigueur ; le pignon de la chaumière du côté de la rivière, les pieux que l'on voit près du bord et les palis sont très noirs ; il y a des contre-tailles obliques sur le terrain au-dessous de la chaumière, toutes les ombres portées dans l'eau sont très vigoureuses ; le trait carré est renforcé ; tous les coins sont fermés.

66. *La Nacelle sous le rocher percé.* Elle est sur une rivière qui occupe tout le devant, montée par trois hommes ; le rocher va d'un côté à l'autre de la planche ; dans le haut, à gauche, une chaumière ; plus bas, sur un rocher plus petit, deux arbres tronqués ; le sommet du grand rocher est couronné d'arbres grands et petits ; sur une pierre, au bas de la droite : AVE. (2)

1er état. Trois angles sont aigus ; le trait est fin ; le coin du haut, à gauche, est ouvert ; l'azur est léger à gauche et s'étend jusqu'au milieu où il rencontre un petit nuage ; les ombres des rochers sont formées de deux tailles seulement ; les traits qui indiquent l'eau sont assez épais ; ceux qui coupent la ligne du pêcheur sont très courts et au nombre de douze. Rare.

* 2e. Les angles sont arrondis ; l'estampe est reprise à la pointe sèche ; on voit des troisièmes tailles sur les rochers, à gauche, et des entre-tailles sur l'eau ; les traits qui coupent la ligne du pêcheur sont au nombre de quinze ; ils occupent toute la largeur de l'espace entre la nacelle et le rocher.

* 3e. Le ciel dans toute son étendue est couvert de gros nuages qui se confondent avec les arbres ; au-dessus, l'azur s'étend contre le trait carré ; toutes les anfractuosités de la voûte et des rochers sont accusées par de grosses contre-tailles en losange ; ces retouches ressemblent à des taches ; le trait carré est très fort ; tous les coins sont fermés.

67. *Les Deux Hommes à cheval le long des rochers.* Ils se dirigent vers le fond, sur un chemin à mi-côte, bordé, à droite, de rochers qui se prolongent vers le fond de l'estampe ; un homme, ayant un bâton sur l'épaule, est en avant sur le même chemin ; sur le devant, à gauche, un torrent coule dans des rochers ; dans le fond, du même côté, une ville ; à droite, sur un rocher, au-dessus du chemin et d'un homme assis : *Everdingen.* (3)

1er état. Planche d'un ton noir ; le trait est fin ; les coins sont ouverts et les bords raboteux ; au coin, à gauche, un azur léger est tracé sur une longueur de 10 millim. ; plus bas, un nuage dont la partie inférieure ombrée s'étend jusqu'au rocher escarpé près duquel se termine le chemin; dans le coin de la droite, un azur en gros traits serrés. Très rare.

M. Drugulin indique deux variantes :

I. La plus grande partie du ciel, des rochers et de l'eau est polie ; il y a de nombreuses traces de grattoir, surtout sur le rocher le plus éloigné vers la gauche; il y a comme un coup de soleil sur le devant.

II. La planche est plus fortement polie; l'azur faible à la gauche du haut est remplacé par un autre qui a 40 millim. de longueur; les ombres du nuage sont enlevées jusqu'au-dessus de l'arbre, vers la gauche; près du trait, la flèche de la tour s'incline vers la gauche; le rocher ombré, à la gauche des cavaliers, jette une petite ombre portée sur le chemin.

Au British Museum, une épreuve qui paraît être de cet état se distingue par les particularités suivantes : on a dessiné au bistre un grand rocher dans le coin à gauche; on a changé quelques parties des rochers au milieu; on a ajouté des lices le long du chemin, près de l'homme qui a un bâton. M. Drugulin dit des deux côtés du chemin.

* 2e. Poli plus fortement; le trait du haut, ordinairement, ne se voit plus sur une longueur de 20 millim., à gauche. Dans notre épreuve ce trait, quoique très fin, est encore très visible.

Isendoorn, 23 fr.

* 3e. Les nuages qui descendent sur la ville s'arrêtent à 2 centimètres au-dessus des maisons les plus élevées; plus haut et plus bas, on voit un azur tracé au burin; il s'étend par bandes depuis le trait carré jusqu'aux arbres; les pierres qui sont dans l'eau sont plus noires; dans le bas du coin, à droite, des traits vigoureux détachent les pierres; le trait de bordure est très fort; tous les coins sont fermés.

68. *Les Pins dans l'eau.* On les voit au nombre de quatre, au fond, vers la droite; à gauche, un gros arbre dont le sommet est coupé par le trait de bordure; du même côté, un homme portant un bâton se dirige vers la rivière qui occupe tout le devant de la planche; au fond, quelques chaumières et des arbres touffus entourés d'une haie ; sur une grosse racine de l'arbre du devant, à gauche : AVE. (4)

* 1er état. La planche est sale; le trait est fin et double dans le haut; l'azur et les nuages sont légèrement tracés. Deux épreuves.

Isendoorn, 40 fr.

2e. La planche est nettoyée; le ciel est retracé au burin; l'arbre est repris et la butte près de l'homme couverte de grosses tailles en losange.

69. *Le Paysan à cheval.* Il est sur un chemin, à gauche, se dirigeant vers le fond, suivi d'un piéton, tandis qu'une femme marche vers la droite; dans le milieu et vers le fond, à gauche, des chaumières au

milieu des arbres ; à droite, des rochers et un chemin montant où un homme s'en va vers le fond ; dans le bas, du même côté, sur un quartier de rocher : AVE. (5)

1er état. D'un ton rembruni ; les angles sont aigus ; le trait qui est fin laisse voir les deux coins du haut ouverts ; la butte au haut de laquelle est la cabane est ombrée de doubles tailles fines d'un ton uni ; vers la droite du haut, un petit nuage. Très rare.

2e. Le nuage a été nettoyé ; au pied de la butte les ombres ont été éclaircies, on voit comme l'entrée d'une caverne. Rare.

* 3e. Les angles de la planche ont été arrondis ; près de la maison, la partie basse des ombres du petit nuage a été enlevée ; l'azur ne touche pas encore le coin du haut, à gauche ; le trait de bordure est fin.

* 4e. Le trait carré est renforcé et tous les coins sont fermés ; dans la partie ombrée du rocher du milieu, on aperçoit de larges taches noires formées par des contre-tailles dures en losange ; il en est de même sur le rocher, à droite, dans la partie ombrée, et sur la pierre qui est au bas dans le coin, à gauche ; les parties claires du rocher, à droite, et du petit qui est au-dessous sont ombrées par de légers travaux, notamment à la gauche du grand rocher et sur le devant du petit.

70. *Les Trois Voyageurs au pied du grand rocher.* On les voit à gauche : deux sont debout, un est assis, au pied d'un grand rocher escarpé ; vers le milieu, sur une montagne, des chaumières et une église ; à droite, dans le fond, une église entourée de bâtiments ; deux hommes se dirigent de ce côté ; dans le bas, sur une pierre, contre le trait de bordure : AVE. (6)

1er état. La planche est sale ; le trait de bordure est fin ; les deux coins de la droite sont ouverts ; derrière les deux hommes, à droite, une partie du terrain qui forme un triangle n'est pas ombrée ; les nuages sont finement tracés ; au-dessus, on voit un azur en traits assez forts qui ne touche ni au trait du haut ni à droite. Rare.

* 2e. Le terrain est ombré au-dessous des deux hommes ; l'azur à gauche a presque entièrement disparu.

Isendoorn, 63 fr. 50 c.

* 3e. Un azur à traits serrés a été rétabli sur toute la largeur de la planche ; mais près des trois hommes, le petit rocher est blanc dans sa partie éclairée ; au-dessus des broussailles, on ne voit pas les retouches dures dont nous parlerons dans l'état suivant.

* 4e. L'azur est regravé durement, il descend jusqu'aux nuages ; des bandes d'azur encadrent les nuages à droite et à gauche ; le petit rocher, près des trois hommes, est ombré de tailles horizontales ; les anfractuosités de ce rocher, celles du plus grand qui est à gauche sont accusées par des contre-tailles dures en losange qui ressemblent à des taches ; les pierres du terrain se profilent vigoureusement ; le trait carré est très fort ; tous les coins sont fermés.

71. *Les Deux Paysans sur la colline.* On les voit : l'un assis, l'autre couché sur le ventre, sur un tertre, au-dessous d'une colline surmontée

de quelques vieux arbres; au pied du plus gros, vers la gauche, sont deux troncs d'arbres coupés; vers le milieu, deux hommes viennent sur un chemin; dans le fond, à droite, un village dominé par une église; du même côté, dans le coin, sur une pierre : AVE. (7)

1er état. Les angles de la planche sont aigus; trois coins sont ouverts; on voit une longue égratignure en biais à travers le grand nuage. L'estampe est d'un ton rembruni. Rare.

* 2e. La planche est éclaircie; l'égratignure est enlevée, ainsi que les ombres fortes du nuage; l'azur est encore léger, le trait est resté fin.

Knowles, 38 fr. 75 c.; Isendoorn, 85 fr.

* 3e. Le trait carré est très fort; tous les coins sont fermés; vers le milieu, entre les deux grands arbres, l'azur descend jusque sur les branches; la partie blanche qui existait en cet endroit, dans l'état précédent, ne se voit plus; des bandes d'azur encadrent les nuages, et vont jusqu'aux branches du premier grand arbre; les travaux qui ombraient le grand nuage dans l'état précédent, et qui avaient 5 millim. de largeur en ont 10 dans celui-ci; les nuages du bas qui n'étaient formés que de quelques traits sont ombrés, au-dessus de la ville, par une série de tailles circulaires.

72. *Le Portefaix.* Il marche en arrière de trois hommes qui se dirigent vers le fond où l'on voit un village garni d'arbres; vers le milieu, à gauche, sur une montagne, un château fort; du même côté, sur le devant, un amas de rochers; au bas de la droite : AVE très légèrement tracé.

* 1er état. Trois angles sont aigus; l'azur est léger; les deux coins sont blancs; les travaux du bas ne touchent pas au bord; il y a dans le milieu une lacune triangulaire assez grande; le coin de la droite est presque blanc. Rare.

Isendoorn, 87 fr.

2e. Décrit par M. Drugulin. Les angles sont arrondis; le devant, surtout à gauche, est repris de deuxièmes et de troisièmes tailles à la pointe sèche. Sur certaines épreuves, on voit, vers la droite, trois égratignures en biais dont l'une passe à travers le corps du premier des hommes en marche.

* 3e. L'azur du ciel est raccordé dans le coin du haut à gauche et dans celui de droite; la place blanche qui, dans l'état précédent, se voyait au milieu du bas, est éteinte par des travaux; le coin du bas, à droite, est rempli de petits traits en biais.

73. *Le Chariot.* Il est attelé de deux chevaux et s'avance suivi d'un homme portant un bâton, vers le fond, où l'on voit des chaumières au milieu des arbres; vers la gauche, sur un chemin, un homme et une femme se dirigent ensemble vers le spectateur; dans le fond, une femme se voit en avant de deux chaumières; vers le milieu, deux grands arbres; dans le coin du bas, à gauche : AVE.

Haut., 104 millim.; larg., 144.

1er état. Trois angles sont aigus; c'est à peine si l'on aperçoit quelques traces du trait de bordure; l'azur et les nuages sont très légers; à la gauche des pieds de l'homme en marche, la pente du chemin est ombrée de traits horizontaux très fins. Rare.

* 2e. Sur l'emplacement que nous venons d'indiquer, les traits ont été repris à la pointe et le bord du chemin est marqué par quelques contre-tailles en biais.

* 3e. Un trait de bordure très fort, laissant en dehors quelques-uns des travaux, borde la composition; tous les coins sont arrondis; à gauche, on a ajouté quelques bandes d'azur au burin; le terrain au pied de l'arbre, celui où est la poutre renversée, se détachent avec vigueur; le plus gros des deux arbres est ombré durement depuis le tronc jusqu'au haut des branches; ces différentes retouches ressemblent à des taches.

74. *Le Rocher pointu.* Il est dénudé, et penche vers la droite; dans le fond, sur une éminence, on voit deux chaumières au milieu des arbres; un homme ayant un bâton sur l'épaule s'en approche; dans le bas, à droite, des rochers et un grand pin; du même côté, sur le devant : AVE, sur un quartier de rocher.

Haut., 104 millim.; larg., 144.

1er état. Les angles sont aigus; le trait carré est fin; les coins de la gauche sont ouverts; le ciel est tracé; jusqu'au quartier de rocher isolé, le terrain du premier et du second plan et la moitié des rochers du fond sont en pleine lumière; les arbres du fond sont peu travaillés; avant les herbes, vers la gauche du devant; sur la pierre, au coin de la droite : AVE. Rare.

* 2e. Sur le terrain, au milieu du second plan, on voit l'ombre portée de la masse des rochers, vers la gauche; sur les rochers et les arbres du fond, de nouvelles tailles; vers la gauche du devant, près du quartier de rocher noir, une touffe d'herbes; à droite, le bloc sur lequel se lisait d'abord le monogramme est couvert de tailles croisées; sur une pierre voisine, à gauche : AVE.

Isendoorn, 32 fr.

* 3e. Le rocher, à gauche, paraît creux dans le milieu; des travaux noirs obliques en font ressortir les anfractuosités; il en est de même des rochers, à droite; le quartier de rocher dans le bas, à gauche, est beaucoup plus accusé; le trait de bordure est fort; tous les coins sont fermés.

75. *La Femme regardant la nacelle.* Elle est sur une petite estacade en bois qui s'avance au-dessus de l'eau, devant une chaumière; à gauche, on aperçoit une nacelle sur laquelle sont deux hommes, et que regardent également deux hommes assis sur le rivage, ayant derrière eux un arbre renversé; à droite, derrière la chaumière, un ruisseau tombe en cascades d'une espèce de digue; deux autres chaumières entourées de palissades sont au fond du même côté; à gauche, à droite et au milieu, de grands arbres; au bas de la gauche, sur le bord de la rive : A. V̄. EVERDINGEN.

Haut., 91 millim.; larg., 147.

* 1er état. Trois angles de la planche sont aigus; les bords sont raboteux et sales; le ciel est blanc sauf quelques petits traits imperceptibles; le bas de la planche, près du bord, est sans ombres. Rare.

* 2e. Les angles sont arrondis; le ciel est couvert de nuages et de traits horizontaux croisés en haut, mais les coins sont encore blancs; il y a quelques travaux légers sur la digue ; pas encore de trait de bordure.

Knowles, 38 fr. 75 c.

* 3e. Un trait carré ; les travaux du ciel touchent au bord de la planche ; retouché légèrement sur la droite du bas; au haut de la butte, dans les ombres, quelques traits croisés.

76. *La Chaumière affaissée.* Elle est à gauche, dans un site boisé, au pied d'un chemin sur le devant duquel on voit trois hommes et un chien; l'un d'eux se dirige vers le fond; à droite, un grand arbre sur des rochers ; au-dessous : AVE.

Haut., 90 millim.; larg., 147.

* 1er état. Les angles de la planche sont presque aigus ; les bords sont sales surtout dans le haut ; le contour de l'homme qui s'éloigne est interrompu sur le côté éclairé. Dans notre épreuve les coins sont arrondis; M. Drugulin regarde celles qui ont ce signe comme des épreuves postérieures du 1er état.

* 2e. Les bords sont nettoyés ; le contour de l'homme qui s'éloigne est parfaitement tracé ; tous les travaux du bas de la gauche sont continués jusqu'au bord.

77. *La Roue sous le toit mobile.* On le voit, à droite, monté sur quatre grandes perches dont la plus grande partie est en l'air ; plus à droite, une porte, dans une haie en palis, conduit à une chaumière; un homme dans le milieu marche vers la droite, et un autre, à gauche, se dirige vers le fond, où est une chaumière; dans toute la largeur de l'estampe, de grands arbres ; au bas de la droite : AV EVERDINGEN.

Haut., 92 millim.; larg., 148.

* 1er état. L'angle du coin du haut, à gauche, et les deux angles du bas sont aigus ; à gauche, contre le témoin du cuivre, des travaux légers couvrent une place blanche et descendent jusqu'à la limite du terrain éclairé ; le toit de la maison, à droite, et les arbres, à gauche, sont couverts de salissures; il n'y a pas de trait de bordure. Rare.

* 2e. Tous les angles du cuivre sont arrondis; à gauche, contre le témoin du cuivre et le terrain, sur la même ligne que l'homme, il y a une longue place blanche; les traits légers qui la couvraient ont disparu ; on ne voit plus que quelques traces des salissures qui couvraient le toit, à droite, mais avant les travaux que nous allons décrire dans l'état suivant. M. Drugulin ne fait de cet état qu'une variante du premier.

* 3e. La composition est entourée d'un trait de bordure fort; la place blanche à gauche, contre le trait carré, est couverte de travaux ; l'azur est prolongé dans le coin du haut, à gauche, il y a des contre-tailles dans cet endroit ; le grand arbre à droite est entièrement entouré d'azur ; une petite place restée blanche dans l'azur, au-dessus du toit mobile, est couverte de travaux.

78. *Le Moulin sous la chute d'eau.* On le voit dans le milieu ; presque devant lui, il y a un hangar en planches ; à droite et à gauche, des chaumières au milieu des arbres ; la rivière qui forme deux chutes, en amont et au-dessous du moulin, coule de la gauche jusqu'au bas de la droite ; sur le devant, à gauche, un homme chargé d'un sac passe devant deux hommes assis ; au-dessous du même côté : AVE.

Haut., 96 millim.; larg., 153.

* 1er état. Les angles sont aigus ; le trait est fort, mais interrompu surtout dans le bas, à droite ; trois coins sont ouverts ; l'azur est très finement tracé, presque imperceptible au milieu et à droite ; le contour de la roue du moulin est interrompu en haut.

2e. Les angles sont arrondis ; un azur léger à traits serrés s'étend à gauche depuis le trait jusque dans les cimes des arbres du fond.

* 3e. Le trait est repris ; les coins sont fermés ; le ciel est couvert d'un azur et de nuages tracés à la pointe ; le contour du moulin est complètement fermé.

79. *La Branche d'arbre.* Elle est tombée dans l'eau, au-dessous d'un grand rocher surmonté d'arbres qui surplombe, à gauche ; à droite, un grand édifice sur une montagne au pied de laquelle est une chaumière ; du même côté, sur le devant, deux chèvres sur des pierres.

Haut., 98 millim.; larg., 156.

1er état. Le trait est fin ; trois coins sont ouverts ; il n'y a rien sur le ciel ; le haut du grand rocher est tout blanc ; au milieu du bas, le quartier de rocher n'a pas d'ombre portée. Très rare.

2e. Le trait qui a été repris à la pointe est double dans le bas ; il y a un azur légèrement tracé, mais à droite il ne descend qu'à 11 millimètres ; plus bas il est formé de quelques traits légers qui ne touchent pas à la bordure ; la partie blanche au sommet du rocher est éteinte par une simple taille ; la pierre au milieu du bas projette une ombre formée de tailles croisées. Rare.

* 3e. L'azur descend encore plus bas, et touche le trait de bordure ; les arbres du fond sont beaucoup plus travaillés.

* 4e. Au-dessous de l'azur, on voit de gros nuages, près de la branche d'arbre qui pend d'une manière horizontale ; à partir de ces nuages et au-dessous, du côté droit, on remarque des bandes d'azur ; le dessous du rocher qui surplombe se détache plus vigoureusement, ainsi que les pierres du bas ; le trait carré est renforcé ; tous les coins sont fermés.

80. *Le Paysan suivi de son chien.* Il vient du fond de la droite, et va passer devant deux hommes assis au bord d'un chemin ; près de ceux-ci, à gauche, s'élève une montagne rocheuse surmontée d'arbres ; dans le fond et à droite, des montagnes au bord de l'eau ; un peu en

avant, des villages; sur un rocher, à droite, près du trait de bordure : AVE.

Haut., 100 millim.; larg., 159.

1er état. Eau-forte pure. La planche est très sale ; le trait est fin ; on voit des nuages et de l'azur vers la droite; au milieu et vers la gauche, le ciel est blanc. Très rare.

2e. La planche est nettoyée; l'azur et les nuages sont prolongés jusqu'au milieu; mais à gauche le ciel est resté blanc. Rare.

* 3e. Dans le haut de la gauche on voit un azur fin, mais avant les travaux dont nous allons parler plus bas.

* 4e. Le trait carré est renforcé; l'azur s'étend jusqu'à l'arbre qui est au haut du rocher; il descend par bandes jusqu'aux nuages; du gros nuage à la branche d'arbre, près du rocher, s'étend une bande d'azur; le gros rocher qui était d'un ton uniforme est repris par des travaux très noirs en losange qui en dessinent les anfractuosités; derrière les deux hommes assis, il y a une ombre très vigoureuse; on voit quelques travaux de plus sur le rocher du bas, à gauche.

81. *La Forêt.* Elle occupe toute l'étendue de l'estampe; au milieu, deux grands arbres séparés par un quartier de rocher; l'un d'eux est noueux et penche vers la droite; de ce côté, vers le fond, un cavalier vu de dos, ayant auprès de lui un homme qui porte un fagot; au bas de la gauche : EVERDINGEN.

Haut., 111 millim.; larg., 148.

* 1er état. Le feuillage du premier plan se détache avec vigueur sur le fond, à gauche, qui est très clair; les branches sèches de l'arbre du milieu qui sortent vers la droite n'ont qu'une seule ligne sans bifurcation ou branche.

2e. Les arbres sont plus travaillés et plus en groupe; la branche la moins élevée, à droite, de l'arbre du milieu, est allongée de 12 millimètres; elle en avait 11 dans l'état précédent; la branche sèche au-dessus a deux petites fourches.

82-87. Suite de six estampes.

Haut., 121 à 122 millim.; larg., 156 à 158.

82. *La Large Rivière.* Elle coule au second plan portant un navire dont la voile est déployée; sur la rive, à gauche ainsi qu'à droite, une chaumière entourée d'arbres; dans le fond, une montagne; sur le devant, un grand terrain; deux hommes se voient à la gauche; du même côté, près du trait de bordure : AVE. (1)

* 1er état. Avec un peu d'azur sur le ciel; la montagne n'est ombrée à son sommet que par quelques petits traits; avant les travaux sur le terrain à droite; le trait de bordure est fin.

* 2e. L'azur s'étend d'un bout à l'autre de l'estampe; il descend par bandes sur les arbres et sur la montagne; le sommet de celle-ci est ombré par des tailles perpendiculaires sur une longueur de 10 millimètres, tandis que dans l'état précédent les

travaux n'en avaient que deux ou trois; les accidents du terrain à droite sont accusés par des travaux noirs qui ressemblent à des taches; le trait de bordure est fort.

83. *La Grange à toit mouvant.* Elle est vers la droite, en avant d'une chaumière à pignon pointu; dans le fond, à gauche, une église avec un clocher; au coin du même côté un grand arbre; au bas, à droite, deux hommes vus de dos, et contre le trait de bordure : AVE. (2)

* 1er état. Les angles sont aigus; le trait est fin et interrompu dans le haut; toute la façade de la chaumière à pignon pointu est blanche; la petite grange au devant a sur son toit une large partie blanche qui s'étend du haut en bas; elle a 4 millimètres de largeur dans le haut et 15 dans le bas; le terrain est presque blanc, particulièrement à gauche, au-dessous des deux poutres; les branches du grand arbre à gauche ne sont pas encore reprises.

* 2e. Le trait de bordure est renforcé; toutes les parties claires de la façade de la chaumière à pignon pointu sont ombrées par des tailles horizontales légères; la partie blanche de la petite grange est presque éteinte par des tailles horizontales; il y a des ombres sur les poutres renversées; les terrains sont ombrés par des tailles horizontales, notamment au-dessus et au-dessous des poutres, à gauche; quelques travaux vigoureux détachent les branches du grand arbre, à gauche.

84. *Le Clocher.* On le voit dans le fond, vers la gauche; au coin, du même côté, est la base d'une montagne; à droite, quelques arbres près desquels est assis un homme tenant un bâton; dans le milieu, un chemin où sont deux hommes; au coin du bas, à droite : AVE. (3)

* 1er état. La planche est sale; trois coins sont aigus; le trait de bordure est fin; le coin du bas de la droite est ouvert; le ciel est blanc; à partir des broussailles du devant jusqu'au petit rocher au pied de l'arbre, le terrain offre à peine quelques travaux.

* 2e. La planche est nettoyée; l'azur est tracé dans toute la partie gauche; dans le milieu, derrière les deux hommes, le terrain est couvert de contre-tailles; quelques petits travaux rejoignent l'ombre de l'homme qui est assis au buisson qui est derrière; à partir du buisson du bas, jusqu'à l'arbre et au petit bois, le terrain est teinté de tailles horizontales; le sommet de la butte de terre contre la montagne, à gauche, est ombré de tailles obliques jusqu'au trait carré; le trait est renforcé et régulier.

85. *Les Deux Chariots.* Ils sont sur le devant et se dirigent vers la gauche; le conducteur du premier est un peu en arrière; le second est suivi par deux hommes dont un porte un fardeau; sur le second plan. des arbres et une chaumière; plus loin, à gauche, un village sur une colline; dans le fond, des montagnes; au bas de la droite : AVE. (4)

* 1er état. Eau-forte pure. La planche est sale ; trois angles sont aigus ; le trait est fin ; le terrain sur lequel sont la charrette et les deux hommes est presque blanc ; tous les arbres de la route sont blancs, surtout dans leur partie supérieure ; il n'y a que très peu de travaux sur le monticule à gauche ; au-dessus de la montagne, à gauche, l'azur offre de larges places blanches irrégulières.

* 2e. La route est ombrée par des tailles obliques régulières ; les arbres sont presque entièrement couverts de travaux ; la partie claire du premier monticule, à gauche, est éteinte par des tailles fines horizontales ; les parties claires, à droite, sont diminuées ; il y a des tailles horizontales notamment sur le chemin et sur la seconde charrette ; la planche est nettoyée ; les coins sont arrondis ; le trait de bordure est renforcé.

86. *Le Paysage aux trois hommes chargés.* Sur un chemin, vers la droite, deux hommes chargés en rencontrent un troisième qui a un paquet sur le dos ; au fond de ce chemin, deux grands arbres et des chaumières ; à gauche, une chaumière, dans un clos, au milieu d'arbres, et entourée de palis ; de ce côté, un homme coiffé d'un chapeau s'avance vers le devant ; à droite, une chaumière et des arbres ; sur un des bords du chemin : AVE. (5)

* 1er état. Les angles sont aigus ; le trait de bordure est fin ; le ciel est taché de points noirs, mais sans indication d'azur ; le côté éclairé des arbres est blanc. M. Drugulin n'avait pu rencontrer cet état. Très rare.

2e. Les angles sont arrondis ; le trait est renforcé ; l'azur est régulier sur toute la largeur ; les lumières du plus grand arbre sont éteintes ; les quatre hommes ont de fortes ombres portées. Rare.

87. *Le Berger.* Il est à gauche, tenant un bâton et faisant marcher un mouton devant lui ; plus loin, du même côté, un homme au haut d'un monticule ; à droite, une petite pièce d'eau ; le second plan représente un terrain éclairé où paissent des moutons, et où trois hommes s'aperçoivent dans l'éloignement ; vers la droite du fond, un village dans les arbres ; à gauche, des terrains accidentés, et, presque à mi-hauteur dans l'ombre : AVE. (6)

* 1er état. A l'eau-forte pure. Les angles du haut sont aigus ; le trait carré est fin ; le ciel est blanc ; avant les travaux dont nous allons parler plus bas.

* 2e. Le trait de bordure est renforcé ; les angles sont arrondis ; l'azur occupe toute la longueur du ciel ; il s'étend par bandes dans tout le côté gauche ; des travaux durs et noirs, un peu au-dessous du mouton, et vers la droite, dessinent les mouvements du terrain qui étaient d'une teinte uniforme dans le 1er état.

88. *La Nacelle.* Elle est à gauche, attachée au bord de l'eau ; du même côté, en se rapprochant du trait de bordure, une cabane près de laquelle sont deux troncs d'arbres, deux tonneaux et deux porcs ; une

rivière, sur laquelle est un bateau monté par un homme, sort de la gauche, et occupe tout le devant de la droite ; au fond, un clocher et un village dans les arbres.

Haut., 100 millim.; larg., 159.

* 1er état. Toute première eau-forte. Le trait est fin; l'estampe est noire d'un bout à l'autre ; l'eau sur le devant est indiquée par des traits à distances égales; le cerceau du bas du tonneau debout est formé d'un seul trait ; il y a un azur à travers tout le ciel. Très rare.

2e. Décrit ainsi par M. Prestel : le ciel a été enlevé, mais on ne voit pas les entre-tailles sur le bas de l'eau; dans le saule, à gauche, il n'y a pas encore de branches renforcées; les ombres des deux nacelles, du tonneau debout et des herbes sur le devant, à gauche, ne sont pas encore reprises au burin. Très rare.

* 3e. Le ciel a été presque entièrement enlevé; on voit un peu d'azur à gauche et à droite ; le reste du paysage est également nettoyé, mais l'homme qui est dans le bateau et qu'on apercevait à peine, a été profilé sur le dos et sous le bras par un trait vigoureux ; l'avant du bateau dans lequel il se trouve se détache par des travaux noirs; des travaux vigoureux font ressortir les cercles des tonneaux ; le saule a vers la droite quelques branches fortement accusées; on ne voit pas encore les nuages dont nous parlerons dans l'état suivant; quelques entre-tailles sur le bas de l'eau l'ont rendue plus foncée. Rare.

* 4e. Un azur léger a été regravé sur tout le milieu du ciel; on y voit aussi, dans le milieu, quelques nuages ; les travaux sur la cabane à gauche, et sur les morceaux de bois qui sont au-dessous ont été repris; le trait de bordure est encore fin.

* 5e. L'azur du ciel, à droite, est croisé par des contre-tailles; les nuages s'étendent, vers la gauche et vers la droite, sur les arbres, tandis que dans l'état précédent ils ne dépassaient guère la branche voisine de la girouette et le grand arbre à gauche; les trois saules sont couverts de travaux qui ressemblent à des taches; les herbes, entre les deux bateaux, se détachent d'une manière vigoureuse; la cabane à gauche est ombrée sur les murs par des contre-tailles obliques dures allant de gauche à droite, et le toit par d'autres contre-tailles très dures, mais tirées du sens opposé; le trait de bordure est renforcé.

89. *La Forêt épaisse.* Dans le milieu, vers la droite, un gros arbre à moitié renversé, dont les racines sortent de terre; sur le devant, un peu vers la gauche, un homme ayant un paquet sur le dos est suivi d'une femme ; à côté de lui un paysan portant un fagot; dans le fond, une forêt touffue ; sur le devant, vers la droite : AVE.

Haut., 100 millim.; larg., 159.

1er état. Eau-forte pure. La planche est sale; le visage des deux paysans est clair jusqu'au profil ; près du haut, la contre-taille horizontale sur le tronc du gros arbre n'est formée que de huit traits. Rare.

* 2e. Les visages des paysans sont presque entièrement ombrés ; au haut du tronc d'arbre, les contre-tailles se composent de quinze traits peu distincts; on aperçoit des secondes et des troisièmes tailles sur la moitié supérieure de la terre enlacée dans les

racines de l'arbre renversé et sur la partie ombrée de son tronc; la branche épaisse de cet arbre est frangée, vers la gauche, par des petites tailles pour la détacher du fond de verdure; mais avant les retouches dures sur le rocher, à gauche, et derrière le gros tronc d'arbre renversé, ainsi que dans le haut; le trait de bordure est toujours fin.

* 3e. La planche est nettoyée; le trait est renforcé; sur le haut du grand arbre, la contre-taille est de douze gros traits; le rocher à gauche et le tronc d'arbre qui est au pied se détachent vigoureusement; sur le gros tronc d'arbre renversé et sur ses racines, les travaux sont repris d'une manière dure, et paraissent autant de taches; cet arbre dans sa partie supérieure et la branche, à droite, se profilent avec vigueur; le fond de la forêt, à gauche, est marqué par des travaux plus noirs; les ombres portées des deux paysans sont couvertes de contre-tailles épaisses; le terrain, à droite, se détache mieux de l'eau qui le baigne.

90-93. Suite de quatre estampes.

Haut., 124 à 126 millim.; larg., 162.

90. *Les Deux Échelles.* Elles sont à côté l'une de l'autre, appuyées contre une grande maison, à gauche, près de laquelle sont deux petites cabanes; vers le milieu, trois porcs; plus loin, un homme vu de dos, tenant un bâton, est assis sur un tronc d'arbre; plus loin, vers la droite, un homme est à moitié couché sur un tronc d'arbre, tandis que dans le fond un autre homme tenant un bâton est assis sous un grand arbre; tout au fond, à droite, une cheminée, et deux arbres contre le trait de bordure; au coin du bas, à droite : AVE. (1)

* 1er état. A l'eau-forte pure. Les angles sont aigus; le trait carré est fin et interrompu dans beaucoup de parties; le toit et la muraille du hangar appuyé à gauche, contre la grande maison, sont presque blancs.

* 2e. Les angles sont arrondis; un trait fort et régulier entoure la composition; le toit du hangar est ombré de traits en biais et la muraille de tailles verticales; deux des porcs et le paysan vu par le dos sont ombrés de fortes tailles croisées; il en est de même du terrain; devant l'homme assis sur un tronc d'arbre, derrière les deux porcs, sur une butte de terre, contre les échelles, et sur un petit tertre près du hangar, on voit des tailles horizontales.

91. *Paysage en manière noire.* On aperçoit à gauche une grande maison, au coin de laquelle s'élève une cheminée, vers le milieu de l'estampe; dans le fond, des arbres touffus, du milieu desquels sort un clocher que la lune éclaire; le milieu paraît occupé par une pièce d'eau; à droite, un mur en ruines et quelques restes de pilotis. (2)

* 1er état. Il n'y a pas de buissons sur la moitié gauche de la maison; on voit très distinctement le clocher; le pilotis se compose de cinq pieux.

2°. Les arbres sont plus feuillés; on ne voit plus le clocher; au-delà de la maison, vers la gauche, il y a des buissons; il ne reste plus que quatre pilotis; le premier pieu, à droite, ayant disparu.

92. *Les Cabanes.* Elles sont sur le devant, construites en planches; dans le fond, vers la gauche, le toit d'une grande maison au milieu d'arbres qui occupent toute la largeur de l'estampe; sur le devant, à droite, deux hommes; l'un vu de dos, s'avance vers un autre, chargé d'un fardeau, qui se repose appuyé sur son bâton; à la gauche du bas : AVE. (3)

* 1er état. A l'eau-forte pure. Au haut et à droite, l'indication d'un trait fin; sur le ciel, quelques traces d'un léger azur; le toit de la cabane, au milieu, vers la gauche, est blanc, ainsi que les parties éclairées du terrain près des constructions. La planche est sale.

* 2e. La planche est nettoyée; les angles sont arrondis; le trait de bordure est fort; le haut du ciel est couvert par l'azur qui s'étend d'un bout à l'autre; sur le toit de la cabane et sur les parties mentionnées du terrain, il y a de simples tailles; l'ombre portée de l'homme, à droite, a une contre-taille au burin; toutes les herbes, sur le devant, sont accusées par des travaux, et reliées dans le milieu de l'estampe par quelques tailles courtes.

93. *L'Homme entre les deux pins.* On le voit au fond d'une route, à gauche, appuyé sur son bâton; dans toute la partie droite, des chaumières au milieu des arbres et une tour carrée dans le fond; du même côté, sur le devant, deux poutres à terre, et dans le lointain une grande montagne. (4)

* 1er état. A l'eau-forte pure. Les angles sont aigus; le trait est fin et interrompu en haut et aux côtés; un azur et quelques nuages légers; le sommet de la montagne est presque blanc. La planche est sale.

2e. La planche est nettoyée; les angles sont arrondis; le trait de bordure est fort; sur le ciel, un azur fort et régulier; le sommet de la montagne est ombré d'une seule taille; les arbres à gauche sont repris sur leur côté ombré.

93 *bis. Le Paysage non terminé.* Il a quelques rapports avec le n° 92, *Les Cabanes.* On voit, à gauche, deux chaumières près desquelles est un groupe de quatre pins; devant eux quelques palissades; à droite, sur un tertre, de grands arbres légèrement esquissés; sur le devant, quelques indications de terrain.

Haut., 125 millim.; larg. 162.

* Cette pièce, qui n'a pas de nom de maître, est incontestablement d'Everdingen. On n'en connaît que deux épreuves : celle du British Museum et celle-ci.

94. *Le Quartier de rocher*. Il s'élève en pointe, à la droite; dans le fond, une forêt de pins; à gauche, un grand arbre coupé par le bord de la planche; au-dessous, dans le coin du bas : AVE.

Haut., 106 millim.; larg., 162.

1er état. La planche a les dimensions indiquées. Deux angles sont aigus; le ciel est blanc; le rocher pointu n'a pas de contours en haut, sur le côté éclairé. Rare.

* 2e. Dans le haut, à droite, un azur léger s'étend jusqu'aux branches du grand arbre, il est croisé de quelques légères contre-tailles; le rocher pointu est muni d'un contour. De cet état deux épreuves : dans l'une d'elles, des deux côtés du grand arbre, à la hauteur de la branche tronquée, il y a deux taches qui sont très apparentes; les angles sont arrondis. Haut., 104 millim; larg., 160[1].

3e. Décrit par Nagler. Il y a un nuage léger et quelques reprises à la pointe sèche. M. Drugulin déclare n'avoir jamais vu cet état.

* 4e. Un trait fort borde la composition; la partie droite est couverte d'un azur qui descend par bandes sur les petits arbres à droite et sur le quartier de rocher; l'arbre, à gauche, dans les branches supérieures, du côté droit, le long de son tronc, du même côté et sous ses racines, se détache avec vigueur par des tailles en losange; ces différentes retouches ressemblent à des taches; il y a quelques retouches sur les pierres qui sont à la gauche du quartier de rocher.

95-98. Suite de quatre estampes.

Haut., 123 à 125 millim.; larg., 165 à 170.

95. *Première Fontaine des eaux minérales de Spa*. On n'est pas certain que ces vues soient bien celles des *Fontaines de Spa*, en Belgique. Il existe une ancienne estampe, grand in-fol. en largeur, portant cette inscription : VICUS SPADANUS AMŒNISSIMUS ET SALUBERRIMUS. On voit, au milieu, une vue générale de la ville, et sur les côtés, en plusieurs compartiments, les curiosités principales du lieu. Au bas : *Jo. Breugel del. Guil. van Nieulant fec.* On a cru reconnaître dans les eaux-fortes d'Everdingen quelques monuments, mais il est indubitable que les sites sont arrangés. Aussi le titre *Fontaines des eaux minérales de Spa* est douteux. On a pensé aussi, mais avec moins de fondement encore, que c'étaient celles d'*Eidsvold* en Norvège.

Cette première fontaine est à gauche ; auprès, sont deux femmes : l'une assise, l'autre debout buvant un verre d'eau; sur le devant, deux hommes debout et un religieux assis ; vers la droite, un homme et une femme à cheval et deux pages à pied; plus loin, près d'un

1. C'est par erreur sans doute que M. Drugulin n'indique pas le 2e état comme diminué sur la hauteur et la largeur. Notre épreuve n'a que les dimensions indiquées par nous.

champ de blé, deux moines, deux religieux et beaucoup d'autres personnes ; dans le fond, le mur d'un jardin, des arbres et une grosse tour ; à gauche, sur le monument de la fontaine que décorent deux colonnes : AVE.

1er état. Le trait de bordure est fin ; l'azur et les nuages sont tracés ; mais le grand nuage se relève à droite sur un fond blanc ; sur la gauche, au-dessous des nuages, le ciel est également blanc. Rare.

* 2e. Les endroits mentionnés ci-dessus sont couverts d'un azur fin et serré, le terrain ombré du devant, et le groupe à droite sont devenus très noirs ; l'espace éclairé, entre ce groupe et la fontaine, est blanc.

3e. Le trait est renforcé ; le terrain dont on vient de parler est couvert de tailles horizontales ; derrière les figures à cheval sont de fortes ombres portées rentrées au au burin.

96. *Deuxième Fontaine*. On voit, à droite, contre une grande maison, un petit monument surmonté de la statue d'un évêque ; un homme verse de l'eau dans un verre ; le site représente une grande place bordée de constructions et pleine de monde ; à gauche, une maison en bois, contre laquelle sont plusieurs troncs d'arbres coupés ; à droite, sur un tronc d'arbre, devant la voûte d'une cave : *Everdingen*[1].

1er état. Le trait est fin ; les deux coins de la droite sont ouverts ; à la gauche du fond, la maison n'est ombrée que d'une seule taille verticale. Rare.

* 2e. La maison est ombrée d'une taille horizontale dans sa partie supérieure, au-dessus du carrosse ; les quatre figures au premier plan et le chien n'ont pas d'ombre portée.

3e. Le trait est renforcé ; les coins sont fermés ; les figures indiquées ci-dessus ont de fortes ombres portées rentrées au burin.

97. *Troisième Fontaine*. C'est un petit temple à toit pointu supporté par quatre colonnes ; il est à la gauche où l'on voit beaucoup de personnes, et où un homme verse de l'eau dans des verres ; de l'autre côté du petit temple, quelques personnes et un homme s'éloignant avec un bâton sous le bras ; à droite, une route conduit à un escalier au haut duquel sont deux religieux ; dans le haut, un paysage où l'on voit un carrosse qui s'éloigne ; vers le milieu, une chaumière près de laquelle sont des cavaliers et des piétons ; dans le temple, sur une espèce de piédestal : AVE[2].

* 1er état. Le trait est fin ; les coins de la droite sont ouverts ; toutes les ombres

1. Au British Museum, on voit deux dessins différents de cette pièce.

2. Dans le même établissement est le dessin du petit temple où se trouve la source, vu par derrière.

sont légères ; l'ombre portée de l'homme au chapeau orné d'une plume qui marche vers la droite n'a qu'une seule taille.

* 2e. Le trait de bordure est fort ; l'ombre portée de l'homme est formée d'une taille et d'une contre-taille; sur les terrains à gauche, et en remontant jusqu'au grand arbre à droite, des travaux vigoureux dessinent le contour des branches qui se détachent mieux du second plan ; à droite, l'ombre portée de l'homme vu de dos a été renforcée ; la pierre sur laquelle est un pèlerin debout, indique, à droite, un ressaut dans sa partie supérieure ; l'arbre qui est au coin et les arbustes le long du chemin montant ont été repris.

98. *Quatrième Fontaine.* Elle est dans le milieu, c'est un petit monument de pierre un peu enfoncé, et sur la porte duquel il y a une inscription; on voit devant un groupe de seize figures dont deux religieux; à droite, près d'une maison, sont quatre autres figures ; tout le fond est occupé par des arbres ; à gauche, des arbres sur une colline où sont plusieurs personnes, et d'où l'on descend par un escalier ; à la gauche du bas, sur une butte : AVE.

* 1er état. Le trait de bordure est fin ; la moitié supérieure du petit monument de la fontaine est éclairée, et blanche.

2e. Le trait est renforcé ; sur la fontaine, dans le haut, on voit une taille horizontale ; l'estampe est partout fortement retouchée au burin dans les ombres.

99. *Le Moulin à eau.* On voit au milieu une construction en troncs d'arbres, élevée sur des rochers, au-dessous de laquelle une masse d'eau s'échappe par un canal ; à droite, des rochers surmontés d'arbres parmi lesquels est un grand pin ; du milieu de ces rochers tombe une cascade ; à gauche, dans le lointain, une chaumière dominée par des montagnes ; au second plan, du même côté, une cascade ; sur le premier plan, des rochers où l'on voit deux hommes dont l'un a une perche sur son épaule, et près de lui un enfant ; sur une pierre, plus bas : AVE.

Haut., 129 millim.; larg., 189.

1er état. A l'eau-forte pure. Les angles sont aigus ; le trait de bordure n'est pas très fort; le paysage paraît être enveloppé d'une espèce de brouillard ; avant les hautes montagnes à gauche ; avant les oiseaux à gauche et celui qui est le plus à droite sur le devant; avant le monogramme du maître. Très rare.

2e. L'estampe est nettoyée ; il y a un azur fin et serré et des nuages ; on voit le chiffre du maître ; mais le quartier de rocher à gauche de l'homme isolé n'est pas encore circonscrit par un contour ; les oiseaux ne sont pas encore ajoutés. Rare.

* 3e. On voit les oiseaux dont nous avons parlé ; le rocher à gauche de l'homme isolé a un contour bien arrêté; le bout de la pierre où est le chiffre est couvert d'une contre-taille fine tirée obliquement ; les ombres sur le devant à gauche, et sur les rochers près du moulin, sont formées d'une seule taille.

* 4e. Les angles sont arrondis ; le trait est renforcé ; les rochers au-dessous du

moulin et dans l'endroit où tombe la cascade sont ombrés de contre-tailles dures, notamment à gauche, et au-dessous de la cascade ; des travaux, à droite et à gauche, font mieux ressortir les anfractuosités ; à gauche, toutes les roches basses au bord de l'eau sont dentelées par des retouches noires et dures ; près de l'homme seul, le rocher est profilé, à droite et à gauche, par des travaux vigoureux ; l'eau, sur le devant, à droite, est plus noire; la grosse pierre, près du bâton flottant, est ombrée à son sommet et sur tout son pourtour de contre-tailles assez dures.

100. *La Butte*. Vers le milieu du devant, s'élève une butte baignée, à gauche, par une cascade, et au pied de laquelle, vers la droite, deux hommes sont assis ; devant eux, passe un homme ayant un bâton sous le bras, près d'une cabane en bois qui est contre le trait de bordure ; tout le fond est occupé par des arbres du milieu desquels sort un toit rond ; dans le fond, à gauche, un château sur une éminence ; en avant de ce côté, un grand pin près de la cascade, et dans le coin du bas, sur un quartier de rocher : AVE.

Haut., 135 millim.; larg., 190.

* 1er état. Les angles sont aigus dans le haut ; le trait est fin ; toute la planche est d'un ton sale et rembruni ; le ruisseau paraît venir de la gauche du fond ; la cascade est divisée en deux bras par un rocher, au milieu ; vers la droite, le chemin paraît se continuer entre les deux chaumières ; la butte, près des deux hommes assis, est ombrée d'une seule taille presque verticale. Très rare. Collection d'Isendoorn.

Isendoorn, 350 fr., avec épreuve. 3e état.

M. Drugulin constate une variante de cet état :

Les angles sont arrondis ; les nuages et les taches d'eau-forte dans l'azur, ainsi que le paysage en bas du château, vers la droite, sont polis ; les parties ombrées des grands arbres, de la butte, de la cabane et du terrain à droite, sont devenues très claires. Rare.

On voit au British Museum une épreuve du 1er état avec des retouches de l'auteur ; de l'autre côté de cette estampe il y a une contre-épreuve du n° 102 d'un 1er état non décrit.

* 2e. Le trait de bordure a été renforcé ; le château, à gauche, s'aperçoit beaucoup moins, on voit un pin élevé qui le masque en grande partie ; la cascade a été modifiée, un bras du ruisseau a disparu, il paraît maintenant se diriger de la droite vers la gauche ; tout le bas de la cascade qui était presque blanc est orné de tailles horizontales qui laissent seulement, à droite, une légère partie claire ; le chemin sur lequel s'avance le piéton est fermé par un palis entre les deux chaumières ; les têtes des grands arbres sont beaucoup plus ombrées et touffues, vers la droite ; la butte, derrière les deux figures assises, a des contre-tailles en biais ; le gros rocher du milieu et le chemin ont été nettoyés d'une petite teinte qui les couvrait ; ils sont presque devenus tout blancs.

* 3e. Le trait est fort et tracé au burin ; derrière et devant l'homme en marche, et sur les côtés du chemin on voit des tailles horizontales et obliques ; les parties claires du gros rocher, dans le milieu, et du petit au-dessous, sont couvertes, dans le haut,

dans le milieu et dans le bas, de tailles légères horizontales, croisées par places de contre-tailles.

101. *Le Ruisseau traversant le bois.* Il vient du milieu du fond et serpente jusqu'au devant; à droite, est un gros arbre rompu dans le haut, et dont le tronc seul est garni de branches et de feuillage; derrière cet arbre, un homme radoube une nacelle, on en voit un autre près d'un arbre tombé; vers la gauche, un groupe d'arbres s'élève d'un terrain auquel aboutit un pont de bois, près duquel on voit des palis; au fond, un petit pont sur le ruisseau; sur le petit pont, à gauche: AVE.

Haut., 140 millim.; larg., 190.

* 1er état. C'est celui décrit. Le trait est fin; les bords de la planche sont sales et très raboteux dans le haut; les nuages et l'azur sont légèrement tracés; la tige tronquée et deux grosses branches du grand arbre, à droite, sont nues, ainsi que la tige et les branches supérieures du premier arbre, à gauche; il n'y a que trois touffes d'herbes près de la rive gauche; tout le reste de l'espace, jusqu'à la rive droite, est sans végétation; le coin de la droite du bas ne montre qu'une pelouse formée de courtes herbes. Très rare. Collection d'Isendoorn.

Isendoorn, 760 fr., avec épreuve. 7e état.

2e La planche est polie, le paysage très clair; les grosses branches de l'arbre, à gauche, sont feuillées. Très rare aussi.

* 3e. L'arbre à gauche est repris et plus foncé, on y a ajouté neuf branches feuillées qui s'étendent au-dessus de l'eau; la tige tronquée et les grosses branches au haut de l'arbre, à droite, sont munies de feuillage, elles se rencontrent au milieu avec celles de l'arbre, à gauche; tout le devant du ruisseau est rempli de plantes aquatiques derrière lesquelles sont des traits finement tracés; dans le coin de la droite, une masse d'herbes à longues tiges; on continue de voir, à gauche, un groupe de cinq à six grands arbres, un pont rustique, et derrière une rangée de palis. Également très rare.

* 4e. La planche est coupée à la gauche et en haut; elle n'a plus que 115 millim. en hauteur et 130 en largeur; le ciel se voit encore dans le milieu du haut, on y distingue deux nuages légers; la branche feuillée qui le couvre dans l'état suivant n'existe pas encore, on voit dans cet endroit une grosse branche sèche; dans le coin du haut, à droite, on aperçoit encore le ciel; l'estampe est d'un ton léger. Cet état n'est pas commun.

5e. Une branche couverte de feuilles a fait disparaître le ciel; l'arbre à gauche est repris, et sur la butte au-dessous il y a une taille en biais.

* 6e. Les traces légères d'un trait que l'on apercevait au haut et à droite ont disparu; le coin du haut, à droite, est couvert de travaux à la pointe; on voit là une forte tache noire; il y a encore un point blanc sur la butte au-dessous de l'arbre, à gauche; tous les plis du tronc d'arbre, à droite, sont vivement accusés dans le bas.

* 7e. La tache noire dans le coin du haut, à droite, est disparue; mais la petite branche ne se détache plus du bord supérieur; sur la butte, à gauche, il y a de

nouvelles contre-tailles obliques croisant les premières en losange ; la petite place blanche que l'on apercevait dans cet endroit est éteinte.

102. *La Cascade près du moulin à eau.* Elle tombe, à droite, au milieu de rochers ; une grande roche au sommet et une autre dans le bas la divisent ; le moulin est dans le haut, derrière cette construction, et à gauche, des arbres agités par le vent ; on aperçoit de ce côté un homme assis sur un tronc d'arbre, au bord d'un petit pont qui conduit dans un bois ; à droite, contre la rive, près de deux arbres tronqués : AVE.

Haut., 236 millim.; larg., 196.

1er état. Le trait est fin ; avant le ciel ; au milieu du haut, la branche sèche n'est pas bifurquée ; le devant du moulin, les rochers, le feuillage et l'eau n'ont que peu de travaux ; le ciel et les autres retouches dont nous allons parler plus bas sont dessinés par l'auteur. Cet état n'est constaté que par une contre-épreuve conservée au British Museum. Probablement unique.

2e. D'un ton rembruni ; l'azur et le nuage sont légèrement tracés ; les branches feuillées, à gauche, ne dominent pas le toit du moulin ; celle du haut est sèche ; le toit du moulin, sur le côté droit, et la muraille, près de la roue, sont fortement ombrés ; sur la rive droite, les grands rochers n'ont qu'une seule taille ; celui du bas où sont le chiffre et les pieds d'arbres environnants sont en pleine lumière. Très rare.

* 3e. L'estampe est nettoyée ; elle est d'un effet beaucoup plus clair ; le ciel au-dessus du moulin a été gratté ; un azur nouveau a été tracé à la pointe sèche en tailles fines et serrées ; le côté droit du toit du moulin, les arbres au-dessus et la muraille ont été grattés, et repris partiellement à la pointe sèche ; mais les arbres que l'on voit à la droite du bas sont presque blancs ; le monogramme se détache sur un fond blanc ; on ne voit pas au grand arbre, à gauche, la branche qui pend vers le toit du moulin, ni celle qui plus bas touche le terrain ; au-dessous des palissades, ce terrain est moins travaillé ; au milieu du haut, contre le trait de bordure, il y a toujours une branche morte. Rare.

4e. Les arbres tronqués à la droite du bas sont ombrés par de longues tailles croisées de contre-tailles obliques ; le terrain où est le monogramme est teinté par des tailles croisées ; une grande branche atteint le côté gauche du moulin ; une branche d'arbre s'étend sur le terrain au-dessous des palissades ; le terrain est plus travaillé dans le haut ; au-dessus des nuages, la branche morte a été remplacée par une branche feuillée, mais on ne voit pas encore les travaux durs sur le rocher à droite.

* 5e. Le trait est renforcé dans le haut ; il y a de fortes contre-tailles tracées au burin dans les ombres des rochers de la rive droite.

103. *L'Homme passant par le petit pont.* Il passe, chargé d'un paquet, au-dessus d'un ruisseau qui s'étend, à gauche, sur plus de la moitié de la planche ; on voit aussi deux moutons ; au-delà du pont, vers la droite, une chaumière entourée d'arbres ; un peu plus loin, du même côté, un clocher pointu ; vers le milieu, un autre clocher et

plusieurs maisons entourées d'arbres ; dans le bas, vers la droite, sur un roc qui sort de l'eau : EVERDINGEN FE.

Haut., 153 millim.; larg., 197.

M. Drugulin décrit deux états :

1er état. Trait fin, double sur les côtés, deux coins sont ouverts; l'azur est presque imperceptible ; l'arbre qui est entre la chaumière et le clocher n'a pas de feuillage ; sur la face claire du roc sortant de l'eau : AVE. Très rare.

2e. Il y a un azur et des nuages à la pointe sèche; la partie gauche derrière la cabane est feuillée, et continuée entre la cheminée et le toit; à la place du chiffre : EVERDINGEN FE couvert à demi par une taille en biais. Rare.

PLANCHES GRAVÉES EN MANIÈRE NOIRE.

104. *Vénus et l'Amour*. La déesse, couverte d'un vêtement, est à gauche, sur un nuage ; elle est tournée vers la droite ; l'Amour est près d'elle, tenant une flèche de la main gauche. Cette pièce est au moins douteuse ; peut-être est-ce là l'essai d'un jeune homme.

Haut., 163 millim.; larg., 127.

105. *Les Trois Capucins*. Ils sont assis à terre : le premier, à gauche, a la tête penchée sur ses genoux; le deuxième, à droite, a la main élevée; le troisième, au milieu du fond, lit dans un livre qu'il tient ouvert sur ses genoux. Cette pièce, quoique d'un ton rembruni, est d'un assez bel effet.

Haut., 100 millim.; larg., 148. La marge du bas, 6.

* Très rare. Collection d'Isendoorn.

Isendoorn, 112 fr.

PIÈCES INCONNUES A BARTSCH.

106. *Les Deux Hommes et le Chien*. A gauche, dans le fond, une montagne sur laquelle sont deux chaumières auprès d'une plantation d'arbres. Elle est boisée dans le bas, et forme la rive d'un fleuve qui s'avance jusqu'au devant de l'estampe ; à gauche, le devant est occupé par un grand rocher escarpé couronné d'arbres; sur la rive droite, deux hommes, accompagnés d'un chien, sont en conversation; une cabane est derrière eux; le lointain du même côté laisse voir un pays étendu. Décrit par Brulliot. (Drugulin, nº 105.)

Haut., 138 millim.; larg., 194.

M. Drugulin mentionne trois états :

1er état. C'est celui décrit; la planche est très sale et d'un ton rembruni. Très rare.

* 2e. Elle est diminuée dans tous les sens. Haut., 120 millim.; larg., 166. Les arbres derrière les deux cabanes, au milieu du haut, sont enlevés ainsi que les portes, les fenêtres et les cheminées de ces deux habitations. Rare. Collection d'Isendoorn.

Isendoorn, 125 fr.

3e. Repris en manière noire et produisant l'effet d'un clair de lune. Planche gâtée.

107. *Le Chêne sur le tertre.* Sur le devant, à gauche, on voit un quartier de rocher et un pied d'arbre desséché ; le tertre, sur lequel est ce chêne, est séparé du rocher par un chemin où sont les lettres AVE; le tertre est baigné par deux mares; au second plan, une troisième; dans le fond, de grands arbres. Pièce de la plus grande rareté ; on n'en connaît, dit-on, que six épreuves. (Drugulin, 83.)

Haut., 98 millim.; larg., 156.

M. Drugulin décrit deux états :

1er état. A l'eau-forte pure. La planche est d'un ton sale et rembruni ; dans le grand nuage, au milieu, on voit un amas épais de petites coulures d'eau-forte; le chiffre est traversé par des traits en biais.

2e. Les trois quarts de la planche ont été nettoyés, jusqu'à la moitié ombrée du grand chêne ; les coulures ont été enlevées et avec elles une partie du nuage ; au milieu, il y a solution de continuité ; les traits en biais sur le chiffre sont remplacés par une couche de traits fins et horizontaux qui paraissent provenir de l'emploi d'une pierre ponce.

On connait une copie de ce 2e état par M. Prestel.

108. *Les Moutons près du torrent.* Il est traversé par un pont de bois où sont deux hommes et un chien ; près d'eux, à gauche, une cabane au-delà du pont; en avant, du même côté, une autre cabane en troncs d'arbres près de laquelle sont quelques moutons légèrement indiqués; sur la droite, un rocher dans l'eau; au fond, du même côté, le toit d'une cabane ; en avant, quelques troncs d'arbres, au milieu de plusieurs grands arbres debout ; le torrent s'étend de la gauche jusqu'au coin du bas de la droite. (Drugulin, 72.)

Haut., 100 millim.; larg., 147.

La seule épreuve que nous ayons vue et que l'on connaisse est au British Museum. M. Drugulin en donne un fac-similé dans son catalogue.

Nous avons rencontré dans le même établissement deux autres pièces qui sont classées dans l'œuvre d'Everdingen.

1. *Le Ruisseau.* Il coule, à gauche, derrière un rocher ; dans le fond, de grands arbres ; à droite, une chaumière basse ; dans le fond, du même côté, de grands arbres sur un tertre ; une chaumière au milieu du bas, à droite.

Haut., 100 millim.; larg., 132.

Cette pièce pourrait bien avoir quelque rapport avec *Le Chêne sur un tertre*, n° 107; Drugulin, 83.

2. *Paysage très noir*. On voit, à gauche, une montagne; un arbre est un peu plus loin; dans le fond, sur un plateau élevé, plusieurs chaumières; au bas, à droite, une chaumière où l'on aperçoit une fenêtre; dans le haut, au-dessus d'un toit, un ruisseau coule dans le milieu. Ce paysage est peu distinct.

Haut., 120 millim.; larg., 168.

Ne serait-ce pas le 3e état de la pièce : *Les Deux Hommes et leur chien?*

Weigel dans son supplément à Bartsch fait connaître qu'il y a des épreuves à l'eau-forte pure avant les ciels, et particulièrement avant des travaux ajoutés à la pointe sèche, avant le nom du maître et avant les faibles bordures, quelquefois avec des barbes, et avant que les planches soient nettoyées. Il cite comme étant dans ces conditions les numéros suivants :

17. *Les Hommes sur la pente d'une colline.*
18. *Les Rochers.*
29a. *Le Troupeau de moutons.*
86. *Le Paysage aux trois hommes chargés.*
87. *Le Berger.*
90. *Les Deux Échelles.*
92. *Les Cabanes.*
93. *L'Homme entre les deux pins.*
99. *Le Moulin à eau.*
100. *La Butte.*
101. *Le Ruisseau traversant le bois.*
102. *La Cascade près du moulin à eau*. La grande planche.

Nous devons dire tout de suite que M. Drugulin, qui a décrit avec soin tous les états des pièces d'Everdingen, n'a jamais fait connaître qu'aucune de celles-ci fût avant le nom du maître, et avant même une faible bordure.

Weigel ajoute : les épreuves du 1er état d'Everdingen ne doivent pas être confondues avec les épreuves à l'eau-forte pure ou épreuves d'essai mentionnées ci-dessus.

Ces épreuves du 1er état sont terminées, avec une faible bordure, et avant des travaux ajoutés, et en partie avant les travaux à la pointe sèche, particulièrement dans les ciels où l'on trouve beaucoup de barbes.

Les épreuves du 2e état ont une bordure gravée au burin, ainsi que les retouches de la main du maître, principalement au burin sur le premier plan, et les travaux à la pointe sèche dans les ciels.

Celles du 3e état sont celles qu'on rencontre ordinairement; elles sont pourvues de lignes parallèles gravées au burin sur le ciel, et doivent avoir été retouchées par S. Fokke. Dans cette édition, elles ont été primitivement accompagnées d'un titre de ce graveur dont on a des épreuves d'essai avant la lettre.

Les planches ont encore été depuis plus usées et très maltraitées, principalement celles où il y avait primitivement des barbes qui leur donnaient un air de ressemblance avec la manière noire. Weigel parle également d'un titre pour l'œuvre d'Everdingen, ce titre lui a paru moderne. Il est intitulé : *Recueil de cent paysages inventés et gravés à l'eau-forte par A. van Everdingen*. Amsterdam, 1696. Pet. in-fol.

A cet égard, M. Drugulin fait remarquer qu'il est peu probable qu'on ait gravé, en 1696, un titre purement français pour une collection d'eaux-fortes hollandaises; il n'a jamais vu ce titre. Du reste, Weigel le croit moderne.

Nous n'avons cité comme rares que les premiers états et quelquefois les deuxièmes, mais généralement les épreuves où le trait est encore fin et avant les dernières retouches ne sont pas communes. Le prix de ces estampes a beaucoup varié.

Rigal, environ 100 pièces, mais sans remarques particulières, 60 fr.; R. Dumesnil, 97 pièces dont 47 avec la mention 1er état, 442 fr. 85 c. Le catalogue Verstolk décrit très succintement un œuvre de ce maître avec un grand nombre de pièces offrant des différences, mais, malgré nos recherches, nous n'avons pu en connaître le prix.

ESTAMPES DU REYNIER OU LE RENARD ANCIEN FAMEUX POÈME ALLEMAND DE HENRI D'ALKMAER.

Suite de cinquante-sept planches.

1. Le renard monté sur un âne qui se dirige vers la droite est entouré d'un loup, d'un ours et d'un bélier.

Haut., 157 millim., dont 55 dans la marge du bas; larg., 118.

* 1er état. Le trait est fin, les nuages et l'azur sont finement tracés; les parties ombrées des animaux sont claires; l'épaule droite de l'ours ne se détache pas de la tête, les petites branches nues dans le bas de l'arbre, à droite, n'ont qu'une seule tige. Deux épreuves : l'une la planche entière, collection d'Isendoorn; l'autre, coupée à 5 millimètres au-dessous du trait de bordure, n'a aucune trace d'inscription.

Isendoorn, 195 fr.

On cite de cet état deux épreuves avec variantes de la grande planche; c'est-à-dire ayant une marge de 55 millim. au-dessous du trait de bordure. Dans la vente Alféroff, de Bonn, il y en avait une dans cette condition où cette marge était blanche. Weigel en mentionne une autre avec l'inscription commençant ainsi : *Het aangenaam tooneel van REINHARTS klugtig Léven*, etc.

* 2e. Le trait est renforcé; les nuages sont effacés; le ciel est dans toute son étendue couvert d'un azur régulier. Les animaux sont retravaillés dans les ombres; la tête de l'ours se détache bien de l'épaule; les petites branches indiquées se terminent par des fourches; sur le bord d'en haut, à droite, une forte égratignure en forme de barre, mais elle existe déjà dans l'état précédent. Dans le bas, dix vers hollandais, dont plus haut nous avons cité le premier[1].

1. M. Drugulin dit que l'on trouve quelquefois des épreuves avec ce titre en caractères mobiles :

DOOR
ALLARDT
VAN
EVERDINGEN.

* 3e. La marge du bas et les vers qu'elle contenait ont été enlevés, mais l'égratignure en forme de barre au-dessus du trait de bordure, dans le haut, à droite, est restée dans le même état; on voit des éraillures sur l'épaule de l'ours et sur le monticule blanc à droite. L'estampe n'a plus qu'un millim. au-dessous du trait de bordure, sa hauteur est de 100 millim. en y comprenant les marges, jusqu'au témoin du cuivre. Cet état, tiré sur le même papier que le précédent, ne peut lui être beaucoup postérieur. Notre épreuve a toute sa marge.

* 4e. L'égratignure en forme de barre dans la marge du haut, à droite, a été enlevée; elle était trop forte pour avoir disparu par l'effet du tirage; les éraillures sur l'ours et sur le monticule sont plus prononcées. Le témoin du cuivre, qui était resté plus large sur trois côtés, nous paraît avoir été régularisé; dans notre épreuve, cette empreinte est très légère.

* 5e. Coupé en bas, et employé pour le titre du livre de Gottsched; le témoin du cuivre touche presque au trait carré. Haut., 95 millim.; larg., 115, sur le trait de bordure.

2. Le lion annonce une paix générale et durable aux animaux qui l'entourent. Il est couché à droite; sur un arbre, derrière lui, un singe.

Haut., 94 millim.; larg., 115.

1er état. Le trait de bordure est faible dans le bas; avant le ciel; le coin de la droite dans le haut est blanc; la partie éclairée de la cuisse du renard n'a qu'une taille.

* 2e. On voit un azur très léger au-dessus de la corneille; dans le coin du haut, à droite, une taille en biais, il y a des contre-tailles sur la cuisse du renard, mais avant les travaux dont nous parlerons dans l'état suivant.

* 3e. La composition est bordée d'un trait fort; l'azur a été regravé et augmenté; au-dessus de la corneille, il est croisé de contre-tailles obliques; la montagne est ombrée, à gauche; on voit des travaux de plus sur l'arbre qui la touche; les parties blanches sur le front et le corps de l'ours sont éteintes; il y a des travaux de plus sur le cou du renard, au-dessus de la tête du chien, et des tailles légères sur la montagne du fond contre le cou de la lionne; ce cou est un peu plus ombré depuis l'oreille jusqu'à l'épaule droite; le singe est profilé à droite par des contre-tailles dures; à gauche, les places claires qu'on remarquait sur son corps sont éteintes; il en est de même de ce côté pour les parties claires de l'arbre qui sont ombrées par de nombreuses tailles; elles sont presque éteintes. Dans le bas, le dos du léopard est accusé par un double trait; il y a quelques légères tailles sur le dos du lion; les travaux touchent le trait de bordure.

* 4e. La montagne, qui était restée un peu claire du côté gauche, offre encore de nouveaux travaux qui lui donnent un ton uniforme; la planche est un peu diminuée sur la hauteur, mais plus encore sur la largeur, à gauche; on ne voit plus le cou du chien, mais seulement sa tête et le bout d'une oreille. Édition Gottsched.

Haut., 93 millim.; larg., 111.

3. Le renard est accusé devant le lion par le loup et plusieurs

animaux ; le lion, tourné vers la droite, regarde le renard qui est dans le milieu.

Haut., 96 millim.; larg., 114.

1er état. Un trait fin est indiqué par places ; à gauche un azur et des nuages légers ; sur les montagnes du fond une seule taille ; la jambe du léopard et le côté éclairé du loup sont en blanc ; sur les autres parties de leur corps une seule taille ; avant les petits travaux sur les animaux à la droite, et avant les ombres portées lourdes ; l'espace entre le ventre du loup et la lionne est blanc.

* 2e. L'azur et les nuages sont dans le même état ; une double taille est introduite sur la montagne du fond, à gauche. Le corps du loup et la jambe du léopard sont noirs ; quelques légers travaux sur le dos du renard, sur celui du lion et sur sa crinière ; les ombres portées ont été remordues.

* 3e. Les travaux touchent partout le trait de bordure qui est très fort ; l'azur a été augmenté dans le coin à gauche ; dans le haut et vers la droite, il s'étend jusqu'à la seconde branche sèche. Le terrain entre le loup et la lionne est ombré, ainsi qu'entre le lion et le rocher ; il y a des ombres fortes sur le dos du lion et sur sa croupe ; le corps du renard, qui était en grande partie blanc dans l'état précédent, est dans celui-ci couvert de travaux ; les montagnes sont plus travaillées.

* 4e. La planche est coupée dans le haut, presque au-dessous du feuillage ; le trait carré est tout près du nuage. Édition Gottsched. Haut., 92 millim.

4. Le loup reproche au renard d'avoir mangé des poissons qu'il a dérobés ; on voit dans le fond la charrette du marchand ; les deux animaux sont à droite.

Haut., 97 millim.; larg., 116.

1er état. Le trait est fin dans le bas ; vers le milieu, sur la gauche, les travaux ne touchent pas au bord. Les arbres du lointain et le toit de l'église ne sont pas ombrés.

Au British Museum, une épreuve où l'on voit à la gauche du bas des places blanches sans travaux ; l'estampe est uniformément noire.

* 2e. Le trait d'en bas est plus fort ; un fin est tracé dans le haut ; on voit, à gauche, dans la partie indiquée, contre le témoin du cuivre, quelques légères tailles très fines.

* 3e. La composition va jusqu'au trait de bordure qui est très fort dans toutes ses parties. L'arbre à gauche est fortement ombré, ainsi que les arbres voisins ; il y a beaucoup plus de travaux sur les arbres du fond ; sur le toit de l'église une taille oblique continue ; sur l'ombre portée du loup une contre-taille ; les deux poteaux croisés, à droite, qui étaient blancs dans l'état précédent, sont ombrés de quelques tailles légères.

* 4e. La planche est fortement diminuée dans le haut, elle n'a plus que 92 millim. Même édition.

5. Le coq accuse, devant le lion, le renard du meurtre d'une de ses poules. Le lion est dans le milieu, le coq à gauche et le loup à droite.

Haut., 95 millim.; larg., 114.

1er état. Au British Museum ; la planche est uniformément noire ; les animaux se confondent presque avec le fond ; les poules se détachent à peine du terrain ; le caillou à gauche n'est visible que par un point blanc dans le milieu.

* 2e. Il y a un trait fin en haut et à gauche. Dans le bas, les travaux ne touchent pas au bord; devant le loup et le blaireau le terrain est blanc; le corps de l'ours ne va pas jusqu'à la bordure.

* 3e. L'estampe a été légèrement diminuée par un trait de bordure très fort que dépassent les travaux. Le corps du lion, qui n'était accusé que par quelques traits épars, a sur le dos et sur la croupe des tailles légères et serrées; on en remarque également sur son front, sur sa joue droite et sur son nez; il y a des tailles horizontales légères devant le blaireau et le loup; la poitrine, le dos et le haut de la patte droite du loup sont plus travaillés, ainsi que le dessus du dos et le ventre du blaireau; on voit quelques tailles de plus sur le front de l'ours.

* 4e. La planche est diminuée dans le bas; la petite pierre à gauche est coupée dans le mili u.

6. Le renard, déguisé en moine, gagne la confiance du coq qu'on voit perché à l'entrée d'un poulailler, à droite.

Haut., 93 millim.; larg., 118.

1er état. L'azur est presque invisible au-dessus du clocher; les travaux ne touchent pas au bord du cuivre. La robe du renard n'a que des contre-tailles sur le devant; il n'y a que de simples tailles sur la partie supérieure du poulailler.

* 2e. On voit l'azur à gauche, au-dessus du clocher; on aperçoit des traces d'un azur très fin dans la partie droite; de ce côté les travaux touchent au bord. Sur les planches du poulailler, dans le haut, et au-dessous du coq, on voit des contre-tailles fines; tous les plis de la robe du renard ont des contre-tailles légères; le dos du renard, dans le fond, n'est marqué que par quelques points.

* 3e. Un trait carré fort a diminué légèrement l'estampe. Dans toute la partie gauche, jusqu'aux branches au-dessus du poulailler, il y a un azur régulier en plusieurs bandes; les travaux légers ont disparu. Dans le coin de la droite du bas, dont une partie était restée blanche, on voit de fortes tailles croisées en losange; quelques petites places blanches sur les lices, près du renard, sont éteintes; le dos du renard, dans le fond, est accusé par une série de tailles fines.

* 4e. La planche est coupée, à gauche; le gros morceau de bois renversé est entamé dans sa partie supérieure. Larg., 113 millim.

7. Le lion prend l'avis des autres animaux sur la punition à infliger au renard. Le lion et la lionne sont couchés à droite; les autres animaux sont du côté opposé; le blaireau est seul sur le devant.

Haut., 97 millim.; larg., 116.

* 1er état. Le trait est fin sur la gauche et dans le haut. Avant la montagne du fond, à gauche; le ciel est blanc. Sur l'épaule de l'ours une place non travaillée. Collection Knowles.

Knowles, 31 fr. 25 c.

M. Drugulin possédait dans son œuvre une estampe de cet état où le maître avait dessiné, à gauche, un fond d'arbres à la mine de plomb.

* 2e. On voit un azur très fin à droite; la montagne, à gauche, est légèrement gravée. L'épaule de l'ours est ombrée à la pointe, et rentrée à l'eau-forte.

* 3e. Un trait fort borde la composition. La montagne est gravée à gros traits; à droite, un azur tracé au burin descend par bandes; le feuillage du fond est plus fortement marqué; tous les animaux sont beaucoup plus travaillés; devant les pattes du lion et contre le museau du blaireau, le terrain, qui était blanc, est marqué par une taille horizontale. Dans notre épreuve, une large éraillure part de la patte droite du lion, coupe l'autre en deux et descend presque jusqu'au bas de l'estampe, elle était moins marquée dans le 2e état.

* 4e. L'estampe est un peu diminuée dans le haut; le trait carré coupe le sommet de la montagne. Édition Gottsched. Haut., 92 millim.

8. L'ours somme le renard de comparaître devant le conseil des animaux. On voit l'ours à droite et le renard est à gauche, caché dans son terrier.

Haut., 97 millim.; larg., 116.

1er état. Il y a quelques indications d'un trait fin. Le ciel est blanc.

* 2e. On voit quelques indications d'un azur léger dans le milieu et à droite. Deux épreuves : l'une est plus légère, et cependant l'azur est plus visible dans toutes ses parties.

* 3e. Le trait de bordure est fort. Sur tout le ciel descend par bandes un azur régulier. La montagne du fond, à droite, qui était blanche dans les états précédents, est ombrée; les tailles de la branche détachée, dans le coin du haut, à droite, touchent le trait de bordure; l'ombre portée de l'ours a été renforcée; la pierre, à droite, a une ombre portée.

* 4e. La planche est coupée dans le bas, jusqu'à la branche sèche du bas du tronc d'arbre; il n'y a qu'un millimètre entre le trait de bordure et la pierre qui est au-dessous de l'ours. Même édition.

9. Le renard promet à l'ours de le conduire dans un endroit où il trouvera beaucoup de miel. L'ours est de profil, à gauche; le renard est à droite, accompagné de deux autres.

Haut., 94 millim.; larg., 116.

1er état. Le ciel est blanc. La grande montagne dans le fond n'existe pas. A gauche, derrière l'ours, le rocher n'a des contre-tailles que tout près de la jambe gauche de l'animal.

* 2e. Au milieu, un peu vers la gauche, deux couches d'un azur très finement indiqué. Dans le milieu, vers la droite, une grande montagne légèrement tracée à la pointe sèche; le rocher, à gauche, est ombré de deuxièmes et de troisièmes tailles; entre le terrain où est l'ours et ce rocher, l'espace est toujours blanc.

3e. Un fort trait de bordure entoure la composition. En haut et à droite, règne une couche d'azur régulière. La montagne du fond a été retravaillée; les ombres du devant sont reprises; on voit un courant d'eau derrière les jambes de l'ours.

* 4e. Il y a trois couches d'azur dans le milieu du haut. L'estampe est coupée d'un millimètre dans le bas. Édition Gottsched.

10. On voit, dans le milieu, l'ours ayant le museau et les deux pattes de devant prises dans le creux d'un tronc de chêne renversé. L'ours est tourné vers la gauche ; le renard, vu presque par derrière, le regarde. Ce morceau est gravé en manière noire.

Haut., 98 millim.; larg., 117.

1er état. Les arbres du fond n'offrent que des masses peu distinctes; la façade de l'église se termine par un pignon triangulaire, on n'y voit que deux tailles éparses; la tour ronde n'est ombrée que par une seule taille horizontale; il n'y a pas de traits en biais sur l'homme qui accourt avec une bêche et une hache; à gauche, sur le bout équarri du tronc d'arbre, il n'y a que quelques traits épars. L'estampe est d'un ton clair.

2e. Retravaillé en manière noire, d'un ton plus rembruni, à l'exception des animaux et de la gauche du devant. Les arbres dans le fond sont plus élevés, ils dépassent le pignon de l'église; on aperçoit une taille verticale sur la tour ronde; il y en a aussi sur la façade de l'église qui se termine en tourelle; on voit des tailles obliques sur l'habit du paysan à la hache; avec des traits fins et serrés sur le bout du tronc d'arbre; avant la troisième taille sur les grandes feuilles à gauche.

* 3e. L'estampe est d'un ton rembruni très prononcé. On voit des contre-tailles verticales légères sur quelques grandes feuilles dont nous venons de parler.

* 4e. Avec un trait carré. L'estampe a moins d'effet.

* 5e. Entièrement dépouillé de manière noire. La planche est rognée de deux millimètres dans le bas; il n'y a plus que trois millimètres entre la patte du renard et le trait de bordure. Même édition.

11. L'ours est assailli par les paysans. On le voit vers le milieu, tourné vers la droite, les pattes encore prises dans le tronc d'arbre. Pièce en manière noire.

Haut., 97 millim.; larg., 115.

1er état. A l'eau-forte pure. Le trait est fin en haut et à droite. L'espace entre la jambe de l'homme qui lève la massue et le prêtre est sans ombres.

2e. On voit en cet endroit une taille en biais, mais la pelle est encore blanche, il n'y a pas d'ombres sur la cognée qu'on lève à gauche, ni sur l'arbre ; sur le pignon de la maison et sur l'homme qui lève la massue il n'y a qu'une seule taille. Le fond et le bas de l'estampe sont assez clairs.

* 3e. La cognée et l'arbre dans le fond ont une taille en biais; les autres endroits mentionnés plus haut ont une double taille; sur le visage et la poitrine de la femme, à gauche, il n'y a que quelques légers travaux; entre l'homme à genoux, près de son chapeau, et celui qui, debout, va frapper l'ours de sa massue, il y a une place blanche. On ne voit pas encore de travaux sur le dos de l'ours, dans le haut.

* 4e. Sur le front, le côté gauche du visage et sur la poitrine de la femme, à gauche, on voit des ombres assez fortes; entre l'homme à genoux et celui qui va frapper l'ours, la place blanche est éteinte par des tailles légères; le dos de l'ours est profilé par des tailles obliques espacées; sur la pelle il y a une taille simple; derrière l'homme à genoux se trouvent de fortes tailles croisées. Autour de la composition, un large trait de bordure.

* 5e. L'estampe est grise et dépouillée de manière noire. Le trait de bordure touche la quenouille de la femme et presque le haut de la hache. Haut., 92 millim.

12. Le renard se moque de l'ours que l'on voit tout piteux, à gauche; derrière le renard, à droite, un moulin à eau.

Haut., 95 millim.; larg., 116.

1er état. Au British Museum. D'un ton noir uniforme. Il n'y a aucun azur sur le ciel. On ne voit pas de contre-tailles perpendiculaires sur le corps de l'ours.

* 2e. Le trait de bordure est interrompu en haut et dans le bas. Il y a un très léger azur dans le milieu du haut et à gauche. Les travaux de l'eau, en bas et à droite, ne touchent pas au bord; l'arbre du milieu dans sa partie supérieure est blanc; l'ours a sur le corps de longues tailles perpendiculaires.

* 3e. Un trait de bordure fort entoure la composition; il forme comme une petite oreille dans le haut, à gauche. On voit un azur régulier dans le haut du ciel. L'arbre du milieu est ombré dans sa partie supérieure; le renard est plus ombré dans toutes ses parties; le terrain au pied de l'ours est croisé par de dures contre-tailles horizontales et obliques; à droite, une place blanche, près des roseaux, est éteinte par de légères tailles; le coin du bas, à droite, est couvert de travaux. L'estampe est un peu diminuée dans le bas. Haut., 92 millim.

* 4e. L'estampe n'est pas diminuée; la qualité du papier seule montre qu'elle est d'un tirage postérieur. Edition Gottsched.

13. L'ours vient implorer la justice du lion contre la déloyauté du renard. On le voit, à gauche, tenant ses pattes de devant sur sa tête; à droite, le lion accompagné de la lionne et d'autres animaux.

Haut., 94 millim.; larg., 116.

1er état. Le ciel est blanc. On ne voit que deux tailles sur le dos du lion.

* 2e. Tout le ciel est couvert d'un azur très fin et très serré. Le dos de l'ours est presque blanc, et les plis en sont à peine marqués; tout le côté gauche du front de la lionne qui n'est pas entièrement profilé et de sa face est blanc; du même côté, la poitrine et le haut de la jambe droite ne sont pas profilés; il y a une troisième taille sur le dos du lion; sa patte droite est, à gauche, bordée d'un simple trait; le haut de sa tête et une partie de sa crinière sont presque sans travaux, il en est de même de sa patte gauche; l'oiseau sur l'arbre a la poitrine toute blanche; la patte droite du bélier n'est pas dessinée; la patte droite du chat n'est pas arrêtée par un contour, à gauche.

* 3e. La composition est entourée d'un trait carré. L'azur est affaibli à gauche, mais il est complété, à droite, où une place blanche que l'on voyait dans le ciel a disparu. L'oiseau, dans le milieu de la poitrine, a des tailles circulaires; de nombreux travaux accusent les plis du dos de l'ours; le haut du front de la lionne est ombré de tailles légères descendant du sommet du front jusqu'à la naissance du nez; le contour de la joue droite est ombré de tailles légères descendant à partir de l'œil; le tour de la poitrine, jusqu'à la naissance de la jambe droite, et même plus bas, est profilé par des tailles; sa jambe gauche est ombrée; le haut de la tête, la crinière, le dessous du

menton et les pattes du lion sont beaucoup plus travaillés; la poitrine du chien est ombrée et ses pattes sont mieux accusées. Les autres animaux sont plus travaillés, on voit la patte droite du bélier; celle du chat est arrêtée par un contour. L'estampe est un peu diminuée sur la hauteur; elle n'a plus que 92 millim.

* 4e. L'estampe n'est pas rognée, mais elle est devenue grise, et l'azur a presque disparu. Édition Gottsched.

14. Le chat, choisi par les animaux, cite le renard à comparaître devant le tribunal. Le chat est à gauche, en face du renard, accompagné de plusieurs autres animaux de son espèce.

Haut., 94 millim.; larg., 116.

1er état. Le ciel est entièrement blanc. La planche est pleine d'égratignures; le rocher, vers la droite du haut, n'a qu'une seule taille.

* 2e. On voit dans le haut, à gauche, quelques traces d'un azur léger. Il y a encore de nombreuses égratignures. La montagne du fond, à gauche, est légèrement ombrée; il n'y a pas de tailles perpendiculaires sur le grand rocher, à droite; les petits arbres au-dessous et dans le fond sont peu travaillés; l'ombre sous le chat est moins noire; un des renards, couché à droite, n'a le dos ombré que de tailles légères qui ne sont pas croisées de contre-tailles; sa cuisse gauche n'est pas profilée dans le haut; l'ombre qui est derrière lui n'est pas encore renforcée par de fortes contre-tailles horizontales.

* 3e. Le ciel est couvert d'un azur régulier. La montagne du fond est beaucoup plus ombrée; le grand rocher, à droite, est couvert de contre-tailles perpendiculaires; tous les arbres, à gauche et à droite, sont plus travaillés; l'ombre portée par le chat est plus forte, on voit sur le devant des contre-tailles horizontales. Le renard couché est beaucoup plus ombré sur le dos; sa cuisse gauche est entièrement profilée dans le haut; sur l'ombre qui est derrière lui, il y a de fortes contre-tailles horizontales; des travaux durs détachent vivement les pierres dans le bas; il y a de fortes contre-tailles obliques, sous le panier, à droite. La composition est bordée d'un trait qui diminue la planche dans le bas. Haut., 92 millim.

* 4e. L'estampe n'est pas rognée, mais elle est grise, et les traits échappés qu'on apercevait encore dans l'état précédent manquent complètement dans celui-ci.

15. Le chat grimpe, à gauche, le long d'une grange, pour entrer dans un trou où le renard lui a fait croire qu'il trouverait beaucoup de souris. Planche chargée de manière noire.

Haut., 98 millim.; larg., 113.

1er état. Avant des tailles fines sur le petit toit au-dessus du puits; avant les secondes tailles en biais sur le tonneau et dans le coin de la gauche du bas.

On voit au British Museum une épreuve sans effet : les pattes de devant du renard ne paraissent pas tenir au corps, elles ne sont pas raccordées.

* 2e. Avec des tailles légères sur le petit toit au-dessus du puits; et avec les autres travaux mentionnés plus haut; l'œil du renard est encore blanc. De trois côtés, sauf à gauche, le trait de bordure n'existe pas.

* 3e. L'œil du renard est ombré; tous les plis du terrain sur lequel est cet animal sont accusés par des contre-tailles fortes et régulières, qui semblent former des

taches; à droite, quelques places claires sur les arbres sont éteintes. La composition est bordée d'un trait carré.

* 4e. L'estampe est grise et dépouillée de manière noire; elle est rognée de trois millimètres dans le bas; entre la patte du renard et le trait de bordure il n'y a plus que 7 millim. au lieu de 10.

16. Le chat pris au lacet est maltraité par les gens de la maison; l'animal mord les cuisses du curé renversé à gauche; à droite, la servante pousse des cris.

Haut., 95 millim.; larg., 115.

1er état. L'estampe est boueuse; pas de travaux sur le devant, seulement une ombre portée à droite.

2e. L'estampe a été grattée et ensuite reprise à la pointe. Dans le fond, au milieu, une deuxième taille; entre la fourche et le curé, une taille en biais; avant des travaux horizontaux sur le milieu du plancher, sur le poteau debout et sur la servante. On aperçoit encore les quatre poules juchées à droite; le curé, le plancher près de lui, et les deux femmes, à droite, sont en pleine lumière.

* 3e. Le fond est plus ombré; la taille perpendiculaire du poteau est croisée par une taille fine horizontale; on voit les autres travaux indiqués ci-dessus; on n'aperçoit presque plus les poules. L'estampe est très vigoureuse.

* 4e. Il y a un trait carré. Les plis de la robe de la servante et ceux de la robe de la femme, à droite, sont accusés par des contre-tailles dures; le curé, l'homme qui est derrière et le terrain sur le devant sont plus noirs. Il reste encore beaucoup de manière noire.

* 5e. L'estampe est un peu rognée dans le bas. Elle est entièrement dépouillée de manière noire, ce qui fait ressortir très durement les plis de la robe de la servante, et permet d'apercevoir les poules. Édition Gottsched. Haut., 93 millim.

17. Le renard reçoit une nouvelle citation par le blaireau que l'on voit à la gauche, tandis que de l'autre côté se trouve le renard avec sa femelle et ses petits.

Haut., 96 millim.; larg., 115.

1er état. Avec un trait de bordure très fin, à droite. Le ciel est blanc; le feuillage des deux branches, au-dessus du renard, est tout à fait clair; les branches qui sont au-dessus de la femelle n'ont pas de feuilles; l'arbre est clair; pas d'ombres sur le rocher derrière le renard.

2e. Vers la droite il y a un nuage léger. On voit des travaux sur les branches de l'arbre; les lumières du tronc sont éteintes; à la droite du renard, jusqu'à la hauteur de son épaule, des tailles en biais ombrent le terrain.

* 3e. Le trait de bordure léger n'est plus visible. On n'aperçoit plus le nuage, mais il n'y a pas d'azur. Les deux branches, au-dessus de la femelle du renard, sont feuillées; avant les travaux dont nous parlerons plus bas.

* 4e. La composition est bordée d'un trait fort. Sur tout le haut du ciel, un azur régulier, et qui plus bas descend par bandes; la montagne du fond est complètement ombrée, dans le haut; sur le dernier pli qui contourne la poitrine du renard on voit

des tailles qui vont de bas en haut; sur la tête, le dos et la croupe de la femelle et sur le dos de trois petits renardeaux, on remarque une série de nouvelles tailles; sur le terrain, au-dessous de ces animaux, entre eux et le blaireau, il y a des tailles horizontales légères; le ventre et la poitrine du blaireau sont accusés par des travaux noirs; les ombres portées de ses quatre pattes sont beaucoup plus fortes.

* 5e. Coupé dans le bas. Haut., 92 millim. Même édition.

18. Le renard part avec le blaireau. La femelle et les renardeaux sont à gauche, sur une éminence. Dans le fond, une montagne surmontée d'une grande tour.

Haut., 95 millim.; larg., 115.

1er état. Il n'y a pas de trait de bordure; on voit, à droite, un azur légèrement tracé; il y a un nuage au-dessous. Le petit renard, à droite, et le tronçon d'arbre au-dessous sont ombrés d'une simple taille; la cuisse du blaireau, sur le second plan, est blanche.

* 2e. Sur le petit renard et le tronçon d'arbre on aperçoit des tailles croisées; la cuisse du blaireau en marche est légèrement ombrée. Deux épreuves : l'une vient de la vente Knowles où elle était annoncée à tort comme 1er état; elle est légère d'impression, et montre une très forte salissure dans le bas.

Knowles, 38 fr. 75 c.

* 3e. Il y a un trait de bordure. L'azur raccordé par des tailles horizontales au haut, à droite, est encore croisé de contre-tailles, dans le haut. Le rocher, à gauche, est croisé par des contre-tailles dures, toutes les petites parties blanches sur la femelle, les renardeaux, le terrain et le tronc d'arbre sont éteintes; la raie du renard est marquée sur le dos par de nouvelles tailles; le blaireau est beaucoup plus ombré; les deux animaux, dans le fond, qui étaient presque blancs, sont couverts de travaux. Le nuage est très affaibli.

*4e. La planche est coupée dans le bas, presque au niveau des deux petites branches du tronc d'arbre. Haut., 92 millim. Édition Gottsched.

19. Le loup sonne la cloche d'un couvent, à la corde de laquelle le renard l'a attaché par les deux pattes de devant. On voit, à gauche, des moines qui accourent; dans le fond, des hommes avec des fourches et autres instruments; dans le coin, à droite, un homme avec une lanterne. Morceau en manière noire.

Haut., 97 millim.; larg., 115.

1er état. A l'eau-forte pure; les angles sont aigus. Le loup, les maisons du fond sont en blanc, ainsi que le terrain sur la droite du devant; la colonne est légèrement ombrée.

2e. Il y a beaucoup de manière noire. Toute la maison à la droite du fond est ombrée.

3e. La maison à droite est plus claire contre les parois de la porte; le pied du moine, à gauche, n'a encore que quatre doigts; il n'y a pas de contre-tailles horizontales, à gauche, sur la colonne, ni de contre-tailles obliques sur la muraille, à côté et au-dessous du saint.

* 4°. Les angles sont fortement arrondis. Le pied du moine a cinq doigts; avant les contre-tailles en losange sur la colonne. Deux épreuves : l'une est mal venue à l'impression.

* 5°. Il y a un trait de bordure. A gauche, sur la colonne, des contre-tailles en losange. Il ne reste qu'un peu de manière noire.

* 6°. L'estampe est rognée dans le bas, contre le pied de l'homme qui tient une lanterne. Il ne reste plus qu'un peu de manière noire. Haut., 93 millim. Édition Gottsched.

20. Le renard se sauve avec un chapon qu'il vient de voler sur la table d'un ecclésiastique; celui-ci, à gauche, se met à la poursuite du renard; pendant ce temps, on voit le loup, à droite, tapi dans une armoire.

Haut., 95 millim.; larg., 717.

* 1er état. Eau-forte moins travaillée dans toutes ses parties. Le battant de l'armoire, à gauche, est parsemé de places blanches; on distingue à peine le gril dans le fond, les objets pendus au-dessus ne sont pas visibles, ainsi que ceux qui sont dans l'armoire et au-dessus; le montant gauche de la cheminée est mal exprimé; il n'y a qu'une taille horizontale dans le fond de la cheminée; on n'aperçoit pas le chapeau à terre, ni l'appui du haut de la chaise; il n'y a pas de troisièmes tailles sur la droite du devant.

M. Drugulin décrit un 1er état à l'eau-forte pure et parfaitement claire, avant les troisièmes tailles sur les ombres à la droite du devant. Peut-être est-il antérieur au nôtre.

* 2°. Les parties claires du vantail gauche de l'armoire ont disparu; on voit très distinctement le gril et les autres objets pendus contre la muraille, ceux qui sont dans l'armoire et au-dessus; l'osier du panier est très bien marqué; le chapeau à terre est bien formé, ainsi que l'appui du haut de la chaise; le montant gauche de la cheminée est bien profilé; le fond est ombré par des tailles obliques qui coupent le haut de la flamme; il y a des troisièmes tailles sur la droite du devant.

M. Drugulin mentionne un état qui doit suivre celui-ci :

3°. Le bas de la cheminée, vers la droite, couvert d'une taille fine horizontale. L'estampe est fortement reprise en manière noire; l'éclat du feu presque étouffé; le manteau de la cheminée, le devant et la droite de la chambre mis dans l'ombre.

* 4°. Bordé d'un trait carré. Le montant de la chaise au haut duquel est une petite pomme est ombré, à gauche, par de longues tailles perpendiculaires; on en voit également sur l'autre montant; les barreaux du côté gauche, dans le bas, s'attachent mieux à la chaise; tout le bas est couvert de contre-tailles dures tirées de droite à gauche. Comme dans l'état précédent, il y a beaucoup de manière noire.

* 5°. L'estampe est grise, dépouillée de manière noire. Le renard paraît presque blanc, mais l'estampe est entière. Même édition.

21. Le blaireau, à qui le renard a confessé ses fourberies, lui

impose pour pénitence de sauter trois fois par-dessus un bâton qui est à terre. Le blaireau est à gauche, le renard saute devant lui.

Haut., 97 millim; larg., 117.

1er état. L'azur et les nuages sont finement indiqués; dans le haut, les travaux sont éloignés de deux millimètres du bord de la planche qui est très sale. Le coin de la droite est blanc. Derrière la queue du renard, un massif d'arbres et un espace blanc; le dos et la queue de l'animal sont presque blancs. Il n'y a qu'une seule taille sur le pignon de l'église; à la droite du devant, le terrain est très clair.

* 2e. Le dos et la queue du renard sont ombrés de tailles croisées; derrière sa queue, on voit une chaumière. Il y a une seconde taille sur le pignon de l'église; les arbres à l'entour sont repris. Sur le devant, les ombres sont renforcées par de doubles et de triples tailles; le coin de la droite est raccordé.

* 3e. L'azur est continué jusqu'au bord d'en haut et à la droite, une lacune qui s'y trouvait, vers la gauche, est remplie par des entretailles.

* 4e. La composition est bordée d'un trait carré. L'azur est renforcé et augmenté jusque dans la cime de l'arbre à gauche; il s'étend des deux côtés du nuage, et au-dessous, le terrain éclairé derrière les pieds du renard est couvert d'une taille horizontale, ce qui paraît figurer un cours d'eau; à droite, les arbres sont remplis de petits traits; l'ombre portée de la pierre est allongée, à droite.

* 5e. L'estampe est rognée dans le bas, et à gauche. Les travaux du ciel sont fatigués. Haut., 93 millim.; larg., 114.

M. Drugulin signale encore un autre état où la composition est bordée d'un nouveau trait. Édition Gottsched.

22. Le renard, tout en continuant son chemin, veut se saisir d'un coq; il est réprimandé par le blaireau que l'on voit à la droite, tandis que le renard s'élance à gauche.

Haut., 93 millim.; larg., 116.

1er état. Il n'y a aucun travail sur le ciel. Le terrain éclairé, sur le premier et le second plan, est blanc; entre la porte et le chariot de foin, le mur du couvent n'a qu'une taille.

M. Drugulin dit qu'au British Museum, sur une épreuve de cet état, on a pratiqué une falsification : la pierre, les ombres devant et au-dessous du blaireau jusque dans le coin, à droite, ont été grattées.

* 2e. On voit un nuage léger au-dessus du clocher et du toit de l'église. Les parties claires du second plan, autour du coq, entre ce chariot et le blaireau, et à droite de ce dernier, sont couvertes de traits fins et serrés à la pointe sèche; on voit des tailles croisées sur la partie du mur indiquée plus haut.

* 3e. La composition est entourée d'un trait carré. Le ciel est couvert d'un azur fort et régulier dont les bandes encadrent le clocher. Il y a des tailles horizontales sur les parties éclairées du terrain, au-dessous des pattes de devant et de derrière du renard, devant le blaireau, et à sa droite; sur la pièce de bois, à terre, et à sa gauche. Dans le coin du bas de la droite qui n'était pas terminé, on voit des contre-tailles dures. Haut., 91 millim.: larg., 115.

* 4e. La planche n'est pas coupée, mais dans la bordure trois coins sont ouverts : les deux du haut et celui de gauche, en bas. Même édition.

23. Le renard, arrivé devant le lion, est accusé par les animaux. Le lion est couché sur une butte au milieu du fond; le renard, vu de dos, est au milieu du devant; à droite et à gauche, un groupe d'animaux l'entoure.

Haut., 94 millim.; larg., 119.

1er état. Le ciel est blanc. Il y a une place blanche sur l'épaule gauche de l'ours; la barbe du lièvre consiste en trois poils, deux plus petits et l'autre plus long.

* 2e. On voit sur le ciel, à droite, un peu d'azur et un nuage au-dessous. La place blanche sur l'épaule gauche de l'ours est éteinte; la barbe du lièvre a cinq poils, trois longs et deux petits.

* 3e. Il y a un trait carré autour de la composition. Dans le haut, un azur régulier; il descend par bandes presque sur les arbres. On voit de nouvelles tailles sur le dos et la croupe du lion; il y a des salissures au-dessous de sa queue, devant les pattes du léopard, sur le dos du bélier, sur celui du loup, et une plus large devant le lièvre; on remarque de nombreux travaux de plus dans les parties claires des animaux.

* 4e. L'estampe est coupée à droite; toutes les salissures ont disparu. Larg., 114 millim. Édition Gottsched.

24. Le renard, après avoir plaidé sa cause, est condamné à mort. Le lion est couché à gauche; le renard est à droite; le loup lui montre les dents.

Haut., 95 millim.; larg., 116.

1er état. Au British Museum. Le léopard n'a pas de mouchetures sur le corps; il n'y a pas de contre-tailles horizontales sur la poitrine et sur l'épaule de l'ours. L'estampe est d'un ton noir et uniforme, tout le fond est très noir et boueux.

* 2e. Il y a un trait de bordure très fort à gauche seulement. Un azur et des nuages très finement tracés. Dans le coin du haut, à gauche, une seule taille sur les arbres; derrière les animaux, un long espace blanc semble représenter de l'eau.

* 3e. Des quatre côtés un trait de bordure. Dans le coin du haut, à gauche, les arbres sont ombrés de deux tailles en losange; derrière les animaux qui ont été repris dans les ombres, la bande blanche est couverte d'une taille horizontale fine et régulière.

* 4e. La planche est rognée dans le bas, le trait de bordure coupe la petite pierre à gauche; une autre petite pierre ronde qui était dans le milieu ne s'aperçoit plus. Haut., 92 millim. Même édition.

25. Les parents du renard, le voyant condamné, demandent à se retirer de la cour. Le lion est couché à droite; le renard est à gauche, la corde au cou.

Haut., 98 millim.; larg., 116.

1er état. Le ciel est clair. L'eau-forte ayant manqué le long du bord, on y voit plusieurs lacunes.

2e. Au milieu du haut, un azur et, au-dessous, des nuages sont finement tracés. Les lacunes, à droite, sur l'épaule de l'ours et la crinière du lion, sont remplies par des tailles croisées.

* 3e. L'estampe est coupée dans le bas, elle n'a plus que 95 millim. de hauteur. Il y a un azur régulier dans le haut et des bandes d'azur au-dessous; la montagne, dans sa partie gauche, est ombrée de contre-tailles horizontales; quelques obliques ont été ajoutées; le long du chien, et entre ses pattes, on voit des contre-tailles horizontales; tous les arbres derrière les animaux, vers la gauche, ont été ombrés; il y a une série de tailles sur le dos et la croupe du lion. Un trait de bordure entoure la composition.

* 4e. L'estampe est coupée en bas une seconde fois; le trait carré est près des pattes de derrière du renard. Haut., 92 millim. Même édition.

26. Le renard, près d'être pendu, demande la permission de se confesser. On le voit, à droite, la corde au cou, près d'un arbre auquel le chat se dispose à l'accrocher; le lion, à gauche, assis sur son derrière, tient un bâton dans sa patte droite

Haut., 97 millim.; larg., 116.

1er état. Entre l'ours et l'arbre, à droite, il n'y a qu'une seule taille sur le fond et sur le terrain jusqu'à l'arbre coupé; avant les contre-tailles fines sur la patte élevée du lion et celles sur la jambe gauche de la lionne.

* 2e. Avec les travaux que nous venons d'indiquer, mais avant ceux que nous allons énumérer plus bas. On voit comme un trait de bordure de trois côtés, sauf à gauche.

* 3e. La planche est entourée d'un trait carré au burin. Dans le haut, le dos du chat est ombré d'une série de petits traits qui partent de la tête et se continuent vers le ventre; au-dessus de son dos, l'ombre a été renforcée, elle est devenue très noire; une petite place blanche qui existait au-dessous de sa patte de derrière a été éteinte; sur le dos du renard, contre les points qui marquaient seuls l'épine dorsale, on voit, du côté gauche, une série de tailles légères; du même côté, le ventre est profilé par des petites tailles, près des points qui existaient seuls dans l'état précédent; il y a de nouveaux travaux sur la tête du chien, et notamment près de l'oreille gauche où il n'y avait rien; depuis l'oreille droite de l'ours jusqu'à l'extrémité de sa gueule, des travaux légers éteignent la place blanche qu'on voyait dans cet endroit; au-dessus des yeux de la lionne, les travaux vont jusqu'au sommet de la tête; des travaux assez forts vont depuis les sourcils jusqu'au haut de la crinière du lion; quelques petites tailles circulaires profilent mieux la patte du lion, contre le trait de bordure; sur le flanc, au-dessous de cette patte, on voit des doubles tailles; l'épine dorsale du loup est beaucoup plus marquée; le loup, le lièvre, le chien, ont de fortes ombres portées; au-dessous du léopard, quelques travaux légers sur le terrain.

* 4e. La planche est un peu diminuée dans le bas; dans le haut elle a 2 millim. de moins; le trait carré touche la grosse branche de l'arbre, à gauche. Édition Gottsched.

27. Le lion suspend l'exécution du renard pour lui faire subir un dernier interrogatoire. On voit le renard à gauche, la corde au cou; le

lion est couché à droite; les animaux sont dans le fond; le chien est seul sur le devant.

Haut., 94 millim.; larg., 115.

1er état. Non décrit; au British Museum. L'estampe est d'un ton noir et uniforme; il y a un espace blanc entre le feuillage de l'arbre du milieu et les arbres, à gauche; la grande pierre, dans le milieu, n'est pas faite; on ne voit pas les pattes de devant du chien.

* 2e. Il y a un trait fin à gauche. Les travaux qui manquaient dans l'état précédent sont exécutés; on aperçoit une petite place blanche dans le contour de la cuisse du lion; avant les travaux dont nous allons parler plus bas.

* 3e. La composition est bordée d'un trait carré complet. La colline, au-dessus du bélier, est ombrée jusqu'au trait carré; dans l'état précédent, il y avait un millimètre de blanc dans cette partie; des tailles légères, contre le trait de bordure, profilent l'épaule droite du bélier; la lacune blanche sur l'ombre de la cuisse du lion est remplie.

* 4e. La planche est rognée dans le bas; la patte gauche du chien touche presque au trait carré. Haut., 92 millim. Édition Gottsched.

28. Le renard avoue faussement que son père a conspiré contre le lion; on le voit sur le devant, à droite, prosterné devant le monarque couché entre la lionne et le léopard.

Haut., 95 millim.; larg., 115.

1er état. Avec un trait fin dans le haut; avant les montagnes du fond; l'arbre vers la droite est très clair.

* 2e. On voit encore le trait fin dans le haut. Les montagnes dans le fond sont légèrement tracées et s'étendent entre les deux grands arbres; celui de droite est ombré de traits horizontaux à la pointe sèche; sur la gauche et sur la droite, dans le bas, les travaux ne touchent pas au bord.

* 3e. Un trait carré borde la composition. Sur le dos du lion, contre le trait qui le profile, on voit des tailles légères; le trait qui borde le cou de la lionne est ombré par des tailles très marquées; vers le milieu, le cou présente de nombreux travaux; le haut du front du renard, qui était blanc dans le 2e état, est ombré par des tailles; les travaux sont beaucoup plus marqués sur son épaule; le dessous de son ventre est très noir et se détache bien du sol; il y a quelques travaux légers au haut du cou de l'ours; sur sa croupe, à gauche, des tailles et des contre-tailles par places circulaires; on voit des tailles sur le dos du blaireau et sur le haut de sa tête, entre ses oreilles; les montagnes du fond s'aperçoivent à peine; à la gauche et à la droite du bas, les travaux touchent le trait de bordure.

* 4e. La planche est rognée dans le bas; le trait de bordure coupe la patte gauche du blaireau. Haut., 91 millim. Même édition.

29. Le renard continue son mensonge. Il est à gauche, près du lion couché, qui l'écoute avec attention; les autres animaux sont éloignés dans le fond, à droite.

Haut., 99 millim.; larg., 117.

1er état. Au British Museum. D'un ton noir et uniforme ; les feuillages sont à peine indiqués dans le haut, à gauche; l'arbre couché, dans le bas, s'aperçoit à peine; le corps de la lionne, derrière le lion, n'est presque pas visible.

*2e. L'azur et les nuages sont légèrement indiqués; il y a beaucoup de taches d'eau-forte à la droite du haut; dans le bas, de ce côté, les arbres sont presque blancs; le haut de la tête de l'ours n'est pas ombré; dans le coin du bas, à gauche, il y a deux places blanches; pas de trait de bordure.

*3e. Dans le haut, à droite, le ciel a été repris; on y voit des tailles et des contre-tailles; de nouveaux nuages sont tracés, avec de l'azur à gauche. Au-dessous de la tour, les petits arbres sont couverts de travaux; tout le haut de la tête de l'ours est ombré; on voit des travaux de plus sur les autres animaux, notamment sur la croupe du bélier, sur le lapin, etc. ; au bas de la gauche, les deux places blanches sont couvertes par des travaux. Un trait de bordure fort entoure la composition.

*4e. La planche est rognée dans le bas; les pattes du renard touchent presque le trait carré. Haut., 91 millim. Même édition.

30. Le renard continue ses faux aveux. Il est assis à gauche, sur un tertre, en face du lion que l'on voit à droite, accompagné de la lionne et du léopard.

Haut., 97 millim.; larg., 127.

1er état. Au British Museum. D'un ton noir et uniforme; on ne voit pas de tailles circulaires sur la croupe du lion; elles sont très visibles dans l'état suivant.

*2e. Il y a un trait fin de trois côtés; les travaux au haut, à gauche, ne touchent pas le bord; dans le bas, du même côté, une simple taille; mais il y a des tailles circulaires sur la croupe du lion.

*3e. La composition est bordée d'un trait fort. Les travaux sont complétés au haut, à gauche; dans le bas, du même côté, il y a une contre-taille formant losange; quelques lacunes blanches dans le terrain, derrière le dos du singe, sont éteintes par des tailles.

*4e. Coupé dans le bas au-dessous de la grande plante. Haut., 92 millim. Édition Gottsched.

31. Le renard poursuit sa narration mensongère, et fait espérer au lion et à la lionne de trouver un trésor que son père leur a dérobé. Le renard est à gauche, en face du lion, que l'on voit du côté opposé avec la lionne.

Haut., 96 millim.; larg., 117.

*1er état. Il n'existe qu'un azur et quelques nuages très finement indiqués. La montagne n'est ombrée que de simples tailles; il y a quelques travaux de moins sur la joue de la lionne; la queue du renard ne se détache pas du sol. Au-dessous de la grosse pierre du bas, et du côté gauche, le sol est blanc; dans le bas, à droite, les travaux sont éloignés de 2 ou 3 millim. du bord.

M. Drugulin mentionne un 1er état, avant l'azur et les nuages, avant les fines tailles en haut à gauche et avant les contre-tailles sur le rocher à droite; mais il ajoute qu'il n'en a jamais rencontré d'épreuve. Nous devons donc nous borner à mentionner cette conjecture.

* 2°. Avec un trait de bordure. Dans le haut, il existe un azur fort et régulier couvert de contre-tailles dans le milieu du haut; des bandes d'azur descendent à droite plus bas que la montagne et, à gauche, plus bas que la cime de l'arbre voisin des deux tours; il y a des doubles tailles sur la montagne; on voit quelques travaux de plus sur l'épaule, le dos et la croupe du lion, sur la joue de la lionne, au-dessous de l'oreille, et sur la croupe du renard; la queue de celui-ci se détache du terrain; dans le bas, au milieu et à droite, les travaux vont jusqu'au trait de bordure; les pierres sur le devant ont de fortes ombres portées.

* 3°. La composition est diminuée dans le bas; le trait de bordure coupe la petite pierre à gauche. Haut., 92 millim. Même édition.

32. Le lion que l'on voit, à gauche, accompagné de la lionne, au sommet d'un monticule, pardonne au renard, et ordonne aux autres animaux d'oublier ses crimes. Le renard est dans le bas, à droite, ayant derrière lui les autres animaux consternés.

Haut., 95 millim.; larg., 116.

1er état. En haut et en bas le trait est fin. Il n'y a aucune indication d'azur, on n'aperçoit aucune montagne dans le fond; le feuillage, au milieu et vers la droite, est très clair.

* 2°. On voit, à droite, un azur finement tracé et quelques contours d'un nuage. Dans le milieu du fond, on aperçoit une montagne ombrée de traits légers; au-dessus de l'ours, les arbres sont plus ombrés; le trait de bordure est resté le même.

* 3°. La composition est entourée d'un trait fort. Tout le haut de l'estampe est couvert d'un azur régulier tracé à longs traits; les arbres du fond sont encore plus travaillés, derrière l'ours; sur un petit tertre, à droite, qui était resté blanc, quelques tailles légères; on aperçoit encore la montagne; tout le dos de l'ours et sa croupe sont couverts de nouveaux travaux; on en remarque également beaucoup plus sur son épaule droite, dans la partie qui touche le dos du renard; la cuisse gauche du loup est profilée par des travaux vigoureux; son dos est plus ombré, vers la droite; le contour supérieur de la gueule du renard est ombré de tailles légères; le dessous de la tête et le cou sont retravaillés; le contour de sa cuisse droite est plus fortement ombré; tout le haut de la tête de la lionne est plus noir; au-dessous de l'œil, le contour de la joue est accusé par des tailles légères; d'autres tailles partant de l'œil descendent le long du nez; la crinière du lion qui était blanche est ombrée sur le sommet de la tête et du cou et, dans le bas, contre l'épaule; le dessous du ventre du lion est couvert de contre-tailles; on en voit également sur ses jambes; les ombres portées du lion sont beaucoup plus fortes; celle qui est entre ses deux jambes est prolongée par une série de tailles horizontales légères. Les anfractuosités du rocher, à gauche, se détachent plus vigoureusement.

* 4°. La planche est diminuée dans le bas; les pierres sont à moitié coupées. Haut., 91 millim. Édition Gottsched.

33. Effroi des ennemis du renard. Le lion, entre la lionne et le singe,

est couché au haut d'un tertre; le renard est dans le milieu du bas; à droite, l'ours et le bélier; à gauche, le loup, le chien, le coq et le corbeau.

Haut., 96 millim.; larg., 117.

* 1er état. Il n'y a qu'un peu d'azur et quelques nuages finement tracés. Le singe, le lion, même la lionne et le monticule sur lequel ils sont placés sont blancs en grande partie; le renard est moins travaillé; pas de trait de bordure.

M. Drugulin mentionne un 2e état où une lacune dans le feuillage, en haut et à droite de la tête du singe, est remplie d'un griffonnage de traits légers. Cette remarque ne nous semble pas assez précise.

* 2e. On voit un fort trait de bordure. Dans le haut, un azur à longs traits descend jusque sur le corps du lion; le singe qui était blanc en grande partie est entièrement ombré; la croupe, le dos et la joue du lion sont couverts de travaux; il y en a également sur la tête, au-dessus de l'œil; la lionne est complètement ombrée; on remarque de nouveaux travaux sur la poitrine et le corps de l'ours; sa patte gauche est presque tout entière couverte de tailles; il y a quelques tailles de plus sur le dos du bélier; le monticule sur lequel est couché le lion, ainsi que le terrain du bas, sont couverts de tailles soit horizontales, soit obliques; le renard est plus ombré dans toutes ses parties; le dos et l'épaule du loup ont été éclaircis. De cet état, deux épreuves.

* 3e. Coupé dans le bas; les pierres sont entamées. Haut., 93 millim. Même édition.

34. En exécution des ordres du lion, on enlève à l'ours un morceau de la peau de son dos, au loup une partie de ses pattes de devant, tandis qu'on écorche celle de derrière à la louve, pour faire au renard qui doit aller en pèlerinage à Rome des souliers et un sac de voyage. Le renard, assis à la droite, contemple cette scène qui se passe, à gauche, près d'un grand arbre.

Haut., 95 millim.; larg., 116.

1er état. Au British Museum. L'estampe est d'un ton noir et uniforme; la pointe de la tour ne dépasse point les points noirs en cercle que l'on voit derrière; dans le milieu, le terrain entre les animaux n'est pas visible.

2e. L'extrémité de la tour dépasse les points en cercle dont nous venons de parler, mais le ciel est clair; le château et la montagne sur laquelle il s'élève ne sont ombrés que d'une seule taille; les travaux d'en bas et de la droite ne touchent pas au bord; il n'y a pas de croix sur la tour.

* 3e. On voit à droite un azur très fin. Quelques contre-tailles courtes sur le château et la montagne; la haute montagne du fond est conduite jusqu'au bord par une série de tailles très légères, elle est toujours au contour du côté gauche.

* 4e. Le ciel est couvert d'un azur léger tracé au burin et qui descend par bandes jusqu'à la croix que l'on voit au haut de la tour; la grande montagne du fond est ombrée entièrement de petits traits; on voit de nouvelles contre-tailles horizontales sur la tour; les petits arbres, derrière le renard, sont ombrés par des traits légers, il y a de nouvelles tailles sur l'épaule gauche de l'animal qui écorche l'ours; au-dessous de la patte droite de celui-ci, et sur l'épaule de l'ours on voit des tailles légères descendantes;

le bas du terrain, dans le coin, à gauche, est marqué par des tailles en losange. Un fort trait de bordure entoure la composition.

* 5°. Le ciel est moins visible, mais l'estampe est dans son intégrité; c'est un tirage postérieur que l'on distingue seulement par la mollesse du papier qui est cotonneux. Édition Gottsched.

35. Le bélier chapelain du lion donne la bénédiction au renard avant son départ pour Rome; on le voit, à gauche, devant le lion et la lionne, les deux pattes de devant élevées. Le renard est assis devant lui; les autres animaux se voient, vers la droite.

Haut., 96 millim.; larg., 118.

1er état. Il n'y a qu'un trait de bordure fin et raboteux à gauche, sur la droite; azur très fin d'une seule taille, éloigné du bord de 1 à 2 millim. La grande maison n'a pas de contour, à gauche; le petit édifice percé d'une porte n'est indiqué que par dix traits; il n'y a pas de contre-tailles fines, à droite, sur la montagne, ni sur le corps du coq; le renard n'a pas d'ombre portée.

* 2°. L'azur va jusqu'au bord; on y remarque, dans le haut, des contre-tailles très fines. La maison a un contour, à gauche; plus loin, le petit édifice est formé d'une vingtaine de traits, mais il n'est pas profilé dans le haut; on voit des contre-tailles fines sur la montagne, et le renard a une ombre portée; l'arbre, à droite, n'est pas terminé, surtout dans le milieu; derrière le coq, les petits arbres sont blancs.

* 3°. Avec un trait de bordure sur les quatre côtés. L'azur est fin, régulier et d'une seule taille; le petit édifice dans le fond a un contour; l'arbre à droite est terminé, la partie blanche du milieu est éteinte; les petits arbres sont ombrés, derrière le coq et le blaireau; sur l'ombre portée du renard, des contre-tailles obliques.

* 4e. Coupé dans le bas, au-dessous de la petite pierre qui est dans le milieu. On voit encore l'azur; dans d'autres épreuves il a disparu. Haut., 93 millim. Même édition.

36. Le renard, parvenu à l'entrée de son terrier, accompagné du bélier et du lapin, engage ce dernier à y entrer, et le tue. Le renard et le lapin sont, à gauche, à l'entrée du terrier; le bélier est dans le milieu, sur une petite éminence.

Haut., 95 millim.; larg., 115.

1er état. Avec un trait fin et raboteux dans le bas. Le ciel est clair; les troncs d'arbres sont vivement éclairés; la longue branche feuillée n'existe pas au-dessus de la tête du bélier.

* 2e. La longue branche dont nous venons de parler se voit au-dessus de la tête du bélier; les troncs d'arbres sont plus ombrés, il n'y a aucune partie claire dans le premier qui est à droite; derrière le bélier le terrain est resté blanc.

* 3e. Un trait de bordure aux quatre côtés; avec un azur fort et régulier. Le fond plus travaillé s'aperçoit distinctement; l'église est profilée dans toutes ses parties; sur le terrain du fond on voit des tailles horizontales aux deux côtés du bélier; il y a quelques travaux de plus sur la croupe de cet animal et sur la cuisse de derrière du renard; toute l'entrée du terrier est accusée par de nouvelles tailles.

* 4e. Le ciel est affaibli. La composition paraît avoir été retouchée dans le fond,

mais la planche est entière. C'est à tort que M. Drugulin dit qu'elle a été coupée dans le bas. Même édition.

37. Le renard renvoie le bélier vers le lion, avec un paquet qui, au lieu de dépêches, renferme la tête du lapin. On voit le bélier avec le paquet sur le dos, se dirigeant vers le fond; le renard qui est à droite le regarde partir.

Haut., 96 millim.; larg., 118.

1er état. Avec un azur léger à gauche; des nuages finement tracés occupent la plus grande partie du ciel, et descendent même jusqu'au-dessus de la tête du bélier; à gauche, les maisons vont jusqu'au bord et finissent par deux portes voûtées; la butte, à gauche, est peu élevée et se termine à la partie éclairée; il n'y a pas de branches de buissons au-dessus du dos du renard; l'eau-forte paraît avoir manqué près du bord.

* 2e. Les maisons sont interrompues, à gauche, par un monticule qui s'élève derrière la première butte; on ne voit plus les deux portes voûtées; les arbres et les buissons, sur la droite, sont plus ombrés; l'estampe a été raccordée, près du bord.

* 3e. Avec un trait de bordure. L'azur a été repris dans le haut, ainsi que le buisson contre le trait de bordure.

4e. La planche est coupée dans le bas. Édition Gottsched.

38. Le bélier étant arrivé, le singe, secrétaire du lion, ouvre le paquet, et en retire la tête du lapin au grand étonnement des animaux. Le lion est à droite, près d'un arbre, entre la lionne et le léopard; le bélier, dans le milieu, contemple tristement la tête du lapin; le singe ayant le chien derrière lui regarde dans le sac; l'ours et le loup sont vers la gauche.

Haut., 95 millim.; larg., 116.

1er état. Au British Museum. Il est d'un ton noir et uniforme; à gauche, au lieu d'un tronc d'arbre, on n'aperçoit qu'une masse noire.

* 2e. Il y a un trait fin dans le bas. L'azur est tracé, ainsi que les nuages; l'épaule droite du loup n'est pas profilée par un trait; le coup de lumière sur son dos est plus prononcé; le dos et la croupe du bélier, ainsi que l'épaule droite et la tête de l'ours, sont moins travaillés; avant des travaux sur la joue droite du léopard; la croupe du lion est blanche, sa jambe droite de derrière est sans contour; la lionne, le singe et le chien sont moins travaillés.

* 3e. L'épaule droite du loup est profilée; le coup de lumière sur son dos est presque éteint; on voit des tailles légères sur le dos, la croupe et le ventre du bélier; il y a des tailles fines sur la tête, le nez, le museau et l'épaule de l'ours; des tailles fines s'aperçoivent sur le front, le nez, la joue droite, la poitrine et les jambes du léopard; on voit des tailles le long du nez du lion, sa cuisse est accusée par des séries de tailles fines; au-dessous, le contour de la jambe est profilé par un trait; de nombreux traits assez fins se remarquent sur tout le corps de la lionne, depuis la tête jusqu'au bas de la patte; le sommet de la tête du chien et son dos sont plus travaillés,

ainsi que son ombre portée; la tête du singe est plus ombrée; tout le long de sa cuisse une série de tailles. Un fort trait de bordure entoure la composition.

4e. La planche est coupée dans le haut. Édition Gottsched.

39. Le lion met en liberté l'ours et le loup, qu'il avait fait mettre en prison pour avoir continué à mal parler du renard. L'ours est dans le milieu de l'estampe; le lion et le loup sont à droite.

Haut., 96 millim.; larg., 116.

* 1er état. Il n'y a qu'un léger azur sur le ciel, il est croisé, à droite, de quelques tailles obliques; à la gauche de l'ours, il n'y a que quelques points dans le fond; les arbres sont presque blancs; avant des travaux sur le lion, sur l'ours et sur le terrain. La composition paraît bordée d'un trait léger.

* 2e. Le trait de bordure est fort. Un nouvel azur tracé au burin s'étend par bandes sur toute la largeur du ciel, et descend plus bas que la cime des arbres; ceux-ci sont couverts de travaux légers dans toutes leurs parties. A la gauche de l'ours, on voit un tertre qui s'incline vers la gauche; le terrain derrière l'ours est ombré; la place qu'on y voyait, ainsi qu'entre les jambes du loup, est éteinte; il y a des contre-tailles perpendiculaires sur le terrain, contre la jambe droite de l'ours; quelques tailles obliques touchent sa jambe droite de derrière; on voit quelques légères tailles sur l'épaule droite de cet animal, ainsi qu'au bas de sa jambe droite et sur sa patte; l'ombre portée de cette patte est beaucoup plus large; il existe quelques traits légers au-dessus de l'œil du lion, et des travaux accusent mieux les touffes de sa crinière par devant. Il y a une large coulure d'eau-forte dans le coin du bas, à gauche.

3e. L'estampe est diminuée dans le bas. Même édition.

40. Fête célébrée en l'honneur de l'ours et du loup. On les voit au milieu de l'estampe danser ensemble, près d'un gros tronc d'arbre; ils sont suivis par le coq et le bélier; sur le devant, à gauche, un chat danse et un lièvre saute; un peu plus loin, du même côté, un chat joue de la cornemuse.

Haut., 98 millim.; larg., 115.

* 1er état. On voit de trois côtés une espèce de trait fin; le ciel est blanc. Au-dessus et au-dessous de la patte du loup, il y a un espace entièrement blanc; la montagne est peu ombrée à gauche.

* 2e. Un trait de bordure assez fort encadre la composition; au haut du ciel, à gauche, quelques indications d'un léger azur. La montagne est plus ombrée dans sa partie gauche, elle paraît boisée; l'espace blanc qui était au-dessous est entièrement couvert de légères tailles horizontales.

3e. La planche est coupée dans le haut. Même édition.

41. C'est le récit d'une action criminelle du renard fait au lion. Le renard étendu sur le dos semblait être grièvement blessé, le corbeau

et la corneille s'approchent de lui pour le secourir; tout à coup le renard se lève, et mord la corneille; on voit le renard étendu sur le dos, dans le milieu de l'estampe; les deux oiseaux volent à gauche; une carriole se dirige vers le fond.

Haut., 96 millim.; larg., 115.

1er état. Un trait de bordure existe sur la droite. L'azur et les nuages sont finement tracés; au milieu du haut, on voit une lacune entre l'azur et le nuage le plus élevé: ce nuage est sans contour vers la droite. Derrière le renard, un espace considérable reste blanc, contre lequel ses jambes de devant, le haut de son corps et sa tête se dessinent; le toit de la chaumière, à gauche, est blanc, celui de l'église n'a qu'une seule taille. M. Drugulin dit que les premières épreuves de cet état sont avant une éraillure qui traverse le ciel, depuis les nuages jusqu'au squelette qui est sur une roue.

* 2e. La lacune entre l'azur et le nuage le plus élevé n'existe plus; l'azur touche ce nuage qui est profilé, à droite. Derrière le renard, on voit une butte vigoureusement ombrée; le toit de la chaumière a des travaux; sur celui de l'église il y a des contre-tailles; les arbres, sur la gauche, sont plus travaillés.

* 3e. Il y a un fort trait de bordure; les deux arbres sont retravaillés; des plis du terrain, tout à fait à droite, sont marqués par des tailles horizontales; d'autres travaux légers s'étendent jusqu'à la carriole, l'ombre portée de l'os a été allongée par quelques traits.

4e. L'estampe est coupée dans le bas. Même édition.

42. Le lion irrité contre le renard ordonne à tous les animaux de le suivre pour aller chercher le criminel dans son terrier. Le lion est assis, à gauche, entre la lionne et le léopard; on voit tous les autres animaux sur le devant; à droite, le singe grimpe à un tronc d'arbre.

Haut., 98 millim.; larg., 114.

1er état. Au British Museum. L'estampe est d'un ton noir et uniforme avant une forte ombre portée sous le ventre du blaireau contre son épaule gauche.

* 2e. Le trait de bordure est légèrement tracé; le ciel est blanc.

3e. Le ciel, près du château du fond, est couvert d'une couche de traits légers en biais ressemblant à des égratignures.

* 4e. La composition est entourée d'un fort trait de bordure. Le haut du ciel est couvert dans toute sa largeur d'un azur tracé au burin; les traits autour du château sont disparus; un arbre contre le trait de bordure, à droite, est fortement travaillé; une place blanche, au-dessous des cornes du bélier, est éteinte par des tailles légères en biais; les travaux touchent le cou du bélier; le coin de la droite du bas est ombré de tailles croisées; on voit des travaux de plus sur le nez et la joue droite du lion, ainsi que de la lionne; entre le dos du lion et les pattes du léopard, une place blanche a été éteinte par des tailles légères horizontales; entre ces mêmes pattes et la tête de l'ours, la montagne est ombrée d'une série de travaux fins.

5e. L'estampe est coupée dans le haut. Édition Gottsched.

43. Le blaireau s'empresse d'aller avertir le renard du dessein du lion ; le blaireau arrive du fond. Vers le milieu, le renard est occupé à plumer deux pigeons ; un autre renard accourt de la droite.

Haut., 97 millim.; larg., 114.

1er état. Le ciel est blanc. Sur le fond, une chaîne de montagnes est indiquée par des points épars, ainsi qu'une maison devant une grande tour ; on ne voit qu'une taille sur les faces ombrées des pierres, à la gauche du devant, sur l'espace compris entre la gueule du renard et le pigeon, et sur la butte vers la droite ; le feuillage du grand arbre presque blanc n'a pas de contre-tailles.

2e. On voit des contre-tailles fines sur les pierres et sur l'espace entre la gueule du renard et le pigeon ; on en voit aussi sur les grands arbres, à droite ; mais le ciel est toujours blanc.

* 3e. On voit un azur léger dans le haut. Vers la gauche, sur l'emplacement de la chaîne de montagnes décrite plus haut, il y en a une autre plus élevée boisée dans le bas, qui a été rentrée à la pointe sèche ; on n'aperçoit plus que la pointe de la tour ; le creux, vers la gauche, et la butte, au-dessus du renard, sont ombrés de deuxièmes et de troisièmes tailles croisées.

* 4e. La composition est bordée d'un trait carré. Un azur régulier occupe tout le haut ; il descend par bandes sur la montagne et dans les branches des arbres. Les montagnes du fond sont ombrées de tailles et de contre-tailles ; les arbres au-dessous ont été regravés dans une forme un peu différente ; ils sont beaucoup plus travaillés ; on voit des tailles horizontales dans la partie gauche du gros tronc d'arbre ; au-dessus, sur la grande branche, il y a cinq ou six tailles longitudinales qui vont en diminuant ; les deux renards sont beaucoup plus travaillés, notamment sur la poitrine de celui qui plume le pigeon ; il y a des tailles circulaires sur le ventre du pigeon qu'il tient dans sa gueule, toute cette place était blanche auparavant. Entre les deux tas de pierres, le terrain qui était blanc est ombré par des tailles légères horizontales ; les deux premières pierres, à gauche, sont ombrées au sommet ; l'ombre portée de la première est plus que doublée sur la longueur ; les plantes, à droite, ont de fortes ombres portées.

5e. Coupé dans le bas. Même édition.

44. Le renard, certain d'apaiser la colère du lion, part avec le blaireau pour se rendre à la cour ; pendant son voyage, il raconte à son ami le tour qu'il a joué au loup qui voulait s'emparer d'un poulain ; on voit le renard sur un tertre, à gauche, contemplant le loup renversé par terre d'une ruade que lui a lancée la jument ; le poulain s'enfuit vers la gauche.

Haut., 98 millim.; larg., 118.

1er état. Le ciel est blanc ; les travaux de l'arbre sont éloignés de 1 à 2 millim. du bord.

* 2e. On voit un azur fin à droite, mais tout le reste du haut est blanc ; les travaux de l'arbre vers la droite du tronc sont continués jusqu'au bord.

* 3e. La composition est bordée d'un trait. Tout le ciel, à droite, est couvert d'un azur régulier; il descend par bandes plus bas que la pointe du clocher. Le poulain qui court à droite, a des tailles le long de l'épine dorsale, à partir du garot jusqu'à la croupe, toute cette partie était blanche dans le 2e état; on voit des tailles sur son front et le long de sa tête jusqu'à sa bouche; la croupe de la jument est presque entièrement ombrée; on voit des tailles le long de son cou à partir des oreilles; il y a également des tailles le long de son épaule et de sa jambe droite; il y a aussi beaucoup de travaux sur le ventre et sur la cuisse gauche du loup; les ombres portées des animaux sont plus fortes.

4e. L'estampe est coupée dans le haut. Même édition.

45. Le renard en présence du lion se disculpe de ses crimes; il est dans le milieu; le lion sur un petit tertre, à droite, avec la lionne; tous les autres animaux sont groupés dans le fond et sur le devant.

Haut., 97 millim.; larg., 116.

1er état. Le ciel est blanc; l'épaule gauche de la lionne n'a qu'une seule taille.

* 2e. L'azur et des nuages sont légèrement tracés sur la droite; l'épaule gauche de la lionne est ombrée de tailles croisées; mais avant les travaux dont nous allons parler plus bas.

* 3e. Un fort trait de bordure entoure la composition. A gauche comme à droite, le ciel est couvert d'un azur régulier. Il y a des contre-tailles formant losange sur le tertre, au-dessus du chien; on remarque une série de tailles légères dans le milieu du cou de cet animal; le terrain, contre l'épaule droite de l'ours, est ombré de tailles horizontales continues; le renard a des travaux de plus sur la joue, le museau, la poitrine, et le long du dos; son œil est noir; on remarque des tailles nouvelles sur le cou et le dos du loup, sur la tête de l'animal qui est par derrière, dont la croupe qui était restée blanche est entièrement ombrée; sous les pattes de la lionne et du lion, on remarque une série de tailles horizontales non interrompues; on voit des tailles, à gauche, contre le cou du blaireau, son corps est plus travaillé; le contour extérieur de sa jambe droite de derrière est raccordé par un trait. Tout le terrain sur le devant est très noir, et ombré de contre-tailles fortes.

4e. L'estampe est coupée dans le haut. Même édition.

46. Mensonge du renard qui raconte au lion que le lapin, ayant été reçu par lui très honorablement, a insulté un de ses enfants. Dans l'estampe le renard est à droite, le lapin accourt au-devant de lui. Dans le fond, un chariot, une haute montagne au pied de laquelle on voit un village et une église.

Haut., 97 millim.; larg., 115.

1er état. On aperçoit comme un trait fin dans le haut et des deux côtés; sur celui de droite il y a une large éraillure qui entame l'estampe du haut en bas; le ciel est blanc. Le lapin n'a des travaux que sur le devant de la tête, la poitrine et la jambe gauche; les contours du renard sont indiqués par des petits traits épars. Sur le terrain, près de la mare, il n'y a qu'une seule taille; sur le devant, à gauche, les herbes sont très finement tracées.

* 2e. On voit un azur et des nuages légers. Le lapin est entièrement ombré, à l'exception de son épaule et de sa jambe droite; tous les contours du renard sont bien accusés. Il y a des contre-tailles sur le terrain, près de la mare; sur la gauche du devant, les herbes sont très noires; mais avant les travaux dont nous allons parler dans l'état suivant.

* 3e. La composition est entourée d'un trait de bordure. Un azur régulier couvre tout le ciel. Le renard est plus travaillé sur le ventre, le long du dos, et sur la croupe; l'ombre portée des jambes de derrière est très forte. Le terrain entre le renard et le lapin est entièrement ombré, à partir des jambes du renard jusqu'à la tête du lapin; l'ombre portée de cet animal est beaucoup plus large; les plantes, à gauche, sont ombrées de contre-tailles.

4e. L'estampe est coupée dans le bas. Édition Gottsched.

47. Le renard, continuant ses mensonges, raconte au lion et à la lionne qu'il a confié au bélier plusieurs objets précieux qui leur étaient destinés, entre autres : un anneau, un peigne, un miroir doués de vertus magiques. On voit ces objets derrière le lion qui est assis, à droite, à côté de la lionne; le renard est assis à gauche.

Haut., 95 millim.; larg., 115.

1er état. Dans le haut, un azur et des nuages très légers. Les rochers, derrière la lionne, sont sans feuillage; le miroir et le peigne sont au trait.

* 2e. Une longue branche feuillée part du rocher et descend presque sur la tête du renard; au-dessus de l'épaule de la lionne, quelques feuillages; le miroir est ombré de tailles dans l'intérieur; au milieu du peigne on voit des tailles croisées; mais avant les travaux dont nous allons parler.

* 3e. Un fort trait de bordure entoure la composition. L'azur a été retracé dans le haut, à gauche; la montagne est plus ombrée derrière le renard, ainsi que les deux grands arbres; derrière les pattes et la queue de cet animal, le terrain est ombré de tailles fines et légères; les traits fins qui ombraient le miroir sont disparus; ceux qui étaient sur le milieu du peigne s'aperçoivent à peine; il y a des contre-tailles obliques contre le trait au-dessous des plantes.

4e. L'estampe est coupée dans le bas. Même édition.

48. Histoire du cheval qui veut se venger du cerf; elle devait être, suivant le renard, sculptée dans la bordure du miroir magique. On voit le cheval, à gauche, au moment où l'homme lui met une bride; le cerf est à droite; sur le devant, des moutons, un bélier et une chèvre.

Haut., 93 millim.; larg., 116.

* 1er état. Trait fin sur la droite; azur et nuages légèrement tracés; il n'y a que de simples tailles en bas, vers la droite.

2e. Bordé d'un trait carré. L'azur et les nuages sont renforcés; les arbres sont retravaillés; le terrain devant la brebis vue de profil, et le coin de la droite sont couverts de contre-tailles formant losange.

3e. Coupé dans le haut. Même édition.

49. Le berger monté à cheval poursuit le cerf au grand galop; l'animal s'enfuit, à gauche; le cavalier accourt de la droite; le troupeau est sur le devant.

Haut., 97 millim.; larg., 116.

1er état. Il y a un trait fin, à droite; le ciel est blanc. Le troupeau est très clair; le terrain qui est derrière, le cavalier et sa monture n'ont que de simples tailles.

2e. Il y a des contre-tailles sur le terrain derrière le troupeau et sur le cavalier.

* 3e. On voit des contre-tailles sur le cheval, mais les arbres du fond et deux de la gauche, au-dessus du cerf, sont encore sans ombres.

* 4e. Un trait de bordure entoure la composition. Un azur régulier couvre tout le haut jusqu'au grand arbre de la droite; des bandes d'azur descendent plus bas; la cuisse du cheval a été éclaircie; les arbres du fond et ceux de la gauche sont ombrés; on voit des travaux de plus sur les animaux.

5e. L'estampe est coupée dans le bas. Édition Gottsched.

50. Autre histoire sculptée sur le miroir. L'âne, jaloux des caresses que le chien reçoit de son maître, cherche à l'imiter en sautant au cou de celui-ci. On voit l'âne dans le milieu, derrière son maître effrayé; le chien court à la droite; dans le fond, un port de mer.

Haut., 95 millim.; larg., 116.

1er état. Un azur et des nuages finement tracés. Deux des vaisseaux dans le fond sont blancs; le troisième, ainsi que l'homme en manteau que l'on voit au-dessous de la jambe levée de l'âne, sont ombrés d'une seule taille.

* 2e. On voit sur les vaisseaux et sur l'homme en manteau des tailles et des contre-tailles à la pointe sèche; les travaux du toit, à la droite, sont encore à 2 millim. du bord de la planche; avant les travaux dont nous allons parler.

* 3e. La composition est bordée d'un trait carré. Au-dessous du premier azur on en a tracé un autre régulier qui descend jusqu'aux créneaux de la tour, et qui encadre tout le haut de la tête de l'âne; les travaux du bâtiment à droite sont raccordés par une série de traits jusqu'à la bordure; on aperçoit des tailles fines horizontales sur le terrain qui est devant; il y a des tailles obliques au-dessus de la dernière barrique à gauche; des tailles légères ombrent le dos du chien; on voit des travaux de plus sur la peau qui couvre l'âne, à gauche; le bras droit, le pourpoint et les jambes de l'homme sont ombrés, à gauche, de tailles très fines.

* 4e. Coupé dans le haut jusqu'au bout du toit de la tour. Haut., 92 millim. Même édition.

51. Troisième histoire sculptée sur la bordure du miroir, suivant le faux récit du renard : son père, surpris par plusieurs chiens de chasse

dans une promenade qu'il faisait avec le chat, se voit abandonné par celui-ci, malgré la promesse qu'ils s'étaient faite de se secourir mutuellement; le renard s'enfuit à gauche, tournant la tête vers trois chiens qui le poursuivent; le chat est dans le milieu du haut, perché sur la branche d'un gros arbre.

Haut., 95 millim.; larg., 116.

* 1er état. Les arbres du fond sont presque blancs; le front du chat est moins travaillé; l'ombre portée du renard n'est faite que de simples traits; le premier chien au bas de la droite est moins travaillé sur le museau et sur le cou; ses pattes de devant sont presque blanches. La partie supérieure des deux pierres du devant est blanche; les travaux ne touchent pas le bord de la droite.

* 2e. Avec un trait de bordure autour de la composition. Les arbres du fond sont ombrés depuis le gros arbre jusqu'au bout de la droite; à partir du nez du chat, des traits assez serrés montent jusqu'à son oreille gauche; à droite, le premier chien a sur le museau des tailles qui vont du nez jusqu'à l'œil, et ensuite vers l'oreille; le bas du museau est ombré; des travaux accusent mieux le cou et les pattes; le haut des pierres est ombré, vers la droite; le cou du renard est mieux profilé; à gauche, des tailles vont en diagonale du haut de son dos jusqu'à l'épaule; le ventre, le dos, la cuisse et la queue sont beaucoup plus travaillés; sur l'ombre portée, une taille croisée horizontale; les travaux à droite sont continués jusqu'au trait.

* 3e. Coupé dans le bas près des pattes du renard. Haut., 91 millim. Même édition.

51a. C'est le même sujet. Le renard s'enfuit à gauche, on le voit devant un gros arbre au haut duquel le chat est perché; il est poursuivi par deux chiens vus en entier; dans le fond, des chasseurs et deux chiens. Cette pièce est très rare.

Haut., 95 millim.; larg., 116.

1er état. A l'eau-forte pure. Il n'y a que deux tailles sur le terrain du premier plan; le pied de l'arbre, sur la droite, et le terrain avoisinant sont ombrés de simples tailles; les travaux, à droite, ne touchent pas au bord.

* 2e. Le terrain du premier plan et le tronc du grand arbre sont ombrés de deuxièmes et de troisièmes tailles; on voit sur l'arbre, à droite, et sur le fond du même côté des petites contre-tailles en biais qui se continuent jusqu'au bord.

52. Représentation de la quatrième scène sculptée sur la bordure du miroir, la cigogne retire un os de la gorge du loup; les deux animaux sont dans le milieu de l'estampe.

Haut., 98 millim.; larg., 116.

1er état. Au British Museum. D'un ton noir et uniforme; il n'y a dans le haut, à gauche, qu'une indication de ciel.

* 2e. L'azur et les nuages sont finement tracés. La montagne, à gauche, est blanche dans la partie qui avoisine les roseaux.

* 3e. Il y a un trait de bordure autour de la composition. L'azur a été renforcé

dans le haut à gauche; les nuages ne s'aperçoivent presque plus; la série de traits que l'on voyait au-dessus de la montagne à droite, et qui ressemblait à un nuage, est à peu près disparue; le bas de la montagne à gauche est ombré; des travaux de plus sur le cou, le dos, le ventre de la cigogne et sur la poitrine du renard.

* 4e. L'estampe est coupée dans le haut., Haut., 93 millim. Même édition.

53. Le loup accuse de nouveau le renard; il dépose que, sous prétexte d'apprendre à la louve à attraper des poissons, il l'avait engagée à laisser geler sa queue dans l'eau d'un étang où elle aurait péri, si lui loup ne l'avait pas dégagée. On voit le loup et la louve, à droite; le renard s'enfuit vers la gauche; dans le fond, du même côté, des patineurs et plus loin un moulin à vent.

Haut., 98 millim.; larg., 117.

1er état. Le trait est fin sur la droite et dans le bas; le ciel est blanc; on voit un espace clair au-dessus de la tête de la louve.

* 2e. Un azur et des nuages sont finement tracés; il n'y a plus d'espace blanc au-dessus de la tête de la louve; les travaux ne remplissent pas les coins.

* 3e. Un fort trait de bordure entoure la composition; tous les coins sont ombrés. L'œil de la louve est noir; quelques travaux de plus sur la queue du loup; le morceau de glace que l'on voit, à gauche, est encadré dans un terrain extrêmement noir, et ombré de fortes contre-tailles dans le coin du bas.

* 4e. L'estampe est coupée dans le haut. Même édition.

54. Autre tour que le renard joue à la louve : descendu dans un des deux seaux, au fond d'un puits, le renard, ne sachant comment s'échapper, prie la louve de se mettre dans l'autre seau pour le tirer de ce mauvais pas; sauvé par ce moyen, il laisse la louve au fond du puits, se moque d'elle, et prend la fuite. On voit sur le devant, à droite, la louve regardant dans le puits. Planche en manière noire.

Haut., 97 millim.; larg., 118.

* 1er état. A l'eau-forte pure. La planche est sale, mais tout le devant est clair, ainsi qu'une partie du ciel et la tour à gauche; le seau, la louve et une partie de la margelle du puits sont également clairs; avant la barrière du fond, près les deux hommes, avant les grands arbres et la chaumière, vers la droite; au milieu du fond, sur un terrain qui borde une rivière, se voit une église surmontée d'un clocher en flèche.

2e. Décrit par M. Drugulin. L'effet est presque pareil; la barrière a été introduite; l'église et la rivière sont disparus; on ne voit pas encore la cabane, à droite, mais l'arbre a été ajouté, le tronc est visible dans toute sa longueur; cet arbre est comme la louve dans une demi-obscurité; les travaux ne touchent pas le bord, vers le haut de la gauche, ni au milieu du haut.

* 3e. Toute la planche, reprise en manière noire, est d'un ton très rembruni; partout les travaux touchent le bord; une cabane est placée devant l'arbre dont on

n'aperçoit que les branches supérieures et la cime; il y a encore un fort coup de lumière sur la margelle du puits, sur le terrain au-dessous, et sur le support de la poulie; dans le haut, le feuillage d'un arbre remplace la vigne.

* 4e. La composition est bordée d'un trait carré. La cabane est plus distincte; il y a encore quelques coups de lumière sur la margelle du puits et sur le terrain; mais le support de la poulie est rembruni.

5e. L'estampe est coupée dans le bas. Édition Gottsched.

55. Le loup est dans l'antre infect d'une guenon où le renard l'a engagé à entrer pour se moquer de lui. Le loup est vu de dos, à gauche; la guenon est, à droite, avec ses petits.

Haut., 98 millim.; larg., 116.

1er état. La voûte de l'antre et la branche qui pend, à gauche, ne sont que légèrement ombrées; au fond, trois arbres seulement.

* 2e. La voûte et la branche feuillée pendante sont ombrées vigoureusement; on voit, dans le fond, l'indice d'une montagne; un quatrième arbre vers la gauche a été introduit à la pointe sèche; il est plus haut que les trois arbres dont nous avons parlé, mais ces arbres ne sont pas ombrés et le terrain derrière la guenon est encore blanc.

* 3e. Un trait de bordure entoure la composition. Les arbres du fond sont ombrés, surtout le plus grand des quatre; à sa gauche, des petits arbres ont été introduits; la montagne du fond est beaucoup plus marquée; derrière la guenon, le terrain est ombré par des traits légers tirés d'une manière horizontale.

* 4e. La planche est coupée dans le bas contre la pierre qui est à terre, dans le milieu. Haut., 89 millim. Même édition.

56. Le lion ayant permis un combat entre le loup et le renard, celui-ci aveugle son ennemi en le frappant sur la tête avec sa queue trempée dans de l'eau et du sable. A droite, le loup se frotte les yeux de sa patte gauche; le renard, vu de dos, est dans le milieu; à gauche, les animaux, parmi lesquels est le lion, assis sur une éminence.

Haut., 95 millim.; larg., 115.

1er état. Sans travaux sur le ciel. Avant la montagne du fond; l'éminence et les animaux qui s'y trouvent sont ombrés d'une seule taille; la butte du bas est claire et ne s'étend vers la droite que jusqu'au milieu de la planche; on y remarque un arbrisseau à la tige fourchue.

* 2e. On voit à droite un azur et des nuages finement tracés. Au milieu du fond, une haute montagne; l'éminence et les animaux qui s'y trouvent sont ombrés de deuxièmes et de troisièmes tailles; la butte au devant est prolongée et s'étend jusqu'aux deux tiers de la largeur; on n'y voit qu'une longue branche couchée; mais le terrain est encore blanc en grande partie, dans le milieu; avant des travaux sur les animaux et sur les arbres du fond.

* 3e. La composition est bordée d'un trait carré. Dans le haut, un azur régulier qui descend par bandes au-dessous du grand arbre du milieu et de la pointe du clocher. Il y a des tailles fines sur la croupe du lion contre sa queue; presque toute la partie

du terrain au-dessus de la tête de l'ours, le long de son museau jusqu'au renard, est ombrée de traits légers; il y a des tailles obliques sur le terrain, au-dessus de la tête du renard et, de l'autre côté, entre celui-ci et le loup; sous le ventre de cet animal et sous sa queue, le terrain est teinté de tailles horizontales; il y a quelques tailles de plus sur l'épaule gauche du renard; le loup est plus travaillé; sous son ventre des contre-tailles obliques; sa queue se détache mieux du terrain; une petite place blanche, sur l'épaule de l'ours, est éteinte; tout le terrain du bas a été retravaillé, on y voit des ombres très noires.

4e. Coupé dans le haut. Édition Gottsched.

57. Triomphe du renard. On le voit monté sur un âne richement caparaçonné, se dirigeant vers la gauche, entouré de l'ours qui est à gauche et du bélier et du loup qui sont à droite.

Haut., 91 millim.; larg., 93.

* 1er état. A l'eau-forte pure. Le trait est fin, les coins sont ouverts. Au British Museum on trouve une épreuve très noire et très confuse où rien ne se détache dans l'estampe.

2e. Décrit par M. Drugulin. Avec quelques petits traits à la pointe sèche sur la patte gauche de l'ours.

* 3e. Le trait est renforcé dans le haut où les deux coins sont fermés. On ne voit plus les traits de pointe sèche sur la patte gauche de l'ours. La planche est dans son intégrité. Haut., 143 millim.; larg., 105.

Ces mesures sont prises sur le témoin du cuivre. La marge du bas, 48 millim. Les marges sont couvertes de salissures.

* 4e. Décrit par M. Drugulin. Le trait est renforcé dans toutes ses parties; les deux coins du bas sont fermés.

* 5e. La marge du bas a été coupée; elle n'a plus que 5 millim. de hauteur. Même édition.

Notre suite de premier tirage, avant différents travaux et avant la retouche, est d'une grande égalité de ton. Elle vient des collections R. Dumesnil et Lamothe-Fouquet, de Cologne. Extrêmement rare.

R. Dumesnil, 63 fr. 50 c.; Lamothe-Fouquet, 300 fr.

La suite de la collection Alféroff n'était pas complète, il y manquait les nos 4, 6, 17, 22, 24, 40, 41, 48 et 53. Elle possédait les nos 21, 37, 51a et 57 en différents états. Le catalogue annonçait en tout 49 pièces, épreuves d'essai à l'eau-forte pure du premier état, ce qui était inexact : la comparaison de la description faite dans la préface avec celle de M. Drugulin, prouve qu'il y avait une quinzaine de pièces au plus d'un état tout à fait exceptionnel, les autres étaient seulement des épreuves avant la retouche. Cette suite a été vendue, en 1869, 1,470 fr.

Weigel dit que le no 51a ne fait pas partie de la suite retouchée; il ajoute que les lignes parallèles, dont les ciels ont été couverts, sont sans doute gravées par S. Fokke qui a également joint à cette suite cinq pièces de sa main. Notre suite de ce tirage est avec toute sa marge.

Vente Alféroff, 95 fr.

On a fait usage de ces planches pour illustrer l'édition *Reineke Fuchs par Henri de Alkmar*, mise au jour par Gottsched. Leipzig et Amsterdam, 1752, in-fol.

Dans le dernier état les épreuves sont très mauvaises, surtout celles qui étaient en manière noire. Les planches existent encore en Angleterre.

Les dessins originaux de ces pièces ont été la propriété de M. Sheepshanks; c'est probablement de sa collection qu'ils ont passé au British Museum.

Nous avons vu dans cet établissement la série de ces dessins : plusieurs n'ont pas été exécutés. Deux sont en hauteur, au bistre :

1er. Le renard est dans un cadre qu'on voit dans le haut; les animaux sont au-dessous : l'ours, le lion, le mouton, le coq.

2e. Le renard est entre l'ours et le lion, etc.

3e. Cette pièce est en largeur : on voit le renard sur un piédestal; dans le fond, des arbres et des balustres. Sur le piédestal : REINART VOS.

Les dessins sont en contre-partie des estampes, on y remarque ceux des nos suivants :

2, 4, 5, 6, 7, 9, 12, 13, 14, 15, 16, 19, 20, 21, 22, 23, 24, 25, 26, 27, 28, 29, 30, 31, 32, 33, 34, 36, 37, 38, 41, 42, 43, 46, 47, 50, 51a, 52, 53, 54, 55, 56.

Le no 20 est dans le sens de l'original. Il y a des variantes pour les nos 9, 12, 25.

Plusieurs autres dessins, variantes, n'ont pas été exécutés.

M. Drugulin porte le nombre total à 61, dont quatre de frontispices différents.

On rencontre quelquefois dans la suite, épreuves du 1er état, le morceau suivant :

Les Renards près de leur terrier. A l'entrée d'un terrier qui s'ouvre au pied d'une colline boisée, à gauche, cinq renards sont assemblés près du corps d'un oiseau. Deux renards sont dans l'obscurité vers l'entrée du terrier, et deux dans le lointain, à droite.

Haut., 92 millim.; larg., 84.

Cette pièce n'est pas d'Everdingen. Elle représente l'enseigne de la maison de la famille *Van der Vinne,* à Harlem, communément appelée le *Vossenhuys*, et est gravée par *Laurens Van der Vinne*, né en 1658, le premier membre de la famille qui habitait cette maison.

M. Drugulin décrit deux états :

1er état. Avant toutes lettres.

2e. Dans la marge on lit : *Deze fijne katoene lintten woorden gemaakt bij Laurens van der Vinne tot Haarlem in't Vossenhuys.*

On connaît une copie avec cette inscription : *'t. Vossenhys, No.*

TABLE DES ESTAMPES

1. Cette pièce, inconnue à Bartsch, porte dans notre catalogue le n° 107.

Nos de Bartsch.		Nos de Drugulin.
48.	Hommes (les deux) à la porte.	48
54.	Hommes (les deux) de condition.	54
	Hommes (les deux) et leur chien[1].	105
46.	Hommes (les deux) sur la terrasse élevée.	46
41.	Huttes (les trois) au sommet du rocher.	41
55.	Inscription (l').	55
29.	Maison (la) à la tourelle pointue.	27
47.	Marine (la) à travers le rocher percé.	47
14.	Marine (la) aux trois figures.	13
99.	Moulin (le) à eau.	102
64.	Moulin (le) au pied d'une montagne.	64
78.	Moulin (le) sous la chute d'eau.	79
	Moutons près du torrent[2].	72
88.	Nacelle (la).	82
61.	Nacelle (la) dans les joncs.	61
52.	Nacelle (la) retirée du bord.	52
66.	Nacelle (la) sous le rocher percé.	66
32.	Nacelles (les deux) qui s'approchent.	32
60.	Nacelles (les deux) vides.	60
9.	Paysage (le) à la meule.	8
86.	Paysage (le) aux trois hommes chargés.	90
4.	Paysage (le) de forme ronde.	3
91.	Paysage (le) en manière noire.	93
	Paysage (le) non terminé[3].	96
1.	Paysage (le petit) de forme ovale en hauteur.	1
2.	Paysage (le petit) de forme ovale en largeur.	2
69.	Paysan (le) à cheval.	69
80.	Paysan (le) suivi de son chien.	81
71.	Paysans (les deux) sur la colline.	71
12.	Pèlerin (le).	11

1. Cette pièce, inconnue à Bartsch, porte dans notre catalogue le n° 106.
2. *Id.* n° 108.
3. *Id.* n° 93 *bis*.

Nos de Bartsch.		Nos de Drugulin.
	Pièce qui peut servir de titre ou le piédestal de la Pyramide[1].	Ap. 2
59.	Pins (les) au défilé.	59
68.	Pins (les) dans l'eau.	68
37.	Pins (les) près des chaumières.	37
45.	Pont (le petit) couvert.	45
53.	Pont (le petit) de bois.	53
8.	Porcher (le).	7
72.	Portefaix (le).	75
94.	Quartier (le) de rocher.	97
	Renards (les) près de leur terrier.	Ap. 1
1-51, 51a, 52-57.	Reynier le renard (Suite de planches pour le poème de).	Mêmes nos
44.	Rivière (la) au bas du grand rocher.	44
82.	Rivière (la) large.	86
33.	Rivière (la) serpentante.	33
62.	Rocher pointu, au bord de l'eau.	62
18.	Rocher (le).	17
31.	Rocher (le) immense.	31
74.	Rocher (le) pointu.	74
34.	Rocher (le) sortant de l'eau.	34
40.	Rocher (le) sortant du milieu de la rivière.	40
77.	Roue (la) sous le toit mobile.	78
101.	Ruisseau (le) traversant le bois.	104
23.	Solives (les deux) flottant sur l'eau.	22
56.	Solives (les deux) sur l'eau.	56
20.	Tonneaux (les) débarqués.	19
65.	Tonneaux (les) et les planches au bord de l'eau.	65
11.	Tonneaux (les deux) devant la chaumière.	10
21.	Tréteau (le) du charpentier.	20
43.	Troupeau (le) de cochons.	43
29a.	Troupeau (le) de moutons.	30
104.	Vénus et l'Amour.	108
70.	Voyageurs (les trois) au pied du grand rocher.	70

1. Dans notre catalogue, cette pièce est en tête.

FLAMEN (Albert). (Voir École française.)

FREY (Jean Pierre de), dessinateur et graveur à l'eau-forte, né à Amsterdam en 1770. Il vint à Paris vers 1800; paralysé de la main droite, il continua à travailler de la main gauche; il est mort dans la même ville, en 1834.

1. *Portrait de l'artiste gravé à l'eau-forte par lui-même.* Il est nu-tête, vu de trois quarts, tourné vers la gauche; un col de chemise rabattu tombe sur ses épaules; à droite, deux boutons à son habit.

Haut., 224 millim.; larg., 156.

* Avant toutes lettres; sur papier de Chine.

SUJETS DE SAINTETÉ.

2. *Isaac, Jacob et Rébecca.* Le patriarche est couché à droite, prenant les mains de son fils; Rébecca est près de lui; Jacob est à genoux à gauche. D'après le tableau de Konning.

Haut., 224 millim.; larg., 271.

1er état. Avant toutes lettres. Notre épreuve a de la marge.

2e. Avec les noms du peintre et du graveur. Au bas, à droite : *J de Frey excudit Amstelodami.*

3e. Au bas, à gauche : *S. Coning pinxt.* à droite : *J. P. De Frey sculpt.* Dans le milieu : ISAAC JACOB ET REBECCA.

3. *Isaac donnant sa bénédiction à Jacob.* Le patriarche, couché à gauche, prend la main de son second fils, penché sur le lit, et le bénit; près de lui est Rébecca. D'après le tableau de G. Flinck.

Haut., 195 millim.; larg., 248.

1er état. Les visages sont presque blancs. Cat. Verstolk.

2e. Les visages d'Isaac et de Rébecca sont ombrés; celui de Jacob est resté blanc; même catalogue. Nous ajouterons que l'écharpe sur l'épaule, la broderie de la manche et le turban ont des parties blanches.

3e. Le visage de Jacob est ombré; mais la main gauche d'Isaac est restée blanche.

* 4e. Terminé. Avant toutes lettres. Épreuve avec marge. Coll. Van den Zande. Vente Van den Zande, 29 fr.

* 5e. On lit au bas, à gauche : *G. Flinck pinxcit.*; au milieu : *Jacob van Isaac gezegent. Gen.* 27; à droite : *J. de Frey f. aqua forte* 1798.; au-dessous, à gauche : *J. de Frey. excudit Amstelodami.* Épreuve avec marge.

4. *Jacob bénissant les deux enfants de Joseph.* Le patriarche est

couché à gauche, la main droite posée sur la tête de l'un des fils de Joseph; celui-ci est près du lit de son père; à droite, vers le fond, une femme, les deux mains croisées. D'après le tableau de Rembrandt.

Haut., 228 millim.; larg., 273.

1er état. Eau-forte pure peu travaillée; le bras droit de Jacob est blanc dans le haut. Cet état se trouvait dans la collection Verstolk.

* 2e. Avant toutes lettres, terminé. On lit au bas, à gauche, écrit à la main : *Rembrandt pinx.*; à droite : *Defrey fecit;* au-dessous : *Épreuve avant la lettre remise à l'auteur par le Directeur Général du musée Napoléon Le Directeur Général Denon;* tout au bas : *Sculptum auspice Viro meritissimo D. Vivant Denon.*

3e. Au bas, à gauche : *P. Rembrandt pinxit;* à droite : *J. P. de Frey sculp.;* au milieu : JACOB BENIT LES ENFANS DE JOSEPH; au dessous : *Dedié a Monsieur D. V. Denon. Déposé à la Biblioth. Imple par son très humble serviteur J. P. De Frey;* à gauche : *Se vend à la calcographie du Musée Napoléon.*

5. *L'Ange s'enlevant devant la famille de Tobie.* L'envoyé céleste se dirige vers la gauche. Tobie et son fils sont à genoux vers la droite; une vieille et une jeune femme sont debout à l'entrée de la porte; devant elles est un chien. D'après le tableau de Rembrandt, peint en 1657, qui est au musée du Louvre. De Frey a gravé ce morceau en 1810.

* 1er état. Avant toutes lettres; la marge du bas est couverte d'essais de burin La planche, mesurée sur le témoin du cuivre, est beaucoup plus grande haut., 440 millim.; larg., 310. Il y a quelques retouches de la main de l'auteur.

* 2e. Avant toutes lettres. Terminé. La planche est diminuée : notre épreuve est sur papier de Chine. Haut., 400 millim.; larg., 288.

Vente Van den Zande, 13 fr. 50 c.

3e. Avant la lettre, mais on lit à gauche : *Rembrandt van Rhyn pinxt*; à droite : *J. de Frey fecit aqua forti.* Ces inscriptions sont au burin.

4e. Avec les noms d'auteurs. Au milieu : TOBIE ET SA FAMILLE PROSTERNÉS DEVANT L'ANGE QUI DISPARAIT A LEURS YEUX.

Plus bas : *Déposé à la Direction de l'imprimerie et de la librairie.*

6. *La Présentation au Temple.* Au milieu d'un vaste édifice, saint Siméon, à genoux, tient dans ses bras l'enfant Jésus tout rayonnant; il a devant lui la sainte Vierge et saint Joseph agenouillés; plusieurs Juifs l'entourent; près de ce groupe, un prêtre, vêtu d'une robe, vu de dos, étend les mains. Des personnages sont assis à gauche; du même côté, au haut d'un grand escalier, un pontife est assis, attirant vers lui une foule nombreuse; dans le fond, à droite, plusieurs Juifs. D'après le tableau de Rembrandt, peint en 1631, qui est au musée de La Haye. Pièce cintrée dans le haut.

Haut., 450 millim.; larg., 206.

* 1er état. Avant toutes lettres et avant divers travaux; le premier Juif qui est assis à gauche a un coup de lumière sur la main. Près de la robe de saint Siméon, le terrain est clair; les travaux ne vont pas jusqu'à son vêtement; sur la robe du Juif qui est debout près de la sainte Vierge, il y a un léger coup de lumière. Les voûtes sont beaucoup moins travaillées. On lit au dos de l'estampe : *Première épreuve tirée de la planche.*

*2e. Avant toutes lettres; terminé. Deux épreuves : une sur papier blanc, l'autre sur papier de Chine.

Van den Zande, 9 fr.

3e. Avant la lettre, mais avec les noms d'auteurs.

* 4e. Épreuve avec la lettre grise. On lit: PRÉSENTATION AU TEMPLE; à gauche : *Rembrandt van Rhyn pinxt.*; à droite : *J : de Frey fecit aqua forti.*

5e. La lettre ombrée. On lit au bas : *Déposé au Bureau des Estampes, se vend à Paris chez Foubert, éditeur et md d'estampes, quai de l'École, n° 22*; à droite : *Imprimé par Durand.*

7. *Sainte Famille dite le Ménage du menuisier.* A gauche, dans un intérieur, on voit saint Joseph travaillant près d'une fenêtre ouverte; tout auprès de lui, sainte Élisabeth assise, ayant des lunettes dans la main gauche, et de la droite découvrant l'enfant Jésus auquel la sainte Vierge présente le sein; à droite, une grande cheminée dans laquelle une marmite est suspendue; sur le devant, à gauche, un berceau. D'après le tableau de Rembrandt qui est au musée du Louvre.

Haut., 295 millim.; larg., 240.

1er état. A l'eau-forte pure; catalogue Denon. Au Cabinet des estampes.

2e. Avant toutes lettres et avant l'entier achèvement de la planche. Ainsi cité dans le catalogue Van den Zande.

* 3e. Avant toutes lettres; terminé; sans aucun nom d'auteur. Deux épreuves, l'une a toute sa marge.

4e. Avant toutes lettres; mais avec le nom du graveur tracé à la pointe; à la gauche de la marge du bas, près le trait carré : *J. de Frey fecit aqua forti.* 1803.

Van den Zande, 11 fr. 50 c.

5e. Avec la lettre. On lit au bas, à gauche : *Rembrandt pinxt.*; à droite : *J. de Frey sculp.*; dans le milieu : LE MENAGE DU MENUISIER. Gravé pour le *Musée Français.*

8. *Le Bon Samaritain.* Au milieu, deux hommes portent le blessé, tandis qu'un autre, à droite, tient le cheval par la bride; à gauche, le bon Samaritain regarde le malade; quelques personnes à la fenêtre de l'auberge; dans le fond, à droite, les murailles d'une ville. D'après le tableau de Rembrandt qui est au musée du Louvre.

Haut., 305 millim.; larg., 370.

1er état. Avant toutes lettres; il n'y a que de simples tailles descendantes sur la partie claire du fichu de la femme qui est dans la porte.

* 2e. Avant toutes lettres. La partie claire du fichu de la femme a de légères contre-tailles obliques. Notre épreuve a toute sa marge.

Vente Van den Zande, 18 fr.

3e. Avant la lettre, mais avec les noms d'auteurs gravés au burin.

Van den Zande, 7 fr. 50 c.

4e. Avec la lettre. On lit au bas : LE BON SAMARITAIN; et au-dessous : *Se vend chez Bance aîné, rue St Denis n° 214 et chez l'Auteur rue de Sartine n° 5. Déposé à la direction de l'imprimerie et de la librairie.*

5e. La ligne de l'adresse de *Bance* est effacée.

9. *Jésus-Christ guérissant la mère de saint Pierre.* Celle-ci est couchée à gauche, regardant Notre-Seigneur qui lui prend la main gauche; quatre personnages entourent le divin Sauveur. D'après le tableau de Metzu.

Haut., 162 millim.; larg., 144.

1er état. Moins travaillé : une partie des visages est blanche, notamment dans celu de la mère de saint Pierre. Catalogue Verstolk.

2e. Les visages ont des travaux partout, mais la planche est toujours beaucoup plus grande dans le bas; également avant toutes lettres. Même catalogue.

* 3e. Avant toutes lettres, mais la planche est diminuée dans le bas; elle a la dimension que nous avons indiquée plus haut.

Van den Zande, 13 fr.

4e. On lit dans le bas, à gauche : *G. Metzu invt.*; à droite, *J. de Frey fecit aqua forti* 1797; dans le milieu : *Christus Geneest de Moeder van Petrus.*

10. *Les Disciples d'Emmaüs.* Notre-Seigneur, assis vers la gauche, est à table entre les deux disciples; à droite, le serviteur apporte un plat; à gauche, un chien sous un banc. D'après le tableau de Rembrandt qui est au musée du Louvre.

Haut., 270 millim.; larg., 230.

1er état. A l'eau-forte pure. Catalogue Denon, *id.* Verstolk.

2e. Retravaillé; la nappe qui était blanche dans l'état précédent est remplie de travaux. Avant toutes lettres.

* 3e. Il y a des contre-tailles sur la nappe, à gauche, près du verre. Avant toutes lettres.

4e. Avec la lettre. On lit au bas, à gauche : *Peint par Rembrandt.*; à droite : *Dessiné et Gravé par Defrey*; au milieu : LES DISCIPLES D'EMMAÜS.

11. *Les Disciples d'Emmaüs.* C'est le même sujet, du sens opposé. Jésus-Christ est assis vers la droite; un homme qui est à la gauche apporte un plat; sous un banc, au coin de la droite, un chien. La scène, comme la précédente, se passe dans un intérieur. D'après le tableau de Rembrandt.

Haut., 400 millim.; larg., 345.

* 1er état. Avant toutes lettres.

Une épreuve avant toutes lettres, avec quelques retouches à la sanguine de la main de l'auteur, se trouvait dans la collection Van den Zande. Vendue 7 fr.

2e. On lit au bas, à gauche : *Rembrandt pinx*t 1648.; à droite : *J. de Frey. aqua forte*, 1802.

3e. Outre les noms d'auteurs, on lit, au milieu : *Enregistré le XXV ventôse an XI;* plus bas : LES PELERINS D'EMMAÜS; et au-dessous : *Gravé d'après le tableau de Rembrandt qui se voit au Musée Central des Arts. Se trouve à la Calcographie nationale.*

12. *Tête de saint Pierre.* Il est de profil, tourné à droite, ayant une chape sur les épaules. Sans nom de maître.

Haut., 78 millim.; larg., 68 millim.

Pièce légèrement gravée à l'eau-forte.

13. *L'Anachorète.* La tête chauve, portant une grande barbe, il est assis, tourné vers la gauche, à l'entrée d'une grotte, et le dos appuyé contre un tronc d'arbre qu'on voit à droite. Gravé en 1796, d'après le tableau de G. Brekelenkamp.

Haut., 180 millim.; larg., 146.

1er état. Avant toutes lettres; le coin du ciel, à gauche, est entièrement blanc.

* 2e. Avant toutes lettres; le coin du ciel, au haut à gauche, est ombré; la lèvre inférieure est mal formée; il n'y a pas d'ombre portée sous cette lèvre; le pouce de la main gauche est mal profilé; les marges sont couvertes d'essais de burin. Collection Camberlyn.

Vente Camberlyn, 10 fr.

* 3e. Avant toutes lettres; la lèvre inférieure est mieux exprimée; il y a une ombre portée au-dessous; le pouce de la main gauche est mieux profilé; les marges sont nettoyées.

4e. On lit au bas les noms du peintre et du graveur, et dans le milieu les mots : *De Eremyt*, tracés en petits caractères.

5e. On lit à la place du premier titre : *De Eremiet*, en plus grands caractères.

SUJETS PROFANES.

14. *La Démonstration anatomique.* Le professeur Nicolas Tulp, placé à droite, soulève les muscles d'un cadavre étendu au milieu sur une table; sept personnages, placés au milieu et à gauche, écoutent sa leçon. D'après le tableau de Rembrandt qui est aujourd'hui au musée de La Haye.

Haut., 272 millim.; larg., 360.

1er état. A l'eau-forte.

2e. Plus avancé, mais une partie du visage et du bras du cadavre sont blancs; le visage du médecin, à gauche, près du cadavre, est blanc sur la joue.

3e. Le visage est ombré, mais celui du cadavre et son bras sont restés dans le même état.

4e. Le visage et le bras du cadavre sont ombrés, mais il n'y a pas de contre-tailles obliques sur le livre, à droite.

* 5e. Avant toutes lettres et avant beaucoup de travaux sur le cadavre et sur le livre. Collection Van den Zande.

Van den Zande, 20 fr.

* 6e. Terminé. Avant la lettre. On lit à gauche : *Rembrandt van Ryn pinx* 1632; et à droite : *J. de Frey f. aqua forti* 1798. Ces noms sont tracés à la pointe. Plus une copie en petit et au simple trait d'après les personnages qui sont représentés dans cette composition, avec les numéros de renvoi pour faire connaître leurs noms.

Van den Zande, 11 fr. 50 c.

7e. Avec la lettre. Au-dessous des noms d'auteurs, on lit, à gauche, une inscription en hollandais, à droite, en français; dans le milieu du bas : *J. de Frey Excudit Amstelodami.*

Il y a des épreuves du dernier état tirées avec cache-lettre, seulement le nom de Rembrandt; édition de Danlos aîné.

15. *Syndics de la halle aux draps l'an* 1661. On voit autour d'une table cinq personnages assis, ayant leur chapeau sur la tête; celui qui est au milieu a un livre ouvert devant lui. Dans le fond, un homme nu-tête. A gauche, un tableau contre le mur de la salle. Gravé, en 1799, d'après le tableau de Rembrandt qui est au musée d'Amsterdam.

Haut., 280 millim.; larg., 360.

1er état. A l'eau-forte. Catalogue Denon.

2e. Avant toutes lettres, plus travaillé dans le personnage et le fond, mais le tapis de la table est comme dans le 1er état.

* 3e. Avant toutes lettres; terminé; il y a une ombre contre le genou de l'homme assis, sur le devant du tapis. Collection Van den Zande.

Van den Zande, 19 fr.

* 4e. Avec la lettre. On lit à gauche : *Rembrandt van Rhyn pinxs* 1661 ; à droite : *J de Frey fecit aqua forti* 1799; au-dessous, un double titre en hollandais et en français; tout au bas : *J. de Frey excudit Amstelodami.* Épreuve avec toute sa marge.

16. *Un Architecte de la marine et sa femme.* Il est nu-tête, assis à gauche, devant une table, tenant un compas dans la main droite; il se retourne vers sa femme, qui vient de la droite, lui apportant une lettre. D'après le tableau de Rembrandt.

Haut., 237 millim.; larg., 302.

1er état. A l'eau-forte; les visages sont blancs.

* 2e. Plus travaillé, mais non terminé; le papier sur lequel l'architecte a la main gauche est blanc. Épreuve avec toute sa marge. Collection Camberlyn.

Camberlyn, 15 fr.

3e. Avant toutes lettres, mais il n'y a pas encore de contre-tailles sur ce papier.

* 4e. Épreuve avant toutes lettres; il y a des contre-tailles sur le papier que l'architecte touche de la main gauche. Collection Van den Zande.

5e. Avant la lettre, au bas, à gauche, au milieu de la marge : *J. de Frey f.*, à la pointe sèche.

6e. On lit au bas, à gauche : *Rembrandt van Rhyn pinx.* 1633; à droite : *J. de Frey ft aqua forti* 1800.; au-dessous, un double titre en hollandais et en français; plus bas, la double adresse de de Frey en latin et en français. Épreuve avec toute sa marge.

17. *La Famille de Gérard Dow.* Dans un intérieur, une femme âgée est assise à la gauche et tournée vers la droite, près d'une fenêtre ouverte, lisant dans un livre qu'elle tient sur ses genoux; son mari, également assis un peu plus loin, à côté de la même fenêtre, l'écoute attentivement; vers la droite, une cheminée sur laquelle on voit un crucifix; sur le devant, du même côté, une cruche en cuivre dont la panse est bosselée. Pièce cintrée du haut, d'après le tableau de Gérard Dow qui est au musée du Louvre.

Haut., 308 millim.; larg., 245.

* 1er état. Avant des contre-tailles obliques à gauche, sur le linge qui couvre le tabouret près du vieillard, avant des contre-tailles obliques sur le livre dans sa partie gauche; avant toutes lettres. On lit au verso de l'estampe : *Première épreuve d'après G. Dauw non terminé De Frey;* et au-dessous de la même écriture : *Retouché par l'auteur.*

* 2e. Il y a des contre-tailles obliques à gauche, sur le livre et aussi sur le linge qui couvre le tabouret; mais en cet endroit, contre le plat, il y a encore plusieurs parties blanches; avant toutes lettres. Les marges sont couvertes d'essais de burin.

* 3e. Les parties blanches sur le linge sont éteintes; sur le sommet du premier montant du tabouret, on voit une série de tailles qui en accusent mieux le contour; avant toutes lettres. Les marges sont nettoyées.

Van den Zande, 20 fr.

4e. Avec la lettre; on lit au bas, à gauche : *Peint par Gerard Dow;* au milieu : *Dessiné par Gianni;* à droite : *Gravé par J. Defrey;* plus bas : LA FAMILLE DE GERARD DOW. Pour le *Musée Français.*

HISTOIRE.

18. *Saint Louis rachetant des prisonniers.* Presque dans le milieu d'une prison souterraine, éclairé par un jour qui vient du haut, saint Louis couronné et nimbé, tourné vers la gauche, a les bras étendus vers un prisonnier à genoux, couvert d'un manteau; un homme tenant une boîte dans ses deux mains, et un moine qui le suit portant un panier de pains sur sa tête, entrent par la porte qui est à droite; derrière saint Louis, deux moines. Plus à droite, vers le bord, un soldat tenant une

hallebarde et un bouclier, un prisonnier vu de dos, un autre assis à terre ; à gauche, un oriental détache une corde d'un anneau ; près de lui, un prisonnier assis à terre, couvert d'un manteau, sur l'épaule duquel un chevalier pose la main droite ; plus au fond, à droite, un prisonnier est assis à terre ; tout au fond, derrière une grille, quelques figures ; en haut, dans la construction, au-dessus de la voute, un oriental à une fenêtre. Dans le bas, à gauche : *J. Grannet pinx^t^ ;* à droite : *J. f. de Frey scup^t^ ;* plus bas :

S^T^ LOUIS RACHETANT DES PRISONNIERS

Le tableau se trouve dans la Galerie de Fontainebleau

Imp^ie^ Pierron 2. Monfaucon, n° 1.

L. AVENIN Ed^r^ *rue Grenier St Lazare* 34.

Haut. de l'estampe, 490 millim.; larg., 340. Haut. du cuivre, 538 millim.; larg., 372.

La description est faite d'après le dernier état de la planche, mais il paraît que dans l'origine les prisonniers n'avaient pas de manteaux. Granet força le graveur à faire ces changements malencontreux qui détruisirent tout le bon effet de la planche; De Frey en fut au désespoir. Un jour M. Piéri-Bénard, marchand d'estampes, fut témoin de la désolation du pauvre artiste que rien ne pouvait consoler. Nous tenons cette description et ces détails de M. Vignères qui a eu l'obligeance de nous fournir en même temps un assez grand nombre de remarques ; ce qui nous a permis d'améliorer beaucoup notre travail. Nous nous empressons d'en adresser nos vifs remerciments à M. Vignères.

SUJETS DE FANTAISIE.

19. *Un Astrologue.* Il est assis dans un fauteuil, portant un manteau, coiffé d'une calotte, tourné vers la droite et lisant dans un grand livre. Sur une table, à droite, un globe et deux livres.

Avant toutes lettres. Catalogue Verstolk.

20. *Le Philosophe dans son cabinet.* Il est assis, vers le milieu de l'estampe, tourné vers la gauche, lisant dans un livre posé sur une table couverte d'un tapis, à la lueur d'une lampe près de laquelle sont un sablier et un coffre ouvert plein de livres. Dans le fond, près d'une grande fenêtre qui est à gauche, un chapeau et un manteau sont suspendus à la muraille. D'après le tableau de G. Brekelenkamp, peint en 1663.

Haut., 200 millim.; larg., 156.

1er état. A l'eau-forte pure. Derrière le philosophe, le fond est très clair. Avant toutes lettres.

* 2e. Le visage, la collerette, le livre sur la table sont encore blancs, mais le fond est beaucoup plus travaillé. Avant toutes lettres. Épreuve avec marge. Collection du chevalier Camberlyn.

3e. Le visage est beaucoup plus travaillé, la collerette est teintée, mais il n'y a que quelques traits sur le livre. Également avant toutes lettres.

* 4e. Entièrement terminé. Le livre est ombré régulièrement. Encore avant toutes lettres.

5e. Avec la lettre. On lit à gauche, dans le bas : *G. Brekelenkamp. pinx* 1663 ; à droite : *J. de Frey fecit aqua forti* 1796 ; dans le milieu, au-dessous : DE PHILOSOOPH.

PORTRAITS ET TÊTES, D'APRÈS REMBRANDT.

21. *Rembrandt jeune.* Il est dans un ovale, dirigé vers la droite, vu de trois quarts ; sa tête est couverte d'une toque. D'après son portrait peint par lui-même, qui est au musée du Louvre.

Haut., 210 millim.; larg., 267.

* 1er état. Avant toutes lettres ; seulement au milieu du bas : *J : de frey : fecit aqua forti* tracés à la pointe.

Van den Zande, 13 fr.

2e. On lit au bas, à gauche : *Rembrandt pinx;* au milieu : *Dabos del.;* à droite : *De Frey sculp.;* au-dessous : PORTRAIT DE REMBRANT. Gravé pour le *Musée Français.*

22. *Rembrandt plus âgé.* Il est tourné vers la droite, vu de trois quarts, la tête couverte d'un bonnet plat, devant un chevalet ; dans sa main droite, son appui-main ; dans la gauche, sa palette et ses pinceaux. Le tableau original est au musée du Louvre.

Haut., 186 millim.; larg., 157.

* 1er état. Avant toutes lettres. On lit au dos, de la main de de Frey : *Première épreuve après le 1er eau-forte avec les Barbes.*

Van den Zande, épreuve avant toutes lettres, 21 fr.

2e. On lit au bas, à gauche : *Peint par Rembrandt;* à droite : *Gravé par J. de Frey;* au-dessous : IIe PORTRAIT DE REMBRANDT. Nous pensons qu'entre le 1er et le 2e état il y a des épreuves intermédiaires.

23. *Rembrandt âgé.* Vu de trois quarts, tourné vers la gauche, coiffé d'un bonnet plat ; il est dans un ovale.

Haut., 156 millim.; larg., 122.

1er état. A l'eau-forte. Le visage est presque blanc, à droite, ainsi que le cou ; l'habit a peu d'effet.

2e. Le visage et le cou sont ombrés dans toutes leurs parties; vers la gauche, l'habit a une grande ombre portée, mais le bonnet est resté presque blanc. Comme le précédent, avant toutes lettres.

Van den Zande, 7 fr. 50 c.

* 3e. Avant toutes lettres, sur papier de Chine, mais le bonnet du personnage est ombré.

24. *Portrait de Coppenol, célèbre professeur d'écriture.* Il est assis dans un fauteuil, devant une table, tourné vers la droite, nu-tête; il taille sa plume. D'après le portrait peint par Rembrandt.

Haut., 207 millim.; larg., 169.

* 1er état. Avant toutes lettres, sur papier de Chine. L'épreuve est retouchée de blanc. On lit au verso : *Épreuve retouchée par l'auteur ; très rare.*

Van den Zande, 14 fr. 50.

2e. Planche terminée.

Van den Zande, 8 fr.

25. *Vieillard à la barbe carrée, portant une calotte.* Il est vu jusqu'aux genoux, assis dans un fauteuil et tourné vers la droite. Il porte une large barbe et des moustaches; sa robe est bordée de fourrure; ses deux mains sont posées sur les bras du fauteuil. D'après le tableau de Rembrandt.

Haut., 298 millim.; larg., 158.

1er état. Avant toutes lettres; la main droite est blanche; avant des retouches sur le visage, la barbe, etc.

* 2e. Avant toutes lettres; terminé.

3e. On lit au bas, à gauche : *Rembrandt pinx.* 1637; à droite : *J. de Frey f. aqua forti* 1801; à la pointe.

26. *Un Vieillard méditant.* Il est assis dans un fauteuil, presque de face, les mains jointes; à gauche, une table et un livre ouvert. D'après le tableau de Rembrandt qui est au palais Pitti, à Florence.

Haut., 195 millim.; larg., 158.

* 1er état. Avant toutes lettres.

2e. On lit : *Rembrandt pinx.* 1667; J. *de Frey ft. aqua forti.* Ces mots sont gravés à la pointe.

3e. Peint par Rembrandt; dessiné et gravé par de Frey. Ces mots sont au burin.

4e. Avec le titre : UN VIEILLARD MEDITANT. Pour le *Musée Français.*

27. *Vieillard portant un grand chapeau.* Il est à mi-corps, presque de face, ayant des moustaches et une barbe courte; un manteau

couvre ses épaules. D'après Rembrandt. Ce portrait passe pour être celui de son père.

Haut., 150 millim.; larg., 125.

1er état. L'estampe est peu avancée; le fond est clair. Avant toutes lettres.

* 2e. Terminé. Avant toutes lettres.

3e. On lit à gauche : *Rembrandt van Ryn Pinx.* 1656; à droite : *J. de Frey fecit aqua forti* 1797.

28. *Buste d'un officier.* Il porte une toque ornée de deux plumes noires; son visage est tourné vers la gauche; un riche vêtement le couvre. D'après Rembrandt.

Haut., 151 millim.; larg., 120.

1er état. Avant des travaux sur le visage du personnage. Catalogue Van den Zande.

* 2e. Sans aucune lettre dans le bas. Au haut de l'estampe, à gauche : *Rembrandt pinx;* au-dessous : *J. de Frey fecit aqua forti* 1795.

29. *Vieille femme pelant une pomme.* Elle est assise, vue de face, la tête couverte d'une espèce de voile. D'après Rembrandt.

Haut., 126 millim.; larg., 110.

1er état. Avant toutes lettres; le fond est blanc.

* 2e. Avant toutes lettres; le fond est ombré.

3e. On lit sur le fond, aux deux tiers de la hauteur : *Rembrandt delt. J. de Frey ft. aq. fi.* 1801.

4e. Cette inscription a été changée de place et regravée plus haut. Ces deux derniers états sont décrits dans le catalogue Camberlyn.

30. *Vieillard à grande barbe et à calotte.* Il est assis dans un fauteuil et tourné vers la gauche; sa main droite est posée sur le bras du fauteuil, sa gauche est élevée; il porte une robe longue garnie de fourrure. Derrière lui, à droite, une table sur laquelle sont quelques livres debout; dans le fond, une voûte.

Haut., 198 millim.; larg., 160.

1er état. Avant toutes lettres. Le visage et les mains sont en blanc.

2e. Également avant toutes lettres; le visage et la main gauche sont ombrés; la main droite est restée blanche.

* 3e. Avant toutes lettres. Les deux mains sont ombrées.

31. *Buste d'un officier en cuirasse et en manteau.* Il est un peu tourné vers la gauche; sa tête est coiffée d'une toque ornée d'une plume; à son oreille gauche, une perle.

Haut., 147 millim.; larg., 120.

1er état. Avant toutes lettres, non terminé. La cuirasse est entièrement blanche. Mentionné dans le catalogue Van den Zande.

2e. Le hausse-col est blanc; on n'y voit que quelques tailles et quelques boutons. Catalogue Verstolk. Peut-être ces deux états sont-ils le même.

* 3e. Le hausse-col est entièrement ombré. Avant toutes lettres.

32. *Buste d'un homme à barbe courte et cheveux crépus.* Il a la tête baissée, tournée un peu vers la droite; son vêtement est garni de fourrure. Pièce dans un ovale, sur une planche carrée.

Haut., 153 millim.; larg., 121.

1er état. A l'eau-forte pure. Le visage est clair en grande partie. Avant toutes lettres.

* 2e. Avant toutes lettres; terminé.

33. *Homme en buste avec bonnet orné d'une aigrette.* Il a le corps tourné vers la gauche et regarde de face; il porte les moustaches et la barbe; le vêtement qui le couvre est bordé de fourrure.

Haut., 97 millim.; larg., 82.

1er état. A l'eau-forte. Il y a dans le fond une place blanche à la hauteur du cou et de la barbe.

2e. Cette place blanche est teintée de tailles légères.

* 3e. Tout le fond et le personnage sont beaucoup plus travaillés. Comme les états précédents, sans aucune lettre.

4e. En bas, à gauche : *Rembrandt f* 1631.

PORTRAITS D'APRÈS DIFFÉRENTS PEINTRES.

34. *Brédérode.* Il est nu-tête, tourné vers la gauche, portant les moustaches et un bouquet de barbe; son col tombe sur ses épaules. D'après D. Baillu.

Haut., 165 millim.; larg., 125.

1er état. Avant toutes lettres, à l'eau-forte pure. Catalogue Van den Zande.

2e. Terminé, mais avant les traits de pointe sèche au bas de la gauche. Même catalogue.

* 3e. Avant toutes lettres, mais avec les traits de pointe sèche au bas de la gauche.

4e. On lit au haut, à gauche, dans l'estampe : *D. Ballu del. J. de Frey ft.* 1801. Ces mots sont à la pointe, et au milieu du bas : *De Poëet G. A Brederode.*

35. *Buste de Corneille van Dalen.* Il est nu-tête, portant les che-

veux longs, tourné vers la gauche ; un grand col rabattu tombe sur ses épaules.

Haut., 194 millim.; larg., 150.

1er état. Avant toutes lettres ; à l'eau-forte pure.

* 2e. Avant toutes lettres ; terminé.

* 3e. On lit au haut, à gauche, dans l'estampe : *C van Dalen del;* au-dessous : *J de Frey ft aqua fort* 1801. Dans la marge du bas : *Cornelis van Dalen.*

36. *Buste de Gérard Dow.* Il regarde presque de face, la tête coiffée d'une toque, le corps tourné vers la gauche et enveloppé d'un manteau.

Haut., 175 millim.; larg., 136.

* 1er état. Non terminé. Le fond est clair, à gauche, près du visage ; le col est blanc. Avant toutes lettres. Collection Van den Zande.

2e. Également avant toutes lettres. Le col est ombré.

3e. Le fond est beaucoup plus vigoureux.

* 4e. On lit à gauche : *Ger. Dou pinxcit;* au milieu : *Gerard Dou ;* à droite : *J. de Frey f. aqua forti.*

37. *Buste du docteur Dubois.* Il est nu-tête, tourné vers la gauche, représenté dans sa chaire. Gravé, en 1821, d'après le portrait de Gérard.

Haut., 162 millim.; larg., 136.

* 1er état. Avant toutes lettres.

2e. On lit dans le bas, à gauche : *Gerard pinx;* à droite : *de Frey fecit aqua forti.*

3e. Avec ce titre : LE Bon A. DUBOIS. *A Paris chez Toulouse ainé Doreur Md. d'estampes, clottre St. Honoré n°* 3.

38. *Hauterive (le comte d').* Il porte les cheveux en l'air, tourné à droite, regardant de face ; une décoration est à sa boutonnière.

* Avant toutes lettres.

39. *La Valette, grand-maître de l'ordre de Malte.* Il est nu-tête, tourné vers la droite ; il porte les moustaches et la barbe ; il est couvert de son armure sur laquelle est la grande croix de son ordre. Pièce dans un ovale.

Haut., 93 millim.; larg., 73.

1er état. Avant toutes lettres. L'ovale est mal formé. Catalogue Van den Zande.

* 2e. Avant toutes lettres.

40. *Le Pape Pie VII.* Sa tête est couverte d'une calotte ; il est tourné vers la droite. D'après le tableau du sacre.

Haut., 150 millim.; larg., 120.

1er état. Avant toutes lettres.

2e. On lit *Pie VII*, à la pointe. Avec le fond très noir, couvert de hachures.

* 3e. On lit dans l'estampe : *Pie VII.*; et au bas, à gauche : *David ad viv. del.*; à droite : *De Frey fecit aqua forti.* Deux épreuves.

41. *Portrait du Roi de Rome.* Il est nu-tête, vu de profil, tourné à gauche. D'après P. P. Prud'hon.

Pièce dans un rond. Haut. et larg., 108 millim.

* 1er état. Sans inscription. Le visage est presque blanc; à gauche, il se détache sur un fond blanc; les cheveux ne sont indiqués que très légèrement.

* 2e. Le visage est plus travaillé; il y a des tailles sur la joue contre l'oreille; les cheveux sont beaucoup plus noirs, surtout sur le front accusé par des tailles continues; sur le fond, à gauche, les tailles vont jusqu'au visage, mais en cet endroit les travaux sont assez légers pour qu'il y ait un coup de lumière; le reste du fond est plus noir dans toutes ses parties. De cet état, deux épreuves : une sur papier de Chine, l'autre sur papier blanc.

* 3e. Le coup de lumière, à gauche, contre le visage, est presque éteint; à droite et à gauche, le fond est beaucoup plus noir; sur la tempe, les travaux touchent les cheveux; sur le haut du front il y a des contre-tailles; les cheveux qui étaient très clairsemés sur le haut de la tête ont été renforcés; au-dessous de l'épaule, il y a des contre-tailles horizontales. Épreuve sur papier de Chine.

4e. On voit des contre-tailles perpendiculaires au-dessous de l'oreille; au-dessous du coin de l'œil, à droite, les travaux sont croisés par des contre-tailles obliques. Papier de Chine. Comme les états précédents, celui-ci est sans inscription et sans nom d'auteurs. Collection Van den Zande.

Vente Van den Zande, 57 fr., les cinq pièces.

42. *Soliman II, sultan.* Coiffé d'un turban que décore une aigrette, il est tourné vers la gauche; il porte des moustaches et une large barbe; sur sa cuirasse, un manteau attaché par une émeraude sur son épaule gauche. Pièce en ovale, servant de pendant au portrait de La Valette.

Haut., 93 millim.; larg., 72.

* 1er état. Avant toutes lettres, et avant l'ovale rectifié.

2e. Au bas, en anglaise : *Comme un cèdre agité sur le front du Liban,*
Dans ces rudes assauts se montrait Soliman.
Malteide ch. 16e.

43. *Lord Stuart, ambassadeur d'Angleterre à Paris.* Il est représenté tête nue, regardant de face; ses épaules sont couvertes d'un manteau qui recouvre un riche vêtement; il tient dans sa main gauche gantée le gant de sa main droite.

Haut., 170 millim.; larg., 145.

* Deux épreuves sur papier de Chine. Dans l'une, retouchée par l'auteur, la verrue est moins visible. Ce morceau est probablement sans nom ni lettre.

44. *Martin Tromp, amiral.* Il est vu presque de face, légèrement tourné vers la gauche, nu-tête, portant des cheveux longs ; il a des moustaches et une royale ; son col rabattu tombe sur ses épaules.

Haut., 233 millim.; larg., 170.

1er état. Le fond est blanc. Avant toutes lettres.

2e. Le fond est teinté, mais il n'y a pas encore de travaux sur le col, à droite; également avant toutes lettres.

* 3e. Avant toutes lettres, mais il y a des travaux sur le col, à droite.

* 4e. On lit dans l'estampe, au haut, à gauche : *J Lievens ad viv : del :*; au-dessous : *J. de Frey f aquâ forti* 1801 ; dans le milieu du bas : *Marten Harpertsz Tromp;* tout en bas : *J de Frey excudit amstelodami.*

45. *Buste d'un homme âgé coiffé en ailes de pigeon.* Il est tourné à gauche et porte un rabat; un manteau couvre ses épaules. Dans le haut, à gauche : ÆT. LIV.

Haut., 160 millim.; larg., 120.

* Sans nom de maître.

46. *Portrait d'homme du temps de l'empire.* Il paraît avoir cinquante ans ; il a des cheveux et des favoris et regarde à droite ; le col de sa chemise est rabattu sur sa cravate. P. en h.

1er état. Eau-forte pure. Le fond ovale est tout blanc. Sans nom de maître.

2e. Le fond est couvert de tailles et le portrait terminé ; on voit beaucoup de taches dans le fond.

3e. Les taches du fond sont effacées.

47. *Portrait d'homme en buste.* Il est nu-tête, portant une forêt de cheveux noirs et des favoris; et n'ayant pour tout vêtement qu'une chemise dont le col est rabattu ; il est de trois quarts, regardant à gauche.

Haut., 198 millim.; larg., 150.

* Morceau avant toutes lettres, peut-être exécuté sur le dessin du graveur.

48. *Jeune femme coiffée en cheveux.* Elle est vêtue à la mode du premier empire ; ses regards sont dirigés vers la droite.

Sans nom de maître.

AUTRES PERSONNAGES ET TÊTES DE FANTAISIE D'APRÈS DIVERS MAITRES.

49. *Homme à la toque ornée d'une plume.* Il porte des moustaches et une large barbe ; ses regards sont dirigés vers la droite ; il fait un geste de la main gauche, tandis que sa main droite fermée est appuyée sur sa cuisse ; un vêtement garni de fourrure couvre sa cuisse gauche, et en partie le fauteuil sur lequel il est assis.

Haut., 185 millim.; larg., 148.

1er état. A l'eau-forte. Le visage est blanc en grande partie, ainsi que les mains. Avant toutes lettres.

2e. Le visage est plus travaillé ; la main droite est complètement ombrée ; le coup de lumière sur celle de gauche est diminué.

3e. Encore plus travaillé ; la main droite est noire ; le fond a été renforcé, à gauche. Comme l'état précédent, avant toutes lettres.

* 4e. Avant toutes lettres. Complètement terminé.

5e. On lit à gauche : *Drost pinxit* 1654 ; à droite : *J. de Frey fecit aqua forti* 1796.

50. *Vieillard assis dans un fauteuil.* Il est coiffé d'une toque enrichie de bijoux et ornée d'une plume ; il porte les moustaches et la barbe ; ses regards sont dirigés vers la droite ; de ses deux mains il tient une canne ; le vêtement qu'il porte est riche et garni de fourrure.

Haut., 195 millim.; larg., 154.

1er état. L'estampe est peu travaillée ; le fond est blanc. Avant toutes lettres. Peut-être est-ce le même état que celui qui est indiqué dans le catalogue Denon par ces mots : épreuve à l'eau-forte; le fond est blanc.

* 2e. Avant toutes lettres. Complètement terminé.

3e. On lit au bas, à gauche : *Philip. Koning pinx;* à droite : *J. de Frey fecit aqua forti* 1797.

51. *Vieillard dormant.* Sa tête nue est appuyée sur sa main gauche ; il porte les moustaches et la barbe ; un manteau couvre ses épaules.

Haut., 132 millim.; larg., 110.

1er état. Moins travaillé dans toutes ses parties ; sur le manteau, à gauche, de simples tailles. Avant toutes lettres.

2e. Il y a des contre-tailles sur le manteau, mais au-dessus de la tête le fond est clair. Également avant toutes lettres.

* 3e. Avant toutes lettres. Le fond est couvert de tailles au-dessus de la tête du vieillard.

4e. On lit dans l'estampe en haut, à gauche : *J. Lievens del;* au-dessous : *J. de Frey ft.* 1800 ou 1801. Le dernier chiffre est peu distinct.

* 5e. Les noms en haut sont effacés et remplacés par *Rembrandt f.* 1631.

52. *Vieillard à grande barbe, coiffé d'un turban.* Il est assis, tourné vers la gauche; un manteau couvre ses épaules; de ses deux mains croisées, il s'appuie sur un bâton.

Haut., 130 millim.; larg., 115.

Avant toutes lettres.

53. *Portrait d'un vieillard.* Il est vu de profil, dirigé vers la gauche, la tête couverte d'un bonnet bordé de fourrure. Au haut de la droite du fond : *J. de Frey f.*

Haut., 182 millim.; larg., 140.

Cette pièce est rare.

PAYSAGE ET VUES.

54. *Paysage.* Il est couvert en grande partie de rochers, du milieu desquels se précipite, à gauche, un torrent; à droite, au-dessus d'une rivière tranquille, un homme passe sur un pont de bois; dans le fond, des fabriques et des arbres. D'après le tableau de Rembrandt.

Haut., 178 millim.; larg., 218.

1er état. A l'eau-forte. Catalogue Van den Zande.

2e. Le paysage est terminé, mais le ciel est resté blanc. Même catalogue.

* 3e. Le ciel est entièrement couvert de travaux; comme les précédents, avant toutes lettres.

4e. On lit dans le bas, à gauche : *Rembrandt pinx* 1639; au milieu : *Tiré du cabinet de M. de Merrem*; à droite : *J. de Frey ft. aqua forti* 1801.

55. *Vue intérieure d'un couvent à Trieste.* Dans le milieu on voit un moine, un enfant et un chien; à gauche, sur un mur, une porte composée de fragments antiques; sur le mur, d'autres fragments; au bas du mur, le fond d'un tombeau sculpté; dans le fond, un grand mur percé d'une porte basse; dans le coin, une colonne surmontée dans toute la longueur du mur d'un entablement antique.

Haut., 160 millim.; larg., 134.

* Avant toutes lettres; papier de Chine.

56. *Monument antique en forme d'arcade.* A gauche, s'élève une colonne cannelée. Un homme en manteau se dirige vers la rue qui est dans le fond, où l'on voit un moine et un homme dans l'éloignement.

Haut., 160 millim.; larg., 134.

* 1er état. A l'eau-forte. Le terrain sur le devant, à droite, n'est pas ombré; le manteau de l'homme qui est sur le devant est blanc, à gauche; la voûte de l'arc et l'entablement sont peu travaillés; les maisons sont presque blanches.

* 2°. Comme le précédent, avant toutes lettres. Il est entièrement terminé. Papier de Chine.

57. *Porte d'une ville en forme d'arc de triomphe.* Des deux côtés sont les remparts; un soldat monte la garde; au milieu, à travers la porte, un arc de triomphe; au sommet d'une montagne, une église et des fabriques ; probablement la vue d'Ancône.

Haut., 224 millim.; larg., 170.

* 1er état. A l'eau-forte. Les colonnes de la porte sur le devant sont peu ombrées; la partie supérieure est claire par places; le terrain où est le soldat est presque blanc; l'arc de triomphe du fond et la montagne derrière n'offrent que quelques légers travaux. Papier de Chine.

2°. Comme le précédent, avant toutes lettres; mais entièrement terminé. Sur papier de Chine.

58. *Ruines d'un monument en forme de grotte.* Il est entouré d'arbres; à l'entrée, un homme assis. P. en l. Catalogue Verstolk.

59. *Tombeau du roi Pépin.* In-4° en largeur. Cité par Le Blanc.

ÉTUDES D'HOMMES ET DE FEMMES.

60-65. Suite de six pièces d'après Lauwers.

60. Dans le milieu du fond, sur un pan de muraille à moitié renversé, on lit : ZES STUDIE-BEELTIES *Naar 't Leeven Geleekend, Door* J. LAUWERS. *en geëlst, door* J. DE FREŸ; sur le devant, vers la gauche, un homme vu de dos, coiffé d'un grand chapeau et chaussé de sabots, est assis appuyé sur une pierre.

Haut., 215 millim.; larg., 165.

61. *Paysan debout, nu-tête.* Il porte à l'aide d'un bâton, appuyé sur son épaule droite, un panier dans lequel est une hache; de la main gauche il tient une cruche.

Haut., 228 millim.; larg., 140.

62. *Le Fumeur.* Il est assis à gauche, sur un baquet renversé, contre un pan de bois; sur sa tête, un grand chapeau; il tient un verre dans la main droite; à ses pieds, une cruche.

Haut., 216 millim.; larg., 165.

63. *Villageois nu-tête.* Il est debout, une hotte sur le dos, se dirigeant vers la droite, ayant des sabots aux pieds.

Haut., 230 millim.; larg., 150.

64. *Femme étendant du linge.* Elle est vue de dos, la tête tournée à droite.

Haut., 228 millim.; larg., 138.

65. *Villageoise, un panier sur le dos.* Elle se dirige vers la droite et regarde de face.

Haut., 230 millim.; larg., 150.

* Cette suite ne porte pas de numéros.
Vente Verstolk, l'œuvre entier, 420 fr.
Vente Guichardot, 785 fr.

FYT (Jean), peintre, né à Anvers vers 1625. Il a gravé à l'eau-forte d'une pointe légère et pleine d'effet. Ses tableaux sont exécutés de la manière la plus originale et la plus pittoresque. Parmi les peintres d'animaux il se place au premier rang. Il a peint de concert avec les plus grands maîtres, Rubens, Jordaens, etc.

ŒUVRE DE FYT.

1-8. *Différents animaux.* Suite de huit estampes.

Haut., 68 à 71 millim.; larg., 94 à 99.

1. *Les Deux Boucs.* L'un est de profil, tourné vers la droite; l'autre de face. A gauche, à terre : *I Fyt fecit;* dans la marge : *A Paris, chez van Merlen, rue S. Jacques à la ville d'Anvers.* 1666.

2. *Le Bœuf.* Il est tourné vers la gauche et vu de profil.

3. *Le Cheval.* Il est de profil, tourné vers la droite. De ce côté, à terre : *·I°. FYT F.*

4. *Le Chien.* Il est couché, tourné vers la gauche; de sa patte droite de derrière il se gratte l'épaule. A gauche, sur un roc : ·I· FYT.

5. *La Vache couchée.* Elle est tournée vers la gauche. Sur le devant, à gauche : *I°. FYT.* à rebours.

6. *Le Chariot.* Il est vu par derrière, à gauche, près d'un grand

arbre. Sur le devant, à droite, une cruche renversée. A gauche, près d'une grande roue : *I° FYT.*

7. *La Vache couchée.* Elle est dans le milieu, la tête un peu tournée vers la gauche.

8. *Les Deux Renards.* Ils sont de profil, dirigés vers la gauche, la tête tournée vers la droite. Au bas de la gauche : I° FYT.

* 1er état. Conforme à la description du catalogue Rigal. L'imperfection de la préparation du cuivre est encore visible. Au sujet *les Deux Boucs*, la marge du bas n'est pas indiquée; cette pièce est avant le nom de *FYT*, l'année 1666 et l'adresse de *van Merlen;* le pied droit du bouc le plus en avant se trouve à 5 millim. du bord de la planche; dans l'état suivant, il n'est qu'à 2 millim. du bord de la marge.

R. Dumesnil, la suite imprimée sur deux feuilles : quatre morceaux sur chacune, 471 fr.; les mêmes, Verstolk, 100 fr. 50 c.

2e. C'est celui décrit.

Weigel signale des copies assez trompeuses du 1er état, sans indiquer à quels signes on peut les reconnaître.

On connaît une copie du n° 8, en contre-partie. Au bas, à droite : *I. FYT.*

9-16. *Les Chiens.* Suite de huit estampes.

Haut., 158 à 170 millim.; larg., 215 à 238.

9. *Titre.* Dans le milieu, sur un grand piédestal, au bas duquel pend une guirlande de laurier, on lit : *All. Illsmo sigre mio; è Pronē Collmo il sigre DON CARLO GVASCO Marchese di Solerio. . . . . di Alzatia. In Segno del Suo ossequio dedica GIO FYT con Priuileggo.* 1642. A droite, deux chiens attachés ensemble, dont l'un regarde un lièvre qui est à gauche, au pied d'un gros arbre. Au bas de la droite : *I° FYT.* (1)

10. Au milieu, trois chiens sortent d'un bâtiment voûté tombant en ruines, que l'on voit dans le fond; sur le devant, à gauche, un autre chien est couché près d'un chapiteau de colonne, au-dessous duquel on lit : 1642 8 et plus bas : *I° FYT. F.* Le chiffre 6 est à rebours. (2)

11. Deux grands lévriers, rapprochés par une corde qui les réunit, occupent presque toute la largeur de l'estampe. L'un, à gauche, est assis, regardant du même côté; l'autre est couché, la tête tournée vers la droite. Sur un rocher, de ce côté et au-dessous : *I° FYT* 1642; un peu plus loin, 6. (3)

12. Deux chiens de chasse dits chiens courants sont dans un paysage : l'un dort couché sur le devant, à droite ; l'autre, à gauche, s'approche de celui-ci. Sur une plante, à gauche : *·I° FYT.* (4)

On connaît une copie de cette pièce, du sens opposé. La mesure diffère. Haut., 125 millim.; larg., 225. L'original a : haut., 116 millim.; larg., 151. Cette mesure est prise sur l'estampe et non sur le témoin du cuivre. Décrit dans le catalogue Rigal.

13. Deux grands lévriers sont retenus par une corde : l'un, baissé, regarde à gauche ; l'autre, à droite. Sur deux pierres, vers la gauche : *·I°. FYT.* 1640, le 4 est à rebours. (5)

14. Deux chiens près de s'accoupler sont dirigés vers la droite. Derrière eux, à gauche, un piédestal sculpté en ruines ; à droite, deux arbres près d'une rivière, formant cascade. Sur une pierre, au bord de l'eau : *·I°. FŸT. ;* et tout au bas : *F.* (6)

15. Près d'une fontaine, à gauche, deux grands dogues tournés vers la droite, la gueule ouverte, sont couchés ; la tête de l'un s'appuie sur la croupe de l'autre. Au bas, à gauche : *·I.° FYT.* (7)

16. Sur un terrain rocheux, un grand chien, tourné à droite, regarde vers la gauche ; près de lui, quelques pièces de gibier et un fusil à terre avec une gibecière sur le devant. Dans le bas, à droite : I° FYT 1642 F 7. Le chiffre 6 de l'année est à rebours. (8)

* 1er état. Avant que les parties du fond, près des contours des animaux, aient été rendues plus claires par le brunissoir. Sur la première feuille, dans le bas, à droite, *I° FYT* très légèrement gravé. Collection Drugulin.

Vente Verstolk, 143 fr. 50 c.

* 2e. Semblable au premier, mais à la place de *I° FYT*, au bas de la première pièce, on lit : *Ioannes Fyt pinxit et fecit.* gravé au burin. On a enlevé quelques travaux pour insérer cette inscription.

R. Dumesnil, épreuves à toutes marges, 240 fr. 75 c., revendues chez Verstolk, 75 fr.

3e. Les parties environnant immédiatement les animaux sont rendues plus claires à l'exception des nos 9 et 12. On lit toujours sur le titre : *In Segno*, etc., et 1642.

4e. Les mots *In Segno. . . . . .* et 1642 sont remplacés par : *A Paris chez van Merlen rue St Jaques à la ville d'Anvers. avec Privil. du Roy.* 1667.

5e. L'adresse de van Merlen est effacée. Sur une suite de cet état qui se trouvait chez M. Boerner à Nuremberg, à la place de l'adresse, on lisait écrit à la main : *le Blond et chloche.*

6e. On lit sur la première pièce : *Liure d'Animaux Peint et Gravé par Senedre* (*Snyders*). On a supprimé sur cette pièce et les suivantes le nom de *Fyt.*

Peut-être, comme le fait observer Weigel, ce titre a-t-il servi à faire croire que Snyders avait gravé à l'eau-forte.

C'est par erreur que Bartsch et Brulliot ont lu sur la première pièce le millésime de 1662; il n'y a jamais eu que 1642.

SUPPLÉMENT.

Weigel, 17. *Vue d'un pays sec et couvert de montagnes.* Sur le devant, des quartiers de rochers ; à droite, un buisson ; à gauche, un jeune pin ; de ce côté, les montagnes du fond sont plus élevées que celles de droite. Sans nom de maître. Décrit dans le catalogue Rigal ; aujourd'hui dans la collection de l'archiduc Charles.

Haut., 70 millim.; larg., 95.

18. *Site aride couvert de montagnes.* Vers le milieu, une cascade ; à droite, un petit pont en planches dont l'un des côtés a un garde-fou. Les nuages ne sont indiqués que par de légers traits. Pièce sans nom décrite dans le catalogue Rigal, aujourd'hui dans la collection de l'archiduc Charles.

Haut., 79 millim.; larg., 99.

Vente Rigal : ces deux pièces avec la suite des huit chiens, 96 fr.

19. On voit dans un paysage deux chiens chassant trois lièvres, vers la droite ; un peu à gauche, un lièvre pris par un chien ; en bas, à gauche, sur une pierre : *I°. Fy.*

Haut., 226 millim.; larg., 395.

Cette pièce a été décrite dans le catalogue Paignon-Dijonval, et ensuite par Brulliot, *Dict. des Monogrammes*, tome III, app. II, n° 1623. Dans le catalogue Buckingham, on pense que cette pièce attribuée jusqu'à présent à Fyt pourrait bien être des premiers temps de A. Hondius. Elle est annoncée comme unique ; il est probable que c'est la même qui figurait chez Paignon-Dijonval.

M. Guichardot, dans le catalogue Camberlyn, attribue encore à Fyt l'estampe suivante :

Une chèvre, vue de trois quarts, est debout dirigée vers la droite ; derrière elle, dans le fond, on aperçoit une montagne surmontée de constructions, et, sur l'arrière-plan, cinq autres chèvres.

Haut., 50 millim.; larg., 62.

Morceau non décrit et extrêmement rare.

Vente Camberlyn, 20 fr.

GALLE (Corneille), dit le vieux, né à Anvers en 1574; l'année de sa mort est inconnue. Il a gravé au burin. (Voir Van Dyck et Rubens.)

GALLE (Corneille), dit le jeune, dessinateur et graveur au burin ; né à Anvers vers 1600 ; on ignore l'année de sa mort. (Voir Van Dyck et Rubens.)

GHEIN (Jacques de), dit le vieux, peintre et graveur au burin ; né à Anvers en 1565, mort dans la même ville en 1615 ; élève de Goltzius.

* Un beau lion couché sur un fond de paysage ; il est tourné vers la droite. Pièce en ovale autour de laquelle sont quatre vers latins. Elle est entourée d'un triple trait de bordure.

Haut., 265 millim.; larg., 340.

GOLTZIUS ou GOLTZ (Henri), peintre[1] et graveur au burin ; né à Mulbrecht, dans le duché de Juliers, en 1558 ; mort à Harlem, en 1617 ; il apprit la peinture de son père, peintre sur verre, et la gravure de Théodore Cornhert. Il fut un des plus éminents graveurs de l'école qui précéda Rubens. L'œuvre de ce maître est considérable : Bartsch décrit 323 pièces, tome III du *Peintre-Graveur*. Weigel dans son *Supplément* en ajoute quarante autres, sans compter celles qui ont été gravées par ses élèves, d'après ses dessins, en y comprenant Matham et Saenredam[2]. Un certain nombre de ses estampes justement célèbres ont pris place dans le cabinet des amateurs les plus difficiles. On recherchera toujours ses *Chefs-d'œuvre*, la *Vierge pleurant sur le corps de Jésus-Christ*, la *Passion*, le *Chien*, etc., ainsi qu'un certain nombre de portraits finement traités ; mais dans d'autres estampes l'exagération des poses, l'exubérance des formes, n'ont produit que d'assez tristes résultats. Ses élèves outrèrent encore ses défauts et par cela même n'ont conservé qu'une réputation très contestable. D'ailleurs, toute cette école allait bientôt s'évanouir devant le souffle puissant de Rubens, qui renouvela en Flandre la peinture et la gravure.

1. Ce fut à l'âge de quarante-deux ans que Goltzius commença à manier le pinceau ; ses ouvrages se rapprochent de ceux de Blockland et de Spranger. Un de ses tableaux, *la Mort d'Abel*, signé de son monogramme et daté de 1613, figurait à la vente du cardinal Fesch Il fut vendu 232 fr.

2. Nous avons consulté, pour rédiger le catalogue du maître, l'œuvre qui est au British Museum et celui beaucoup plus nombreux du Cabinet des estampes de Paris ; nous y avons trouvé d'utiles renseignements, mais nous avons le regret de n'avoir pu rencontrer toutes les pièces que Bartsch a décrites.

Les estampes des Bolswert, de Pontius, de Vorsterman, purgées en grande partie des défauts que l'on reprochait à Goltzius et à son école, seront toujours recherchées des connaisseurs les plus délicats.

ŒUVRE DE GOLTZIUS

I. PIÈCES GRAVÉES D'APRÈS SES DESSINS.

A. SUJETS DE L'ANCIEN ET DU NOUVEAU TESTAMENT.

1. Thamar en courtisane. Vers le milieu du bas : *Judas et Thamar Gene* 38. Première manière du maître. P. r.

Diam., 205 millim.

2. Moïse. Le législateur et les tables de la loi sont représentés au milieu d'une bordure cintrée par le haut, et enrichie de figures allégoriques, de la Piété, la Charité, la Religion et l'Agriculture. *Ghy sult lief hebben. . . . . Henricus Goltzius fecit. — Impressum Antwerpiæ apud J. sadler*. 1583.

Les deux tables de la loi sont en allemand, sur une planche séparée, dans un endroit ménagé en blanc. L'estampe est en deux morceaux qui doivent être collés l'un au-dessus de l'autre.

Haut., 574 millim.; larg., 423.

3. Un ange qui est à gauche, appuyé contre un arbre, annonce à Manué et à sa femme qui se voient à droite la naissance de Samson. Dans l'estampe, à gauche : 2 *HGoltzius fe.;* dans la marge : *Angelus etherea cœli. . . . .*

Haut., 205 millim.; larg., 256. La marge du bas, 108.

Les cinq autres pièces sont gravées par Collaert. (Voir plus bas ce nom.)

4-7. *Histoire de Ruth*. Suite de quatre estampes.

Haut., 198 millim.; larg., 275. La marge du bas, 18 à 21.

4. Noémi est quittée par Orpha, l'une de ses belles-filles. Orpha est à droite et Ruth à gauche avec sa belle-mère. Dans l'estampe : 1580. *Joannes Janssonius Excudit*, et au-dessous : 1.; dans la marge : *Deserit Arpa socrum. . . . .*

5. Ruth, autre belle-fille de Noémi, ramasse les épis dans le champ

de Booz. Elle est à droite, presque dans le milieu ; Booz est à gauche. Dans l'estampe : 1580. ; dans la marge : *Ad quem venisti*. . . . . ; à droite : 2.

6. Ruth se couche aux pieds de Booz endormi, à droite, dans une grange ; sur le montant de la porte, à gauche : 1580. Dans la marge : *Gnata (Boos inquit) felix*. . . . . ; à droite : 3.

7. Le premier parent cède son droit à Booz en présence de dix anciens qui sont à gauche et au fond. A droite, dans l'estampe, sur la pierre : *Henricus Golsius inuent. et sculptor*. 1580. ; dans la marge : *Qui fundum redimet*, ... ; à droite : 4.

Les premières épreuves sont avant l'adresse de *Joannes Janssonius*.

8-11. *Histoire du prophète Élie*. Suite de quatre estampes des premiers temps de Goltzius.

Haut., 189 millim.; larg., 275. La marge du bas, 11.

8. Élie fait connaître au roi Achab que pendant trois ans il n'y aura ni rosée ni pluie. *Venturos absque imbre dies*. . . . . (1)

9. Élie prie la veuve de Sarepta de le nourrir. *Tecta Sareptanæ diuine*. . . . . (2)

10. Élie se présente à Achab, après avoir été trouvé par Abdias. *Helias quesitus adest*. . . . . (3)

11. Élie confondant les prophètes de Baal. *Asseruere dei cultum*. . . . . (4)

12. Susanne à mi-corps ; elle est un peu tournée vers la droite. A gauche, sur la fontaine : *HGoltzius inuentor et sculp*. 1583. Autour de l'ovale : *Attentant forma celebremq³*. . . . . . . P. ov.

Haut., 171 millim.; larg., 131. La marge du bas, 7.

13. David, Salomon et les autres prophètes qui ont annoncé Jésus-Christ rassemblés au bas d'un autel où est représenté le mystère de l'Incarnation. Dans le haut, on voit Dieu le père ; au-dessous, le Saint-Esprit. Au milieu est l'Annonciation ; la Vierge est à gauche et l'ange à droite. Dans le bas, Moïse vers la gauche, David à droite, Salomon et d'autres prophètes tenant des tableaux où sont des inscriptions. *Talis erat Mosi facies*. . . . . Premiers temps de Goltzius.

Haut., 414 millim.; larg., 286. La marge du bas, 23.

1er état. Avant toutes les inscriptions dans les tableaux, vraisemblablement avant les vers dans le bas.

2e. C'est celui décrit.

Dans les deux états du Cabinet de Paris, la marge du bas est coupée.

14. L'Annonciation. Sujet entouré d'une bordure, offrant plusieurs emblèmes qui s'y rapportent et d'autres sujets de la vie de la Vierge. Marie est à genoux, à gauche, regardant le ciel où un ange debout, à droite, lui montre une fontaine emblématique. Sur le pupitre de la Vierge : *Philippus Galle excud.* Dans l'estampe : *Henricus Golsius inventor et sculptor*. Première manière du maître.

Haut., 229 millim.; larg., 185.

15-20. *Les Chefs-d'œuvre de Goltzius*. Suite de six estampes dédiées à Guillaume V, duc de Bavière.

Haut., 466 millim.; larg., 351. La marge du bas, 27.

15. *L'Annonciation*. La Vierge est à genoux, à gauche, regardant l'ange Gabriel qui est à la droite. Sur une tablette, dans le bas : *HG. A°*. 1594. Dans la marge, quatre vers latins : *Pone metum virgo*, . . . Manière de Raphaël. (1)

Une épreuve avant la lettre est au British Museum.

Bartsch signale une copie anonyme. *Nunc lucem rutilo*. . . . . *Henr. Goltzius inuent*. . . . . *Theodor. Galle excud.*

Haut., 254 millim.; larg., 198. La marge du bas, 2

16. *La Visitation*. La Vierge et sainte Élisabeth sont à gauche. Pièce dans le goût du Parmesan. Dans le bas, vers la droite : 1593. *HG*. Quatre vers latins dans la marge : *Plena Deo virgo*. . . . . Dans l'estampe, au bas, à gauche, le n° 2.

17. *L'Adoration des bergers*. L'enfant Jésus est dans le milieu, la sainte Vierge et saint Joseph à gauche, les bergers à droite. Sur une pierre, dans le bas, à gauche : *HG. A°* 1594. ; plus loin, le n° 3. Manière de Bassan. Dans la marge, quatre vers latins : *Cœli opifex, rerum dominus*, ...

18. *La Circoncision*. L'enfant Jésus et le grand prêtre sont dans le milieu. Composition enrichie d'un grand nombre de figures, dans le goût de Durer. Au milieu, sur une tablette : 1594 *HG;* à gauche, dans le bas, le n° 4, au-dessous d'une aiguière. Dans la marge, quatre vers latins : *Cernis vt octaua*. . . . .

19. *L'Adoration des Mages.* La sainte Vierge et l'enfant Jésus sont à gauche et les Mages à droite. Composition dans le goût de Lucas de Leyde. Au haut d'une porte, à gauche : *HG.* Dans la marge, quatre vers latins : *Eöi Reges Bethlen.* . . . . (5)

20. *La Sainte Famille.* La Vierge, assise vers la gauche au pied d'un arbre, tient l'enfant Jésus qui caresse saint Jean. Pièce dans le goût de Baroche. Au bas, à gauche : *HG* 1593. ; au-dessous : le n° 6. ; dans la marge, quatre vers latins : PRÆCVRSOR DOMINI LACTANTIS. . . . . Le 2e vers commence par BLANDITVR.

* 1er état. Avant la lettre. Nous ne pouvons indiquer que le n° 1 au British Museum et le n° 6 que nous possédons, qui est aussi avant le monogramme.

* 2e. Avec la lettre, mais avant l'adresse de N. Visscher sur la première pièce dans la marge du bas à droite, et les numéros dans le bas à gauche. Nous possédons de cet état le n° 1 et le n° 5.

Didot, 195 fr.

* 3e. Avec l'adresse de N. Visscher et les numéros. Les nos 2, 3, 4 et 6 de notre suite appartiennent à cet état.

4e. A côté de l'adresse de Visscher celle de *P. Schenck Jun.*, ainsi que le n° 47 des livres du fonds de l'éditeur sur le premier morceau. Les épreuves de cet état sont ordinairement très faibles.

Bartsch dit qu'on a du n° 6 une copie gravée d'un burin un peu cru, par un anonyme. Dans l'inscription, 2e vers, le mot BLANDITUR est écrit BLADITUR ; la lettre N est omise et les lettres AD sont cohérentes. Il s'y trouve ajoutés, un vieillard et un jeune garçon tenant un flambeau. Dans la marge du bas : *Est postquam.* . . . . *luce* 2-21. Suivent 16 vers hollandais ; au milieu du bas, en dedans du trait d'encadrement : *Fransois van bensecom Excudit.* Sans noms d'auteurs.

Haut., 446 millim.; larg., 335. La marge du bas, 14.

21. *L'Adoration des bergers.* Ils arrivent pour visiter Jésus qui vient de naître ; la sainte Vierge et saint Joseph montrent l'enfant divin. Marie est à droite ; saint Joseph, dans le milieu, tient un flambeau; à gauche, deux bergers. Fig. à mi-corps, sujet non achevé. *Cum privil. Sa Cæ Mtis HGoltzius Fecit, I. Matham excud.* 1615. L'abbé Zani dit dans son *Enciclopedia met. delle Belle arti*, p. II, vol. V, que cette planche doit avoir été terminée par Matham.

Haut., 203 millim.; larg., 153. La marge du bas, 9.

1er état. Avant l'année 1615 et le fond ; toute la partie de la planche, vers la gauche du bas, est blanche.

Camberlyn, 60 fr. Le graveur avait indiqué à la plume l'enfant Jésus.

2e. Le fond et la partie inférieure à gauche sont dessinés en contour seulement, mais encore avant l'année 1615.

3e. Avec l'année 1615.

4e. Le millésime est supprimé.

Bartsch cite une copie assez bien gravée par un anonyme qui a signé seulement *A B*. C'est *A. Bloteling*. Cette copie est de sens opposé, la partie basse et le fond sont entièrement terminés. *Nascitur hic infans*. . . . . *HG. Invent.*

Haut., 196 millim.; larg., 149. La marge du bas, 21.

22. *Les Mages, apportant leurs présents, viennent adorer l'enfant Jésus*. Sujet de beaucoup de figures. La sainte Vierge est assise, à droite, tenant l'enfant Jésus dans ses bras; un des rois est à ses pieds. Le roi nègre arrive dans le fond; à gauche, derrière lui une nombreuse suite. Dans l'estampe à gauche : *HGoltzius fe. et excud.*; dans la marge, inscription en huit lignes : *Quod Abrahæ, Vatumq³*. . . . .

Haut., 176 millim.; larg., 146. La marge du bas, 27.

23. *Le Massacre des Innocents*. Goltzius en mourant a laissé cette planche imparfaite. Bartsch dit qu'il devait y avoir une seconde planche pour achever le sujet. On voit la marque de Goltzius ; au milieu de la marge du bas : *J. C. Visscher Excudit.*

Haut., 205 millim.; larg., 372. La marge du bas, 14.

Le 1er état est avant l'adresse de Visscher ; le 2e est celui décrit ; dans le 3e état, l'adresse de Visscher est effacée et remplacée par celle de L. Renard.

Camberlyn avec l'adresse de J. C. Visscher, 20 fr.

24. *Sainte Famille*. Saint Joseph, à gauche, cueille les fruits d'un arbre au bas duquel est assise la sainte Vierge, tenant l'enfant Jésus sur ses genoux. Dans l'estampe : *HGoltzius Inuen. et sculp. A°*. 89 ; dans la marge : *Diua Dei genitrix*. . . . . .

Haut., 243 millim.; larg., 198. La marge du bas, 7.

Le 1er état est celui décrit ci-dessus ; le 2e, à l'adresse de *Kloeting. exc. del f*, dans l'estampe, au-dessus du nom du maître.

25. *Saint Joseph*, qui est dans le fond, présente une pomme à l'enfant Jésus assis sur les genoux de la sainte Vierge que l'on voit à gauche. Sur la pomme que l'enfant Jésus prend de la main gauche : *HG*. Fig. à mi-corps. P. ov.

Haut., 68 millim.; larg., 29.

Ce morceau, gravé avec une grande délicatesse de burin, est très rare. Sur l'épreuve qui est au Cabinet des estampes on lit : *Donné par M. Marivaux le 5 juillet 1806.*

Camberlyn, 30 fr.

26. *Vierge, à mi-corps.* Elle est à droite, tournée vers la gauche, tenant dans ses bras l'enfant Jésus, sur un croissant. Manière d'Albert Durer. Au milieu du croissant, le chiffre de Goltzius. P. ov.[1].

Haut., 43 millim.; larg., 38.

27-38. *La Passion de Jésus-Christ.* Suite de douze estampes dans la manière de Lucas de Leyde. Elles sont numérotées de 1 à 12, à la gauche du bas.

Haut., 194 millim.; larg., 131.

27. *La Cène.* Notre-Seigneur est vers la gauche, tenant saint Jean dans ses bras. Cette première estampe porte dans le bas, vers la gauche, le monogramme du maître : *Cum privil. Sa. Cæ. M.*, et sur une tablette, à droite, vers le milieu du haut : *A°* 1598. Tout au haut, la dédicace au cardinal Borromée. (1)

28. *La Prière au jardin des Oliviers.* Notre-Seigneur est à genoux, à gauche. Au coin du bas, à gauche : *A°* 97 *HG.* (2)

29. *Prise de Jésus-Christ.* Notre-Seigneur est à gauche. Sur un morceau de bois, à droite : 98. *HG.* (3)

30. *Jésus devant Caïphe.* Notre-Seigneur est à droite. Du même côté, dans le bas : *A°*. 97. *HG.* (4)

31. *Jésus devant Pilate.* Notre-Seigneur est à gauche. Dans le bas, du même côté : *A°*. *HG* 96. (5)

32. *La Flagellation.* Notre-Seigneur flagellé est à droite. Vers la gauche du bas : *A°*. 97. *HG.* (6)

33. *Le Couronnement d'épines.* Notre-Seigneur est assis à gauche. Dans le bas, du même côté : *A°*. *HG.* 97. (7)

34. *Jésus montré au peuple.* Notre-Seigneur est au haut, à gauche. Dans le bas, du même côté : 1597. *HG.* (8)

1. 26 a. Favart mentionne : *La sainte Vierge.* Petite pièce ronde; sans autre désignation.

35. *Le Portement de croix.* Notre-Seigneur est à genoux, à droite. Dans le bas, du même côté : *HG*. (9)

36. *Le Crucifiement.* Notre-Seigneur est dans le milieu, sur la croix. Au milieu, vers la droite, sur une pierre : *HG*. (10)

37. *Jésus-Christ au tombeau.* Notre-Seigneur est à droite, près d'être placé dans le sépulcre. A gauche : 1590. *HG*. (11)

38. *La Résurrection.* Notre-Seigneur ressuscité s'envole à la gauche. Sur une pierre, au milieu : *HG*. *A°* 96. (12)

* Suite rare avec marge.

Camberlyn, 68 fr.; même suite, Didot, 205 fr.

On connaît plusieurs suites de copies : la première, qui est très exacte, se distingue cependant par les signes suivants :

Dans la dédicace au cardinal Frédéric de Borromée, archevêque de Milan, à la cinquième ligne, le deuxième *i* du mot *testimonium* n'est pas surmonté d'un point. Les deux DD sont serrés et joints à l'*m* de *testimonium*.

Au n° 3, ce chiffre avait primitivement la forme d'un 2 auquel on a ajouté un crochet pour en faire un 3. Dans la copie ce chiffre est parfaitement formé.

N° 8. Les chiffres de 1597 sont placés d'une manière horizontale dans l'original ; ils penchent vers la droite dans la copie.

N° 10. Toutes les lettres d'INRI sont séparées par des points dans l'original ; il n'y en a aucun dans la copie. En outre, dans l'original le dernier I est éloigné de l'R.

N° 11. Dans l'original, la queue du 9 de 1596 est distinctement marquée ; elle est peu sensible dans la copie.

N° 12. Ce numéro qui est dans l'original ne se trouve pas dans la copie.

Barstch n'a trouvé aucune différence dans le corps même des estampes.

M. Favart mentionne une autre suite de bonnes copies dans le sens des originaux. A la première pièce, une dédicace à *Jean Ant. Alemarianus, Prieur de la Sainte-Croix, à Cologne.*

Il existe une autre suite de copies par Vorsterman, qui les a marquées de son nom sur la première pièce. Elles sont en contre-partie ; les numéros sont à droite, tandis qu'ils sont à gauche dans les estampes originales, excepté le n° 3, écrit à rebours à gauche, au bas de la lanterne.

39. *La Cène.* Dans le milieu de la salle, derrière une fenêtre ouverte, le Sauveur est assis, entouré de ses disciples ; à gauche, sur le devant, Judas, assis seul sur un siège, se dispose à se lever. Sur une pierre, dans le bas vers la gauche : *HGoltzius sculptor. et excud. A°* 1585.

Haut., 275 millim.; larg., 351.

* On présume que cette gravure est faite d'après un tableau de *Pierre Koeck* dit *van*

Aelst. Justement, on lit sur notre épreuve cette inscription d'une vieille écriture : *Pieter van Aelst Inuentor.*

40. *Jésus-Christ crucifié entre les deux larrons.* Le Christ est vers la droite, tourné à gauche ; saint Jean, vu de dos, est dans le milieu, tourné vers la droite. On voit quelques travaux sur la figure de saint Jean, toutes les autres sont au trait. Au bas des pieds de saint Jean : *HGoltzius Fecit.* P. ronde inachevée.

Diam., 119 millim.

40ª. *Jésus sur la croix.* Il est tourné vers la gauche où se voit la sainte Vierge ; sainte Madeleine est dans le milieu ; au pied de la croix est saint Jean, à droite. Sur un espace blanc, au bas de la gauche : *HGoltzius inuentor et sculptor. et excud. A°* 1585. Dans la marge : *Dum morior rigidi.* . . . .

Haut., 198 millim.; larg., 156. La marge du bas, 14.

41. *Le Christ mort sur les genoux de la sainte Vierge.* A droite, près des jambes du Christ : *A°* 96, et sur une pierre carrée au milieu du bas, le chiffre du maître. Manière de Durer.

Haut., 176 millim.; larg., 126.

* 1er état. Très rare, avant le millésime. Collection Drugulin.

Drugulin, 104 fr.; Camberlyn, 300 fr.

2e Décrit seulement par Bartsch, avec l'année.

Van den Zande, 51 fr.; Camberlyn, 50 fr.; Didot, 80 fr.

Weigel dit que, parmi les nombreuses copies de ce chef-d'œuvre, il n'y en a pas de plus belle que celle qui est sans marque et sans lettre. Il la croit gravée par *Saenredam.*

Haut., 177 millim.; larg., 129.

Bartsch signale une copie par un anonyme. Au milieu du bas, sur une pierre carrée : *HG jnuent,* et vers la droite : *pet. aub. excu.* Dans la marge du bas, quatre vers latins : *Huc oculos, si qua est pietas.* . . . .

Haut., 146 millim.; larg., 106. La marge du bas, 9.

42. *Jésus-Christ en pied dans un ovale.* Il est tourné un peu vers la droite, tenant sa croix de la main gauche ; dans le reste du sujet, différents martyres de saints ; autour, sept sujets dont six représentent les œuvres de miséricorde, et dans le haut, un plus grand où l'on voit un mariage. Dans l'estampe : *HGoltzius inuentor et sculptor. Carolū. Collaert excud.* Dans la marge : SVSTVLIT HVMANAS CVLPAS, . . . Vraisemblablement des premiers temps du maître.

Haut., 446 millim.; larg., 345.

Sur une autre épreuve du Cabinet des estampes de Paris, on lit, au-dessous du nom de Goltzius : *Adrian,* au lieu de *Carolū.*

Weigel signale un état antérieur à celui qui est décrit ci-dessus : il est avant l'adresse de *C. Collaert* ; on lit, au-dessous du nom de *Goltzius* : *Aux Quatre-Vents.*

43-56. *Jésus-Christ, les douze Apôtres et saint Paul.* Pièces à mi-corps. 14 pl. *Jésus-Christ* regardant à gauche : ITE IN MVNDVM. . . . . *HG. Fe.*

Haut., 122 millim.; larg., 102. La marge du bas, 27.

1. *Saint Pierre*, tourné vers la droite. CREDO IN DEVM. . . . . *HGoltzius jnuen et sculptor. A°.* 1589.

2. *Saint André*, regardant à droite. ET IN IESVM. . . . . *HG.*

3. *Saint Jacques le Majeur*, la tête baissée vers la droite. QVI CONCEPTVS EST. . . . . *HG.*

4. *Saint Jean,* la tête élevée vers la gauche. PASSVS SVB PONTIO. . . . . *HG. fecit.*

5. *Saint Philippe*, presque de face, tenant une croix de la main droite. DESCENDIT AD INFERNA, ... *HG.*

6. *Saint Barthélemy,* la tête élevée vers la droite. ASCENDIT AD CŒLOS, ... *HG.*

7. *Saint Thomas,* tout à fait tourné à droite. INDE VENTVRVS EST, ... *HG. fecit.*

8. *Saint Mathieu,* la tête inclinée vers la gauche. CREDO IN SPIRITVM SANCTVM. *HG.*

9. *Saint Jacques le Mineur,* la tête inclinée vers la droite. SANCTAM ECCLESIAM CATHOLICAM. . . . . *HG.*

10. *Saint Simon,* la tête un peu tournée vers la gauche. REMISSIONEM PECCATORVM. *HG. fe.*

11. *Saint Judas Thaddée,* la tête inclinée vers la gauche. CARNIS RESVRRECTIONEM. *HG. f.*

12. *Saint Mathias*, de face, un peu tourné vers la droite. ET VITAM ÆTERNAM AMEN. *HG.*

13. *Saint Paul,* de face, la main droite dans un livre. NAM MIHI VITA. . . . . *HG. fe.*

Le catalogue Verstolk cite du n° 56 un état non mentionné avant la lettre.

Ces pièces portent de doubles numéros. Au bas de chaque estampe, au-dessus de l'inscription, est le chiffre romain, à l'exception du Christ et de saint Paul qui n'en ont pas. Au coin du bas de l'estampe aux 14 pièces est le chiffre arabe, au-dessous de l'inscription. Le Christ est marqué du n° 7. Le chiffre du maître est gravé dans l'estampe.

Bartsch dit qu'on a de ces 14 pièces des copies assez habilement faites dans le sens des originaux. Au bas de Jésus-Christ, on lit : *HG. In.* au lieu de *HG fe.* Au bas de saint Pierre, on trouve : *HGoltzius Inuentor.* Saint Thomas porte un monogramme composé de *G H T.*

Weigel dit que, parmi les nombreuses copies qui existent de cette suite, celles de T. Grandhomme sont les meilleures.

B. SAINTS ET SUJETS PIEUX.

57. Sainte Madeleine dans la solitude pleure ses péchés et médite sur les Écritures ; elle est à mi-corps, tournée vers la gauche, les mains sur la poitrine. *Henricus Goltzius inuen. et sculp. Imprimé à Haerlem,* 1582. P. ov.

Haut., 171 millim.; larg., 129.

La copie anonyme assez trompeuse que l'on connaît, est de même grandeur, mais le nom de Goltzius n'y est pas marqué. La marge qui la borde a cette inscription : *Aspice quam variis.* . . . . . . Elle a 7 millim.

58. Sainte Madeleine, dans le désert, prie agenouillée ; elle est tournée à gauche, tenant un livre de la main droite, la gauche appuyée sur une tête de mort. Dans l'estampe, à gauche : *HGoltzius inuen. et sculptor excudebat. A° 1585.*; dans la marge : *Dum sua perpetuo.* . . . . Des premières manières du maître.

Haut., 275 millim.; larg., 198. La marge du bas, 14.

On trouve des épreuves où le mot *excudebat* est effacé ; on lit au-dessous : *I. Visscher excudebat.*

59. Saint Antoine, agenouillé, à gauche, devant un pupitre, étudie l'Écriture sainte pour mieux combattre les attaques du démon qui, sous la figure d'une femme, cherche à le tenter. Dans l'estampe, à gauche : *HG. Fig.* Dans le goût de Lucas de Leyde.

Haut., 205 millim.; larg., 142.

60. La Miséricorde divine arrache au démon un homme qui déteste ses fautes et le conduit à la Pénitence, que l'on voit au haut d'une montagne, à gauche. Cette pièce est entourée d'une bordure offrant des sujets de la Bible. Dans l'estampe, à gauche : *Henricus Golss. inuent. et sculp. Philip. Galle excu.;* dans la marge du bas : *Propterea expectat Dominus.* . . . .

Haut., 239 millim.; larg., 184. La marge du bas, 27.

61-64. *Emblèmes sur Jésus-Christ*, quatre estampes. Premières manières de Goltzius.

Haut., 142 millim.; larg.; 115.

1. Jésus enfant est assis au milieu d'une fontaine qu'il remplit du sang qui coule de sa poitrine. A droite, une femme habillée; à gauche, une femme nue. Dans le haut : INFANTIA CHRISTI.; dans le bas : *Paruulus eni natus.* . . . . . . *Phls. Galle excud.*

2. Jésus-Christ guérit par le mérite de son sang une femme malade; il est à droite, tenant sa croix de la main gauche, et le sang coule de son côté droit. Dans le haut : MIRACVLA CHRISTI.; dans le bas : *Misit verbum suum.* . . . . . 1578.

3. Jésus-Christ sortant du tombeau terrasse le démon et la mort; le Sauveur s'élance vers la droite. Dans le haut : RESVRRECTIO CHRI.; dans le bas : *Ascendisti in altum,* . . . .

4. Une femme chrétienne, assise à droite, peint dans un cœur la simplicité que lui montre celui de Jésus-Christ que l'on voit à gauche. Dans le haut : EXEMPLAR VIRTVTVM.; dans le bas : *Discite a me quia mitis sum.* . . . . . 1578.

65-74. *Emblèmes sur la foi chrétienne.* Suite de dix estampes. Des premières manières de Goltzius.

Haut., 237 millim.; larg., 185. La marge du bas, 14 à 18.

1. Jésus-Christ appelle à lui les affligés pour les soulager; il est dans le milieu, vers la droite, tourné de ce côté. Dans le haut : LEVAMEN ONVSTORVM.; dans l'estampe, vers le bas : *HH. excudebat* 1594. C'est l'adresse d'Hondius. Au bas : *Quærite dominum.* L'estampe décrite par Bartsch porte seulement : 1578. . . . .; dans l'estampe : *HG. f.;* la marge du bas est blanche.

2. Jésus-Christ prononce son jugement sur la femme adultère. Il est incliné vers la droite, derrière une colonne, écrivant aux pieds de la femme que l'on voit à droite. Dans le milieu du bas : *HHondius excudebat;* à gauche : *HG fecit,* 1598. Dans le haut : REMISSIO PECCATORVM.; dans la marge, tout au bas : *Allen schuldenners boetvaardigh bevonden* . . . . .

Dans le 1er état on lit au bas dans l'estampe : *Philippus Galleus excudebat.* Plus tard le 7 a été changé en 9. C'est l'état décrit.

3. La Justice et la Foi recueillant le sang du Sauveur, mourant sur la croix pour satisfaire à Dieu et arracher les hommes à l'enfer. Jésus-Christ est crucifié à droite; le sang coule de toutes ses plaies dans une balance que tient la Justice qui est à gauche. Dans le haut : SATISFACTIO CHRI.; au bas : *Quem proposuit Deus.* . . . .; dans l'estampe : *HG.*

4. La Foi et l'Espérance invitent les hommes à chercher le royaume des cieux que l'on voit dans le haut, à gauche; l'amour de la Sagesse y conduit ceux qui sont simples, qui aiment la Justice, ou qui sont persécutés; on les voit cherchant à gravir au milieu des rochers. Dans le haut : REGNVM DEI QUÆRERE. Tout au bas : *Quis ascendet in montem Dni ?* . . . .; dans l'estampe : *HG.*

5. La Charité et la Providence distribuent à ceux qui croient les choses nécessaires à la vie; la Charité est à gauche, dans une gloire. Dans le haut : CURA DEI PRO SVIS.; tout au bas : *Nolite ergo soliciti.* . . . . . .; dans l'estampe : *HG.*

6. On voit Jésus-Christ à gauche, assis à table, à côté d'un de ses disciples, dans un temple bâti sur la pierre vive et soutenu par les Vertus sous la forme de cariatides. Le temple repose sur les symboles des quatre évangélistes. Dans le haut : ÆDIFICARE SVPER PETRAM.; tout au bas : *Jucundus homo qui.* . . .; dans l'estampe : *HG.* (*Math. C. VII, V.* 24.)

7. La maison que l'homme insensé a bâtie sur le sable, s'écroule. On la voit tomber vers la droite, et du même côté l'insensé tombe avec sa table dans la mer. Dans le haut : ÆDIFICARE SVPER ARENAM.; tout au bas : *Propterea Deus destruet.* . . .; dans l'estampe : *HG.* (*Math. C. VII, V.* 26.)

8. Abel, Joseph, David et les autres fidèles persécutés pour la cause de Dieu sont l'image des dissensions de l'Église. La scène se passe dans une église où l'on voit beaucoup de massacres; un roi, assis à droite, brandit un javelot. Dans le haut : DISSIDIVM IN ECCLESIA.; dans le bas : *Fur non uenit nisi. . . . .*; dans l'estampe : *IG.*

9. Un roi orgueilleux, qui s'était élevé jusque dans le ciel, est précipité dans le fond de l'enfer dont la bouche est ouverte dans le milieu de l'estampe. Ce roi perdant son chapeau de plumes tombe du haut du ciel vers la gauche; autour sont des rois frappés mortellement; des tyrans sont dans les flammes. Au bas : *Philip. Galle excudebat.;* tout au bas : PVNITIO TIRANNORVM.; au-dessous : *Quo modo cessavit exactor, ...*; dans l'estampe : *IG. f.*

10. Pharaon et son armée sont engloutis dans la mer; il est à gauche sur son char, près d'être submergé. Dans l'estampe, à droite : *IG.;* plus bas, au milieu : P. GALLEVS. EXCVDE.; dans le bas : PVNITIO TIRANNORVM.; tout au bas : *Oportebat enim illis. . . . .* Aux nos 68, 73 et 74, dans l'œuvre du Cabinet des estampes, les nos 4, 9 et 10, au bas, à gauche.

Weigel dit qu'on connait une suite avant le monogramme.

75. La Prudence montre à un homme ses quatre fins dernières, qui sont représentées sur cette pièce en quatre sujets de forme ronde. L'homme est assis dans le bas, un peu tourné vers la gauche, regardant dans un miroir qu'il tient de la main droite; derrière lui est la Prudence. Sur une banderole, au-dessus de sa tête, on lit : *Memento novissimorum. . . . .* Les quatre tableaux que l'on voit dans des ronds représentent la *Sépulture*, la *Résurrection des morts*, le *Paradis* et l'*Enfer*. Vers le bas de l'estampe, à gauche : *Philippus Galle excud.;* à droite : 1578.; dans la marge : *In omnibus operibus. . . . . .* Des premières manières du maître.

Haut., 237 millim.; larg., 183. La marge du bas, 14.

76. Un prince aveugle, environné de ministres pervers qui lui conseillent de sacrifier Jésus-Christ, et de se rendre aux instances de la fausse Église. Le prince est assis à gauche, sur un trône; près de son bras gauche, la lettre A; il tient un sceptre de la main droite. A ses pieds, à droite, est une femme agenouillée au-dessous de laquelle

est un enfant mort. Au-dessous de cette femme : *Vera Ecclesia;* près d'elle, une femme debout auprès de laquelle est écrit : *Falsa Ecclesia;* autour du prince sont quatre docteurs qui ne sont autre chose que des bourreaux; près d'eux : *Doct. gladius. Doct. laqueus. Doct. aqua. Doct. ignis.* Dans le fond, à droite, des victimes que l'on jette du haut d'un pont dans une rivière. Au milieu du bas, dans l'estampe : *HG. f.;* à côté, une inscription en six lignes. Dans la marge du bas : *Quando obstetricabitis hebreus. . . . Hh. exc.* 1604. (*H. Hondius excudit.*)

Haut., 221 millim.; larg., 183. La marge du bas, 11.

Nous avons vu au Cabinet des estampes une épreuve où l'on ne trouvait ni le monogramme du maître, ni celui d'Hondius, ni la date.

77-92. *Les Vertus et les Pêchés capitaux.* Suite de seize estampes des premières manières du maître.

Haut., 140 millim.; larg., 108. La marge du bas, 14.

1. *Frontispice.* On voit, des deux côtés d'un cartouche de forme ovale, les figures de la Vie éternelle et de la Mort. Sur l'ovale, on lit : *Virtutum vitiorumque quibus capitalium nomen inditum est. . . Gaudia quo vitæ. . . . . Philippus Galleus excudebat.*

Bartsch dit qu'on a employé ce cartouche en passe-partout pour un portrait de François Draecke, gravé par un anonyme. L'adresse de Philippe Galle est remplacée par : *Theatrum principum;* on lit, au bas de la gauche : *HG fe;* à droite : *Franc. van den Wyngaerde ex.*

2. *La Foi. Nil fide grave. . . . .*

3. *L'Espérance. Spes non frustratur. . . . .*

4. *La Charité. Nos docuit verum. . . . .*

5. *La Prudence. Est sophiæ pars. . . .*

6. *La Justice. Justiciam exerce. . . . .*

7. *La Force. Fac animi fortis. . . . .*

Brulliot indique un 1er état, qui n'a point le chiffre du maître ; dans le 2e état, au milieu de la planche : *HG.*

8. *La Tempérance. Quod sobrie vivens. . . . .*

9. *L'Orgueil. Luciferi ex cœlo. . . . .*

10. *L'Avarice. Sit Sapphira tibi. . . . .*

11. *La Colère. Iratum compesce animum.* . . . .

12. *L'Envie. Inuidiam proprium stimulantem.* . . . .

13. *L'Impureté. Judæi obsceno cicidere.* . . . . .

14. *La Gourmandise. Plures hoc vitio.* . . .

15. *La Paresse. Dum piger exercet.* . . . .

16. *Le Jugement universel. Virtutum pennis dictarum.* . . . .

93. Une jeune femme assise dans le milieu, le corps tourné vers la droite, regardant à gauche, tenant de la main droite deux serpents et de l'autre deux colombes, représente la *Prudence* et la *Simplicité*, principales qualités d'un imitateur de Jésus-Christ. Dans le milieu du bas, sur une pierre aux pieds de la femme : *HG.* Autour du rond: *Astu serpentes. et simplicitate columbas. Christi cultores imitari rite iubentur.* . . . Ce morceau rare est au nombre des plus fins et des plus délicats gravés par Goltzius. P. r.

Diam., 65 millim.; le bord, 5.

C. HISTOIRE, ALLÉGORIES ET AUTRES SUJETS PROFANES.

94-103. *Héros romains.* Suite de dix estampes.

Haut., 331 millim.; larg., 232. La marge du bas, 14.

Frontispice. La Divinité tutélaire de Rome. Dans le milieu, sur un piédestal, au-dessus de sa tête : *Roma ;* des deux côtés, les armes impériales et celles de la Belgique ; des femmes debout l'entourent. Au bas, à gauche, le Tibre ; à droite, la louve allaitant Rémus et Romulus. Sur le piédestal : MEMORABILIA ALIQVOT ROMANÆ *Strenuitatis Exempla.* Dans le bas de l'estampe, à gauche : *HGoltzius inuenit sculpsit et diuulgauit A°.* 1586. *Harlemi.* Dans la marge, huit distiques latins : *Ecce gemelliparæ sobolem.* . . . . *Franco Estius composuit.*

Autre frontispice. La Renommée plane au-dessus de la Vertu qui, lisant l'histoire, s'excite à produire de nouveaux héros. *Vita hominum brevis est.* . . . . *HGoltzius fecit. A°.* 1586.

1. *Horace*. Il est presque de face, tenant son glaive en l'air, de la main droite. *Inter tergeminos hinc atq³*. . . . .

On trouve des épreuves avec : *Strenuus Albanus Obtruncat Horatius Hostes.*

2. *Horatius Cocles*. Son bouclier élevé et l'épée en l'air, il se tourne à droite. *Solus in aduersos Cocles*. . . . .

3. *Mutius Scevola*. Sa tête est tournée vers la gauche. *Te, Porsenna tuo mucrone*. . . . .

4. *Marcus Curtius*. Il est à cheval, se dirigeant vers la gauche. *Curtius in vastum*. . . . .

5. *Manlius Torquatus*. Tourné vers la gauche, il va tirer son épée. *Haud minimo Gallum*. . . . .

6. *Valerius Corvinus*. Il est vu de dos, sa main droite derrière lui. *Magnanimo Coruine tibi*. . . . .

7. *Titus Manlius*. Il est à cheval, vu de dos, son épée est contre son bras droit duquel il tient son bouclier. *Victa meli rigido*. . .

On trouve des épreuves où la première inscription est remplacée par celle-ci : *Manlius Opprobrys Mety irritatus*. . . . .

8. *M. Calphurnius*. Il est de profil, tourné vers la gauche. *Calphurni virtute locis*. . . . .

Weigel cite deux états :

1er état. Celui qui vient d'être décrit.

2e. Avec les numéros et le monogramme du maître dans l'estampe, ainsi que des vers dans la marge du bas.

Nous avons vu au Cabinet des estampes une suite de copies de ces pièces : A la première : MEMORABILIA. . . . . *Exempla.* sur le socle seulement, mais au-dessous pas de dédicace. Dans l'estampe, au bas : *HGoltzius invent. P. Goos excudit.*

Dans les autres pièces, le chiffre *HG* ne se trouve pas ; il y a un numéro dans l'estampe et un autre dans la marge. Aux pièces de *Cocles* et de *Scevola*, il y a un changement dans les vers.

Haut., 212 millim.; larg., 152. La marge du bas à la première pièce, 81; aux autres, 29.

104-107. *Histoire de Lucrèce*. Suite de quatre estampes. Des premières manières de Goltzius.

Haut., 189 millim.; larg., 248. La marge du bas, 16.

1. Collatin, dans un repas donné par le jeune Tarquin, vante la vertu de sa femme. On voit, à gauche, une table servie autour de

laquelle sont de nombreux personnages. Sur la nappe, à gauche : *Phls. Galle excudèbat.;* dans la marge : *Effera Romanis dum*. . . . .

2. Lucrèce travaillant avec ses femmes. Elle est dans le milieu; à droite, une femme à son rouet; derrière elle : *Philippus Galle excude.* Dans le fond, vers la gauche, des guerriers; dans la marge : *Inde cito passu*. . . . .

3. Tarquin fait violence à Lucrèce. Celle-ci, presque nue, est assise sur un lit, à droite ; Tarquin de l'autre côté lui porte la main gauche sur le sein et la menace d'une épée nue. Dans l'estampe, au milieu du bas : *Philippus Galle excu. Henricus Goltzius inuentor et sculptor;* dans la marge : *Interea iuvenis furiales*. . . . . .

4. Lucrèce se tue en présence de son mari. Elle est dans le milieu, vers la droite, s'enfonçant de la main droite un poignard dans le sein; plusieurs personnages l'entourent. Dans l'estampe : *Philippus Galle excude;* dans la marge : *Jamq³ erat orta*. . . . .

108. Le Triomphe de la guerre. Pièce allégorique offrant beaucoup de figures. Le char part de la droite et s'avance vers la gauche; dans le haut, à gauche, la figure de la Victoire. *Impia quos ductet*. . . . . . *Henric. Goltzius fecit. Theodor. Galle excud.*

Haut., 196 millim.; larg., 362.

1ᵉʳ état. Avant l'inscription : CVRRVS BELLI, et sans les mots : *Varius cuentus est belli*. . . . . Avec l'adresse : *Theodor. Galle excud.*

2ᵉ. On lit au milieu du haut : CVRRVS BELLI, mais avant : *Varius cuentus*. . . . l'adresse est *Jean Galle.*

3ᵉ. Les noms latins des figures allégoriques sont accompagnés de numéros qui se rapportent à une traduction française et hollandaise de ces mêmes noms, laquelle est gravée dans une marge ajoutée au bas de la planche; on lit, à gauche, dans le bas : LE CHARIOT DE GVERRE; à droite : DE ORLOGHS WAGHEN; plus bas, une légende en français et en hollandais.

109. Par des chemins et des motifs divers, la Nécessité, l'Avarice et la Prodigalité font la chasse à la Richesse. La Richesse est à droite, dans une pièce de monnaie portée sur des jambes d'oiseau. On lui fait une chasse active. Les personnages qui la poursuivent sont la plupart vers la gauche ; quelques-uns sont à droite, entre autres l'Avarice. Dans le haut : ARGYROTHERA *sive* ARGENTI VENATVS. La traduction de ces mots est au-dessous en français et en hollandais. Dans la marge : CVRRITE, NAM PRETIO PRETIVM EST, ...

Tout au bas, à gauche : *Henr. Goltzius fecit;* à droite : *Ioan Galle excudit. O.* Morceau emblématique des premières manières du maître.

Haut., 183 millim.; larg., 237. La marge du bas, 11.

Nous avons rencontré au Cabinet des estampes de Paris deux états :

1er. Avant les numéros sur les Passions qui courent après l'argent, avant toute inscription dans le haut et avant les noms et les numéros des Vices dans la marge du bas, tant en français qu'en hollandais. A droite : *Henr. Goltzius fecit;* on lit à la fin du 2e vers : REPARABILI GAZA. Sauf dans le bas, pas de trait de bordure.

2e. Avec l'inscription dans le haut de l'estampe; les noms des Vices sont en caractères romains ainsi que les numéros qui se rapportent à la légende du bas. Toute l'inscription de la marge a été regravée; on lit : REPARABILE GAZÂ; à gauche : *Henr. Goltzius fecit;* à droite : *Ioan Galle excudit. O.* (Bartsch mentionne un état avec *Phs.Galle.*) Il y a un trait de bordure partout.

Nous trouvons dans un ancien catalogue qu'il existe un état avant la lettre (?).

110-113. *Moyens d'arriver au repos.* Suite de quatre estampes allégoriques.

Haut., 180 à 183 millim.; larg., 135. La marge du bas, 11 à 13.

1. *Le Travail et la Diligence.* On voit, à gauche, un homme assis tenant un fléau, ayant une femme sur ses genoux; ils s'embrassent. Au-dessus d'eux : *Labor Diligentia.* Au bas, à gauche, dans l'estampe : 1.1582; de l'autre côté : *Henricus Goltzius inuēt;* dans la marge : *Cum Labor et socias.* . . . .

2. *L'Art et la Mode.* Le groupe est à gauche; une femme ailée est assise sur un globe; un homme assis près d'elle tient un panneau pour dessiner. Sur leurs têtes : *Ars Vsus.* Dans l'estampe, au coin du bas, à gauche : *HG fe.* — 2; dans la marge : *Quisquis amore bonas.* . . .

3. *Les Richesses et les Honneurs.* A gauche, un homme et une femme à demi couchés s'embrassent : l'homme, de la main droite, s'appuie sur un sceptre et sur une couronne, la femme tient du bras gauche, orné d'un riche bracelet, une coupe pleine d'or. Au-dessus de leurs têtes : *Honor Opulentia.* Dans l'estampe, à gauche : 3; à droite : *HGoltzius fecit;* dans la marge : *Mutua divitiæ et laus.* . . . .

4. *Le Repos.* Une femme, au milieu, tournée vers la gauche, est couchée près d'un Terme qui est à droite. Au-dessus de sa tête : *Quies;* sur le piédestal du dieu : *Terminus.* Dans l'estampe, au coin du bas, à gauche : *HG fecit.* 4; dans la marge : *Mens quoque Terrigenûm.* . . . .

114-117. *Les Vertus alliées.* Suite de quatre estampes des premières manières de Goltzius.

Haut., 146 millim.; larg., 203. La marge du bas, 14.

1. *La Force unie à la Patience.* Le groupe est à gauche; aux pieds d'une femme, du même côté, *Fortitudo.;* à droite, à côté de l'autre femme : *Patientia.* Dans l'estampe, à gauche : 1. *HGoltzius;* dans la marge : *Grandia robusto faciunt.* . . . . .

2. *La Confiance et l'Espérance réunies.* Le groupe est à droite. Près d'une femme, à gauche : *Fidutia;* au-dessus de la tête de l'autre, à droite : *Spes.* Dans l'estampe, à droite : 2.; dans la marge : *Spes alit humanos.* . . . .

3. *La Justice et la Prudence.* Le groupe est à gauche. Au-dessus de la tête d'une femme : *Iustitia;* près de l'autre qui tient deux serpents dans sa main gauche : *Prudentia.* Dans l'estampe, au milieu du bas : 3.; dans la marge : *Ardua Justitiæ venerans.* . . . . .

4. *La Paix et la Concorde.* Le groupe est vers la gauche. Au-dessus de la tête d'une femme : *Concordia;* et de l'autre, tenant une palme de la main gauche : *Pax.* Dans l'estampe, vers la gauche : 4.; dans la marge : *En, precor unanimes.* . . . .

117 à 124[a]. L'abus des procès représenté d'une manière emblématique. Suite de huit pièces en largeur, des premières manières du maître. Au milieu du bas, on voit le numéro et la marque *HG f.* Sur la première, au milieu de la marge : LITIS ABVSVS.; on y lit cette adresse : *H. h.* (H. Hondius) *excvde.* 1597.

Haut., 156 à 159 millim.; larg., 125 à 127. La marge du bas, 16 à 18.

118-122. Les Cinq Sens représentés par des femmes, qui en portent les attributs. Des premières manières de Goltzius.

Haut., 140 millim.; larg., 90. La marge du bas, 23.

1. *La Vue. Ne forsan splendens.* . . . . *Henricus Golsius inuen.* —— *Th. Galle excudit.*

2. *L'Ouïe. Obturato aures socios.* . . . .

3. *L'Odorat. Ne nimium suauis.* . . . . *HGolsius.*

4. *Le Goût. Qui nectar Domini.* . . . .

5. *Le Toucher. Illicito Cypræ sensu.* . . . .

123. Une femme debout, faisant des gestes, est censée représenter la Clarté. A droite, vers le haut : *Perspicuitas,* et au bas : 1584. *Non ego fucatos.* . . . . *Henricus Gol. inuent. incidebat.*

Haut., 216 millim.; larg., 131. La marge du bas, 27.

124. La ville de Harlem implore le secours du prince d'Orange. Celui-ci est à gauche, suivi de deux seigneurs ; près de lui, une femme entourée d'un cercle d'épées ; dans le milieu, à droite, plusieurs personnages parmi lesquels une femme agenouillée tenue par des chaînes. Dans l'estampe, de nombreuses inscriptions ; au bas, à gauche et à droite, deux longues inscriptions : *Liefde getrou tot.* . . . . Estampe allégorique, sans nom ni monogramme.

Haut., 108 millim.; larg., 171.

125. Porte-enseigne tenant un drapeau. Il se dirige vers la gauche, tournant la tête vers la droite. Dans l'estampe, sous ses pieds : *A*º 1587. *HGoltzius fe.;* dans la marge : *Signifer ingentes animos.* . . . .

Haut., 270 millim.; larg., 191. La marge du bas, 11.

126. Capitaine d'infanterie. Il se dirige vers la gauche, regardant de face et tenant sa hallebarde à la main. Dans l'estampe, vers la gauche : *A*º 1587. *HGoltzius fecit;* dans la marge : *Prævius infractos reddo.* . . . . C'est le pendant du morceau précédent.

Même dimension.

Camberlyn, 26 fr.; Didot, 31 fr.

127. Homme de guerre, la tête tournée vers la droite, vu par le dos ; il est armé d'une rondache qu'il porte à son bras droit et d'un espadon qu'il tient de la main gauche. Au bas, à droite : *HG. F.*

Haut., 198 millim.; larg., 124. La marge du bas, 9.

128. Un enfant monstrueux, à deux têtes, vu par devant et par derrière. De ce côté il est à droite, il est à gauche par devant. Il y a une double inscription dans la marge ; en hollandais à gauche, en français à droite : *C'est enfant icy dessus est nay.* . . . . *le* 12 *feburier a*º 1579. fait par Goltzius le 24º iour de Juing aº 1579. *Diet kint hier.* . . . . *HG.*

Haut., 131 millim.; larg., 151. La marge du bas, 90.

129. Femme debout, tenant un livre de la main droite. Une partie de la draperie est seule ombrée, le reste n'est qu'au trait. Planche laissée inachevée. *HGoltzius fecit. I. Matham excud.*

Haut., 223 millim.; larg., 119.

130. Femme vue de profil, mettant la main sur son sein; elle a un voile sur la tête. Figure à mi-corps. *HG.* Cette gravure imite les traits de la plume.

Haut., 146 millim.; larg., 99.

131. Supprimé, double emploi. Voir plus bas : *Portraits gravés d'après des dessins du maître.*

132. Femme assise, lisant dans un livre qu'elle tient de la main gauche ; elle est à mi-corps. A l'eau-forte.

Haut., 108 millim.; larg., 77.

Van den Zande, 19 fr.; Camberlyn, 15 fr.

133. Armoiries hollandaises. Sur le timbre, est un chapeau qui a deux ailes de moulin à vent. P. ov.

Haut., 54 millim.; larg., 36.

134. Autres armoiries du même pays ; le timbre est un casque avec un lion issant qui est tourné vers la droite. P. ov.

Haut., 48 millim.; larg., 36.

135. Armoiries surmontées d'un casque avec un cygne issant. P. ov.

Haut., 50 millim.; larg., 36.

136. Écusson où est un porc assis sur une pierre, et tourné vers la gauche, devise d'Arnoult Berestein. En hollandais, *Beer* signifie *verrat*, et *Stein pierre*. On lit à rebours : *Tres et Vicenos vitæ. . . sic Beresteinius erat*, les mots sont écrits à rebours. P. ov.

Haut., 43 millim.; larg., 32.

137. Armoiries de deux familles jointes ensemble, surmontées d'un timbre, au-dessus duquel est une cuve avec un lion issant. P. ov.

Haut., 50 millim.; larg., 36.

D. SUJETS FABULEUX.

138. Pygmalion se prend d'amour pour une jeune fille, qu'il a sculptée. Il est assis à droite, la statue est à gauche. Dans l'estampe : *HGoltzius Inuent. et sculp.* 1593. *J. Saenredam excu.;* dans la marge : *Sculpsit ebur niueum. . . . .*

Haut., 313 millim.; larg., 216. La marge du bas, 11.

La première adresse est celle de *R. Baudous*, remplacée depuis par celle de *Joannes Janssonius Excu.*

139. Mars et Vénus surpris ensemble sont couchés nus dans le milieu, à droite. Phébus, vu de dos, lève le drap ; dans le haut, les dieux de l'Olympe. Vulcain travaille dans le fond, à gauche. Dans l'estampe, du même côté, sur le devant : *HGoltzius inuenit. sculpsit et diuulgauit A°* 1585. Dans le bas : *Vt Phœbus nitido*. . . . . .

Haut., 405 millim.; larg., 304. La marge du bas, 11.

140. Apollon, jouant de la lyre, remporte la victoire sur le dieu Pan ; Tmolus et ceux qui l'écoutent se prononcent en faveur d'Apollon, à l'exception de Midas qui est puni par des oreilles d'âne. Apollon regarde de face, le corps tourné vers la droite où est assis Midas. Dans l'estampe, au bas de la droite, sur une pierre carrée : *Spectabili juxta ac doctissimo*. . . . . *HGoltzius inuent, et sculpt. D. d.* . . . . . .; à gauche : *Anno* 1590.; dans la marge : *Thymbreeis fidibus cannas*. . . . .

Haut., 401 millim.; larg., 666. La marge du bas, 18.

On trouve des épreuves avec : *à Paris, chez G. Gallays.*

141. Le Dieu du jour marchant sur des nuées, se dirigeant vers la gauche, et du même côté, dans le fond, vu sur son char. Autour de sa tête, on lit : *Sol rutilus radiante coma*. . . . . . Sous ses pieds : *HG fe. A°* 88. P. ov.

Haut., 340 millim.; larg., 259.

142. Hercule portant sa massue, et tenant la corne du fleuve Achéloüs. *Amphytrioniadæ virtus terraque marique*. . . *HGoltzius Inuent. et sculpt. A°* 1589. *Pièce dite l'homme musculeux.*

Haut., 540 millim.; larg., 405. La marge du bas, 16.

On trouve des épreuves avec cette adresse, au bas de la droite : *J. C. Visscher excu* ; les épreuves sont encore assez bonnes.

Bartsch cite de cette pièce une belle copie, gravée au burin par un anonyme. Le nom de Goltzius ne s'y trouve pas ; on lit dans l'estampe, à droite : *J. Boscher excu.* Cette copie peut être attribuée à J. de Gheyn. Hercule est dirigé vers la gauche, regardant à droite. Du même côté il terrasse Achéloüs, à gauche il étouffe Cacus. Dans le bas : *Amphitryonadæ virtus terraq3 mariq3*. . . . .

143-145. *Les trois statues antiques de Rome*. P. en hauteur, dessinées à Rome par Goltzius, et mises au jour après sa mort.

Haut., 401 millim.; larg., 291. La marge du bas, 9.

1. Statue d'Hercule, qui se trouve dans le palais Farnèse. Il est vu de dos ; dans le bas, à droite, deux personnages dont on ne voit que les bustes le regardent. *Domito triformi rege. . . . . HGoltzius sculp. Cum privilig. Sa. Cæ. M. — — Herman Adolfz excud Haerlemen.*

2. L'empereur Commode en Hercule, à Rome, dans le palais du Belvédère, au Vatican. Il est tourné vers la droite. *Telamonis autem victor. . . . HGoltzius sculpt. Cum privil Sa. Cæ. M. — — Herman Adolfz excud. Haerlemen.*

3. Apollon Pythien, pareillement au Vatican, dans le Belvédère. Il est tourné vers la droite ; du même côté un jeune homme le dessine. *Vix natus armis. . . . . . HG sculp. — — Herman Adolfz excud. Haerlemen.*

Weigel signale une épreuve du n° 145, avant toutes lettres et toute adresse.

On a de ces trois estampes des copies par Nicolas de Braeu. On lit dans la marge du bas, à gauche : *Nicolaus Teodori Bracw. sculp.*; et à droite : *N. de Clerck exc.*

146-154. *Les Muses.* Suite de neuf pièces numérotées dans l'estampe.

Haut., 232 à 237 millim.; larg., 162. La marge du bas, 11.

1. *Calliope.* Elle est assise à gauche, tournée vers la droite. Dans le bas de l'estampe, une dédicace à Sadeler. A droite, dans l'estampe : *HGoltzius Inuent. et sculptor.;* à gauche : *A° 1592;* dans la marge : *Prima characteres, vocumq³. . . .*

2. *Thalie.* Elle est assise dans le milieu, tournée vers la gauche A droite, dans l'estampe : *HG. Fecit;* dans la marge : *Quid soccos humiles. . . . .*

3. *Melpomène.* Elle est assise à gauche, tournée vers la droite. A droite, dans l'estampe : *HG. Fecit;* dans la marge : *Melpomene ostendit numeros. . . . .*

4. *Clio.* Elle est assise à gauche, tournée vers la droite. Dans l'estampe, à droite : *HG. fecit;* dans la marge : *Gesta ducum, Regumq³. . . . .*

5. *Terpsichore.* Assise à gauche, elle est tournée vers la droite.

Dans l'estampe, à droite : *HG fe.;* dans la marge du bas : *Terpsichoren. cithara, et peramœnis* . . . .

6. *Euterpe*. Elle est assise à droite, regardant de face. Dans l'estampe, à droite : *HG. fecit.;* dans la marge : *Euterpen calami, et genialis* . . . .

7. *Erato*. Elle est assise à gauche, tournée vers la droite. Dans l'estampe, à gauche : *HG : fecit.;* dans la marge : *Nomen amoris habens*. . . . .

8. *Polymnie*. Elle est assise à droite, vue de face, et tient un caducée de la main droite. Dans l'estampe, à droite : *HG. fecit.;* dans la marge : *Rethorice fontes, luculentaq'³*. . . . .

9. *Uranie*. Elle est assise à gauche, tournée vers la droite. Au bas, vers la droite : *HGoltius Inuent. et sculpt.;* dans la marge : *Vranie celi motus*. . . . . .

Weigel signale une épreuve du n° 147 (Thalie), avant toutes lettres.

Les épreuves postérieures à celles décrites ont cette adresse : *Amstelodami, Apud Justum Dankerts*, marquée sur la première pièce.

On a des copies de ces neuf pièces, gravées par *Jean Florimi ;* elles sont en contre-partie, dédiées à *Jean-Baptiste de Orlandis*, dont les armoiries sont dans la marge de la première pièce. Sur la tranche d'un des livres, à terre, se lit, en très petits caractères, le nom du graveur. Même dimension que les originaux.

155. Bacchus offre du vin à Vénus ; près d'elle l'Amour attise le feu. Sur le devant, Cérès avec une corne d'abondance remplie de fruits. *Cum Bacchi et Cereris*. . . . . *HG. Anno* 1595. Très beau morceau. P. r.

Diam., 149 millim.

156. Andromède, sur le rocher, pour être dévorée par un monstre marin. *Soluitur Andromede scopulo*. . . . . *Henricus Goltzius inuent. et sculptor. A°*. 1583.

Haut., 183 millim.; larg., 144. La marge du bas, 14.

157. Mercure endort Argus. *HG f.* P ov.

Haut., 83 millim.; larg., 63.

158. Thisbé se perce d'une épée, près du corps de Pyrame. *Goltzius*. 1580. Le nom et l'année sont écrits à rebours. P. ov.

Haut., 50 millim.; larg., 36.

159. Léandre, sur le point de passer à la nage l'Hellespont. P. ov. Pendant du précédent.

160. Vénus, debout, regarde l'Amour sur la tête duquel elle pose la main gauche. *HGoltzius fe.* P. ov., dans le goût de Wierix. On voit, dans le haut, le n° 5 et la planète ♀ signe de Vénus. Peut-être ce morceau était-il destiné à être le n° 5 d'une suite de sept estampes.

Haut., 54 millim.; larg., 41.

E. PORTRAITS CONNUS.

161. *Boll* (*Jean*), peintre de Malines. Il est en buste, tourné vers la droite, dans un cartouche ovale, surmonté de deux génies qui dessinent. *IOANNES BOLLIVS.* . . . . M.D.XCIII. Au bas, quatre vers latins : *Cœlatam Vitrici effigiem.* . . et la dédicace; tout au bas, à gauche : *HG*

Haut., 259 millim.; larg., 178.

162. *Portrait du même.* Il est en buste, de trois quarts ; éclairé à droite, et dirigé vers la gauche. Au-dessus de l'épaule gauche : *HG*. P. ov.

Haut., 54 millim.; larg., 43.

Bourbon (*Charlotte de*). Voir *Orange*.

163. *Brockhoven* (*Jean*), *bourgmestre de Leyde.* Il est en buste, nu-tête, tourné vers la gauche. Autour de l'ovale : *Geluck voor Gunst. Ætat. suæ* 66. *HGoltzius A°.* 1579. . . . . . *J. V. Broeckhor. Burg. M. der Stad Leiden.* P. ov.

Haut., 77 millim.; larg., 59.

Weigel signale deux états :
1er état. Avant le nom et les qualités du personnage.
2e. L'état décrit.

164. *Coornhert* (*Dirck Volckertsz*), maître de Goltzius, d'Amsterdam, peintre et graveur, musicien, maître d'armes, auteur de plusieurs traités de poésie et de controverse. Il est en buste, tourné vers la gauche dans un ovale. THEODORUS CORNHERTUS AD VIVVM DEPICTVS, ET ÆRI INCISVS AB H. GOLTZIO. P. ov.

Haut., 424 millim.; larg., 320.

Le catalogue Verstolk cite un 1er état non décrit. La tête est séparément, l'oreille gauche encore au trait; le fond est blanc, non mentionné, unique. Vendu 92 fr. 25 c.

Il existe un passe-partout, de forme carrée, avec des angles ornés de trophées et de différents instruments ; au bas, sont quatre vers latins : *Qui veri studio.* . . . .

Haut., 520 millim.; larg., 248.

Le portrait de Coornhert se rencontre avec ce passe-partout. Les épreuves qui ont cet accessoire ne sont pas moins belles que celles qui n'offrent que l'ovale seulement.
Camberlyn, 35 fr.; Didot, avec l'encadrement, 45 fr.

165. *Danemarck* (*Frédéric II, roi de*), presque de face, un peu tourné vers la droite ; à mi-corps. *FRIDERICVS. II. D. G. DANIÆ NORVEGIE., ETC. . . REX. HGoltzius sculp. Cornelij excud.*

Haut., 203 millim.; larg., 160. La marge du bas, 16.

Les premières épreuves sont avant l'adresse de Cornelij.
Didot, 2e état, 95 fr.

166. Le même, tourné à droite, représenté en buste, et couvert d'une cuirasse. Au haut de l'ovale : FRIDERICVS. II. D. G. DANIÆ. NORVEGIÆ. . . . . REX. OBIIT *A*°1588. . . . . *HG fecit. A*° 90.

Haut., 135 millim.; larg., 97.

Didot, 40 fr.

167. *Duvenvoorde* (*Jacques Gysbrechtz van*), amiral de Hollande, à mi-corps, tourné à droite, dans un ovale autour duquel on lit : EFFIGIES V. N. IANI A DVVENVOORDEN. . . . .; au-dessus de l'ovale : *HGoltzius fecit.* Dans une tablette, au bas, trois distiques latins.

Haut., 207 millim.; larg., 131.

Camberlyn, 39 fr.

168. *D'Egmont* (*Françoise*). On la voit à mi-corps, de face, un peu tournée vers la gauche ; dans une de ses mains, une tête de mort. Elle est dans un ovale. DAMOISELLE FRANCHOISE D'EGMONT. . . . *HGoltzius fecit. — Harman Adolfz excudit Haerlemensis.*

Haut., 205 millim.; larg., 144.

Les premières épreuves sont avant l'adresse de Herman Adolfz.
Peut-être existe-t-il des épreuves avec l'adresse effacée.
Didot, 2e état, 26 fr.

169. *Forestus* (*Pierre*), médecin à Leyde. Il est à mi-corps, de face, portant une large barbe et des moustaches, vêtu d'une robe de fourrure, tenant un gant de la main gauche, près de laquelle on lit, à droite : *HG.;* du même côté, dans le fond, un obélisque ; au haut,

à gauche, des armoiries. Dans le haut : ÆTAT SUÆ 64 A° 1586. HG; dans le bas : *Ceu viuum vt videas.* . . . .

Haut., 102 millim.; larg., 79. La marge du bas, 27.

170. *Galle* (*Philippe*), graveur à Anvers; il est vu à mi-corps, nu-tête, tourné vers la droite. Sur une muraille : *Henricus Goltzius fecit* 1582. Dans la marge du bas, sept lignes en latin : *In œre Lector, ora.* . . . .

Haut., 153 millim.; larg., 135. La marge du bas, 63.

Weigel mentionne deux états :

1er état. Avant l'inscription en sept lignes dans la grande marge du bas : *In œre Lector.*

2e. C'est celui décrit.

Didot, 24 fr.

171. *Gols* (*Jean*), de Kaiserswerdt, peintre sur verre, père de Henri Goltzius. Il est nu-tête, portant une grande barbe, tourné vers la gauche, dans un rond. Dans le haut, à gauche : ANNO ; à droite : 1578; autour du rond, à droite : JOHAN GOLS VAN KAISERSWERDT SEINES ALTERS 44; dans une tablette au bas : *Wan man als khan.* . . . . Au-dessous : *HGoltzius.* Une des premières pièces gravées par le maître, portant son nom.

Haut., 19 millim.; larg., 102.

Camberlyn, 20 fr.; Didot, 16 fr.

172. *Goltzius* (*Henri*), de grandeur naturelle. En buste, presque de face, un peu tourné vers la gauche, il porte une calotte ; une fraise est autour de son cou; son vêtement est bordé de fourrure. Dans le bas : *Hendric Goltzius* en gros caractères et un écusson d'armes avec une tête d'aigle. Pièce cintrée par le haut.

Haut., 676 millim.; larg., 426.

1er état. Au British Museum. La tête, la barbe et la fraise sont gravées seulement; tout le reste de la planche est dessiné à la plume, de la main de Goltzius. Probablement unique; c'est vraisemblablement l'épreuve de la collection Verstolk.

Révil, 150 fr.; vente Verstolk, 262 fr. 50 c.

* 2e. Avant Hendric Goltzius. Très rare. Collection d'un amateur belge.

Didot, 720 fr.

3e. Celui décrit. Rare.

Camberlyn, 76 fr.

173. *Henri IV, roi de France et de Navarre.* Il est en buste, nu-tête, tourné vers la gauche, décoré des ordres de Saint-Michel et

du Saint-Esprit; à gauche : *HGoltzius sculp.;* dans le bas, quatre vers français : *Ce grand Roy*. . . . . .; à droite : *Avec priuil. du Roy. Paul^es de la Houue excudebat. Au Palais.*

Haut., 311 millim.; larg., 277. La marge du bas, 32.

* 1er état. Avec l'adresse de Paul^es de la Houue. Collection Verstolk de Soelen. Au verso : *F. Rechberger*, 1799.

Vente Debois, 201 fr.; Verstolk, 220 fr.; Van den Zande, 152 fr.; Didot, 160 fr.

2e. Avec l'adresse de Paul^es de la Houue, on lit : *Herman Adolfz excudit Haerlemensis*.

3e. L'adresse de Paul^es de la Houue est biffée de deux traits.

Vente Debois, 80 fr.

4e. L'adresse de Paul^es de la Houue est entièrement effacée.

Bartsch mentionne une copie par Jean Eillart Frisius.

Haut., 358 millim.; larg., 277. La marge du bas, 52.

174. *Autre portrait de Henri IV*. Il est tourné vers la droite, portant un hausse-col et un chapeau sur la tête; en buste. HENRICVS 4. D. G. REX FRANCORVM ET NAVARRÆ ÆTAT 46. *HGoltzius fecit A°* 1592. P. ov.

Haut., 122 millim.; larg., 90.

175. *Leycester* (*Robert, comte de*), général des troupes d'Élisabeth, dans les Pays-Bas, en buste, tourné à droite. On lit à rebours : *Robertus comes Leycestriæ*. . . . . *HG Fe*. Ce chiffre, à rebours, est sur l'épaule droite du personnage, en très petits caractères. P. ov.

Haut., 61 millim.; larg., 52.

Camberlyn, 77 fr.; Didot, 92 fr.

Weigel mentionne des épreuves très rares sur papier de Chine; il y a aussi des épreuves sur lesquelles on trouve une courte biographie imprimée en caractères mobiles, elles sont également très rares.

176. *Mercator* (*Gérard*), géographe. Il est à mi-corps, tourné vers la gauche, tenant un compas de la main droite et la main gauche appuyée sur un globe, dans un ovale autour duquel on lit : *Magna Pelusiacis debetur*. . . . . . Dans tout le haut : ÆTATIS SVÆ LXIII; dans un cartouche, au bas : GERARDI MERCATORIS RVPELMVNDANI. . . . . CIƆ.IƆ.LXXIV. Sans nom ni chiffre, dans les premières manières du maître.

Haut., 196 millim.; larg., 146.

177. *Niquet*. Il est à mi-corps, couvert d'un manteau, une fraise

autour du cou, tenant ses gants dans la main gauche, et tourné vers la droite. Dans tout le haut : *Non. Nec. Ista. Qvesivi.* . . . . *Nicquet,* et dans le bas, quatre lignes en latin et quatre lignes en hollandais : *Tu mea non vultum.* . . . *HG.;* au-dessus de la tête : ÆTAT SVÆ. 56. A° 1595.

Haut., 133 millim.; larg., 106. La marge du bas, 16.

Didot, 18 fr.

Weigel mentionne des épreuves sur papier de Chine.

178. *Orange* (*Guillaume, prince d'*), couvert de son armure, tourné vers la droite, à mi-corps, dans un ovale entouré d'ornements et de sujets emblématiques. GVILLELM D. G. PR. AVRAICÆ. . . . *HGoltzius fecit.* Dans le bas, quatre vers latins : *Impia vis fremat.* .

Haut., 265 millim.; larg., 183.

Nous avons retrouvé au Cabinet des estampes ce portrait, gravé du sens opposé, qui est probablement une copie. Autour de l'ovale on lit la même inscription; mais les lettres ne sont pas espacées de la même manière. Les armes et la devise qui sont dans le haut de l'estampe précédente sont ici dans l'estampe, à gauche, avec ces mots : IE MAINTIENDRAY; à droite, au-dessus de l'épaule du personnage, un monogramme composé des lettres C.LZ.

179. *Orange* (*Charlotte de Bourbon-Montpensier, femme de Guillaume, prince d'*), en riche costume, tournée vers la gauche : CAROLA BVRBONIA D. G. PRIN. AVR CO : . . . *HGoltzius fecit.* Dans le bas, quatre vers latins : *Huius me curæ sociam.* . . . .

Même dimension.

Pendant du morceau précédent; à ces deux pièces, le 2e état a cette adresse : *H h ex.* (*H. Hondius.*) Les deux *H h* sont entrelacées.

1er état. Didot, les deux pièces, 200 fr.

2e. N° 179 seulement, 38 fr.

180. *Ortelius* (*Abraham*), géographe; en buste. *Spectandum dedit Ortelius.* . . . P. r. gravée pour *Philippe Galle.*

Diam., 56 millim.

181. *Plantin* (*Christophe*), imprimeur à Anvers; à mi-corps, nu-tête et tourné vers la gauche. Il trace sur la table avec un compas un cercle autour duquel on lit : LABORE ET CONSTANTIA, devise du personnage. Au bas, à droite : *HGoltzius fécit.;* dans la marge : CHRISTOPHORVS PLANTINVS *Architypographus.* . . . . *Plantinum tibi, spectator.* . . . . .

Haut., 140 millim.; larg., 126. La marge du bas, 61.

Bartsch dit qu'on trouve rarement des épreuves avant le nom de Christophorus Plantinus.

Weigel mentionne un 1er état avant toutes lettres.

Ce même état, avec marge. Vente Didot, 210 fr.

182. *Rantzau* (*Henri*), *gouverneur des duchés de Schleswig, etc., au service du roi de Danemarck.* Il est à mi-corps, nu-tête, tourné vers la droite, couvert d'une armure, la main droite appuyée sur sa hanche; sur l'appui, à gauche, son casque. Dans le haut : *Fortior est qui. . . . . .* Sur l'appui, à droite : *HG. F.;* dans une tablette au bas : HENRICUS RANTZOVIG IOH. RANTZOVII F. . . . . .

Haut., 178 millim.; larg., 135.

Nous avons vu au Cabinet des estampes un autre portrait de Rantzau dans un rond; il est tourné vers la droite. Autour du rond : SCHACKO RANZOVIVS AVRATVS EQVES. . . . . . Sans nom de maître, dans le goût de Goltzius.

183. *Scaliger* (*Joseph*). Il est en buste, portant une courte barbe et une fraise, tourné vers la droite, dans un ovale, entre Mercure et Uranie, autour duquel on lit : JOSEPHVS SCALIGER IVL. CÆSARIS F. ÆT. XXXV A° CIC.IC.LXXV. Dans un cartouche, au bas : *Josephi visi sibi tantùm in imagine. . . . . . dat vivam Goltzius effigiem.*

Haut., 270 millim.; larg., 194.

184. *Scaliger* (*Jules-César*). Il est en buste, portant une grande barbe, dans un ovale, accompagné d'Apollon et de Minerve. Autour de cet ovale : IVLIVS CÆSAR SCALIGER ÆT. LXXIIII.CIↃ.IↃ.LVIII; dans le bas : *Expressus plumbo fuerat : nunc vivido in œre cœlavit lima hunc Goltzius artifici.*

Haut., 270 millim.; larg., 194.

Didot, 183-184, 5 fr.

185. *Spronck* (*C. van der*), en buste. Il est tourné à droite; autour de l'ovale : AMOVZ LE TANS SE PAS. *C. V. der Spronck A° 81. HGoltz fe.* Inscription à rebours. P. ov.

Haut., 45 millim.; larg., 34.

Didot, 21 fr.

186. *Stewecchius* (*Godeschalch*), *auteur d'un Commentaire sur Végèce.* Il est en buste, nu-tête, tourné à droite, dans un ovale; à gauche, dans l'estampe, sont des armoiries. Autour de l'ovale : GODES-

CALCUS STEWECCHIVS ANNO ÆTATIS XXXII; au bas : *HGoltzius fecit*. A° 1583. P. ov.

Haut., 104 millim.; larg., 81.

Nous avons trouvé ce portrait au verso du livre intitulé : *Godescalci* STEWECHI *commentarius ad Flavi Vegeti De re militari* 1585.

187. *Stradan* (*J. de Straet*), peintre de Bruges, en buste. Il est tourné vers la gauche, dans un ovale qu'entourent trois femmes représentant la *Peinture*, le *Dessin* et l'*Architecture*. On y lit : IOHANNES STRADANVS FLANDER BRVG. PICTOR. Au-dessous : *HGoltzius fecit.*, écrit à rebours. Dans un cartouche, au bas, une inscription latine.

Haut., 218 millim.; larg., 135.

On a de ce portrait des épreuves avant la lettre. Catalogue Paignon-Dijonval.

Au Cabinet des estampes, deux épreuves avant la lettre; seulement le nom de *HGoltzius* à rebours.

188. *Westcappelle* (*Adrien van*). Il est en buste, coiffé d'un chapeau, de face, dans un rond qui s'arrête à ses épaules et autour duquel on lit : ADRIAEN VAN WESTCAPPELLE *Ætat. LVIII A°* 1584; dans le bas : *HGoltzius fecit.* Ces inscriptions sont à rebours. P. r.

Diam., 81 millim.

Didot, 31 fr.

189. *Zurenus* (*Jean*), magistrat de Harlem. Il est dans un ovale, à mi-corps, tourné vers la droite. Dans le haut : *HG fecit*. . . . .; dans la marge : IOANNES ZVRENVS A° ÆTAT. 71. *Domini* 88; au bas, deux distiques : *Corporis effigiem*. . . . . . *Heemskerkus docta pinxit et ante manu*. . . Zurenus est mort le 10 mai 1591.

Haut., 129 millim.; larg., 97. La marge du bas, 34.

Weigel signale un état avant la lettre.

Dans le 2e état, l'écusson d'armes qui est vers le haut ne se voit pas.

Van den Zande, 19 fr.; Didot, 2e et 3e états, 22 fr.

3e. Avec l'écusson d'armes.

Nous avons vu une contre-épreuve chez M. Clement.

On le rencontre quelquefois sur une même feuille où, de l'autre côté, se lit une inscription latine en trente lignes.

Au Cabinet de Paris nous avons vu une copie : Le personnage est dans un ovale et tourné vers la gauche. Dans le haut : IOHANNES ZVRENVS.

Haut., 90 millim.; larg., 67.

190. *Le Fils de Thierry Frisius, peintre hollandais.* Le jeune homme, tenant un oiseau de proie sur le poing droit, veut monter à

cheval sur un gros chien de chasse; il est un peu tourné vers la gauche. Le fond est terminé par un paysage. Dans l'estampe, à gauche, les initiales de l'auteur, au-dessus desquelles on lit : *Cum priuil. Sa. Cæ. M. Anno* 1597. *HG.* Dans un cartouche, au bas de l'estampe : *Theodorico Frisio Pictori egregio apud Venetos. . . . . DD.*, puis quatre vers latins. *P. scriverius.* Pièce très belle, connue sous le nom de *Chien de Goltzius.*

Haut., 340 millim.; larg., 259. La marge du bas, 18.

1er état. La tête de l'enfant n'est pas terminée. L'estampe est d'une vigueur de ton extraordinaire. De la dernière rareté. Collections de Fries et Verstolk.

Vente Verstolk, 252 fr.

* 2e. Terminé. Rare. Collection Scitivaux.

Revil, 249 fr. 50 c.; Debois, 320 fr.; Verstolk, 445 fr.; Van den Zande, 152 fr. 50 c.; Didot, 200 fr.

Bartsch fait connaître qu'il y a plusieurs copies de cette estampe; il ajoute que deux seulement sont remarquables.

La première, du même sens, par un anonyme, se reconnaît aux signes suivants : 1° la lettre *C* du mot *Cum* qui, dans l'original, est adhérente à l'*u*, en est séparée dans la copie; 2° le mot *representandi* est écrit dans la copie *reprefentandi*, c'est-à-dire une *f* au lieu d'une *s*; 3° il y a dans l'original un point après le mot *Mentem*, ainsi qu'une virgule après le mot *canis*, tandis que ce point et cette virgule sont omis dans la copie; 4° dans la copie les deux *i* du mot *Phidiaca* ne sont pas surmontés de points comme dans l'original; 5° le mot *ære* est écrit dans la copie *ere*.

La seconde copie, gravée aussi par un anonyme, est très exacte, mais comparée avec l'estampe originale, elle offre un burin plus cru. Toutes les inscriptions sont les mêmes, mais au lieu du monogramme *HG*, il s'en trouve un autre composé des lettres R G, et au lieu des mots *Cum priuil....* on lit : *Cesar Capranica excudit Romæ Anno* 1599.

Même dimension que l'original.

Une autre bonne copie est en contre-partie, elle est pareillement anonyme et marquée vers le bas de sa droite : *HGoltius invent. P. Goos excudebat.*

Dans les épreuves postérieures qui sont très faibles, le nom de *P. Goos* est remplacé par *J. de Ram.*

Une autre copie, quoique anonyme, paraît gravée par Crispin de Passe. Elle est en contre-partie et de plus petit format.

Haut., 191 millim.; larg., 146. La marge du bas, 21.

Bartsch, tome III, additions, indique une cinquième copie très bien gravée, en contre-partie et de plus petit format. Le fond est blanc, il n'y a qu'un peu de ciel fait avec des traits horizontaux.

Haut., 276 millim.; larg., 178. La marge du bas, 18.

Weigel signale encore une autre copie qui n'a pas été citée par Bartsch. Elle est en contre-partie et porte l'adresse de Nicolaus (C. J. Claus Janszoon) Visscher, qui, vraisemblablement, en est l'auteur.

F. PORTRAITS ANONYMES.

191. *Une femme, en buste.* Elle est tournée vers la gauche. Autour de l'ovale : *In lieden geduldich.* ÆTATIS SVÆ 30. *A*° 1580. *HGoltzius fecit.* Cette inscription est à rebours. P. ov.

Haut., 43 millim.; larg., 32.

Les uns croient que ce portrait est celui de Catherine Decker, veuve de Will. Schooliers; d'autres croient reconnaître celui de Kennau Simonsz Hasselaar, la célèbre héroïne dans le siége de Harlem, fait par les Espagnols, en 1573.

Camberlyn, 32 fr.; Didot, 20 fr.

192. *Un homme, en buste.* Il est tourné vers la gauche. Autour de l'ovale : TOVSIOVRS OV IAMAIS. ÆTA. 23. C'est le portrait *d'Arnaud Beerestein ;* sans nom ni chiffre d'artiste. P. ov.

Haut., 45 millim.; larg., 34.

Nous avons vu chez MM. Danlos et Delisle une feuille où ce portrait était à côté d'armoiries décrites sous le n° 136, ce sont celles de ce personnage.

193. *Jeune homme, en buste. Stantvastich ten eynde. œtat. XX.* 1579. *HGoltzius f.* P. ov.

Haut., 48 millim.; larg., 38.

Didot, 30 fr.

194. *Personnage, en buste.* Il est vu de trois quarts, dirigé vers la gauche d'où vient la lumière. *Obdura. œtatis suae* 26. *A*° 1580. Pièce rare. Le chiffre *HG* est écrit très fin à la pointe sèche, en dehors de l'ovale.

Haut., 50 millim.; larg., 36.

195. *Même portrait gravé du sens opposé.* Autour de l'ovale : OBDVRA. ÆTATISSVÆ 26. A° 1580. Même grandeur.

Didot, 15 fr.

196. *Personnage, en buste.* Il est nu-tête, très joufflu, tourné vers la gauche : Autour de l'ovale : VIVE MORITURUS VT MORIENDO VIVAS. ÆTA SUÆ 38. *A*° 1579. *HGoltzius ;* au lieu du mot *moriturus,* il y a une tête de mort ; un cercueil est à la place du mot *moriendo.* P. ov.

Haut., 50 millim.; larg., 38.

197. *Homme, en buste.* Il est nu-tête, tourné vers la droite. Weigel

l'appelle : *Joh. Kellenberg ou Kellenberch.* Autour du rond : *Fortune est telle.* ÆT. SV. 27 ; au bas de la planche, sur le bord, en caractères légers : *HGoltzius.*

Haut., 50 millim.; larg., 38.

Didot, 25 fr.

On voit au Cabinet des estampes ce portrait sur une même feuille avec des armoiries décrites nº 134.

198. *Jeune homme, en buste.* Il est presque de face. *HGoltzius fe. A°* 1583. VERTV VRAY HONNEUR. ÆTAT. SVAE XXIIII. Toute l'inscription est à rebours. P. ov.

Haut., 50 millim.; larg., 41.

199. *Personnage en buste. Unde eo omnia. Æta. suæ* 22. *HGoltzius A°* 1580. Cette inscription est à rebours. P. ov.

Haut., 52 millim.; larg., 38.

200. *Homme, en buste.* Peut-être *Gysbrecht Jacobsz van Duvenvoorde,* bourgmestre de Harlem, alors gouverneur de *Woerden,* ou bien le colonel *Jean van Duvenvoorde,* de la ligue des Gueux. Il est nu-tête, tourné vers la gauche. Autour de l'ovale : MODERATA DVRANT. ÆTATIS SVÆ 32. *HGoltzius fec.* 1580. Inscription à rebours.

Haut., 68 millim.; larg., 52.

Camberlyn, 32 fr.

201. *Hollandais, en buste.* Il est nu-tête, tourné à droite, où, près de lui, sont des armoiries, dans un ovale autour duquel on lit en grandes lettres : *Bemindt Gerechticheyt.* ÆTAT SVÆ 47. ANNO 1579. *HGoltzius fecit.* C'est *Adrien van Swieten, de la ligue des Gueux.*

Haut., 77 millim.; larg., 59.

202. *Jeune homme, en buste.* Il est nu-tête, tourné vers la droite où sont des armoiries ; autour de l'ovale : *A°* 1585. *HG fe.* IN MEDIO CONSISTIT VIRTVS. ÆTA SVÆ 26.

Haut., 77 millim.; larg., 59.

203. *Seigneur hollandais, en buste. Aensjet den Tyt. Æta. suæ* 34. *HGoltzius fec.* P. ov.

Haut., 81 millim.; larg., 61.

204. *Homme à mi-corps.* Il tient un compas, et mesure un globe terrestre. Dans le haut : *L'homme propose et Dieu dispose. A°* 1583. *HGoltzius fe.* Bartsch dit que c'est le portrait de Nas de Daventer, mathé-

maticien ; des catalogues hollandais confirment cette désignation, en le nommant *Niklaas Pietersz*, ce qui signifie *Nicolas fils de Pierre* (*Daventer*). D'autres disent que c'est le portrait du mathématicien *Petri*.

Haut., y compris la marge du haut, 88 millim.; larg., 79.

205. *Autre portrait du même personnage.* Quoique dans la même attitude, il offre beaucoup de changements, il est tourné vers la droite. On voit une colonne à la place d'un obélisque. Dans le haut : *L'homme propose. . . . .* *A°* 1595. Dans l'estampe : *HG.*

Haut., y compris la marge du haut, 92 millim.; larg., 79.

On connaît une copie du même sens. On lit au haut : A° 1608 ; le monogramme de Goltzius a été omis.

206. *Homme, en buste.* Il est nu-tête, tourné vers la droite. Autour de l'ovale, en grandes lettres : *Godt verzacht. — — HGoltzius fecit* 1582.

Haut., 97 millim.; larg., 77.

Didot, 28 fr.

207. *Homme, en buste.* Il est tourné vers la gauche. Autour de l'ovale : BENE AGERE ET NIL TIMERE. *Ætatis sue.* 30. *A°* 1583. *HGoltzius fecit.*

Haut., 102 millim.; larg., 77.

Weigel dit que c'est le portrait de Simon Sovius (Rector Amstelodamensis, Natus Harlemi 1553, obiit demum 1625 Harlemi).

Camberlyn, 16 fr.

208. *Homme, en buste.* Il est tourné vers la gauche. Dans le fond, on voit une place publique. *HGoltzius fecit,* écrit au haut de la bordure, en très petits caractères. Autour de l'ovale : VT CITO PRIMA. . . . . 1581 en caractères à rebours.

Haut., 106 millim.; larg., 81.

Weigel dit que c'est le portrait de Gerrit Willemsz Vries, si ce n'est pas Dirck Jakobszen de Vries, l'un des bourgmestres de Harlem pendant le siège.

209. *Un homme à mi-corps.* Il tient un livre de la main gauche ; et la droite est posée sur la tête d'un chien. A droite, dans l'estampe : *HG. Fe;* dans le haut : MORIBVS ANTIQVIS ÆTAT 40 et *A°* 1587. C'est le portrait de Juste Lipse.

Haut., 224 millim.; larg., 99.

Le catalogue Paignon-Dijonval signale une épreuve avant toutes lettres et avant le fond ; la table n'est même que tracée.

2e état. Didot, 42 fr.

Bartsch mentionne une copie anonyme en contre-partie; il n'y a pas le chiffre de Goltzius. On lit dans la marge : *Justus Lipsius. Juste, decus Patriæ. . . . .* Même grandeur que la planche originale.

210. *Femme avancée en âge.* Elle est assise dans un fauteuil, devant une table, tournée vers la gauche; près d'elle, on voit un paysage à travers une fenêtre ouverte. *HGoltzius fecit.* Au bas, quatre vers d'Horace : *Damnosa quid non. . . . .* C'est le portrait de *Catherine Decker.*

Haut., 122 millim.; larg., 117. La marge du bas, 36.

Weigel fait remarquer que dans le catalogue Muilman qui décrivait le dessin original et une épreuve sur soie, cette femme est nommée *Agathe Scholiers,* épouse de *Johan Bartsen* et belle-mère de *Goltzius*. Voir n° 191. Weigel décrit quatre états de cette planche :

1er état. Avant la lettre, avant le paysage dans le fond, à gauche; avant le livre sur la table; la tête est de trois quarts.

Didot, 295 fr.; Buckingham, 63 fr.

2e. Planche terminée, avec le nom du maître et l'inscription; la tête est vue de face, mais le bonnet est resté blanc comme dans le 1er état.

3e. La tête est changée et vue de trois quarts, le bonnet est d'une autre forme et garni de franges, le nez est pointu.

4e. Le bout du nez est un peu arrondi; on aperçoit un peu la narine droite.

On a des épreuves de cette pièce sur papier de Chine.

211. *Un homme écrivant.* Il est à mi-corps, debout, tourné vers la droite, dans un ovale surmonté de deux femmes figurant la *Rhétorique* et la *Musique*, autour duquel on lit : *Moribus exornata fides. . . .*; dans l'estampe, à droite, des armoiries; dans l'estampe, au bas : *HGolsius* 1578; dans un cartouche, au-dessous : *Eerbaer zyl, schout twist. . .*

Haut., 176 millim.; larg., 115.

212. *Un général d'armée.* Il a la main appuyée sur son épée et l'autre sur son casque. Il est à mi-corps, dans un ovale entouré de trophées, et tourné vers la droite. Autour de l'ovale : LEGES TVERI, ET PATRIAM. . . . . Dans une tablette, au bas : *HG Fe.* — — *Herman Adolfz excudit. Harlem.* C'est *N. de la Faille,* gentilhomme des Pays-Bas.

Haut., 198 millim.; larg., 131.

Bartsch décrit une épreuve avant toutes lettres, et avant que l'enseigne et les soldats qui sont dans le fond et les armoiries aient été gravés. Collection du comte de Fries.

Il décrit également un état avant l'inscription autour de l'ovale.

Didot, 105 fr.

Il y a des épreuves avec l'inscription autour de l'ovale, mais avant l'adresse.

213. *Cornelia Capellen, épouse du précédent.* Elle tient un mouchoir d'une main et pose l'autre sur une tête de mort; elle est à mi-corps, tournée vers la gauche, dans un ovale, au-dessus duquel sont deux femmes qui chantent et jouent des instruments. Dans une tablette, au bas : *HGoltzius fecit.* 1589. Autour de l'ovale : SEQVI PARATA, SIVE TE BELLO. . . . . .

Même dimension que le morceau précédent.

Didot, 42 fr.

Weigel signale un état avant la lettre. Goltzius a encore gravé ces deux personnages en plus petit format. (Voir n°s 336 et 337. W.)

PORTRAITS EN PIED.

214. Le personnage, qui paraît être un Hollandais, se dirige vers la droite. Il a la main gauche sur la poitrine, et de l'autre il tient deux fleurs entourées de cette légende : *Sic transit gloria mundi.* Dans l'estampe, à gauche : *HGoltzius fecit. A°* 1582; le chiffre 2 est à rebours; dans la marge : *Onghelyck ist leven der menschen bevonden.* . . . . . .

Haut., 212 millim.; larg., 135. La marge du bas, 13.

Didot, 52 fr. Plus âgé, avec des favoris et des moustaches.

On connaît un état où la tête est plus jeune et sans barbe.

215. Un officier représenté debout, tourné à droite, s'appuie sur une hallebarde qu'il tient de la main gauche. Au bas de l'estampe, à gauche, sur une pierre : *HGoltzius fecit A°* 1583. Au bas, quatre lignes : *Des lants weluaert,* etc.

Haut., 232 millim.; larg., 146. La marge du bas, 38.

Camberlyn, 26 fr.; Didot, 60 fr.

On connaît un état avec l'adresse d'*Herman Adolfz.*

Nous avons vu un portrait en contre-partie qui paraissait la copie de celui-ci. La tête seulement était changée, le costume et le fond étaient les mêmes. Dans la marge du bas, deux vers latins : *Prævius infractos reddo*....... La planche est un peu moins haute, on ne voit pas le commencement du fer de la lance; la largeur est la même.

216. Autre officier, debout, tenant sa hallebarde de la main droite. Vers le fond, à droite, un écusson suspendu à un arbre; autour, cette devise : *Hodie, cras nihil.* . . . . . . Dans l'estampe : *HGoltzius fecit.* 1582; dans la marge : *Mortales fugitis mortem.* . . . . .

Haut., 122 millim.; larg., 151. La marge du bas, 45.

Bartsch signale une copie anonyme assez trompeuse. On n'y voit pas *HGoltzius fecit*, et l'année 1589 se lit à la place de 1582. Il n'y a pas de petit arbre dans le lointain entre les deux jambes de la figure.

Un mauvais graveur a employé cette planche pour en faire le portrait de *Martin Schenck de Nydecken*, en substituant une tête à la place de la première. Ce graveur, à la place de la fleur dans l'écusson, a mis un lion, et 1587 a été changé en 1589. Vers le haut de la droite : *Der edle und gestrenge Martin Schenck von Nydecken*. . . . . Alors les épreuves sont très mauvaises.

217. Autre officier, portant un drapeau qu'il appuie sur son épaule droite; il est tourné vers la gauche. Dans l'estampe, à droite : : *HG : F.* Dans le bas, quatre vers : *Voyant vostre angelycque face*. . . . .

Haut., 212 millim.; larg., 119. La marge du bas, 29.

Didot, 98 fr.

218. Autre officier tenant un drapeau de sa main gauche élevée. Il se dirige vers la droite. Dans l'estampe, à gauche : *HGoltzius fecit.* Sur une motte de terre, entre ses jambes : *A°* 85.

Haut., 198 millim.; larg., 153. La marge du bas, 16.

Didot, 85 fr.

On connaît des épreuves très rares, avant la lettre.

Bartsch signale une copie gravée par Pierre Maes, en contre-partie. *Ich bein ein Fendrich*. . . . . . *Petrus Maes Fecit et excu. A°* 86. Même dimension que l'original.

Weigel pense que le n° 214 représente le capitaine *Jean Dirkszen Schatter;* le 215, le capitaine *Gerrit de Jongh*, gouverneur de *Lochem;* d'après d'autres, le capitaine *Pieter Dirkszen Hasselaar*, parent de la célèbre héroïne *Kennau Simonsz Hasselaar;* le 217, *Gerrit Korneliszen Velserman*, ou d'après Brulliot le cornette *Jean de Wethem;* le 218, le porte-drapeau *Gerrit Pieterszen Ruichaver*, alors capitaine et ami particulier de Guillaume le Taciturne, mais ce ne sont là que des conjectures.

219-225. *Les Rois d'Angleterre*. Ils sont debout, dans différentes attitudes. Suite de sept estampes destinées à être réunies.

Haut., 144 millim.; larg., trois premières, 284 ; quatre autres, 378.

1. Les armes d'Angleterre; le trône d'Angleterre placé à gauche; *HG fecit A°* 1584; un héraut, tourné vers la droite; Guillaume le Conquérant, tourné vers la droite.

2. Guillaume II dit le *Roux*, tourné vers la gauche; Henri Ier, tourné vers la droite; Étienne, tourné vers la gauche.

3. Henri II, le corps tourné à droite, regardant à gauche; Richard

Cœur de lion, vu de dos, regardant à gauche ; Jean sans terre, tourné vers la droite ; son épée lui échappe de la main.

4. Henri III, regardant à gauche; Édouard Ier, tourné vers la droite, regardant de face ; Édouard II, regardant à gauche, la pointe de son épée à terre ; Édouard III, tourné à gauche, tenant son épée élevée qui porte deux couronnes.

5. Richard II, tourné à droite, portant la main à sa tête d'où s'échappe la couronne, tandis que son écusson tombe derrière lui ; Henri IV, tourné à droite, l'épée haute ; Henri V, tourné à gauche, l'épée haute ; Henri VI, tourné à gauche, l'air affligé.

6. Édouard IV, le corps tourné à droite, regardant à gauche ; Édouard V, tourné à gauche, l'air affligé ; sa couronne est en l'air au-dessus de sa tête ; Richard III, tourné à droite, la poitrine percée d'un tronçon de lance dont le reste est à terre ; Henri VII, tourné à gauche, une rose sur son vêtement.

7. Henri VIII, le corps tourné à droite, regarde de face ; Édouard VI, tourné à gauche ; Marie, tournée à droite ; Élisabeth, tournée à gauche.

Heinecken cite un exemplaire sur lequel on lit : *Antiqua nobilissimaque Anglorum Regum origo atque successio.*

La suite, qui est au Cabinet de Paris, étant divisée, nous ne pouvons dire si les armes d'Angleterre font partie de la première pièce.

G. CLAIRS-OBSCURS DE TROIS COULEURS ET AUTRES PIÈCES GRAVÉES SUR BOIS PAR GOLTZIUS SUR SES PROPRES DESSINS.

226. Saint Jean-Baptiste dans le désert ; près de lui, ses aliments habituels, des cigales et un rayon de miel. Il est à mi-corps.

Haut., 237 millim.; larg., 142.

Il y a des épreuves au bas desquelles on lit : *t'Amsterdam Ghedruckt by Willem Jansen.* Cette inscription est en caractères d'imprimerie.

226 a. Un religieux, debout, vu de profil et tourné vers la droite ;

il regarde deux corbeaux qui tiennent quelque chose dans leur bec. Vers le haut de la droite, quatre oiseaux semblables.

Haut., 149 millim.; larg., 117.

227. Sainte Madeleine dans le désert; elle est à mi-corps. *HG. f.*

Haut., 135 millim.; larg., 115.

228. Bacchus debout; il est tourné vers la gauche, tenant de la main gauche des raisins et de l'autre une coupe. En haut, à gauche : le signe du Scorpion; plus bas, à droite : *HG* en caractères blancs.

Haut., 237 millim.; larg., 144.

229. Mars debout, armé d'une lance qu'il tient de la main droite et d'un bouclier; son corps est tourné vers la droite. Vers le haut, à gauche : *HG* en caractères blancs.

Haut., 241 millim.; larg., 144.

230. Mars, à mi-corps; il regarde presque de face, le corps tourné vers la gauche, armé seulement d'une lance qu'il tient de la main droite. *HG.*

Haut., 248 millim.; larg., 176.

231. Hercule tuant Cacus. Il est à gauche, frappant de sa massue Cacus renversé à droite. A gauche, vers le milieu du bord : *HGoltzius Inue A° 88.* Ces lettres sont en blanc.

Haut., 405 millim.; larg., 331.

Il y a des épreuves où on lit dans la marge du bas : *Ghedruckt t'Amsterdam by Willem Janssen in de vergulde Sonnewyser.*

232-237. *Divinités de la fable.* Six pièces de forme ovale.

Haut., 351 millim.; larg., 257 à 266.

1. Neptune, porté par une baleine. Il tient les rênes de la main droite et de l'autre une rame. Au bas, vers la gauche : *HG. F.*

2. Pluton, debout, vu de dos, tourné vers le fond près d'un grand vase qui est à droite où l'on voit la source des quatre fleuves Léthé, Cocyte, Phlégéthon et Achéron. Au milieu du bas : *HG. fe.*

3. Hélius, environné des rayons du soleil. Son bras droit est baissé et son bras gauche levé; il est de face sur un cercle sous lequel on lit : *HG. fe.*

4. Galathée, sur un char que traînent des dauphins. Elle est à

droite, tournée vers la gauche, tenant les rênes de la main droite. Au bas, vers la droite : *IG. fe.*

5. Flore, assise à gauche, sur une butte, au pied d'un arbre ; elle tient un bouquet de sa main gauche, élevée au-dessus de sa tête couronnée de fleurs.

6. La déesse de la nuit ; elle est dans un char traîné par des chauves-souris se dirigeant vers la gauche ; elle conduit une femme couronnée de pavots. Sur le devant du char : *IG f.*

238. Un magicien assis, tourné vers la gauche, fait des invocations dans une grotte. P. ov.

Même grandeur que les précédentes.

239. Homme, en buste, presque de face ; ses cheveux sont crépus ; il a une fraise autour du cou ; au haut, à droite : *IG. f.*

Haut., 203 millim.; larg., 140.

240. Jeune homme portant un petit manteau flottant ; il est debout, les yeux levés au ciel ; sa main droite est sur sa hanche ; il porte un petit bâton dans l'autre. Dans le fond, un paysage, où il y a à gauche quelques colonnes. Au bas de la droite : *IG.*

Haut., 108 millim.; larg., 63.

241. Dans un paysage, on voit, sur le devant, un berger qui garde ses moutons ; sur une éminence, dans le lointain, un petit temple antique.

Haut., 178 millim.; larg., 248.

242-245. *Différents paysages.* Suite de quatre pièces.

Haut., 115 millim.; larg., 144 à 146.

1. On voit un moulin, sur le bord d'une rivière, à triple cascade. Vers le bas, à gauche : *IG.*

2. Au milieu d'un paysage, un homme et une femme se reposent sur le bord d'un chemin, au bas d'un groupe d'arbres. Au milieu du bas de la planche : *IG.*

3. Une ferme. Vers la gauche, une femme près d'un puits ; à droite, marche un paysan accompagné d'un chien. Au milieu du devant : *IG.*

4. Sur le bord de la mer, un rocher escarpé. Sur le devant, vers le milieu : *HG*, sur un quartier de rocher.

Weigel mentionne des suites imprimées d'une seule planche et sur papier bleu.
Bartsch cite une copie de la première pièce par un anonyme; elle est à l'eau-forte et en contre-partie.

246. *Marine.* A gauche, on voit un vaisseau voguant à pleines voiles. Vers le devant, à droite, trois hommes dans une petite barque. La pièce est marquée *C. W.*, peut-être *C. van Wieringen* qui est présumé l'auteur du dessin.

Haut., 178 millim.; larg., 212.

II. MORCEAUX GRAVÉS D'APRÈS DIFFÉRENTS MAITRES

D'APRÈS THÉODORE BARENTSEN, NOMMÉ THÉODORE BERNARD.

247. Assemblée de gentilshommes vénitiens et de dames célébrant une fête de noces qui se donne dans une loggia dont la vue s'étend sur la mer qui forme le fond. A gauche, des musiciens; à droite, des masques. Dans l'estampe, à gauche : *Theodorus Bernardus Amstelrodamus inuentor.* . . . . *Henricus Goltzius sculptor. A°.* 1584.; dans la marge : *Hic Antenorei connubia magna senatus.* . . . . *nunc euulgantur totum spectanda per orbem.* P. en largeur en deux morceaux destinés à être réunis.

Haut., 392 millim.; larg., 729. La marge du bas, 36.

* Très belle épreuve.
Il existe une pièce représentant la même composition, par Théodore de Bry; elle est en rond, en contre-partie, et de plus petit format.

D'APRÈS POLYDORE CALDARA, NOMMÉ CARAVAGGIO.

248. Deux Sibylles, debout, l'une à côté de l'autre; l'une à droite regardant du même côté, le corps tourné vers la gauche; l'autre à gauche, tournée vers la droite, vue de profil, tenant un rouleau qu'elle déploie. *Due Sybille Rome extra Portam S. Angeli, a Polidoro quondam depicte.* . . . .

Haut., 243 millim.; y compris la marge de 9 millim.; larg., 162.

249-256. Les principaux dieux de la Grèce, d'après les fresques du

Monte Cavallo. Ils sont debout, dans des niches, ayant chacun les attributs qui les caractérisent. Suite de huit pièces.

Haut., 351 millim.; larg., 212.

SATVRNVS. Il est tourné vers la droite. D'un côté, dans le bas : *Anno;* de l'autre, 1592. : *Octo gentium Dij per Polydorum*. . . . Cette inscription est en trois lignes. — — *C I Visscher junior excudit*. 1.

NEPTVNVS. Il regarde vers la gauche. Au bas, à gauche : *Polidoüs Inue.;* à droite : *HG sculptor*. 2.

PLVTO. Le corps tourné à droite et la tête à gauche, il tient une torche. Au bas, à gauche : *Polidoüs Inue.;* à droite : *HG sculptor*. 3.

VVLCANVS. Il tient un marteau et regarde vers la droite. Dans le bas, à gauche : *Polidorus Inue.;* à droite : *HGoltzius sculp*. 4.

SOL. Il regarde vers la droite, portant un arc et un carquois. Au bas, à gauche : *Polidorus. Inue.;* à droite : *HG sculptor*. 5.

IVPITER. Il tient de la main droite la foudre ; son aigle est à gauche. Au bas, à gauche : *Polidorus Inue.;* à droite : *HG sculp*. 6.

BACHVS. Il regarde à gauche; près de lui, du même côté, un satyre pressant du raisin. Au bas, à gauche : *Polidorus. Inue ;* à droite : *HG sculp*. 7.

MERCVRIVS. Coiffé du pétase et tenant son caducée; il regarde à droite. A gauche : *Polidorus ;* à droite : *HG sculp*. 8.

Les épreuves du 2e état portent sur le dernier morceau *G Valk excudit*. Nous n'avons vu aucun numéro au bas de *Jupiter* et de *Mercure* dans une suite qui est au Cabinet des estampes, mais dans une autre suite ces pièces sont numérotées.

D'APRÈS AUGUSTIN CARRACHE.

257. Vénus, assise à gauche au pied d'un arbre, la tête tournée vers la droite, tenant des raisins d'une main et recevant de l'autre des épis de blé que l'Amour lui offre. P. r. gravée par Goltzius d'après une estampe d'Augustin Carrache qui offre des différences. Près du pied gauche de l'Amour : *HG*. Autour du rond : SINE CERERE ET BACCHO FRIGET VENVS.

Diam., 81 millim.; non compris la bordure qui porte 7 millim.

Une épreuve avant toutes lettres est décrite dans le catalogue de la vente Guichardot.

Bartsch avait confondu une copie très trompeuse avec l'original, mais il a depuis rectifié cette erreur. Cette copie se reconnaît à ce que, après le monogramme, on lit I., et à ce que les deux *cc* de *Baccho*, qui se suivaient dans l'original, sont exprimés par un petit *c* dans un grand. Brulliot dit que l'un des *c* dans le mot *Baccho* est plus petit dans le 2e état, comme il l'est dans la copie.

Nous avons vu au Cabinet des estampes de Paris une copie du sens opposé, Vénus est assise à droite. Sans nom de maître; seulement contre le pied de l'Amour à droite, le monogramme DC. Autour du rond, l'inscription est la même.

D'APRÈS CORNEILLE CORNELIS.

258-261. Quatre sujets connus sous le nom des *Culbuteurs*. P. r.

Diam., 308 à 311 millim. La marge, 11 millim.

1. *Chute de Tantale*. Il tombe la tête en bas dans les enfers; à droite, un escalier dans les rochers. Au milieu du rond, dans le bas : *CC. Pictor Inue. HGoltzius sculpt. A°* 1588, séparés par une croix Autour du rond : TANTALVS IN MEDIIS RESIDENS. . . . . . .

2. *Chute d'Icare*. Il tombe vers la gauche ; on voit Dédale s'envoler vers le fond. Dans le bas de l'estampe : *CC. Inue. HG sculp.* 2. Autour du rond : SCIRE, DEI MVNVS. . . . . . .

3. *Chute de Phaéton*. Il tombe vers la droite ; dans le bas de l'estampe : *C. C. Pictor Inue. HG sculp.* 3. Autour du rond : NON AMBIRE PROBAT SAPIENS. . . . .

4. *Chute d'Ixion*. Il tombe, vers la gauche, dans les enfers. Au bas de l'estampe : *C. Corneli Pictor. Inue. HG sulp.* 4. Autour du rond : CVI SIBI COR PRVRIT. . . . .

Le 1er état est celui décrit.

Le 2e état est avec l'adresse d'Ottens sur la dernière pièce.

Bartsch signale de ces quatre morceaux des copies anonymes, assez bien gravées, et publiées par Conrad Goltzius. Elles sont plus petites, et en contre-partie.

262. Les compagnons de Cadmus sont dévorés par un dragon. *Hasce artis primitias C. C. pictor Inuent. Simul que HGoltz. sculpt.* . . . . . . *Ao.* 1588. — — *Dirus Agenoridæ laniat.* . . . . .

Haut., 243 millim.; larg., 313. La marge du bas, 7.

D'APRÈS ANTOINE MONTFORT, NOMMÉ BLOCKLAND.

263. Loth avec sa famille qui marche derrière lui s'enfuit de Sodome; il se dirige vers la gauche, un ange le soutient. Dans l'estampe, à gauche : *Antonius Blockland inuent.. Henricus Goltzius, sculp.. et excude.. gedruckt tot Haerlem;* à droite : *A*º 1582.; dans la marge : NE IVSTVS PEREAT REPROBIS. . . . . .

Haut., 313 millim.; larg., 396. La marge du bas, 16.

1er état. Celui décrit.
Le 2e état est avec l'adresse de Visscher.

264. Jésus-Christ sortant du tombeau s'envole, le corps un peu penché vers la droite, tenant sa croix de la main gauche; à droite, un guerrier se lève, sa lance à la main. Dans l'estampe, au milieu : *A. Blocklant inuentor. Henricus Goltz. sculp. Phil. Galle excu.;* dans la marge : *Quoniam non derelíques.* . . . Des premiers temps du maître.

Haut., 231 millim.; larg., 196. La marge du bas, 14.

265. Jésus-Christ étendu mort sur son tombeau, dans le milieu, la tête tournée vers la gauche où sont saint Marc et saint Mathieu, tandis que, vers la droite, on voit saint Jean et saint Luc; à gauche, le lion; à droite, le bœuf. Au-dessous de la couronne d'épines et des clous, dans le milieu : *A Blocklandt inuentor*, et plus bas : *Henricus Goltzius sculp.. et Excudebat Impressum Harlemi. A*º 1583. Dans la marge : *Mortuus humana Christus.* . . . . .

Haut., 297 millim.; larg., 432. La marge du bas, 38.

D'APRÈS JACQUES PALMA.

266. Saint Jérôme, dans le désert, est assis à gauche, la tête tournée vers un livre sur lequel il appuie le coude droit; il montre de la main gauche un crucifix qui est à droite attaché à un arbre. Dans l'estampe, au coin du haut, à droite, une dédicace au bas de laquelle on lit : *Jacobus Palma Inuent. HGoltzius sculp.;* dans le bas, du même côté,

sur un livre : *Cum privil. Sa. C. M. Anno* 1596; dans la marge : *Vir pietatis amans.* . . . .

Haut., 405 millim.; larg., 277. La marge du bas, 14.

Dans le 2e état, on lit l'adresse de *N. Visscher*, dans le milieu du bas. Le 1er et le 2e état ont en haut, à droite, la dédicace à *Alex. Victorius.*

D'APRÈS ROSSO DE ROSSI, NOMMÉ LE MAITRE ROUX.

267. Hercule luttant contre le triple Géryon. Celui-ci est à droite; Hercule est à gauche; sur la proue du vaisseau, au milieu : *Rous. inuet: Heinrich Golss fec.;* dans la marge : *Herculeis Gerecon punitur.* . . *J. C. Visscher excudit.* Des premières manières de Goltzius.

Haut., 225 millim.; larg., 345. La marge du bas, 16.

Le 1er état est avant l'adresse de Visscher.

D'APRÈS FRANÇOIS SALVIATI.

268. Notre-Seigneur est dans le milieu de la table, tourné à gauche, parlant à sa mère. A droite, des musiciens; à gauche, un dressoir avec des plats; sur le devant, à table, du même côté, une femme richement vêtue; à droite, un homme remplit de grands vases. Dans le milieu, des armoiries et au-dessous une dédicace à *Duvenvoorde;* à gauche : *HGoltzius sculptor;* à droite : *Jacobus Matham sculptor excudit;* tout à fait à gauche : *Cum privil Sa Cæ. Mtis;* au-dessous : *Francisco Salviati Florentino Inuentor.* — — *Sacrati quæ jura.* . . . .

Haut., 617 millim.; larg., 691. La marge du bas, 11.

Cette gravure est l'œuvre à la fois de Goltzius et de Matham.

Bartsch croit que le côté gauche appartient à Goltzius et que Matham a gravé la partie droite.

D'APRÈS RAPHAEL SANZIO, D'URBIN.

269. Le prophète Ézéchiel assis, regardant à gauche, tenant une légende sur laquelle on lit un texte de l'Écriture sainte, d'après le tableau de Raphaël, qui est à Rome, dans l'église Saint-Augustin. Dans

le bas : *Istud suis coloribus depictum est per Raphaelem d'Urbin. . . . . . ab HGoltzio æri insculptum. Anno* 1592.

Haut., 308 millim.; larg., 189.

1er état. Avant toutes lettres ; le cartouche que tiennent les anges dans le haut est blanc. Très rare. Cabinet des estampes de Paris.

2e. Avec une inscription grecque dans le haut et une inscription en hébreu sur la tablette que tient Ézéchiel, avec l'inscription dans le bas.

270. Le Triomphe de Galathée, d'après la fresque qui est à la Farnésine. Galathée est au milieu, tournée vers la gauche ; des Tritons la conduisent vers la droite ; à gauche, un Triton presse une Néréide dans ses bras ; dans le haut, des Amours. Dans la marge : *Nerine spumante salo. . . .* ; au-dessous : *Opus hoc depictum. . . . ab HGoltzio adnotatum, et deinde eri insculptum. Anno* 1592.

Haut., 527 millim.; larg., 410. La marge du bas, 27.

1er état. Avant l'adresse.
Camberlyn, 25 fr.
2e. On lit : *J. C. Visscher excud.*

D'APRÈS BARTHOLOMÉ SPRANGER.

271. Adam et Ève, se laissant séduire par le démon sous la forme d'un serpent. *Bartholomeus Sprang. inuent. HGoltzius sculp. et excud. . . . .* 1585. — — *Dum gustant primi. . . . .*

Haut., 198 millim.; larg., 153. La marge du bas, 14.

272. Judith à mi-corps, elle tient la tête d'Holopherne ; elle est à gauche, regardant à droite, où gît sa victime ; dans le haut : *B. Spranger Inue. HGoltzius sculp.* Autour du rond : *Nemo suis nimium. . . . . .* P. r.

Diam., 146 millim. La marge autour, 11.

Bartsch mentionne une copie anonyme en contre-partie. On lit *B. Spranger in.* L'inscription dans la bordure est la même.

273. Un ange soutient au bord du tombeau le corps de Jésus-Christ. *A°* 1587. *Illus. Generoso et Magnifico. . . . . O homo qui cernis. . . . .*

Haut., 324 millim.; larg., 252. La marge du bas, 16.

Weigel dit que des cinq copies que Zani décrit dans son *Encyclopédie*, celle de Conrad Goltz, et qui porte son adresse, est la meilleure.

274. La Vierge, assise au milieu, tournée vers la droite, au pied d'une colonne, soutient l'enfant Jésus tenant un fruit; on le voit debout, à gauche, près de sa mère; saint Joseph est appuyé à gauche. Dans l'estampe, à gauche : *B. Spranger Inuen.* A droite : *HGoltzius scup. et excu. A°* 1585. Dans la marge : *Infans ille piæ.* . . . .

Haut., 156 millim.; larg., 115. La marge du bas, 11.

275. La Vierge, qui est à gauche, accompagnée de saint Joseph placé à droite, porte dans ses bras l'Enfant divin, et lui offre une poire de la main gauche ; sujet à mi-corps. Au milieu, dans l'estampe : *B. Spranger Inuent.* . . . . . ; à droite : *HGoltzius sculp.* Dans la marge : *Virgo Palestinas inter.* . . . .

Haut., 270 millim.; larg., 210. La marge du bas, 14.

276. Mars et Vénus sont à droite sur un lit; à gauche, on voit Apollon sur un char au haut des cieux. Dans un carré, au coin du bas de l'estampe, à droite, la dédicace : *Illu*[mo] *Domino. D*[no] *Octauio;* au milieu : *B. Spranger Inuentor. HGoltzius sculptor A°* 1588. ; dans la marge : *Mundi oculus Phœbus.* . . . .

Haut., 423 millim.; larg. 331. La marge du bas, 16.

1er état. Avant la dédicace, au bas de la droite, près du bouclier de Mars.
2e. C'est celui décrit.
3e. Avec l'adresse de *N. Visscher*, au bas, à droite.

277. Les Noces de l'Amour et de Psyché, célébrées dans l'Olympe. Grande estampe en trois morceaux destinés à être réunis. La table du festin est à droite dans la planche du milieu ; dans la feuille de droite on voit le Temps assis, Vulcain est debout, à droite, Apollon à gauche ; dans la feuille de gauche Hercule est debout; près de lui, sur une tablette que tient un Amour : *Clariss° juxta ac illustri D.D. Wolfango Rumpf.* . . . . . *qualemcunque operam D.D.* Dans une tablette, à gauche : *Barto*[us] *Sprangers Ant*[us] *inven. Anno* 1587. *HGoltzius sculp. et excud.* Dans la marge du bas : *En thalamos Psyches,* . . . . . Rare.

Haut., 405 millim.; larg., 851. La marge du bas, 23.

D'APRÈS JEAN VAN DER STRAET, VULGO STRADAN.

278. Saint Jean-Baptiste adore l'enfant Jésus, assis sur un coussin auprès de l'agneau et du globe terrestre surmonté d'une croix. La Vierge, les mains élevées, prie, vers le fond à droite; dans le bas, à gauche : *Joannes Strada inuen. HGoltzius sculp.;* à droite : *Phls. Galle excud.;* dans la marge : *Cognato alludit* CHRISTVS. . . . . P. octogone.

Haut., 183 millim.; larg., 135.

279. Saint Paul ressuscite Eutique. *Jo. Strada. inue. P. Galleus excu.* —— *Protrahit in mediam paulus.* . . . . P. en l. qui n'a ni le nom, ni le chiffre de Goltzius.

Haut., 184 millim.; larg., 266. La marge du bas, 14.

Les premières épreuves sont avant la lettre.

280. Saint Paul piqué par un serpent, dans l'île de Malte, est dans le milieu, regardant à droite, tenant de la main droite le fagot où est la vipère. Dans l'estampe, à gauche : *HGoltzius sculp.;* dans la marge, à gauche : *Johan. Stradanus inuen.;* au-dessous : *Philippus Galle excu. Pelleret ut Paulus.* . . . . C'est le pendant de la pièce précédente.

Même dimension.

Ces deux morceaux sont des premières manières de Goltzius, et font partie d'une suite de trente-six pièces représentant l'histoire des actes des apôtres, publiées par Ph. Galle, en 1582, d'après les dessins de Martin Hemskerk et Jean Stradan.

281-284. *Le Jugement universel.* Suite de quatre estampes, des premières manières du maître. P. r.

Diam., 239 millim. La bordure, 11.

1. La Résurrection des morts. *Et mittet angelos.* . . *Joha. Strada. inuen. Phls. Galle Excu.*

2. Les Anges séparent les élus des réprouvés. *Congregabantur ante eum.* . . *Johannes Stradanus inuetor. Phls. Galle Excud.*

3. Les Élus admis dans le ciel. Jésus-Christ est dans le haut, à droite. Un homme et une femme montent au ciel conduits par un ange. Dans l'estampe, à gauche : *Joha. Stradanus inuen.;* au dessous : *Henricus Goltz. sculp.;* dans la marge : *Venite Benedicti patris.* . . .

4. Les Réprouvés jetés dans l'enfer avec les démons. *Et inutilem seruum. . . Johannus Stradanus inue. Phls. Galle Excud.*

Le 2e état est avec l'adresse de *N. Visscher.*

285-289. Divers sujets de l'histoire de Jean de Médicis. Suite de cinq estampes.

Haut., 198 à 200 millim.; larg., 293 à 295. La marge du bas, 16 à 18.

1. Les troupes qui avaient tendu une embuscade à Jean de Médicis sont défaites. *Johannes Medices Parmensi bello. . . . . Johannes Stradanus inuent : Philippus Galle excude.*

2. Jean de Médicis, en combat singulier, perce un cavalier de sa lance. *Joh. Med. hostem fortiss. . . . . Joh. Stradanus inue. P. Galle excudit.*

3. François Ier, roi de France, le loue et le récompense. *Jo. Med. bello Tricinensi. . . . . Iohannes Strada. inuent.*

4. Il force les Suisses à retourner dans leur pays. *Joha. Med. Magnam Heluetiorum. . . Joh. Stra. Inue. P. Galle excudit.*

5. Il périt d'un coup de canon, à l'âge de vingt-neuf ans, en combattant contre l'armée de l'empereur commandée par le connétable de Bourbon. *Joh. Med. cum impetum. . . . . Johannes Stradanus inuent. Heinrich Golss. fecit — — Philippus Galle excude.*

Trois autres pièces font partie de cette suite, mais elles ont été gravées par Philippe Galle, toujours sur les dessins de Jean Stradan.

290. *Cheval toscan.* Il s'élance vers la gauche. Dans le haut : TVSCVS.; dans l'estampe : *Johañis Stradanus inuentor. Henricus Goltzius sculptor.;* dans la marge : *Tuscus acer mediis. . . . . .*

Haut., 198 millim.; larg., 268. La marge du bas, 11.

291. *Cheval de Calabre.* Il se dirige vers la gauche, la bride pendante. Dans le haut : CALABER.; dans l'estampe : *HGoltzius fec.* Dans la marge : *Jo. Strada. inue. P. Galleus excu. . . Fortis et armipotens. . .*

Même dimension.

292. *Cheval indompté.* Il s'élance au galop vers la droite, sans

bride. Dans le haut : EQVVS LIBER ET INCŌPOSITVS.; dans le bas, à droite : *HGoltzius fe;* dans la marge, à gauche : *Io. Strada. inue. P. Galleus excu. — — Hic bellator equus* . . . . . .

Haut. 194 millim.; larg., 266. La marge du bas, 18.

293. *Combat de plusieurs chevaux.* A gauche, l'un d'eux lance une ruade. A droite, dans l'estampe : *Johan. Strada. inuen. Henricus Goltzius scul. Phil. Galleus excud.;* dans la marge : *Sic simul accensi.*

Haut., 194 millim.; larg., 286. La marge du bas, 9.

Ces quatre estampes figurent dans une suite de quarante pièces gravées par différents artistes, d'après les dessins de Stradan; elle est intitulée : ***Equile Joannis Austriaci Caroli V. Imp. f.***

D'APRÈS MARTIN DE VOS.

294. *L'Annonciation.* Un ange descend du ciel vers la sainte Vierge qui est agenouillée à droite, regardant vers l'ange qui est à gauche sur un nuage, entouré d'anges qui font de la musique. Dans le haut de ce côté, le nom de Dieu en hébreu. Dans l'estampe, à gauche : *Martinus D. Vos inuentor.;* au-dessous : *Henricus Goltzius sculptor.;* à droite : *Aux 4 vents.;* dans la marge : *Ecce sacer celsa.* . . . .

Haut., 196 millim.; larg., 284. La marge du bas, 16.

295. *Martyre de saint Thomas.* Il est debout, à droite; son nom est au-dessus de sa tête. Dans le milieu, vers la gauche, on voit son martyre par des hommes habillés en sauvages. Dans l'estampe, à gauche : *M. D. Vos in. HGoltzius sculp.;* à droite : *Aux. 4. vents.;* dans la marge : *Thomas ad Eoos.* . . . . . Dans le milieu : 5.

Haut., 189 millim.; larg., 286. La marge du bas, 14.

296. *Le Martyre de saint Paul.* L'Apôtre est debout, à gauche, appuyé sur son épée, son nom est au-dessus de sa tête. Vers la droite, son martyre; de ce côté, Néron sur son cheval. Dans l'estampe, à gauche : *Henricus Goltzius sculp.; Aux. 4. vents.;* dans la marge : *Paulus amore dei.* . . . . . dans le milieu : 11.

Même dimension.

Morceaux des commencements du maître; ils font partie d'une suite de douze, dont le reste a été gravé par Wiérix et Collaert, sur les dessins du même Martin de Vos.

III. PIÈCES DOUTEUSES

ET CELLES QUI SONT FAUSSEMENT ATTRIBUÉES A GOLTZIUS.

297. La sainte Vierge qui est dans le milieu, vers la gauche, considère l'enfant Jésus couché près d'elle à droite et mangeant un fruit qu'il tient de la main droite, il regarde saint Joseph qui lui montre une fleur; figures à mi-corps. Dans l'estampe : *B. Spranger Inue. I. C. Visscher excu.;* dans la marge : *Et soror, et mater*, ...

Haut., 221 millim.; larg., 167. La marge du bas, 11.

Cette pièce, attribuée à Goltzius, est gravée par Pierre Jode le vieux.

298. Homme âgé, vu de profil, tourné vers la droite; sur sa tête nue, des cheveux courts; au milieu de la gauche : *HG* à rebours. P. r. gravée à l'eau-forte.

Diam., 146 millim.

299. Homme, vu de trois quarts, dirigé vers la droite; il a de la barbe et des moustaches; sur sa tête nue, des cheveux courts; autour du cou il a une fraise; il porte un pourpoint noir; il tient un pinceau de la main droite. Au-dessus de son épaule droite : *HG*. P. ov. Peut-être des commencements de Goltzius.

Haut., 70 millim.; larg., 50. La bordure, 5.

300. Gérard de Jode, marchand d'estampes; il est tourné vers la gauche et tient un recueil de gravures. *Gerardus de Jode.* A gauche, dans l'estampe : *HG.;* dans la marge : *Franciscus van den Wyngaerde excudit.* Goltzius n'est peut-être que l'auteur du dessin.

Haut., 167 millim., larg., 149. La marge du bas, 7.

Les premières épreuves sont avant la lettre; une de cet état est au Cabinet des estampes de Paris, elle est aussi avant le monogramme. Nous en avons rencontré une autre avec l'adresse, mais le nom du personnage ne s'y trouvait pas.

301. Le convoi funèbre de Guillaume, prince d'Orange. Suite de douze estampes numérotées et qui doivent être réunies en largeur. Elles ont été mises au jour par Goltzius; peut-être en est-il l'auteur. Sur la première pièce : *Hæc Pompa funebris spectata fuit Batauorum Delphis, tertio die Augusti. A°. 1584. Ante depictos hos.* . . . . . *Henricus Goltzius excudebat.*

Haut. de chaque pièce, 158 millim.; larg., 351 à 378. Ensemble, 13 pieds 8 p. 9 lignes.

Les épreuves du 2e état ont cette adresse : *W. I. ex.* Ces mots sont écrits au milieu du bas de la première pièce.

302-323. *Le Labyrinthe des esprits errants.* Suite de vingt-deux estampes retraçant les maux que l'hérésie a causés aux hommes. En tête de cette série, un frontispice qui a pour titre : *Den Doolhof van de dwalende Gheesten. . . . . Tot Amstelredam By Jan Evertss Cloppenburgh. . . . .*

Haut., 108 millim.; larg., 185. La marge du bas, 21.

Plusieurs de ces pièces, qui ont la marque de Goltzius, sont peut-être de sa première manière. Le frontispice, qui est d'une autre main que les autres morceaux, est mieux dessiné, et gravé d'une pointe plus ferme. Plusieurs de ces pièces sont attribuées à Saenredam.

IV. PIÈCES GRAVÉES D'APRÈS DES DESSINS DE GOLTZIUS

PAR DIFFÉRENTS GRAVEURS ANONYMES.

A. SUJETS PIEUX.

1. Les bergers arrivent dans la crèche pour adorer le Sauveur. *Pastores nati visunt. . . . . HG Invent.* P. en l. gravée par un élève du maître et sous sa direction. Zani attribue la gravure à Saenredam.

Haut., 135 millim.; larg., 270. La marge du bas, 9.

2. *Repos en Égypte.* La Vierge assise, à droite, tournée vers la gauche, au pied d'un arbre, a l'enfant Jésus sur ses genoux, qui tient une grappe de raisin. Dans le lointain, à gauche, saint Joseph près de l'âne. *HGoltsius inuentor;* dans la marge : *Angelus Dñi apparuit. .*

Haut., 169 millim.; larg., 126. La marge du bas, 11.

Dans l'épreuve qui est au Cabinet de Paris, on lit dans l'estampe, à gauche : *Cornelis Danckerts excud.* Bartsch ne fait pas mention de cette adresse qui peut-être caractérise un 2e état.

3. *Jésus-Christ en buste.* Vers le bas de la droite : *HG. in.* P. ov. gravée à l'eau-forte, terminée au burin. C'est une copie en contre-partie d'une estampe de Matham, décrite sous le n° 1, au supplément du tome III, page VIII.

Haut., 108 millim.; larg., 81.

4. Pendant de ce morceau, la Vierge, les yeux pleins de larmes et levés au ciel. On y lit : *I. Str. in.* (*Johannes Stradanus invenit.*) P. ov. Sans nom de maître.

5. La Vierge assise, à gauche, près de saint Jean-Baptiste qui montre le Sauveur; celui-ci quitte le sein de sa mère pour recevoir les caresses de saint Joseph qui est à droite, tourné vers la gauche. Dans l'estampe : *HGoltzius inuen. et excud.;* dans la marge : *Ecce Panomphæum virgo*. . . . . . Cette pièce est gravée par un élève du maître et sous sa direction.

Haut., 277 millim.; larg., 196. La marge du bas, 16.

6. Saint Jean-Baptiste assis dans le désert, tenant un livre de la main gauche et de l'autre une croix. *A puero cœtus*. . . . . . . *HGoltzius Inue. et excud.*

Haut., 196 millim.; larg., 142. La marge du bas, 11.

Bartsch mentionne une copie anonyme en contre-partie.

Haut., 191 millim.; larg., 153. La marge du bas, 14.

7. Saint Pierre debout, tourné vers la droite, tenant un livre et les clefs de la main droite. Dans l'estampe, à gauche : *HGoltzius Inue. A° 89.*; dans la marge : *Te velut in petra*. . . . . . . Gravé par un élève du maître et sous sa direction.

Haut., 288 millim.; larg., 205. La marge du bas, 16.

8. Autre morceau du même graveur, pendant du précédent. Saint Paul, tourné vers la gauche, tient un livre en s'appuyant de la main gauche sur une grande épée. Dans l'estampe, au milieu : *HG. Inuent.;* dans la marge : *Hostis eras O Paule Deo*, ...

Même dimension.

9. *Sainte Madeleine dans le désert.* Elle est à mi-corps, tenant de la main gauche un crucifix et de l'autre une boîte. *Magdalis ingemuit vitæ*. . . . . . *HGoltzius In.* — — *J Matham excudit.*

Haut., 232 millim.; larg., 171. La marge du bas, 27.

10. Enfant tourné vers la gauche, assis au milieu, près d'une tête de mort, sur laquelle il s'appuie; il fait des bulles de savon. Vraisemblablement l'invention est de Goltzius, mais la gravure est d'un de ses élèves. Dans le milieu de l'estampe, au bas : QVIS EVADET? dans l'estampe, à droite : *HG* 1594.; dans la marge : *Flos nouus, et verna*. . . . .

Haut., 191 millim.; larg., 153. La marge du bas, 18.

Bartsch mentionne une assez bonne copie; à la place de *IG*, il y a un monogramme composé I G H T (*Jacques Granthomme*). De plus, on n'y voit pas l'année 1594 et le nom de *F. Estius*, à la fin des quatre vers latins, dans la marge du bas.

Bartsch signale une autre copie très trompeuse; on y voit *IG*, mais l'année 1594 et *F. Estius* manquent.

11. Un autre enfant tourné vers la gauche, presque à cheval sur une tête de mort; il fait des bulles de savon de la main droite. Un anonyme l'a gravé sous la direction de Goltzius, d'après une estampe d'Augustin Carrache; celle-ci est d'un format plus petit et très rare. Dans l'estampe, au milieu du bas : *IGoltzius excud.;* au-dessous : QVIS EVADET?; dans la marge : *Memento breuis hæc.* . . . .

Haut., 194 millim.; larg., 156. La marge du bas, 21.

B. SUJETS ALLÉGORIQUES.

12-15. Quatre estampes relatives à la profession de médecin; elles sont gravées par un élève de Goltzius et sous sa direction.

Haut., 176 millim.; larg., 225. La marge du bas, 11.

1. Au commencement d'une maladie on le regarde comme un Dieu. Le médecin paraît dans le milieu, sous la figure du Sauveur; il regarde à gauche. *Dum nigris egrum.* . . . . . . *IGoltzius excud. A° 87.*

2. La maladie suit son cours en s'améliorant et le médecin est un ange descendu du ciel. On voit, dans le milieu, un grand ange, les ailes déployées, regardant de face. *Paulum ubi conualuit,* . . . . . *IGoltz. excud.*

3. Le malade est en convalescence, le médecin ressemble à tous les autres hommes. Il est dans le milieu, tourné un peu vers la droite, portant le costume de son époque. *Jamq³ Machaonia magis.* . . . *IG excud.*

4. Le malade est guéri, le médecin qui vient réclamer ce qui lui est dû n'est plus qu'un démon. Il est dans le milieu, tourné vers la gauche, sous la figure du diable. *Ast ego si penitus.* . . . . . *IG exc.*

1er état. Avant les numéros dans la marge, avant *I. C. Visscher excud.* sur la première pièce, les caractères hollandais sont plus fins; à la 4e pièce dans le bas sept lignes hollandaises de plus.

2°. Avec les numéros dans la marge, avec *I. C. Vischer excud.;* les caractères hollandais sont plus gros; les sept dernières lignes hollandaises tout à fait au bas sont supprimées.

16. Que devient l'amour du prochain, lorsqu'on est entre l'impureté et l'envie. *Candida consistit, vitijs.* . . . . . *HGoltzius excud.* Anonyme.

Haut., 356 millim.; larg., 277. La marge du bas, 27.

17. L'Art, sous l'emblème d'une femme, a le pied gauche sur le globe de la terre et le droit sur un nuage; celle-ci s'élève jusqu'au ciel où sont les génies des beaux-arts; un Saint-Esprit est sur sa tête. Le dessin, selon toute apparence, appartient à Goltzius et la gravure à un de ses élèves. Dans l'estampe, à droite : *HG inven.;* au-dessus : *I Visscher excu;* dans la marge : *Ingenua nihil est.* . . . .

Haut., 205 millim.; larg., 158. La marge du bas, 9.

Bartsch ne mentionne ni le monogramme du maître, ni l'adresse de Visscher, cette remarque caractérise peut-être un 2e état.

18-21. *Les Quatre éléments.* Suite de quatre pièces.

Haut., 205 millim.; larg., 158. La marge du bas, 9.

1. *L'Air.* On voit un jeune homme tourné vers la gauche, debout au milieu sur les nuages; autour de lui, les quatre vents et des oiseaux. Dans le fond, à droite, le Saint-Esprit descend sur les apôtres. Dans le haut : *Aer;* dans la marge : *Proximus est aer.* . . . . .

2. *La Terre.* Une femme qui est à gauche, regardant à droite, tient une corne d'abondance; du même côté, dans le lointain, la création d'Adam. Dans le haut : *Terra;* dans la marge : *Densior his tellus.* .

3. *Le Feu.* Un homme au milieu, tourné vers la gauche, tient d'une main la foudre et de l'autre une bombe qui éclate; à droite, une salamandre. Dans le fond, à gauche, le sacrifice d'Élie. Dans le haut, à droite : *Ignis;* dans le milieu du bas : *HGoltzius excudebat A°. 1586.;* dans la marge : *Ignea couexi vis;* . . . . .

4. *L'Eau.* On voit, à gauche, une femme appuyée sur une urne d'où l'eau s'écoule. Dans le lointain, à droite, Jésus-Christ est baptisé

dans le Jourdain. Dans le haut, à gauche : *Aqua;* dans la marge : *Vndosus, latiq³ maris. . . .*

Ces morceaux sont gravés par un des élèves de Goltzius et sous sa direction.

22-25. *Les Quatre éléments.* Suite de quatre planches à l'eau-forte.

Haut., 169 millim.; larg., 122. La marge du bas, 11.

1. *La Terre.* On voit un chasseur, suivi de deux lévriers. *T'ghevangen wilt, myn. . . . Hen. Gol. jnuen. Jo. Theo. et Jo. Is. de B.* (*de Bry*) *excudebat.*

2. *L'Eau.* Un pêcheur porte un panier rempli de poissons. *Op t'water den. . . . . H. Goltz. jnuen. de bry excudebat.*

3. *L'Air.* Il est représenté par un homme qui porte un faucon sur sa main droite. *Wat schaedt verzocht. . . . Hen. Gol. inuentor. Jo. Theo. et Jo. Is. de B. excudebat.*

4. *Le Feu.* Un cuisinier porte un pâté sur un plat. *Visch voghels en dier. . . . . Henr. Goltz. jnue. de Bry excudebat.*

Bartsch mentionne des copies anonymes exécutées à l'eau-forte d'une manière assez exacte. Comme grandeur, elles sont semblables aux originaux ; mais on a supprimé les inscriptions hollandaises, les nouvelles sont en latin. On lit au bas du n° 1 : *Hunc leporem ac reliquas. . . . .*

C. SUJETS FABULEUX.

26. Vénus, que caresse l'Amour, est assise sur des nuées, dans un rond dont la bordure est enrichie de plantes et d'oiseaux consacrés à cette déesse. Dans l'estampe, à droite : *HGoltzius Inventor.;* au milieu du bas : *J. C. Visscher ex.* Autour du rond : *Quam perfecta Venus. . . .* 1630.

Diam., 16 millim.

26ª. Un satyre épie Vénus qui est sur un lit, ayant dans ses bras l'Amour qui lui fait des caresses. Morceau anonyme. *Henricus Golzius inuentor. . . . . . P. Braeckuelt ex. A°* 1588.

Haut., 351 millim.; larg., 257.

27. Neptune surprenant Cénis, métamorphosée depuis en homme

invulnérable. *Æquorei vim passa Dei.* . . . . . Sans nom ni adresse. Vraisemblablement cette pièce est gravée d'après un dessin de Goltzius.

Haut., 205 millim.; larg., 156. La marge du bas, 7.

28. Le Dieu de l'Hyménée assis au milieu sur des nuages, couronné de fleurs, tenant une écharpe de la main droite et un flambeau de la gauche. Au-dessous de ses pieds : *HG Inuentor. I. C. Visscher excu.;* autour de l'ovale, des attributs ; au bas : HYMENEUS.

Haut., 318 millim.; larg., 250. La marge du bas, 7.

29. La mort de Pyrame et de Thisbé, par un élève de Goltzius et sous sa direction. *Quis non suadet Amor?* . . . . *HGoltzius excud.*

Haut., 205 millim.; larg., 153. La marge du bas, 9.

30. Andromède sur un rocher, sur le point d'être dévorée par un monstre marin. Sans nom de maître, peut-être par un élève de Goltzius. *Clarus Abantiades, Danaes genus.* . . . *HGoltzius ex.*

Haut., 205 millim.; larg., 156. La marge du bas, 11.

31-82. *Les Métamorphoses d'Ovide.* Suite de cinquante-deux estampes dessinées par Goltzius en 1589 et 1590, gravées par ses élèves et sous sa direction.

Haut., 167 millim.; larg., 250 à 254. La marge du bas, 7 à 9.

1. Les quatre éléments sortent du chaos. Dans le haut : OVIDII METAM. LIB. I. Le Dieu est dans le milieu, la tête un peu penchée vers la droite. Au coin du bas, à gauche : *HGoltzius jnuen.* 1589; dans la marge : *E'tenebris, deforme Chaos.* . . . .

2. Prométhée anime avec le feu du ciel l'homme qu'il a formé. Celui-ci est nu, à droite; Prométhée est à gauche. Vers le milieu du bas : *HG excud.;* dans la marge : *Altitonans postquam certos.* . . . .

3. L'Age d'or. A droite, un homme et une femme au pied d'un arbre ; à gauche, une femme nue debout et autres groupes. Dans la marge : *Aurea Saturno rutilabant.* . . . .

4. L'Age d'argent. Un homme vu de dos, à gauche, conduit sa charrue ; au milieu du haut, Jupiter dans les cieux. Dans la marge : *Sub Joue deterior.* . . . .

5. L'Age d'airain. Dans le milieu, Bellone, le casque en tête, regarde

à droite; un enfant, vu de dos, tient un faisceau; à gauche, on élève les remparts d'une ville. Dans la marge : *Oppida cum castris*. . . .

6. L'Age de fer. Dans le milieu, Mars tient un grand sabre de la main gauche; la Justice s'enfuit dans le ciel, à droite; à gauche, des supplices; sur le devant, un canon, un tambour. Dans la marge : *Ferreus hinc fremuit*. . . . .

7. Les géants essayent d'escalader le ciel. Dans le milieu du bas, Briarée vu de dos; à droite, plusieurs groupes de géants. Dans la marge : *Stat Briareus celum*. . . . .

8. Jupiter délibère avec les dieux, de détruire l'univers. Jupiter est à gauche et Neptune à droite. Dans la marge : *Diuum hominum q³ parens*. . . . .

9. Lycaon changé en loup. Jupiter est à gauche; Lycaon s'enfuit à droite. Dans la marge : *Igne Lycaonias deuastat*. . . . .

10. Neptune ordonne aux fleuves de se déborder. On le voit, à droite, sur son char. Dans la marge : *Vndiuomo collecta Noto*. . .

11. Le déluge universel. On voit, à gauche, une femme et un enfant qu'un homme couvre de son manteau. Dans la marge : *Deucalionee fluctus quis*. . . . .

12. Deucalion et Pyrrha repeuplent la terre. Deucalion est à gauche, Pyrrha à droite. Dans la marge : *Diluuio cessante, et subsidentibus*. .

13. Apollon tue le serpent Python. Le Dieu est à gauche et le serpent à droite. Dans la marge : *Immensum certis strauit*. . . . .

14. Daphné changée en laurier. Apollon est à gauche et Daphné à droite. Dans la marge : *Ardebat flagrans Titan*. . . . .

15. Le fleuve Pénée, assis au milieu d'autres fleuves qui sont sous sa domination. On le voit, à gauche, au milieu des rochers. Dans la marge : *Æmonio manans Pindo*. . . . .

16. Jupiter, à la faveur des ténèbres, possède Io. Le groupe est à droite, Io essaye de s'enfuir. Dans la marge : *Juppiter Inachiden densa*. . . . .

17. Mercure endormant Argus ; ce dernier est à droite. Dans la marge : *Centum oculis vigilem.* . . . .

18. Pan veut saisir Syrinx, métamorphosée en roseaux qu'embrasse le dieu que l'on voit à droite. Dans la marge : *Pana fugit Syrinx.* . .

19. Mercure tue Argus. Le groupe est à gauche. Dans la marge : *Eripit e viuis.* . . . .

20. Climène conseille à Phaéton d'aller trouver le dieu du jour. Celui-ci est aux genoux de sa mère qui lui montre Phébus dans le ciel, à gauche. Dans la marge : *Opprobrys Epaphi Phaeton.* . . . .

1. Phaéton demande au Soleil de conduire son char. Le dieu est assis à droite. Au milieu : *HG invent.;* à droite : *I. C. Visscher excud. A° 1590.* Dans la marge : *Tecta petit Phaeton.* . . . Les n°s 21 à 40 au bas de la droite.

Bartsch mentionne seulement *HG excud. A°* 1590. Il est probable que c'est un 1er état. Notre description est faite d'après une suite qui est au Cabinet de Paris.

2. Phaéton sur le char du Soleil. On le voit dans les airs, à gauche, se dirigeant vers la droite. Dans la marge : *Audet Phebeas stulte.* .

3. Chute de Phaéton. On voit Jupiter au haut, à droite, lançant la foudre. *Exurit pontum et terras.* . . . .

4. Les sœurs de Phaéton, changées en peupliers. Cygnus métamorphosé en cygne est à droite. *Excipit Eridanus Phaetonta.* . . .

5. Jupiter et les dieux de l'Olympe prient Apollon de remonter sur son char. On voit celui-ci, à droite, sur un nuage. *Vt Phaetonteos compescuit.* . . . .

6. Jupiter, sous la forme de Diane, séduit Calisto. Le dieu est à droite, son aigle est près de lui. *Nonatrina Jouen Calisto.* . . . .

7. Diane et ses nymphes s'aperçoivent de la grossesse de Calisto. La déesse est assise à droite, et la nymphe couchée à gauche. *Fronde sub vmbrosa.* . . . .

8. Vengeance de Junon, qui change Calisto en ourse. La déesse est à gauche et du même côté, en l'air, on voit ses paons et son char. *Magna Jouis coniux.* . . . .

9. Arcas va percer d'une flèche sa mère, changée en ourse. On aperçoit celle-ci à droite. *Dictynne dilecta comes.* . . . .

10. Junon se plaint à Thétis et à l'Océan que Calisto et Arcas ont été changés en constellations célestes. Junon est dans les airs, à droite; les autres divinités dans le bas, à gauche. *Aera deuexum Juno.* . . .

11. Apollon et la nymphe Coronis. Le groupe est couché à gauche. *Æmonium Juuenem furtim.* . . . .

12. Les filles de Cécrops ouvrent la corbeille que Minerve leur avait confiée et dans laquelle Érichthon était enfermé. Il est à droite, un pied dans la corbeille. *Mandat Erichtonium Tritonia.* . . . .

13. Neptune poursuit Coronis, métamorphosée en corneille. Neptune est à gauche et la nymphe à droite. *Virgo Tridentifero placuit.* .

14. Apollon, qui est à droite, tue Coronis que l'on voit renversée à gauche. *Fama malum pernix,* . . . .

15. Apollon charge le centaure Chiron d'élever Esculape. Le centaure est à gauche et le dieu dans le milieu, tourné du même côté. *Insontem sobolem, nec.* . . . .

16. Battus devient une pierre de touche. Il est dans le milieu, vers la droite, au pied d'un arbre; à gauche, Apollon couché joue de la flûte. *Septenis Phœbo inflatur.* . . . .

17. Mercure devient amoureux d'Hersé, fille de Cécrops. On voit le dieu s'envoler vers la droite, se retournant à gauche, vers un groupe de femmes. *Palladis Actee sacrata.* . . . .

18. Minerve commande à l'Envie de troubler le cœur d'Aglaure. La déesse est debout dans le milieu, tournée vers l'Envie qui est dans son antre. *Invidie sedes, et luce.* . . . .

19. Mercure change en pierre Aglaure, qui voulait l'empêcher de pénétrer chez Hersé. Celle-ci est nue, à gauche, Mercure se dirige

vers elle ; à droite, Aglaure essaye d'arrêter Mercure. *Tentat adire Hersen.* . . . .

20. Jupiter, ayant pris la forme d'un taureau, enlève Europe. Elle est à gauche sur le taureau qui se dirige du même côté ; à droite, sur le rivage, une foule. *Europam asportat freta.* . . . .

La troisième suite a été exécutée d'après les dessins de Goltzius, que ce maître avait faits en 1615, un an avant sa mort. Elle est marquée de doubles chiffres : les uns qui commencent par le n° 1 se voient à gauche de chaque pièce; les autres, qui marquent la continuation des deux suites précédentes, commencent par le n° 41 et sont à droite, dans la marge du bas.

1. Le frère d'Europe, Cadmus, va consulter l'oracle de Delphes pour savoir où il pourra retrouver sa sœur. On le voit, dans le milieu, à genoux devant la statue d'Apollon placée à gauche. Dans l'estampe, au milieu : *An°* 1615 *HG. inventor.* — *Europam toto frustra.* . . .

2. Le dragon, à droite, tourné vers la gauche, près de la fontaine de Mars, dévore les compagnons de Cadmus. Au bas, à gauche : *HG inv.* — *Abstrusum ut Tyrÿ.* . . . .

3. Cadmus tue le dragon qui est à gauche, enlacé à un arbre. Au milieu : *HG in.* — *Vltor Agenorides sævum.* . . . .

4. Cadmus, qui est à gauche, d'après le conseil de Pallas, qu'on voit au milieu, dans un nuage, sème les dents du dragon qui donnent naissance à des hommes armés. Vers la gauche : *HG in. R. B.* (*Robert Baudous*) *ex.* — *Victori dea Pallas.* . . . .

5. Junon, assise à gauche, prenant la forme de Beroé, conseille à Sémélé de se méfier de l'amour de Jupiter. Dans le bas, au milieu : *HG inv.* — *Fronti nulla fides.* . . . .

6. Jupiter et Junon discutent sur la supériorité des deux sexes. Ils sont dans le milieu, Junon est vers la droite. Au-dessous d'elle *HG invent.* — *Liberiore ioco diffusus.* . . .

7. Tirésias, qui, après avoir été femme, était redevenu homme, est pris pour juge. Tirésias est assis à droite, de l'autre côté Jupiter et Junon sont debout. A droite : *HG inv.* — *Quid faciant? tales.* . .

8. Tirésias jadis changé en femme pour avoir frappé de son bâton deux serpents qui s'accouplaient. On voit Tirésias au milieu, tourné à gauche, prêt à frapper les deux serpents. Au milieu : *IG inv. — Hic duo serpentum. . . . .*

9. Thisbé, à l'aspect d'une lionne, se sauve, vers la gauche, dans un antre, après avoir laissé tomber son voile. Au milieu : *IG inv. — Thisbe redi, bona Thisbe redi, ...*

10. Phébus en éclairant l'univers est cause que Mars et Vénus sont surpris ensemble. Le dieu du jour est à gauche sur un nuage, avec tout l'Olympe derrière lui; Mars et Vénus sont couchés à droite. A droite : *IG inv. — Cum Venere in medijs. . . .*

11. Apollon séduit Leucothoé, en prenant la forme de sa mère Eurynome. Le groupe est à droite. Au-dessous : *IG inv. — Secretum Veneris, qui. . . .*

12. Salmacis embrasse Hermaphrodite, assis à gauche. Au milieu : *IG inv. — Invitum medio complectens. . . . .*

Le 1er état est celui décrit ; dans le 2e état, plusieurs pièces portent l'adresse de Robert Baudous ; dans le 3e état, sur quelques pièces de la troisième suite, on trouve l'adresse de Janssonius. Dans une suite qui est au Cabinet des estampes de Paris, on lit sur la première pièce : *Joannes Janssonius, exc.*, et sur les autres l'adresse de R. de Baudous.

D. PORTRAITS

83. Homme déjà âgé, vu de trois quarts, en buste, et dirigé vers la gauche ; sur sa tête un chapeau rond, à la mode du commencement du XVIe siècle. P. ov. Sans nom ni chiffre, dans la manière de Lucas de Leyde.

Dans les épreuves du 2e état, on voit, à droite, à mi-hauteur de la planche : *IG*.

Haut., 54 millim.; larg., 43.

84. Le même portrait plus grand, vu du côté opposé. *IG*. *A°* 97.

Haut., 194 millim.; larg., 162. La marge du bas, 14.

85. Le même personnage, vu de profil et tourné vers la droite. *IG*.

Même dimension.

Bartsch signale des copies des nes 84 et 85, sans nom de maître ; elles sont en contre-partie, le personnage regarde à gauche, au milieu du bas : HG.

Haut., 167 millim.; larg., 119.

86. Femme vue de profil, coiffée avec un linge qui lui descend sur le cou ; elle est à mi-corps. HG. 1606.

Haut., 221 millim.; larg., 156.

87. Théodore van Coornhert. HG. . . *D. V. Coornhert.*

Haut., 110 millim.; larg., 83. La marge du bas, 7.

88. Jeune homme à mi-corps ; son air est riant ; il s'appuie sur son bras gauche ; sur sa tête un grand chapeau rond. HG.

Haut., 102 millim.; larg., 97.

89. Jeune femme en buste ; un jeune homme, vu de profil, a la main gauche posée sur son sein, tandis qu'il étend la main droite. HG. 1616.

Haut., 108 millim.; larg., 81.

90. Buste d'homme, vu de profil et dirigé vers la droite ; sur sa tête, un bonnet dont la pointe est ornée d'une houppe.

Haut., 212 millim.; larg., 180.

Bartsch mentionne une copie, en contre-partie de ce morceau. HG — — *Hippocrates.*

E. DIFFÉRENTS AUTRES SUJETS.

91. Corydon et Silvie assis sur une butte, au pied d'un arbre. *HGoltzius Inue. Jod. Hondius excud.*

Haut., 470 millim.; larg., 340.

Dans le 1er état, on lit l'adresse de *Jac. Matham excud.*, l'état décrit plus haut n'est que le second.

92. Un vieillard fait une déclaration d'amour à une fille qui est près de lui, la main posée sur un vase. Sujet à mi-corps. Imitation de Lucas de Leyde. Pièce gravée vraisemblablement par Jean Van de Velde, d'après un dessin de Goltzius. 1622. HG. — — *Decrepitus juvenem lepidamque.* . . . .

Haut., 164 millim.; larg., 119. La marge du bas, 38.

92a. Une jeune femme chante, en faisant des caresses à son amant qui pince de la guitare. Dans le fond, la Mort jouant du violon. *Est huius vitæ fallax.* . . *HG. Inuent.*

Haut., 151 millim.; larg., 126. La marge du bas, 11.

93. Un bouffon se moque d'une vieille occupée à faire des boudins, et qui a un cornet suspendu au-dessous de son nez. *Heintzman spricht. . . HGoltzius jnuent. . . Crispian de pas exc.*

Haut., 171 millim.; larg., 243. La marge du bas, 36.

94. Deux hommes, munis d'un cordeau, mesurent la longueur d'une baleine échouée sur les côtes de Hollande. La tête du monstre est à gauche. Pièce gravée en partie à l'eau-forte, et en partie au burin par un élève de Goltzius, peut-être par Saenredam. Dans l'estampe, au-dessous de la tête de la baleine : *HGoltzius exc.;* dans la marge : *Ceruleus profert immania. . . . .*

Haut., 171 millim.; larg., 254. La marge du bas, 9.

95-97. *Trois Militaires hollandais.* Suite de trois estampes gravées sous la direction de Goltzius par un de ses élèves.

Haut., 203 millim.; larg., 153. La marge du bas, 11.

1. Un écrivain militaire ; il a dans la main droite un papier roulé. Dans l'estampe, à gauche : *HGoltzius excu.;* dans la marge : *Militiæ neruum bellantis, Scriba. . . . .*

2. Un officier s'appuyant de la main gauche sur son espadon. *Laudata ducibus præstat. . . HGoltzius excud.*

3. Arquebusier portant son mousquet sur l'épaule gauche, et tenant de la main gauche sa mèche allumée. *Pro patria pugnans. . . . HG excud.*

V. PIÈCES GRAVÉES D'APRÈS LES DESSINS DE H. GOLTZIUS

PAR DES GRAVEURS CONNUS ET CONTEMPORAINS DU MAÎTRE.

Par Claes ou Nicolas de Braeu.

1-4. *Héros et Héroïnes de l'Ancien Testament.* Suite de quatre estampes. P. ov.

Haut., 401 millim.; larg., 306. La bordure, 9.

1. *Jahel.* Elle se dirige vers la gauche ; on la voit encore de ce côté dans la tente de Sisara, où elle lui enfonce un clou dans la tête.

Dans le bas de l'estampe : *HG. Inuen. Nicolaus braeu schulp.* Autour du rond : *Sisera falcatos agitans.* . .

2. *Samson.* Il est dans le milieu, regardant à droite, tenant de la main droite la mâchoire d'âne. A droite, il assomme les Philistins. Dans le bas de l'estampe : *HG. Inue. C. Braeu schup.* Autour du rond : *Vincla indignatus tardamq³.* . .

3. *Judith.* Elle tient de la main gauche la tête d'Holopherne et regarde à droite. A gauche, elle est dans la tente d'Holopherne à qui elle coupe la tête. Dans l'estampe, à gauche : *C. Braeu schulp.* Autour de l'ovale : *Clauserat Assyrius montana.* . .

4. *David.* Il regarde à droite, et tient de la main gauche la tête de Goliath. Dans le bas de l'estampe : *Nicolaus. braeu schulp.* Autour de l'ovale : *Indutus thoraca Gygas.* . .

5. Femme assise dans un paysage ; elle tient un livre de la main droite et de l'autre un écriteau ; elle semble réfléchir. Sujet allégorique. *Exercet cupidas pulchra indagatio mentes.* 1594. — *Henricus Goltzius jnuentor.* — *Nicolaus Brawius fecit.* — *Conradus Goltzius excudit.*

Haut., 210 millim.; larg., 162. La marge du bas, 5.

Par Nicolas Clock.

1-5. *Les Cinq Sens.* Cinq estampes ; quatre sont gravées par N. Clock, la dernière par Corn. Drebbel. N°s 1 à 5, à la gauche du bas.

Haut., 239 millim.; larg., 171. La marge du bas, 14.

1. *La Vue.* C'est une femme tournée vers la gauche, tenant un miroir. Dans l'estampe, à gauche : *HGoltzius Inuent. Anno* 1596. *Nicolaus Clock fecit.* — — *Petrus Ouerait excudit.* Au haut de la planche, dans le milieu : *VISVS.;* dans la marge du bas : *Viderat Acteon non.* . .

2. *L'Ouïe.* Une femme debout, le pied droit levé, joue du luth. A gauche, dans l'estampe : *Niclaus Clock f.* — — *Petrus Ouerait excu.* Dans l'estampe, au haut, à gauche : AVDITVS.; dans la marge du bas : *Auditus iusti bonus.* . .

3. *L'Odorat*. Une femme, tournée vers la gauche, sent des fleurs. Au milieu de l'estampe : *Clas. Clock fecit. Petr. Ouer : excudit.* Au haut, à droite : OLFACTVS.; dans la marge du bas : *Olfactus floùm, gratiq³*. . .

4. *Le Goût*. Une femme, tournée vers la gauche, s'apprête à goûter un fruit. A gauche, un singe enchaîné près d'une corbeille de fruits. Dans l'estampe, à gauche : *Cl. Clock fe.* —— *Petrus Ouerait imprimebat*. Au haut, à droite : GVSTVS.; dans la marge du bas : *Plurima gustus habet*, ...

5. *Le Toucher*. Une femme, marchant vers la gauche, est mordue par un serpent. Dans le bas, à gauche : *Cornelis Drebbel fecit.;* dans le milieu : *Henr. Gol. inuen. Petrus Oue : excud.;* au haut, à droite : TACTVS.; dans la marge du bas : *Illicito Cypriæ sensu*. . .

On lit aussi *Conrad Golz. excud.*, à la place de *Petrus Oue*. L'adresse de *Ouerait* et l'année 1596 sont indiquées d'après Bartsch, mais au Cabinet des estampes de Paris nous trouvons une suite avec l'adresse de *Conradus Goltzius excudit* et l'année 1591 sur la première pièce, ce qui nous paraît constituer un 1er état. Les autres pièces portent la même adresse et *Conr. Goltz* et *Conradt Goltz*. On y voit également la suite décrite par Bartsch.

Par Adrien et Jean Collaert.

1-6. *Les Annonciations de la Bible*. Six estampes. Cinq sont gravées par Adrien Collaert, le n° 2 l'a été par Goltzius. — 1 à 6.

Haut., 205 millim.; larg., 156. La marge du bas, 16.

1. Les trois anges annoncent à Abraham la naissance d'Isaac. Abraham est à table, à droite; à gauche, Sara sort de sa maison; dans le milieu, un chien ronge un os. Dans l'estampe, à gauche : *HGoltzius inuent. et excud. A. Colaert Scup.* A° 1586.; à droite, dans la marge : *Nuncius extremis Abrahamo*. . . . .

2. Voyez Henri Goltzius, n° 3.

3. L'ange apprend à Zacharie qu'il aura saint Jean-Baptiste pour fils. Zacharie est à droite, un genou en terre, tenant un encensoir à la main; l'ange est debout, à gauche. Dans l'estampe, du même côté :

HGoltzius inuent. et excude. A. Collaert sculp.; à droite : 3; dans la marge : *Filius ecce tibi Zacharia.* . . . .

4. L'Annonciation à la sainte Vierge. Marie est à genoux, à droite; l'ange est debout, à gauche. Du même côté, dans le bas : *HGoltzius inue. et excud. Colaert sculp.;* à droite : 4.; dans la marge : *Alloquitur Mariam Gabriel.* . . . . .

5. L'ange ordonnant à saint Joseph de ne point quitter la Vierge Marie. Saint Joseph est dans son lit, à droite; l'ange est dans le milieu du haut. Dans l'estampe, à gauche : *HG inuent. et excude. Colart sculp.;* à droite : 5.; dans la marge : *Dum grauidam Joseph.* . . .

6. L'Annonciation aux bergers. L'ange vole vers la gauche. Dans l'estampe, à gauche : *HG. excud.;* à droite : 6.; dans l'estampe : *Angelici cœtus cœlo.* . . . .

7. Saint Joseph, qui est à gauche, cueille des dattes que la Vierge offre à l'enfant Jésus couché sur ses genoux. Dans l'estampe, à gauche : *HGoltzius inuent. et excud.;* à droite : *A. Colaert sculp. A°.* 1585.; dans la marge du bas : *Dum puerum Herodes.* . . . .

Haut., 203 millim.; larg., 156. La marge du bas, 7.

8. Saint Jean, qui est à gauche, un genou en terre, baptise Jésus-Christ que l'on voit debout vers la droite dans le Jourdain. Au milieu du haut, le Saint-Esprit. A droite, dans l'estampe : *HGoltzius Inuen. et excu. A°.* 85.; à gauche : *Iohan Colart sculp.;* dans la marge : *Abluitur nullo fœdatus.* . . . .

Haut., 200 millim.; larg., 156. La marge du bas, 9.

9. Saint Jean-Baptiste dans le désert. Il regarde vers la gauche. Dans l'estampe, à gauche : *HGoltzius inuent. et excude.;* au milieu : *A. Colaert sculp.;* dans la marge : *Ignotum primus nobis.* . . . .

Haut., 203 millim.; larg., 156. La marge du bas, 9.

Par Zacharie Dolendo.

1. Femme tenant des serpents et des colombes. Sujet allégorique. *Astu serpentes et simplicitate.* . . P. r.

Diam., 63 millim.; la bordure, 7.

2. Un aveugle entraîne dans un précipice un autre aveugle qu'il conduit. *Deuia dum cæcus*. . . *Anno* 1586. P. r. Voir *Supplément de Goltzius*.

Diam., 75 millim.; la bordure, 7.

Par Corneille Drebbel.

1-7. *Sept femmes à mi-corps, représentant les sept arts libéraux.*

Haut., 162 millim.; larg., 129. La marge du bas, 16.

1. *La Grammaire*. Une femme assise, à gauche, montre à lire à des enfants. Dans le haut : *Goltzius Inuent. Cornelius Drebbel sculp. et excud.* Dans la marge, sur cette suite, les n°s 1 à 7. *A me principia*. . . . .

2. *L'Arithmétique*. Une femme assise, à gauche, trace des chiffres; un homme la regarde. *Precipuas partes tribuit*. . . . .

3. *La Dialectique*. Un homme à grande barbe est en face d'une femme assise à droite, qui compte avec ses doigts, ayant un livre sur ses genoux. *Discerno a falso*. . . . .

4. *La Poésie*. Une femme assise, à gauche, tenant un caducée, regarde un vieillard qui est à droite, tenant un livre. *Per me formatur*. . . . .

5. *La Musique*. Une femme tournée à gauche joue du clavecin; un homme, avec des lunettes sur le nez et tenant une lumière, chante. *Jucundo tristes oblecto*. . . . .

6. *La Géométrie*. Une femme assise, à droite, tenant une équerre de la main gauche, pose un compas sur un globe; à gauche, un homme la regarde. *Terrarum tractus et latas*. . . . .

7. *L'Astronomie*. Une femme, ayant un soleil sur la poitrine, regarde à gauche; elle tient une sphère, un globe est devant elle. *Ardua stelliferi perlustro*. . . . .

Dans le 2e état on lit l'adresse de *Robb. de Baudous*. Au Cabinet des estampes de Paris on trouve une suite portant sur la première pièce : *Joannes Janssonius, exc.*

Par Simon Frisius.

1. Paysage montueux, d'une vaste étendue ; à droite, une rivière serpente dans le lointain ; à gauche, sur le devant, un pauvre debout parle à une femme qui est assise sur le bord d'un chemin. En haut, à gauche : *HG. In.* 1608.; dans la marge : *Symon Frisius fecit — — Robbertus de Baudous Excudebat.*

Haut., 122 millim.; larg., 210.

2. Paysage où l'on voit une chaîne de montagnes que baigne la mer, sur laquelle sont deux vaisseaux. Sur le devant, au milieu, deux petites maisons. *HG. In. A*° 1608.

Haut., 129 millim.; larg., 200.

Par Jacques de Gheyn.

1-12. *Officiers et soldats d'infanterie.*

Haut., 203 à 205 millim.; larg., 156. La marge du bas, 9 à 11.

1. *Le Colonel.* Il se dirige vers la gauche, ayant sa main gauche sur sa hanche et tenant de la droite sa hallebarde. Dans l'estampe, à gauche : *HGoltzius. Inuent. et excud. A*° 1587.; à droite : *Jacques de Gheÿn sculp.;* dans la marge : *Militie caput, et magnum.* . . . .; à droite : 1.

2. *Le Lieutenant-Colonel.* Il est de face, regardant à gauche, de la main droite tenant sa hallebarde, la gauche appuyée sur sa hanche. Dans l'estampe, à gauche : *HG. excud. .I. de gheÿn sculp.;* dans la marge : *Munus ego absentis Ducis.* . . . .; à gauche : 2.

3. *Le Tambour.* Il est vu de dos, retournant la tête vers la gauche, tenant une baguette de la main droite, l'autre appuyée sur son tambour. Dans l'estampe, à gauche : *.I. de Gheÿn sculp.;* à droite : *HG. inue.;* dans la marge : *Suta boum pulso.* . . . .; à droite : 3.

4. *L'Enseigne.* Il se dirige vers la droite, portant son drapeau sur l'épaule gauche. Dans l'estampe, au milieu : *HG. excud. Iacques de gheÿn sculp.;* dans la marge : *Acer in aduersos tendo.* . . . .; à gauche : 4.

5. *Un soldat armé d'un espadon et d'une rondache.* Il s'avance vers la droite, la tête tournée à gauche. Dans l'estampe, à gauche : 5. *IG. fe.;* au milieu : *.I. de gheÿn. sculp.;* dans la marge : *Dupla ego pro meritis.* . . .

6. *Un Mousquetaire en sentinelle.* Il se dirige vers la gauche, regardant à droite, la main droite sur sa hanche, son mousquet sur son épaule gauche. Dans l'estampe, à gauche : 6. *IG. excud. I. Geyn sculp.;* dans la marge : *Auertunt fraudem mea Symbola,* . . . .

7. *Un Arquebusier.* Il est tourné vers la droite, regardant à gauche, tenant de la main droite la fourchette et de la gauche son mousquet. Dans l'estampe, à gauche : 7. *IG. excut.;* dans le milieu : *I. de. gheÿn sculp.;* dans la marge : *Et genus, et mea me virtus.* . . . .

8. *Un Sergent.* Il se dirige vers la gauche, regardant à droite où il montre quelque chose de la main gauche, et de la droite tenant une hallebarde par la pointe. Dans l'estampe, à gauche : 8. *IG. excu.;* dans la marge : *Ante ferox Signanus.* . . .

9. *Un Piquier.* Il est tourné vers la gauche, brandissant sa pique de la main droite et la gauche derrière son dos. Dans l'estampe, à gauche : 9. *IG. excud. I Geyn sculp.;* dans la marge : *Conferto turbare acies.* . . .

10. *Le Trésorier.* Il se dirige vers la gauche où, devant des tentes, on compte la paie des soldats. Dans l'estampe, à gauche : 10. *IG. excud. I Geyn sculp.;* dans la marge : *Tempore si numerem.* . . .

11. *Un Mousquetaire.* Il est vu de dos, la tête tournée à gauche, tenant sa mèche du bras droit étendu et le mousquet sur l'épaule gauche. Dans l'estampe, à gauche : 11. *IG. excu. .I. de gheÿn sculp.;* dans la marge : *Jussus in hostiles cuneos.* . . . .

12. *Le Prévôt.* Il tient de la main droite un bâton appuyé sur sa hanche, la gauche est derrière son dos. A gauche, il fait emmener un soldat. Dans l'estampe, du même côté : 12. *IG. excu. .I. de gheÿn sculp.;* dans la marge : *Effrenes belli prauosq³.* . . .

Bartsch signale des copies de cette suite, par Assuérus à Londerseel ; on lit sur plusieurs pièces : *Ahas. v. Londerseel excudit*, sur les autres : *AVL*, monogramme du maître. Même sens que les originaux et même dimension.

Nous avons vu, au Cabinet des estampes de Paris, une suite de copies avec *I. C. Visscher excud.*; le n° 2 n'avait pas cette adresse, et aux nos 3 et 5 on voyait le monogramme *AVL*.

Par Jacques Goltzius.

1. Pallas, assise à gauche, tournée vers la droite, tenant une lance de la main gauche, sous une tente, entourée de plusieurs guerriers. Dans l'estampe, à gauche : *H. goltzius Inu.* 1597.; à droite : *Jacqu. goltz. fe. et excu.;* dans la marge : *Incerta atq³ anceps.* . . .

Haut., 237 millim.; larg., 146. La marge du bas, 14.

2. Un jeune homme refuse l'argent qu'une vieille amoureuse lui offre. Celle-ci est assise à gauche, le jeune homme la repousse. Dans l'estampe : *HGoltzius Inuent. Jacques Goltzius sculp. et excu.;* dans la marge : *Frigida cedat anus.* . . . .

Haut., 173 millim.; larg., 137. La marge du bas, 9.

Nous avons vu des épreuves où on lisait : *Jacques Goltzius sculpt. et I. C. Visscher excu.*

3. Une jeune femme assise à droite, et occupée à coudre, repousse les caresses d'un vieillard qui lui offre de l'argent. Dans l'estampe : *HGoltzius Inue. — J. Goltzius sculp. et excud.;* dans la marge : *Desine stulte senex.* . . . Pendant du numéro précédent, dont il a la dimension.

Nous avons vu des épreuves où on lisait : *I. Goltzius sculp. I. C. Visscher ex.*

On a de ces deux pièces des premières épreuves, avant le nom de *Jacques Goltzius*.

Par Jules Goltzius.

La Samaritaine, à droite, s'appuie des deux mains sur son vase posé sur la margelle du puits. Dans la marge, à gauche : *Iowannes Batista Vrindts Excudebat.;* à droite : *Julius Goltz scultor, Anno,* 1586.; dans le bas, du même côté : *Hendericus Goltz, Inuentor.;* dans le milieu : *Femina, dum CHRISTVS.* . . . .

Haut., 257 millim.; larg., 200. La marge du bas, 25.

Par G. Gouw.

1. Paysage montagneux. Sur le devant, un homme assis au bord

d'un chemin. Morceau gravé à l'eau-forte. . . *HGoltzius Inuen. G. Gouw incidit. J. Matham excud. Cum priuil.*

Haut., 210 millim.; larg., 291.

Ce morceau est le premier de quatre paysages publiés par J. Matham. Le 1er état, à l'adresse *Robb. de Baudous.*

Par Adrien Matham.

1. L'Age d'or. Composition qui offre de nombreuses figures. *Felix illa œtas. . . HGoltzius Inuentor. Adrianus Matham sculptor.* . . . 1620. — — *Jac. Matham excud. Cum privil. Sa. Cæ. Mtis.*

Haut., 291 millim.; larg., 423. La marge du bas, 14.

2. Un jeune homme embrasse une jeune fille assise sur ses genoux. *Des weymans lust. . . HGoltzius Inue. Adri. Matham sculp. Jac. Matham excud.*

Haut., 304 millim.; larg., 234. La marge du bas, 34.

3. Un vieillard embrasse une jeune femme, à laquelle en même temps il présente une bourse. *Rustica simplicitas decepta. . . . . Dees slechte Sleur. . . . . HGoltzius Pinxit. Adrianus Matham sculp. Jac. Matham excud.* Pièce médiocre ainsi que la précédente.

Haut., 365 millim.; larg., 293. La marge du bas, 65.

Par Jacques Matham.

a. SUJETS PIEUX.

1. Adam et Ève mangent le fruit défendu. *Fortunati ambo si mens. . . . . . HGoltzius Inuentor. — J. Matham sculptor et excud. — — Cum priuil. Sa. Cæ. M. A°* 1606. B. (Œuvre de Matham, 100. T. 3, p. 157.)

Haut., 284 millim.; larg., 378. La marge du bas, 23.

Bartsch signale deux états. Dans le premier, le groupe de la création d'Ève, qui se voit dans le fond vers la droite, montre la figure de Dieu entièrement exprimée. Dans le second, à la place de Dieu, il y a une auréole ovale entourée de rayons. Dans cet état l'épreuve porte cette adresse : *I. C. Visscher excud.*

2. Sainte Madeleine à genoux au pied d'un crucifix. *Madgalis effuso*

luget. . . HGoltzius Inuentor et excud. — — J. Maetham sculp. A°. 1602. — — Cum privil. Sa. Cæ. M. (B., 101.)

Haut., 281 millim.; larg., 193. La marge du bas, 18.

Les épreuves du 2e état portent cette adresse : *J. C. Visscher excud.*

Bartsch mentionne une copie assez bonne, dans le même sens. *Magdalis effuso luget. . . . . HGoltzius Inuentor. A. H. Vlrich sculp.*

Haut., 275 millim.; larg., 180. La marge du bas, 18.

3. Jésus-Christ se fait reconnaître à deux disciples, pendant qu'ils sont ensemble à table dans le château d'Emmaüs. Notre-Seigneur est assis à gauche; de la main droite il donne sa bénédiction ; à droite un chien. Dans l'estampe : *HGoltzius Inuent. I. Matham sculpt.;* dans la marge : *Discipuli agnoscunt, dum. . . .* (B., 102.)

Haut., 248 millim.; larg., 178. La marge du bas, 18.

Le 2e état à l'adresse de R. de Baudous.

4. Jésus-Christ ressuscité apparaît à la Madeleine sous la figure d'un jardinier que l'on voit à droite appuyé sur une bêche ; Madeleine est à genoux, à droite. Dans l'estampe, vers le bas : *Cum privil. Sa. Cæ. M. HGoltzius Inue. Anno 1602. I. Maetham sculp. et excud.;* dans la marge : *Odit amor latebras. Dilectum. . . .* (B., 103.)

Haut., 259 millim.; larg., 189. La marge du bas, 21.

5. L'Homme de douleurs, couronné d'épines, est assis au milieu, tourné vers la droite ; de chaque côté un ange tenant un grand cierge. Dans l'estampe, à gauche : *Cum priuil. Sa. Cæ. Mtis.;* au milieu : *HGoltzius Pinxit.;* à droite : *I. Maetham sculp. et excud.;* au-dessous : ECCE HOMO. Dans un cartouche, au milieu, une dédicace; dans la marge : *Quas homo pro. . . .* (B., 104.)

Haut., 531 millim.; larg., 351.

6. L'Homme de douleurs étendu dans le tombeau, la tête vers la droite ; près de sa main gauche la couronne d'épines ; un ange lui tient la main droite. Dans la marge, à gauche : *Cum privil. Sac. Cæs. Mtis.;* à droite : *HGoltzius Inuentor. Iac. Matham sculptor et excudit.;* dans le milieu : *Quam, pudet, et spectare. . . . .* (B., 105.)

Haut., 324 millim.; larg., 459. La marge du bas, 14.

7. La Vierge et saint Jean au pied de la croix sur le Calvaire. Jésus a la tête inclinée vers la gauche où est Marie ; à droite, saint

Jean. Le sang des mains du Sauveur coule dans des calices que tiennent deux anges. Dans une tablette au bas, à gauche de l'estampe : *HGoltzius Inuent.;* au milieu : *I. Matham sculpt.;* dans la marge : *In duro cernis. . . .* (B., 106.)

Haut., 513 millim.; larg., 164. La marge du bas, 11.

8. Sainte Élisabeth, son époux et saint Jean, s'approchent de la sainte Vierge qui tient l'enfant Jésus ; elle est assise dans le milieu, au-dessous d'un arbre, près de saint Joseph, au bord d'un ruisseau dans un paysage. Dans l'estampe, à gauche : *HGoltzius Inuc. I. Matham sculp.;* dans la marge : *Helisabe nato comitata. . . .* (B., 107.)

Haut., 372 millim.; larg., 279. La marge du bas, 16.

9. La Vierge avec l'enfant Jésus dans ses bras, près de saint Joseph. La Vierge est à gauche, saint Joseph à droite. Sujet à mi-corps. Dans l'estampe, à gauche : *HG. excud. I. Matham sculp. A°* 1590.; dans la marge : *Virgo nata parens. . . . .* (B., 108.)

Haut., 99 millim.; larg., 83. La marge du bas, 16.

10. La Vierge dans la crèche regarde son fils couché ; deux anges sont près de lui ; l'un joue de la guitare et l'autre du flageolet. *Quam felix est. . . . . HGoltzius Inuentor. I. Matham sculp. Cum priuil. Sa. Cæ. M.* (B., 109.)

Haut., 374 millim.; larg., 322. La marge du bas, 27.

11. La Vierge, à mi-corps, tient l'enfant Jésus, qui a dans la main droite une pomme et dans l'autre une fleur. *HG. — — I. Maetham fecit.* Ces derniers mots sont écrits à rebours en petits caractères, au haut de la planche, sur le bord. P. ov. (B., 110.)

Haut., 54 millim.; larg., 38.

Le 1er état est avant le monogramme.

12. L'enfant Jésus, assis sur un coussin, tient de la main gauche le globe de la terre et donne de l'autre sa bénédiction. *Sit nomen Domini. . . . Qua licet fas est. . . HGoltzius Inuc. — — Ia. Matham sculp. et excud. — — Cum priuil. Sa. Cæ. M.* (B., 111.)

Haut., 191 millim.; larg., 137. La marge du haut, 7 millim.; celle du bas, 23.

13. Saint Jean-Baptiste dans le désert ; il est assis à gauche, au pied d'un arbre, près d'une source où il vient de puiser de l'eau avec une coquille qu'il tient de la main gauche ; le mouton est assis à

droite. Dans le milieu : *HGoltzius Inuent.;* au-dessous : *I. Matham sculp.;* dans la marge : *Hic puer a teneris.* . . . (B., 112.)

Haut., 180 millim.; larg., 142. La marge du bas, 23.

1er état. C'est celui décrit.

2e. On lit dans la marge : *R. de Baudous excudit.*

3e. Le nom de Matham est supprimé ; à la place de l'adresse précédente on voit celle de N. Visscher.

14. Saint Luc peignant une image de la sainte Vierge. *Nobilis ille Syrus.* . . *HG. fecit. — Iac. Matham sculptor. — — Cum privil. Sa. Cæs. Mtis* (B., 113.)

Haut., 473 millim.; larg., 374. La marge du bas, 29.

Dans le 2e état on lit : *J. Meyssens excud.*

15. La Madeleine, à mi-corps, priant devant un crucifix. Elle est dans une grotte, tournée vers la gauche, appuyée sur une tête de mort. Dans l'estampe, à gauche : *HG. Inuent.;* au milieu : *I. Matham sculp.;* dans la marge : *Magdalena gemens, prisce.* . . . . . . (B., 114.)

Haut., 156 millim.; larg., 133. La marge du bas, 14.

16. La même sainte, dans le désert, prie devant un crucifix. *Infelix nuper vitiorum.* . . *HGoltzius Inue. I. Maetham sculp. et excud. — — Cum privil. Sa. Cæ. M.* (B., 115.)

Haut., 257 millim.; larg., 189. La marge du bas, 18.

17. Sainte Catherine, à mi-corps, elle a la main gauche posée sur sa poitrine et l'autre sur la roue. Dans le fond, à gauche, le spectacle de son martyre. *Sancta Catharina. — HGoltzius Inuentor. — — Iac. Matham sculp. et excud.* 1615. — — *Cum privil. Sa. Cæ. M.* (B., 116.)

Haut., 318 millim.; larg., 266. La marge du bas, 9.

18-20. Suite de trois pièces. P. ov. (B., *Suppl.*, 116a-118a.)

Haut., 126 millim.; larg., 95.

1. Le Sauveur, vu de trois quarts ; il est tourné vers la gauche et bénit de la main droite élevée. *Speciosus forma præ filijs.* . . *HGoltzius Inue. I. Matham sculp. et excud.*

1a. Buste du Sauveur. *HGoltzius inve. I. Matham sculp. et excud.* Cette pièce se rapporte presque à celle décrite dans Bartsch, *Suppl.*, page VIII, 116a. (Weigel, page 128.)

2. La Vierge, vue presque de face, dirigée un peu vers la droite, les deux mains jointes et élevées. *Ego mater pulcræ dilectionis. . .*

3. Saint Jean vu de trois quarts, tourné vers la gauche ; il a les deux mains croisées sur sa poitrine. *Hic est discipulus ille. . . . .*
Maetham fecit. — — Cum privil. Sa. Cæ. M.

b. ALLÉGORIES.

21-28. Des femmes portant les attributs des Vertus qu'elles représentent ; elles sont à mi-corps. Suite de sept estampes. (B., 117-123.)

Haut., 129 à 131 millim.; larg., 99 à 102. La marge du bas, 21.

1. *La Foi.* Elle est assise à gauche, regardant une croix. Dans le haut, à droite : *HGoltzius Inuent. I. Matham sculp.* A°. 1597; dans la marge du bas : *Sacra fides passim. . . . .*

2. *L'Espérance.* Elle est assise à droite, tenant une ancre. *Mœrentes recreo, vitæ. . . . . .*

3. *La Charité.* Elle est dans le milieu allaitant un enfant, un autre est debout à droite. *Quatum vis magnos. . . . .*

4. *La Justice.* Elle est assise à gauche, tenant l'épée et la balance. *Æqua judicij suspendo. . . . .*

5. *La Prudence.* Elle a une double tête, elle est assise à gauche, tenant de la main gauche un miroir et de la droite des serpents. *Arcanas rerum scrutor. . . . .*

6. *La Force.* Elle est debout, tournée vers la gauche, le casque en tête et portant une colonne. *Impositum valido sustento. . . . .*

7. *La Tempérance.* Debout, tournée vers la droite, elle verse dans un vase le contenu de deux fioles. *Nec mihi delicie grate. . . .*

Bartsch a décrit le premier état. Weigel en indique deux autres : au deuxième, on lit : *Robb de Baudous exc.*, sur la première pièce ; le troisième porte l'adresse de *Joannes Janssonius.*

Bartsch mentionne d'assez bonnes copies de cette suite, en contre-partie, gravées en 1622 par *Jean Terminus* ; au bas de chaque pièce quatre vers italiens dans la marge du bas.

Il signale une autre suite sans nom de maître ; elle est également en contre-partie. Cette suite médiocre porte sur chaque pièce : *G. Valck. Exc.*, à l'exception du n° 1 qui est la planche originale.

28. La Foi à gauche, l'Espérance à droite et la Charité dans le milieu représentées par des femmes qui en portent les attributs. Dans le fond, un paysage; sur la mer à droite, Jonas sortant de la baleine. Dans l'estampe, à gauche : *HG. Inuent. A° 1590. I. Matham sculp;* dans la marge : *Promissis nil diffisus.* . . . (B., 134.)

Haut., 347 millim.; larg., 270. La marge du bas, 18.

29-35. Des femmes représentent les sept Vertus et les sept Péchés capitaux dont elles tiennent les attributs ; elles sont debout dans des niches ; en deux suites de sept estampes. Elles sont gravées par J. Matham, à l'exception de deux qui appartiennent à Saenredam. (B., 125-131.)

Haut., 324 millim.; larg., 162.

1. *La Foi.* Elle est tournée vers la droite et regarde à gauche. Dans l'estampe à gauche : 1. *Visscher excudit.;* à droite : *HGoltzius Inuent. A° 1593.*; dans la marge : *Prisca Fides nullo.* . .

Bartsch ne mentionne pas sur la première pièce l'adresse de *Visscher* qui doit constituer un 4e état.

2. *L'Espérance.* Elle est tournée vers la gauche. Dans l'estampe, à gauche : 2.; à droite : *HG. jnue.;* dans la marge : *Spes humiles linquit.* . . . . .

3. *La Charité.* Elle tient deux enfants et regarde à droite. Dans l'estampe, à gauche : *HG. Inue.;* à droite : 3.; dans la marge : *Blanda Charis diuina.* . . . . .

4. *La Justice.* Elle tient l'épée et la balance, et regarde à gauche. Dans l'estampe, à gauche : *HG Inue.;* à droite : 4.; dans la marge : *Sincera atq³ exosa.* . . . .

5. *La Prudence.* Elle regarde à droite et tient des serpents. A gauche, dans l'estampe : 5.; à droite : *A° 1593. HG Inue.;* dans la marge : *Ventura expendit vigili.* . . . .

6. *La Force.* Elle a sur la tête un casque et s'appuie sur une colonne. Dans l'estampe, à gauche : 6.; à droite : *HG jnue.;* dans l'estampe : *Strennua in adversis.* . . . . Pièce gravée par Saenredam.

7. *La Tempérance.* Elle est tournée à gauche, et verse de l'eau dans un verre. Vers la gauche, dans l'estampe : 7. *IG Inue.;* à droite : *J. Saenredam sculp.;* dans la marge : *Temperies pateras et fercula.* .

Weigel mentionne trois états : 1er décrit par Batsch, 2e *Rob. de Baudous exc.* sur la première pièce, 3e avec l'adresse de *Joannes Janssonius.* Il ne parle pas de l'adresse de *Visscher.*

36-42. (B., 132-138.)

1. *L'Orgueil.* C'est une femme tournée à droite qui se mire. Dans l'estampe, à gauche : 1. *Visscher excu.;* à droite : *IG Inue. J. Matham scul.;* au-dessous : 1.; dans la marge : *Demona turbavit vesana.* . . . . .

2. *La Gourmandise.* Une grosse femme tenant un plat est tournée à gauche. Dans l'estampe, à gauche : 2.; vers la droite : *IG Inue.;* dans la marge : *Ingluuies Bromy, laute.* . . . .

3. *L'Impureté.* Elle a un ventre proéminent, et regarde à gauche. Dans l'estampe, à gauche : 3.; à droite : *IG Inue.;* dans la marge : *Quos non dementat.* . . . .

4. *La Colère.* On voit un guerrier tourné à gauche, tirant son épée. Dans l'estampe, à gauche : 4.; à droite : *IG Inue.;* dans la marge : *Quodlibet in facinus.* . . . .

5. *L'Envie.* Elle est représentée par un homme qui tient des serpents et mange un cœur ; il est tourné vers la droite. Dans l'estampe, à gauche : 5.; à droite : *IG Inue.;* dans la marge : *Inuidia asperius nihil.* . . . .

6. *L'Avarice.* C'est une femme tournée vers la gauche, elle porte des bourses. Dans l'estampe, à gauche : 6.; à droite : *IG Inue.;* dans la marge : *Seruit Auarities, auriq³.* . . . .

7. *La Paresse.* Elle est debout, la gorge découverte, un limaçon est sur son épaule droite. Dans l'estampe, à gauche : 7.; à droite : *IG Inue.;* dans la marge : *Exsecat diuine aciem.* . . . .

Dans le 2e état on voit l'adresse de *N. Visscher*, sur la première pièce de chaque suite ; c'est celui que nous avons décrit.

43. *Le Tableau de Cébes.* Allégorie qui montre à l'homme tout ce

qui lui arrive, depuis le moment où il entre dans la vie, jusqu'à celui où, après avoir parcouru des chemins difficiles, il parvient à la suprême félicité, à moins que les passions ne l'aient plongé dans l'abîme. Composition de plus de deux cents figures, gravée sur trois planches destinées à être réunies. *Dircæi commenta Sophi. . . . . Hocce artis calcographicæ. . . . . HGoltzius Inuentor amicitiæ ergo D. D. Jacobus Mathamius Goltzij priuignus sculp.* 1592. Rare. (B., 139.)

Haut., 634 millim.; larg., 1,212. La marge du bas, 23.

44 47. *Les Quatre Saisons, représentées par des figures.* Suite de quatre estampes. P. r. (B., 140-143.)

Diam., 237 millim.; la bordure, 11.

1. *Le Printemps.* Couronné de fleurs, portant du bras droit une corbeille de fleurs, il se dirige vers la gauche. Dans l'estampe, au haut, à gauche : *Ver.;* près des pieds du personnage : *HGoltzius Inuent. et excud.* 1589. 1.; plus à gauche : *Iacobus Mathamius Goltzij priuignus sculp.;* autour du rond : *Vere reflorescens vestitur. . . . .*

2. *L'Été.* Il est tourné vers la gauche, portant de la main droite un bouquet d'épis et de la gauche une gerbe de blé. Au haut, à gauche : *Æstas.;* près du pied gauche du personnage : *HG. Inue.* 2.; autour du rond : *Æstas maturis fecundat. . . . .*

3. *L'Automne.* Bacchus est tourné vers la droite, portant des fruits de la main droite et regardant une grappe de raisin qu'il élève de l'autre; à gauche, un cep de vigne. Au haut, à gauche : *Autumnus.;* près du pied droit : *HG. Inuet.* 3.; autour du rond : *Pomifer autumnus. . . . .*

4. *L'Hiver.* Il est enveloppé d'un manteau épais, la tête couverte d'un capuchon, et tourné vers la gauche, il s'avance du côté du spectateur. Au haut, à gauche : *Hyems.;* au-dessous du pied droit : *HG. Inuent.;* autour du rond : *Alget et ante faciem. . . .*

Bartsch mentionne des copies de ces quatre pièces par Greuter. Elles sont de forme carrée. Greuter les a copiées exactement, sauf quelques légers changements dans les fonds. On lit sur le n° 1: *HGoltzius inuent. Greuter sc. et exc.*

Nous avons vu au Cabinet des estampes de Paris ces quatre pièces qui nous paraissent être des copies. Elles sont du même sens. *Le Printemps*, au bas : *HGoltzius Inuen fec excud.* 1. On n'y voit pas le nom de Matham ; au pied de *l'Été* : *HG jnue* 2. *L'Automne* : *HG jnuentor* 3. *L'Hiver* : *HG inuentor.* Les noms des Saisons sont également à gauche.

48-51. Les quatre Éléments sous des figures d'hommes et de femmes nues qui en portent les attributs ; ils sont dans des cartouches ovales. Suite de quatre pièces des commencements de J. Matham. (B., 144-147.)

Haut., 117 millim.; larg., 149.

Sur la planche qui représente l'Eau, on lit : *Maetham excud.*

53. Diane, déesse de la nuit, éclaire un jeune homme qui va jouer de la guitare sous les fenêtres de sa belle. *Luna.* — — *Sic Juvenes Lunæ per. . . . HGoltzius inuentor. J. Matham sculp. Joann. Jansson. excud.* 1615. (B., 148.)

Haut., 198 millim.; larg., 293. La marge du bas, 11.

Le 1er état a l'adresse de *Rob. Baudous*, au lieu de celle de *Joann. Jansson.*

C. SUJETS DE LA FABLE.

53-59. *Les Divinités qui caractérisent les sept planètes.* Elles sont debout dans des ovales environnés de cartouches. Suite de sept estampes numérotées. On lit, sur la première pièce : *H. Goltzius Inue.* 1597. *J. Matham sculpt.* (B., 149-155.)

Haut., 108 millim.; larg., 75. La marge du bas, 7.

Dans le 2e état, on lit l'adresse de *Joan. Janssonius ex.*, sur la première pièce.

Bartsch signale d'assez bonnes copies de ces sept morceaux ; elles sont dans le sens des originaux. Sur la première pièce, on lit : *H. Goltzius Inue. Assuwerus londerseel excu.*

60-63. *Les Amours des dieux.* Suite de quatre estampes (B., 156-159.)

Haut., 266 millim.; larg., 191. La marge du bas, 11.

1. *Jupiter et Europe.* Ils sont vers la gauche, l'aigle est à droite, derrière Jupiter. Dans l'estampe, à gauche : *HGoltzius Inue. I. Matham sculp;* dans la marge : *Juppiter Europam vectam. . . .*

2. *Apollon et Leucothoé.* Apollon est à gauche, prenant dans ses bras la nymphe qui est sur un lit, au milieu. Dans l'estampe, à gauche : *HG. Inuent.* 2.; dans la marge : *Phebus Leucothoen blandis. . . .*

3. *Mars et Vénus.* Le dieu est à gauche, embrassant Vénus qui est sur un lit ; à gauche, l'Amour met sur sa tête le casque de Mars. Dans

l'estampe, à gauche : 3. *HG. Inuent.;* dans la marge : *Armipotentis amor, nitide.* . . . .

4. *Hercule et Déjanire.* Ils s'embrassent dans le milieu de l'estampe, vers la gauche où l'on voit la massue d'Hercule. A droite, dans un fond, Hercule perce le centaure Nessus. A gauche, dans l'estampe : 4. *HG. Inuent.;* dans la marge : *Post luctam Alcide.* . .

64. Vénus ordonnant à l'Amour de percer le cœur de Pluton. La déesse est sur un tertre, à gauche, accroupie, ayant l'Amour avec elle. Au-dessous de ce groupe : *HG. Inuentor., I. Matham sculp. A°* 1590.; dans la marge : *Flammiferis feriat Stygium.* . . . .

Haut., 189 millim.; larg., 137. La marge du bas, 11.

1er état. C'est celui décrit.

2e. A droite dans l'estampe : *I. C. Wisscher excu.*

65. Vénus emporte le prix de la beauté, l'Amour l'accompagne; sujet à mi-corps. Dans le fond, le jugement de Pâris. *Aligero magnas armata.* . . *HG. Inuento. Ia. Matham sculptor et excud.* 1612. (B., 161.)

Haut., 232 millim.; larg., 180. La marge du bas, 29.

66. Andromède sur le rocher, où elle va être dévorée par un monstre marin; son père et le peuple sont présents. *Andromade ceto misere.* . . *HGoltzius Inuent. J. Matham sculp. A°* 1597. *Cum priuil. Sa. Cæ. M.* (B., 162.)

Haut., 234 millim.; larg., 372. La marge du bas, 14.

Le 2e état porte l'adresse de *N. Visscher.*

ESTAMPES DONT LA GRAVURE EST ATTRIBUÉE À JACQUES MATHAM,

OU GRAVÉES SOUS SA DIRECTION D'APRÈS LES DESSINS DE HENRI GOLTZIUS.

a. SUJETS PIEUX.

67-71. *Les Plus Illustres Prophètes de l'Ancien Testament.* Suite de cinq estampes. (B., 240-244.)

Haut., 232 millim.; larg., 162. La marge du bas, 14.

1. *David.* Il est debout, à gauche, tourné vers la droite. Dans l'estampe, au bas, du même côté : *HG. excud. A° 89.*; à gauche : 1.; dans la marge : *Exortem labis vates. . . .*

2. *Isaïe.* Il est au milieu, la tête tournée vers la droite. Dans l'estampe, à gauche : 2.; dans la marge : *Isaias, quæ et quanta. . . .*

3. *Jérémie.* Il est tourné vers la droite, regardant le ciel. Dans l'estampe, à gauche : 3.; dans la marge : *Dura Anathothites Solome. . .*

4. *Ézéchiel.* Il est tourné vers la gauche où l'on voit des corps sortir de terre. Dans l'estampe, à gauche : 4.; dans la marge : *Corpora de terris. . . .*

5. *Daniel.* Il est tourné vers la droite, tenant un livre de la main gauche; les quatre vents soufflent en l'air; derrière lui les quatre monarchies. Dans l'estampe, à gauche : 5.; dans la marge : *Que Daniel signat. . . . .*

Dans le 2e état, on lit *N. Visscher* sur la première pièce.

72-74. *Les Prophètesses de l'Ancien Testament.* Suite de trois estampes. (B., 245-247.)

1. *Débora.* Elle est tournée vers la droite. Dans l'estampe, à gauche : 1. *HGoltzius. Inuent.*; à droite : *A°* 1588.; dans la marge : *Fœmineæ Sisaram periturum. . . . .*

2. *Holda.* Elle est tournée vers la gauche, tenant un livre de la main gauche. Dans l'estampe, à gauche : 2.; dans la marge : *Fatidici vates secreta. . . .*

3. *Anne.* Elle est tournée vers la droite, étendant trois doigts de la main gauche. Dans l'estampe, à gauche : 3.; dans la marge : *Mens Christum sensit. . . .*

75-77. Les Femmes de quelques-uns des patriarches de l'Ancien Testament représentées à mi-corps. Suite de trois estampes. (B., 248-250.)

Haut., 203 millim.; larg., 158. La marge du bas, 16.

1. *Sara, femme d'Abraham. Effæto sterilis quanvis. . . . .*
HG Inuentor.

2. *Rébecca, femme d'Isaac.* Elle est à gauche, regardant de face, appuyée sur la margelle du puits ; les envoyés d'Abraham arrivent dans le fond à droite. Près du vase : *HG Inuentor.;* dans la marge : *Morigeram dum se præbet.* . . . .

3. *Lia et Rachel, femmes de Jacob.* Elles sont tournées vers la gauche. Dans le fond, à gauche, Jacob fait abreuver son troupeau. Dans l'estampe, vers la gauche : *HG. Inuentor.;* dans la marge : *Prodiit ex nobis.* . . . .

78-81. *Les quatre principaux Héros et Héroïnes de l'Ancien Testament.* Suite de quatre planches cintrées par le haut. (B., 251-254.)

Haut., 254 millim.; larg., 162. La marge du bas, 14.

1. *Jahel.* Elle est tournée vers la gauche, tenant de la main droite un marteau et un clou. Au milieu, près de son pied gauche : *HG. excud.;* dans l'estampe, à gauche : 1.; dans la marge : *Transfigens Sisare clauo.* . . . .

2. *Samson.* Il est vu de dos, regardant à gauche, tenant de la main droite la mâchoire d'âne. Dans le fond, à droite, on le voit assommant les Philistins. Dans l'estampe, à gauche : 2.; dans la marge : *Quæ tua vis Samsom?* . . . .

3. *David.* Il est au milieu, regardant à gauche, la main droite appuyée sur un énorme glaive, de l'autre tenant la tête de Goliath. Dans le bas à gauche : 3.; dans la marge : *Dauid Geltheum strauit.* . . .

4. *Judith.* Elle est tournée à gauche, regardant à droite, s'appuyant sur son glaive de la main droite et de l'autre tenant la tête d'Holopherne. Dans l'estampe, à gauche : 4.; à droite : *HG. excud.;* dans la marge : *Aspice quid potuit.* . . . .

Les épreuves du 2e état portent cette adresse : *J. C. Visscher ex.*, marquée sur la première pièce, à côté du chiffre de *Goltzius.*

82. *Jésus-Christ s'entretenant près d'un puits avec la Samaritaine.* Notre-Seigneur est assis à gauche ; la Samaritaine est debout, de l'autre côté, la main gauche appuyée sur son vase et tenant la corde du puits de la droite. Dans l'estampe, à droite : *HGoltzius*

inventor A° 1589. I. C. Visscher excu.; dans la marge : *Poscit aquam siliens.* . . . (B., 255.)

Haut., 245 millim.; larg., 194. La marge du bas, 9.

Les épreuves du 1er état, au lieu des mots : *HGoltzius inventor*, portent ceux-ci : *HGoltzius excud.*

83. La Vierge assise à droite, au pied d'un arbre, près de saint Joseph, de sainte Élisabeth et de saint Jean-Baptiste, qui adorent l'enfant Jésus que sa mère tient sur ses genoux. Dans l'estampe, à droite : *HGoltzius inue. Maetham ex.* P. r. (B., 256.)

Diam., 349 millim.

84. La Vierge, ayant dans ses bras l'enfant Jésus, se repose pendant son voyage en Égypte. Elle est dans le milieu, tournée vers la droite, tandis que saint Joseph, plus loin, de ce côté, ôte le bât de dessus l'âne. Dans l'estampe, au milieu : *HGoltzius Inuent. A°* 1589.; dans la marge : *Herodem fugiens trepida.* . . . (B., 257.)

Haut., 194 millim.; larg., 156. La marge du bas, 11.

85. Autre repos en Égypte. La Vierge, assise dans un paysage, donne le sein à l'enfant Jésus. *En timet Heroden.* . . *HGoltzius Inuent. A°* 1589. (B., 258.)

Haut., 194 millim.; larg., 156. La marge du bas, 11.

86. La Vierge à mi-corps sur un croissant porte dans ses bras l'enfant Jésus, qui tient une fleur de la main droite et semble donner la bénédiction de l'autre. *HGoltzius Inue. Cum privil. Sa. Cæ. Mtis* — — *Iac. Matham excud.* (B., 259.)

Haut., 306 millim.; larg., 212.

Cette pièce, dont la gravure est très médiocre, paraît être des commencements de Matham.

87. L'Enfant Jésus, assis sur un coussin, bénissant le globe de la terre qu'il tient dans ses mains, est dans le milieu, tourné vers la gauche ; il donne la bénédiction de la main droite, et tient de la gauche le globe surmonté d'une croix; autour de lui une gloire d'anges. A gauche, dans l'estampe : *Cum privil. Sa. Cæ. M.*, et au-dessous : *HGoltzius Inuent. A°* 1597.; dans la marge : *Hic puer in terram.* . . . (B., 260.)

Haut., 146 millim.; larg., 140. La marge du bas, 16.

1er état. Avant toute adresse, c'est celui décrit.
2e. Avec *Clemendt de Jonghe excudit.*
3e. Cette adresse est remplacée par *G. Valck ex.*

88. Sainte Cécile. Elle est vue jusqu'aux genoux, assise, tournée vers la gauche ; elle joue de l'orgue ; deux anges l'accompagnent. A gauche, sur le clavier : *HGoltzius Inuent.* Dans la marge : *Cecilia ardenti dum celi.* . . . . . (B., 261.)

Haut., 164 millim.; larg., 144. La marge du bas, 11.

89. Sainte Madeleine, dans la solitude, déplore ses péchés. Elle est à mi-corps, tournée vers la gauche, sa main tenant un crucifix est appuyée sur une tête de mort. Dans l'estampe, à gauche : *HG. inven.;* dans la marge : *En ego deploro.* . . . . . (B., 262.)

Haut., 185 millim.; larg., 140. La marge du bas, 9.

Le 1er état est celui décrit ; dans le 2e, on lit : *J. Goltzius excu.*

On connaît une copie gravée d'une taille fine dans la manière des Wiérix. Elle est anonyme et en contre-partie de la pièce précédente. La sainte, au lieu de tenir le crucifix de la main gauche, comme dans l'original, le tient de la main droite. On voit en plus une auréole autour de la tête de sainte Madeleine, et une verge près de la pierre du devant. *Deliciis assueta prius.* . . . . *Henr. Goltzius inuent.*

Haut., 189 millim.; larg., 149. La marge du bas, 14.

90. Sainte Madeleine, vue de profil et à mi-corps, tournée à droite, dirige ses regards sur un crucifix attaché à un tronc d'arbre; au bas du même côté, une tête de mort. Sur un rouleau, dans l'estampe : *HGoltzius Inuentor.;* dans la marge, à gauche : *Cum privil. Sa. Cæ. M.;* à droite : *Iac. Matham excud.;* au milieu : MAGDALENA. (B., 263.)

Haut., 284 millim.; larg., 212.

b. ALLÉGORIES.

91-97. Les Sept Vertus et les Sept Péchés capitaux, représentés par des femmes qui en tiennent les attributs. Deux suites de sept estampes. (B., 264-270.)

Haut., 203 millim.; larg., 142. La marge du bas, 9.

1. *La Foi.* Elle est tournée à gauche, regardant un crucifix qu'elle tient de la main droite. Dans l'estampe, à gauche : 1.; au milieu : *HGoltzius inue. et excud.;* dans la marge : *Sancta Fides, veneranda Fides.* . . . .

2. *L'Espérance.* Elle est tournée à gauche, regardant de face, tenant un faucon sur sa main gauche ; une ancre est couchée à ses pieds. Dans l'estampe, à gauche : 2.; dans la marge : *Solamen spes alma.* . . .

3. *La Charité.* Elle tient un enfant du bras gauche, sa main droite s'appuie sur la tête d'un enfant; à droite deux enfants s'embrassent. Dans l'estampe, à gauche : 3.; dans la marge : *Omnia dia Agape.* . .

4. *La Justice.* Elle est tournée vers la gauche, tenant son épée de la main droite et les balances de l'autre. Dans l'estampe, à gauche : 4.; dans la marge : *Cuiq³ suum iusto.* . . . .

5. *La Prudence.* Elle est tournée à gauche, tenant des serpents de la main droite. Au bas, à gauche, dans l'estampe : 5.; dans la marge : *Præteritis ventura, bifrons.* . . . .

6. *La Force.* Elle se dirige vers la gauche, portant une colonne sur son épaule droite. Dans l'estampe, au-dessous de son pied droit : 6.; dans la marge : *Fortis in aduersis,* . . . .

7. *La Tempérance.* Elle est tournée à gauche, versant de la main droite de l'eau dans un verre qu'elle tient de la gauche. Dans le bas, à gauche : 7.; dans la marge : *Temperies rerum, Veneris,* . . . .

98-104. (B., 271-277.)

1. *L'Orgueil. Exerata deis hominique.* . . . . *HGoltzius inuc. et ex.*

2. *La Gourmandise. Lauta gula facies.* . . . . .

3. *L'Impureté. Omnia peruertit Veneris.* . . .

4. *La Colère. Jam ferox, ratione.* . . . .

5. *L'Envie. Inuidia, atra lues.* . . . .

6. *L'Avarice. Perdita auarities, corrasis.* . . . .

7. *La Paresse. Segnities enorme malum.* . . . .

Bartsch signale deux suites de copies de ces pièces. Une suite seulement des sept premières et une autre suite des premières et des secondes.

La première suite des copies qui représentent les vertus est l'œuvre d'un graveur anonyme, mais ces copies sont très inférieures aux originaux. On les reconnaît à cette remarque : le n° 1 porte cette inscription : *HGoltzius inuentor.* Les mots *et excud.* ne s'y trouvent pas.

L'autre suite de copies des sept premières et de la deuxième suite sont également l'œuvre d'un graveur anonyme mais très médiocre. On lit sur la première pièce : *HGoltzius inuent. J. C. Visscher excud.* Elles sont d'une plus petite dimension.

Haut., 140 millim.; larg., 92.

C. SUJETS FABULEUX.

105-112. *Divers sujets de mythologie.* Suite de huit estampes numérotées dans l'intérieur. (B., 278-285.)

Haut., 288 millim.; larg., 207. La marge du bas, 9.

1. *Les Quatre Éléments.* Le feu est à droite, l'air à gauche, sur des nuages; vers le bas, à gauche, la terre et l'eau. Au bas, à droite, dans l'estampe : *HGoltzius jnue et excud. A° 1588. 1.; I. C. Visscher excud;* dans la marge : *Sub celo Pater omnipotens.* . . . .

1er état. On lit : *HGoltzius Inue. et excud. A°* 1588.
2e. C'est celui décrit.

2. *Les Cinq Sens.* Ils sont groupés sous la figure de femmes : la Vue est au milieu, regardant à gauche; le Toucher est au haut, à gauche; l'Odorat au bas, à droite; l'Ouïe joue du violoncelle, à gauche; le Goût est auprès d'un panier de fruits. Dans l'estampe, à droite : *HG. jnuent.;* à gauche : 2.; dans la marge : *Omnia percipiunt Sensus.* . . .

3. *L'Alliance de Vénus avec Bacchus et Cérès.* Ils sont assis à gauche. Dans l'estampe, vers la gauche : 3.; vers le milieu : *HG. Inuent.;* dans la marge : *Alma Ceres, Venus alma.* . . . .

4. *Celle de Pallas et de Mercure.* La déesse, appuyée sur son bouclier, est assise à gauche; Mercure est assis à droite, coiffé du pétase et tenant son caducée de la main gauche. Dans l'estampe, à gauche : 4.; au milieu : *HG in, excud.;* dans la marge : *Hæc Patris e cerebro,* . . . .

5. *L'Alliance des Sept Vertus.* La Force est à droite, tenant une colonne, la Prudence est assise à gauche. Dans l'estampe, à gauche : 7.; au milieu : *HG Inuent.;* dans la marge : *Sola beat Virtus,* . . . .

6. *L'Amour mutuel figuré par Éros et Antéros.* Un homme et une femme s'embrassent, assis dans le milieu vers la gauche, tenant chacun un flambeau de la main droite. Dans l'estampe, à gauche : 6.; *HG. Inuent.;* dans la marge : *Omnia conservant Eros, Anteros,* . . . .

7. *Les Trois Parques.* Celle qui tient les ciseaux est assise à gauche. Dans l'estampe, à gauche : 7. *HG. Inuent.;* dans la marge : *Cuncta penes Parcas,* . . . .

8. *Les Trois Grâces.* Celle qui est à droite est vue de face, celle de gauche est de profil, la troisième est de dos. Vers la gauche, dans l'estampe : *IG. Inuent.;* dans la marge : *Cur nudæ Charites?* . . . .

Weigel fait remarquer que cette suite est numérotée à l'exception de la dernière. Soit que Bartsch ait fait sa description d'après une suite avant les numéros ou soit d'après une où les numéros étaient coupés et grattés, il n'a pas suivi l'ordre des numéros inscrits : ainsi son n° 5 porte dans l'estampe le n° 7, mais ce numéro se trouve deux fois. A son numéro 4, il mentionne l'adresse J. C. V.

113-120. *Plusieurs Divinités de la Fable.* Suite de huit estampes. (B., 286-293.)

Haut., 176 millim.; larg. 113 à 115.

1. *Vertumne et Pomone. IG Inuentor. J. Matham excud.*

2. *Hercule et Omphale. IG Inue. J. Matham excu.*

3. *Une Nymphe.* Elle est assise sur une butte, ayant un grand chien de chasse à ses pieds. *IG Inuen. Matham excu.*

4. *Diane. IG Inue. Matham excu.*

5. *Une Nymphe.* Elle est assise sur une butte, tenant un vase. On voit un lévrier à ses pieds. Un carquois rempli de flèches est appuyé contre la butte. *IG. In. J. Matham excud.*

6. *Adonis. IG Inue. J. Matham excud.*

7. *Une Nymphe, probablement Syrinx.* Elle est assise dans une grotte, ayant à ses pieds la flûte de Pan ; vers le fond, on voit une chèvre. *IG Inue.* . . . . *R. Hoeye. Ex.*

8. *Autre Nymphe.* Elle est assise sur une butte, tenant une flèche à la main ; un grand chien est à ses pieds. *IG Inue. Matham excud.*

Bartsch ne pense pas que ces estampes soient de Matham, à moins qu'il ne les ait faites dans sa jeunesse ; il les croit plutôt d'un de ses élèves.

121-123. *Minerve, Vénus et Junon.* Elles sont sur les nues, représentées avec les attributs qui les caractérisent. Suite de trois estampes de forme octogone. Elles semblent appartenir aux premiers commencements de J. Matham par la manière dont elles sont gravées. (B., 294-296.)

Haut., 205 millim.; larg., 153.

1. *Minerve.* Elle est assise sur des nuages, tournée vers la gauche,

regardant à droite, la main gauche appuyée sur un bouclier. Dans l'estampe, à droite : *HG. Invnt et excu.;* dans la marge : *Debetis nobis Musæ*, ... et le n° 1.

2. *Vénus*. Elle est assise sur des nuages, le corps tourné à gauche; regardant l'Amour qui est à droite, dans la marge : *Illa venustatis mater*. . . . . et le n° 2.

3. *Junon*. Assise sur des nuages, elle est vue de dos, regardant son paon qui est à gauche, dans la marge : *Magna Jovis coniux*. . . . et le n° 3.

124. *Vénus caressant l'Amour*. Elle lui ordonne de percer de ses traits le cœur de Pluton. *Flammiferis feriat stygium*. . . . *HG Inuentor. J. C. Visscher excu.* (B., 297.)

Haut., 180 millim.; larg., 250. La marge du bas, 16.

125. *Le Dieu Mars*. Il est vu par le dos et tirant son sabre; il est debout sur les nues; un loup est à ses pieds. *HGoltzius Inuentor. Jac. Matham excud. Cum privil. Sa. Cæ. M^{tis}*. P. ov. (B., 298.)

Haut., 347 millim.; larg., 264.

126. *Vénus*. Elle est debout sur les nuages; sa main droite est posée sur sa hanche et l'autre sur la tête de l'Amour qui est près d'elle. *HGoltzius Inue. Jac. Matham excud. Cum privil. Sa. Cæ. M^{tis}*. C'est le pendant du morceau précédent, il est également gravé sur une planche ovale. (B., 299.)

127. *Les Trois Parques*. L'une, dans le fond, près d'un arbre, tient la quenouille; une autre, à droite, l'écheveau; celle qui est à gauche s'apprête à couper le fil. *HG inuen. et excud. A°* 1587. Autour du rond, quatre distiques latins : *Tempora mortalem tacite*. . . . P. r. (B., 300.)

Diam., 324 millim. La marge autour : 7.

Le 1er état est celui décrit; au 2e, l'adresse de *N. Visscher*.

d. DIFFÉRENTS AUTRES SUJETS.

128. Un paysan qui sarcle les herbes de son jardin. *Arua malæ quicquam*. . . . . *HG excud.* (B., 301.)

Haut., 245 millim.; larg., 196. La marge du bas, 9.

129. Une jeune femme qui est à gauche préfère l'amour d'un jeune homme aux richesses que lui offre un vieillard amoureux d'elle, qui, à droite, cherche à la retenir. Sur la table, vers la droite : *HGoltzius Inuent.;* dans la marge : *Ne contemne senem.* . . . . . . (B., 302.)

Haut., 200 millim., larg., 270. La marge du bas, 14.

130. Un jeune homme, la main droite posée sur le sein d'une jeune femme, refuse l'argent qu'une vieille assise à gauche lui présente. Sur la table au milieu : *HGoltzius Inuent.;* dans la marge : *Me cum Magnifica.* . . . . . (B., 303.) C'est le pendant du morceau précédent.

131-133. *Différents Paysages.* Suite de quatre estampes gravées à l'eau-forte. (B., 304-306.)

Le premier est gravé par Gouw. (Voir ce nom, n° 1, œuvre de Goltzius.)

2. *Vue de l'ancien château de Brédérode, près Harlem. Arnulphus comes Hollandiæ.* . . . . . *I. M. excud. Cum privil.*

Haut., 216 millim.; larg., 324. La marge du bas, 21.

3. *Vue d'une rivière qui serpente.* Dans le lointain, des deux côtés de ses rives, des fabriques. Sur le devant, à gauche, quelques hommes sont occupés à pêcher au filet. *I. M. excud. Cum priuil.*

Haut., 212 millim.; larg., 320. La marge du bas, 7.

4. *Un pays montueux.* Il est couvert de bois et coupé par une rivière que traverse un pont à trois arches. Vers le haut de la droite se voit une chasse au cerf. *I. M. excud. Cum priuil.*

Haut., 218 millim.; larg., 331.

134. *Paysage.* On y remarque des bergers regardant avec étonnement Dédale et Icare qui volent dans les airs. *HGoltzius Inuentor.* . . . . . *Matham excud. Cum privil. Sa. Cæ. M^{tis}* Cette pièce est gravée à l'eau-forte et retouchée au burin.

Haut., 432 millim.; larg., 351.

Par Jean Muller.

1-7. *Histoire de la création du monde.* Suite de sept estampes. P. r. (B., *Œuvre de J. Muller*, t. III, p. 278, n°s 35-41.)

Diam., 210 millim.

1. *L'Esprit de Dieu est porté sur les eaux.* On le voit dans le haut, la tête tournée vers la gauche; deux hommes portent le globe du monde traversé par une corde. A gauche : *HGoltzius Inuent. et excud.;* plus bas : *Johann. Muller sculptor.;* dans le milieu du bas : *Principio omnipotens immensi.* . . . .

2. *Dieu sépare la lumière d'avec les ténèbres.* On voit en l'air un ange lançant vers la droite un homme lumineux, et vers la gauche une femme obscure. Dans le haut : *Dies I;* dans le bas : *HG excud.*

3. *Création du firmament, Dieu sépare les eaux.* On voit dans le haut un ange ; dans le bas, à gauche, un fleuve appuyé sur une urne ; en haut, à droite, une femme tenant un arrosoir. Dans le haut : *Dies II.;* dans le bas : *HG excud.*

4. *Dieu crée la terre et la mer.* Un ange en l'air touche, à gauche, un homme couché, couronné de feuillage, et à droite une femme couchée, tenant un coquillage. Dans le haut : *Dies III;* dans le bas : *HG excud.*

5. *Dieu crée le soleil et la lune.* Le dieu du jour s'élance à gauche, tenant un arc ; une femme est derrière lui ; à droite, une femme, un croissant sur la tête et les pieds sur un croissant ; derrière elle, la nuit parsemée d'étoiles. Dans le haut : *Dies IV.;* dans le bas : *HG excud.*

6. *Dieu forme les poissons, les oiseaux et les autres animaux.* On voit la mer pleine de poissons. A gauche, une femme sur des dauphins ; en l'air, des oiseaux. Au haut, vers la droite : *Dies V.;* au bas, vers la gauche : *HG excud.*

7. *Création de l'homme et de la femme.* On voit celle-ci debout au milieu, près d'Adam endormi, à gauche. Dans le haut : *Dies VI.;* dans le bas : *HG excud.*

Par Raphael Sadeler.

1. *Le Mariage de l'enfant Jésus et de sainte Catherine.* La Vierge est au milieu, vers la gauche ; sainte Catherine tout à fait à gauche, ayant la roue derrière elle ; l'enfant Jésus qui est sur les

genoux de sa mère lui passe un anneau au doigt. Dans l'estampe, à gauche : *Henr. Goltzius Inuentor.;* à droite : *Raphael Sadler fecit et excud.;* dans la marge : *Aspice quos castum recreat.* . . . .

Haut., 167 millim., larg.; 241. La marge du bas, 14.

Les premières épreuves sont avant toutes lettres.

Par Jean Saenredam.

a. SUJETS PIEUX.

1. Ève, après s'être laissé séduire par le serpent, fait manger à Adam du fruit défendu. Ils sont assis tous deux, Ève à droite et Adam à gauche; dans le fond, le serpent est autour de l'arbre; sur le devant, un bouc, un chat et un chien. Au bas, vers le milieu de l'estampe : *Cum privil. Sa Cæ. M. HGoltzius Inuentor. I Saenredam sculp.;* au coin, à gauche : *A°* 1597; dans la marge : *In mortem primi.* . . . . (B., 40. *Œuvre de Saenredam*, t. III, p. 234.)

Haut., 198 millim.; larg., 135. La marge du bas, 18.

2. Loth et ses filles. *Deflagrasse omnem cum.* . . . . . . *HGoltzius Inuent. J. Saenredam sculpt. A°* 1597. *Cum privil. Sa. Cæ. M.* (B., 41.)

Haut., 259 millim.; larg., 191. La marge du bas, 14.

Dans le 2e état on lit cette adresse : *R. de baud. exc.*; dans le 3e état, les épreuves sont marquées par *J. Jansonius exc.*

Bartsch signale une bonne copie anonyme. Elle est en contre-partie, Loth s'y trouve à la gauche de l'estampe avec une de ses filles; au bas des pieds de l'autre fille qui est à droite, debout, on lit : *HGoltzius Inuent.* Mêmes inscriptions que sur l'original et même dimension.

3. Suzanne et les deux vieillards. Elle est assise à gauche, les vieillards sont à droite. Dans l'estampe, à gauche : *HGoltzius Inuentor. J. Saenredam sculptor.;* dans la marge : *Casta pudicitie cui dos,* . .

Haut., 230 millim.; larg., 164. La marge du bas, 21.

L'état décrit est le 1er; dans le 2e on lit : *Rob. de Baudous excud.;* dans le 3e : *Joannes Janssonius excud.*

Bartsch mentionne une copie assez exacte par Barra portant la date de 1598. *Goltzius Inuentor. Barra sculptor. Wilhelm peter zimmerman excudebat.* . . . . *jn augusta vindelicorum.* Même dimension que l'original.

Il décrit aussi une autre copie bien gravée en contre-partie, mais avec les changements suivants : il y a un petit intervalle entre la figure de Suzanne et celles des vieillards ; ensuite les arbres derrière les vieillards sont plus élevés. *Casta pudicitie cui*. . . . . à droite, dans l'estampe : *HGoltzius Inventor*. . . . *Jo. Turpinus exc. Romæ* 1599.

Haut., 259 millim.; larg., 203. La marge du bas, 18.

4. Jahel, armée d'un clou qu'elle tient de la main gauche et d'un maillet qu'elle a dans la main droite, va percer la tête de Sisara, couché à gauche. Sujet à mi-corps. Dans l'estampe, à gauche : *HGoltzius Inuet*. . . . . *I. S. sculptor. Cum priuil. Sa. Cæ. M.;* dans la marge : *Non semper validis*. . . . . (B., 43.)

Haut., 264 millim.; larg., 198.

Les premières épreuves sont avant les mots : *Cum priuil*. . . . .

5. Judith remet de la main gauche à sa suivante la tête d'Holopherne qu'elle vient de couper ; elle tient son sabre de la droite. Dans l'estampe, à gauche : *HGoltzius Invent. I. Saenredam sculp. Cum privil. Sa. Cæ. M.;* dans la marge : *Divina mulier tollit*. . . . . C'est le pendant du morceau précédent. (B., 44.)

Les premières épreuves sont avant les mots : *Cum privil*. . . . .

6-11. *Pécheresses et femmes mentionnées dans le Nouveau Testament*. Elles sont à mi-corps. Suite de six estampes numérotées. (B., 45-50.)

Haut., 169 à 171 millim.; larg., 133. La marge du bas, 21.

1. *Marie-Madeleine*. Elle est tournée vers la gauche, tenant un vase. Dans l'estampe : *HGoltzius Inuent. J. Saenredam sculp. Joannes Janssonius excudit.;* dans la marge : *Illa pedes Christi*. . . . .

Au Cabinet des estampes, une épreuve avant l'adresse.

2. *La Samaritaine*. Elle est à gauche, près d'un puits. Dans l'estampe, à gauche, au-dessous du n° 2 : *HGoltzius Inuent. Saenredam sculpt.;* dans la marge : *Quæ solita est viles*. . . . .

3. *La Femme adultère*. Elle est de face, appuyée sur une colonne sur le socle de laquelle on lit : 3. *HGoltzius Inuentor. J. Saenredam sculp.;* dans la marge : *Feminam adulterÿ culpatam*. . . . .

4. *La Chananéenne*. Elle est tournée vers la droite où sont deux

chiens. Dans l'estampe : *HGoltzius Inuentor. J. Saenredam sculpt.;* dans la marge : *Se similem mulier catulis*. . . . .

5. *La Femme malade d'une perte de sang.* Elle est tournée vers la droite. Dans l'estampe : *HGoltzius Inuent. J. Saenredam sculpt.;* dans la marge : *Attingens Domini vestem*. . . . .

6. *La Femme estropiée, guérie par Jésus-Christ.* Elle se dirige vers la gauche, courbée, appuyée sur un bâton. Dans l'estampe : *HGoltzius Inuentor J. Saenredam sculp.;* dans la marge : *Dum mulier sentit*. . . . .

Le 1er état n'a pas l'adresse de *Rob. de baudous* sur la 5e pièce.

b. SUJETS DE LA FABLE.

12. Vénus couchée sur un lit, tandis que, à droite, l'Amour remplit de flèches son carquois. La déesse est à droite; des deux côtés des Amours soulèvent ses rideaux; au milieu, des fruits, dans une coquille, et au-dessous : *HG. Inuentor;* dans la marge : *Quid non designat*. . . . . *I. C. Vischer excudebat.* Ce sujet est renfermé dans un cartouche ovale; aux quatre angles, des enfants représentent les quatre éléments. Planche anonyme, mais bien de Saenredam. (B., 51.)

Haut., 203 millim.; larg., 279. La marge du bas, 9.

Le 1er état est avant l'adresse de Vischer.

Bartsch signale une copie anonyme en contre-partie, elle n'offre que le sujet principal, sur une planche carrée. Le cartouche ovale et les quatre enfants ne s'y trouvent point. On n'y voit pas le nom de Goltzius, mais elle a cette adresse : *Justus Sadeler excudit.*

Haut., 156 millim.; larg., 216. La marge du bas, 7.

13. Diane ordonne de découvrir Calisto dont elle a reconnu la grossesse. *Dum detrectanti Tegœa*. . . . . . *HGoltzius Inuent. J. Saenredam sculp.* P. en l. connue sous le nom de : *Le Petit Bain.* (B., 52.)

Haut., 198 millim.; larg., 293. La marge du bas, 14.

Dans le 2e état qui est retouché, on lit : *J. C. Visscher excudit.*

14-16. Jupiter, Neptune et Pluton, accompagnés de Junon, d'Amphitrite et de Proserpine. Sans nom de maître, mais gravées par Saenredam. (B., 53-55.)

Haut., 311 millim.; larg., 214. La marge du bas, 14.

1. Jupiter est sur les nues, à droite; la déesse Junon est près de lui, à gauche. Dans l'estampe, à gauche : 1. *HG.;* dans la marge du bas : *Leta Jouis thalamos*. . . . .

2. Neptune et Amphitrite sont assis sur un char conduit par des dauphins. Dans l'estampe, à gauche : 2. *HG.;* dans la marge du bas : *Glauca Amphitrite dum*. . . . .

3. Pluton, assis à gauche, près d'un arbre, et Proserpine debout, à droite, à côté de lui. Dans l'estampe, à gauche : 3. *HG.;* dans la marge du bas : *Persephone Vmbrarum Domino*. . . . .

17-19. Pallas, Vénus et Junon ayant les attributs qui les caractérisent, à mi-corps. Suite de trois estampes numérotées dans la marge à gauche. (B., 56-58.)

Haut., 191 millim.; larg., 140. La marge du bas, 14.

1. *Pallas*. Elle est tournée vers la droite. Dans l'estampe : *HG Inue. J. Saenredam sculpsit.;* dans la marge : *Arte valens, belli* . . .

2. *Vénus*. Tournée vers la gauche, elle regarde l'Amour qui est à droite. Dans l'estampe : *HG Inuent. J. Saenredam.;* dans la marge : *Sum Venus, orta*. . . . .

3. *Junon*. Elle est tournée vers la gauche, son paon est à droite. Dans l'estampe : *HG Inuent. J. Saenredam.;* dans la marge : *Et soror, et coniunx*. . . . .

Dans le 2e état on lit : *J. C. Visscher*, sur la première pièce.

20-22. Six nymphes de la suite de Diane. Elles sont deux par deux, dans des paysages. Suite de trois pièces numérotées dans l'estampe. (B., 59-61.)

Haut., 207 millim.; larg., 156. La marge du bas, 11.

1. Deux Nymphes. Celle de gauche est vue par le dos, l'autre tient un arc de la main gauche. Dans l'estampe : *HG inu. J. Saenredam sculp. R. baud. exc.* 1616; dans la marge : *Felices silvæ nymphas*. . . . .

2. Deux nymphes se promènent ensemble avec un vase à la main. Elles se dirigent vers la droite. Dans l'estampe : *HG inuent. J. Saenr. sculp.;* dans la marge: *Queis ritu licuit*. . . . .

3. Deux nymphes s'approchent d'un ruisseau, l'une d'elles porte un vase. Elles sont tournées vers la gauche. Dans l'estampe : *HG inuent. J. Saenred. sculp.;* dans la marge : *Atque genu, collo*, ...

Les épreuves du 2e état ont cette adresse : *J. Janssoni exc.*, sur la première pièce.

Bartsch signale des copies en contre-partie; quoique sur la première pièce on lise : *J. Saenredam*, elles ne sont pas de cet artiste.

23-25. *Pallas, Vénus et Junon assises sur des nues.* Suite de trois estampes. P. ov. (B., 62-64.)

Haut., 318 millim.; larg., 248. La marge du bas, 18.

1. *Pallas appuyée sur son égide.* Elle est tournée vers la gauche, regardant à droite. Sous ses pieds, sur un nuage : *Cum privil. Sa. Cæ. M. Anno* 1596. Dans le bas de l'estampe, à droite : *HG.;* autour de l'ovale, des attributs et le n° 1; dans la marge : *Quecunq³ in terris florent*. . . . . Dans le milieu, une dédicace à *Jean Baruitius.*

2. *Vénus.* Elle est à gauche, couchée sur des nuages, regardant à droite. L'Amour la pique avec une flèche. Dans le bas de l'estampe : *HG.;* autour de l'ovale, des attributs et le n° 2.; dans la marge : *Immenso nostrum spectatur*. . . . .

3. *Junon.* Elle est tournée vers la droite, regardant à gauche. Dans le bas de l'estampe : *HG.;* autour de l'ovale, des attributs et le n° 3; dans la marge : *Ex me larga fluit sæcundo*. . . . .

Ces très belles pièces sont incontestablement de Saenredam, quoiqu'elles ne portent pas son nom.

Bartsch signale des copies anonymes. Elles n'ont ni le chiffre de Goltzius ni aucune autre marque; sur la première pièce seulement : *Robb. de baudous exc.*

Haut., 248 millim.; larg., 198. La marge du bas, 14.

26-28. *Bacchus, Vénus et Cérès.* Ils sont à mi-corps et portent les attributs qui les caractérisent. Suite de trois estampes. P. ov. (B., 65-67.)

Haut., 234 millim.; larg., 176. La marge du bas, 11.

1. *Bacchus.* Il est tourné vers la droite, couronné de raisins, tenant

une coupe de la main droite et des raisins dans la gauche; à droite, un enfant mange des raisins. Autour de l'ovale, en haut, des masques; dans le bas, des verres. Au milieu du bas, dans une espèce de cartouche : *Cornelio Cornelij Harlemæo. . . . . D. D. HGoltzius.;* dans la marge : *Oblecto dulci merentia. . . . .*; à gauche : 1.

2. *Vénus.* Elle est tournée vers la droite, regardant de face; sa main droite est appuyée sur l'Amour qui est à gauche; elle tient un cœur de la main gauche. Dans le haut de l'ovale, des colombes; dans le bas, des cœurs enflammés percés de flèches; au-dessus de l'ovale : *HG;* dans la marge : 2. *Cum Cerere, et Baccho. . . . .*

3. *Junon ou plutôt Cérès.* Elle est couronnée d'épis, tournée vers la gauche, regardant à droite. Bartsch dit *HG;* dans la marge du bas : *Jam fastidita quercu. . . . .*; nous avons vu au Cabinet de Paris cette troisième pièce qui nous paraît originale, mais elle n'a pas le monogramme. L'inscription est la même dans la marge du bas. Comme dans les précédentes : *S. Scheneus,* mais plus bas en très petits caractères : *C. S.*

1er état. Celui décrit.

2e. Avec l'adresse de *J. de Ram* sur la première pièce.

Bartsch signale de très bonnes copies de ces trois pièces dans le même sens par un anonyme. Sur la première pièce, *Bacchus,* on lit : *firens ex.*; à la gauche de la marge, au milieu du bas, le cartouche est blanc; c'est-à-dire sans les mots : *Cornelio Cornelij Harlemæo,* qui sont dans l'original.

Le même auteur signale encore d'autres copies faites en contre-partie par *H. L. Schärer.* Le no 1 porte : *C. Cornelii inv. L. K. (Lucas Kilian) excudit. H. L. Schärer sculp.* Au no 3, il n'y a ni nom ni marque. Dans l'inscription du bas, on lit : *trugifere* au lieu de *frugifere.* J. G. Muller a fait aussi des copies en contre-partie de ces trois estampes. Elles sont marquées : *Ad exemplum HGoltzii sculpsit J. G. Muller* 1771. Nous avons vu au Cabinet des estampes de Paris une copie de *Bacchus,* du sens opposé. On lit au-dessous : *Hendrick Goltzius inventor C. Dankerts excudit.* La marge du bas est blanche.

29. *Vénus que caresse l'Amour.* Elle est assise à gauche, ayant près d'elle deux colombes qui se becquettent; l'Amour est à droite. Dans l'estampe, au bas, à gauche : *HGoltzius Inuent. Joannes Saenredam sculp.;* dans la marge : *Aligero magnas armata. . . . .* (B., 68.)

Haut., 196 millim.; larg., 156. La marge du bas, 32.

Dans le 2e état on lit : *Robb. de baudous excud.*

30. *Vénus, assise sur un lit, entre Bacchus et Cérès.* Vénus a le bras droit sur l'épaule de Bacchus qui est assis à gauche; Cérès est à droite, vue de dos. Deux Amours en l'air soulèvent les rideaux d'un baldaquin; à droite un Amour égrène des raisins. Sur la nappe d'une table, à gauche : *Cum privil. Sa. Cæ. M.;* sur une pierre dans le coin du bas, du même côté : *HGoltzius Inuentor. I. Saenredam scup. A° 1600.*; dans la marge : *Bacche meæ vires,* . . . . (B., 69.)

Le 2e état porte cette adresse : *D. Danckerts excudit,* en bas, à gauche.

Haut., 419 millim.; larg., 315. La marge du bas, 7.

31-33. *Culte rendu à Cérès, Vénus et Bacchus.* Suite de trois estampes. (B., 70-72.)

Haut., 421 millim.; larg., 315. La marge du bas, 21.

1. *Cérès honorée par les laboureurs.* La déesse est à droite, tenant de la main gauche une corne d'abondance et de la droite une faucille, couronnée d'épis et tournée vers des laboureurs à genoux, à gauche. Dans l'estampe, au-dessous de l'un d'eux: *Anno* 1596. *HGoltzius Inuent. I. Saenredam sculptor.;* sous les pieds de Cérès : *Cum privil. Sa. Cæ. M.;* dans le milieu du bas : 1.; dans la marge : *Diva potens frugum,* . . .

2. *Des jeunes gens et des jeunes filles implorent Vénus.* La déesse est assise sur un tertre; l'Amour est près d'elle, prêt à décocher un trait sur deux groupes qui sont à droite, composés chacun d'un homme et d'une femme : une d'elles est à genoux, un homme lui met la main sur la gorge. Dans l'estampe, au-dessous de l'Amour : *HG. Inue. I. S. sculp.* 2.; dans la marge : *O Cithera, tuos.* . . . .

3. *Des buveurs prient Bacchus de leur continuer ses dons.* Bacchus est à droite tenant des raisins, ayant un satyre près de lui; il montre ces fruits à des hommes agenouillés à gauche. Au-dessous de ces derniers, dans l'estampe : *HG. Inuent. Sanredam sculp.;* au milieu, 3.; dans la marge : *Bacche pater, prono.* . . . .

Dans le 2e état on lit : *t'Amsterdam gedr. by J. De Ram excudit cum Privil.* Weigel pense que les trois derniers mots doivent être restés d'une adresse antérieure. Bartsch signale des copies de ces trois morceaux, elles sont de *Raphael Guidi.* On n'y voit pas le nom de *Goltzius,* mais sur la première pièce on lit : *Raphael Guidi fecit. Cæsar Capranicus formis Romæ.* Même dimension que les originaux, mais la marge du bas, qui n'a que 21 millim. dans les pièces de Saenredam, en a 29 dans celles-ci.

34-40. Les planètes et les occupations des hommes, auxquelles elles président. Suite de sept estampes, numérotées au bas de la gauche. (B., 73-79.)

Haut., 234 à 237 millim.; larg., 176. La marge du bas, 16.

1. *Saturne présidant à l'agriculture.* Il est à gauche, dévorant un enfant; dans le bas et à droite, des moissonneurs. Dans l'estampe : *HG Inuent. Johan Sanredam scup. A°* 1569. (Le 6 est à rebours.) *Cum privil. S. C. M.;* dans la marge : *Aurea me quondam.* . . .

2. *Jupiter présidant aux sciences.* Il est à gauche, tenant la foudre; au-dessous de sa statue et à droite, des savants. Dans la marge : *Artibus exorno varÿs.* . .

3. *Mars, dieu de la guerre.* Il est dans le milieu, vu de dos, tenant sa lance de la main droite; autour de lui, des guerriers. Dans la marge : *Cernitur in dubio.* . . . .

4. *Apollon présidant aux honneurs et dignités.* Il est au milieu, tenant une flèche de la main droite et son arc de la gauche; autour de lui, des personnages; à gauche, un singe enchaîné. Dans la marge : *Sum decus astrorum.* . . . .

5. *Vénus, déesse des amours et des plaisirs.* Elle est dans le milieu; autour d'elle, des amoureux; un homme et une femme s'embrassent sur le devant, à droite. Dans la marge : *Accendo iuvenum curas.* . . . .

6. *Mercure protecteur des arts.* Il est à droite, regardant à gauche, vu de dos; autour de lui, des groupes d'hommes. Dans la marge : *Me Dys commendat.* . . . .

7. *Diane, déesse de la pêche et de la navigation.* Elle est tournée à gauche; devant elle, des pêcheurs; au fond, la mer. Dans la marge : *Vasta procellosi mihi.* . . . .

41. *Andromède.* Destinée à être dévorée par un monstre marin, elle est à droite, enchaînée sur un rocher; Persée est en l'air, à gauche; le monstre est au-dessous du même côté. Dans l'estampe, au milieu, vers la gauche : *Cum privil. Sa. Cæ. M.;* dans le bas, à droite :

HG. Inuent. J. Saenredam sculp. A° 1601.; dans la marge : *Andromeden Perseus magna.* . . . (B., 80.)

Haut., 239 millim.; larg., 176. La marge du bas, 14.

On connaît une copie anonyme très exacte. On y lit : *HG. Inuent.*

C. SUJETS ALLÉGORIQUES.

Des femmes, debout dans des niches, représentent les Vertus et les Péchés. (Voir *Matham*, B., 125-131.) On a vu plus haut que Saenredam a gravé deux pièces.

42-44. *La Foi, l'Espérance et la Charité.* Suite de trois estampes. (B., 81-83.)

Haut., 295 millim.; larg., 203. La marge du bas, 7.

1. *La Foi.* Elle est tournée à gauche, tenant la croix dans ses bras et un calice dans la main droite. Dans l'estampe : *HGoltzius Inue. I. Sanredam sculpt. A°* 1601. *Cum privil. Sa. Cæ. M.;* dans la marge : *Non me durarum.* . . .

2. *L'Espérance.* Elle est tournée à droite, regardant à gauche ; au bas, une ancre. Dans l'estampe, à gauche : *HGoltzius Inuent. I. Sanredam sculpt.;* dans la marge : *Confirmo dubios, tristi.* . . .

3. *La Charité.* Elle a des enfants dans ses bras ; un d'eux tette sa mamelle gauche. Dans l'estampe : *HGoltzius Inuent. I. Sanredam sculpt.;* dans la marge : *In toto nihil est.* . .

Dans le 2e état, on lit sur chaque pièce : *C. J.* (Claas Jan), *fils de J. Visscher.*

Bartsch dit qu'on a de ces trois morceaux des copies assez exactes, par un anonyme. On lit sur chacune : *HGoltzius Inuent.* Sur la Charité, cette adresse : *firens ex.* Sur la première pièce on ne voit pas : *Cum privil.*

45-47. *Les trois sortes de mariages.* Suite de trois estampes. (B., 84-86.)

Haut., 216 millim.; larg., 158 à 160. La marge du bas, 14.

1. Le mariage que la seule vue du plaisir dirige. L'amour est dans le milieu, la femme à droite et le jeune homme à gauche. Dans la marge : *Coniugium quod turpis amor,* . . .

Bartsch cite sur cette pièce : *HGoltzius Inuent J. Sanredam sculp.*; sur l'épreuve que nous avons eue sous les yeux nous n'avons vu aucun nom d'auteur.

2. Celui qui n'a pour principal motif que d'acquérir des richesses. La femme est à droite, épousant un vieillard qui est à gauche. Entre eux, le diable, tourné du côté de la femme, lui souffle vers l'oreille des pièces d'or. Dans la marge : *Divitie turpes, et quos.* . . . .

3. Celui qui est dirigé par un amour pur et chaste, et que Jésus-Christ bénit. La femme est à droite, tenant un anneau de la main gauche. Jésus-Christ qui est entre eux les unit. Dans la marge : *Quos connectit amor verus.* . . . .

1er état. Avant les numéros.
2e. Avec les numéros, mais avant l'adresse.
3e. Sur la première pièce on lit : *N. Visscher exc.*
Weigel signale également d'anciennes bonnes copies, sans le nom ni les numéros. Sur la première pièce, on lit : *S. Savry ex.*

48-51. *Les Quatre Saisons.* Suite de quatre pièces numérotées dans l'estampe. (B., 87-90).

Haut., 207 millim.; larg., 158. La marge du bas, 11.

1. *Le Printemps.* On voit un enfant montrant un nid à une jeune fille, qui ramasse des fleurs ; le groupe est à gauche. Dans l'estampe : *HGoltzius Inuent. J. Sanredam sculpt. Cum privil. Sa. Cæ. M. A° 1601.*; dans la marge : *Humanas recreo mentes.* . . .

2. *L'Été.* Un enfant à gauche, habillé en moissonneur, parle à une jeune laitière qui est à droite. Dans l'estampe, du même côté : *HG Inue. J. S. sculp.;* dans la marge : *Per me larga seges.* . . . .

3. *L'Automne.* Des enfants récoltent des fruits. Le jeune homme est à gauche, la jeune fille à droite. Dans l'estampe : *HG Inue. J. S. sculp.;* dans la marge : *En ego maturos.* . . . .

4. *L'Hiver.* Un jeune homme qui est à droite patine sur la glace, en compagnie d'une jeune fille placée à gauche qu'il tient par la main. Dans l'estampe : . . . . *HG Inuent. J. S. sculp.;* dans la marge : *Accumulant homines totum.* . . . .

Bartsch indique un 2e état où les pièces sont numérotées à droite, dans la marge du bas ; on lit sur la première pièce l'adresse de Visscher.
Weigel dit que dans le 3e état l'adresse est supprimée.
Bartsch cite des copies anonymes, elles portent seulement le nom de Goltzius.

52-55. *Les Quatre Parties du jour.* Suite de quatre pièces numérotées à gauche, dans la marge. Le *Midi* porte le n° 3 et le *Soir* le n° 2. (B., 91-94).

Haut., 198 millim.; larg., 146. La marge du bas, 11.

1. *Le Matin.* Une femme qui est à gauche donne à déjeuner à ses enfants avant de les envoyer à l'école ; le mari, à droite, vaque à ses occupations ; sur le devant, un petit chien fait le beau. Dans l'estampe, au milieu : *HG Inue. I. Saenredā sculp.;* dans la marge : *Plena laboriferi curis.* . . . .

2. *Le Midi.* Un ouvrier menuisier qui est à gauche travaille près de sa femme qui, à droite, fait de la dentelle. Dans l'estampe, vers la gauche : *HG Inue.;* dans la marge : *Opportuna dies operi.* . . .

3. *Le Soir.* Vue d'un festin ; à gauche, un des convives debout verse du vin dans une coupe ; à droite, un homme embrasse une femme. Dans l'estampe, à gauche : *HG Inue.;* dans la marge : *Tristitiam et luctus.* . . . .

4. *La Nuit.* Une femme dort près du feu, à gauche ; au fond, à droite, un homme et une femme se couchent. Dans l'estampe, à droite : *HG Inuent.;* dans la marge : *Nocte vacant curis.* . . . .

Dans le 2e état, toutes les pièces ont au bas, à droite : *G. Valck exc.*, excepté sur la première qui a le n° 8.

On a des copies des nos 1, *le Matin;* 3, *le Soir;* et 4, *la Nuit.* Elles sont sans nom de maître et en contre-partie. Les mots AVRORA, VESPERA et NOX, sont dans chaque pièce gravées au milieu du haut. Dans une des pièces, l'homme assis au devant ne donne pas un baiser à la femme qui est à côté de lui. Quant à la pièce qui représente le midi, on lit au milieu du haut : MERIDIES. L'estampe est compilée, des nos 73-79, *Les Divinités des sept planètes*, et particulièrement des nos 73 et 74 ; on y voit Saturne et Jupiter.

56-60. *Les Cinq Sens.* Ils sont représentés par des femmes à mi-corps, chacune accompagnée d'un homme. Suite de cinq estampes, numérotées dans la marge. (B., 95-99.)

Haut., 160 millim.; larg., 122. La marge du bas, 16.

1. *La Vue.* Un homme tenant un miroir de la main droite pose un doigt sur le sein d'une femme. Dans l'estampe : *HGoltzius Inue. I. Saenredam sculptor.;* dans la marge : *Dum male lascivi.* . .

2. *L'Ouïe*. Une femme, à gauche, touche du clavecin. Dans la marge : *Ne patulas blandis*. . . . .

3. *L'Odorat*. Une femme, assise à gauche, fait sentir une fleur à un homme qui est près d'elle. Dans la marge : *Quamvis floriferus sit*. . . . .

4. *Le Goût*. Une femme, assise à droite, présente un fruit à un homme qui est à gauche. Dans la marge : *Dulcia sæpe nocent*. . .

5. *Le Toucher*. Une femme, assise à gauche, embrasse un homme qui est à droite. Dans la marge : *Quæ conspecta nocent*. . . . .

Bartsch signale des copies par Dominique Custos ; elles sont en contre-partie. Sur la première pièce : *Henric. Goltzius Invent.* Ces mots sont écrits sur le cadre du miroir que tient l'homme. Au bas, dans la marge : *Ill. D. D. Raymundo Fuggero Baroni Kirchbergen et weysse D. D. Domic. Custos.*

61. Un artiste peignant un tableau représentant une femme nue, qui se regarde dans un miroir que lui tient l'Amour. La femme est à genoux à droite, l'Amour est à gauche, le peintre qui porte des lunettes est en arrière, devant son chevalet, du même côté. Au bas, à gauche, près d'un chat : *HG. Inuent. I. Saenr. scu. R. de baudous excudit.* 1616.; dans la marge : *Hæc memini nocuisse atque oblectasse videntes.* (B., 100.)

Haut., 230 millim.; larg., 178. La marge du bas, 9.

Le 1er état est avant toutes lettres. Très rare.
Le 2e est celui décrit.
Le 3e a l'adresse de *Joann. Janssonius*, qui remplace celle de *baudous*.

62. Portrait du peintre Ch. Van Mander ; il est en buste, tourné vers la gauche, dans un cartouche ovale, autour duquel on lit : *Mensch soeckt veel* . . . . Dans l'estampe au-dessous du piédouche : *A°.* 1604. *HG. Pinxit. . I Saenredam sculp.* Dans un cartouche au bas : *Caerle ver Mander van Molebeke.* (B., 101.)

Haut., 171 millim.; larg., 117.

Ce portrait figure dans la première édition de son *Schilderboeck*. Harlem, 1604. In-4.

63. Paysan et Paysanne de la Hollande, apportant des denrées au marché. L'homme est à gauche, la femme à droite ; ils se regardent. Sujet à mi-corps. Dans la marge : *Ruricolis hic mos*. . . . . *HGoltzius inuent, I. Saenredam sculp, Robb de Baudous excud.* 1615. (B., 102.)

Haut., 183 millim.; larg., 227. La marge du bas, 9.

Dans le 2e état, l'adresse de *Baudous* est effacée et remplacée par celle de *Joann Janssonius.*

64. Fou tenant une marotte qu'il montre en riant. Sujet à mi-corps. *T'is om te lachen. . . . . HG. Inuent. Sanredam sculp.* (B., 103.)

Haut., 229 millim.; larg., 113. La marge du bas, 25.

Dans le 2e état, les mots *T'is om te lachen* sont effacés et remplacés par une inscription en hollandais, en allemand et en français. La première commence ainsi : *Elk gevalt zyn. . . . .*

Bartsch signale trois copies :

La première en contre-partie, mise au jour par Sadeler. *Cosa ridicolosa. . . Si ride il pazzo. . . . . Sadeler excud. Venetia.*

Haut., 221 millim.; larg., 171. La marge du bas, 11.

La deuxième également en contre-partie, gravée par *Noauel.* On a substitué à la marotte un poisson que guette un chat placé sur l'épaule de l'homme. *Wer mich anlacht. . . . . E. Noauel fe. . . . . Peter Ouerradt imprimit.*

Haut., 225 millim.; larg., 173. La marge du bas, 5.

La troisième également en contre-partie par *Dominique Custos*, mais beaucoup plus petite. *Die Nachvolghen thuen mich lachen. . . Quelli qui me segvino. . . . . D. C.* (Dominique Custos).

Haut., 151 millim.; larg., 131. La marge du haut, 7; la marge du bas, 11.

SUJETS D'APRÈS GOLTZIUS

DONT LA GRAVURE EST ATTRIBUÉE A SAENREDAM.

65-67. *La Diligence, la Patience et la Science.* Des femmes assises les représentent, et en portent les symboles. Suite de trois pièces. (B., 116-118.)

Haut., 351 millim.; larg., 234. La marge du bas, 11.

1. *La Diligence.* Elle est assise, à gauche, tournée vers la droite, tenant un fouet de la main gauche. Sur la pierre, à gauche : *HG*, et au bas : 1. *Robb. de Baudous excud.* 1615. *DILIGENTIA;* dans la marge : *Quem labor assiduus, ...*

2. *La Patience.* Elle est assise à droite, tournée vers la gauche. Sur une pierre, à gauche : *HG;* au milieu : 2. *PATIENTIA ;* dans la marge : *Excitat, et dignâ constans . . . .*

3. *La Science.* Elle est assise à gauche, tournée vers la droite.

A gauche, sur le chapiteau d'une colonne : *HG;* plus bas : 3.; au milieu : *SIENTIA.;* dans la marge : *Ille sibi studio præclaras*. . . . .

Dans le 2e état, on lit : *Scientia*, et l'adresse de *Joannes Janssonius* a remplacé celle de *Baudous*.

On connaît des épreuves avec l'adresse de *Baudous* où le mot *Scientia* est écrit ainsi.

68-71. *Les Quatre Saisons*. Suite de quatre pièces. (B., 119-122.)

Haut., 191 millim,; larg., 144. La marge du bas, 9.

1. *Le Printemps*. Un amant, assis auprès de sa maîtresse, l'accompagne de sa guitare; la femme est assise à gauche, tenant un livre sur ses genoux et regardant l'homme qui est à droite. Dans l'estampe, à gauche, sur un livre : *HGoltzius. Inuent.;* dans la marge : *Humanas recreo mentes*, ...

2. *L'Été*. Une moissonneuse est courbée à gauche; à droite, un homme, vu de dos, coupe des épis. Dans la marge : 2. *Per me larga*. . . .

3. *L'Automne*. Vers le milieu, une femme inclinée tient des deux mains un panier de fruits posé à terre; à gauche, un jeune homme appuyé sur un tonneau présente un verre de vin à un homme qui est dans le fond. Dans la marge : 3. *En ego maturos*. . . . .

4. *L'Hiver*. Un roi est à table, vers la droite, tenant une épée à la main; une dame est assise de l'autre côté de la table sur le devant; Comus debout, à gauche, leur présente un poulet sur un plat. Dans la marge : 4. *Accumulata vides totum*. . . . .

72. La Mort, à droite, assise sur un tombeau, près d'un jeune homme qui est à gauche, tenant une fleur. Sur la pierre du tombeau : FVI, NON SVM : ES, NON ERIS. Sur un socle renversé, dans l'estampe, à gauche : *HGoltzius. Inue.* 1592. Dans le bas, quatre distiques latins : *Et nos floruimus*. . . . . *E. Estius*. (B., 123.)

Haut., 230 millim.; larg., 171. La marge du bas, 11.

Par Christophe van Sichem.

PIÈCES GRAVÉES SUR BOIS.

1. Judith remet à sa suivante la tête d'Holopherne. Judith est à gauche, sortant de la tente, tenant son sabre de la main droite et

donnant de la main gauche la tête à sa suivante qui tient un sac. Dans l'estampe, au bas à gauche : *C. V. Sichem scul.;* vers la droite : *HG.* (B., 1.)

Haut., 135 millim.; larg., 104.

Weigel fait remarquer qu'il y a des épreuves en clair-obscur de cette belle pièce, imprimées avec deux planches.

Bartsch mentionne une copie gravée à l'eau-forte dans le goût d'une gravure en bois. On n'y voit pas le chiffre de Goltzius ; elle est en contre-partie de l'original. Judith y tient son sabre de la main gauche. Même dimension.

Bartsch signale deux autres copies : l'une, très bien gravée au burin par un anonyme, pareillement en contre-partie; vers la gauche du bas : *HG*, et au haut de ce même côté on aperçoit ces marques : *L.* 3.

Il paraît que cette copie a été gravée deux fois; une fois au burin et l'autre fois sur bois. Papillon croit cette copie de P. Le Sueur. On trouve des épreuves avec le millésime de 1670. La seconde copie décrite au *Supplément* de Bartsch est gravée à l'eau-forte, dans le sens de l'original, par un maître qui s'est désigné par les lettres E H qu'on voit au bas de la droite, sur une petite pierre ; mais on n'y voit point le monogramme *HG*.

2. Le roi David, représenté en buste, la tête penchée, les cheveux épars, dans une forme ovale. Au haut : DAVID REX. ; au bas : *HGoltzius inuentor*. . . . . . . *C. v. Sichem scalpsit et excud.* (B., 2.)

Haut., 151 millim.; larg., 131.

3. Portrait d'un homme, vu de trois quarts et dirigé vers la droite. Sa tête est couverte d'un chapeau orné de plumes et il tient un gant de sa main gauche ; à mi-corps. Pièce dans le goût de Lucas de Leyde. Dans l'estampe à gauche : *A*°. *HG*. 1607.; à droite : *C. V. Sichem scalp*. (B., 3.)

Haut., 311 millim.; larg., 210.

4. Jeune homme à mi-corps ; il est à gauche, tourné vers la droite, accompagnant du tympanon quatre personnes qui chantent. Dans l'estampe, à gauche : *HG. C. V. Sichem scalp. et excub.* (B., 4.)

Haut., 308 millim.; larg., 216.

5. La Circoncision, d'après l'estampe de Goltzius, un des *Chefs-d'œuvre*. Au milieu du bas : *HG. In. C. V. Sichem. fecit.* 1629. (B., *Suppl.*, 5.)

Haut., 189 millim.; larg., 146.

SUPPLÉMENT DE WEIGEL.

1. La Parabole d'un aveugle conduisant un autre aveugle. *Devia dum cæcus. . . . . Anno* 1586. Au bas, à droite, la marque du maître. P. r. (W., 324.)

Diam., 75 millim.; marge, 7.

C'est le pendant du nº 93. Il en existe une copie par Z. Dolendo, mais sans la marque. On la reconnaît encore à ce qu'au lieu de trois petits arbres dans le lointain, près d'un grand arbre, on n'en compte que deux, l'un touffu, l'autre presque sec.

2. *L'Éloquence.* Femme tournée à gauche; elle a seulement une draperie sur l'épaule droite; dans sa main gauche est un caducée et dans la droite un rouleau de papier. En haut, sur le ciel, à droite : *Facundia;* au bas, à terre : 1584. Dans le fond, un paysage et une vue de la mer. (W., 325.)

Haut., 216 millim.; larg., 131.

C'est le pendant du nº 123 de Bartsch.
L'épreuve d'après laquelle Weigel fait sa description était privée de sa marge.

3. *Buste d'un joueur de musette.* On voit la marque du maître sur une des plaques d'or de la chaîne qui entoure le cou du musicien. A droite, dans la marge, en lettres cursives : *Volheyt;* à gauche : *Vervrooyt.* P. r. (W., 326.)

Diam., 72 millim.

Cette pièce rare est gravée sur une planche d'argent. Favart dit que sur la plaque au milieu de la chaîne est le monogramme de Goltzius en très petits caractères.

4. *Armoiries d'une famille hollandaise.* L'écu est écartelé, dans le 1er et dans le 4e, à trois têtes de roseaux ; dans le 2e et le 3e, à la croisette, ayant au cœur un petit écu au lion rampant. Dans une bordure autour, on lit à rebours : *Tzy in voor Spoedt oft in rouwe Godt en t' vaderlandt getrouwe Anno* 1570. Sans marque. P. ov. (W., 327).

Haut., 50 millim.; larg., 38.

5. *Portrait de Jean de Kellenberg.* Buste, vu de face, tourné vers la droite. Dans la bordure : *Joannes Kellenberg œta suœ XXX. A°* 1584. Ces mots sont à rebours. Également à rebours, en bas, en dehors de la bordure, la marque du maître. P. r. (W., 328.)

Diam., 77 millim.

Didot, 40 fr.

Bartsch a décrit un portrait du même personnage, n° 197. Brulliot le désigne sous le nom de Joh. Kettenbach.

6. *Portrait d'homme.* Il est un peu tourné vers la droite; il porte des moustaches et une petite barbe; ses cheveux sont courts; une fraise est autour de son cou. Au-dessus de son épaule, la marque du maître. P. ov. décrite par Brulliot, *Tab. gén.* (W., 329.)

Haut., 79 millim.; larg., 61.

7 *Portrait d'homme.* Il est vu de trois quarts, tourné à gauche; il a de la barbe, ses cheveux sont courts; il porte une fraise et un vêtement orné de broderies. P. ov. décrite par Brulliot. (W., 330.)

Haut., 43 millim.; larg., 34.

8. *Un Homme d'un âge mûr.* Il est vu de face, un peu tourné vers la gauche; il porte la barbe et tient un livre de la main gauche. A gauche, la marque du maître. P. ov. (W., 331.) Voir Brulliot.

Haut., 54 millim.; larg., 43.

9. *Portrait d'homme.* Il est vu de trois quarts, tourné vers la gauche; il a une grosse moustache et une légère barbe; autour de son cou est une fraise. On lit l'inscription suivante: *Draecht gaet will ich last met mandekens. A° 1579. H. Goltzius fe.* P. ov. (W., 332.) Voir Brulliot.

Haut., 29 millim.; larg., 36.

Didot, 29 fr.

10. *Portrait d'un homme d'âge mûr.* Vu de trois quarts, tourné vers la droite; il porte une petite barbe et des moustaches. On lit : *Vrihness. Maact. Blyheit.* P. ov. (W., 333.) Brulliot, *Tab. gén.*

Haut., 45 millim.; larg., 34.

11. *Portrait d'homme.* Il est de trois quarts, tourné vers la gauche; il porte de la barbe; une fraise est autour de son cou. Au-dessus de l'épaule droite, la marque du maître est à rebours, en caractères très fins. P. ov. (W., 334.) Voir Brulliot.

Haut., 54 millim.; larg., 41.

Weigel pense que c'est le portrait de *N.* ou *J. Ruychaver*, ou *Ruighaver*. Il ajoute qu'il y a des épreuves où l'on ne voit pas la marque.

12. *Portrait d'homme.* Il est vu de trois quarts, tourné vers la gauche; il a une fraise autour du cou. Dans le fond, sur une fenêtre ouverte, un pélican et ses petits. On voit aussi un écu surmonté d'un

heaume. En haut, en majuscules retournées : *Confide et ama.* P. ov. (W., 335.) Brulliot, *Tab. gén.*

Haut., 43 millim.; larg., 34.

Weigel penche à croire que c'est le portrait de Guillaume le Taciturne et le pendant de la pièce suivante.

13. *Portrait de Charlotte de Bourbon Montpensier, femme du prince d'Orange, dit le Taciturne.* Elle est vue de trois quarts, tournée vers la droite; ses cheveux sont élevés; elle porte une fraise et une chaîne. En haut, à rebours, la marque du maître. P. ov. Sans inscription. (W., 336.) Voir Bartsch, 178, 179. Brulliot, *Tab. gén.*

Haut., 45 millim.; larg., 34.

14. *Portrait de N. de la Faille.* Il est de trois quarts, tourné à droite; il porte la barbe et une moustache; ses cheveux sont ras; autour de son cou est une fraise; il est revêtu d'une riche cuirasse. Sans aucune inscription. P. ov. (W., 337.) Brulliot, *Tab. gén.*

Haut., 52 millim.; larg., 38.

15. *Portrait de Cornélie van Capellen, femme du précédent.* Elle est vue de trois quarts, tournée vers la gauche; elle porte un petit bonnet, une fraise et un habit rayé. P. ov. Sans aucune inscription. (W., 338.) Voir Bartsch, 212, 213. Brulliot, *Tab. gén.*

Haut., 52 millim.; larg., 38.

16. *Portrait d'homme.* Il est vu de face, un peu tourné vers la droite; il a une petite barbe au menton, des moustaches, ses cheveux sont ras. On trouve dans la bordure l'inscription ci-après : *Auf Gott stehet mein Vertrauen. ÆTATIS* 32. Au bas, la date; dans le milieu du haut, la marque du maître et le mot *feca.* P. ov. (W., 339.) Voir Brulliot.

Haut., 38 millim.; larg., 29.

17. *Portrait d'homme.* Il est de trois quarts, tourné vers la gauche; il porte une petite barbe et des moustaches, une fraise et une cuirasse. En bas, à gauche, la marque du maître se voit à peine. P. ov. (W., 340.) Brulliot, *Tab. gén.*

Haut., 52 millim.; larg., 38.

18. *Portrait d'Erasmus Gleiobus.* Il est de face, légèrement tourné vers la droite; il a une petite barbe et des moustaches; ses cheveux sont longs; une fraise entoure son cou; à gauche, des armoiries. On lit une inscription : *VIG en JS tres. . . . . ferebat ErasMUS.*

En bas, en dehors de la marge, en caractères retournés : *H. Goltzius fecit*. P. r. (W., 341.) Brulliot, *Tab. gén.*

Diam., 77 millim.

19. *Portrait du jeune Diedrick Heer van Batenburch, de la ligue des Gueux*. Les inscriptions et le nom sont en lettres cursives dans les quatre angles. P. ov. (W., 342.)

Haut., 70 millim.; larg., 50.

Didot, 40 fr.

Le portrait que nous avons vu au Cabinet des estampes doit être le même. Le personnage est jeune, nu-tête, tourné vers la droite; à gauche : *HG*.

20. *Portrait de J. Bapt. van Renesse, de la ligue des Gueux*. Il est nu-tête, richement vêtu, tourné vers la droite. On lit dans la bordure ovale : *Virtus inuidiæ victrix*. . . . . . ; c'est le commencement de deux distiques; au bas : *HG. Fe A°* 1581. (W., 343.)

Haut., 92 millim., larg., 63.

Didot, 48 fr.

21. *Portrait d'un homme assez âgé*. Il est tourné vers la droite, il porte de longues moustaches, sa tête est presque chauve; on lit cette inscription : *Meminisse juvabit;* il y a 1579 et le nom du maître. P. ov. (W., 344.)

Haut., 50 millim.; larg., 38.

22. *Portrait d'un ecclésiastique assez âgé*. Il est tourné vers la droite, les yeux baissés. On lit : *Lucem candor amat. Æt.* 45. *A°* 1585 et le nom du maître. P. ov. (W., 345.)

Haut., 50 millim.; larg., 36.

23. *Portrait d'un ecclésiastique d'un certain âge*. Il est tourné vers la droite, la tête élevée; il porte une longue barbe et des moustaches; à son cou une petite fraise. On lit : *Goetswoort blyft in der eeuwicheyt*, et la marque du maître. P. ov. (W., 346.)

Haut., 50 millim.; larg., 36.

24. *Portrait d'un jeune homme*. Il est de profil, tourné vers la gauche; il a un grand col. On lit : *Rien sans peine. Æt. suæ* 28. *A°* 1579. La marque du maître est à rebours. P. ov. (W., 347.)

Haut., 50 millim.; larg., 36.

25. *Portrait d'un jeune homme*. Il a une large chevelure, une fraise entoure son cou. On lit : *Doet goet en sietniet om. Æt.* 27. *A°* 1580. Dans le médaillon qui se voit au-dessus de la tête, est la marque du maître à rebours. P. ov. (W., 348.)

Haut., 50 millim.; larg., 36.

26. *Portrait d'homme.* Il est vu de face, un peu penché vers la gauche, il a une petite barbe et des moustaches; il porte un manteau de fourrures. On lit : *Æt. suæ* 55 *A*° *Dom.* 1584 et la marque du maître. P. ov. (W., 349.)

Haut., 50 millim.; larg., 36.

27. *Portrait d'homme.* Il est vu de face, tourné vers la gauche, il a une petite barbe; sur sa tête, un bonnet de forme élevée. On lit : *Nocuit differre paratis*, *Æt.* 50. *A*° 1580. La marque du maître est gravée à rebours. P. ov. (W., 350.)

Haut., 27 millim.; larg., 27.

28. *Portrait d'un jeune homme.* Il est vu presque de face, tourné vers la gauche. On lit en caractères à rebours : *Æt.* 22. *A*° 1584; il en est de même du nom du maître. P. octogone. (W., 351.)

Haut., 43 millim.; larg., 43.

29. *Portrait de femme.* Elle est vue de face, tournée vers la gauche; elle porte un bonnet, une fraise et un vêtement ouvert. P. ov. avec la marque du maître. (W., 352.) L'estampe d'après laquelle il a fait sa description était privée de sa marge.

Haut , 75 millim.; larg., 54.

30. *La même personne,* portrait un peu plus grand. On y voit la moitié du bras ainsi que la main; le fond est plus travaillé. On lit : *Alle vleesch is hooy.* . . . .; en outre, quatre vers et le nom du maître. P. ov. (W., 353.)

Haut., 92 millim.; larg., 72.

Weigel pense que c'est la femme de J. R. van Renesse, dont il a décrit le portrait sous le n° 343.

31. *Portrait d'homme.* Il est vu de profil, tourné vers la droite; il porte des moustaches; à son cou, une fraise; sur sa tête, un bonnet garni de plumes. On lit : *Vroelicheit en deucht verheucht.* *A*° 1580. On voit la marque du maître. P. ov. (W., 354.)

Haut., 61 millim.; larg., 50.

32. *Portrait de jeune femme.* Elle est vue de face, tournée vers la droite; ses cheveux sont élevés; elle tient un petit bâton des deux mains. On lit à rebours : *t'Ydel berooyt;* sur le bras, la marque du maître est tracée à rebours en très petits caractères. P. r. (W., 355 A.)

Diam., 45 millim.

33. *Pendant du morceau précédent ou revers.* Un violon est en

travers, sur un livre de musique; il est tourné de la gauche à la droite. On lit à rebours : *Is vreucht om vernoeghen goet.* P. r. (W., 355 B.)

Même dimension.

34. *Portrait d'homme.* Assis auprès d'une table, dans une bibliothèque, il écrit dans un livre. Il porte des moustaches et une fraise. Sur le mur, des armoiries; sur un livre placé sur le premier plan on lit : MDLXXX. et la marque du maître. (W., 356.)

Haut., 129 millim.; larg., 104.

35. *Portrait d'un général.* Il est debout, de face, en rase campagne, tourné vers la droite; il a le bras droit appuyé sur sa hanche et le gauche sur la garde de son épée; il a une petite moustache et une grande fraise. Dans le fond, une bataille. Sur ses armoiries on lit : *Sua quemque ornat virtus* 1583. B. B. D. S. *Æt.* 22. Avec la marque du maître. (W., 357.)

Haut., 272 millim.; larg., 167.

Didot, 280 fr.

36. *Portrait d'un général.* C'est le pendant du numéro précédent. Debout, en rase campagne, tourné vers la droite, il tient de la main droite le bâton de commandement et de la gauche il ouvre sa veste; une bataille dans le fond. Sur ses armoiries, cette inscription : *Et natura et arte.* 1583. S. P. *Æt.* 27. Avec le nom du maître. (W., 358.)

Haut., 272 millim.; larg., 167.

37. *Portrait d'un prince âgé.* Il est vu de face, tourné vers la gauche; sur sa tête un bonnet. On lit sur ses armoiries : *Vtrumque.* Cette inscription n'est pas très visible. (W., 359.) Voir même personnage, 350.

Haut., 183 millim ; larg., 140.

38. *Portrait d'un vieillard, manière d'Holbein.* Il est vu de profil, tourné vers la gauche, sans barbe, le cou nu; il porte un bonnet et un collet de fourrure. Près de la bouche du personnage, la marque du maître, à rebours. P. r. (W., 360.)

Diam., 146 millim.

Weigel pense que quelques-unes de ces dernières pièces, surtout les plus grandes, sont gravées d'après des dessins du maître.

39-40. *Deux petites pièces rondes.* Ce sont les bustes d'un roi et son fils, vus de face, presque aux trois quarts. Le premier a l'inscription suivante en caractères à rebours : GIVE THY IVDGEMENTS. . . . sur la seconde pièce on lit : AND THY RIGHTEOUSNESSE. . . . Weigel voit là Philippe II et Don Carlos. P. r. (W., 361-362.)

Diam., 27 millim.

Pièces rares mais douteuses. Heinecken attribue ces pièces à Goltzius dans son Ms. du *Dict. des Artistes* à la Bibliothèque R^le. de Dresde.

41. *Marine.* Dans le milieu, un vaisseau sous voiles ; à droite, dans le fond, un château ; le soleil perce les nuages. Gravé sur bois, en clair-obscur, avec trois planches. (W., 363.)

Haut., 95 millim. ; larg., 142.

PIÈCES NON DÉCRITES.

On lit dans le catalogue Didot, n° 678 :

1. Portrait d'homme, non décrit, peut-être unique. Il est en buste, dans un ovale, vu de trois quarts, tourné vers la droite, avec une petite barbe et moustache. Dans la bordure, on lit ce distique : *Illius aurata forma est depicta tabella. Cui clarum nomen cor sine lite datū.* Sur la seconde ligne, au-dessus de sa tête : *H. Goltzius.*

Vendu 155 fr.

M. Prestel, dans le catalogue de la collection Schloesser, décrit le morceau suivant :

2. Vénus, couchée sur une butte, au pied d'un arbre, et dirigée vers la gauche, tourne la tête vers Bacchus assis derrière elle, tenant un verre de vin. Sur le devant, Cérès en demi-figure porte une corne d'abondance ; l'Amour, assis près du genou gauche de Vénus, souffle sur un feu qui éclaire la scène. En bas, vers la gauche, le monogramme de Goltzius. Dans la marge qui entoure la gravure, on lit : *Cum Bacchi et Cereris magnum mihi numine numen, Anno* 1595. *Hi mihi languenti renovant in pectore vires.*

Pièce ronde, mesurant 148 millim., sans la marge qui a 8 millim. de largeur.

On lit également dans le catalogue Van den Zande :

3. Portrait d'homme en buste, vu de trois quarts, tourné vers la

droite, d'où vient le jour. Pièce non décrite, provenant du cabinet de Fries où elle était attribuée à Goltzius et en dernier lieu de Verstolk.

Deux belles épreuves avec différences. Vendues 24 fr.

Nous avons vu au Cabinet des estampes les pièces suivantes qui ne nous paraissent pas avoir été décrites.

4. *Martyre de Chrétiens.* Au milieu de l'estampe, deux sont à genoux et vont recevoir la mort ; à droite, un proconsul assis ; au milieu du haut, un ange ; sujet composé de nombreuses figures en clair-obscur, sans nom de maître.

Haut., 290 millim.; larg., 480.

5. Une main étalée sur un linge, on lit au-dessous : MEA DEXTERA CHRISTI, plus bas : *Vt mea tres tangens. . . . .*; dans le coin du bas, à droite : *HG.*

Haut., avec la marge du bas, 105 millim.; larg., 67.

6. HOUWAERT. Il est dans un ovale, tourné vers la droite, couvert de son armure. Autour de la bordure, plusieurs sciences sous la figure de femmes, dans l'ovale : IEHAN BAPTISTA HOVWAERT.

Haut., 153 millim.; larg., 120.

7. Jeune homme en buste, coiffé d'un grand chapeau, la tête penchée, tournée à droite, appuyée sur la main gauche. Au haut, à droite : *HG.*

Haut., 109 millim.; larg., 76.

Pièce douteuse imitant un travail à la plume.

8. Autre pièce ressemblant à un travail à la plume ; c'est un vieillard nu-tête, à grande barbe, en buste. Au haut, à gauche : *HG.*

Haut., avec la marge du bas, 105 millim.; larg., 67.

Très douteux.

GOUDT (Henri de), comte palatin, amateur et graveur au burin ; né à Utrecht en 1585, mort dans la même ville en 1630. Sa manière de graver est originale, pleine à la fois de légèreté et d'énergie. Il fut le protecteur et l'ami particulier d'Elzheimer qu'il connut à Rome et dont il reproduisit au burin les tableaux. Goudt a traité d'une manière supérieure les effets de lumière et les paysages de nuit. On n'a de lui que sept planches.

ŒUVRE DE GOUDT.

1. *L'ange accompagnant le jeune Tobie qui porte un poisson sous son bras.* Ils sont dans un paysage, traversant une rivière sur des pierres, à gauche, se dirigeant vers la droite. D'après le tableau d'Elzheimer. Dans la marge du bas, deux distiques latins; à gauche : *A. Elsheimer pinxit;* à droite : *H Goudt sculpt. Roma* 1608.

Haut., 112 millim.; larg., 180. La marge du bas, 50.

* 1er état. Avant la retouche. Dans la marge : *P. Mariette* 1665.

On connaît une copie en contre-partie gravée par Hollar.

* Nous avons acquis à la vente du chevalier Camberlyn un dessin très fini en contre-partie, sur peau de vélin, fait par le graveur pour exécuter la pièce dont nous venons de parler.

2. *Le jeune Tobie, traînant le poisson.* Il marche de compagnie avec l'ange. Ils viennent de la gauche, se dirigeant vers la droite dans un paysage sombre, près d'une pièce d'eau, de l'autre côté de laquelle marche une espèce de caravane. D'après le même peintre. Dans la marge du bas, deux distiques latins; au-dessous : *H Goudt Palat. Comes. et Aur. Mil. Eques. A°* 1613.

Haut., 195 millim.; larg., 255. La marge du bas, 60.

* Belle épreuve.

On connaît de cette pièce une copie en contre-partie à l'exception des fonds par Lucas Vorsterman. La composition est en hauteur au lieu d'être en largeur.

3. *La Fuite en Égypte.* La sainte Vierge sur un âne, portant l'enfant Jésus dans ses bras, suivie de saint Joseph qui tient une torche, s'avancent pendant la nuit et se dirigent vers la droite, derrière une pièce d'eau dans laquelle se reflète le disque de la lune; à droite, des bergers gardant un troupeau se chauffent près d'un grand feu dont la clarté se réfléchit dans l'eau; le ciel est brillant d'étoiles. Cette pièce est très remarquable par ces divers reflets de lumière. Dans la marge du bas, quatre vers latins; au-dessous : *H Goudt. Palat. comes, et Aur. Mil. Eques.* 1613. D'après le tableau d'Elsheimer.

Haut., 286 millim.; larg., 389. La marge du bas, 61.

* Belle épreuve.

4. *La Décollation de Saint Jean-Baptiste.* Hérodiade, qui est à droite, reçoit dans un plat la tête de saint Jean; derrière elle, une

jeune fille porte un flambeau ; près d'elle, le bourreau ; à gauche, deux personnages dont l'un tient la tête du saint. P. ov.

Haut., 63 millim.; larg., 50.

1er état. Avant les tailles diagonales sur la draperie du bourreau, devant le visage de la jeune fille qui tient le flambeau. Très rare.

* 2e. Avec quelques tailles diagonales sur la draperie; sur la plinthe du bas on voit quelques caractères. Rare aussi. Épreuve avec une grande marge.

Une copie en contre-partie du même sujet est mentionnée dans le catalogue Camberlyn.

5. *Philémon et Baucis donnant l'hospitalité à Jupiter et à Mercure.* Le roi des dieux et le fils de Maia sont tous deux assis à droite, éclairés par une lampe qui est sur la table ; Baucis est à gauche devant eux, derrière elle, une lumière à terre ; plus loin, du même côté, sous le manteau de la cheminée où pendent de gros oignons, on aperçoit Philémon tenant une lumière. D'après le tableau du même peintre. Dans la marge du bas, quatre vers latins, et au-dessous, une dédicace par Goudt à son frère amateur. DD 1612.

Haut., 160 millim.; larg., 220. La marge du bas, 46.

* Épreuve signée *P. Mariette* 1665.

6. *Cérès cherchant sa fille.* On la voit à droite buvant; ses vêtements et le paysage sont éclairés par une torche couchée sur des roues renversées ; à gauche, près d'une porte, une vieille tenant un flambeau de la main gauche et la main droite appuyée sur la poitrine d'un enfant qui rit; dans le fond, un homme, une femme et une vache éclairés par une torche qui est à terre. Dans le haut, la lune et des étoiles. Très belle pièce. Dans la marge du bas, quatre distiques latins; dans le milieu et au-dessous, la dédicace au cardinal Borghese. . . . . . *H. Goudt sculpsit et dicauit Romæ.* 1610.; à gauche : *A Elzheimer pinxit.;* à droite : *Janus Rutgeri.*

Haut., 290 millim.; larg., 236. La marge du bas, 24.

* Pièce signée au verso *P. Mariette* 1665, et au recto : *P. Mariette* 1666.

7. *L'Aurore.* A droite, une montagne couverte d'arbres; à gauche, un château au pied duquel est une porte sous laquelle passe une route ; au fond, du même côté, serpente une rivière. D'après Elzheimer. Dans la marge du bas, un distique latin, et au-dessous : *H. Goudt Palat. Comes, et Aur. Mil. Eques.* 1613.

Haut., 165 millim.; larg., 165. La marge du bas, 22.

1er état. Avant le nom de Goudt.

* 2e. Celui décrit.

On connaît deux états de la copie en contre-partie par Lucas Vorsterman.

1er état. Avant la lettre.

2e. Avec les mots *A Elzheimer. L. V. ex.*

Vendu, Révil, 150 fr., l'œuvre entier.

GOYEN (JEAN VAN), peintre et graveur à l'eau-forte; né à Leyde en 1596, mort à La Haye en 1656. Goyen est un des peintres qui ont le mieux représenté la Hollande. Les tableaux de ce maître ont été longtemps négligés, mais depuis quelques années on leur a rendu une éclatante justice; ils atteignent aujourd'hui des prix élevés dans les ventes. On ne connaît de lui comme graveur que les cinq pièces que nous allons décrire; ce sont les seules qui lui soient attribuées.

ŒUVRE DE J. V. GOYEN.

1. *Le Bac.* Il est vers la gauche, près d'aborder au rivage. Deux mariniers le conduisent; il porte un grand chariot attelé de deux chevaux sur l'un desquels est monté un homme tenant un fouet. A droite, deux hommes sur le rivage, près d'un grand arbre, et quelques vieilles constructions; au fond, une montagne offrant un hameau dans le bas et une ville à son sommet. Dans la marge, à gauche : *Jan van goye.*

Haut., 130 millim.; larg., 172. La marge du bas, 17.

* 1er état. C'est celui décrit.

2e. On lit, à gauche : *Jean van Goeÿer pincyt,* et à droite : *Huych Allaerdt Exc*

M. Van der Kellen, au contraire, dans le catalogue Ridder, regarde cet état comme le premier.

2. *La Planche sur le ruisseau.* Le paysage représente l'entrée d'un village entouré d'arbres. A gauche, un villageois chargé d'un paquet se dispose à passer sur la planche; au milieu, sur le devant, une femme et un enfant après lesquels un chien aboie. Dans la marge du bas, à gauche : *Jan van goye.*

Haut., 125 millim.; larg., 172. La marge du bas, 9.

3. *L'Église de village.* Elle est à gauche, remarquable par une tour carrée. Tout à côté, des fossoyeurs creusent la fosse d'un mort dont on voit le cortège; sur le devant, à gauche, une femme accroupie;

dans le milieu, un pont sous lequel une barque va passer; au fond, des maisons et des arbres. Dans le coin du bas, à gauche : *Jan van goye.*

Haut., 172 millim.; larg., 139.

1er état. Décrit par M. Van der Kellen : avant le ciel et avant beaucoup de travaux avant *Jan van Goye*. On lit, à l'angle gauche du bas : *R. et J. Ottens Exc.*

* 2e. C'est celui décrit.

4. *Le Pont de bois.* Il est presque dans le milieu, élevé sur cinq arches; deux hommes s'appuient sur les garde-fous. A droite est un village du sein duquel s'élève une église remarquable par sa tour carrée. Une barque montée de deux hommes est sur la rivière. Au bas, à gauche, sur une langue de terre où s'avance un homme portant deux seaux : *Jan van goye.*

Haut., 172 millim.; larg., 137.

5. *Le Pont de pierre.* On voit, à droite, un village entouré d'arbres et baigné par une rivière. Sur le pont qui la traverse, une femme s'apprête à passer; sur le devant, une femme et deux enfants, vus de dos, se dirigent vers le pont; au milieu, un cavalier vers lequel accourent deux chiens. Dans le bas, à gauche, un homme pisse contre un arbre. Au fond, une allée d'arbres où l'on remarque un chariot arrêté. Dans la marge du bas, à droite : *Jan van goye.*

Haut., 172 millim.; larg., 137. La marge du bas, 5.

* Suite rare.

Vente Robert-Dumesnil, les cinq pièces avec l'épreuve double du n° 1, 127 fr. 50 c.

TABLE DES DIVISIONS

DU

CATALOGUE DE L'ŒUVRE DE GOLTZIUS

I

PIÈCES GRAVÉES D'APRÈS SES PROPRES DESSINS.

II

III

IV

PIÈCES GRAVÉES D'APRÈS GOLTZIUS PAR DIFFÉRENTS GRAVEURS ANONYMES.

V

PIÈCES GRAVÉES D'APRÈS DES DESSINS DE GOLTZIUS PAR DIFFÉRENTS GRAVEURS CONNUS ET CONTEMPORAINS.

1 Dans le *Supplément* de Weigel on trouve 355^A et 355^B.

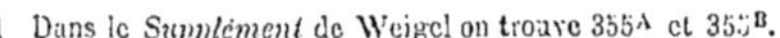

TABLE

Paris. — Typ. PILLET et DUMOULIN, 5, rue des Grands-Augustins.

www.ingramcontent.com/pod-product-compliance
Ingram Content Group UK Ltd.
Pitfield, Milton Keynes, MK11 3LW, UK
UKHW020306200726
13857UKWH00001B/101